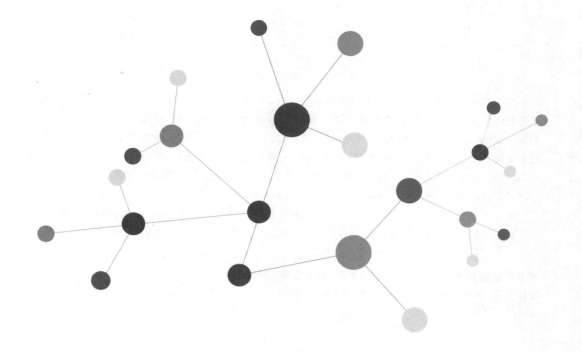

Wireless Sensor Networks
Theory and Applications

无线传感器网络
理论及应用

孙利民 张书钦 李志 杨红 等著

清华大学出版社
北 京

内 容 简 介

本书在跟踪国内外无线传感器网络理论和技术发展的基础上，结合在该领域内的研究和实践经验，全面分析了无线传感器网络的基本原理和应用技术，以及无线传感器网络领域的研究和应用成果，具体包括：无线传感器网络的无线传感器网络概述、传感器网络节点、操作系统、无线传感器网络体系结构、无线通信基础、拓扑控制技术、MAC协议、路由技术、传输控制技术、实用化组网标准协议、感知覆盖、时间同步、定位技术、仿真与测试、安全技术等。本书内容深入浅出、概念清晰，基础与前沿相结合，理论与实践相结合，系统性与新颖性相结合，是一本比较全面、系统、深入的无线传感器网络技术专著。

本书可作为高等院校物联网工程专业，以及计算机类、通信类、信息类、电子类等专业的高年级本科生、研究生教材和教学参考用书，也可供从事相关行业的工程技术人员与研究人员参考。

图书在版编目（CIP）数据

无线传感器网络：理论及应用/孙利民等著.—北京：清华大学出版社，2018（2023.1重印）
ISBN 978-7-302-49994-7

Ⅰ.①无…　Ⅱ.①孙…　Ⅲ.①无线电通信－传感器－计算机网络－研究　Ⅳ.①TP212

中国版本图书馆 CIP 数据核字(2018)第 076668 号

责任编辑：薛　慧
封面设计：何凤霞
责任校对：王淑云
责任印制：刘海龙

出版发行：清华大学出版社
　　　　网　　　址：http://www.tup.com.cn，http://www.wqbook.com
　　　　地　　　址：北京清华大学学研大厦 A 座　　　　邮　　　编：100084
　　　　社　总　机：010-83470000　　　　　　　　　　邮　　　购：010-62786544
　　　　投稿与读者服务：010-62776969，c-service@tup.tsinghua.edu.cn
　　　　质量反馈：010-62772015，zhiliang@tup.tsinghua.edu.cn
印　装　者：三河市君旺印务有限公司
经　　　销：全国新华书店
开　　　本：185mm×260mm　　　印　　张：33.25　　　字　　数：806 千字
版　　　次：2018 年 8 月第 1 版　　　印　　次：2023 年 1 月第 5 次印刷
定　　　价：99.00 元

产品编号：078374-02

前 言
PREFACE

　　无线传感器网络(Wireless Sensor Network,WSN)是由部署在监测区域内的传感器节点,以无线自组织方式构成多跳无线网络,节点间协同地感知、采集和处理网络覆盖区域中感知对象的信息。无线传感器网络终端节点的通信距离一般只有几十米,所采集的数据信息通过其他节点以逐跳的方式传输到汇聚节点。物联网是指通过各种信息传感设备,实时采集任何需要监控、连接、互动的物体或过程等各种需要的信息,实现了物与物、物与人、所有的物品与网络的连接。物联网的核心和基础是在互联网基础上的延伸和扩展,并进行物与物的信息交换和通信。无线传感器网络无疑作为物联网的重要组成部分,实现了感知数据的采集、处理和传输功能,它的出现直接推动了物联网的发展。

　　无线传感器网络的基本思想最初起源于20世纪70年代的军事领域。随着微电子、计算和无线通信等技术的进步,实现了在低功耗、多功能、微小体积的传感器节点上集成信息采集、数据处理和无线通信等多种功能。无线传感器网络节点具有自治能力,能够自主组网,不需要布线,而且节点的低功耗和微型化,能够部署在越来越多的应用场景,可安装在工控设备、运输车辆、历史建筑、林木等之上,甚至可植入到人或其他动物的体内,而伴随着互联网和3G/4G网络的广泛应用,更是能实现无处不在的感知,极大地丰富了人类的感知能力和范围。作为信息时代的一项变革性的技术,无线传感器网络真正实现了"无处不在的计算"理念。

　　无线传感器网络作为信息技术领域中一个全新的发展方向,同时也是新兴学科与传统学科进行领域间交叉的结果,已经引起了学术界和工业界的广泛关注,相关的研究和应用不断深入。目前在拓扑控制、路由、感知覆盖、时间同步、安全等方面已经产生了一大批成果,并涉及信息论、控制、图论、人工智能等方面的理论。无线传感器网络以其独有的特点和优点使其应用越来越广泛,对于经济和生活的很多领域都具有重大的影响和革命性的作用。

　　无线传感器网络目前正处于蓬勃发展的阶段,已经成为继计算机、互联网与移动通信网之后信息产业新一轮竞争中的制高点,对人们的社会生活和产业变革带来巨大的影响。美国《商业周刊》将无线传感器网络列为21世纪最具影响的21项技术之一,《技术评论》杂志也将其列为未来改变世界的十大新兴技术之首。我国在《国家中长期科学和技术发展规划纲要(2006—2020年)》中,将无线传感器网络列入重大专项、优先发展主题、前沿领域,它也是国家重大专项"新一代宽带无线移动通信网"中的一个重要研究方向,同时国家重点基础研究发展计划(973计划)也将无线传感器网络列为其重要研究内容。中国政府近年来大力开展智慧城市建设，无线传感器网络通过遍布城市各个角落的智能传感器感知城市的交通流量、空气质量、噪声等，并根据感知结果来优化交通流量调度、治理雾霾天气等。可以说，无线传感器网络为智慧城市建设提供了基础支撑。

无线传感器网络有越来越多的应用，很多应用都需要进行大规模的部署，以达到高覆盖、高精确感知等目的。如森林火灾监测等，需要部署成千上万的节点来完成监测任务。然而，与小规模应用相比，大规模应用中除了节点数量上的区别外，还会产生能量供应受限、节点管理困难、感知数据流不均衡等一系列问题。因此，在大规模应用时，无线传感器网络及节点显著呈现出应用性、资源受限性、异构性、动态性等特征，导致网络在可扩展性、可靠性、自治性等方面还存在很多挑战。传感器网络涉及多学科交叉的研究领域，应用的多样性和复杂性也决定了有非常多的问题需要解决，非常多的关键技术需要深入研究。不同的问题之间，不同的关键技术之间，常常相互作用，相互影响，需要协同研究。这些研究挑战多归结于无线传感器网络在能效、无线通信质量、计算能力等方面的限制，因此，在系统设计时应该针对这些限制给出方案，如通信协议应该足够轻量化，能耗应该足够少，以适应微型传感器节点在计算和通信等方面的限制。现在已经有大量的文献涉及无线传感器网络的各个方面。而本书各章节是由在无线传感器网络领域具有十多年研究和应用经验的团队撰写，旨在对无线传感器领域的基本概念、挑战、问题、发展趋势、模型和工具提供全面的介绍，展现了学术界和工业界应用的高端水准和应用现状。因此，这本书中展现了无线传感器网络中大量问题的最深入思考、最典型的解决方案和最新的技术进展。

本书比较系统地介绍了无线传感器网络的基础理论、支撑技术和若干应用。全书从结构上可以分为三个部分：第一部分（第 1～5 章）讨论无线传感器网络的基础知识，第二部分（第 6～9 章）关注网络支撑技术，第三部分（第 10～15 章）介绍覆盖、定位、时间同步、安全、实用组网协议、仿真和测试等高级主题。

第 1 章介绍了无线传感器网络的基本概念、典型应用、主要特征、挑战及关键技术，并讨论了相关的标准化工作，还与其他类型的网络进行了对比分析。

第 2 章分析了节点硬件的设计需求，介绍了节点的结构和外部接口及设计技术，并探讨了通用、专用、高性能、网关这四类节点的设计特点。

第 3 章分析了无线传感器网络操作系统的设计要求，以及常用的调度、内存分配、重编程等设计技术，并讨论了 TinyOS 和 Contiki 的实现特点。

第 4 章分析了无线传感器网络的协议体系结构特点，讨论了几种典型的协议结构，还探讨了无线传感器网络的跨层设计概念，以及全 IP 化、网络管理等方面的内容。

第 5 章介绍了无线传感器网络相关的无线通信技术，包括基本概念、频谱、媒介、无线信道、调制解调、扩频、多路复用和多路接入等。

第 6 章介绍了无线传感器网络中拓扑控制的基本概念，以及功率控制、睡眠调度和分簇这三类拓扑控制技术、代表性的算法和协议、拓扑控制技术的发展方向和最新进展。

第 7 章讨论了无线传感器网络 MAC 协议设计的特点和所面临的挑战,并分类介绍了竞争型、分配型、混合型的 MAC 协议,以及各类协议的优点和缺点。

第 8 章论述了无线传感器网络自身特点对路由协议设计的影响,描述了多种典型的路由协议,并分析了实用化的路由协议。

第 9 章具体阐述了无线传感器网络对传输控制协议的设计挑战,并介绍了拥塞控制机制和可靠传输机制的关键技术和一些经典协议。

第 10 章描述了无线传感器网络系统中应用较为广泛的标准化协议,包括 IEEE 802.15.4、ZigBee、蓝牙,WirelessHART、ISA100、WIA-PA、6LowPAN 等。

第 11 章介绍了无线传感器网络中覆盖技术的基本概念、主要研究挑战,并分析了点覆盖、区域覆盖和栅栏覆盖三类覆盖问题的经典算法和协议,以及一些新的研究方向。

第 12 章介绍了无线传感器节点中时间同步的概念、主要研究挑战,并分析了几种代表性的时钟同步协议,以及一些新的研究方向。

第 13 章展示了无线传感器网络中定位技术的基础知识和基本算法,以及主要研究挑战,并分析了几类定位算法的基本原理和典型实例,以及一些新的研究方向。

第 14 章从无线传感器网络的系统研发、原型搭建、运行维护和产品商用四个阶段,分别介绍了模拟仿真、系统验证、在线监测和协议测试等技术和工具。

第 15 章分析了无线传感器网络的主要威胁、安全需求、安全体系,还讨论了密钥管理、身份认证与访问控制、安全定位、入侵检测、容侵与容错、安全路由等安全技术。

本书主要有以下特点:

(1) 基础与前沿相结合。本书注重无线传感器网络的基本概念、基本原理、基本架构、基本协议、典型应用,以及节点硬件构成、典型节点开发平台、操作系统,力求展示出无线传感器网络重要和基础的内容,适合于初学者对无线传感器网络有清楚的认识和理解。书中还在拓扑控制、路由、传输控制等专题中深入地阐述了主要的技术路线及当前的研究成果。

(2) 理论与实践相结合。由于无线传感器网络具有多学科高度交叉的特点,涉及的理论问题多、难度大,书中在阐述各类协议和算法的同时,也结合应用分析了目前在无线传感器网络系统中应用较为广泛的标准化协议,如 IEEE 802.15.4、ZigBee、蓝牙、WirelessHART、ISA 100、WIA-PA、6LowPAN。为使读者对传感器网络仿真与测试技术有一定的理解,书中还专门介绍了无线传感器网络研究和应用中用来进行模拟仿真、系统验证、在线监测和协议测试的产品工具。

(3) 系统性与新颖性相结合。本书涉及无线传感器网络的各个方面,注重内容的系统性,以无线传感器网络的技术体系为叙述框架,从无线传感器网络的基础知识、基本架构开始,层层深入展开论述了各种关键支撑技术,以及建立在基本架构与关键技术之上的应用技术和开发技术,内容全面,体系完整。本书还紧跟无线传感器网络的学科和技术发展动态,将最近出现的新技术、新手段和新工具融入内容体系，使读者能够了解无线传感器网络的最新技术和应用。

本书由孙利民组织编写，与每章作者深入讨论并进行了最后的修改。张书钦在后期做了大量的整理和修改工作。本书第 1、2、4 章由孙利民编写，第 3、5、10 章由张书钦编写，第 6、11 章由杨红编写，第 7、12 章由李志编写，第 8、9 章由李立群编写，第 13 章由陈永乐编写，第 14 章由赵忠华编写，第 15 章由徐静和段美姣合作编写。在本书的编写过程中，得到了许多老师、同学和同事的关心、帮助和指正，在此谨表谢意。特别感谢刘伟、孙玉研、齐庆磊、王小山、易峰等博士提供了诸多材料以及宝贵意见，还要感谢张俊宝博士做了大量审校工作。

本书可作为高等院校物联网工程专业，以及计算机类、通信类、信息类、电子类专业的高年级本科生、研究生教材和教学参考用书，也可供从事相关行业的工程技术人员与研究人员参考。相比其他无线传感器网络书籍，本书的一个重要优点是受众广泛，针对了研究、开发、应用维护等方面的人员。

本书得到了国家自然科学基金委联合基金重点项目（No. U1766215）和北京市科学技术委员会项目（No. Z161100002616032）的资助，在此表示感谢。

由于时间仓促和撰写水平有限，本书的错误和不足在所难免，敬请广大读者批评指正。

编　者

2018 年 3 月于北京

目 录
CONTENTS

第 1 章 绪论 ··· 1

1.1 传感器网络的概念 ··· 2
1.1.1 传感器及其发展 ·· 2
1.1.2 无线传感器网络 ·· 5
1.1.3 无线传感器网络的优势 ···································· 7

1.2 传感器网络的典型应用 ··· 7
1.2.1 应用类型 ·· 7
1.2.2 典型应用领域 ··· 8

1.3 传感器网络的应用特征 ··· 13
1.3.1 感知信息收集的任务型网络 ····························· 13
1.3.2 以数据为中心的网络 ·· 13
1.3.3 资源限制的传感器节点 ···································· 14
1.3.4 可扩展的动态自治网络系统 ····························· 15
1.3.5 大规模的异构系统 ··· 17

1.4 传感器网络关键技术 ··· 17
1.4.1 系统设计的挑战 ·· 17
1.4.2 关键技术 ··· 22

1.5 传感器网络的标准化 ··· 30
1.5.1 标准化工作概述 ·· 30
1.5.2 IEEE 802.15 标准族 ··· 32
1.5.3 基于 IEEE 802.15.4 的协议族 ···························· 33
1.5.4 其他标准 ··· 33

1.6 传感器网络技术的发展 ··· 34

1.7 本书章节安排 ··· 39

习题 ·· 40

参考文献 ·· 41

第 2 章 传感器网络节点 ··· 43

2.1 设计需求 ··· 44

2.2 结构与接口 ……………………………………………… 45
    2.2.1 数据通路 ……………………………………… 46
    2.2.2 外部接口 ……………………………………… 47
2.3 硬件模块 ………………………………………………… 48
    2.3.1 传感模块 ……………………………………… 48
    2.3.2 处理器模块 …………………………………… 49
    2.3.3 无线通信模块 ………………………………… 52
    2.3.4 能量供应模块 ………………………………… 54
    2.3.5 存储模块 ……………………………………… 59
2.4 节能技术 ………………………………………………… 61
    2.4.1 动态功耗管理 ………………………………… 61
    2.4.2 动态电压调节 ………………………………… 63
2.5 节点硬件平台 …………………………………………… 64
    2.5.1 通用平台 ……………………………………… 65
    2.5.2 专用平台 ……………………………………… 68
    2.5.3 高性能平台 …………………………………… 69
    2.5.4 网关平台 ……………………………………… 71
2.6 本章小结 ………………………………………………… 72
习题 …………………………………………………………… 73
参考文献 ……………………………………………………… 74

第3章 操作系统 ……………………………………………… 77
3.1 概述 ……………………………………………………… 78
    3.1.1 传感器网络对操作系统的需求 ……………… 78
    3.1.2 传感网络操作系统的设计要素 ……………… 79
3.2 体系结构 ………………………………………………… 80
3.3 调度 ……………………………………………………… 81
    3.3.1 事件驱动 ……………………………………… 81
    3.3.2 多线程 ………………………………………… 82
    3.3.3 混合调度结构 ………………………………… 83
3.4 文件系统 ………………………………………………… 84
3.5 内存分配 ………………………………………………… 85
    3.5.1 静态内存分配 ………………………………… 85
    3.5.2 动态内存分配 ………………………………… 86
3.6 重编程 …………………………………………………… 87
    3.6.1 单一映像 ……………………………………… 88
    3.6.2 虚拟机 ………………………………………… 88
    3.6.3 可加载模块 …………………………………… 89

3.6.4　增量更新 ……………………………………………………… 91
3.7　典型的节点操作系统 …………………………………………… 92
3.7.1　TinyOS 操作系统 ……………………………………… 92
3.7.2　Contiki 操作系统 ……………………………………… 95
3.7.3　常见操作系统的对比分析 ……………………………… 99
3.8　本章小结 …………………………………………………………… 100
习题 ……………………………………………………………………… 101
参考文献 ………………………………………………………………… 101

第4章　无线传感器网络体系结构 …………………………………… 105
4.1　网络结构 …………………………………………………………… 106
4.1.1　扁平结构与分层结构 …………………………………… 106
4.1.2　单 sink 与多 sink ……………………………………… 108
4.2　协议体系结构 …………………………………………………… 110
4.2.1　传统的 TCP/IP 分层协议结构 ………………………… 110
4.2.2　二维型传感器网络协议模型 …………………………… 112
4.2.3　细腰型传感器网络协议结构 …………………………… 115
4.3　跨层设计 …………………………………………………………… 118
4.3.1　跨层设计的基本概念 …………………………………… 118
4.3.2　典型的跨层协议结构 …………………………………… 121
4.4　全 IP 化 …………………………………………………………… 124
4.4.1　传感器网络全 IP 化的必要性 ………………………… 125
4.4.2　全 IP 化的挑战及标准化工作 ………………………… 126
4.5　网络管理 …………………………………………………………… 128
4.5.1　传感器网络管理概述 …………………………………… 129
4.5.2　传感器网络管理功能 …………………………………… 130
4.5.3　传感器网络管理系统结构 ……………………………… 131
4.6　本章小结 …………………………………………………………… 136
习题 ……………………………………………………………………… 136
参考文献 ………………………………………………………………… 137

第5章　无线通信基础 ………………………………………………… 140
5.1　无线通信技术概述 ……………………………………………… 141
5.2　无线通信频谱 …………………………………………………… 142
5.2.1　电磁频谱 ………………………………………………… 142
5.2.2　ISM 免费频段 …………………………………………… 143
5.2.3　ISM 频段的干扰与共存性 ……………………………… 144
5.3　无线通信媒介 …………………………………………………… 145
5.3.1　无线电波 ………………………………………………… 146

5.3.2 红外线 ·· 146

5.3.3 激光 ·· 146

5.4 天线 ··· 147

5.5 无线电波传播特性 ··· 149

5.5.1 无线信号基本传播机制 ·· 149

5.5.2 无线信号覆盖范围 ·· 150

5.5.3 无线信号强度表示 ·· 150

5.6 无线信道传播模型 ··· 151

5.7 调制与解调 ·· 152

5.7.1 调制与解调基本概念 ··· 153

5.7.2 数字调制技术 ·· 153

5.8 扩频通信技术 ··· 155

5.8.1 直接序列扩频 ·· 156

5.8.2 跳频扩频 ·· 157

5.9 无线信道的多路复用 ··· 158

5.9.1 频分复用 ·· 159

5.9.2 时分复用 ·· 159

5.9.3 码分复用 ·· 160

5.9.4 空分复用 ·· 160

5.9.5 正交频分复用 ·· 160

5.10 超宽带技术 ··· 161

5.11 本章小结 ··· 162

习题 ··· 163

参考文献 ·· 163

第6章 拓扑控制技术 ·· 165

6.1 网络拓扑结构简介 ··· 166

6.2 拓扑控制基础知识 ··· 168

6.2.1 基本术语 ·· 168

6.2.2 影响因素 ·· 169

6.2.3 拓扑控制的设计目标 ··· 170

6.2.4 拓扑控制的主要技术 ··· 171

6.3 功率控制 ··· 172

6.3.1 基于节点度的功率控制 ·· 172

6.3.2 基于邻近图的功率控制 ·· 174

6.3.3 基于方向的功率控制 ··· 176

6.3.4 基于干扰的拓扑控制 ··· 177

6.4 睡眠调度 ·· 178

　　6.4.1 连通支配集算法 ·· 179

　　6.4.2 ASCENT 算法 ··· 181

　　6.4.3 SPAN 算法 ·· 182

6.5 分簇 ·· 184

　　6.5.1 LEACH 算法 ·· 184

　　6.5.2 GAF 算法 ·· 185

　　6.5.3 HEED 算法 ·· 187

　　6.5.4 TopDisc 算法 ··· 188

6.6 本章小结 ·· 190

习题 ·· 190

参考文献 ·· 191

第 7 章　MAC 协议 ·· 193

7.1 概述 ·· 194

　　7.1.1 无线网络的信道访问控制方式分类 ·· 195

　　7.1.2 传感器网络 MAC 协议的特点 ··· 196

　　7.1.3 传感器网络 MAC 协议的节能设计 ·· 197

7.2 竞争型的 MAC 协议 ·· 198

　　7.2.1 IEEE 802.11 MAC(DCF 模式) ·· 199

　　7.2.2 S-MAC ··· 200

　　7.2.3 B-MAC(SenSys) ·· 202

　　7.2.4 RI-MAC(SenSys) ··· 204

7.3 分配型的 MAC 协议 ·· 206

　　7.3.1 TRAMA(TDMA-W) ··· 206

　　7.3.2 BMA-MAC (IPSN'04) ·· 208

　　7.3.3 DMAC (IPDPS'04) ··· 209

7.4 混合型的 MAC 协议 ·· 211

　　7.4.1 Z-MAC (SenSys, CSMA/TDMA) ··· 212

　　7.4.2 Funneling-MAC (SenSys, CSMA/TDMA) ······························ 215

7.5 本章小结 ·· 217

习题 ·· 217

参考文献 ·· 219

第 8 章　路由技术 ·· 222

8.1 传统网络中的路由 ··· 223

　　8.1.1 有线 Internet 网络中的路由 ·· 223

　　8.1.2 Ad Hoc 网络中的路由 ·· 225

8.2 传感器网络中的路由 …………………………………………………… 226
　8.2.1 传感器网络的路由需求 …………………………………………… 226
　8.2.2 传感器网络特点对路由协议设计的影响 ………………………… 227
　8.2.3 路由选择考虑的因素 ……………………………………………… 228
　8.2.4 传感器网络路由的评价标准 ……………………………………… 231
8.3 传感器网络路由协议分类 ……………………………………………… 232
8.4 典型传感器网络路由协议 ……………………………………………… 234
　8.4.1 洪泛和闲聊路由 …………………………………………………… 234
　8.4.2 以数据为中心的路由 ……………………………………………… 235
　8.4.3 地理位置信息路由 ………………………………………………… 239
　8.4.4 层次式路由 ………………………………………………………… 243
　8.4.5 QoS 路由 …………………………………………………………… 246
　8.4.6 多径路由 …………………………………………………………… 251
　8.4.7 基于节点移动的路由 ……………………………………………… 254
　8.4.8 实用化路由协议介绍 ……………………………………………… 257
8.5 本章小结 ………………………………………………………………… 260
习题 ………………………………………………………………………………… 260
参考文献 …………………………………………………………………………… 261
第 9 章 传输控制技术 ……………………………………………………………… 263
9.1 传输控制协议概述 ……………………………………………………… 264
　9.1.1 传输层协议的功能 ………………………………………………… 264
　9.1.2 TCP 协议 …………………………………………………………… 265
　9.1.3 传感器网络中的传输控制 ………………………………………… 266
　9.1.4 传感器网络传输层协议评价指标 ………………………………… 268
9.2 拥塞控制机制 …………………………………………………………… 269
　9.2.1 拥塞产生的原因 …………………………………………………… 269
　9.2.2 拥塞的分类 ………………………………………………………… 271
　9.2.3 拥塞控制 …………………………………………………………… 271
　9.2.4 典型的拥塞控制方法 ……………………………………………… 274
　9.2.5 拥塞避免 …………………………………………………………… 283
9.3 可靠传输机制 …………………………………………………………… 285
　9.3.1 可靠性的定义 ……………………………………………………… 285
　9.3.2 可靠性保障的基本思想 …………………………………………… 285
　9.3.3 典型的可靠性保障机制 …………………………………………… 287
9.4 本章小结 ………………………………………………………………… 299
习题 ………………………………………………………………………………… 299
参考文献 …………………………………………………………………………… 300

第 10 章　实用化组网标准协议 ……………………………………………… 303

　　10.1　IEEE 802.15.4 …………………………………………………… 304

　　　　10.1.1　网络设备类型 …………………………………………… 305

　　　　10.1.2　网络拓扑结构 …………………………………………… 305

　　　　10.1.3　物理层 ………………………………………………… 307

　　　　10.1.4　MAC 层 ……………………………………………… 309

　　10.2　ZigBee ………………………………………………………… 318

　　　　10.2.1　网络节点类型及网络拓扑 …………………………… 319

　　　　10.2.2　协议栈 ………………………………………………… 320

　　　　10.2.3　网络层 ………………………………………………… 320

　　　　10.2.4　应用层 ………………………………………………… 324

　　　　10.2.5　ZigBee 安全框架 …………………………………… 328

　　10.3　工业无线网络 ………………………………………………… 330

　　　　10.3.1　WireleessHART ……………………………………… 331

　　　　10.3.2　ISA 100.11a ………………………………………… 332

　　　　10.3.3　WIA-PA …………………………………………… 334

　　　　10.3.4　WIA-PA、WirelessHART、ISA SP100 三种工业无线技术的比较 …… 336

　　10.4　6LowPAN …………………………………………………… 337

　　　　10.4.1　网络结构与设备 …………………………………… 338

　　　　10.4.2　协议栈 ………………………………………………… 338

　　　　10.4.3　适配层 ………………………………………………… 339

　　　　10.4.4　路由协议 …………………………………………… 344

　　10.5　蓝牙 …………………………………………………………… 346

　　　　10.5.1　网络结构与设备 …………………………………… 347

　　　　10.5.2　蓝牙协议栈结构 …………………………………… 347

　　　　10.5.3　射频 ………………………………………………… 348

　　　　10.5.4　基带 ………………………………………………… 349

　　　　10.5.5　蓝牙组网技术 ……………………………………… 357

　　　　10.5.6　蓝牙应用规范 ……………………………………… 359

　　　　10.5.7　低功耗蓝牙 ………………………………………… 359

　　10.6　本章小结 ……………………………………………………… 367

　　习题 ……………………………………………………………………… 368

　　参考文献 ………………………………………………………………… 368

第 11 章　感知覆盖 ………………………………………………………… 371

　　11.1　覆盖基本知识 ………………………………………………… 372

　　　　11.1.1　基本概念和术语 …………………………………… 372

　　　　11.1.2　节点感知模型 ……………………………………… 373

　　　11.1.3　覆盖问题的分类 ···································· 375
　　　11.1.4　传感器网络覆盖技术考虑的主要因素 ·············· 376
　11.2　点覆盖 ·· 377
　　　11.2.1　确定性点覆盖 ···································· 377
　　　11.2.2　随机点覆盖 ······································ 379
　11.3　区域覆盖 ·· 380
　　　11.3.1　确定性区域覆盖 ·································· 380
　　　11.3.2　随机区域覆盖 ···································· 381
　11.4　栅栏覆盖 ·· 385
　　　11.4.1　最坏与最佳情况覆盖模型 ························ 386
　　　11.4.2　基于暴露量的覆盖模型 ·························· 388
　11.5　本章小结 ·· 389
　习题 ·· 389
　参考文献 ·· 389

第 12 章　时间同步 ·· 391
　12.1　基础知识 ·· 392
　　　12.1.1　本地时间 ·· 392
　　　12.1.2　时间同步 ·· 393
　　　12.1.3　协议分类 ·· 394
　　　12.1.4　面临的挑战 ······································ 395
　12.2　基于消息的时间同步协议 ·································· 397
　　　12.2.1　网络时间协议 ···································· 398
　　　12.2.2　参考广播协议 ···································· 399
　　　12.2.3　TPSN 同步协议 ·································· 401
　　　12.2.4　FTSP 同步协议 ·································· 404
　　　12.2.5　tiny-sync 和 mini-sync 同步协议 ·············· 407
　　　12.2.6　最新进展 ·· 410
　12.3　基于全局信号的时间同步协议 ······························ 412
　　　12.3.1　授时同步 ·· 412
　　　12.3.2　基于电力线的时钟同步协议 ······················ 414
　　　12.3.3　基于 FM 无线信号的时钟同步协议 ROCS ·········· 415
　12.4　本章小结 ·· 416
　习题 ·· 417
　参考文献 ·· 419

第 13 章　定位技术 ·· 421
　13.1　基础知识 ·· 422
　　　13.1.1　无线定位 ·· 422

13.1.2　传感器网络定位 ·· 423

13.2　测距技术 ·· 426

13.2.1　基于 ToA 的测距 ··· 426

13.2.2　基于 TDoA 的测距 ··· 427

13.2.3　基于 AoA 的测距 ··· 428

13.2.4　基于 RSS 的测距 ··· 429

13.3　基于测距的定位算法 ·· 429

13.3.1　定位方法 ··· 430

13.3.2　定位系统 ··· 432

13.4　测距无关的定位算法 ·· 435

13.4.1　质心算法 ··· 436

13.4.2　MSP 算法 ·· 437

13.4.3　APIT 算法 ··· 438

13.4.4　DV-Hop 算法 ··· 439

13.4.5　MDS-MAP 定位算法 ··· 441

13.4.6　指纹定位算法 ··· 442

13.5　其他相关问题讨论 ·· 443

13.5.1　节点可定位性 ··· 443

13.5.2　定位误差分析 ··· 444

13.5.3　定位误差控制 ··· 445

13.5.4　移动节点辅助定位 ··· 446

13.6　本章小结 ·· 447

习题 ·· 448

参考文献 ·· 449

第 14 章　仿真与测试 ·· 451

14.1　概述 ·· 452

14.2　模拟仿真 ·· 453

14.2.1　TOSSIM ··· 454

14.2.2　OMNeT++ ·· 458

14.2.3　NS-2 ··· 460

14.2.4　其他工具 ··· 461

14.3　系统验证 ·· 463

14.3.1　HINT ··· 463

14.3.2　MoteWorks ·· 469

14.3.3　MoteLab ··· 470

14.4　在线监测 ·· 471

14.4.1　网络嗅探 ··· 471

　　　　14.4.2　网络断层扫描 ·· 472
　　14.5　协议测试 ··· 473
　　　　14.5.1　一致性测试 ··· 474
　　　　14.5.2　互操作性测试 ··· 476
　　　　14.5.3　性能测试 ··· 476
　　14.6　本章小结 ··· 479
　　习题 ·· 479
　　参考文献 ·· 480
第 15 章　安全技术 ·· 482
　　15.1　概述 ··· 483
　　　　15.1.1　安全威胁 ··· 483
　　　　15.1.2　安全需求 ··· 486
　　　　15.1.3　安全机制 ··· 488
　　15.2　密钥管理 ··· 489
　　　　15.2.1　密钥管理协议的安全需求 ··································· 489
　　　　15.2.2　密钥管理协议的分类 ····································· 490
　　　　15.2.3　对称密钥管理 ··· 491
　　　　15.2.4　非对称密钥管理 ··· 495
　　15.3　认证及完整性保护 ··· 498
　　　　15.3.1　基于对称密码体制的广播认证方案 ······················· 498
　　　　15.3.2　基于非对称密码体制的认证方案研究 ····················· 500
　　15.4　入侵检测 ··· 502
　　　　15.4.1　入侵检测体系 ··· 502
　　　　15.4.2　入侵检测方法 ··· 503
　　　　15.4.3　入侵容忍 ··· 504
　　15.5　其他安全技术 ··· 505
　　　　15.5.1　安全路由 ··· 505
　　　　15.5.2　安全定位 ··· 506
　　　　15.5.3　安全时间同步 ··· 508
　　　　15.5.4　安全数据融合 ··· 509
　　　　15.5.5　隐私及匿名保护 ··· 510
　　15.6　本章小结 ··· 511
　　习题 ·· 512
　　参考文献 ·· 513

第 1 章

绪　　论

导读

　　本章介绍了无线传感器网络的基本概念、典型应用、主要特征,并分析了无线传感器网络设计和应用中的挑战及关键技术。接下来概要介绍了无线传感器网络相关的标准化工作。最后对无线传感器网络技术相关的无线传感反应网络、容迟网络、信息物理融合系统、物联网、泛在网络等网络类型或概念进行了对比分析。

引言

　　在当今信息技术飞速发展的时代,以 Internet 为代表的信息网络给人们的生活带来了巨大的变化。通过 Internet,人们能够及时了解世界各地的新闻,方便地获得许多有用信息,如股市行情、旅游信息、商品介绍,参与网上的互动游戏等娱乐活动,进行网上远程教育和购物,发送电子邮件等等,Internet 已经成为很多人日常活动不可缺少的部分。

　　随着微电子技术、计算技术和无线通信等技术的进步,推动低功耗多功能传感器快速发展,使得在微小体积内能够集成信息采集、数据处理和无线通信等多种功能,这些智能传感器以无线方式进行通信形成无线传感器网络①(wireless sensor network,WSN),能够获取监测区域内人们感兴趣的信息。如果说 Internet 构成了逻辑上的信息世界,改变了人与人之间的沟通方式,那么,无线传感器网络将逻辑上的信息世界与客观上的物理世界融合在一起,将改变人类与自然界的交互方式。人们可以通过传感器网络直接感知客观世界,从而极大地扩展现有网络的功能和人类认识世界的能力。美国《商业周刊》和《MIT 技术评论》在预测未来技术发展的报告中,分别将无线传感器网络列为 21 世纪最有影响的 21 项技术和改变世界的十大技术之一。传感器网络、塑料电子部件和仿生人体器官又被称为全球未来的三大高科技产业。

　　无线传感器网络可以在任何时间、地点和任何环境条件下获取大量的监测信息。因此,

---

　　① 本书如无特殊声明,"传感器网络"即指"无线传感器网络"。

　　无线传感器网络作为一种新型的信息获取系统，以其高度的灵活性、容错性、自治性以及快速部署等优势为其带来广阔的应用前景，在军事、航空、防爆、救灾、环境、医疗、保健、家居、工业、商业等诸多应用领域有广阔的应用空间。

　　无线传感器网络作为 Mark Wesier 的普适计算（ubiquitous computing）思想衍生的产物，通过近几年的研究，人们对传感器网络特点的认识已经逐渐明确，但是许多基础理论和关键技术还没有得到完全解决，如能量有限性、计算存储能力、传输层和服务质量、覆盖率与部署、可靠数据传输、网络协议的统一标准等。但无线传感器网络作为信息科学领域中一个全新的发展方向，同时也是新兴学科与传统学科进行领域间学术交叉的结果，将会对人类未来的日常生活和社会生产活动的各个领域产生深远影响，应用前景十分广阔，实现普适计算思想将不再遥远。

1.1　传感器网络的概念

1.1.1　传感器及其发展

1）传感器的基本知识

　　换能器是把一种形式的能量转换成另一种形式的设备。传感器就是一种典型的换能器，把物理世界的物理或化学等能量转换成电能，具有"感"知现实世界的物理量，按照一定规律把感知结果以某种形式的信息"传"输出去，而且输出量与输入量有明确的对应关系，满足一定的精确程度。国际上把传感器解释为测量系统中的一种前置部件，把输入变量转换成可供测量的信号。中国国家标准 GB 7665—1987 对传感器下的定义如下：传感器能感受规定的被测量，并按一定规律转换成可用输出信号的器件或装置，通常由敏感元件和转换元件组成。其中，敏感元件是指传感器中能直接感受或响应被测量的部分；转换元件是指传感器中能将敏感元件感受或响应的被测量转换成适于传送或测量的电信号部分。

　　传感器种类繁多，声、光（可见光，红外光）、电、温、压、磁、流量、转速、位移、化学等数不胜数，使用何种传感器完全取决于应用系统。传感器一般包括传感器探头和变送系统两个部分，不同种类、不同精度要求的传感器其自身体积和对变送系统的要求也不相同。传感器的工作原理如图 1-1 所示。

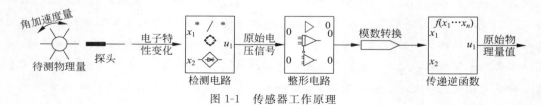

图 1-1　传感器工作原理

　　首先，物理量的变化通过各种机制转换成电阻、电容或者电感变化；然后，这些电子特性变化通过转换电路，如阻桥电路，转换成电压信号；接着，电压信号经过积分电路、放大电路进行整形处理；最后，采集电路（ADC）将模拟电压信号转换成数字信号。转换的数字和采集的电压之间是线性关系,但采集的电压信号和原始物理量之间的关系往往要用特定的传递函数描述,故要把采集到的数据直接对应到原始物理量还需要通过处理器查表或者用传递逆函数进行计算。

　　温湿度、光照传感器和声音传感器,其价格不高,体积也可以做得很小。图1-2是瑞士Sensirion公司的温湿度一体传感器,其体积只有火柴头大小。加速度传感器、超声波传感器、振动传感器、压力传感器和磁传感器的变送电路比较复杂、体积稍大,且价格较高,在传感器网络中可以设置部分包含此种传感器的节点。化学传感器的体积较大,工作时的预热时间长(有的甚至需要数十个小时的预热时间),加上成本也相当高,不适用于直接网络化使用,如果目标应用需要使用这样的传感器,可以考虑作为独立测试节点使用。

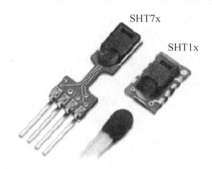

图1-2　SHTxx温湿度一体传感器

　　为了研究和应用传感器,人们从不同的角度对传感器进行了分类。根据感知的物理量,传感器分为温度、湿度、位移、速度、压力、流量、化学成分等传感器;根据工作原理,传感器分为电阻、电容、电感、电压、霍尔、光电、光栅、热电偶等传感器;根据输出信号的性质,传感器分为输出为"1"和"0"的开关型传感器、模拟型传感器,以及输出为脉冲或代码的数字型传感器等。

　　根据对感知物理量的方向敏感性,传感器分为全向传感器和定向传感器,全向传感器在测量中对方向不敏感,如测量温度、湿度、气压、烟浓度等,而定向传感器对测量有一个明确方向,如摄像传感器等。在无线传感器网络的部署中,为了满足应用的感知覆盖需求,需要关注传感器感知方向的敏感性,在满足相同覆盖度的前提下,全向传感器需要部署的数量相对定向传感器要少。

　　根据是否需要主动发射信号来感知目标,传感器分为主动传感器和被动传感器。主动传感器通过主动发射微波、光和声音等形式的能量来触发响应或检测发送信号能量的变化,往往需要外部提供电源;被动传感器通过接收外界发射或反射的信号来感知目标,具有较强的隐蔽性和抗干扰性,往往不需要外部提供电源来发送能量。被动传感器相对主动传感器消耗的能量少,非常适合应用在低功耗的无线传感器网络的设备中。

　　由于传感器的物理效应和工作机理不同,有些传感器需要直接接触被测对象,有些则无需直接接触被测对象。人们希望传感器的输出与输入之间表现出完全的线性关系,但实际上由于物理效应、制作工艺和应用场景复杂性等影响,很难完全做到输出与输入之间的稳定线性关系。理想传感器的遵循原则是:仅对被测试物理量敏感,不应对其他物理量敏感,不受其他因素的影响;传感器本身不要对测试环境中被测试物理量产生影响。

传感器能够连接物理世界和信息空间,感知物理世界的细微变化,并转化成能够处理、存储和操作的信号。把各种传感器集成到大量设备、机械和环境中,能够极大增强人们感知物理世界的能力,帮助避免大型基础设施倒塌的灾难,保护宝贵的自然资源和环境,增加农作物的产量,增强生产安全和社会安全,以及带来丰富多样的新应用,产生巨大的经济效益和社会效益。

2) 传感器的发展

传感器发展从早期的模拟信号输出,经过了数字化传感器、多功能传感器、智能化传感器到传感器网络的自治传感器,在通信上从单个连接、有线网络、无线单跳到无线多跳网络,在体积上逐渐向小型化、微型化的方向发展。

早期传感器输出模拟信号,只能感知单一物理参数,传感器采集的感知信息输出给控制单元进行存储和分析,通常用来制作单一的采集设备,或参与单一的采集控制过程。随着电子技术的发展,A/D 模拟数字转化电路集成到传感器设计中,传感器输出数字信号,信息传输对环境的抗干扰能力得到增强,延长了传感器与控制单元之间的距离。传感器集成化技术的发展,能够把传感器与放大、运算以及温度补偿等环节组装到一个传感器件中,在单个芯片上集成多个或多种传感器,在增加多功能和提高可靠性的同时,传感器的体积也逐渐缩小。传统传感器仅产生数据流而没有计算能力,应用时把传感器部署在感知对象附近。随着应用系统的规模逐渐扩大,多个传感器节点把采集的感知信息传输到中心处理系统,中心处理系统基于汇总的感知信息进行系统优化和决策控制。

网络通信技术的发展推动了在传感器节点中集成网络接口,初期主要集成有线网络的接口。这使得传感器节点能够部署在更大的空间范围内,通过局域网或互联网远程获取传感器节点采集的感知信息,形成跨区域、跨系统的数据收集系统。有线网络需要布线,部署成本较高且不够灵活,有些应用场景可能无法或不允许布线,人们就在传感器节点中集成无线接口,传感器节点可直接与无线基站进行通信。传感器节点在通信能力不断增强的同时,也逐渐增加了智能性。借助于半导体集成化技术把传感器与信号预处理电路、输入输出接口、微处理器等制作在同一块芯片上,使之不仅具有采集信息的功能,还具有检测判断和信息处理的功能,成为新型的智能传感器。智能传感器能够对采集信息进行剔除、纠错和过滤等预处理,减少需要传输的数据量,及时检测传感器节点的工作状态以及对紧急事件做出适当响应,甚至还可以结合模糊推理、神经网络等人工智能技术,成为传感器重要的发展方向之一。

在最近 10 多年,人们研发了具有自治能力的新型传感器节点。它利用携带的存储器存储程序代码和采集的数据,利用处理器运行相对简单的通信协议和信息处理代码,通过无线方式实现与基站之间的通信,相互之间还能够形成多跳无线网络。这种具备一定自治能力的节点就是无线传感器网络节点,通过自组织方式形成无线多跳网络,不仅能够采集物理信息和传输感知数据,而且能够对自身和其他传感器节点的数据进行网内分析、关联和融合处理。当大量传感器网络的节点部署在监测环境中,它们无需人工干预就能够协同完成预先规划的信息收集、事件监测和决策控制等任务。

具有无线通信能力的传感器节点在 10 年前已经在技术上达到实用水平,但由于传感器节点的生产成本和系统的维护成本高,一直没有得到大规模的应用。哪些技术的进步使无线传感器网络的广泛应用成为可能? 第一是半导体技术的发展。对于给定的处理能力,芯片的物理尺寸每年成倍减小,价格成倍降低,摩尔定律被预测经过 10~20 年才会最终失效;半导体制造技术还驱动节点设备的小型化发展,催生出体积极小的无线和机械结构部件。第二是电池体积的小型化。传感器网络节点往往通过电池供电。在过去的 20 多年,一节 AA 碱性电池的容量在快速充电情况下从 0.4Ah 增加到 1.2Ah;电路的能量消耗与它的计算性能正相关,通常电路的设计要求是对于一个给定的任务,如果用较长的时间完成,它消耗的能量相对要少;目前已经有多种技术能够动态调整性能来最小化能量消耗。第三是片上系统(SoC)集成技术。在非常微小的芯片上集成微传感器、处理器和无线通信接口,使得传感器网络节点能够微型化和低功耗,适用大规模应用场景。

1.1.2　无线传感器网络

1) 网络系统架构

微电子技术、计算技术和无线通信等技术的进步,推动了低功耗多功能的智能传感器的快速发展,使其在微小体积内能够集成信息采集、数据处理和无线通信等多种功能。这些微小传感器节点嵌入在监测区域内的物理环境中或部署在监测对象的附近,协同监测人们感兴趣的现象或事件,及时把感知信息通过网络传递给人们。

早期研究无线传感器网络,目标是在监测区域内部署大量的传感器节点,在无需人工干预条件下,这些节点能够以自组织的方式形成多跳无线网络,协同地完成采集、处理和传输网络覆盖地理区域内感知对象的信息,及时发布给使用网络的观察者。传感器节点、感知对象和观察者构成无线传感器网络的三个基本要素。如同诸多新技术一样,军事应用成为早期无线传感器网络发展的推动力,在条件恶劣的战场环境大规模部署无线传感器网络,及时获取各种战场信息可为指挥决策和作战行动提供有力支持。现在,无线传感器网络已经应用到诸多的民用领域,帮助人们更高效地从事生产和科研,也为人们的社会和生活活动带来了安全和便利。

传感器网络的应用场景如图 1-3 所示。传感器网络系统通常包括传感器节点和汇聚节点(sink),以及网络后端的感知信息的管理平台和使用者。部署在监测区域内部或附近大

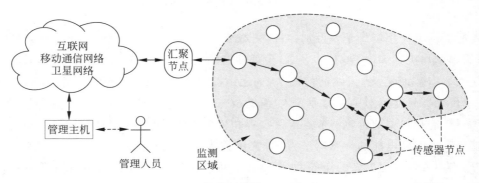

图 1-3　传感器网络的系统架构

量的传感器节点形成无线网络,节点采集的信息通过其他节点的协助进行逐跳传输,在传输过程中采集数据可能被多个节点处理,经过多跳后路由到汇聚节点,最后通过互联网或卫星传输到相应的数据存储和处理服务器。用户通过管理平台对传感器网络进行配置和管理,发布监测任务以及收集监测数据。

传感器节点通常是微型价廉的嵌入式设备,它的处理能力、存储能力和通信能力相对较弱,通过能量有限的电池供电。从网络功能上看,每个传感器节点兼有传统网络的终端节点和网络路由器的双重功能,不仅负责本地信息的采集和数据处理,还可对其他节点转发来的数据进行存储、管理和融合等处理,以及把自己和其他节点的数据转发给下一跳节点或直接发送给汇聚节点。另外,相邻节点之间还可通过合作实现协同通信机制、事件联合判断等功能。

汇聚节点又称网关节点或基站,连接传感器网络与 Internet 等外部网络,实现两种网络之间的通信协议转换。汇聚节点把收集的数据转发到外部网络上,同时还向传感器网络转发外部管理节点的监测任务。一般来说,汇聚节点的处理能力、存储能力和通信能力相对比较强,既可以是增强的传感器节点,有足够的能量供给和更多的内存与计算资源,也可以是没有监测功能仅带有多种通信接口的转发设备。

2）节点结构

传感器节点通常由传感器模块、处理器模块、无线通信模块和能量供应模块四个部分组成,如图 1-4 所示。传感器模块负责监测区域内信息的采集和数据转换;处理器模块负责控制整个传感器节点的操作,存储和处理本身采集的数据和其他节点发来的数据,运行网络通信协议;无线通信模块负责与其他传感器节点进行无线通信,交换控制消息和收发采集数据;能量供应模块为传感器节点提供运行所需的能量,通常采用微型电池。

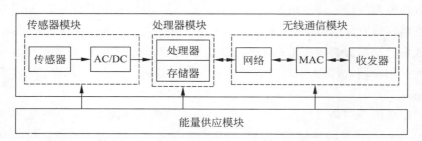

图 1-4 传感器网络节点的体系结构

传感器网络应用场景千差万别,对传感器节点提出了不同的性能需求。在处理能力方面,从简单单片机到 8 位、16 位以及 32 位处理器的处理能力;在通信能力方面,采用不同的传输速率、距离和延迟的无线通信技术,如超声波、红外和无线射频技术等;在感知能力方面,简单传感器只能感知单一物理参数,而复杂感知设备可同时感知多种物理参数,如声、光和磁等。性能相对弱的传感器节点仅仅收集和传输采集的信息,而具有较强处理、存储、通信等能力和大容量电能的传感器节点（有文献称为富节点）能够完成丰富的处理和汇聚功能,在网络中常常承担更多的任务,如形成骨干网来转发资源受限节点的采集信息到汇聚节点。一些传感器节点可携带 GPS 等功能模块,利用 GPS 模块实现节点的精确定位,其代价是消耗更多的能量。

传感器节点在能量供应方面也存在差异。有些节点携带微小电池,只能支持节点工作几个小时或几天时间;有些节点携带大容量电池,能够支持节点连续运行几周时间;在有些应用中,节点采用太阳能电池板不断补充电能,支持节点长时间工作。还有一些应用,传感器节点通过嵌入到其他设备中,不断从这些设备中获取电能来支持其长期运行。节点要长期运行,就需要能够从环境或其他设备中不断获取能量,这可能带来成本的增加或部署的不便。尽管节点携带的能量存在差异,传感器网络都需要关注能量的高效使用。

1.1.3 无线传感器网络的优势

在物理环境中部署无线传感器网络,人们能够远程获取感知区域的信息,扩大了人们对物理世界的感知。近年来无线传感器网络越来越受到广泛重视,主要源于如下的显著优势:

(1) 传感器节点具有自治能力,能够自主组网和自行配置维护,实时转发监测数据,适应感知场景的动态变化,在无人值守条件下能够有效工作,特别适合在恶劣环境下工作,如战场、危险区域或人类不能到达的区域;

(2) 传感器节点成本低廉可以大规模部署,而且不需要布线,能够快速形成覆盖广阔的传感器网络系统,通过多传感器混合、多节点联合,近距离对覆盖区域进行更精细、更全面的感知,避免出现感知盲区,同时,节点的冗余和自治特性也使传感器网络能够自主调整拓扑结构,增加了感知的可靠性;

(3) 节点的低功耗和微型化,使得传感器网络能够部署在越来越多的应用场景,可安装在工控设备、运输车辆、历史建筑、林木等之上,甚至植入到人或其他动物的体内,而伴随着互联网和3G/4G网络的广泛应用,更是能实现无处不在的感知,极大地提高了人类的感知能力扩大了感知范围。

1.2 传感器网络的典型应用

1.2.1 应用类型

随着大规模、分布式传感器网络的应用,传感器网络将会覆盖和装备整个地球,连续监测和收集各种各样的物理、生物等信息,包括土壤和空气条件、各种基础设施的状况、濒危物种的习性特征等。传感器网络的广泛应用,能够帮助人们理解和管理与我们不断增强连接的物理世界。

根据监测对象的特性,传感器网络应用可以分类为空间监测、目标监测,以及空间和目标的交互监测。空间监测包括战场环境、室内气候、环境质量等监测,目前碳循环、气候变化和有害海藻等生物现象在时空维度上没有合适的观察手段,传感器网络能够提高相关的模型精度和预报的准确率。目标监测包括建筑物状况、设备维护、医疗诊断等。更多的动态应用包含复杂的交互,如灾难管理、应急响应、健康医疗、泛在计算环境等。定位与追踪应用就是传感器网络通过节点间的距离(或角度)测量,并进行定位计算获得目标节点的位置。

根据感知数据的获取方式,传感器网络应用可以分类为事件驱动、时间驱动和查询驱动。

　　事件驱动的应用是传感器网络监测和报告特定的事件是否发生，如火警或区域入侵事件。这类应用在事件发生时由传感器节点发送数据到汇聚节点。目标发现和跟踪是典型的事件驱动的应用例子，包含目标监测、分类和确定目标的位置等，一旦目标出现在监测区域，通常需要及时报告和跟踪目标的位置。目标监测和跟踪中的目标可以分为两种类型，一种是相对活动区域来说较小的目标，如战场上的坦克或士兵；另一类是在监测区域不断扩散的目标，如森林大火、战场毒气等，不仅要监测到目标，还要监测扩散的区域和速度等。事件驱动的应用往往对传输可靠性、实时性要求较高。

　　时间驱动的应用需要周期性的数据收集，如环境监测、交通流量监测等。传感器节点周期性地发送感知数据到汇聚节点，感知数据上报周期可以被预先配置，或根据所监测环境及应用的要求由用户动态设置。这类应用通过传感器网络的连续监测来反映监测对象的变化，适合连续状态的监测，如农作物监测。但对用户来说，返回的大部分数据可能是无用的，会导致传输和处理资源的浪费。这类应用通常是监测区域内多数或所有节点都要报告，对网络传输的实时性及传输质量的要求不如事件驱动高，但需要确定最优的上报时间间隔。

　　查询驱动的应用就是用户希望查询覆盖区域内的信息，向传感器网络发送查询请求，节点根据查询请求检索所需数据。查询驱动的应用实际上就是用户或应用组件与传感器节点之间的请求-响应交互，这类应用也可被视为事件驱动的应用，其中事件就是用户发送的查询指令。查询驱动的应用将网络视作数据库，为用户提供了一个高层查询接口，向用户隐藏了网络拓扑以及无线通信的细节。

　　在事件驱动的应用中，当感兴趣的事件发生时，才会产生数据流量，而在时间驱动的应用中，数据每隔一定间隔被发送到汇聚节点。查询驱动的应用则是按照用户的需要收集数据。很多实际应用需要完成多种任务，既有事件驱动的流量，也有时间驱动的流量，往往是混合的流量模式。混合方法综合利用了两种或更多的方法，可降低单个方法的缺陷所造成的影响。

1.2.2　典型应用领域

　　传感器网络研究最早起源于军事应用，随着研究的不断深入，传感器网络正逐渐深入到人类活动的各个领域，并展现出了非常广阔的应用前景。这里按照军事反恐、环境监测、精细农业、健康医疗、家居生活、工业生产、其他应用等领域来分析传感器网络的应用特点和典型系统，如图 1-5 所示。

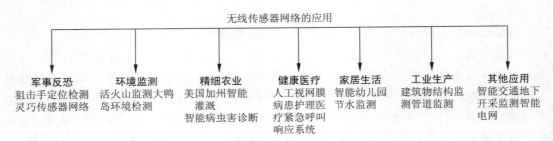

图 1-5　传感器网络应用领域

1.2.2.1　军事反恐

相对于其他信息探测系统和网络系统,在军事反恐领域传感器网络的优势主要体现在:战场适应能力强,可快速自动地组成一个独立的网络;战场生存能力强,在部分节点失效或链路被干扰情况下,通过协调互补动态连接成新的网络系统,继续原来的工作;监测准确性高,通过在监测区域大量布设传感器节点与监测目标近距离接触,对监测对象形成分布式、多角度、全方位的监测能力。传感器网络在军事反恐领域中的主要应用方式介绍如下。

(1) 战场信息侦查。利用传感器网络获取作战区域的温湿度、光照、地形地貌等环境信息,侦查友方、敌方部队的活动去向和武器、装备的部署,及早发现己方阵地上的核、生物、化学污染,为己方组织防护提供快速反应时间从而降低人员伤亡。美国国防部远景计划研究局资助的智能尘埃(Smart Dust)项目[3]最早提出了利用传感器网络对战场态势进行监控的设想。美国弗吉尼亚大学研制的 VigilNet 系统[4]利用传感器网络执行敌后监视任务,可以定位和跟踪人员和车辆目标。美国陆军开发的沙地直线系统(A Line in the Sand)[5]利用播撒在战场上的传感器可侦测战区内高金属含量的运动目标。美国国防部提出的灵巧无线传感器网络(Smart Sensor Web)[8]是基于传感器网络的战场信息发布系统,把前方战场视图和相关数据实时发布给指挥人员和士兵,使他们及时了解整个战场的态势。美国海军的SeaWeb[9]利用传感器网络监测舰船、潜艇和水下航行器,并为己方提供定位和导航服务。

(2) 后勤物资与装备管理。利用传感器网络对军事物资和装备进行管理和调配,实现军事物资的可视化管理,缩短物资的调配时间,提高战场保障效率。同时,利用传感器网络实时获取武器装备的状态,进行实时故障分析和诊断。

(3) 反恐。利用传感器网络来测量枪声和爆破的声波信号以及子弹发射产生的冲击波的到达时间、强度、角度等数据,可以精确地定位射击者的位置。范德堡大学于2003年研发了第一套基于传感器网络的狙击手定位系统 PinPtr[6],PinPtr 具有很高的精度,但需要提前部署在固定的位置。美国雷神 BBN 公司研制的 Boomerang 狙击手定位系统[7]支持传感器节点的移动部署。其他还有利用传感器网络实现的防范生化武器袭击的监测系统,可监测车站和机场等公共场所的化学毒气。

1.2.2.2　环境监测

环境监测是传感器网络应用最广泛的领域之一。利用传感器网络进行环境监测的优势主要体现在:节点具有通信及路由能力,能提供实时监测网络;节点体积微小,且自供电,对监控对象的影响很小,可以长期自主工作;可部署在偏远、有毒等条件苛刻的环境中,还可以根据需要协同执行较为复杂的监测。传感器网络在环境监测领域的主要应用方式如下。

(1) 大范围大尺度的环境监测,如大气环境、海洋环境、冰川环境、森林和城市生态系统等。澳大利亚墨尔本大学和詹姆斯库克大学在澳洲东北沿海部署了大堡礁监测系统来监视变化的气候环境。英国南安普顿大学在挪威约斯特达尔冰盖的布里克斯达斯布尔冰河部署了冰川监测系统,来实时获取温度、气压、天气及冰下移动等信息。新加坡南洋理工大学建立的城市天气监测系统,对城市天气进行大范围细粒度的监测。

（2）局部环境或小环境的监测，如粮棉仓库、博物馆、写字楼等建筑物内的温湿度和空气质量等。

（3）自然灾害的预报和监测，如洪水灾害、森林火灾、山体滑坡、江湖红藻等。哈佛大学和南加州大学合作利用传感器网络监测厄瓜多尔中部的活火山活动情况。中国科学院在无锡太湖部署传感器网络监测太湖水资源，进行红藻预报。美国麻省理工学院利用传感器网络在频繁受洪涝灾害影响的洪都拉斯进行了早期洪灾监测的测试。

（4）动植物生活习性监测。美国加州大学伯克利分校在一棵70米高的红杉树上用传感器网络来监测其生存环境，记录空气温度、湿度、太阳光强（光合作用）等的变化。普林斯顿大学在肯尼亚国家野生动物园建立了 ZebreNet 系统来监测斑马的生活习性和生存环境。美国加州大学伯克利分校 Intel 实验室与大西洋大学联合，在大鸭岛利用传感器网络系统监视海燕的生活习性。

1.2.2.3　精细农业

农业是传感器网络应用的重要领域。在农业领域，传感器网络的主要优势为：节点可以通过不同类型的传感器采集农作物生长及环境信息；传感器网络能够长时间持续进行监测；通过智能分析可准确发现问题原因，自动进行温度调节、节能灌溉、精准施肥等处理，支持传统农业从机械的生产方式向新型的、以信息采集和分析为中心的生产方式逐步转变，实现农业的自动化、智能化、远程监控。传感器网络在农业领域的主要应用方式如下。

（1）温室和农场管理。利用传感器网络对温室和农场进行监测，如土壤水分、pH 值、二氧化碳、光照、温度等，还可根据农作物的生长状况高效合理地进行节水灌溉和精准施肥。2002 年，Intel 公司率先在俄勒冈州建立了世界上第一个无线监测葡萄园，利用传感器节点监测葡萄园的土壤温度、湿度以及所测区域的害虫的数量。美国加州大学伯克利分校与 Intel 公司开发了土壤湿度监测系统，灌溉控制中心根据监测信息实时调整灌溉方案，提升了葡萄的品质和产量，并节约了灌溉用水。Digital Sun 公司[12]的智能喷灌系统可根据土壤湿度来判断是否需要喷灌以及喷灌的水量和时间，其中的控制器会下发命令自动检测喷灌线路是否断裂，或喷灌头阻塞等故障，并发出警告。

（2）病虫害智能诊断。利用摄像头、光电等传感器采集农作物叶片图像和环境参数，据此分析所监测区域内是否有病虫害发生。有研究人员通过传感器网络节点上的摄像头自动采集粘虫板图像，利用图像处理技术估算粘虫板上的害虫数量，当害虫密度超过阈值时会给出警告，通知种植户及早喷洒农药。

（3）牧群和家禽家畜养殖。利用传感器网络大范围、实时、连续地对畜牧业、家禽养殖的个体或者群体进行行为分析和疾病监测，及时发现、预防和有效控制其存在的健康问题，提高畜禽养殖的产量与质量。澳大利亚联邦科学与工业研究组织信息通信技术中心（CSRIO ICT Center）将传感器节点安装在牧场中各种动物的身上，实时对动物的脉搏、血压等生理状况和周边环境进行监测，建立草地放牧与动物模型，以指导牧场的合理放牧，还采用旋转角度传感器与运动速度传感器测量奶牛颈部扭动和运动状况，以识别牛的病症。

1.2.2.4　健康医疗

利用传感器网络进行健康监护是人们非常关注的领域。在健康医疗领域，传感器网络的优势主要体现在：医疗传感器体积小,无线通信方式不会给人的正常生活带来不便;低功耗运行可以长时间收集病人的生理数据。传感器网络在健康医疗领域的主要应用形式包括以下方面。

(1)人体生理参数监测。利用微型传感器长时间收集人体在日常工作生活条件下的心电、心率、血氧、血压等生理参数,这有利于准确评估人的身体状况,以及捕捉偶发的非正常生理参数,为准确、及早地诊断提供可靠数据,尤其适合疲劳、慢性病患者和老年人群体。哈佛大学的 CodeBlue 项目[13]利用微型可穿戴式无线传感器设备,实时采集患者关键体征数据,进行医疗监护和急救响应,在灾害事件中可对伤员进行精确处理。弗吉尼亚大学的AlarmNet[14]是基于传感器网络的家庭护理系统,乔治亚理工学院的 AwareHome[15]对用户的日常活动进行全方位监测,并对用户保持“透明”。

(2)患者的运动状态监测。利用传感器网络监测老年人或患者在家中的运动状态和位置,实时察觉患者的异常运动状态,减少因摔倒等所导致的意外伤害,还可指导患者进行恢复性训练,帮助患者实施康复理疗。SATIRE 系统[16]通过在衣服上嵌入加速计和 GPS 传感器来判断用户的活动,通过减少占空比来节能,将节点工作寿命从几天延长到几周。Mercury 系统[17]在 SATIRE 的基础上集成了多种能量感知适应技术,如动态占空比调整、优先级驱动的传输,可用于对帕金森氏症和癫痫患者的长期监测。

(3)药物摄入监测。利用传感器网络对药品进行分类储存,识别医生所开和发给患者的药品,帮助患者正确控制服药量,减少忘记服药、药量摄取不准确或误食等情况的发生,还可以降低药物错配概率。圣何塞州立大学等设计的药物摄入监测系统,通过在药瓶上粘贴高频 RFID 标签以识别药物种类,由嵌入药瓶的重量传感器计算药物摄取量,患者身上佩戴的超高频 RFID 标签可与药瓶上的标签通信,提醒患者正确服用药物。

(4)残障修复。在体内植入传感器节点,将检测到的信息转化、反馈给人体,以弥补患者某些器官功能的缺陷。近年来国内外热门的视觉假体研究项目就是要开发一种人工视网膜以帮助盲人患者恢复部分视觉功能,其方法是将包含微型传感器的传感器阵列芯片植入患者眼中成为视觉假体,体外的图像捕捉器捕获视觉信息并压缩编码之后,通过无线射频发送到视觉假体使其产生刺激电流脉冲,并通过微电极刺激视觉神经细胞,使人产生视幻觉。另外,将传感器嵌入到拐杖、步行器、轮椅等传统辅助工具中,能够感知患者的走、跑、停等运动状态,以及路上障碍、路面颠簸等周围环境,并将探测到的信息用于患者的活动和康复。

1.2.2.5 家居生活

家居生活是传感器网络应用的一个重要领域,很多厂商非常关注这部分市场并提出了很多产品方案。这些方案中有些注重家电或者家居设备的智能控制,有的则更关注于家居的安全防范,还有更多的希望建立一个比较全面的智能家居自动化系统。尽管需求和侧重点有所不同,但总的来说,基于传感器网络的智能家居可完成以下方面的基本功能。

(1)家居环境监测。包括房间温度、湿度、二氧化碳浓度、有毒气体、光线、烟雾等家居环境参数的监测,并在温度、火焰等发生异常情况时发出警告。

(2)安全防范。实时监控非法闯入、火灾、煤气泄漏报警、漏电报警。一旦出现警情,系统会自动向用户或相关中心发出报警信息,并启动相关的联动设备,实现主动防范。

（3）家用设备的智能控制。如对灯光照明电动窗帘的远程控制,远程控制电器的开与关,以及根据各种传感器采集的信息实现设备的交互式控制等,进而利用家居监测信息及智能服务平台实现家居自动化。

1.2.2.6　工业生产

利用传感器网络进行工业生产的监测和控制一直受到重视,在标准化等方面也取得了长足的进展。在工业生产领域,传感器网络的优势主要体现在：无线方式使过去无法布线的地方可以设置传感器网络节点,扩大了测控应用场合；安装了传感器节点的设备可根据需要移动、拆装,也便于增添新设备,具有很好的灵活性和便捷性；由于不需要布线,大大降低了网络安装、系统维护的成本。传感器网络在工业生产领域的主要应用形式包括以下方面。

（1）工业过程控制。利用传感器节点可以连续监测、评估机器的运行状态。安装在工业设备上的传感器可测量物理状态,如温度、压力、湿度或振动,并且能够检测在生产过程中的变化。节点可以配置不同的传感器和致动器,以自适应地控制生产过程。当发现状态数据达到临界值,系统会立即发出警报,使预测性维护成为可能。

（2）工业安全监测。传感器网络技术可用于危险的工作环境,例如在煤矿、石油钻井、核电厂和组装线布置传感器节点,可以随时监测工作环境的安全状况,为工作人员的安全提供保证。另外,传感器节点还可以代替工作人员到危险的环境中执行任务,不仅降低了危险程度,还提高了对险情的反应精度和速度。

（3）结构健康监测。利用无线替代有线的方式获取建筑、桥梁、船舶或飞行器的温度、湿度、振动幅度、被侵蚀程度等数据,寻找并定位损坏位置。Microstrain 公司[18]在佛蒙特州的一座重载桥梁上安装了一套传感器网络系统,利用安装在钢梁上的位移传感器来测量静态和动态应力,并通过无线网络来采集数据,可长期监测桥梁是否处于安全受控状态。

（4）智能电网。传感器网络可以应用于输配电线路监测,通过在输配电线路上侦测到异常数据实现故障快速准确定位。还可以通过传感器网络将入户的智能电表信息汇聚到小区集中器,再利用 GPRS 等方式接入到抄表服务器,实现远程抄表。

1.2.2.7　其他应用

传感器网络还可用于其他很多领域。如在智能交通领域,利用装载在车辆上的传感器对车辆的胎压、车速、油耗等状态,以及驾驶员身体的疲劳度、注意力等状态进行感知。还可以利用埋在街道或路边的传感器收集交通状况的信息,并通过车与车、车与道路基础设施之间的实时信息交换,监控车辆的行驶状况,为车辆提供如道路状况、路线规划、危险警告、交通堵塞之类的信息。传感器网络也可用于空间探索,如美国国家航空与航天局的喷气推进实验室研制的 Sensor Webs 系统用于火星探测[10]。

总之,传感器网络无论是在军事领域还是在民用领域都具有广阔的应用前景,未来传感器网络将无处不在,其应用可涉及人类日常生活和社会生产活动的所有领域,完全融入人们的生产生活,必将对人类的生活产生重大的影响,对传感器网络研究的意义重大而深远。

1.3 传感器网络的应用特征

与其他无线网络相比,传感器网络可实时监测、感知和采集特定区域内的各种环境或目标的信息,网络及节点显著呈现出应用性、资源受限性、异构性、动态性、规模性等特征。

1.3.1 感知信息收集的任务型网络

传感器网络是对物理世界信息进行采集、处理和收集的任务型网络系统。在设计传感器网络时,其目标是完成对一种或多种物理现象的采集,并把采集的信息或处理的结果发送给观察者。用户一般希望通过传感器网络获得某种感知信息服务,不需要了解单个传感器采集的物理现象原始信息,只关心所感兴趣的事件结果,如感测目标何时出现和移动路线,或火灾着火区域和扩散趋势。传感器网络对节点所采集的原始数据有两种处理方式,一种是把原始数据传输到后端进行处理,另外一种方式是在网络内部进行处理。由于原始数据量很大,也存在冗余信息,如果全部传输到后端就需要占用大量的无线带宽资源,甚至超过网络的吞吐量,无法传输出去。因此,通常在网络内部进行数据的过滤、融合、判断等处理,仅仅把用户感兴趣的处理结果发送出去,或者,至少在网络内完成预处理和一些简单运算。这样,传感器网络不只是信息的传输平台,而是包含有信息的采集、处理和传输多个功能,完成特定物理现象采集和处理的网络系统。这与传统通信网络往往只是信息的传输平台,具有本质的差别。

网内数据处理也影响到了网络设计。网内数据处理需要节点之间的协同工作,与数据传输路径、在哪个节点上进行处理都密切相关,还影响到数据收集协议的设计。传感器网络的无线传输容易受到干扰,数据处理的容错性要求网内的数据传输需有一定的冗余性,这样,在数据可靠性与传输效率之间存在折中。另外,数据处理需要消耗能量,无线传输也需要消耗能量,在数据处理与无线传输之间也存在折中,需要考虑对哪些数据做哪些处理等。

不同的传感器网络由于需要采集的物理现象和应用的场景不同,所使用的传感器、数据处理和收集协议也不同,传感器网络之间甚至相差很大。不同的任务势必要求相异的物理量或精度,也导致传感器网络的多样性。不同类型、不同应用的传感器网络在硬件平台、软件框架、网络协议、处理算法等方面可能存在着很大的差异。所以,传感器网络不像Internet那样有统一的协议处理平台,需要针对每一个具体应用来进行网络的设计,这也是传感器网络有别于传统网络系统的一个显著特点。

1.3.2 以数据为中心的网络

传统的计算机网络是信息传输的通用平台,通常不对所传输的信息进行处理,所有的数据处理都在终端节点进行。网络路由器等中间节点主要用于数据分组的存储转发,接入网络的设备使用唯一的IP地址进行标识,资源定位和信息传输依赖于IP地址,所以称传统网络是以地址为中心的网络。传感器网络中的节点采用节点编号标识,节点编号是否需要唯一取决于应用需要和网络通信协议的设计。由于传感器节点随机部署,构成的传感器网络与节点编号之间的关系是完全动态的，表现为节点编号与节点位置没有必然联系。

与以地址为中心的网络不同，传感器网络是以数据为中心的网络，也就是把传感器节点视为感知数据流或感知数据源，把传感器网络视为感知数据空间或感知数据库，实现对感知数据的收集、存储、查询和分析。传感器网络可以看做是由大量低成本、低能量、低能耗、计算存储能力受限的传感器节点通过无线连接构成的一个分布式实时数据库，每个传感器节点都存储有一小部分数据。与传统数据库相比，传感器网络的动态性强。这些特点限制了传统数据库管理技术在传感器网络中的直接应用，要求传感器网络的数据管理算法设计以能量、时间和空间复杂度最小化为目标，并充分考虑系统的分布式、健壮性、自适应等要求，这就使得传感器网络的数据管理技术面临更多挑战。

传感器网络中对数据的管理贯穿于网络设计的各个层面，从传感器节点设计到网络层路由协议实现，以及应用层数据处理，必须把数据管理技术和传感器网络技术结合起来，才能实现一个高效的传感器网络系统。采用合理的数据管理技术不仅能够实现感知数据与网络物理实现的分离，实现传感器网络对于用户的透明性，而且还能够减少感知数据的传输，降低网络的能耗，从而延长网络的寿命，提高网络性能。

1.3.3 资源限制的传感器节点

传感器节点具有无线通信、感知和计算的功能，集成了微处理器、存储器、传感器器件、ADC、无线收发器、电源等部件。它通常是体积微小、价格低廉的嵌入式设备，节点资源相对十分受限。虽然现代技术的发展使得更多的计算和存储能力能够集成在一个芯片上，甚至连同感知部件和通信部件都能够一起封装在单个芯片内，以及在更小面积上封装相同功能时，消耗更少的能耗，但是，各种应用对传感器节点的能力要求越来越高，传感器节点在实现应用系统时仍然存在带宽、内存、能量和处理能力不足的现实约束，其中有限的能量是最关键的一个方面。

1) 电池能量有限

传感器节点一般采用一次性电池供电，使得传感器网络部署更加灵活，不必依赖于现有的电力基础设施，但需要在电池电量耗尽前进行更换。由于传感器节点个数多、成本要求低廉、分布区域广，部署区域时常环境复杂，有些区域人员甚至难以接近，通过更换电池的方式来补充能源往往非常困难。

在不更换电池的前提下，电池有限的能量难以支持节点连续工作几周或几个月，在应用中电池能量不足的问题十分突出。例如 CrossBow 公司生产的 Telosb 节点在无休眠调度的情况下平均工作电流 30 mA 左右，使用 1000 mA 的电池供电也只能工作 30 h 左右。尽管通过太阳能供电是一种很有前景的能量供应解决方案，但是目前的太阳能电池板的体积相对于微型传感器节点来说仍然过大。

为延长节点工作寿命最为直接的方法就是提高电池的能量密度和降低器件的功耗。但是在过去的十几年里，电子设备的功能日趋多样，性能和复杂度不断提高导致其功耗不断提升，而电池的能量密度却没有得到相应的提升，这被称为"电池鸿沟"（battery gap）[19]。目前传统电池能量密度的提升似乎已经到达了极限,并且电池能量密度的提升往往以牺牲成本为前提,研究人员不得不从新的角度研制具有更高能量密度的电池。

2) 通信能力有限

无线通信的能量消耗与通信距离的关系如式(1-1)所示:

$$E = kd^n \tag{1-1}$$

式中,参数 n 满足关系 $2 < n < 4$。n 的取值与很多因素有关,例如传感器节点部署贴近地面、障碍物多、干扰大,n 的取值就大;天线的质量对信号的发射质量影响也很大。考虑诸多因素,通常取 n 为3,即通信能耗与距离的三次方成正比。随着通信距离的增加,能耗将急剧增加。因此,在满足通信连通度的前提下应尽量减少单跳通信距离。一般而言,传感器节点的无线通信半径在 100 m 以内比较合适。

由于传感器节点的通信半径小,传感器网络采用多跳路由的方式来实现低能耗的数据传输,并能实现较大的网络覆盖区域。传感器节点的无线通信带宽有限,通常仅有几十或几百 kb/s 的速率,和传统无线网络相比,传感器网络中传输的数据一般要经过节点处理,因此流量较小。由于传感器节点能量的变化,同时受高山、建筑物、障碍物等地势地貌以及风雨雷电等自然环境的影响,无线通信性能可能经常变化,频繁出现通信中断。在这样的通信环境和节点有限通信能力的情况下,如何设计网络通信机制以满足通信需求是传感器网络面临的挑战之一。

3) 计算、存储能力有限

传感器节点是一种微型低廉的嵌入式设备,在成本、体积、功耗等方面存在较大的限制,必然导致其携带的处理器能力比较弱,存储器容量比较小。

处理器直接决定了节点的数据处理能力,协议算法的运行速度以及网络应用的复杂程度,同时不同处理器工作频率不同,在不同状态下功率也不相同,因此不同处理器的选用也在一定程度上影响了节点的整体能耗和节点的工作寿命。在大多数实际应用中,主要依据处理器的工作频率、功率、内部程序存储空间大小、内存大小、接口数量以及数据处理能力来进行选择。目前大多使用如下几种处理器: ATMEL 公司 AVR 系列的 ATMega 128L 处理器,TI 公司的 MSP430 系列处理器,少部分节点根据特殊的要求采用了功能强大的 ARM 处理器。

为了节能,节点一般还需要经常进入低功耗模式,由高频时钟切换到低频时钟,在降低功耗的同时也会影响节点的处理器、存储器等硬件资源充分利用,限制了节点的处理能力。

1.3.4　可扩展的动态自治网络系统

1) 扩展性

传感器网络应用多种多样,网络的覆盖范围和节点的部署密度各有不同,感知信息的采样频率也不同。传感器网络系统设计需要有良好的扩展性,一般从采样频率、覆盖范围和节点密度等方面考虑。

　　监测的物理现象和应用场景决定了时空采样的频率。高频波如振动、声音等需要高的时空采样频率，而房间的温度或光线强度的采样频率和采样精度都可以很低。另外，同样是建筑结构健康状态的监测采样，如果是常规的建筑物健康监测，因建筑结构变化很慢，采样频率相对较低；而为评估建筑物在地震场景中的抗毁能力，就需要高频率的高精度采样。

　　传感器网络的时空覆盖范围也有很大差异。对于环境监测系统，如果是森林环境的监测，网络覆盖范围可能是上万平方公里，而室内环境监测，网络覆盖范围就相对非常小；同时，每种环境监测的时间长度也不尽相同。

　　节点密度是单位面积内部署传感器节点的数量。高密度的传感器网络能够利用冗余信息剔除噪声来提高采样的精确性，也可以利用冗余节点使节点轮流工作，延长整个网络系统的生存周期。但是，高密度网络系统成本更高，需要综合考虑应用需求和部署成本等因素来决定节点的部署密度。

　　传感器网络部署有随机部署或固定部署等方式。随机部署可通过飞机、炮弹等方式播撒，通常用在战场等危险区域或人不易到达的区域，而固定部署方式应用在传感器节点数量不多和人们容易到达的区域。在应用过程中，由于节点能量耗尽，以及自然或人为损害等原因，网络系统不能满足应用需要，就需要增量部署，补充一些新的节点到监测区域中。

　　2）动态性

　　传感器网络中，由于节点的移动、加入、退出，链路的干扰、中断，以及流量的切换、拥塞等，都会导致网络的拓扑结构、链路带宽等呈现出动态性和不确定性，主要体现在以下方面：

　　（1）节点的移动会导致网络拓扑结构的变化；

　　（2）为增强监测的精度或范围等原因补充新节点，导致拓扑结构变化；

　　（3）由于能量耗尽或环境因素造成节点失效或故障而退出网络；

　　（4）为节约能量，节点在休眠等状态间切换，导致节点在网络中的链接等动态改变；

　　（5）由于自组织、分簇等导致的节点角色变化，会导致拓扑结构变化；

　　（6）监测区域自然环境的影响、外部其他干扰，以及网络中突发数据所导致的拥塞，都可能造成节点间无线链路的带宽变化，甚至时断时通。

　　传感器网络的动态性就要求系统具有动态的可重构能力，而传感器网络的覆盖、拓扑控制、MAC协议、路由、数据融合、可靠传输等技术方案中就需要考虑大量的随机性问题，为相关技术的研究带来了巨大的复杂性。

　　3）自组织（自治、自管理）

　　传感器网络要求节点具有自组织的能力，以适应节点的移动、加入和失效，电池的消耗，以及无线传输范围的调节等。节点间通过分布式协议进行相互协作，来对网络进行自动配置和管理，协作节点间表现出一定的自组织特征。传感器网络的自组织特性具有以下特点。

　　（1）基于局部交互。传感器网络中节点的地位是平等的，没有统一的控制中心，节点间只有通过与邻居节点的信息交互完成局部范围内的协同合作，使得网络不需要外部控制中心引导就能够根据分布式的局部信息进行全局网络的构建。

　　（2）自配置和自管理。传感器网络中，不能预先精确设定节点的位置，也不能预先配置节点间的邻接关系,如通过飞机播撒大量传感器节点到面积广阔的区域,或部分节点会发生较大距离的位移,要求节点应能够自动进行配置和管理,并能适应环境的变化,在有限时间内做出响应。

(3) 容错和抗毁。传感器网络自身特性与部署环境等因素,导致网络容易出现故障或受到破坏,影响网络运行可靠性和传输稳定性,削弱网络的预定功能。要求网络能够容错和抗毁,自主实现故障的检测、隔离、诊断和恢复,提高传感器网络运行的鲁棒性。

1.3.5 大规模的异构系统

1) 大规模

单个节点传感器的感知范围有限,大量的节点能够增大覆盖的监测区域,减少监测盲区。单个节点传感器的精度有限,通过处理更多节点采集的信息能够提高监测的精确度,降低对单个节点传感器的精度要求。

传感器网络的大规模性包括两方面的含义:一方面是传感器节点分布在很大的地理区域内,如在森林中采用传感器网络进行防火和环境监测,需要部署大量的传感器节点,减少监测盲区;另一方面,传感器节点部署很密集,在面积较小的空间内,密集部署了大量的传感器节点,大量的冗余节点也使网络具有很强的容错性能。

2) 异构性

异构性是传感器网络内在、泛在的特性。与异构相区别的是同构,所谓同构,就是网络中所有传感器节点的资源都是一样的,网络中只有一种通信协议。传感器网络的异构性大致体现在两个方面:节点异构性和网络异构性。

节点异构是指网络中节点携带的能量、配置的资源、系统优化目标等存在差异,或者说网络中节点有不同的分工,功能也各不相同。根据传感器节点携带能量、计算能力、通信能力、存储能力以及感知能力的差异,异构节点又可以分为不同的种类。通常是根据异构节点拥有的优势资源将其分为五类:能量异构、计算能力异构、通信能力异构、存储能力异构和感知能力异构。

网络异构主要体现在链路异构和协议异构。链路异构是指数据从感知节点传送到汇聚节点,每一跳的链路都会有不同的传输时延等特征。协议异构是指传感器网络中不同角色的节点采用不同的通信协议。

1.4 传感器网络关键技术

传感器网络涉及多学科交叉的研究领域,应用的多样性和复杂性也决定了有非常多的问题需要解决,非常多的关键技术需要深入研究。不同的问题之间,不同的关键技术之间,常常相互作用,相互影响,需要协同研究。

1.4.1 系统设计的挑战

传感器网络具有节点数量多且分布范围广、网络动态性强、感知数据流不均衡、部署环境复杂等特点,这些都给系统设计提出了大量挑战性问题。

1.4.1.1　可扩展性问题

可扩展性标示了系统在负载改变时修正的能力。对于传感器网络这样的系统,很多方面的因素都会影响到系统的扩展能力,其可扩展性表现在传感器数量、网络覆盖区域、生命周期、时间延迟、感知精度等方面的可扩展极限。

由于传感器网络具有自组织、多跳传输、监测数据多元时空关联、一经部署很难更改等特点,大规模、长期部署的传感器网络应用中的数据收集和处理面临较大挑战。首先,在节点数量较多的网络中,尤其是传感器采样频率较大时,由于流量在汇聚节点附近会变得更大,汇聚节点及临近节点的流量会变得很大,承担较大的数据处理开销,容易形成性能瓶颈。其次,在网络节点数量增多后,也会导致分布式的时钟同步累积误差变大,而且节点密度较大时也会加大无线碰撞概率,增加重传次数,增加传输时延。再次,由于覆盖度扩大等原因而进行增量部署,新节点加入会引发网络在运行过程中的调整,相应地会产生数据存储和查询等问题。最后,在需要长期大规模部署的情况下,节点故障和移动、链路失效等不稳定因素使得系统可靠性难以保证,而采用复杂的网内数据融合、拓扑重构等技术进一步增加了网内的计算、通信、存储、能量等开销,缩短了整个传感器网络的生存周期。

1.4.1.2　可靠性问题

由于部署环境恶劣、节点易失效、无线链路易受干扰等原因,可靠性成为传感器网络系统设计中所面临的重大挑战。在可靠性理论中对可靠性的定义是"在规定的条件下,规定的时间内,完成规定功能的概率"。传感器网络的可靠性问题主要体现在节点、网络、系统三个层面。

在节点层面:首先,由于低成本、低功耗、小体积的限制,传感器节点的能量、计算、存储、通信能力有限;其次,在条件恶劣的环境中,如洪水预警、火山监测、野生动物跟踪、野外文化遗址监测等,节点可能面临恶劣的自然气候条件,容易出现电量耗尽、损坏、丢失等失效的情况;此外,还有针对传感器节点的有意或无意的人为干扰破坏。

在网络层面:首先,单路径方式下,路径上的任意节点失效或链路故障导致网络传输中断,这就需要选择更可靠路由节点,或采用多路径路由;其次,复杂的部署环境和节点较低的通信能力会导致节点间很高的通信失败率,而多跳通信则进一步加剧了数据包丢失、传输时延等传输可靠性问题,这也是在工业生产环境中需要重点研究的高可靠实时通信问题。

在系统层面:传感器节点在本地通过节点覆盖、数据采集、数据预处理、数据发送等来完成全局任务,大规模部署时增加了系统故障的发生概率,节点或链路的故障若不及时处理,将损害系统功能,甚至会导致系统瘫痪的情况发生。

传感器网络的可靠性要求节点的软、硬件必须具有很强的容错性,以保证系统具有较高的鲁棒性。当节点或通信链路出现故障时,系统能够通过冗余传输,或自适应重构等手段保证网络正常工作,提高系统在大规模长期部署应用中的可靠性和可用性。

1.4.1.3　生存性问题

传感器网络的资源受限、节点易失效、无人值守等特点使得其更容易遇到安全攻击、故障、意外事故等破坏性事件,要求系统应具有一定的可生存性。所谓的可生存性是指网络在遭受攻击、故障或者意外事故时,系统能够及时完成其关键任务的能力。可生存性的核心思想是系统能够容忍各种对生存的威胁,并能在遭受破坏性事件后的一定时间内恢复基本的服务能力,保证系统的基本属性,维持系统的关键服务。

传感器网络的可生存性首要考虑的是最大化网络的生命周期。传感器网络生命周期是指从网络启动到不能为观察者提供所要的信息为止所持续的时间。影响传感器网络生命周期的因素很多,节点的能耗是影响传感器网络生命周期的最大因素。相比较起来,节点的能耗主要集中在通信、传感、计算等方面。

传感器网络中的能耗不均衡现象极易缩短网络生命周期。其原因就是网络中一些节点过多地承担了转发和处理功能而过快消耗能量,以致过早失效,最终产生了"能量空洞"(energy hole)问题,导致整个网络过早瘫痪。汇聚节点周围易形成能量空洞(图1-6),使外层传感器节点的数据无法传送到sink,因汇聚节点接收不到感知数据而等同于网络生命过早的结束。

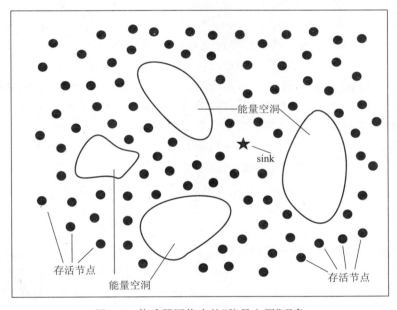

图 1-6　传感器网络中的"能量空洞"现象

1.4.1.4　自治性问题

在传感器网络应用中,节点通常被随机部署在没有基础网络设施的环境中,再加上节点数目巨大,难以对节点进行集中的管理和维护,节点自身必须具备一定程度的自治性,满足自适应、自组织、自配置的需求,能够在无人工参与的情况下根据环境与系统的变化来改变自己的行为。但节点有限的能量、计算、带宽等资源,以及动态变化的网络负载和环境,很大程度上限制了节点自治性的实现及效果。

自组织是各个节点通过局部算法并行地进行本地化处理,而节点在决定其对策和行为时信息往往是不完整的,除了根据它自身的状态以外,只能获知邻近节点的状态。传感器网络期望通过反复迭代来不断地优化和完善其拓扑结构和任务执行模式,但可能存在收敛性问题。还可能由于规模庞大、部署密集,所在环境多样而动态变化,整个系统的自组织结果趋于复杂。

自配置能够在不需要人为干预(或最少化人为干预)的情况下以独立和自治的方式预测、诊断和解决网络中出现的问题,并能够自适应网络规模、环境条件以及应用需求的动态变化。但由于系统部署故障、软硬件缺陷,以及人为错误等问题非常复杂,传感器网络的自配置经常难以实施。

1.4.1.5 安全性问题

传感节点大多被部署在无人照看或者敌方区域,传感器网络的安全问题尤为突出。传感器网络的安全技术研究和传统网络在一些方面是相同的,如需要解决信息的机密性、完整性、消息认证、组播/广播认证、信息新鲜度、入侵监测以及访问控制等问题。传感器网络的安全威胁主要来自如下六类攻击：Hello 洪泛攻击(Hello Flood)、虫洞攻击(Wormhole)、重放攻击(Replay)、选择性转发(Selective Forwarding)、女巫攻击(Sybil)和陷阱攻击(Sinkhole)。

与有线网络相比,无线通信链路数据包更容易被截获,信道的质量较差,可靠性较低,也更容易受到干扰。传感器网络以数据为中心,一般没有全局编址。另外,网络随机部署,节点没有全网的拓扑信息,且网络拓扑结构动态变化,这都使得非对称密码体制难以直接应用。安全技术方案在有限的计算、通信、存储等资源限制下,复杂度不能太高,还要满足可扩展性、能量有效性等要求,限制了节点自身的安全防护能力。

传感器网络中无法直接利用中心节点提供安全保证,安全机制必然是通过节点间协商和协作的分布式方式实现。传感器网络的诸多特点增加了安全防护机制设计的复杂性,在研究传感器网络安全性问题的同时,必须考虑到传感器网络的其他特性,以及应用的特点。

1.4.1.6 实用化问题

到目前为止,尽管传感器网络的研究取得了一些重要进展,但还是处在基本应用、演示实验阶段,仍然没有能够解决实用化问题。这涉及到网络部署成本高,相关标准缺失,难以规模化,理论模型失用,模拟与测试工具失真,缺乏自动化的开发工具,故障诊断困难等方面的原因。

1) 部署成本高

传感器网络的规模一般比较大,在目标环境系统中,所部署的节点数量基本上在数百个到数千个以上,在如此大规模部署的情况下,节点的成本问题就显得尤为突出。在一些网络规模较大、成本敏感的应用领域,节点的成本仍然是一个问题。

2) 相关标准缺失

传感器网络是应用相关型网络,不同应用领域的数据特性和通信方式都存在着极大的差别,现在虽然已经有 ZigBee 等通用型的标准框架,但还缺乏面向具体应用领域的传感器网络标准,协议和算法的差异性也使得传感器网络同其他类型的网络的互联问题成为一个难点。

3) 难以规模化

传感器网络在应用中还存在大量的工程问题需要解决,也限制了规模化应用。首先,部分类型的传感器在检测精度、可靠性、低成本、低功耗等方面还没有达到规模应用水平。其次,在大规模部署时,由于节点失效、带宽有限等原因,导致网络的可靠性、端到端传输时延等性能急剧恶化,无法满足很多应用领域的感知需求。最后,部分应用中传感器所获得数据难以通过无线多跳的传感器网络进行传输,如图像、声音和视频等传感器所采集的数据具有量大、实时性要求高等特点,难以通过带宽非常有限的传感器网络传送。

4) 理论模型失用

目前多数传感器网络研究都通过理论分析和计算机模拟的方法进行验证和测试。理论分析的方法虽然方便了同类协议性能的对比,但数学模型的构建由于计算复杂度过高,在应用这些模型解决实际问题时需要做大量的简化。基于理想化假设的模型忽略了传感器网络运行过程中伴随的各种不确定物理因素和环境动态性,从而降低了理论分析结果的可信度。

例如,定位算法大多基于规则的信号强度到物理距离的映射模型,覆盖算法设计大都采用各向同性的确定性感知模型,拓扑控制对传输半径及其可控性作了很多假设但实际上连拓扑边的存在与否都要依赖于对链路评估方式的定义。由此得出的研究成果一旦应用于大规模系统,就会立刻显现出与实际情况之间巨大的误差。因此这些模型无法直接应用于指导和仿真实用系统,这就是"模型失用"[20]。

5) 模拟与测试工具失真

在传感器网络研究中多使用了计算机模拟工具,如 NS-2、OPNET、OMNeT＋＋、TOSSIM 等,但这些模拟工具难以真实体现节点的能耗模型与感知模型、无线通信的不稳定性和部署环境的复杂性,其验证的效果也无法令人满意。而通过实际硬件节点建立的传感器网络测试平台,虽然可以避免因模型简化导致的理论误差,部分地测试验证实际应用过程中网络的协议和算法性能,但由于一般的测试平台难以达到实际部署的规模,也难以全面模拟影响网络状态的各个因素,因而这类测试平台也有很大的不适用。

6) 缺乏自动化的开发工具

无线 IC 编程复杂,缺乏自动化开发、调试、维护工具,这也是传感器网络实用化的障碍。目前传感器网络大都采用通用嵌入式平台作为网络节点,例如 Crossbow 的 Mica 系列以及 Telos 系列节点。但是由于节点上的硬件已经固定,使得研发的灵活性有限,如用户不能通过改进物理设计来减少节点的体积、成本和功耗。并且,由于节点的处理能力有限,很难进行复杂程序的开发。

7) 故障诊断困难

大规模部署时传感器网络系统在故障的检测、定位、修复等方面面临很多困难,阻碍了传感器网络的工程应用。与传统有线网络不同,传感器网络节点容易损坏,在故障发生时难以判断是硬件问题还是软件问题或者系统故障,很难诊断故障的原因,也给修复带来了巨大困难。

在系统部署前,通过模拟工具、实验床等技术进行测试和调试,虽然能够发现一些软硬件问题,但是由于无法模拟真实情况下的系统工作环境,部署后总会存在一些问题。部署后的系统出现网络故障时,很难加以检测和定位:第一,由于缺乏可靠的在线调试机制,所以无法动态地对节点的系统软件进行调试;第二,节点存储空间有限,无法在节点端存储太多的调试信息,缺乏调试信息就很难定位到错误原因;第三,受环境、链路等偶发因素的影响,传感器网络会出现一些故障无法重现,更难以定位。

传感器节点在部署后一旦发生故障,只能通过两种途径进行修复:第一,对故障节点取回修复后重新部署,这种方式人力成本高、收集困难,易造成网络中断;第二,通过网络远程更新的方法来修复软件,这种方式需要一套软件重编程机制,且不能修复硬件故障。

1.4.2 关键技术

传感器网络作为当今信息科学领域的研究热点,其关键技术具有跨学科交叉、多技术融合等特点,相关技术和系统具有特殊的复杂性与综合性,涉及众多的关键技术都亟待突破。传感器网络的关键技术领域主要体现在四个方面,即节点的设计与实现技术、网络协同感知技术、网络服务支撑技术、规模应用技术,见表1-1。

表 1-1　传感器网络关键技术领域

节点的设计与实现技术	网络协同感知技术	网络服务支撑技术	规模应用技术
操作系统	数据链路层设计	时间同步机制	测试与评估
中间件	网络层设计	网络节点定位	测试床设计
应用程序	传输层设计	网络拓扑覆盖	诊断和调试支持
系统平台	物理层设计	数据融合与压缩	
节点设计标准化	跨层优化设计	网络安全机制	
数据存储			

1.4.2.1 软硬件集成技术

传感器网络节点设计主要包括硬件设计、软件设计、软硬件协同设计三个方面。

1) 硬件设计

从硬件角度看,每个节点主要包括传感、处理和通信三个部分,涉及微处理器、存储单元、传感器、无线收发模块和电源等元件。传感器节点一般采用电池供电,电量有限,所以选择的相关器件的能耗要尽量小,这些器件还应该支持一定的节能模式,如休眠模式、等待模式等,以便系统在没有任务的情况下保持较低的能耗。通常,小体积、低功耗是传感器网络节点硬件的重要设计目标。

2) 软件设计

传感器节点除了感测数据外,还要与邻近节点通信,并对数据进行处理、融合、转发,这些功能的实现主要通过算法、协议、应用软件来实现。节点软件必须能够在有限内存、低功耗处理器、低速通信设备、有限能量的条件下高效地实现特定的应用功能,并同时提供一定的安全性、可靠性、可用性。

传感器节点可通过专用的嵌入式操作系统对节点各类资源和处理任务进行管理,为节点的通信协议、安全加密、应用处理等提供基础支持。传感器网络专用操作系统可为节点系统提供基本环境和平台,是传感器网络应用软件开发的基础,其高效性、灵活性和实时性直接影响到系统的性能。如 TinyOS、Contiki 就是专用于传感器网络的操作系统。

也可以利用中间件屏蔽底层操作系统的复杂性。中间件通过对底层组件异构性的屏蔽,为开发人员提供了一个统一的运行平台和友好的开发环境。一方面,中间件可提供如下方面的支撑机制:容错、自适应的网络管理;带宽、时延能耗平衡的 QoS(Quality of Service);低通信开销和能耗的数据融合;自组织的通信;安全保密。另一方面,中间件提供了编程抽象或者系统服务接口,为开发人员面对各式传感器网络设备提供一个统一的系统视图。

可以说,设计良好的操作系统、中间件、算法和协议能够有效解决传感器网络的生命周期最大化、感知数据的容错、网络通信的自配置自管理等问题。

3) 软硬件协同设计

随着微电子技术和微机电技术(MEMS)相互融合,集成电路结构从二维到三维,使传感器系统的微型化、微功耗、智能化、网络化成为可能。SoC(System on Chip)、微机电技术等加工技术将硅微传感器、微电子系统,以及微执行器集成到一个芯片上,形成单片集成。一些公司已推出了基于 IEEE 802.15.4 协议标准的 SoC 芯片,如 Freescale 公司的 MC13193、TI 公司的 CC2420/CC2430/CC2420/CC2530 系列芯片、Ember 公司的 EM250 芯片等。

SoC 设计技术对传统的集成电路设计技术提出了挑战,需要通过软硬件协同设计来将系统划分、硬件设计、软件设计及各自的验证紧密地联系起来。在软硬件协同设计方法中,软件设计和硬件设计不再是两个独立的部分,而是在设计之初便交织在一起,相互提供设计平台,相互作用,真正实现了二者的并行性。

1.4.2.2　协同感知技术

在传感器网络中,多个节点协作完成具体的感知任务,其应用体系结构的基础是通信网络,核心则是系统的协同运行机制,在协作节点之间拓展感知信息的互操作能力。具体来说,协同感知技术的研究是在通信网络的支持下,通过建立适应性的协同机制,最充分地发挥网络的性能,主要涉及拓扑控制、通信协议、连通覆盖、感知覆盖,以及数据收集与融合等方面。

1) 覆盖与连通

为了使传感器节点能够完成目标监测和信息获取的任务,必须保证传感器节点能有效地覆盖被监测的区域或目标,避免遗漏,进而实现系统的监测任务目标。覆盖是传感器网络提供监测和目标跟踪服务质量的一种度量,覆盖问题是传感器网络设计和规划的基本问题之一。

覆盖问题可以分为区域覆盖、点覆盖和栅栏覆盖(barrier coverage):区域覆盖研究对目标区域的覆盖（监测）问题；点覆盖研究对一些离散的目标点的覆盖问题；栅栏覆盖研究运动物体穿越网络部署区域被发现的概率问题，相对而言，对区域覆盖的研究较多。如果目标区域中的任何一点都被至少 k 个传感器节点监测，就称网络是 k-覆盖的，或者称网络的覆盖度为 k。一般要求目标区域的每一个点至少被一个传感器节点监测，即 1-覆盖。

在传感器网络的部署中，在考虑网络的覆盖问题的同时还要考虑连通问题。连通是传感器网络节点之间相互通信的必要前提条件，必要的连通性可以保证节点间传输数据的完整性，避免监测数据的丢失。在传感器网络中如果至少要去掉 k 个传感器节点才能使网络不连通，就称网络是 k-连通的，或者称网络的连通度为 k。所以，1-连通网络的抗毁性很差，一旦网络发生意外或遭受攻击，网络就会瘫痪，很多情况下 1-连通难以满足实际要求，k-连通（$k>1$）更具有现实意义。

覆盖与连通的研究主要通过节点部署策略、节点状态调度、功率控制，以及路由选择等手段，最终使各种资源得到优化分配，改善感知、能耗、成本等方面的性能，提高网络的稳定性和工作效率，保证在满足感测质量目标的同时减少覆盖盲区和能量空洞，延长网络的生命周期，并且使用最小的节点数目。

2）拓扑控制

传感器网络拓扑控制主要研究的是通过节点发射功率调节和骨干节点选择，减少节点间冗余的通信链路，形成一个优化的多跳网络拓扑结构。拓扑控制与覆盖和连通问题紧密相关，拓扑控制一般是在保证一定的网络连通性和覆盖度的前提下进行的，不同的应用对底层网络的拓扑控制设计目标的要求也不尽相同。可以说，覆盖控制是拓扑控制的基本问题。一般来说，拓扑控制保证网络是连通（1-连通）的。

拓扑控制主要考虑网络生命周期、吞吐能力、传输延迟等目标。此外，拓扑控制还要考虑诸如负载均衡、简单性、可靠性、可扩展性等其他方面。拓扑控制的各种设计目标之间有着错综复杂的关系，对这些关系的研究也是拓扑控制研究的重要内容。

目前，传感器网络中拓扑控制的研究主要以最大限度地延长网络的生命期作为设计目标，并集中于功率控制和睡眠调度两个方面。在网络协议分层中没有明确的层次对应拓扑控制机制，但大多数的拓扑控制技术位于介质访问控制层（MAC）和路由层，为路由层提供足够的路由更新信息，路由表的变化也可反作用于拓扑控制机制，MAC 层可以拓扑控制算法提供邻居发现等服务。

3）通信协议

传感器网络通信协议栈一般由应用层、网络层、MAC 层和物理层构成。应用层负责数据的采集及融合。网络层协议是基于链路质量估计或基于最小跳数来进行路由。MAC 层协议可用于冲突检测，并能管理电源。物理层采用射频芯片进行无线数据的发送。

与无线局域网和移动自组织网络相比，传感器网络通信协议的设计需要着重考虑以下因素：（1）传感器网络中的传感器节点数量较多，可以多达数千以上；（2）传感器节点及无线链路出现故障的频率要大于其他无线网络；（3）传感器节点的计算、存储等资源更加有限，协议不宜复杂;(4)数据报文要短,以节约通信耗能。

传感器网络通信协议的设计与网络拓扑结构密切相关,并要考虑节点休眠调度等因素。在传统的通信网络中,对模块化和互操作性的需求导致层次型协议模型的出现。然而,对于传感器网络,满足应用的特定需求和能量有效是最重要的。因此,对于传感器网络,为有效降低协议载荷和减轻协议栈,协议的跨层操作和融合已成为重要的研究思路。

4) 数据收集与融合

数据收集是传感器网络一项基本功能。数据收集技术就是研究用户如何通过传感器网络从部署网络的监测区域收集感知数据。其中,如何合理高效地使用网络的能量,最大化网络寿命至关重要。同样,在感知数据量增多等原因导致拥塞时,为保证有效数据的顺利传输,设计具有较好公平性的传输控制算法是其主要手段。总之,在以数据为中心,资源受限的传感器网络中,数据收集是必须解决的关键问题之一。

传感器节点大量密集部署,同一区域被许多节点覆盖,对同一事件产生的数据存在一定的冗余性,这种冗余可提高数据的可靠性,但过多的冗余数据也会造成计算和传输资源的浪费,消耗节点宝贵的能量资源。在传感器网络中,数据融合一般是将不同时间、不同空间获得的数据在一定规则下进行分析、综合、支配和使用,这样不但可以提高信息的准确度和可信度,还可以在汇聚数据的过程中减少数据传输量,提高网络收集数据的整体效率。可以在应用层利用分布式数据库技术,对采集到的数据进行逐步筛选,也可以在网络层的路由协议中结合数据融合机制来减少数据传输量,甚至还有学者提出了独立于其他协议层的数据融合协议层。

1.4.2.3 支撑技术

传感器网络的低功耗、自组织、大规模、近距离传输等特点为应用的实现带来了很大的困难,需要研究面向各类典型应用的应用支撑技术,主要涉及时间同步、定位、网络安全等方面。

1) 时间同步

时间同步是传感器网络的一项基础支撑技术。在传感器网络应用中,精确的时间同步是协议交互、定位、多传感器数据融合、移动目标跟踪、信道时分复用,以及基于睡眠/侦听模式的节能调度等技术的基础。一些诸如监测数据查询、加密和认证、节点同步休眠、用户交互、感测事件排序等应用也需要节点间精确的时间同步。

传感器网络有成本、体积、能耗等节点方面的局限性,并有可扩展性、动态自适应性等要求,使得在传感器网络中实现时间同步有着很大的困难,也使得传统的时间同步方案不适合传感器网络。传统的时间同步机制往往关注于时间同步精度的最大化,较少考虑计算和通信的开销,也不考虑能量的消耗。相对于传感器节点来说,计算机的性能要高得多,能量供给也能得到保证。计算机网络广泛使用的网络时间协议(network time protocol,NTP),由于其运算复杂,且需要较稳定的网络层次结构作为支撑,因而不适应对于能量、体积和计算能力都受限制且动态性强的传感器网络。全球卫星定位系统(global positioning system,GPS)能够以纳秒级的精度与世界标准时间(coordinated universal time,UTC)保持同步,但需要配置固定的高成本接收机,且在室内、森林或水下等有遮盖物的环境中无法使用。

传感器网络应用的多样化也给时间同步提出了诸多不同的要求,体现在对时间同步的精确度、范围、可用性以及能量消耗等方面的差异。局部协作只需要相邻节点间的时间同步,而全局协作则需要全网络的时间同步。事件触发可能仅需要瞬时同步,而数据记录或调试经常需要长期的时间同步。与外部用户的通信需要绝对时间的同步,如 UTC 时间,而网内仅需要相对时间的同步。一般来说,时间同步的精度越高,相对能耗也越大,在设计具体算法时应该折中考虑精度与能耗。

2）定位

在森林火险监测等应用中,所获取的监测数据需要附带相应的位置信息,如果没有位置信息,这些监测数据就没有意义。另外,传感器网络的一些通信协议是在已知节点位置的基础上运行的。如传感器网络地理路由就是根据节点地理位置进行数据转发的,这类协议利用节点的地理分布信息来改善路由效率,实现网络流量的负载均衡,以及网络拓扑的自动配置,改善整个网络的覆盖质量。

节点定位技术是传感器网络的主要支撑技术之一。最简单的定位方法是为每个节点配装 GPS 接收器,用以确定节点位置。但是,GPS 设备成本高、能耗大、体积大,无法在室内使用,在很多情况下可行性较差。传感器网络中一般只有少量节点通过安装 GPS 或通过预先部署在特定位置的方式获取自身坐标,这类节点称为锚节点。传感器网络中节点定位技术中,一般利用少数已知位置的锚节点作为参考节点,在获得普通节点相对于邻近锚节点的距离,或获得与邻近锚节点之间的相对角度后,通常使用三边测量法、三角测量法或极大似然估计法来计算普通节点的位置。三边计算的理论依据是在三维空间中,知道了一个节点到三个以上锚节点的距离就可以确定该点的坐标。目前,很多系统依赖于测量射频信号来获得节点之间的距离,如测量射频信号强度、到达的角度、到达的时间等。传感器网络的定位机制与算法包括两部分:节点自身定位和外部目标定位,前者是后者的基础。

还有一些定位技术不使用锚节点,而只是以网络中某一节点为参照建立相对位置坐标,称为相对定位。相对定位方法受动态性的影响较大,一旦参照节点移动或失效时,整个网络就要重新建立相对坐标系,而且不能提供多数应用需要的物理位置信息。

传感器网络的节点定位技术涉及很多方面的内容,包括定位精度、网络规模、锚节点密度、网络的容错性和鲁棒性以及功耗等,这些因素会影响到定位方案的设计。

3）网络安全

相对于传统的网络,传感器网络更易受到各种安全威胁和攻击,包括被动窃听、数据篡改和重发、伪造身份、拒绝服务等,还有传感器网络特有的虫洞攻击、空洞攻击等。传感器网络的安全技术在提供安全性的同时,不能牺牲大量功率用于复杂的计算,并要考虑无线传输的能耗、稀少的无线频谱资源、受限的节点资源等限制条件。

传感器网络安全技术和传统网络有着较大区别,但是它们的出发点都是相同的,均需要解决信息的机密性、完整性、消息认证、组播/广播认证、信息新鲜度、入侵检测,以及访问控制等。传感器网络安全技术主要有以下方面：干扰控制、安全路由、密钥管理、密钥算法、数据融合安全、入侵检测和信任模型。干扰控制一般是采取跳频传输和扩频传输的方法来解决信号干扰攻击。安全路由要解决的问题是如何高效而安全地在网内传感器节点之间、传感器节点和基站之间通过多跳的方式传输数据，可以有效地针对篡改路由攻击、选择性转发攻击、空洞攻击和蠕虫攻击提供防护。密钥管理和密钥算法也是传统网络安全研究主题，但在传感器网络中更需要在计算量、复杂度等方面进行简化。数据融合安全的主要目标是要保证错误信息不能够影响融合结果的正确性，并提供融合数据的真实性和机密性。入侵检测通过攻击的行为方式来区分攻击是来自外部节点还是被俘节点。信任模型研究利用节点间信任关系来辅助决策，可以用来解决许多其他安全技术无法解决的问题，例如：邻居节点的可信度评估、判断路由节点工作的正常与否等。

在不同的应用环境中，传感器网络的安全目标及相应的安全机制也有不同的侧重。如传感器网络在公用设施的突发事件监测中，保密性要求不太高，而实时性要求高，其安全目标应该首先是可用性、完整性、鉴别和认证，而并不强调保密性目标。传感器网络的一些技术方案中也融合了安全技术措施，与安全技术联合研究，如安全数据融合、安全路由、安全定位等，强化了网络功能的安全性保障，也提升了网络的安全性能。

1.4.2.4　规模应用技术

目前，在传感器网络的体系结构、节点硬件平台、通信协议设计、协同信息处理、能量节省策略等方面已经积累了大量的研究成果。然而，传感器网络仍然没有得到大规模的应用，在服务质量（QoS）、测试与评估、节能、标准化等方面仍然有大量的课题需要深入研究。

1) QoS 机制

QoS 指的是网络在时延、抖动、带宽和丢包率等方面提供给用户应用的可测的服务属性。在传统的网络中，QoS 需求源于大量出现的渴求端到端带宽资源的多媒体应用。在传感器网络中，QoS 的实现受到资源的较大约束。与传统 QoS 需求有很大不同，传感器网络需要补充定义新的 QoS 参数以描述数据采集、处理和传输的 QoS 机制。

现有的传感器网络 QoS 相关研究工作一般是从 MAC 层、网络层、传输层、应用层和跨层等网络功能层来研究相应的 QoS 保障机制。MAC 协议通过决定无线信道的使用方式在传感器节点之间分配有限的通信资源，从而决定节点和网络的带宽、竞争优先级、时延、能耗等需求。网络层中 QoS 感知路由协议的基本目标是为不同服务找到满足其 QoS 需求的一条从源节点至汇聚节点的路径，其中路径约束条件包括带宽、时延、丢包率、搜索次数、距离、流量条件等。传感器网络的多对一通信方式、无线链路的相互干扰和网络动态变化等特性，使得传输协议的 QoS 机制主要集中于实时性、可靠性以及拥塞控制三个方面。应用层 QoS 通常指用户和应用的感知质量，可利用来自底层的反馈调整编码、压缩、差错校验以及编码恢复级别。

随着无线网络研究的不断深入，在传统的基于分层的基础上提出跨层设计思想。跨层设计方法可以联合不同层的 QoS 机制，如网络层的路由协议、MAC 层的信道调度等，增强层间交互和信息的共享利用，对多个 QoS 参数进行优化平衡，提高网络的 QoS 保障能力。

而无线信道、网络拓扑的复杂性使排队、时延和能量等问题趋于复杂，优化过程还需要考虑缓存大小、调制策略、延迟感知等因素。因此，定义一个跨层 QoS 框架，并能够权衡网络资源和公平性以确保各项指标的综合优化，仍然非常困难。

　　2）测试与评估

　　通过建立传感器网络测试和评估平台，可以在实际应用中验证测试网络的协议和算法，不仅能够全面地测试影响网络运行的各种因素，还可以避免因理论模型简化导致的误差，弥补和避免理论分析和数学模拟的缺陷，对于传感器网络的研究和规模应用具有极为关键的意义。因此，传感器网络的测试及评估技术受到越来越广泛的关注。

　　一般来说，传感器网络测试和评估平台需要解决三个关键问题：（1）如何准确地对节点及网络的各种状态信息进行量化评估，即如何进行网络测试；（2）如何实时地获得节点及网络状态数据，并在此基础上调整和改变节点运行参数以及网络行为，即如何进行网络监控；（3）如何模拟大规模网络部署以及实际应用环境的特征，即如何搭建测试平台。

　　传感器网络测试需要评估节点和网络的状态。节点状态主要包括节点的剩余能量、缓冲区使用情况以及节点间链路质量等本地状态，而网络状态则包括网络能量分布、链路质量分布，以及网络拓扑分布等，是对节点状态的全局性描述。目前国内外传感器网络测试技术还没有形成标准化和系统化，常见的工作主要涉及了无线链路质量（吞吐率、延迟、丢包率等）和节点剩余能量、网络生存时间。

　　网络测试需要对网络运行状态进行监控。一方面需要准确实时地获取节点及网络的各种状态信息及其变化，从而对网络中运行的各种协议和算法性能进行测试评估；另一方面需要不断地改变网络行为甚至是节点系统结构，模拟不同应用环境中的网络运行状况，以配合测试的需要。

　　传感器网络节点运算和存储资源受限，如果测试数据由节点自身收集，不仅会对节点的运行和能量消耗有一定影响，测试数据的精度也会受限于节点的硬件配置水平（如时间测量精度）。传感器网络的带宽资源极为受限，如果测试数据经由节点间的无线链路逐跳传输，将会对网络行为产生干扰。如果测试活动对传感器网络自身的运行产生了较大的干扰，或者测试数据的精度较低，那么所观测到的网络行为将偏离于其正常运行时的行为，这必然会导致对传感器网络的测试和评估结论不正确。

　　近年来，国内外已经提出了多种传感器网络测试方式和相应的测试平台与工具，其中比较有代表性的是瑞士联邦理工大学的 DSN 测试系统[23]以及中科院软件研究所开发的HINT 测试系统[24]。根据测试数据的产生和收集方式的不同，现有的传感器网络测试技术大致分为三类：一是测试数据由传感器节点生成，经由传感器网络自身链路传输，显然，这种方式对传感器网络的节点和网络行为有明显的影响；二是测试数据由传感器节点生成，但经由额外的传输通道进行收集，这种方式避免了对传感器网络自身通信的影响，但仍然会占用节点的运算和存储资源；三是借助于外部的侦听设备，由额外的设备侦听无线数据分组获得传感器网络的运行状况，从而避免对其运行产生干扰。然而侦听设备难以了解节点的内部工作状况，缺乏对节点运行的细致观察能力。因此，现有的测试技术以及相应的测试平台与工具并不能很好地满足对传感器网络运行的全面、准确以及零打扰的测试需求。高精度零打扰的测试方法和相应的测试平台已成为传感器网络发展中亟待解决的关键问题之一。

3）节能技术

传感器节点消耗能量的模块包括传感器模块、处理器模块和无线通信模块，不同的模块在不同的工作状态具有不同的功耗。Deborah Estrin 在 Mobicom 2002 会议上的报告（Wireless Sensor Networks，Part Ⅳ：Sensor Network Protocols）中描述了传感器模块、处理器模块，以及处于发送、接收、空闲与睡眠 4 种不同工作状态时通信模块的功耗对比，如图 1-7 所示。从图 1-7 中可以看出，节点上通信模块的功耗远远大于传感器模块与处理器模块的功耗。传感器网络在实际运行过程中，能耗主要来源于处理（Processing）、传感（Sensing）和无线通信（Radio）三个方面。处理的能耗主要是由于微处理器执行指令的能量消耗。传感的能耗主要来源于前端处理、A/D 转换等操作，且根据传感器的种类不同而有所不同。低能耗传感器包括温度、光强、加速度传感器等。中等能耗传感器包括声学、磁场传感器等。高能耗传感器包括图像、视频传感器等。无线通信的能耗主要来源于无线模块的数据收发及空闲侦听等操作。在运行过程中，无线模块可能处于四种状态，能耗由高到低依次为发送、接收、空闲以及睡眠。由于现有传感器网络的传感器主要以低能耗和中等能耗为主，相对于节点处理和无线通信的能耗较低，因此，现有的节能技术主要针对数据处理与数据收发这两个方面。

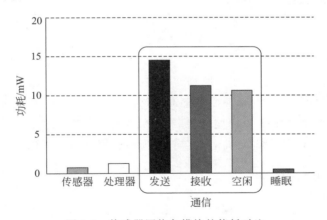

图 1-7 传感器网络各模块的能耗对比

对于降低数据处理的能耗，这方面的研究工作通常采用以下两类方法：一是采用低功耗处理器、控制器，或改进硬件系统设计，降低硬件功耗；二是采用能量管理技术，在操作系统中以能量感知方式进行系统资源管理。常见的是动态能量（功率）管理技术（dynamic power management，DPM）和动态电压调节技术（dynamic voltage scaling，DVS），二者的核心都是随着计算负载变化时电压、频率的状态转换策略。

无线通信的能耗是节点主要的能耗来源，研究节能无线传输技术对传感器网络的节能具有举足轻重的作用。无线通信的节能包括减少通信流量，使用多跳短距离无线通信方式，增加休眠时间和节能调制等。减少通信流量的方法主要有：通过数据融合可以调节同区域节点所采集信息的冗余度；避免冲突，降低重传，减少能量浪费；减少控制开销和分组首部长度，应尽量简化。由于能耗涉及网络通信的各个协议层，还可以从 MAC 协议，以及路由等协议的角度来研究节能技术。

节能 MAC 技术主要解决的问题是如何构造一个能量最优化的拓扑及如何调度各节点的睡眠以节能。MAC 协议在节能方面应考虑以下几个方面：（1）减少冲突碰撞，减少重传次数；（2）建立有效的侦听和休眠机制，避免无效监听，及时将节点转换到休眠状态；（3）减少控制信息能耗，尽量减少不必要的节点信息交换。

节能路由技术则是在拓扑构造好以后，解决如何根据采集参数确定最优路由的问题，并要考虑两个问题：均衡使用节点能量和数据融合。从整个网络来看，应该平衡各个节点的能量消耗，避免部分节点过早地耗尽能量而导致能量空洞。路由过程的中间节点并不是简单地转发所收到的数据，还要对这些数据进行数据融合后再转发。

节能是传感器网络的核心问题，应该根据网络的特点设计相关技术以降低能耗。一方面，为了节能，应该尽可能简化算法及协议设计，以最少的能耗完成任务；还可以根据跨层设计的思想，对多个协议层进行联合优化，将网络作为一个整体来设计节能方案。另一方面，为了保障节点的能量供应，各种各样的能量补给手段和储能方式也成为了研究热点，例如太阳能电池、超级电容、振动发电。

1.5　传感器网络的标准化

在现代社会中，一种新技术的规模应用大都建立在成功实现标准化的基础上。标准化的传感器接口、数据格式、通信协议能够使不同生产厂商的产品协同工作，实现网络系统中各软硬件组件的互换性和互操作性。现有的一些无线网络标准，如 IEEE 802.11、GSM，都不是针对传感器网络而设计，没有考虑传感器网络的特点。IEEE 于 2004 年针对低速无线个域网络制定了 IEEE 802.15.4 标准，该标准中低功耗、低速率、低成本的网络特征与传感器网络有很多相似之处，很多研究机构把它看作为传感器网络的通信标准。

1.5.1　标准化工作概述

目前，国际标准化组织（ISO）、国际电工委员会（IEC）和国际电信联盟（ITU）三大标准化组织根据标准化领域分工均开展了与传感器网络相关的标准化活动。同时，电气电子工程师学会（IEEE）、因特网工程任务组（IETF）、欧洲电信标准化协会（ETSI）、ZigBee 联盟、ISA 100、Wireless HART 等组织也提出了一些传感器网络相关标准。

ISO/IEC 研究的主要是关于传感器网络的总体性描述，涉及 7 个方面，包括：传感器网络组网和路由、传感器接口、空中接口技术、应用服务技术、中间件技术、节点和网络管理技术、认证技术，其研究成果已成为其他标准研究的参考、依据或基础。

国际电信联盟电信标准化局（ITU-T）主要是从电信网络的角度来研究传感器网络，将传感器网络视为现有电信网络的延伸，使网络真正实现泛在目标。ITU-T 针对泛在传感器网络的研究主要集中在框架、标识和应用方面。

IEEE 主要是针对传感器网络的底层无线传输技术和传感器接口等方面研究,为传感器的网络化、传感器网络的实际应用等提供底层支撑。

IETF 主要负责传感器网络应用相关的技术规范,集中在 IP 协议的引入、低功耗网络中的 IPv6 路由协议,以及资源受限网络环境下的信息读取操控等方面,设有 6LoWPAN、ROLL、CoRE(6LoWAPP)三个工作组。

ETSI 针对机器与机器(M2M)的互联业务中机器之间自动数据传输,开展 M2M 业务需求分析、网络体系架构定义和数据模型、接口和过程设计等工作。

国际自动化协会(ISA)于 2004 年成立了工业无线标准 SP100(后更名为 ISA100)委员会,针对于流程/过程自动化领域提供非实时性监控和报警类应用,制定了 ISA100.11a 标准草案。

中国的传感器网络标准工作组(WGSN)是从事传感器网络标准化工作的全国性技术组织,所提的传感器网络标准体系包括基础平台与应用子集标准,并根据具体应用案例,将基础平台标准和应用子集标准中的不同模块组合构成最终的传感器网络应用系统。

中国工业无线联盟针对过程自动化领域制定了面向工业过程测控应用的工业无线网络标准(WIA-PA),该标准亦是 IEC 认可的工业无线国际标准。

主要的传感器网络通信标准所支持的工作频段、标称数据速率,以及所支持的协议功能和安全技术指标见表 1-2。其中,PHY、MAC、NWK、TRP、APS 分别指物理层、媒体接入控制层、网络层、传输层、应用层。一些标准可以通过访问控制列表(ACL)限制非法节点接入网络,使用 128 位 AES 加密算法提供数据的保密性。

表 1-2　传感器网络相关标准

标准	频率(MHz)	数据速率(kb/s)	协议层					安全	
			PHY	MAC	NWK	TRP	APS	ACL	AES
IEEE 802.15.4	868	20	√	√	×	×	×	√	√
	915	40	√	√	×	×	×	√	√
	2400	250	√	√	×	×	×	√	√
ZigBee①	—	—	×	×	√	√	√	√	√
6LoWPAN①	—	—	×	×	√	×	×	×	×
WirelessHART②	2400	250	√	√	√	√	√	√	√
ISA100.11a②	2400	250	√	√	√	√	√	√	√
WIA-PA②	2400	250	√	√	√	√	√	√	√
Z-Wave	865	40	×	√	√	×	×	×	×
	915	40	×	√	√	×	×	×	×
Bluetooth Low Energy(BLE)	2400	1000	√	√	√	√	√	√	√
ANT/ANT+	2400	1000	√	√	√	√	√	√	√
ONE NET	868/	38.4	×	√	×	×	×	×	√
	915	230	×	√	×	×	×	×	×
DASH7	433	27.8	√	√	√	×	×	×	×
IEEE 1902.1 RuBee	0.131	1.2	√	√	×	×	×	×	×

注：①PHY 层和 MAC 层采用了 IEEE 802.15.4；②PHY 层采用了 IEEE 802.15.4。

1.5.2 IEEE 802.15 标准族

无线个域网（Wireless Personal Area Network，WPAN）是为了实现个人设备间近距离、无基础设施、无线连接的新兴无线网络技术。与无线局域网不同，无线个域网用于实现 10 m 范围内终端设备间的互联，无线个域网设备具有价格便宜、体积小、易操作和功耗低等特点。IEEE 无线个域网相关规范标准集中在 802.15 系列，已被广泛采用。

IEEE 802.15 系列标准是由 IEEE 802.15 工作组负责制定。IEEE 802.15 工作组成立于 1998 年 3 月，下设 7 个任务组，部分任务组下根据工作方向又分出多个分支。具体的 802.15 任务组及工作内容如表 1-3 所示。

表 1-3　IEEE 802.15 各任务组及标准

任务组	所定标准	工作内容概述
TG1	802.15.1	基于蓝牙 v1.x 版本的 WPAN 标准，速率为 1Mb/s。所描述的蓝牙规范的低层（MAC 层或物理层）
TG2	802.15.2	处理在免费 ISM 频段内无线设备的共存问题，提出使用跳频、功率控制等避免同频干扰的问题
TG3	802.15.3	开发高速（55Mb/s～几个 Gb/s）的多媒体和数字图像应用
TG4	802.15.4	低功耗 WPAN(LR-WPANs) 的 PHY 层和 MAC 层。低数据速率、低功耗、低复杂性，小于 200 kb/s 数据传输率
TG5	802.15.5	将 Mesh 组网技术应用到 WPAN 中
TG6	802.15.6	主要研究短距离、低功耗的体域无线通信技术
TG7	802.15.7	研究可见光通信的 PHY 层和 MAC 层

在 IEEE 802.15 标准族中，蓝牙低功耗（BLE）技术、IEEE 802.15.4 标准和 IEEE 802.15.5 标准是最容易应用于资源受限场所的传感器网络。其中，IEEE 802.15.4 是最流行的标准，常被用来作为其他标准的基础，图 1-8 所示为基于 IEEE 802.15.4 的多个标准。IEEE 802.15.5 和 ZigBee 使用了完整的 IEEE 802.15.4，其他一些标准只使用了 IEEE 802.15.4 的 PHY 层，便于兼容在市场上常见的无线收发器产品。

图 1-8　IEEE 802.15.4 相关的标准体系

IEEE 802.15.1 标准是由 IEEE 与蓝牙特别兴趣小组（SIG）合作共同完成的，为计算机、数码相机等便携个人设备提供了一种简单、短距离、低功耗的无线连接手段。2010 年 7

月推出的 BLE 采用了超低功耗(ULP)技术,能最大限度地降低功耗,非常适合于微型无线传感器节点的低频次、少量的数据交换。

IEEE 802.15.5 为无线个域网引入了网状(mesh)网络拓扑结构,定义了两个网状网络架构:高速率的框架基于 IEEE 802.15.3,低速率架构基于 IEEE 802.15.4。这两个框架定义拓扑的形成和数据路由过程,低速率框架还提供了移动性支持(如路由维护),IEEE 802.15.4 的省电模式,以及路由跟踪服务来监测路由状态。

1.5.3　基于 IEEE 802.15.4 的协议族

ZigBee、6LoWPAN、WirelessHART、ISA100、WIA-PA 等标准或规范均是基于 IEEE 802.15.4—2006 标准。6LoWPAN 是 IETF 制订的基于 IEEE 802.15.4 的 IPv6 传输标准。

ZigBee 是 ZigBee 联盟基于 IEEE 802.15.4(2.4 GHz)的协议标准,针对嵌入式传感、医疗数据收集、电视遥控类用户装置、家庭自动化等方面应用,并受到许多大的行业企业的支持。ZigBee 是近距离的无线网络技术,但因其具有成本低、网络容量大、时延短、安全可靠、工作频段灵活等诸多优点,被视为传感器网络的事实标准。

无线 HART(WirelessHART)标准是 HART 通信协议的扩展,专为过程自动化等工业应用所设计的无线网络通信协议,它为 HART 协议增添了无线传输支持,保持了与现有 HART 设备、命令和工具的兼容性。2007 年 6 月,经 HART 通信基金会批准,WirelessHART 标准作为 HART 7 技术规范的一部分,加进了 HART 通信协议族中。2010 年 3 月,WirelessHART 通信规范被国际电工标准委员会批准成为国际标准(IEC 62591 Ed. 1.0),也是全球第一项获得这一级别国际认证的工业无线通信技术。该网络使用运行在 2.4 GHz 频段的 IEEE 802.15.4 标准,采用直接序列扩频(DSSS)、通信安全与可靠的信道跳频、时分多址(TDMA)同步、网络上设备间延控通信等技术。

ISA100 是正处于发展过程中的相对较新的标准组织,其采用了 6LoWPAN 技术,主要提供工业自动化与控制应用领域的、侧重于现场级(Level 0)的无线系统标准。2009 年已发布了 ISA-100.11a—2009(用于工业自动化的无线系统:过程控制和标准应用)标准,正在制订的标准还有:ISA-100.15(无线回程主干网)、ISA-100.14(可信无线)、ISA-100.21(人员和资源跟踪和识别)、ISA-100.12(WirelessHART 和 ISA100.11a 汇合网络应用)等。

WIA-PA 标准是中国工业无线联盟针对过程自动化领域制定的无线网络标准,用于工业过程测量、监视与控制。该规范于 2011 年 10 月正式成为国际电工委员会(IEC)标准,标志着我国在工业无线通信领域已经成为技术领先的国家之一。WIA-PA 基于 IEEE 802.15.4(433 MHz),主要特点包括:基于网状及星型两层网络拓扑、集中式和分布式混合的管理架构、虚拟通信关系等。

1.5.4　其他标准

与传感器网络相关的其他标准还有 IEEE 研究的 IEEE 1451 和 IEEE 1888。

IEEE 1451 系列标准是由 IEEE 仪器和测量协会的传感器技术委员会发起的,是专为智能传感器接口的智能化数据处理而制订的标准。其中,IEEE 1451.5—2007 标准定义了智能传感器无线通信协议和传感器电子数据表（TEDS）格式。智能传感器接口标准簇规范了将传感器和变送器连接到网络的接口，主要用于实现传感器的网络化。

IEEE 1888 是泛在绿色控制网络标准，采用全 IP 的思路，深度融合 IPv6、无线传感器网络、云计算等信息通信技术，构建一个开放的能源互联体系，主要应用于电力管理、楼宇能源管理、设施设备管理等领域的通信。

1.6   传感器网络技术的发展

目前，传感器网络催生了一系列新型网络技术，如无线传感反应网络（Wireless Sensor and Actuator Network，WSAN）[29]、容迟网（Delay Tolerant Network，DTN）[30]、信息物理融合系统（Cyber Physical System，CPS）、物联网（Internet of Things，IoT）、泛在网（ubiquitous network）等。这些网络技术将物理世界网络化和信息化，将物理世界的物品接入到信息世界，扩展了传统网络的基本原理、体系结构和系统模型，揭示了未来网络"互联任何物品"的发展趋势。

1）无线传感反应网络

无线传感与反应网络是在传感器网络中加入各种类型的激励器（actuators）演化而来的复杂无线自组织网络。传感节点负责从环境中收集数据，而反应节点根据从传感节点接收到的数据执行相应的操作。WSAN 是 WSN 的延伸，是一种新型网络模型。因此，WSAN的工作过程可以描述为对物理世界的感知、事件数据的处理、决策、行动。WSAN 和 WSN之间的主要不同之处在于 WSAN 能够改变环境和物理世界，而 WSN 不能。

与传统传感器网络中只有传感节点与汇聚节点通信相比，WSAN 还有传感节点与反应节点通信，反应节点与反应节点通信的相关问题。WSAN 中所实现的高效通信，都是通过传感节点和反应节点之间的协调来实现的。

当传感器节点检测到事件时，有两种方式将数据传输给反应节点，如图 1-9 所示。一种称为半自动结构（semi-automated architecture），由汇聚节点统一决策并控制反应节点完成操作。这种方式需要中心节点进行协调，类似于传感器网络中所使用的结构。另一种称为全自动结构（automated architecture），由反应节点直接完成传感数据的分析、处理，并执行适当的操作，不需要中心节点的参与。全自动结构中传感节点与反应节点直接通信，与半自动结构相比通信延迟更低，但它需要传感节点与反应节点之间和反应节点与反应节点之间的分布式协调。

由于 WSAN 的节点异构性，及与上层业务需求结合紧密的特点，需要提高节点间通信的实时性、可靠性，反应节点决策、操作的正确性，从而产生了大量的通信和协调问题。目前针对WSAN 的研究主要集中在以下几个方面：感测信息传输的有效性、有序性；传感节点和反应节点间通信与协调的实时性；节点间分布式任务控制流程的正确性，及协作机制的可扩展性。

2）容迟网络

近些年出现的深空通信、游牧计算、无线自组网等网络中，由于链路干扰、节点移动、网

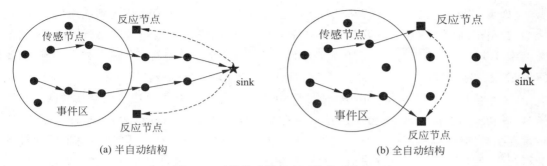

(a) 半自动结构　　　　　　　　　　　　　　(b) 全自动结构

图 1-9　无线传感器反应网络体系结构

络隔离、底层异构、重大灾难或恶意攻击等原因,造成长延迟、高链路误码率、路径频繁断开等网络通信特性,这类网络称为受限网络(challenged network)。受限网络一般具有以下特征:(1)链路间歇性连通,在某段时间内可能不存在端到端的路径;(2)时延较长,节点之间较长的传播时延和节点中易变的排队时延;(3)不对称、可变的数据传输速率;(4)网络设备在能量、带宽、存储/内存和成本等方面常受到限制。传感器网络就属于受限网络。

与传统无线网络相比,受限网络需要不同的路由、拥塞控制、安全等机制。为了更好地研究受限网络环境下的新问题,2003 年 Fall 首先提出容迟网络(Delay/Disruption Tolerant Networks,DTN)的概念[30]。Internet 研究任务组(Internet Research Task Force,IRTF)在星际网络研究组(Interplanetary Network Research Group,IPNRG)的基础上成立了容迟网络研究组(DTN Research Group,DTNRG)对其进行研究,并相继提出了 DTN 网络体系结构(RFC 4838)及捆包(Bundle)协议(RFC 5050),以及包括 TCPCLP 协议(RFC 7242)、Licklider 协议(RFC 5326)等在内的汇聚层协议。

容迟网络定义了在受限网络条件下进行协同通信的网络体系结构和协议族,其中提供了存储、携带、转发等功能,如图 1-10 所示。容迟网络通常由 DTN 主机、DTN 路由器、DTN 网关等构成。为了适应信息传播时延可能比通信时间还要长的工作条件,DTN 网络以"存储-携带-转发"(store-carry-forwarding)为基础,尽量避免端到端地交换各种辅助信息。DTN 的数据单元可以是消息、分组或捆包。捆包是一些消息聚合,其长度可变。

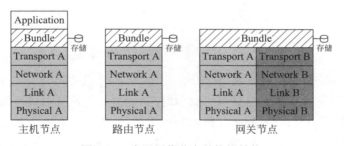

图 1-10　容迟网络节点的协议结构

DTN 的核心是在传输层之上引入了捆包层作为覆盖层(overlay)。覆盖层便于异构受限网络间的互联和互操作,可以兼容不同的传输协议,在不改变底层网络的情况下实现移动性支持、延迟容忍、中断容忍、名址服务等功能。DTN 突破了 Internet"尽力而为"的服务模型，表现为：使用消息/捆包代替分组；使用逐跳通信（hop-by-hop）代替端到端通信（end-to-end）；路由机制使用名称寻址代替地址寻址；局部连通网络代替全连接网络。同时，利用覆盖网络，DTN 可以保持与 TCP/IP 的兼容性。由于 DTN 涉及的网络环境多样和不确定，使得 DTN 在路由、组播、拥塞控制、安全等方面的设计变得极具挑战性。

2008 年 11 月，美国宇航局的喷气推进实验室利用 DTN 技术完成了太空互联网的首次测试，成功地与距离地球 32 万千米的太空探测器实现太空图像的往返传输，证明了 DTN 技术在星际网络中是可行的。传感器网络中也可采用 DTN 技术，如野生动物生活习性的数据收集、交通事故及道路状况信息的预警等，传感器节点安装在被检测对象上并随之随机移动，从而导致网络拓扑结构动态地变化，节点间间断性的连接，源节点与汇聚节点之间也不存在端到端的路径。

3) 信息物理融合系统

随着嵌入式计算、网络通信、自动控制等技术的发展，各类工程系统日趋发展成网络与物理设备的复杂组合，涉及系统资源的合理有效分配和系统性能效能的优化。在这种需求的引导下，2005 年美国国家科学基金会（NSF）提出了信息物理系统（CPS）的概念[33]。CPS 在功能上是集计算、通信与控制于一体的智能化系统，典型应用包括自主导航汽车、无人飞机、家庭机器人、智能建筑等。由于具有广阔的应用前景和商业价值，CPS 一经提出便获得了广泛关注，引起了各国政府、学术界和产业界的高度重视，已经获得了大量的研究投入。

CPS 强调了信息空间（cyber）与物理设备（physical）的交互，涉及未来网络环境下异构数据（information）的实时处理（computation）与可靠通信（communication）、自适应控制（control），具有高度自主感知、自主判断、自主调节和自治能力，能够实现信息世界和物理世界的互联与协同。CPS 的抽象结构如图 1-11 所示。

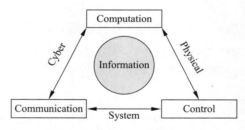

图 1-11　CPS 的抽象结构[33]

由于 CPS 具有较高的复杂性，很难给出一个精确而全面的定义。典型的定义如：CPS 是在环境感知的基础上，深度融合计算、通信和控制能力的可控可信可扩展的网络化物理设备系统，通过计算过程和物理过程相互影响的反馈循环，实现深度融合和实时交互来增强或扩展新的功能，以安全、可靠、高效和实时的方式检测或者控制一个物理实体。

CPS 是在实时嵌入式系统和网络控制系统基础上发展出来的概念，更关注资源的合理整合利用与调度优化，实现对大规模复杂系统和广域环境的实时感知与精确控制，并提供相应的网络信息服务，且更为灵活、智能、高效。

相较于现有的各种信息技术，CPS 在结构和性能等方面主要有以下几大特征[34]：信息世界与物理世界的深度集成与交互协同;各物理组件都应具有信息处理和通信能力;具有开放性、动态性、异构性,是网络化的大规模复杂系统;在时间和空间等维度上具有多粒度复杂性;高度的自动化和稳定的反馈控制回路,自主适应物理环境的动态变化,具备自适应、重配置的能力;系统安全、可靠、抗毁、可验证;自学习、自适应、动态自治、自主协同。

与传感器网络相比,CPS更注重信息世界与物理世界的深度结合,它涉及更高维度的感知数据、更为复杂的跨域网络和更深层次的交互。一般来说,二者的关系主要体现在:CPS中涵盖有线或无线等异构网络,传感器网络可以作为CPS的组成部分;传感器网络仅着重于感测,CPS还有控制,接近于无线传感反应网络。

CPS是复杂的系统技术,涉及多方面的基础技术研究,CPS的实现及应用需要更多的理论依据和技术支持。目前的CPS相关研究仍处在起步阶段,学术界和工业界亟待在系统抽象层次设计、系统建模、体系结构设计、数据传输和数据管理等方面提出一些新的基础理论和技术架构来支持CPS的应用。

4）物联网

物联网(Internet of Things,IoT)是在互联网的基础上,将其终端延伸和扩展,在物品之间进行信息交换和通信的网络概念。2009年以来,一些发达国家纷纷出台物联网发展计划,进行相关技术和产业的前瞻布局,我国也将物联网作为战略性新兴产业予以重点关注和推进。

整体而言,目前无论国内还是国外,不同领域的专家学者对物联网研究所基于的视角各异,对物联网的描述侧重于不同的方面,有关物联网的定位和特征还存在一些混乱的概念,对系统模型、体系架构和关键技术都还缺乏清晰的界定。具有代表性的物联网定义为:物联网是指通过信息传感设备,按照约定的协议,把任何物品与互联网连接起来,进行信息交换和通信,以实现智能化识别、定位、跟踪、监控和管理的一种网络。它是在互联网基础上延伸和扩展的网络。

一般认为,狭义上的物联网指连接物品到物品的网络,实现物品的智能化识别和管理。广义上的物联网则可以看作是信息空间与物理空间的融合,将一切物品数字化、网络化,在物品之间、物品与人之间、人与现实环境之间实现高效信息交互方式,实现物理世界与信息世界的无缝连接,是一种将物-人-社会相联的庞大的网络系统。

从通信对象和过程来看,物联网的核心是实现物品(包含人)之间的互连,从而能够实现物与物之间的信息交换和通信。物联网的主要作用是缩小物理世界和信息系统之间的距离,它可以通过射频识别(RFID)、传感器、全球定位系统、移动电话等设备,将世界上的所有物品全部连接到信息网络中,信息服务和应用可以和这些智能物品通过网络进行交互,体现了物理空间和信息空间的融合。

物联网的基本特征可概括为:全面感知、可靠传送和智能处理。全面感知是利用射频识别、二维码、传感器等感知、捕获、测量技术随时随地对物品进行信息采集和获取。可靠传送是通过将物品接入信息网络,依托各种通信网络,随时随地进行可靠的信息交互和共享。智能处理是利用各种智能计算技术,对海量的感知数据和信息进行分析并处理,实现智能化的决策和控制。

一般可以将物联网分为三层：感知层、网络层、业务和应用层。感知层实现物品的信息采集、捕获和识别；网络层是异构融合的通信网络，包括现有的互联网、通信网、广电网，以及各种接入网和专用网，通信网络对采集到的物品信息进行传输和处理；业务和应用层面向各类应用实现信息的存储、数据的挖掘、应用的决策等，涉及海量信息的智能处理、云计算、中间件、服务发现等多种技术。

物联网可以将传感器网络作为实现数据信息采集的一种末端网络。除了各类传感器外，物联网的感知单元还包括 RFID、二维码、定位终端等。与 CPS 相比，物联网着重于万事万物的信息感知和信息传送，而 CPS 更强调反馈与控制过程，突出对物理设备的实时、动态的信息控制与信息服务。CPS 更偏重于理论研究，更多地受到了学术界的关注，是将来物联网应用的重要技术形态。

5）泛在网络

泛在计算（ubiquitous computing）由施乐实验室的计算机科学家 Mark Weiser 于 1991年提出。泛在计算的目的在于人们可以随时随地、透明地获得数字化的服务，使计算机在整个物理环境中都是可获得的，而用户则觉察不到计算机的存在。泛在计算概念是从人的应用需求去考虑未来信息与网络系统的构架。基于此理念，日韩衍生出了泛在网络（ubiquitous network），欧盟提出了环境网络（ambient network），北美提出了普适计算（pervasive computing）等概念。尽管这些概念的描述不尽相同，但是其核心内涵却相当一致，是"要建立一个充满计算和通信能力的环境，同时使这个环境与人逐渐地融合在一起"[38]。

泛在网络是指无所不在的网络。对于网络系统而言，无处不在意味着网络、设备的多样化以及无线通信手段的广泛运用，表现出丰富的异构性。对于泛在网络的概念，不同的研究者根据自己的研究背景和研究领域提出了不同的研究观点和看法，目前还没有形成统一的定义。对此，最早提出泛在网络概念的日韩给出了这样的定义：允许用户自由地在任意时间，任意地点，使用任意工具，通过宽带及无线网络接入并交换信息[42]。

作为一个全新的理念，泛在网络不是指某个具体的物理网络，而是指创造一个随时、随地、任何人都可以联网的环境。在这个环境中，人们可以在没意识到网络存在的情况下，随时随地（如在日常生活、旅游和工作现场等）通过终端设备（如数字电视、手机、计算机等）联网并享受服务。无论接入模式是固定的还是移动的，是有线的还是无线的，泛在网络都能提供永远在线的网络无缝接入。

泛在网络不是颠覆性的网络革命，而是对传统网络潜力的挖掘和网络效能的提升。统一的控制平面、网络动态重构控制，及网络设备资源化是泛在网络有别于传统网络的显著特征。统一的控制平面的引入，将传统网络演进为高效、可扩展、可管理的扁平化层次状网络，简化了网络结构，使网络构架归一化成为可能，并具备面向未来的开放、规模、灵活、可管理、移动的网络构架，具有"即插即用（Plug & Play）"能力。泛在网络的整体架构需要从系统结构、多接入技术、资源管理、移动性管理、网络组成、业务、上下文管理、网络安全、网络管理等多方面考虑。

泛在网、物联网、传感器网络各有定位，传感器网络是泛在/物联网的组成部分。物联网采用各种不同的技术把物理世界的各种智能物品、传感器接入网络。物联网是泛在网发展的物联阶段，通信网络、互联网、物联网之间相互协同融合是泛在网的发展目标。

1.7 本书章节安排

本章从传感器、计算和通信等技术发展引入传感器网络,然后介绍传感器网络的基本概念和系统架构,在分析传感器网络的应用类型和典型应用的基础上,重点说明其有别于其他网络的显著特征,以及系统设计面临的挑战和关键技术。本章的目的是让读者初步掌握传感器网络的基本概念、基本特征和关键技术,对传感器网络系统有整体理解,为后面章节专项技术的学习打下基础。

第 2 章介绍传感器网络节点的硬件体系结构。分析了传感器、处理器、无线通信等模块的功能特点,探讨了节点硬件设计中的主要考虑因素,并结合典型的传感器节点进行实例对比分析,最后对节点体系结构以及常用的操作系统进行了分析和讨论。

第 3 章研究传感器网络在操作系统方面的挑战性问题。首先分析了传感器网络对操作系统的要求,还分析了影响操作系统设计的关键因素,进而从体系结构、调度、文件系统、内存分配、动态重编程等方面深入分析了传感器网络操作系统的相关技术,最后对 TinyOS 和 Contiki 两个典型操作系统的特点进行了剖析。

第 4 章阐述传感器网络体系结构,首先介绍了传感器网络的结构的分类。对其中网络协议分层进行了详细的说明与分析,随后介绍了传感器网络的跨层设计,并分析了全 IP 化等方面的内容。接下来对传感器网络管理体系结构进行了对比分析。

第 5 章结合传感器网络所用的短距离无线通信技术,系统地介绍无线通信相关的基础理论,包括无线通信系统的基本概念、无线通信频谱、无线通信媒介、无线信道的传播特性、调制解调技术、扩频通信技术、无线信道的多路复用和多路接入、低功耗的无线收发机等。

第 6 章探讨传感器网络中的拓扑控制技术。首先介绍了拓扑控制的一些基础知识,包括相关的基本术语、设计目标和主要技术。然后在功率控制、睡眠调度和分簇三方面分别重点分析了一些代表性的拓扑控制算法和协议。

第 7 章介绍传感器网络的 MAC 协议。首先分析了传统无线网络的信道访问控制方式,传感器网络中 MAC 协议设计特点和面临的挑战。然后,分类介绍了竞争型、分配型、混合型的 MAC 协议,结合代表性的协议对比分析了各类协议的优点和缺点。

第 8 章分析传感器网络的路由技术。讨论传感器网络自身特点对路由协议设计的影响,以及路由选择考虑的因素。随后,列举了一些常用的性能评价指标。然后,将已有路由协议分为六类,分别是以数据为中心的路由、地理位置信息路由、层次式路由、QoS 路由、多径路由、节点移动的路由,并结合代表性的协议对比分析了各类协议的特点。

第 9 章讨论传感器网络的传输控制技术。首先,具体分析了传感器网络诸多特点对传输控制协议设计的挑战,以及评价传输控制协议的能量效率、可靠性、公平性、及时性和可扩展性等性能指标。随后,按照基本服务功能分类分别对拥塞控制机制和可靠传输机制展开讨论,并结合一些经典协议对这两种机制相关的技术进行了详细的分析。

第 10 章介绍在传感器网络系统中应用较为广泛的标准化协议,包括无线个域网标准协议 IEEE 802.15.4、ZigBee、蓝牙,工业无线网络标准 WirelessHART、ISA100、WIA-PA,以及将 IPv6 协议融入到传感器网络的规范 6LowPAN。

第 11 章分析传感器网络的感知覆盖技术。首先介绍覆盖、连通等基本概念和术语，然后介绍节点的感知模型和覆盖问题的分类，分析覆盖技术研究面临的主要挑战，并根据覆盖对象类型的不同分类讨论了点覆盖、区域覆盖和栅栏覆盖三类覆盖问题的经典算法和协议。

第 12 章研究传感器网络中的时间同步技术。首先分析了时间同步的要求和基本原理，包括节点时钟的基本原理以及影响时间同步的关键因素，并依据传感器网络自身的特点，分析传感器网络时间同步协议面临的主要挑战。然后根据同步时钟源发布策略的不同分类介绍了基于消息的时间同步协议和基于全局信号的时间同步协议，并分别详细分析了这两类协议中的一些具有代表性的协议。

第 13 章分析传感器网络中的定位技术。首先介绍传感器网络定位技术的相关术语、评价标准等基本概念，及定位算法的分类方法，重点从基于测距和非测距两个方面介绍传感器网络的主要定位方法，对应这两类分别研究了典型算法的基本原理和典型实例，最后分析了传感器网络定位技术的最新研究进展和未来方向。

第 14 章分析传感器网络的仿真与测试技术。从传感器网络的系统研发、原型搭建、运行维护和产品商用四个不同阶段，分别介绍了所使用的模拟仿真、系统验证、在线监测和协议测试等四种关键技术及相应的产品工具，并分析了较为知名的测试平台 HINT、MoteLab 和 MoteWorks。

第 15 章研究传感器网络的安全技术。首先介绍了传感器网络的安全需求、安全威胁、安全设计面临的挑战，以及适用于传感器网络的安全机制，然后探讨了传感器网络中的密钥管理、认证与完整性保护、入侵检测、安全路由等基本安全技术，最后研究了安全路由、安全定位、安全时间同步、安全数据融合、隐私及匿名保护等安全相关技术。

习题

1.1　传感器节点在实现各种网络协议和应用系统时，存在哪些现实约束？

1.2　举例说明传感器网络的应用领域。

1.3　分析传感器网络与传统网络的区别。

1.4　传感器节点由哪几部分组成？

1.5　简述传感器网络各层协议和平台的功能。

1.6　分析传感器网络与移动自组网络的相同之处和不同之处。

1.7　展望传感器网络对人民生产和生活方式的影响。

1.8　无线通信的能量消耗与距离的关系是什么？它反映出传感器网络数据传输的什么特点？

1.9　传感器网络为什么要使用时间同步机制？时间同步机制有哪些主要性能参数？

1.10　传感器网络的安全研究要解决哪些问题？

1.11　与传统网络的路由协议相比，传感器网络的路由协议具有哪些特点？

1.12　在设计传感器网络的 MAC 协议时，需要着重考虑哪几个方面？

1.13　在传感器网络中可能造成网络能量浪费的主要原因包括哪几方面？

1.14　在传感器网络中，为什么要对网络进行拓扑结构控制与优化？

1.15　传感器网络拓扑控制主要研究的问题是什么？

1.16　LR-WPAN 网络具有哪些特点？

1.17　简述 IEEE 802.15.4 定义的 LR-WPAN 网络中具有两种拓扑结构。

1.18　简述 ZigBee 协议与 IEEE 802.15.4 标准的联系与区别。

1.19　分析传感器网络与无线传感反应网络之间的异同。

1.20　分析传感器网络与信息物理系统的关系。

参考文献

[1]　孙利民,等. 无线传感器网络. 北京：清华大学出版社,2005.

[2]　Verdone R，Dardari D，Mazzini G，et al. Wireless sensor and actuator networks：technologies，analysis and design. Academic Press，2008.

[3]　Warneke B，Last M，Liebowitz B，et al. Smart dust：communicating with a cubic-millimeter computer. Computer Magazine，2001，34(1)：44-51.

[4]　http://www.cs.virginia.edu/wsn/vigilnet.

[5]　Arora A，Dutta P，Bapat S，et al. A line in the sand：a wireless sensor network for target detection，classification，and tracking. Computer Networks (Elsevier). 2004，46(5)：605-634.

[6]　Simon G，Maróti M，Lédeczi A，et al. Sensor network-based countersniper system. In：Proc. of ACM SenSys. New York，NY，USA：ACM Press，2004：1-12.

[7]　Raytheon BBN technologies，boomerang website，http://www.bbn.com/products_and_services/boomerang.

[8]　Paul J L. Smart sensor Web：tactical battlefield visualization using sensor fusion. IEEE Aerospace and Electronic Systems Magazine，2006，21(1)：13-20.

[9]　Rice J A. US navy Seaweb development. In：Proceeding of the Second Workshop on Underwater Networks (WuWNet'07). 2007：3-4.

[10]　Akyildiz I F，Su W，Sankarasubramaniam Y，et al. A survey on sensor networks. IEEE Communications Magazine，2002，40(8)：102-114.

[11]　UC Berkeley. TinyOS：an open-source operating system designed for wireless embedded sensor networks. http://www.tinyos.net/，2003.10.

[12]　http://www.digitalsun.com/.

[13]　CodeBlue，http://fiji.eecs.harvard.edu/CodeBlue.

[14]　Wood A，Stankovic J，Virone G，et al. Context-aware wireless sensor networks for assisted living and residential monitoring. IEEE Network，2008，22(4)：26-33.

[15]　Kidd C D，Orr R，Abowd G D，et al. The aware home：a living laboratory for ubiquitous computing research. Lecture Notes in Computer Science. Berlin，Germany：Springer-Verlag，1999：191-198.

[16]　Ganti R，Jayachandran P，Abdelzaher T，et al. SATIRE：a software architecture for smart AtTIRE. In：Proc. 4th Int'l Conf. Mobile Syst. Appl. Services，Uppsala，Sweden，Jun. 2006：110-123.

[17]　Lorincz K，Chen B，Challen G W，et al. Mercury：a wearable sensor network platform for high-fidelity motion analysis. In：Proc. 7th ACM Conf. Embedded Netw. Sensor Syst.，2009：353-366.

[18]　MicroStrain Company. http://www.microstrain.com/wireless.

[19]　Lahiri K，Raghunathan A，Dey S，et al. Battery-driven system design：a new frontier in low power design. In：Proc. Int'l. Conf. VLSI Design，Bangalore，India，Jan. 2002：261-267.

[20]　刘云浩. 绿野千传：突破自组织传感网大规模应用壁垒. 中国计算机学会通信，2010，6(4)：35-37.

[21]　孙利民，刘伟. 对大规模传感器网络应用面临问题的思考. 中兴通讯技术，2012，2：10-14.

[22]　Sivrikaya F，Yener B. Time synchronization in sensor networks：a survey. IEEE Network，2004，18(4)：45-50.

[23]　Dyer M，Beutel J，Kalt T，et al. Deployment support network—a toolkit for the development of WSNs. In：Proc of the 4th European Workshop on Sensor Networks (EWSN2007). Berlin：Springer，2007：195-211.

[24]　中国科学院软件研究所. HINT：零打扰无线传感器网络测试平台. 第五届中国传感器网络学术会议(CWSN2011). 北京，2011.

[25]　Raisinghani V T，Iyer S. Cross-layer design optimizations in wireless protocol stacks. Comp. Commun.，2004，27(8)：720-724.

[26]　Jurdak R. Wireless Ad Hoc and sensor networks：a cross-layer design perspective. Springer-Verlag，2007.

[27]　Bluetooth SIG：Bluetooth Speciffication Version 4. 0. 2009.

[28]　IEEE Standard for Information Technology—Telecommunications and Information Exchange Between Systems—Local and Metropolitan Area Networks—Specific Requirements—Part 15. 4：Wireless Medium Access Control (MAC) and Physical Layer (PHY) Specifications for Low-Rate Wireless Personal Area Networks (LR-WPAN) (2006). IEEE Std 802. 15. 4，2006.

[29]　Akyildiz I F，Kasimoglu I H. Wireless sensor and actor networks：research challenges. Ad Hoc Networks，2004，2(4)：351-367.

[30]　Fall K. A delay-tolerant network architecture for challenged Internets. In：Proc. of the 2003 Conf. on Applica-tions，Technologies，Architectures，and Protocols for Computer Communications. Karlsruhe，Germany：ACM，2003：27-34.

[31]　Shah R，Roy S，Jain S，et al. Data MULEs：modeling a three-tier architecture for sparse sensor networks. Ad Hoc Networks，2003，1(2-3)：215-233.

[32]　Small T，Haas Z. The shared wireless infostation model—a new Ad Hoc networking paradigm (or Where there is a Whale，there is a Way). In：ACM MobiHoc，June 2003.

[33]　CPS Steering Group. Cyber-physical systems executive summary. http://precise. seas. upenn. edu/events/iccps11/doc/CPS-Executive-Summary. pdf.

[34]　Rajkumar R，Insup L，Lui S，et al. Cyber-physical systems：the next computing revolution. In：Proc. of the 47th ACM/IEEE Design Automation Conf. California，USA：IEEE，2010：731-736.

[35]　李仁发，谢勇，李蕊，等. 信息-物理融合系统若干关键问题综述. 计算机研究与发展，2012，49(6)：1149-1161.

[36]　Branicky M. CPS initiative overview. In：Proc. of the IEEE/RSJ International Conf. on Robotics and Cyber-Physical Systems. Washington D. C.，USA：IEEE，2008.

[37]　孙其博，刘杰，黎羴，等. 物联网：概念、架构与关键技术研究综述. 北京邮电大学学报，2010，33(3)：1-9.

[38]　Weiser M. The computer for the twenty-first century. Scientific American，1991，265(3)：94-104.

[39]　高歆雅. 泛在感知网络的发展及趋势分析. 电信网技术，2010，(2)：58-62.

[40]　ISA：ISA100. 11a release 1. http://www. isa. org/source/ISA100. 11a_Release1_Status. ppt，2007.

[41]　Delay Tolerant Networking Research Group，November 2008. http://www. dtnrg. org.

[42]　Ubiquitous Network Societies：The Case of Japan. http://www. itu. int//ubiquitous.

[43]　The Ambient Networks Project Homepage. http://www. ambient-networks. org/.

第 2 章

CHAPTER 2

传感器网络节点

导读

本章首先分析了传感器网络节点硬件的微型化、低成本、低功耗等设计需求,并说明了节点的结构和外部接口,然后分别给出了节点传感模块、处理器模块、无线通信模块、电源与存储等模块的常见设计技术,最后总结了节点的节能技术,并分析了通用、专用、高性能、网关这四类节点的设计特点。

引言

传感器网络所具有的规模大、节点数量多、无人值守等特点,为传感器网络系统的开发设计带来技术、测试和成本上的挑战。传感器节点的开发应当满足低成本的基本要求,只有较低的成本,才能大量的部署应用,展现传感器网络的优越性。传感器网络相关硬件节点和软件系统,及相关协议算法的设计与开发要求不同于传统的无线网络,其设计要求首先要服务于特定的应用,聚焦于低功耗的设计,同时要兼顾通用性和重用性,模块化设计,在保证节点的稳定性的条件下,部分组件应当具有扩展性和灵活性,减少不同应用背景下的重复开发,提高开发效率。

传感器节点硬件由五个功能模块组成:传感模块、处理器模块、无线通信模块、能量供应模块、存储模块。在不同的应用环境下,传感器节点组成模块会稍有不同,但都应具有数据传输和数据处理的基本功能。传感器节点的发展趋势是微型化、集成化、低功耗。随着大规模集成电路制造工艺的迅速发展,已经出现了将无线收发、微控制器、传感器(特定类型的传感器)等模块集成在一块芯片的片上系统(SoC),如 CC2530 芯片包括高性能的 RF 收发器、增强型的 8051 MCU、可编程的闪存、8 KB 的 RAM,以及 ADC 等功能模块。相对于传统的多 IC 电子系统,这种集成 SoC 减少了外围驱动接口单元与电路板间的信号传递,降低了功耗,提高了可靠性,极大地缩小了节点的尺寸。但从传感器节点的设计来看,目前仍有一些难以小型化的器件,如电源、天线和大部分传感器。

不同的应用对传感器的种类、精度和采样频率,以及无线通信使用的频段、传输距离、发射功率、数据传输速率等会有不同的要求,节点的设计还要受到体积、低功耗、成本等因素的约束,必须要协调计算、存储、通信等方面的性能。尤其是在能量供应受限的条件下,节点的硬件设计中首先要考虑如何减少电路及电子元器件的能量消耗,要求处理器具有超低功耗,并且支持多种工作模式选择,其他还包括传感器的选取、数据传输速率,以及I/O端口的数量等要求。节点的低功耗除了硬件设计的要求外,还需要在操作系统、网络协议、数据处理等软件方面进行节能设计,以及考虑软硬件之间与节点之间的协同机制,最大化整个传感器网络的寿命。如采用休眠算法的节点仅在采集数据和传输数据的时候工作,避免过多主动地去监听信道,降低无线通信的功耗。

现有的节点硬件平台按用途和性能,大致可分为专用、通用、高性能、网关等类型。尤其是近几年,大量低端、通用的节点产品得到了广泛的使用,此类节点有如下的特点:(1)采用低功耗的微控制器和无线收发器,多为集成型的SoC;(2)多使用2.4 GHz的ISM频带,物理层兼容IEEE 802.15.4标准。

2.1　设计需求

传感器节点是为目标应用特别设计的微型嵌入式系统,不同的应用需要配置不同的硬件、软件、算法,并需要根据应用的要求对各功能模块的选择和实现进行权衡和取舍,而微型化、低功耗、低成本、可靠性、可扩展性等是通用化的设计要求。

1) 微型化

越来越多的传感器节点嵌入在其他设备或环境中,要求节点微型化。传统上,节点各模块之间采取PCB电路板的连接方式,现在常采用集成了微控制器、传感器、无线收发等单芯片SoC,这种一体化芯片大大缩小了节点的体积,降低了节点的功耗,也降低了对供电电压的要求。但实现节点微型化还是有挑战性的:电池、传感器、天线等器件仍然难以小型化。一般来说,电池的容量越大其体积相应也要增大,接触式测量的传感器也难以小型化。微型化天线的增益低、传输距离相对有限,天线的小型化也是一个待解的难题。

2) 低功耗

传感器节点通常采用电池供电,电池能量有限,且在部署后难以更换。目前从环境取电的技术还不够成熟,要求节点能够低功耗运行。低功耗不仅要从器件选择、电路等硬件方面考虑,也要从操作系统、通信协议和应用处理等软件方面考虑。在硬件方面,要尽量采用超低功耗、高集成度器件,如静态电流很小的电源芯片及MCU芯片,功能组件应支持睡眠、挂起等低功耗模式。在软件方面,需优化协议,减少交互,并利用动态功耗管理、数据融合、拓扑控制等技术来降低能耗,必要时可牺牲其他的一些性能指标,以获得更高的能量效率。

3) 低成本

单个节点的成本很大程度上决定了整个网络系统的成本。只有低成本,才能够推进传感器网络的部署使用。低成本对节点的各个部件都提出了苛刻的要求,需要在成本和性能之间进行平衡来满足应用的需要。由于成本所限,节点的能量供应模块一般不会使用复杂而昂贵的方案,传感模块也不会使用精度太高的高端产品。

4) 可靠性

节点要长时间工作,在软硬件设计时就要采用可靠性保障技术。在硬件方面,应选择稳定成熟的硬件模块,在给定的温湿度、压力等环境下,保证处理器、射频、电源等器件能够正常工作,同时要保证传感器工作在正常的量程范围内。在软件方面,要保证软件逻辑上的正确性和完整性,即本身不存在缺陷,在硬件出现问题的时候能够及时感知并采取积极的措施,如系统重新启动或者对采集的数据进行非线性校准等。

5) 可扩展性

为了满足对新增功能或不同应用的支持,在硬件方面,节点常要提供统一、完整的扩展接口以便于添加或替换部分硬件模块。在软件方面,软件系统同样要做到组件化和可配置,组件独立并且有标准的接口,可以面向不同的应用需要来配置出满足要求的最小系统。软件的扩展性还体现在节点上不需要额外的设备就可以自动升级,最简单的方法就是通过无线方式直接进行软件的下载和升级,利用无线的广播特性实现多节点的同步远程升级。

2.2　结构与接口

传感器节点的核心是中央处理器(CPU),负责控制整个节点的操作,用于分时处理操作请求和协议数据处理。作为能够独立工作的系统,节点一般还有电源、存储、编程调试等功能电路。图 2-1 描述了通用的传感器节点的硬件结构,其中各功能部分都实现了模块化

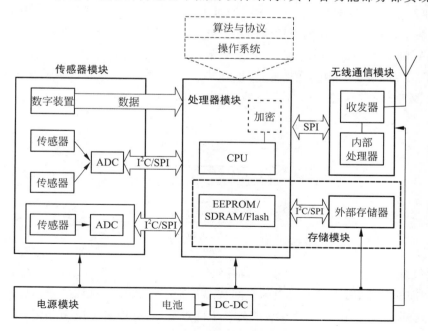

图 2-1　传感器节点的通用结构

和分散化,并采用 SPI、I^2C 等标准总线实现各功能组件的互联,简化了系统结构和硬件电路设计,也便于和外围设备连接。

2.2.1　数据通路

节点上一般利用系统总线组成的数据通路将 CPU、存储器、通信、I/O 接口、模数转换器、时钟等互联起来,形成以中央处理器为核心的结构。节点上各模块独立工作,相互通过标准总线进行通信,数据格式标准化,方便根据实际需求来配置新的硬件系统,实现节点硬件平台的扩展。除了允许 CPU 和其他组件相连之外,这些功能组件之间也可以直接连接,如存储器与无线通信模块之间可直接进行数据交换,以满足实时、高速的无线通信需求。

处理器常提供 GPIO(通用输入输出)接口来连接结构和功能比较简单的外部设备/电路。虽然 GPIO 接口提供极大的灵活性和最小延迟,但在传感器节点平台上 MCU 和其他组件之间通信使用最多的还是低成本的串行总线,包括通用异步收发器(UART)、串行外设接口(SPI)和 IC 间(I^2C)。

与 Ethernet、USB、SATA、PCI-Express 等总线相比,I^2C、SPI、UART 总线常用于节点内部各组件之间的通信。一般情况下,I^2C、SPI、UART 总线的数据收发可由处理器控制总线的内部 FIFO 来完成。但不论是以中断还是以查询的形式,总线的数据收发总是会占用处理器的时间。一些处理器则直接集成了 DMA 控制器来管理 SPI、UART、I^2C 设备与存储器之间(或存储器与存储器之间)批量数据的交换过程,简化了处理器对数据传输的管理。

1) I^2C 总线

微处理器和各种传感器的通信一般是通过 I^2C 总线。I^2C 接口便于连接不同类型的传感模块,也易于实现传感模块的即插即用和扩展。I^2C 总线是一种由 Philips 公司开发的由数据线 SDA 和时钟线 SCL 构成的两线式串行总线,可实现多方通信,如图 2-2 所示。I^2C 总线使用了 7 位的设备类型码和地址,可以挂接 127 个设备,非常符合传感器阵列的需求,所以大部分数字传感器都提供了 I^2C 总线接口。I^2C 总线以半双工方式通信。

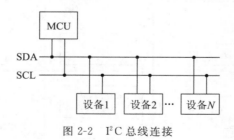

图 2-2　I^2C 总线连接

I^2C 总线最主要的优点是其简单性和有效性。由于接口直接在组件之上,因此 I^2C 总线占用的空间非常小,减少了电路板的空间和芯片管脚的数量。总线的通信距离可达几十米,最高传送速率 100 kb/s。I^2C 总线的另一个优点是,它支持多主控(multi-mastering),其中任何能够进行发送和接收的设备都可以成为主设备。

2）SPI 总线

节点一般通过 SPI 总线来互联微处理器模块和无线通信模块。SPI 总线是 Motorola 公司推出的一种同步串行接口，常用于处理器与各种外围器件进行高速、全双工、同步串行通信。SPI 只需串行时钟线 SCK、主机输入/从机输出数据线 MISO、主机输出/从机输入数据线 MOSI、从机选择线 SS 四条线就可以进行通信，支持串行数据的全双工，如图 2-3 所示。这些外围器件可以是简单的 TTL 移位寄存器、复杂的 LCD 显示驱动器、A/D 转换、D/A 转换子系统或其他处理器。

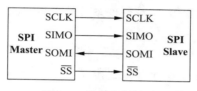

图 2-3　SPI 总线原理

SPI 总线的传输速率能达到甚至超过 10 Mb/s。而 I²C 在快速模式下为 1 Mb/s，在高速模式下虽可达 3.4 Mb/s，但还需要额外的 I/O 缓冲区。因此，SPI 总线一般用于高速数据传输，如处理器与外部 ADC、无线通信模块、外部存储器等之间的通信。SPI 的缺点是没有寻址功能，不支持多个从设备的通信。

3）UART 总线

UART 总线的传输速率慢，常用于微控制器与低速器件通信。UART 是一种异步、双向、面向字符的串行数据总线，比前两种 SPI 和 I²C 同步串行总线结构要复杂，一般由波特率产生器、UART 接收器、UART 发送器组成，仅通过 RXD 与 TXD 两条连线就可以实现两个器件之间的全双工通信。由于 UART 是异步通信，在 RXD 接收端和 TXD 发送端之间需要相应的数据同步规则，以使接收、发送之间协调一致。UART 将数据以字符为单位从低位到高位逐位传输，一个字符表示一个信息帧。基本的 UART 帧格式包括起始位（1 位）、数据位（5～8 位）、校验位（1 位，可选）和停止位（1 位/1.5 位/2 位）四部分。

在异步通信过程中，数据的接收端和发送端并不共享相同的时钟信号，没有统一的时钟脉冲信号，但双方需要在进行数据传输前设定相同的波特率。波特率表示了数据传送速率，对串口来说，指每秒可以传输的二进制代码的位数，单位是：位/秒（b/s）。比如每秒传输 120 个字符，若每个字符中含有 8 位（1 个起始位、6 个数据位、1 个停止位），则波特率为：8×120＝960 b/s。

2.2.2　外部接口

节点通常基于数据通路定义了统一、完整的外部接口，便于在现有节点上扩展新硬件模块，也便于与外部设备通信。例如，传感器节点一般通过 UART 接口与支持 AT 命令集板载模块（蓝牙，GPS 装置等）连接，或通过 RS-232 或 USB 与 PC 主机连接。节点上常提供的接口有总线接口、串口/USB、编程接口等。节点还可提供其他接口，如充电接口等。

1) 总线接口

节点上的 I^2C、SPI 等总线接口的类型如下：第一类，由具有 I^2C 总线的处理器直接控制具有总线接口的器件，如 RAM、EPROM、ADC、DAC 等；第二类，对于原来不具备 I^2C、SPI 总线的处理器，可以使用总线接口扩展芯片扩展出 I^2C、SPI 总线接口，再与总线接口芯片相连接；第三类，对于原来不具有 I^2C、SPI 总线的处理器，通过并行口中某两根 I/O 线，连接 I^2C 接口芯片，但是，需要编写 I^2C 总线驱动程序。具有 I^2C、SPI 总线接口的处理器是通过相关特殊功能寄存器来完成总线操作的，不带有 I^2C 总线接口的处理器，可以通过模拟 I^2C、SPI 总线时序来完成总线操作，实现硬件系统的扩展。

2) RS-232 串口与 USB 接口

基站等类型的节点为了方便与计算机直接通信，一般具有 RS-232、USB 等接口。由于节点所用处理器的 UART 总线输入输出为 TTL 电平，必须通过电平转换才能提供 RS-232 串行接口。节点需要借助专门的 USB 接口转换芯片将处理器的 I^2C/SPI/UART 总线转换实现 USB 接口。

USB 接口方式下数据传输速率最高可达 2 Mb/s，而 RS-232 接口方式最高为 19200 b/s 或 57600 b/s，也就是说，USB 接口的数据传输速度要远高于 RS-232 串行接口方式。而且，USB 接口的数据传输比 RS-232 接口更稳定、更可靠，但技术难度也相对要高。

3) 在线编程(In System Programming，ISP)接口

有些节点还提供了在线编程接口，能够对节点反复编程，方便对节点程序进行调试与修改。在传感器节点上常见的是 JTAG 编程方式。JTAG 作为一种国际标准测试协议(IEEE 1149.1 兼容)，带有 JTAG 接口的处理器只要通过 JTAG 编程器就能实现对 FLASH 的擦除和改写。节点上需要提供 JTAG 标准插口，插口的引脚与处理器和 Flash 的数据线、地址线和控制线相连。在开发主机上可以利用 JTAG 仿真器直接通过该接口将程序和数据下载到节点中，实现对节点进行编程、调试。通过 RS-232 串口也可以对节点进行在线编程。

2.3　硬件模块

2.3.1　传感模块

传感模块的主要任务是采集节点周围的环境信息，并将这些信息以数字或模拟信号的形式传送给微处理器处理。传感模块一般通过连接的传感器来监测外部信息，具体传感器的选择要考虑检测对象、信号源、能耗、精度和采样频率等应用要求，除此之外，传感器必须能够适应恶劣环境的要求，抗腐蚀、密闭性好。

传感模块也可以通过连接 RFID 读写器来读取外部标签的标识信息，还可以通过 GPS 接收机来提取位置信息。因此，传感模块也称为数据采集模块。节点可以通过总线及扩展接口连接多种传感器、RFID 读写器、GPS 接收机等数据采集模块。

一般而言,传感器可以没有输入信号,但一定有输出信号。原始的传感器信号要经过转换、调理电路,以及模数转换,才能交由处理器处理。传感模块一般通过以下几种方式与处理器模块连接:大部分处理器自带模数转换器(ADC),因此最简单的方法是直接将传感器输出的模拟信号接入处理器的 ADC;有时由于处理器的 ADC 的个数和精度的限制,可以使用一个高速的多通道 ADC 芯片将多个传感器接入处理器;对于一些集成度高的传感器,其内部包含了 ADC,可通过 I^2C、SPI、UART 等标准接口与处理器模块相连。

传感模块的电路有两种设计方案:(1)对于体积较小,应用电路简单的传感器,可以将这传感器电路集成在节点的 PCB 板上,有利于节省节点的成本;(2)传感模块电路与节点主体电路分别制板,把所有传感器集成到传感器面板上,并通过标准接口与节点母板相连,便于根据应用需要定制传感参量,而无需更改节点主体部分的电路。对于体积较大,控制电路复杂的传感器一般也采取后一种方案,独立设计传感器电路,方便节点的设计。

2.3.2 处理器模块

处理器模块是传感器节点的核心部件,其主要任务包括数据采集控制、通信协议处理、任务调度、能量管理、数据融合等。处理器在很大程度上影响了节点的成本、灵活性、性能和能耗。

1) 传感器节点对处理器的要求

传感器节点使用的处理器应满足如下要求:(1)外形尽量小,处理器的尺寸往往决定了整个节点的尺寸;(2)集成度尽量高,以便简化处理器外围电路,减小节点体积,并提高系统的稳定性;(3)功耗低而且支持睡眠模式,传感器节点往往只有小部分时间需要工作,在其他时间处于空闲状态,支持睡眠模式的处理器模块可以大大延长节点的寿命;(4)要有足够的外部通用 I/O 端口和通信接口,便于扩展通信、传感、外部存储等功能;(5)有安全性保证,一方面要保护内部的代码不被非法成员窃取,另一方面能够为安全存储和安全通信提供必要的硬件支持。

2) 处理器的类型

虽然市场上的处理器芯片种类繁多,但绝大多数并不适合作为传感器节点的处理器,真正可供选择的只有寥寥几种。目前传感器网络常用的处理器有两大类:微控制器 MCU 和嵌入式 CPU。表 2-1 列出了一些常用处理器芯片的信息。

表 2-1 传感器节点常用的处理器

厂家	型号	架构	总线	主频/MHz	片内存储	正常工作电流/mA	休眠模式电流/μA
Atmel	AT90S8535	AVR RISC	8	16	8 KB Flash/512 B EEPROM/512 B SRAM	5	15
Atmel	ATMega128	AVR RISC	8	16	4 KB SRAM/128 KB Flash/4 KB EEPROM	8	20
Atmel	Mega165/325/645	AVR RISC	8	16	1 KB SRAM/0.5 KB EEPROM	2.5	2

续表

厂家	型号	架构	总线	主频/MHz	片内存储	正常工作电流/mA	休眠模式电流/μA
Texas Instruments	MSP430F149	RISC	16	8	60 KB FLASH/2 KB RAM	1.5	1.6/0.1
Atmel	AT 91 ARM Thumb	RISC	32	20	256 KB SRAM/1024 KB Flash	38	160
Intel	Xscale PXA250	ARM	32	416	256 KB SRAM	39	574

除这两类处理器外，如果节点的任务明确，且任务的计算量大，也可以使用数字信号处理器（Digital Signal Processor，DSP）和现场可编程门阵列（Field Programmable Gates Array，FPGA）这样的可编程硬件来实现处理器功能，虽然它们的通用性差，但其处理能力强且相对功耗低，适用于图像、语音等处理。

2.3.2.1 微控制器（MCU）

MCU 是一种集成了处理器、存储器、外部接口电路的单片计算机系统，一般包含了 8/16/32/64 位的 CPU 核，存储数据的动态存储器 RAM，存储程序代码的静态存储器 ROM 和 Flash，以及并行 I/O 接口和串行通信接口 SPI 和 I^2C。MCU 具有体积小、能耗低和价格低等优点，但它的计算能力通常有限，适合计算强度低的应用。

传感器节点使用较多的 MCU 有 Atmel 公司的 AVR 系列和 TI 公司的 MSP430 系列。AVR 系列采用 RISC 结构，吸取了 PIC 和 8051 单片机的优点，具有丰富的内部资源和外部接口。TI 生产的 MSPF1xx 就是一类极低功耗的 MCU，工作电压为 1.8 V，实时时钟待机电流仅为 1.1 μA，而运行模式电流低至 300 μA（1 MHz），从休眠至正常工作的整个唤醒过程仅需 6 μs[4]。这两类处理器都可以配置工作在不同的功耗模式。如表 2-2 所示，Atmega 128L 微控制器有六种不同的功耗模式：空闲，ADC 降噪，省电，断电，待机，扩展待机。

表 2-2 Atmega 128L 芯片的 6 种功耗模式

功耗模式	状态描述和唤醒条件
空闲模式（idle）	CPU 停止，SPI、USART、模拟比较器、ADC、I2C、定时器和计数器、看门狗、中断系统都处在工作状态；所有的内部和外部中断都可以唤醒处理器。关闭 CPU 和 Flash 的时钟
ADC 减噪模式（ADC noise reduction）	CPU 停止，但是 ADC 继续工作，同时对 ADC 进行降低噪声的处理，使 ADC 采样数据更加精准，适合周期性采样的应用模式。此模式关闭 CPU，允许 ADC、外部中断、I2C（地址监视状态）、定时器 0、看门狗继续工作。关闭 CPU、Flash 和 IO 时钟；允许各种中断唤醒处理器
掉电模式（power-down）	CPU 停止，外部时钟停止，只有外部中断（INT[4..7]）、I^2C 地址监视和看门狗继续工作。外部中断、I^2C 地址匹配中断以及看门狗 RESET、外部 RESET 能够使 CPU 重新工作。该模式停止所有的时钟模块，只允许不需要时钟的异步模式工作（看门狗使用时钟是独立于芯片以外的时钟）

续表

功耗模式	状态描述和唤醒条件
省电模式 （power-save）	省电模式和掉电模式基本一样，只是定时器 0 可以工作在异步方式（计数器方式）。系统在发生定时器 0 中断的时候被唤醒
待机（standby）	除了内部振荡器工作以外，其他和掉电模式相同
扩展待机 （extended standby）	除了内部振荡器工作以外，其他和省电模式相同

2.3.2.2 嵌入式 CPU

嵌入式 CPU 由普通计算机中的通用 CPU 演变而来。与通用 CPU 不同的是，在嵌入式应用中，嵌入式 CPU 只保留和嵌入式应用紧密相关的功能硬件，去除其他的冗余功能部分，以最低的功耗和资源实现嵌入式应用的特殊要求。此外，为了满足嵌入式应用的特殊要求，嵌入式 CPU 在工作温度、抗电磁干扰、可靠性等方面相对通用 CPU 都进行了相应的增强。

与 MCU 相比，嵌入式 CPU 是一个单芯片 CPU，而 MCU 则在一块芯片中集成了 CPU 和其他电路，构成了一个完整的微型计算机系统。嵌入式 CPU 具有计算能力强和内存大等优点，但在普通传感器节点中使用，其价格、功耗，以及外围电路的复杂度上还不十分理想，更适合图像感测、网关等高数据量业务和计算密集型的应用。随着传感器网络对节点计算能力的要求逐渐提高，以及嵌入式 CPU 的小型化和低功耗化，使得很多传感器节点已经开始采用这种高性能的处理器。

常用的嵌入式 CPU 有 ARM 系列和 Intel 的 Xscale 系列。如 StrongARM 处理器 SA1110[5]，功耗为 27～976 mW。该处理器同时支持 DVS（动态电压调节）节能技术，可以降低功耗 450 mW，关掉无线模块可以降低功耗 300 mW。

2.3.2.3 数字信号处理器（DSP）

DSP 是专门为完成数字信号处理任务而设计的微处理器，能够高效处理复杂的数学运算。DSP 与通用的 CPU 相比有其自身的特点：（1）总线结构采用哈佛结构或者改进的哈佛结构，使用独立的程序总线和数据总线可以同时访问分别存储在不同的存储空间的程序和数据，大大地提高了数据的吞吐率；（2）具有专门的硬件乘法器和累加单元，可以将乘法运算和累加运算在一个指令周期内完成，并采用了流水线技术，运算效率极高；（3）在指令系统中设置了循环寻址以及位倒序等特殊运算指令，可高效完成数字信息处理中常见的 FFT 或者卷积等特殊运算；（4）片内一般都集成有程序存储器和数据存储器，提高了 CPU 访存效率，减少了等待时间。

DSP 具有灵活、高速、接口丰富、低功耗的优点，适用于语音、图像、无线射频等数字信号的高效处理，也可以应用到传感器节点。但由于 DSP 不擅长协议状态、并发任务等处理，在传感器节点中 DSP 仅辅助 CPU 来完成语音/图像信号的处理，或者用于底层无线通信数据处理（如 PHY 层和 MAC 层）。

2.3.2.4 现场可编程门阵列（FPGA）

FPGA 作为可编程逻辑器件，是在 PAL、GAL 等逻辑器件的基础之上发展起来的。FPGA 器件由大量的逻辑单元排列为逻辑单元阵列 LCA 组成，并由可编程的内部连线连接这些功能块来实现一定的逻辑功能。FPGA 结构上主要包括可配置逻辑模块 CLB、输出输入模块 IOB 和可编程互联阵列资源 PIA 三个部分。开发人员可对 FPGA 内部的逻辑模块和 I/O 模块重新配置，使这些逻辑单元随意组合形成不同的硬件结构，构成不同的电子系统。

FPGA 是专用集成电路（ASIC）领域中的一种半定制电路，既解决了定制电路的不足，又克服了原有可编程器件门电路数有限的缺点。FPGA 除了具有 ASIC 的特点之外，还具有高集成度、大容量、低成本、低电压、低功耗等特点。从最初的可编程逻辑器件发展到当今的可编程系统，FPGA 以其可编程能力和完善的设计工具已成为了常用的系统设计平台。从简单的逻辑电路到复杂的处理器，都可以用 FPGA 来实现。

基于 FPGA 的嵌入式系统实际上是一个可编程片上系统，由单个芯片完成整个系统的主要逻辑功能，这种系统一般有如下特征：至少包含一个以上的嵌入式处理器 IP 核；具有小容量片内高速 RAM 资源；丰富的 IP 核资源可以灵活地选择；足够的片上可编程逻辑资源；可配置的逻辑功能和输入输出端口；可能包含部分可编程模拟电路；单芯片、低功耗、微封装。

与传统的处理器相比，FPGA 具有良好的并行处理能力，内部的不同逻辑单元可以同时执行不同任务。利用 FPGA 内部的多个 DCM（时钟管理器）通过倍频、分频方式可将外部时钟变换为多种时钟频率以满足不同需求，其最高频率可达几百 MHz。它同时具有丰富的 I/O 端口供用户选择使用。FPGA 的高度灵活性使其既可以针对某一频繁使用的固定需求在其内部设计专用硬件电路去实现专门的功能，也可针对灵活多变的场合去嵌入处理器或操作系统完成相应的工作。

与通用 DSP 相比，FPGA 具有更大的带宽，在应用中更为灵活，并可利用并行架构实现 DSP 功能，性能可超过通用 DSP 的串行执行架构。但相对来说，FPGA 的设计和实现过程更为复杂。在需要大数据吞吐量、数据并行运算等高性能应用中，可使用具有 DSP 运算功能的 FPGA，或 FPGA 与 DSP 协同处理实现。

FPGA 的运行速度比 MCU 和 DSP 都要快，并且支持并行处理。在传感器网络应用中，如果需要同时完成感知、处理和通信，尤其是处理较为复杂时（如加密算法），或者需要硬件的可配置能力时，FPGA 是合适的选择。但生产成本和编程难度也降低了它的适用性。

2.3.3 无线通信模块

常见的无线通信媒体有无线电（射频）、光和声波，可根据传感器网络的环境条件、传输带宽和通信距离选择合适的通信媒体。射频通信在传感器网络中使用最广泛，满足应用在通信距离远、带宽高、误码率低等方面的要求，并且不需要发射机和接收机之间的视距路径。

传感器节点通过无线通信模块与其他节点进行无线通信、交换控制消息和收发采集数据。无线通信模块的无线收发机(transceiver)完成无线通信的物理实现,包括信号的射频收发、调制解调和 A/D(D/A)转换。收发机的实现需要考虑编码调制技术、通信速率、通信频段、传输距离等问题。

2.3.3.1　无线收发机

无线通信模块中的无线收发机以半双工方式实现无线信号的发射和接收。收发机由射频电路和天线等组成,是无线通信的物理基础。随着集成电路技术的发展,现在的射频电路多使用了集成化的射频芯片。射频芯片内部一般集成了完整的接收和发射功能电路,包括发射/接收、PLL 合成、调制/解调等电路,提供了完整的射频前端方案,芯片外接少数几个到几十个分立无源元件即可实现无线数据的收发。射频芯片一般实现了无线通信协议栈的物理层和 MAC 层,MAC 层以上的协议处理仍需要在微处理器上实现。射频芯片与微处理器之间一般通过 SPI 总线进行通信。

射频芯片的选择要从多方面考虑。首先要根据工作频段、调制方式、通信标准、编程方式等选择。其次,收发数据的功耗要非常低,因为通信模块消耗的能量在传感器节点中占主要部分。另外,芯片的体积、成本、发射功率和接收灵敏度、外围电路是否简单、能否支持多种工作方式等都是选择时要考虑的因素。

传感器节点的收发机虽然可以采用某些复杂的调制方案,例如 OFDM,但一般从低功耗考虑更多使用了简单方案,如 OOK、FSK、UWB(超宽带)、MSK、BPSK、QPSK 等。目前,常用的射频芯片如表 2-3 所示。从表中也可以看出,商用芯片常用的都是这些简单的调制方案。

表 2-3　常用无线射频芯片性能指标对比

型号	生产商	调制	工作频段/MHz	传输速率/kb/s	休眠/μA	Rx/mA	Tx Min/mA	Tx Max/mA
CC1000	Chipcon	FSK/OOK	300～1000	76.8	0.2～1	7.4～9.6	5.3(−20 dBm)	26.7(10 dBm)
CC1021	Chipcon	FSK/ASK	402～470/804～940	153.6	1.8	19.9	14.5(−20 dBm)	25.1(5 dBm)
CC2420	Chipcon	O-QPSK	2400	250	1	19.7	8.5(−25 dBm)	17.4(0 dBm)
CC2520	Chipcon	O-QPSK	2400	250	<1	18.5	33.6(5 dBm)	25.8(0 dBm)
TR1000	RFM	OOK/ASK	916	115.2	0.7	3.8	N/A	12(1.5 dBm)
XE1205	Semtech	FSK	433/868/915	1.2～152.3	0.2	14	33(5 dBm)	62(15 dBm)
EM260	SiliconLabs	O-QPSK	2400	250	1	36	24(0 dBm)	28(3 dBm)
AT86RF212	Atmel	BPSK/O-QPSK	700,800,900	40/50/1000	0.2	9.2	13(0 dBm)	17(5 dBm)
AT86RF230	Atmel	OQPSK	2400	250	0.02	15.5	N/A	16.5(3 dBm)

为了增加无线通信的质量和可靠性,也为了充分利用频段资源增加节点的无线通信带宽,也出现了多射频的设计,即在单个节点上设置多个射频模块,并需要微处理器能够与每

个射频模块通信。近年出现的无线 SoC 芯片集成了射频电路与微控制器，提高了二者之间的协同处理效率，也减少了节点面积。

2.3.3.2 不同工作模式的功耗

无线收发机通常有四种工作模式：发送、接收、空闲和休眠。收发机在前三种模式下的功耗相近，在休眠状态下则关闭了部分硬件电路使得功耗最低。由于一般传感器节点的通信量较低，收发机大部分时间可处于休眠模式，以减少能耗。

无线通信的功耗受以下几个参数的影响：信号的调制方式和调制指数、功率放大器和天线的效率、传输距离和速率，以及接收器的灵敏度。其中部分参数可以被动态重配置，不同配置组合成不同的能量模式。例如 CC2420 射频收发机电流的典型值：稳压器关闭模式为 $0.02\,\mu A$，低电位模式为 $20\,\mu A$，空闲模式为 $426\,\mu A$，接收模式为 $18.8\,mA$，发送模式为 $17.4\,mA$。

需要注意的是，在空闲模式下，收发机既没发送数据也没接收数据，但是为了监测无线信道，接收电路必须上电，接收电路中的有源组件，如放大器和振荡器，即使设备处于空闲模式也存在大量的静态电流，需要消耗能量。另外，与处理器模块相似，无线收发机从空闲模式或待机模式转换到活动模式也会引入一定的时间延迟和能量消耗，如 CC2420 收发机频率合成器锁相环(PLL)的锁定时间为 $192\,\mu s$。

因为数据通信的能量开销远高于数据计算的能量开销，每传输 1 bit 数据消耗的能量可以用于处理 1000 条指令，所以可以通过增加本地计算来减少通信的数据量。虽然传感器节点的存储容量有限，但当本地计算量大量增加时，访问存储模块的能量开销也是不可忽略的。

无线电和光在水中传播时的能量损耗较大，导致它们在水下的通信半径急剧下降。为此，水下传感器网络通常采用声波通信，相同发射功率时声波的通信半径远大于无线电和光。但由于声波的频率范围有限，且水中机械振动的噪音大，多径现象严重，使得声波通信的数据传输速率较低。

2.3.4 能量供应模块

传感器节点的能量供应模块负责为其他模块供电。能量供应模块除了体积小、成本低等要求外，还有一些要求：(1)环境适应性强，尤其是在较为恶劣的环境下，节点电池的工作温度、水密性等指标应满足使用需要；(2)节点仅周期性地采集和处理数据，在大多数时间工作在低功耗模式(休眠、挂起等)，多数时间的功耗都是毫安级，短时间是几百毫安；(3)节点上传感器、处理器、无线通信模块对电池的放电稳定性要求较高，在没有维护的条件下必须保证长达数年的持续运行，而对瞬时放电能力的要求不是很高；(4)采用无污染或低污染的技术方案，避免或减少对环境造成损害。

能量供应模块由电池和 DC-DC 转换器组成，在某些情况下它可能还包括其他的元件，如电压调节器。DC-DC 转换器负责转换直流电源电压，为每个单独的组件提供合适的电源电压。根据转换过程的不同，DC-DC 转换器分为：升压型，降压型，升降压型。但是转换过程自身会有能量损耗，从而降低转换效率。

2.3.4.1 电池

传感器节点常用的电池种类很多,电池储能大小与形状、活动离子的扩散速度、电极材料的选择等因素有关。按照能否充电,电池分为可充电电池和不可充电电池,一般不可充电电池比可充电电池能量密度高。电池按电化材料可分为 NiCd(镍铬)、NiZn(镍锌)、AgZn(银锌)、NiMH(镍氢)、Lithium-Ion(锂离子)。从体积和应用的简易性上来说,传感器节点大部分都是使用的化学电池这种自身储能方式,也可以通过自身配备的能量转换模块从其所处环境中获取并储存能量。

电池的容量并不是固定不变的,一般情况下放电率越大,电池可输出容量越小。例如,大多数便携式电池的放电率为 1C,意味着一个 1000 mAh 电池可以持续提供 1 h 1000 mA 的电流。理想的情况下,该电池以 0.5C 放电率放电可以持续提供 2 h 500 mA 的电流;以 2C 放电率放电可以提供 30 min 2000 mA 的电流。1C 通常是指 1 h 放电,同样 0.5C 指 2 h 放电,0.1C 指 10 h 放电。放电时间,电池容量和放电电流满足如下关系式:

$$t = \frac{C}{I^n} \tag{2-1}$$

式中 C 表示电池理论容量,单位为 A·h;I 表示放电电流,单位为安培(A);t 表示放电时间,单位为秒(s);n 是 Peukert 常量,与电池的内阻有直接关联。Peukert 常量表示电池在连续大电流情况下的性能表现,当数值接近 1 表明电池性能很良好,数值越高表明电池以高电流放电时容量损失更多。电池的 Peukert 常量一般是凭经验确定,例如铅酸电池的 Peukert 常量通常是在 1.3~1.4 之间。

如果电池吸收电流的速率高于放电电流的速率,会导致电流消耗率高于电解液中活性元素的扩散速率。如果这一过程持续时间过长,即使电解液中的活性物质尚未用尽,电极上的活性物质也会被全部用完。为了避免这种情况的发生,可以间歇性地从电池吸收电流。

如图 2-4 所示,以较高放电率持续放电,电池容量减少。间歇性地使用电池,可以在休

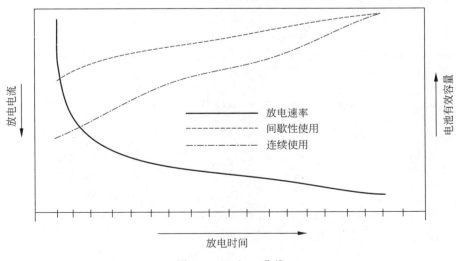

图 2-4 Peukert 曲线

眠期间增加电解质中活性物质的扩散速率，应对过度放电所引起的活性物质的衰减。如图中虚线所示，这种潜在恢复能力可以缓解电池容量的减少，提高放电效率。

2.3.4.2 环境能量采集技术

长期工作的节点如果难以及时进行电池的更换，也不便于补充电能，可以从所处环境获取能源来补充电池的能量，这种技术称为环境能量采集（energy harvesting）。自然界可利用的能量有太阳能、电磁能、风能、振动能、核能等。如在沙漠这种光照比较充足的地方可以采用太阳能电池，在地质活动频繁的地方可以通过地热或者振动来积蓄工作电能，在空旷多风的地方可以采用风力获取能量支持。能量采集技术能够在一定程度上克服电池容量给传感器网络生命周期带来的限制，延长网络的生命周期。由于环境能量密度低，为了达到一定的能量获取率，传感器节点需要配备体积较大的能量转换器，能量转换效率低，能量获取过程不可控且难以精确预测，需要与可充电电池一起使用才能保证节点正常工作。根据环境能量的形式，能量获取技术大致分为光电转换、振动取能、温差发电三类。

1) 光电转换

光能或太阳能是目前所有能量采集技术中最具有吸引力并且最可能广泛应用的技术。在全日照的情况下，能量密度为 $1\ \mathrm{mW/mm^2}$（$1\ \mathrm{J/day/mm^3}$），在室内光照下，能量密度为 $1\ \mu\mathrm{W/mm^2}$，并且光电的转换效率可以达到 30%。但是太阳能具有时变、空间分布特性，为了保证传感器节点的稳定工作，必须采用储存单元来储存太阳能板所采集的能量，太阳能采集系统如图 2-5 所示。目前常用的电能储存方式主要有可充电电池与超级电容（supercapacitor）两种。充电电池技术成熟，能量密度（能量/质量比）高，但对于充电/放电特性有特殊要求，需要特殊的电路配合，无法适应传感器网络中负载变化大且不稳定的放电环境。而超级电容则具有几乎无限次数的充电/放电周期数，具有更高的功率容量（常用于

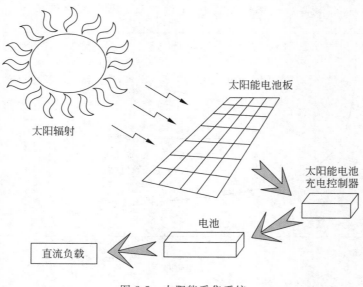

图 2-5　太阳能采集系统

平抑大功率电路上的波峰浪涌），可以适应太阳能供电的变化环境，但由于其泄漏电流较大，不利于能量长期存储。因此在实用中应采用将超级电容和充电电池组合起来使用的方法。

2）振动取能

振动存在于诸如桥梁、汽车、飞机等大型机械多种场合。目前利用振动取能的典型应用实例有自动手表、摇动发电手电筒，以及基于振动的微发电机等。其中基于振动的微发电机的原理之一是让微发电机上的磁铁或线圈随外部振动自然运动，由磁场运动产生所需电流，如图 2-6 所示。另一种方式是利用压电晶体制成的共振片与外部环境共振来产生电流的方式。其工作原理是利用外部设备如辅助电源或电容使处于运动状态的电容极片上的电压保持不变，而极片随外部环境运动造成电容容量变化，从而使电容极片上已经充上的电荷发生运动，形成电流，由此将外部机械运动的能量转化成传感器节点所需要的电能。

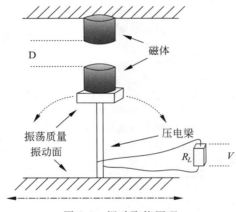

图 2-6 振动取能原理

3）温差发电

温差发电利用热电转换材料的 Seebeck 效应，将两种不同类型的热电转换材料 N 和 P 的一端结合并将其置于高温状态，另一端开路并处于低温环境。由于高温端的热激发作用较强，空穴和电子浓度比低温端高，在载流子浓度梯度的驱动下，空穴和电子向低温端扩散，从而在低温开路端形成电势差。将许多对 N 型和 P 型热电转换材料连接起来组成模块，就可得到足够高的电压，形成一个温差发电机。这种温差发电机在具有微小温差的条件下就能将热能直接转化成电能。转换过程无需机械运动部件，也无气态或液态介质存在。具有设备结构紧凑、性能可靠、运行时无噪声、无磨损、无泄漏、移动灵活等优点，在军事、航天、医学、微电子领域具有重要的作用。

2.3.4.3 无线充电技术

无线充电技术源于无线电力输送技术，利用电磁共振或电磁辐射将电源端的电能通过无线方式传递到用电设备上，从而实现能量的便捷传输。在传感器网络中可采用无线充电技术，通过配备静态或移动的充电节点来为任意传感器节点进行无线充电，更易于保证传感器节点持久地、正常地工作。目前，无线充电技术的实现方式主要包括电磁感应、电磁辐射和电磁共振，三种技术的对比见表 2-4。

表 2-4   常用无线充电技术对比

充电技术 特性	电磁感应	电磁共振	电磁辐射
工作频率	110 kHz～205 kHz	100 kHz～20 MHz	300 MHz～300 GHz
传输距离	几毫米至几厘米	几厘米至几米	通常在几十米，最远可达数千米
充电效率	低；在发送端和接收端紧密对准时损耗很小，但在距离增加时传输效率急剧降低	高；2 m 距离时效率约40%	高
实现复杂度	低	中	高
优点	对人无害；实现简单，成本低	发射和接收设备之间无需严格对准；可同时对多个设备充电；充电效率高；不必视线传输，不易受干扰	技术成熟，硬件要求低；受电节点的位置可任意；传输距离远，范围广，适合移动应用
缺点	仅适合短距离充电；有加热效应；发射和接收设备需要精确对准；电感耦合是一对一；不适合移动应用	充电距离有限；传输距离增大时，必须增大线圈；在接收和发送端部线圈实现复杂，且必须同轴，不适合移动应用	当射频密度高时不安全；功率小，传输损耗大，充电效率低；视线传输，易受环境影响；硬件要求高

1）电磁感应

电磁感应是目前应用最多的实现能量无线传输的方式。电磁感应类似于变压器的原理，通过初级线圈和次级线圈之间的耦合作用来产生电流，从而将能量从发送端转移到接收端，如图 2-7 所示。电磁感应的局限性在于传输距离短，随着传输距离的增加，传输效率会降低。这种技术主要应用在频率较低的无源射频识别系统中，例如，125 kHz 和 13.54 MHz 频段的无源标签都是利用线圈的电磁感应原理以无线的方式接收阅读器的能量。电磁感应无线充电技术已经在电动剃须刀、电动牙刷、净水器和无绳电话等电器上得到应用。

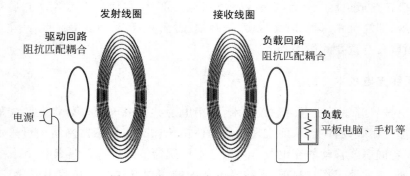

图 2-7   基于电磁感应的无线充电技术

2)电磁共振

电磁共振是由麻省理工学院的研究人员提出的一种无线充电技术。电磁共振系统的发射端与接收端也采用电感线圈来传输、接收能量,当发射端的磁场振荡频率与接收线圈的固有频率相同时,二者便会形成一个共振系统,能量在这个相对封闭的系统内传输,对系统之外的物体不会产生干扰,也不会产生电磁辐射,如图 2-8 所示。电磁共振具有很高的传输效率,两端之间的障碍物也不会对传输效率有任何影响,并且电磁辐射水平低,对人体基本无任何影响,是无线电力传输领域最有前途的传输技术。但由于对线圈的品质因子 Q 要求太高,该技术近期难以实现商业化。

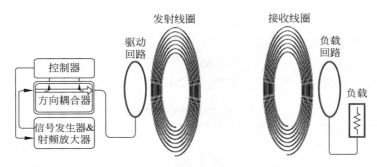

图 2-8 基于电磁共振的无线充电技术

3)电磁辐射

电磁辐射作为信号的传递方式已经广泛应用于无线通信领域。由于电磁波本身就是能量的一种存在形式,因此可由发射装置辐射出去电磁波,在接收天线上产生高频的交变电流,收集这些电流并存储,如图 2-9 所示。微波、无线电波和激光充电技术都属于电磁辐射充电方式,具有传输距离远、无需对准的特点,且频率越高,传播的能量越大,可应用于远距离大功率无线输电。

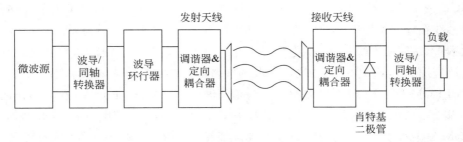

图 2-9 基于电磁辐射(微波)的无线充电技术

2.3.5 存储模块

存储模块在节点中用来存放程序和数据。节点中的全部信息,包括采集的数据、转发数据、路由信息、节点程序、中间运行状态和最终运行结果都保存在存储器中。节点的存储模块一般由不同类型的存储器构成。按存储特性来分,存储器主要有 RAM 型、ROM 型、混合型三类,如图 2-10 所示。还可按位置来分,分为 MCU 内部集成的存储器和通过 I²C、SPI 等总线扩展的外部存储器。

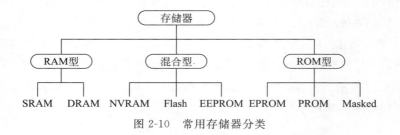

图 2-10　常用存储器分类

存储器的选择需要考虑用途(存储程序、数据或者两者兼有),还要考虑一些设计参数,包括处理器类型、电压范围、电源、读写速度、擦除/写入的耐久性。另外,体积、功耗、价格、容量及可扩展性等也是需要考虑的重要因素。表 2-5 对比了各类常用存储器的主要特征。

表 2-5　常用存储器的特性

类型	易失	可写	擦写单位	最大擦写次数	字节成本	访问速度
SRAM	√	√	字节	无限次	高	快
DRAM	√	√	字节	无限次	中	中
Masked ROM	×	×	N/A	N/A	低	快
PROM	×	1*	N/A	N/A	中	快
EPROM	×	√*	芯片	有限次	中	快
EEPROM	×	√	字节	有限次	高	读快,擦/写慢
Flash	×	√	扇区	有限次	中	读快,擦/写慢
NVRAM	×	√	字节	不限	高	快

注:"＊"表示写操作时需要专门编程器。

MCU 内部存储器的访问速度快但容量有限,对于复杂的应用,除了内部存储器,还需要通过总线在外部扩展 EPROM、EEPROM 或 Flash 这类非易失性存储器。Flash 具有可擦写次数多、访问速度快、存储容量大、接口电路简单、价格便宜等优点,在嵌入式领域内得到了广泛应用。与 EEPROM 相比,Flash 的电路结构较简单,同样容量占芯片面积较小,成本比 EEPROM 低。EEPROM 是以字节为单位进行读写操作,而 Flash 在写操作之前一般要先以扇区(sector)为单位进行擦除操作,所以 Flash 在用作数据存储器时操作比 EEPROM 复杂得多。一般节点上会集成 Flash 和 EEPROM 两种非易失性存储器,而低成本型方案往往只有 Flash。

Flash 分为 Nor 型和 Nand 型两类,其中,Nor 型 Flash 可以字节为单位进行读写操作,而 Nand 型 Flash 中则将扇区分为多个页(page),并以页为单位进行读写操作。Nor 型 Flash 支持芯片内执行(XIP),程序可以直接在芯片内运行,不必把程序读到系统 RAM 中。Nor 型 Flash 执行一次写入/擦除操作的时间为 5 s,写入和擦除速度过低,一般只用于少量可执行程序的存储介质。Nand 型 Flash 可以达到高存储密度,价格也便宜。Nand 型 Flash 执行一次写入/擦除操作最多只需要 4 ms,擦除速度要远比 Nor 型 Flash 快,一般用来存储数据,通常不存储代码。

不同类型 Flash 的读取时间和读取功耗非常相似,但是写入操作比较复杂,因为该操作与访问数据量的大小有关(一个字节,或者包含多个字节的整个页面)。写入操作的能耗通常与重写整个芯片的能耗相当。例如,在 Mica 节点的 Flash 中读取和写入一个字节消耗的电量分别为 1.111 nA·h 和 83.333 nA·h。因此,应该尽量避免 Flash 的写入操作。

对于程序代码的存储,如果需要重编程功能,通常选用 MCU 的内部 Flash,或者外部 Flash 或 EEPROM。如果不需要重编程,则可以使用 ROM 和 OTP(一次性编程)存储器,但由于 Flash 的通用性,越来越多的系统也在转向 Flash。目前大多数嵌入式系统都利用 Flash 存储程序代码,以便在线升级固件。

与程序代码类似,数据可以存储于 MCU 内部,或者是外部存储器。数据存储常使用片内集成的 SRAM(易失性)和 EEPROM(非易失)两种存储器,在片内不包含 EEPROM 时,可以在外部扩展 EEPROM 或 Flash。EEPROM 或 Flash 通常只被用作程序的存储,但有时候可以将 Flash 用作程序存储器的同时留出一个扇区用于存储数据,这种方法可以降低成本、空间,并提供非易失性数据存储器。

2.4 节能技术

微处理器在应用低能耗组件的同时,操作系统可使用能量感知方式来管理系统资源,实现优化的能量管理策略,理想情况是及时关闭所有空闲模块。传感器节点在操作系统级重要的能量管理技术是动态功耗管理(dynamic power management,DPM)和动态电压调节(dynamic voltage scaling,DVS)。当节点周围没有感兴趣的事件发生时,动态功耗管理可以关闭相应组件或将其调到低功耗模式。当计算负载较低时,动态电压调节技术能够降低微处理器的工作电压和频率,降低能耗。

2.4.1 动态功耗管理

动态功耗管理的主要任务是对工作负载特征进行建模,根据模型调整节点组件的能量模式。根据对工作负载特征抽象方法不同,动态功耗管理策略分为 3 类:超时策略、预测策略和随机优化策略。

1)超时策略

超时策略是最简单的 DPM 策略,其基本思想是部件空闲时间超过预定的阈值后,将其转入相应的低功耗模式,阈值可以固定,也可以根据以前空闲周期的历史记录改变。超时策略目前应用广泛,多数电子产品都用这种方式进行能量管理,如在笔记本电脑上,用户通过操作系统为硬盘、显示等设置超时值,超时后进入睡眠来实现能量管理。

超时策略的主要缺陷是需要等待一段时间后才能进入低功耗模式,造成一定的能量浪费。另外,超时策略不知道新的设备请求什么时候到来,经常会引起服务延迟。如果超时阈值选择不当会带来性能损失或者降低节能效率。针对非平稳工作负载，可以通过保存阈值、加权平均，以及动态自适应等方法优化超时阈值。研究表明，对无线网络传输设备等具有非平稳自相似业务请求的设备，最优的动态功耗管理策略是超时策略（确定性 Markov 策略）。

2）预测策略

预测策略主要对传感器节点未来的工作状态（如空闲时间、活动时间等）进行预测，并根据预测结果进行相应的工作模式转换。预测策略分为预测关闭策略和预测唤醒策略：预测关闭根据预测结果关闭系统部件，预测唤醒则根据预测的空闲时间提前唤醒部件。

预测算法属于启发式方法，假设系统部件访问在时间上存在关联性，未来的空闲时间可以通过历史信息进行估算，如何提高部件空闲时间预测的准确度是这类研究面临的主要问题。采用离线的非线性回归方法可以较好地拟合系统部件空闲时间特征，但对应用依赖较严重，并需要离线计算，适用于事先确定的工作负载。指数滑动平均方法易于实现并具有较高的准确性，应用范围较广。基于 BP 神经网络自适应学习来预测系统空闲时间的方法无需预先获得工作负载特性，具有传统回归算法不可比拟的优点。

与超时策略相比，预测策略无需传感器节点在空闲状态下由于等待超时阈值而浪费多余的能量，因此预测策略在节能方面优于超时策略。但是由于工作负载的非均衡性，不可避免的出现预测不准确的情况，进而降低网络的实时性，或造成不必要的能量浪费。

预测策略适用于处理请求高度相关的情况，如果相邻的空闲时间长度之间具有明显的规律性，则预测可以保证较高的准确性，获得较好的优化效果。但是在实际应用中，这种规律很难把握，错误预测会带来较大的能耗损失和响应延迟。

3）随机优化策略

随机优化策略是通过较高层次数学抽象建立系统的概率模型（如 Markov 模型）来选择要进入的功耗模式，将动态功耗管理的状态切换（见图 2-11）视为优化问题。

随机优化策略通常采用 Markov 链对部件能耗、状态转换时间和工作负载的不确定性进行建模，定义给定性能约束下的全局能耗优化问题，用线性规划方法求解。该方法需要得到系统工作负载的先验信息，但系统工作负载很难提前建模。一种改进静态随机过程的方

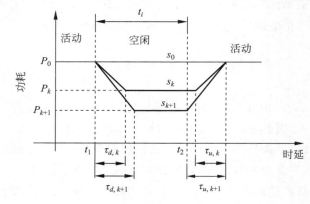

图 2-11　状态切换的时延和功耗

法是在不同的工作负载下在线学习,动态调节工作负载的 Markov 模型参数。

随机策略得到的性能和能耗是期望值,不能保证对特定工作负载得到最优解。构造的 Markov 模型只是复杂随机过程的近似,如果模型不准确,优化策略也只是近似解。与启发式方法相比,该方法建立准确的系统模型比较困难,求解复杂,计算开销较大,实际中难以直接实现,但可以用于离线系统分析和动态功耗管理策略评估。

从前面的分析可以看到,动态功耗管理策略的安全性和效率很大程度上取决于所管理部件电源的状态特性,以及该系统部件工作时的负载情况。对三种策略的总结与比较见表 2-6。

表 2-6　三种动态功耗管理策略的比较

策略	描述	特性	适用性	负载特性
超时策略	当空闲周期超出某一特定门限,切换至低功耗模式	通过增加超时门限,改善安全性,但高门限可能影响能量和性能	适用各种组件	没有考虑负载特性
预测策略	基于最近的空闲和活动周期来预测当前的空闲周期。如果满足预设的条件,只要变为空闲状态就切换到低功耗状态	依赖负载特性:比超时策略更有效,但安全性差;一般要使用启发式方式	适用交互式设备,如键盘、触摸屏、鼠标等	当负载有可预测时序模式时有效
随机优化策略	假定存在状态变迁、负载、开销矩阵的随机模型,通过学习搜索最优状态	依赖随机模型和负载,最优策略化策略的近似解	适用硬盘	最优化策略需 Markov 模型和负载

2.4.2　动态电压调节

因为 CMOS 电路的功耗正比于时钟频率和电压的平方(即每个时钟周期的能量消耗正比于电压的平方),而每个任务所需要的时钟周期是固定的,只有降低电压才会减少能量消耗,所以 DVS 通过在运行时动态地改变处理器的频率和电压,在不影响处理器峰值性能下,更有效地减少能量消耗。

动态电压调节算法可分为两大类:一类是基于时间间隔(interval-based)的算法,另一类是基于任务单元(task-based)的算法。

1) 基于时间间隔的算法

基于时间间隔的原理是系统将时间分割成固定长度的间隔,根据以前间隔中 CPU 的使用率对每个间隔的时钟速度进行调节。这类算法可分为两大步骤:第一步是根据系统过去的行为来预测系统以后的工作负载;第二步就是根据预测的系统负载来调节电压和时钟频率。这两步通常称作预测和设置时钟频率[6,8]。

2) 基于任务单元的算法

基于任务单元的算法是考虑系统的工作由具有 CPU 需求和时限的任务组成,系统尽快运行 CPU 以合理的概率来满足工作要求。它的基本原理就是以调度策略为基础,比如最早截止时间优先（EDF）或单调比率（RM）调度策略，根据每个任务的具体情况来决定供应电压。

因为基于任务单元的动态电压调节方法存在浪费松弛时间的问题，因此最近提出了针对编译级的任务内动态电压调节方法。这种方法的基本原理是在编译时做出电压调节的决定，确定调节电压的代码插入哪个位置，这样就将一个任务划分成一个一个的时间片，在执行任务时就可以在每个时间片中动态地调节电压。

2.5 节点硬件平台

目前国内外已有许多传感器节点。1998 年，UC Berkeley（加州大学伯克利分校）依托 Smart Dust 和 COTS Dust 项目研发了第一个原型节点 WeC，1999 年 Crossbow 基于 WeC 于推出了商业产品 Rene，2001 年又开发了迄今最为知名的产品 Mica。WeC、Rene、Mica 等产品采用了相同的架构。2005 年 UC Berkeley 开发了另外著名的 Telos，采用了 TI 的超低功耗微控制器 MSP430。除了 Crossbow 公司的 Mica 系列节点外，其他比较典型的还有 MotelV 公司的 Tmote 系列节点及 Intel 公司的 Intel/iMote2，2006 年 Memsic 公司（2011 年收购了 Crossbow 公司）开发的 IRIS。

节点硬件平台可以按处理器类型、无线通信类型、传感器类型等多种方式进行分类。这里按节点的用途和性能将常见的节点硬件平台大致分为通用、专用、高性能、网关这四类。

表 2-7 常见传感器节点平台

平台	处理器	射频收发器	中心频率	操作系统	制造商	发布时间
WeC	AT90LS8535	TR1000	916 MHz	—	UC Berkeley	1998
Rene	ATmega163	TR1000	916 MHz	—		1999
Mica	ATmega128L	TR1000	916 MHz	—		2001
Mica2	ATmega 128L	CC1000	315/433/868/916 MHz	TinyOS，SOS，Mantis		2002
Mica2 Dot	ATmega 128L	CC1000	315/433/868/916 MHz	TinyOS，SOS，Mantis		2002
MicaZ	ATmega 128L	CC2420	2.4 GHz	TinyOS，SOS，Mantis，Nano-PK，RETOS，LiteOS	Memsic	2003
Cricket	ATmega 128L	CC1000	433 MHz	TinyOS		2004
Eyes	MSP430F149	TR1001	868 MHz	TinyOS，PEEROS	Twente	2005
EyesIFX v1	MSP430F149	TDA5250	868 MHz	TinyOS	Infineon	2005
EyesIFX v2	MSP430F1611	TDA5250	868 MHz	TinyOS		2005
BTnode	ATmega 128L	CC1000	433～915 MHz/2.4 GHz	TinyOS	BTnode	2005
Telos	MSP430F149	CC2420	2.4 GHz	—	UC Berkeley	2005
TelosB	MSP430F1611	CC2420	2.4 GHz	Contiki，TinyOS，SOS，RETOS	Memsic	2005

续表

平台	处理器	射频收发器	中心频率	操作系统	制造商	发布时间
Tmote Sky	MSP430F1611	CC2420	2.4 GHz	Contiki,TinyOS,SOS, RETOS	Sentilla	2005
iMote	ZV4002 (ARM7TDMI)	Zeevo BT	2.4 GHz(蓝牙)	TinyOS	Intel	2003
						2005
iMote2	PXA271	CC2420	2.4 GHz	TinyOS,SOS,Linux		2005
XYZ	ML67Q5002	CC2420	2.4 GHz	SOS	Yale	2005
Shimmer	MSP430F1611	CC2420	2.4 GHz	TinyOS	Intel	2006
SunSPOT	AT91SAM9G20	CC2420	2.4 GHz	Squawk JVM	SUN	2007
Waspmote	ATmega1281	可选配	—	Libelium OTA	Libelium	2011
IRIS	ATmega 1281	AT86RF230	2.4 GHz	TinyOS, LiteOS	Memsic	2011
Lotus	Cortex M3	AT86RF231	2.4 GHz	RTOS, TINY OS		2011
FireFly	ATmega1281	CC2420	2.4 GHz	Nano-RK RTOS	CMU	2012
FireFly3	ATmega 128RFA1	N/A	2.4 GHz	Nano-RK RTOS		2012
WiSense	MSP430G2955	CC1101	865~867 MHz	—	WiSense	2014
panStamp AVR	ATmega328p	CC1101	868/915 MHz	panStamp	panStamp	2012
panStamp NRG	CC430F5137 (MSP430/ CC11XX)	—	868/905/915/918 MHz	panStamp	panStamp	2015

2.5.1　通用平台

通用节点硬件平台(见图 2-12)的计算和通信能力较低,成本也不高,在研究和应用中使用最广。通用节点一般具有非常好的可扩展性,能够扩展各种类型的传感模块以完成多种传感任务,甚至可以更换处理器模块。这类平台的产品种类最为丰富,在实验研究和产品化中应用也最多,如 Mica、Mica2、MicaZ、Telos、Firefly、Shimmer 等,其中较为知名的有Mica 系列节点和 Telos 系列节点。

通用节点有如下的特点:(1)一般采用低功率的 MCU,以降低成本和能耗;(2)多使用2.4 GHz 的 ISM 频带,与 IEEE 802.15.4 标准兼容,如射频芯片采用 CC2420。

1) Mica 系列节点

Mica 系列节点包括 WeC、Rene、Mica、Mica2、Mica2dot、MicaZ 等,还包括性能增强的IRIS,最初是由美国加州大学伯克利分校研发,后由 Memsic 公司(原 Crossbow 公司)生产。由于 Mica 系列节点的硬件设计都是公开的,接口易于扩展,很多机构都采用其作为研究平台,用途非常广泛。

Mica 系列节点在硬件上由两块电路板组成,一个是传感器节点母板,包括处理器模块

(a) Mica   (b) MicaZ   (c) Mica2   (d) Mica2Dot

(e) TelosB   (f) IRIS   (g) Tmote Sky   (h) EyesIFX

图 2-12　通用节点硬件平台

和通信模块，另一个是传感器子板。两块电路板之间通过 51 针的自定义接口进行连接（见图 2-13）。这种统一定义的接口可以使不同的传感器节点目标和不同传感器自由组合，使得系统具有很强的灵活扩展能力。

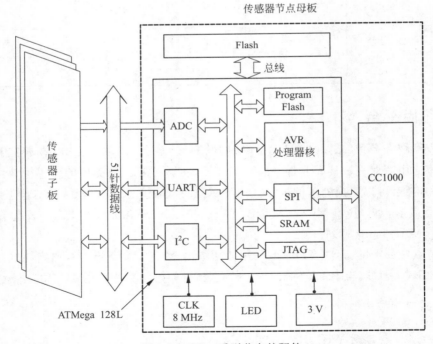

图 2-13　Mica 系列节点的硬件

　　Mica 系列节点使用了 Atmel 公司的 ATmega 系列处理器（8 位 AVR 处理器，4～16 MHz，128 KB flash），处理能力、存储能力都比较相近，但是在传输信道、速率等方面有比较大差异。无线模块在发展过程中改变过一次，在 WeC、Rene 和 Mica 这三款产品中采用了

RFM 公司的 TR1000 芯片,而在后续版本中使用了 Chipcon 公司的 CC1000 芯片。CC1000 芯片本身支持多信道跳频,扩展了节点的通信功能,为应用系统设计提供了新的处理手段。

Mica2dot 是 Mica2 的一个微缩版,对 Mica2 的外围电路进行了简化,如减少了外部指示灯和外部接口引脚,降低了系统运行时的功耗。Cricket 节点是 Mica2 节点的一个升级版本,在 Mica2 的基础上增加了超声波发送与接收装置,能够进行超声波定位。

Mica 节点传输信道的频率包括 433 MHz 和 916 MHz,速率 40 kb/s。Mica2 节点传输信道的频率包括 315 MHz、433 MHz、868 MHz、916 MHz,速率 40 kb/s。MicaZ 和 IRIS 节点采用 IEEE 802.15.4 标准,传输信道的频率为 2.4 GHz,速率 250 kb/s。相对于 Mica 产品,IRIS 节点采用射频性能更佳的 AT86RF230 射频收发器,传输距离更远,在室外最远可达 500 m,在传感器网络中主要承担骨干数据传输任务。

2) Telos 系列节点

Telos 系列节点最初由加州大学伯克利分校开发。Telos 系列节点包括 Telos 和 TelosB/Tmote Sky 两款节点。TelosB 节点由 Memsic 公司(原 Crossbow)生产。Tmote Sky 节点平台由 Sentilla 公司(原 Moteiv)生产。Tmote Sky 是 TelosB 版本的演进。

TelosB 和 Tmote Sky 节点与 Mica 系列平台的硬件架构类似。TelosB/Tmote Sky 使用了超低功耗处理器 MSP430 处理器和支持 IEEE 802.15.4 标准的 CC2420 射频芯片。TelosB/Tmote 采用的 MSP430 处理器提供了 10 KB 的 RAM。

TelosB 节点集成度较高,集成了光照、红外、湿度和温度等多个传感器,板载 PCB 印刷天线,集成了可用于数据通信或烧写程序的 USB 接口。Telos 没有像 Mica2 那样丰富的外部接口(51 针),只提供了 6 针和 10 针的连接器用来扩展其他传感器。通过引入 I²C 和 UART,I/O 总线可以创建与 Mica 传感器板相同数量的连接。一方面可以连接简单的传感器板,另一方面可以通过一个接口适配板连接 Mica2 的传感器子板。Telos 在印刷电路板中嵌入了平面倒 F 天线(PIFA),不需要额外安装天线,降低了系统的开销。Telos 节点使用 USB-COM 的桥接口,可以通过 USB 接口给系统供电,也可通过 USB 接口对 Telos 节点进行编程。相比于其他非标准接口,板上 USB 接口更加便于使用,并且减少了节点系统的开发时间。

与一般的节点独立可插拔模块的设计不同,Telos 节点将编程、事件处理以及无线通信集成到一个节点之中,这种设计提高了节点自身的鲁棒性,处理功耗也较低,而且标准化的通信协议有利于实现节点之间的互通。通过 USB 接口进行编程,能够独立作为传感器节点使用,无需外接传感器板。但 TelosB 的传输距离较短,室外视距 100 m 左右。

3) Eyes/EyesIFX v2

Eyes 是依托于一个欧洲研究项目所开发的节点,其架构类似于 TelosB/Tmote,采用了 16 位的 MSP430,具有 60 KB 的程序存储器和 2 KB 的数据存储,所支持的传感器有:罗盘、加速度计、温度传感器、光照传感器、压力传感器。Eyes 节点采用 TR1001 收发器,信道频率 868 MHz,可支持传输速率 115.2 kb/s,节点还提供了用于编程的 RS232 串行接口。

EyesIFX v2 是由 Infineon 公司开发，主要性能与 Eyes 节点类似。EyesIFX v2 采用 16 位超低功耗微控制器 MSP430F1611，Infineon 收发器 TDA5250，并提供 USB 接口。Infineon 在 Eyes 的基础上针对特定汽车、工业和消费类应用开发了系列芯片。

2.5.2 专用平台

专用节点硬件平台可以用来完成某种特定的目的，如水下传感器节点。还有一些是为科研目的所开发的节点，用于测试新技术。专用节点可能采用特殊的结构。

1) 基于 flash-FPGA 的 Marmote[36]

范德堡大学针对网络协议栈和高速并行信号处理应用开发了传感器节点平台 Marmote，能够测试各种节能（能量采集）技术、射频前端，以及高速、多通道模拟传感器并行处理技术。Marmote 平台分为三个独立的模块：2.4 GHz 射频前端模块（Joshua），基于 flash-FPGA 的混合信号处理模块（Teton）和电源管理模块（Yellowstone），如图 2-14 所示。

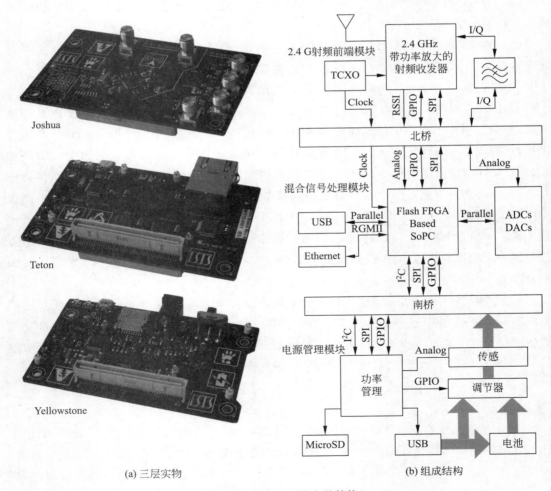

(a) 三层实物　　　(b) 组成结构

图 2-14　Marmote 节点的结构

这种模块化的结构便于对射频前端模块和电源管理模块的替换。

模拟射频前端可以看做是模拟传感器的前端,所接收的基带信号可以视为传感器输出的模拟信号。模拟射频前端可工作在 2.4 GHz 的 ISM 频带,与混合信号模块之间传递用于发射和接收的一对 I/Q 模拟基带信号。射频前端模拟基带信号接口,可支持 IEEE 802.11b/g (无线局域网)和 IEEE 802.15.4 的 PHY 层协议,也可以对 FDMA、TDMA 和 CDMA 信道接入方式及各种调制技术进行测试。

混合信号处理模块主要由一个基于 flash-FPGA 的 SoPC 和两个外部模拟前端(AFE)组成,能够同时处理两组 I/Q 模拟基带信号对。该模块使用高速、低功耗的模数转换(ADC)和数模转换(DAC),能够处理各类高带宽模拟信号,包括声音信号和基带信号,从而形成一个嵌入式的软件定义无线电(SDR)。在能耗方面,这种基于 flash-FPGA 的架构要好过基于 SRAM-FPGA 的架构。

电源管理模块是基于电池的电源管理系统,能够为整个 Marmote 平台供电,可测量和记录电流消耗,以及电池状态。

传统节点的设计都采用了微控制器和射频芯片的集成架构,方便对 MAC 层及以上协议层的研究,但射频芯片的封闭性也限制了对物理层信号的处理。而 Marmote 则通过软件定义无线电(SDR)可直接访问到基带信号并对其进行处理,也可以对其他模拟传感器输出的模拟信号进行处理,方便了对物理层和定位技术的研究。

2) 水下传感器网络(UWSN)节点[37]

最近,水下传感器网络的应用得到了广泛探讨,可以用于对河流和海洋的生态监测与保护,还能够用于战术侦察、无人水下车辆等用途。地面传感器网络常用的射频在水中会发生严重的吸收和散射。与一般的传感器网络不同,水下传感器网络(UWSN)节点一般利用水声进行通信,通过电声换能器模块实现电信号与声信号的相互转换,还需把整个节点安装在保护框架内。

韩国江陵大学开发的水下传感器网络硬件由数字处理板、模拟信号发送板、模拟信号接收板节点三部分组成,如图 2-15 所示。底层是数字板,负责数字信号处理,配备了 SPI 和 UART端口,3.3 V 的稳压器模块。中间层是模拟信号发送板,除了模拟信号处理电路外,还配备了 12 V 的稳压器,可为多个模拟器件供电。顶层是用于模拟信号处理的模拟信号接收板。

球形换能器连接到调制解调器硬件,提供了三维的全向波束图。该换能器的频率为 70 kHz,直径为 34 mm。普通操作下最大输入功率不超过 190 W。微型调制解调器是由 14.8 V 的外部通用锂离子电池供电,功耗为 4.5 W。稳压器分别转换为 12 V 和 3.3 V 对两块模拟电路板和一块数字电路板供电。

2.5.3　高性能平台

高性能节点的主要特点是处理能力强、存储容量大、通信带宽高、接口丰富,一般也能够扩展多种类型的传感模块。由于功能强大,这类节点的系统功耗也有所增加。这类平台在近几年出现较多,如 iMote/iMote2、SunSPOT、gumstix 等(见图 2-16、图 2-17 和表 2-8)。

(a) 数字处理板

(b) 模拟信号发送板

(c) 模拟信号接收板

(d) 硬件实物

(e) 全向换能器

(f) 功能模块

图 2-15　水下传感器节点

图 2-16　iMote2 节点

图 2-17　SunSPOT 节点

表 2-8　高性能节点硬件平台

节点类型	处理器	存储器	节点处理板	操作系统
iMote	ZV4002(ARM7 TDMI)，12 MHz	64 KB SRAM，512 KB Flash	I^2C，UART，USB，JTAG	TinyOS
iMote2	Marvell PXA271 Xscale，13～416 MHz	256 KB SRAM，32 MB SDRAM，32 MB Flash	集成了 802.15.4 射频，可通过 SDIO、UART 连接外部收发器；支持 USB、2xSPI、3xUART、相机、I^2C、I^2S、GPIO、AC97 接口	TinyOS，Linux，SOS
SunSPOT	AT91SAM9G20(ARM926EJ-S)，400 MHz	8 MB Flash，1 MB SRAM	集成了 802.15.4 射频(CC2420)；USB 2.0；770 mAh 可充电锂电池	Squawk JVM

1）iMote/iMote2

iMote 和 iMote2 是由 Crossbow 与 Intel 联合研发的两代节点，用于高性能传感和网关应用。iMote 节点围绕一个集成的微控制器进行设计。iMote 集成了 12 MHz 的 8 位 ARM7 处理器、蓝牙无线模块、64 KB 内存、512 KB 的 Flash 以及一些可选的 I/O 接口。

iMote2 节点也采用传感器节点母板与传感器子板分别独立设计的方法。母板的硬件由电源管理模块、处理器模块、无线通信模块和 I/O 接口模块组成。主处理器模块采用低功耗 32 位的 PXA271 XScale，该处理器为 RISC 结构，有 4 种频率不同的工作模式，分别为 13 MHz，104 MHz，208 MHz 和 416 MHz，对应的供电电压从 0.85~1.35V。主处理器支持多种休眠模式，包括休眠和深度休眠，可进一步提高能量的使用效率。还有一个 DSP 协处理器，支持 43 条多媒体处理指令，从整体上提高了处理器的多媒体处理能力。

iMote2 的无线模块采用了 CC2420，传感器节点的母板安装有 2.4 GHz 的天线，其标准接收范围是 30 m。母板同时还提供了 SMA 接口，如果需要提高通信距离可在 SMA 接口焊接外置天线。iMote2 节点的母板提供了 GPIO、SPI、I²C 等 I/O 接口，I²C 用于连接低速率的传感器，而 GPIO 和 SPI 用于连接高速率的传感器，如照相机。

与以往的硬件平台相比，iMote2 提供了更多存储资源，包括 256 KB 的 SRAM、32 MB 的 SDRAM 和 32 MB 的 Flash，以及可以连接数字传感器和摄像头的高速 I/O 接口。iMote2 支持 TinyOS、SOS 和 Linux 操作系统，为图像、声学、地震和振动的信号处理应用提供了一个通用而灵活的高性能平台。

2）SunSPOT

SunSPOT 节点由三层构成：传感器板，处理器板（含无线通信功能）和电池。SunSPOT 采用了 400 MHz 的 32 位 ARM926EJ-S 处理器，8 MB 的 Flash，1 MB SRAM，USB 2.0 接口，采用 CC 2420 射频芯片。节点还内置有温度、光强、三轴加速度传感器，也可以根据需要方便地扩展其他类型。

SunSPOT 上直接运行了 Squawk Java 虚拟机，支持 Java 应用开发，可以实现多节点传感器数据的无线远程采集、处理和传输应用。

2.5.4 网关平台

网关节点是传感器网络与外部网络之间的枢纽，一般要有较高的处理能力、通信带宽，较远的通信距离，且要支持多种网络接口，如以太网、GPRS 等，便于连接到外部网络。网关主要完成两种网络之间的协议数据交换和数据处理，一般不要求配置传感器。如 Crossbow 公司的 Stargate/Stargate2、Stargate NetBridge，Linksys 公司的 NSLU2 都可以作为传感器网络网关。表 2-9 对比了 Stargate 和 NetBridge-100。

Stargate[31] 是一款高性能处理平台，用于传感、信号处理、控制，节点如图 2-18 所示。Stargate 使用了 Intel 公司 400 MHz 的 PXA-255 Xscale 处理器，这款处理器同样应用在了许多笔记本电脑上。Stargate 预装了 Linux 和基本驱动，提供了应用和开发所需的一系列

表 2-9　网关节点硬件平台

节点	处理器	存储器	节点处理板	操作系统
Stargate	Intel PXA255，400 MHz	64 MB SDRAM，32 MB Flash	PCMCIA，CompactFlash 接口，以太网口，RS232 串口，JTAG，USB 接口，51-针 Mica2 插接口	嵌入式 Linux
NetBridge NB-100	Intel IXP420 Xscale，266 MHz	32 MB RAM，8 MB Flash，2GB USB Flash Disk	与 Mica2、MicaZ、IRIS、Telos 等节点的接口，以太网口，USB 接口	Debian Linux

图 2-18　Stargate 节点

图 2-19　Stargate NetBridge 节点

工具。它可以连接 Crossbow 的 MicaZ/Mica2 系列节点，以及 PCMCIA 接口的蓝牙模块或 IEEE 802.11 无线网卡。由于其强大的通信功能和 Crossbow 公司的软硬件开源支持，使 Stargate 平台具备优秀的灵活性。

Stargate2 除了提供了 PCMCIA 接口外，还提供了 2 个可选串口和 1 个 I^2C 接口，以及 RS-232 串口、10/100 Mb/s 以太网、USB 以及 JTAG 等不同的附加接口。Stargate2 可以用作无线网关或者是网内处理算法的计算节点。当与网络摄像头或者其他信号采集装置相连接时，它还可以作为中等分辨率的多媒体传感器。

Stargate NetBridge（见图 2-19）采用了 266 MHz 的 Intel IXP 420 XScale 处理器。Stargate NetBridge 提供了 1 个 Ethernet 接口、2 个 USB2.0 接口，8 MB 的 Flash，32 MB RAM 以及一个 2 GB 的 USB2.0 系统盘，可以使用 USB 端口连接传感器节点来实现与传感器网络的通信。Stargate NetBridge 运行 Linux 操作系统，并集成了传感器网络管理、数据可视化、Web 服务器、数据记录和流量管理等功能，十分方便地实现了传感器网络与外部 IP 网络的集成，管理人员通过浏览器就可以对传感器网络进行管理。

2.6　本章小结

传感器节点有微型化、低功耗、低成本等设计需求。节点硬件由五个功能模块组成：处理器模块、传感模块、无线通信模块、能量供应模块、存储模块。在不同的应用中，节点的组成模块略微不同，但都应具有数据采集、传输和处理的基本功能。作为能够独立工作的系统,节点一般还有电源、存储、编程调试等功能电路。节点的各功能部分都实现了模块化和分散化,并采用 SPI、I²C 等标准总线实现各功能组件的互联,简化了系统结构和硬件电路设计,也便于和外围设备连接。

传感器网络运行要求节点各功能部分的能量消耗最小化,即所谓的节能。在目前的研究中,针对节能的研究已经开展了很多。除了采用低功耗部件外,还可在操作系统、协议算法等软件层面使用能量感知方式来管理系统资源,及时关闭空闲模块,降低系统的处理和通信开销。但是由于传感器网络系统组成的复杂性,节能技术只能在有限的范围内降低能量消耗,若要真正解决网络的能量短缺问题,还需要通过增加电池容量、从环境采集能量、无线充电等主动方式为传感器节点供给能量。利用太阳能等从环境中获取能量的方式不够稳定,容易受制于自然条件影响,而无线充电技术则能更有效解决传感器网络的能量短缺问题,但这种能量主动供应方式真正应用到传感器网络还需要解决传输距离、传输效率等方面的问题。

近些年来,传感器网络的热潮引起了芯片、电池、集成厂商开发新的产品和技术,传感器节点在超低功耗处理器、系统集成 SoC、可重配置硬件等方面还在不断发展,传感器节点在小型化、集成化、低功耗等方面也在不断取得进展,有越来越多的产品和技术走出实验室,走向应用。Chipcon 等公司推出的 SoC 中集成了 MCU、无线收发、Flash 和 SRAM 存储器、传感器,大大降低了系统成本和节点体积,也有助于降低节点功耗。基于 FPGA 的硬件可重配置技术也开始应用到传感器节点的设计中,在最小化功耗的同时大大增加了节点适应需求的灵活性。

习题

2.1 传感器节点作为微型嵌入式系统,有哪些特点?

2.2 简述传感器节点的体系结构。

2.3 I²C 和 SPI 总线是如何实现主设备与多个从设备之间的通信的?

2.4 传感器节点中,处理器子系统与无线模块之间为什么通常使用 SPI 总线,而不是 I²C 总线?

2.5 对比分析传感器节点中常用的处理器,讲述各自的特点。

2.6 传感器节点常采用微控制器(MCU)作为处理器,为什么?

2.7 传感器节点使用冯·诺依曼架构为什么效率不高?

2.8 无线传感器节点使用并行总线为什么不理想?

2.9 串行总线支持全双工通信的副作用是什么?

2.10 大量市售的传感器节点集成了三种存储器 EEPROM(flash)、RAM 和 ROM。解释它们的用途。

2.11 给出处理器子系统与模拟温度传感器的两种不同接口方式。

2.12 如何实现在两个硬件组件通过串行总线以不同的速度通信?

2.13 为什么动态电源管理是传感器网络中的一个关键问题?请给出三个理由。

2.14 本地和全局的电源管理策略之间的区别是什么？举一个例子来说明可以在链路层实现全局电源管理。

2.15 举例说明传感器网络中能量耗尽导致网络故障。

2.16 在无线传感器节点中如何通过本地电源管理策略来实现高效的能耗效率？

2.17 基于同步休眠的动态能量管理策略的主要缺点是什么？

2.18 解释基于异步休眠的能量管理策略的思想。

2.19 讲解 ATmega128L 单片机的六种操作模式。

2.20 解释内存定时相关的术语：(a)RAS；(b)CAS；(c)tRCD；(d)tCL。

2.21 为什么电池实际电流应低于额定电流容量？

2.22 一个典型的直流-直流转换器都包括哪些组件？

2.23 解释无线充电技术的几种实现方式。

2.24 列举传感器网络中无线充电的不同应用方式，并分析各自可能存在的难题。

2.25 论述从低功耗模式切换高功耗模式时，下面的功能模块为什么要消耗一些能量：(a)处理器模块；(b)无线通信模块。

参考文献

[1] Abuelgasim A A, Ross W D, Gopal S, et al. Change detection using adaptive fuzzy neural networks: environmental damage assessment after the Gulf War. Remote Sensing of Environment, 1999, 70(2): 208-223.

[2] http://www.cs.berkeley.edu/~binetude/ggb/.

[3] Roundy S, Wright P K, Rabaey J. A study of low level vibrations as a power source for wireless sensor nodes. Computer Communications, 2003, 26(11): 1131-1144.

[4] http://focus.ti.com/docs/p rod/folders/p rint/msp430f149.html.

[5] http://developer.intel.com/design/strong/manuals/278240.htm.

[6] http://bullseye.xbow.com/Products/p roductdetails.aspx? sid=191.

[7] http://www.rfm.com/p roducts/data/tr1000.pdf.

[8] http://www.nodic.com.

[9] http://www.openmote.com/.

[10] 詹志勇，李向阳. 无线传感器网络节点的硬件平台可扩展研究. 现代电子技术，2011，34(2): 53-55.

[11] 王漫，凌晓东，方昀，等. 以传感器为视点的无线传感器网络节点设计趋势综述. 计算机应用与软件，2007，24(10): 158-160.

[12] 颜学明. 多类型无线传感器网络节点的研究与设计. 南京：南京邮电大学硕士学位论文，2009.

[13] Healy M, Newe T, Lewis E. Wireless sensor node hardware: a review. IEEE Sensors Journal, 2008，621-624.

[14] 翟羽佳. 传感器接口标准化的设计与实现. 合肥：中国科学技术大学硕士论文，2011.

[15] 刘成亮，吴宝元，董京京，等. 面向传感器标准化接口模块的应用平台设计. 自动化与仪表，2012，(6): 37-41.

[16] 陈建明，张彬. 低功耗无线传感器能量供应装置的探索. 传感器与微系统，2010，29(11).

[17] Mathur G, Desnoyers P, Ganesan D, et al. Ultra-low power data storage for sensor networks. In: IPSN/SPOTS, April 2006.

[18] Flash Memory Introduction. http://en. wikipedia. org/wiki/Flash_memory.

[19] Arie Tal. Two technologies compared: NOR vs. NAND. White Paper, 2003.

[20] Bez R, Camerlenghi E, Modelli A, et al. Introduction to flash memory. Proceedings of the IEEE, 2003, 91(4): 489-502.

[21] Serial Flash Products [Online]. http://www. atmel. com/products/Sflash/.

[22] 姜连祥, 汪小燕. 无线传感器网络硬件设计综述. 单片机与嵌入式系统应用, 2006, 11.

[23] Karray F, Jmal M W, Obeid A M, et al. A review on wireless sensor node architectures. In: Proc. 6th IEEE Int'l Workshop on Reconfigurable Communication-centric Systems-on-Chip (ReCoSoC' 2014), May 2014.

[24] Smart Dust. http://robotics. eecs. berkeley. edu/~pister/SmartDust/.

[25] NEST-Network embedded systems technology. http://webs. cs. berkeley. edu/nest-index. html.

[26] Ali S J, Roy P. Energy saving methods in wireless sensor networks (based on 802. 15. 4). School of Information Science, Computer and Electrical Engineering, Halmstad University, Technical report IDE0814, May 2008.

[27] Garcia M, Bri D, Sendra S, et al. Practical deployments of wireless sensor networks: a survey. Journal on Advances in Networks and Services, 2010, 3(1&2), 1-16.

[28] Polastre J, Szewczyk R, Culler D. Telos: enabling ultra-low power wireless research. In: Proc. 4th Int'l Conference on Information Processing in Sensor Networks: Special Track on Platform Tools and Design Methods (IPSN/SPOTS), April 2005.

[29] http://webs. cs. berkeley. edu/papers/hotchips-2004-motes. ppt.

[30] Akyildiz I F, Vuran M C. Wireless sensor networks. John Wiley Publishing Company, 2010.

[31] http://www. xbow. com/Products/Product_pdf_files/Wireless_pdf/Stargate_Datasheet. pdf.

[32] http://www. xbow. com. cn/wsn/pdf/Imote2. pdf.

[33] http://www. eecs. harvard. edu/~konrad/projects/shimmer/references/tmote-sky-datasheet. pdf.

[34] http://www. memsic. com/userfiles/files/Datasheets/WSN/telosb_datasheet. pdf.

[35] Jason L. Hill, David E. Culler. Mica: a wireless platform for deeply embedded. IEEE Micro, 2002, 22(6): 12-24.

[36] Szilvási S, Babják B, Völgyesi P, et al. Marmote SDR: experimental platform for low-power wireless protocol stack research. Journal of Sensor and Actuator Networks, 2013, 2(3): 631-652.

[37] Won T-H, Park S-J. Design and implementation of an omni-directional underwater acoustic micro-modem based on a low-power micro-controller unit. Sensors, 2012, 12(2): 2309-2323.

[38] Crossbow website, http://www. xbow. com.

[39] Moteiv website, at http://www. sentilla. com/moteivtransition. html.

[40] http://www. memsic. com/wireless-sensor-networks.

[41] Liu C H, Hui P, Branch J W, et al. QoI-aware energy management for wireless sensor networks. In: 2011 IEEE Int'l Conf. on Pervasive Computing and Communications Workshop, 2011: 50-55.

[42] Anastasi G, Conti M, Di Francesco M, et al. Energy conservation in wireless sensor networks: a survey. Ad Hoc Networks, 2009, 7(3): 537-568.

[43] Dargie W, Poellabauer C. Fundamentals of wireless sensor networks: theory and practice. John Wiley and Sons, 2010.

[44] Stojcev M K，Kosanovic M R，Golubovic L R. Power management and energy harvesting techniques for wireless sensor nodes. In：Proc. 9th Int'l Conf on Telecommunication in Modern Satellite，Cable，and Broadcasting Services (TELSIKS'09)，2009：65-72.

[45] Jiang X，Polastre J，Culler D. Perpetual environmentally powered sensor networks. In：Proc. 4th Int'l Symp on Information Processing in Sensor Networks (IPSN'05.). 2005：463-468.

[46] Shah R，Roy S，Jain S，et al. Data MULEs：modeling a three-tier architecture for sparse sensor networks. IEEE SNPA Workshop，May 2003.

[47] Somasundara A A，Kansal A，Jea D，et al. Controllably mobile infrastructure for low energy embedded networks. IEEE Trans. on Mobile Computing (TMC)，2006，5(8)：958-973.

[48] 栾伟玲，涂善东. 温差电技术的研究进展. 科学通报. 2004，49(11)：1011-1019.

[49] 赵霞，陈向群，郭耀，等. 操作系统电源管理研究进展. 计算机研究与发展，2008，45(5)：817-822.

[50] List of wireless sensor nodes. http：//en. wikipedia. org/wiki/List_of_wireless_sensor_nodes.

第 3 章

操 作 系 统

导读

　　本章主要研究了传感器网络在操作系统方面的挑战性问题。首先分析了传感器网络对操作系统的要求,还分析了影响操作系统设计的关键因素,进而分析了传感器网络操作系统常用的调度、内存分配、重编程等设计技术,最后讨论了现有的操作系统 TinyOS 和 Contiki 的实现特点并进行了对比分析。

引言

　　由于传感器节点的硬件相对简单,很多传感器网络系统都是在节点硬件上直接设计应用程序,没有独立的操作系统层。在没有操作系统的情况下,应用开发人员不得不直接面对硬件进行编程,无法得到类似传统操作系统那样的支持,导致代码的重用性差,给系统的开发、维护带来了很大的困难,降低了开发效率,增加了维护成本。在传感器节点上引入操作系统,操作系统实现了硬件抽象和资源管理,与硬件的相关问题可由驱动程序负责处理,自动完成自配置、节能策略等处理。因此,传感器网络操作系统提供了一个系统运行环境和应用开发平台,使开发人员能够使用操作系统提供的接口进行应用开发,不用关注底层硬件而把主要精力投入所要开发的应用逻辑中,大幅降低应用开发难度。传感器网络操作系统中还可以提供典型协议栈、定位算法、能耗管理策略的缺省实现,这将大大加快传感器网络应用的开发。

　　对于传感器网络来说,节点资源极端受限的独特性导致对传感器网络操作系统的需求与传统的嵌入式操作系统有很大的不同。如果将现有的嵌入式操作系统直接应用于传感器网络,则主要有两个问题:一是现有的嵌入式操作系统没有考虑能量的使用效率,如 μC/OS 等实时系统,能耗管理功能较弱,达不到传感器网络的节能要求;二是现有的嵌入式操作系统如 WinCE、Palm OS 等,支持虚拟存储等较为复杂的功能,系统代码体积大,占用大量存储空间。因此有必要开发高效、易用的传感器网络操作系统。

　　传感器网络操作系统除了应该具有一般嵌入式操作系统的特点,实现物理硬件的抽象外,还能够在资源受限的条件下灵活管理节点各种资源(电源、传感器以及射频等),实现动态调度、消息管理等功能,甚至还应该实现典型的通信协议。另外,传感器网络操作系统还有两个很突出的特点：一是节点的并发性处理可能很密集，即可能存在多个需要同时执行的控制逻辑，需要操作系统能够有效地满足这种发生频繁、并发程度高、执行过程比较短的逻辑控制流程；二是节点的模块化程度高，而应用需求多样，要求操作系统能够支持灵活可裁剪。因此，传感器网络操作系统的主要设计目标就是在有限资源约束下，以模块化、可升级的系统结构实现低能耗、高可靠、实时性的操作系统功能，支持密集型的并发操作，并支持节点系统的可重构和自适应能力。

目前已经有 TinyOS、Contiki、Mantis OS、LiteOS 等众多的传感器网络操作系统，这些操作系统以不同的方式为应用提供处理器管理、存储管理、设备管理、任务调度、消息传递等服务，以及其他服务支撑，如模块的动态装载和卸载、节能策略等。

3.1　概述

操作系统位于节点硬件和应用程序之间，屏蔽底层硬件的实现细节，为应用开发人员提供基本的编程抽象。由于节点的内存、处理器以及能量等资源通常严重受限，且任务并发度较高，对传感器网络操作系统的设计提出了更高的要求。

3.1.1　传感器网络对操作系统的需求

同普通的操作系统一样，传感器节点上使用操作系统有两个最基本的好处：首先是降低了传感器网络应用的开发难度，使开发人员不必直接面对硬件进行编程，方便对各类资源的使用和管理；其次是增加了软件的重用性，提高了开发效率，也便于使用维护。

由于传感器节点资源（处理能力、存储容量、通信带宽、电池容量等）极端受限，使得传感器网络操作系统与传统操作系统有很大的不同。传统的嵌入式操作系统，如 VxWorks、WinCE、Linux、QNX、VRTX 等，主要面向在嵌入式领域相对较复杂的应用，它们的功能也比较复杂，如提供内存动态分配、虚存等，能耗管理功能弱，部分操作系统还提供了对 POSIX 标准的支持，系统代码体积相对较大。上述操作系统很难在传感器节点上正常运行，因此开发高效、易用的传感器网络操作系统就显得尤为重要。

一般来说，传感器网络操作系统有以下的设计需求：

（1）由于节点存储资源有限，这必然要求操作系统仅需实现必要的功能，复杂度尽可能低，代码量应尽可能小，占用较少的内存和程序存储空间，在没有存储管理单元（MMU）或浮点单元（FPU）等功能部件的硬件上运行；

（2）不同的应用所需的硬件平台、任务处理、协议算法等方面不尽相同，操作系统应具有良好的可移植性、模块化等能力，能够适应多样化的应用；

（3）操作系统应具有能量管理功能，支持休眠等低功耗运行机制，但能由外部事件唤醒，最大限度降低能量消耗，延长整个网络的生命周期；

（4）节点上的无线通信、数据采集、协议处理等任务经常密集并发，操作系统应能够有效地支持这种发生频繁、并发程度高、执行过程短的并发任务；

（5）操作系统应具有一定的实时性，能够实时响应监测环境中发生的事件，实时处理协议数据，并及时执行相关的处理任务；

（6）节点通常独立运行，不便于人工维护，操作系统要支持无线重编程，能够在部署完成后对网络进行远程任务再分配、节点软件更新和网络功能重配置，为传感器网络带来了可扩展性和灵活性；

（7）节点上的操作系统和应用程序在宿主机上一般被编译为单一映像，在同一地址空间上运行，操作系统需要提供应用程序间的保护，确保运行环境的安全性和鲁棒性；

（8）操作系统应该提供简便、标准的编程接口，最好支持高级语言，方便开发人员快速地开发应用程序，无需过多地直接对底层硬件的操作。

3.1.2 传感网络操作系统的设计要素

由于传感器节点资源严重受限，应用的并发性高使得传感器网络中的操作系统设计重点从以下几个方面考虑。

1）微内核

通用操作系统大多采用内核和应用程序相互独立的设计理念，内核程序和应用程序之间具有清晰的分界线。传感器网络操作系统通常采用微内核结构，其核心仅提供任务调度与同步、中断管理、时钟管理、任务间通信等核心代码模块，其他如文件系统、存储管理、协议栈等功能模块都可作为可选任务。应用程序的代码嵌入到操作系统中，应用程序、操作系统核心代码模块、选用的功能模块连接在一起，组成一个统一的程序，并被编译进一个镜像文件，节点的每次软件更新都需要下载整个镜像文件。

2）调度

任务或进程的调度是操作系统的一个基本功能，调度效率很大程度上决定了操作系统的基本性能。传统计算机系统中调度的目标是最小化时延、最大化吞吐量和资源利用率，并确保公平性。传感器网络操作系统的调度算法设计需要考虑应用对实时性与非实时性的要求，还要考虑存储、计算等资源，以及节能等要求。

3）内存管理

内存管理是传感器网络系统中一个重要的问题，如果处理不好内存资源的管理，系统的鲁棒性将会大大降低，更严重的话系统将无法正常运行。在操作系统的内存管理方面，有静态内存分配和动态内存分配两种方式。静态内存分配是在程序编译时就为应用分配好了内存，动态内存分配则允许应用程序根据需求动态地申请或释放内存。显然，静态分配必须按照最坏的情况来分配内存，失去了内存使用的灵活性，存在内存浪费的问题，而动态分配方式则相反，但也带来了管理开销。通常，计算能力较低且任务量不大的节点适合静态内存分配，而配置较高、任务复杂的节点更适合动态分配。TinyOS等操作系统提供了静态分配方式，但从传感器节点的特点来看，如何利用好有限的内存资源是一个问题。

4）动态重编程

传感器网络在运行过程中，可能由于代码错误、代码优化或者节点任务改变等原因需要将节点的部分或者全部程序进行更新。人工地为每个节点重新烧写代码将极大地浪费人力资源，因此要求操作系统具有动态重编程功能。传感器网络的重编程过程通常包括以下步骤。首先通过无线网络将需要更新的代码发送至传感器节点，由于无线分组的大小有限，在传输过程中需要分片，在目的节点上进行重组，并检查需要更新的代码的完整性。第二步对节点进行重编程。根据操作系统是否区分内核和用户空间，重编程的实现方式也不同。对于不区分内核和用户空间的操作系统，它先将接收到的更新代码存储在 Flash 或者 EEPROM 这些非易失性的存储媒介上，再将处理器启动时的入口地址指向存储更新代码的空间。而对于区分内核和用户空间的操作系统，它的重编程相对简单，只需要将接收到的更新代码覆盖原来的应用程序即可。

3.2　体系结构

操作系统的架构直接决定了操作系统的核心功能组件，以及向应用提供服务的方式。传感器网络操作系统常见的体系结构主要有单内核（monolithic kernel）、微内核（micro kernel）、分层等。

单内核结构实际上是一体化的结构。操作系统中各个功能模块独立实现，并对外提供服务接口。所有的功能模块构成了一个系统映像，内核以函数库的形式与应用程序链接形成一个可执行文件，并在单一地址空间中执行。单内核结构的优点是编译生成的映像体积较小，模块间交互方便。在调用操作系统的功能时，不需要切换上下文，更为直接高效，内存占用也小。缺点是系统难以维护，核心组件没有保护机制，内核函数和驱动程序发生故障容易导致整个系统的崩溃。

分层结构则是以分层方式来组织系统的功能，每一层实现一种功能，上层可以使用下层提供的服务接口。分层结构的优点是易于理解和管理，但缺乏灵活性，并且不相邻的层之间难以有效交互。Contiki、Mantis 采用了分层结构。

微内核结构只用体积极小的内核来实现操作系统的最小功能集，如进程管理、处理器调度、中断和异常处理等。这种结构在内核中实现必需的服务，把一些不是非常重要的服务放到用户空间作为可配置的部分，并隔离为各不相同的进程（任务），用户任务出现问题不会影响系统其他部分。图 3-1 所示为两个用户任务通过内核进行通信。相对于单内核，微内核提供了更好的故障隔离，防止整个系统的崩溃，提供了更高的可靠性。

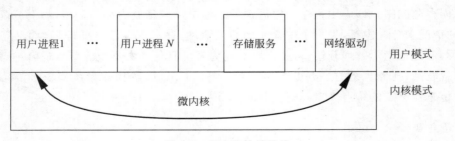

图 3-1　微内核体系结构

　　微内核结构将与硬件平台特征相关的代码全部隔离在微内核的底层，可以方便地扩展和定制不同服务，便于根据实际需要组合各种可选功能，在移植到某一特定硬件平台上时只需要修改内核中很少量的代码。对于强调可剪裁特性的传感器网络应用来说，微内核结构是非常具有吸引力的。虽然进程间消息的创建、发送、接收所导致的多次进程上下文切换会降低系统调用的性能，但由于传感器网络应用处理任务一般较为简单，应用上下文切换的次数很少，微内核架构是一种常见的操作系统体系结构，如 SOS、μkleos、RIOT 等采用了微内核架构。SOS 采用了微内核结构，如图 3-2 所示，其微内核中实现了调度、消息传递、动态内存管理、模块管理等功能，用户空间与内核空间分离，运行时可动态加载模块，每个应用都有一个或多个模块，模块之间可以通过函数调用，或者经由内核的异步消息实现信息交换。

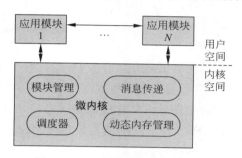

图 3-2　SOS 操作系统的体系结构

　　另有一些传感器网络操作系统采用了虚拟机结构，如 Maté。虚拟机对硬件进行虚拟化，其中的应用程序需要解释执行，优点是便于移植，但运行开销大，性能较差。

3.3　调度

　　目前在传感器网络操作系统中存在两类不同的调度结构：事件驱动（event-driven）和多线程（multi-thread）。

3.3.1　事件驱动

　　事件驱动的调度将整个系统看做各种事件处理的集合，在事件发生时执行对应的事件处理程序。事件一般由硬件中断或任务状态改变所触发，事件间可以根据中断是否屏蔽决定是否可抢占。为满足系统对实时性的要求，通常要求事件的处理时间尽可能短，因此在事件处理中通常只能完成简单的操作。

　　事件处理通常采用执行到结束（run to completion）的方式，即在事件处理期间不能切换。在完成整个事件处理后，才可以开始处理下一个事件，如图 3-3 所示。事件驱动系统作为一种并发处理方式，实现了非抢占式调度，每个任务执行完成后才会执行下一个任务，并通过状态和事件提供安全的控制流（无需锁和信号量等）。

　　事件驱动系统的优点主要有：代码体积小、能耗低、并发性好；所有任务在同一上下文中执行，共用同一个全局堆栈空间，没有堆栈切换开销；因为不需要为多任务提供额外的栈

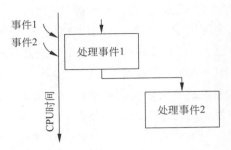

图 3-3　事件驱动的调度模型

支持,系统可移植性好;当所有任务处理完毕后(即任务队列为空时),节点可立即进入低功耗的睡眠状态等待事件的唤醒。

　　由于节点上 RAM 较小,事件驱动系统可能会产生有限缓冲区的生产者-消费者问题：一个事件处理任务作为生产者可能会填满有限的缓冲区,只有在该事件处理结束后才可能由其他消费者去清空缓冲区,导致后到的数据包因没有缓冲空间而丢失。

　　事件驱动系统诞生于节点处理任务简单的传感器网络应用,典型的事件驱动传感器网络操作系统有 TinyOS、Contiki、SOS 等。但是随着传感网络应用的复杂化,事件驱动系统所固有的弱实时性等局限性日益明显。

　　由于不支持抢占,事件驱动系统不能保证任务的截止时间。这样,事件驱动的调度在复杂长任务下的实时性不好。为了不让处理时间长的任务独占整个系统,一般可将一个长任务分拆为一系列的短任务,并使用状态机模型对任务状态进行编程抽象。每一个分拆后的任务片段对应一种状态,通过所触发的状态事件将这些任务片段连接起来。由此可以缩短任务队列中实时任务的等待时间,增强系统的实时处理能力。但是,状态机模型易于描述反应式的处理,以及与硬件接口的处理逻辑,难于描述高层应用的业务处理。另外,如 C 语言和 nesC 这些编程语言都缺乏状态机辅助建模工具。

　　针对事件驱动系统难以实现复杂并发任务的问题,可以采用事件和任务(Task)两级并发模式：事件触发后,对于耗时短或实时性要求高的事件处理可尽快完成;若事件处理需要较长时间,可在完成相应短操作后,将需要进一步的处理作为任务提交到待处理任务队列(任务队列中保存了可延时完成的任务)中,避免阻塞系统对新事件的响应。

3.3.2　多线程

　　采用多线程调度的操作系统中任务以线程的形式并发执行,线程间通过上下文切换实现抢占执行,并通过共享的锁、信号灯、消息队列等资源来实现同步和通信。多线程系统还可阻塞需要等待 I/O 资源的线程,允许其他线程执行,提高了 CPU 利用率。多线程机制常用于通用操作系统,如 Linux 和 μC/OS。典型的多线程传感器网络操作系统有 Mantis、LiteOS 等。

　　多线程系统中,线程创建后就送入队列等待调度。调度器可以根据线程状态(就绪、等待、阻塞、完成等)选择队列中的线程去执行,线程间也可以根据优先级进行抢占,如图 3-4所示。多个线程通过抢占机制实现了一定程度的实时性。但由抢占所引发的上下文切换也

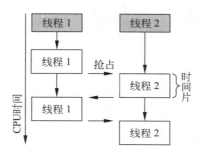

图 3-4　多线程的调度模型

让系统付出了时间、能量、内存等方面的代价。

与事件驱动系统相比,多线程系统具有以下特点:多线程系统中每个线程都有独立的堆栈空间,内存占用较高;多线程系统的任务可以比事件驱动系统的任务更复杂,但由于往往过量估计任务所需堆栈,多线程系统的运行时所需堆栈空间要远大于事件驱动系统;多线程系统必须通过互斥、信号量等方式来实现线程间同步,对某些共享变量还需要同步锁机制,这使得多线程并发处理的代码量较大。两种调度机制的对比见表 3-1。

表 3-1　事件驱动与多线程驱动的调度模型对比

调度模型	优势	劣势	操作系统
事件驱动	在资源受限条件下并发 适合协议数据处理 调度技术简单 功耗小 可移植性好	不能抢占,不支持多任务 难于实现复杂的并发 程序需要分割为一系列的子过程 有限缓冲区会有生产者-消费者问题 学习难度较大	TinyOS SOS Contiki
线程驱动	消除有限缓冲区问题 自动化调度 实时性好 学习难度小 模拟并行执行	复杂的共享内存 复杂的上下文切换 复杂的内存堆栈分析 内存占用大 由于堆栈操作而不便移植 更适合多处理器	Mantis Contiki

3.3.3　混合调度结构

为了满足资源受限条件下的实时性、编程简便等要求,一些传感器网络操作系统实现了混合调度结构。

TOSThread[13]在 TinyOS 上实现了用户级多线程机制,如图 3-5 所示。TOSThread 综合了线程化编程模型的便利性与事件驱动的效率,支持在 TinyOS 下开发规模较大的程序。

与 TOSThread 类似,Contiki 多线程调度器建立在事件驱动的调度器之上,如图 3-6 所示。但与 TOSThread 不同的是,Contiki 的多线程不只用于用户应用,也可在系统低层中选用,并支持抢占。

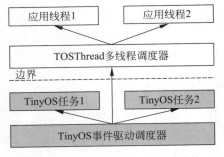

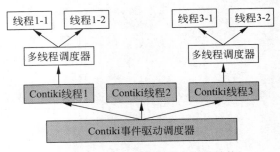

图 3-5　TOSThread 混合调度结构　　　　图 3-6　Contiki 多线程混合调度结构

　　LIMOS 多线程调度器也是建立在事件驱动调度器之上。然而，相对于 TOSThread 和 Contiki 两种机制，LIMOS 的调度结构可以根据运行时环境进行配置：（1）在每个进程内的线程数目被配置为 1 的情况下，LIMOS 运行在纯事件驱动的调度结构；（2）在系统中的进程数配置为 1 的情况下，LIMOS 运行在纯多线程调度结构。这样，LIMOS 通过定制就可以灵活适应不同的应用环境。

　　TinyOS、Contiki 和 LIMOS 实现了混合调度结构，但这些操作系统的原生调度层使用的是事件驱动调度模型，因此它们仍然不是实时系统。例如，在图 3-6 中，当 Contiki 线程 1-2 正在执行时，如果线程 3-1 需要快速执行，并不能立即实现线程 3-1 从线程 1-2 的抢占。这是因为 Contiki 中所有的线程仍由事件驱动调度器来调度，只有在线程 1 执行完毕之后才会执行线程 3。

3.4　文件系统

　　文件系统的基本功能是存储和管理数据。在传感器节点上的数据可分为三类：程序映像、配置数据和感测数据。程序映像是节点上最重要的数据，一旦出现问题可能造成节点无法正常工作，甚至造成节点失效。在节点的生命期内，对程序映像的访问次数通常有限，只是在动态重编程时需要对程序映像进行修改、添加、删除等操作。配置数据通常在节点部署之前进行配置和修改，在节点部署后修改频率一般并不高。感测数据通常为顺序写入，一般不对以前写入的数据进行修改，但可能需要周期性地删除，为新采集的数据提供存储空间。

　　节点在存储空间和能量等方面的限制影响到了文件系统的设计。以 Mica2 节点为例，该节点使用低功耗的 Atmega 微处理器，其中仅带有 4 KB 的内存，128 KB 的内置 Flash。传感器节点广泛采用了 Nand Flash 作为永久性存储器，这也决定了文件系统需要谨慎处理与 Flash 存储器物理特性相关的问题，如耗损平衡（Flash 擦除块数限制）、坏块管理、掉电保护等。数据在写入 Flash 后不能直接修改，只有经过擦除操作后才能再次写入。Flash 页只能进行有限次的擦写，对同一页进行擦写的次数过多就会造成页失效。为防止特定页先于其他页失效，需要将擦写操作尽量均衡分布到所有页。

　　目前的 Flash 文件系统根据实现策略不同分为两类：一类通过转换层向上层文件系统提供管理接口，隐藏 Flash 存储器硬件特性；另一类是直接将 Flash 存储空间分为逻辑块和页,进行文件空间分配、垃圾回收、擦写平衡等管理,此类文件系统基于日志进行文件的组织,所以称为日志文件系统,如 JFFS[10]、CFFS[11] 等。

现有的通用型 Flash 文件系统并不适合传感器网络。如 JFFS2 日志文件系统,使用了相对庞大的数据结构,一个物理文件节点就需要占据 58 个字节,在文件系统挂载后也要占用较多的内存,这并不适合内存受限的传感器节点。另外如 YAFFS 文件系统,其每页容量通常是 512 KB 甚至更大,不适合 Flash 总容量为几百 KB 的传感器节点。

TinyOS、Contiki、LiteOS 等传感器网络操作系统实现了自己的文件系统。TinyOS 实现了单层型(single level)文件系统,其中假定任何时刻节点只运行一个应用程序,实际应用价值有限。Contiki 实现了 Coffee 文件系统,其最大特点是引入微日志(micro log)结构以减少 Flash 擦除次数,且可移植性好。LiteOS 实现了分层型文件系统 LiteFS,支持文件和目录。类似于 Unix 文件系统,LiteFS 中的文件代表了不同的实体,如数据、应用程序二进制文件和设备驱动程序。LiteOS 将单跳邻居节点也视为文件,将其挂载(mount)到 LiteFS,对文件的读/写操作被映射到实际硬件的收发操作。例如,应用通过系统调用来写一个消息到无线文件(radio file)的操作会映射到具体的无线发送。与 Coffee 不同,LiteFS 中能够查看 EEPROM 和 Flash 的可用空间,还可以基于字符串进行简单的文件搜索,返回所有与字符串相匹配的文件。

3.5　内存分配

传感器节点一般至多有几百 KB 的内存,处理器也没有内存管理单元(MMU),只能直接访问实际的物理地址。除了程序代码和数据外,每个任务都有自己的堆栈空间,而任务堆栈的大小与所调用函数的嵌套、所使用局部变量的数量,以及所有可能的中断服务例程嵌套有关,任务堆栈还要存储所有的 CPU 寄存器值。合理的堆栈分配方案要保证碎片少,且不会导致内存丢失,各类空间互不侵犯。在传感器节点中常使用两类内存分配方案:静态内存分配和动态内存分配。

3.5.1　静态内存分配

静态分配是指在编译或链接时将程序所需的内存空间分配好,一般在编译时就要确定程序段的大小。一般的嵌入式系统都支持静态分配,像中断向量表、操作系统映像这类的程序段,其程序大小在编译和链接时就可以确定。

静态分配的优点:速度快,对于实时性和可靠性要求极高的系统(硬实时系统),不允许延时或者分配失败,就必须采用静态内存分配。

静态分配的缺点:必须在设计阶段明确所需的内存并做出分配,不够灵活;必须按照最坏情况来进行内存分配,而实际运行时可能只使用其中的一小部分,导致很大的浪费;在内存资源有限的情况下,不能添加功能,使得系统升级困难。

TinyOS 采用了静态内存分配方案,不支持堆空间和动态内存分配。全局变量占用了保守区域,局部变量和函数参数存储在栈区。一次只运行一个进程,此内存布局在编译时确定。图 3-7 为 TinyOS 的内存模型。

图 3-7   TinyOS 的内存模型

3.5.2   动态内存分配

动态分配是指系统运行时根据需要动态地分配内存。虽然动态内存分配可能导致响应和执行时间不确定、内存碎片、内存泄露等问题，但它能够在内存资源有限的条件下灵活地调整系统功能，给系统实现带来极大的方便。已经有相当多的动态内存分配方案，这些方案大致可分为以下几类：顺序分配(sequential fits)，分类分配(segregated fits)和伙伴系统(Buddy)。

1）顺序分配

顺序分配维护一个空闲内存链表，并通过链表来实现不同大小的内存块的分配和释放。顺序分配最大的问题是，随着空闲块数量的增加，搜索链表的时间消耗会越来越大。顺序分配算法还有很多变体，如首次分配(first fit)、下次分配(next fit)、最佳分配(best fit)和最差分配(worst fit)等算法。

不同于分类分配方案，顺序分配在内存中没有进行分区。相反，顺序分配是在内存内以顺序的方式进行分配，并且只有一个空闲列表，而不是几个分类空闲列表来管理空闲内存。在分配时，在空闲列表中搜索到一个合适的空闲项。在图 3-8 中描述了 Mantis 中顺序分配的内存分配方案，其中使用了双向链表来管理空闲内存块。

顺序分配方案的主要优点是不需要预留内存。然而，在分配过程中找到合适内存所用的时间并不确定，还会有内存碎片，例如，在图 3-8 中，如果需要分配 30 字节的空间，虽然总的空闲内存大于 30 字节但分配仍将失败。目前在 Mantis 还没有针对这个碎片问题的解决机制，这将降低内存资源的利用效率。

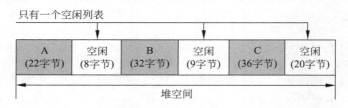

图 3-8   mantisOS 顺序匹配动态内存分配示意

2）分类分配

分类分配把所有空闲内存块按其大小进行分区，同一分区内的内存块形成一个链表。所有的链表的首部指针由一个数组维护，每个空闲内存头指针对应该数组一个元素。当请求一块内存时，从适当的空闲链表上取一个空闲块即可，当一个内存块被释放，只要简单地将其放到对应的空闲链表上。

在 Contiki、SOS 和 UCOS 中使用了分类分配方案，其中对内存进行分区，每个分区保存一组固定大小的空闲块。图 3-9 中，SOS 在初始时预留三个分区(A,B,C)，每个分区内块

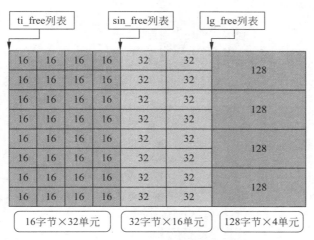

图 3-9　SOS 的分类匹配的动态内存分配示意

大小相同,而在不同分区的块大小是不同的。

分类分配算法较为复杂,但能够在确定时间内完成空闲内存的搜索,时间花费不随空闲内存的数量而变化,非常适合嵌入式实时系统。然而,这种方案需要预先分区,如果预留空间太小会发生内存溢出,如果过大则会降低内存利用率,且可能出现内存不足的问题。由于这些原因,分类分配不能灵活适应不同的应用环境。

3）伙伴系统

Buddy 系统在分配时可以对较大的空闲块进行多次分割,在回收时对相邻空闲块进行合并。这能使内存重复用于各种不同大小的缓冲区,但易出现内部碎片。因此,从内存利用率角度来看,Buddy 系统却是低效的。对于内存空间较小的节点系统来说,一般不会直接使用 Buddy 系统,需要进行改进,或者与其他算法结合使用。Buddy 系统的改进方案有二分伙伴系统（binary buddies）、斐波那契伙伴系统（Fibonaeei buddies）、加权伙伴系统（weighted buddies）、双伙伴系统（double buddies）等。

3.6　重编程

重编程是在传感器网络部署完成后远程对其进行任务再分配、节点软件更新和网络功能重配置的过程。传感器网络重编程需要解决两个问题:第一,如何将数据（如系统映像、配置文件、应用程序）传送到传感器节点,也就是代码分发协议的研究,目前已提出 10 多种代码分发协议;第二,传感器节点如何进行代码的重建和替换。重编程过程如图 3-10 所示。

重编程涉及很多技术,如压缩、网络编码、动态装载等。从重编程的范围来说,可能是网络中所有节点,也可能是部分特定节点。从重编程的粒度来说,可能是完整的程序映像或程序的部分模块,也可能是虚拟机脚本。节点的软件运行结构直接决定了重编程软件更新的传输和执行过程,也决定了所传输数据的类型和大小。根据节点软件运行环境的不同,重编程技术大体上可分为四类:单一映像替换、可加载模块替换、增量更新、虚拟机脚本更新。如图 3-11 所示。

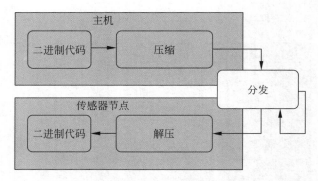

图 3-10 传感器网络动态编程过程

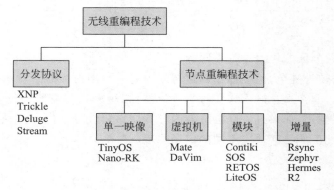

图 3-11 传感器网络中动态重编程技术分类

3.6.1 单一映像

单一映像是将操作系统和应用程序混合编译成一个单一的可执行映像。单一映像能够在编译时对整个系统进行静态优化，达到对 CPU 和存储资源的优化使用，提高系统运行效率的目的。但是，单一映像的重编程是非常低效的，不管是应用程序还是操作系统发生更新时，都需要将整个映像通过传感器网络传输到节点，在节点上还需要较大的外部 Flash 来存储新映像，在系统重启时再复制到内存。这种重编程的传输和更新代价都很大，需要花费更多的能量和时间，给网络的正常运行带来了巨大的挑战。

TinyOS 和 Nano-RK[44] 等的系统映像是在编译时静态链接的，不支持软件组件的动态链接。这类系统中，如果对应用程序进行了改动，如添加或去除某些应用组件，则包括有操作系统的整个映像都会被更新。TinyOS 2.0 以下的版本设计了 XNP 和 Deluge[45] 两种重编程协议，在 TinyOS 2.0 以上的版本中采用 Deluge。

3.6.2 虚拟机

虚拟机是在操作系统之上提供的更高级、更抽象的执行环境。在虚拟机环境下进行重编时，更新的是虚拟机脚本，传输的代码量比其他执行环境都要小。但虚拟机环境下的重编程一方面不易实现对虚拟机自身、设备驱动等底层代码的更新，另一方面，虚拟机环境下代码解释执行的效率比其他执行环境都低,虚拟机本身也需要一定的代码空间,在资源受限的传感器节点上,实现虚拟机本身就更具挑战性。

Maté[46]是运行在 TinyOS 上的 Java 虚拟机。针对重编程,Maté 实现了基于洪泛的代码分发机制,节点在收到一个新版程序后,装载新代码,同时广播给邻居节点。Maté 可以在指令中添加版本号,便于在分发或网络更新时进行版本对比。Maté 中区分了用户空间与内核空间,这提供了一个安全的运行环境,防止应用程序破坏下层的软硬件。

DVM[48]是构建于 SOS[49]之上的虚拟机,相对于 TinyOS/Maté 进行了改进,可支持包括全映像替换、虚拟机、模块更新等重编程方式。在 TinyOS/Maté 中,系统核心的重编程需要利用 Deluge 机制来更新整个二进制映像,而 SOS/DVM 可以只更新有改动的模块。DVM 利用 SOS 的模块更新机制,在运行时也可更新虚拟机。DVM 基于事件触发来执行应用程序脚本,可调用 SOS 底层系统的动态模块。SOS 模块也可以调用虚拟机脚本,并向其传递数据。DVM 还支持在运行时通过扩展模块来添加或修改虚拟机指令,并通过虚拟机指令访问该模块。这样,DVM 就能够在运行时根据需要动态更新虚拟机。

3.6.3 可加载模块

支持可加载模块(loadable modules)的系统分为内核可加载模块和动态可加载模块两部分,在重编程时可以只更新部分模块,而不用更新整个系统的映像,传输量较少,能耗更低,相对单一映像也更容易实现。动态加载模块不会修改内核,通过模块的加载或卸载就可进行局部更新,仅需传输所更新模块的代码。在支持可加载模块的操作系统中,模块之间是松耦合,模块之间的调用比直接函数调用的开销要大,同时由于缺乏编译时的全局优化,代码的执行效率比单一映像要低。

可加载模块的重编程在传输模块代码的同时还要传输符号表以及重定位表,以保证模块可以正确地进行链接以及重定位,这部分数据相当大,一般可占到模块代码的 45%～55%。在节点上,符号表和重定位表也需占用更多的外部存储空间。

Contiki 是第一个支持运行时动态加载模块的传感器网络操作系统。Contiki 系统分为两部分:核心和可装载程序,如图 3-12 所示。Contiki 核心由内核、设备驱动程序、符号表、C 语言库,以及一组标准应用构成。可装载程序加载在核心之上,不会修改核心。

Contiki 核心只有可装载模块的注册信息。可装载模块可以调用内核的函数和变量,模块之间可以通过内核互相调用,内核将来自模块的调用分派给相应的被调用模块。这种单向依赖方便了模块的动态加载和卸载,模块的加载或卸载也不需要重启系统。理论上,可通过在运行时执行特殊的可加载程序来重写当前的核心,并重启系统,实现对核心进行更新。

可加载模块的机器代码通常包含对系统函数或变量的引用,只有将这些引用解析到函数或变量的物理地址后机器代码才能执行。引用的解析过程称为链接,可以在模块编译时或模块加载时进行链接,前者称为预链接(pre-linking),后者称为动态链接(dynamic linking)。预链接模块包含了所引用函数或变量的绝对物理地址,而动态链接模块包含了所引用函数或变量的符号名,符号表相应增加了动态链接模块的体积,二者的不同如图 3-13 所示。

相比动态链接模块,预链接模块有两个优势。首先,预链接模块比动态链接模块体积

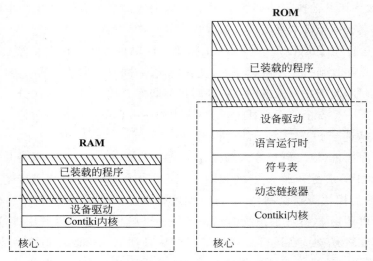

图 3-12 Contiki 的 RAM 和 ROM 分区

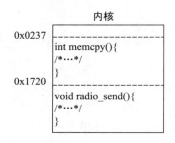

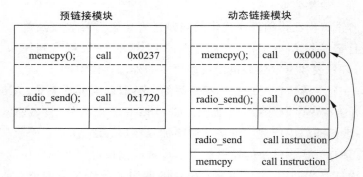

图 3-13 预链接模块和动态链接模块的对比

小，从而减少了重编程时的传输量。其次，将预链接模块加载到系统的过程比动态链接模块加载的过程要简单。然而，事实上，系统内核所有物理地址是硬编码，预链接模块只能被加载到专用于模块链接的固定物理地址。由于运行时的执行时间、能耗和存储器的开销大，传感器网络中一般不采用动态链接。

最初的 Contiki 系统使用预链接模块动态加载。当编译 Contiki 系统内核时，编译器生成一个包含内核所有全局可见函数和变量与物理地址之间映射关系的映射文件。预链接模块机制更适合于节点类型单一、规模小的网络，随着节点数量的增长系统也变得难以管理。

甚至传感器节点的系统内核有微小的改动,内核中函数和变量的地址发生了变化,就会导致二进制模块加载失败。

为避免加载模块时执行重定位,在某些情况下,可将模块编译成位置无关的代码(position independent code,PIC),SOS 采用了这种方法。位置无关的代码是一种不包含任何绝对地址的机器代码,只有相对引用。但是,要生成位置无关的代码需要编译器的支持。此外,并不是所有的 CPU 架构都支持位置无关的代码,即便支持,通常也受到大小的限制,只能在特定偏移内进行相对跳转。例如,AVR 支持位置无关的代码,但程序的大小限制为4 KB,还没有编译器完全支持 MSP430 下位置无关的代码。

TinyOS 自身不支持模块加载,但 FlexCup[36] 扩展实现了 TinyOS 组件的动态加载,加载过程中需额外使用 Flash 存储器,还需要硬件重启来执行新的代码映像,加载开销大。Contiki 使用 CELF 格式来进行动态链接和加载[51,52]。由于 Contiki 采用了标准机制和文件格式,代码体积较大。SOS 采用了 Mini ELF(MELF)格式来进行动态加载和卸载模块,MELF 格式使用位置无关的代码。

3.6.4　增量更新

增量更新(incremental update)是只更新有改动的部分代码,在代码改动较小时会大大减少网络的传输量。增量更新也称为差分重编程(differential reprogramming),包括了两方面的技术:一是基于新旧版本生成增量文件的差分算法,二是代码相似度保护技术。这两种技术直接关系到生成的增量文件大小。

1) 差分算法

差分算法是增量更新机制的核心算法。差分算法将新旧版本的二进制代码作为输入,根据一定的规则生成增量文件。评价差分算法的标准主要是生成增量文件的大小以及算法运行效率。已有的差分算法主要有 Rsync[39] 和 RMTD[38]。

Jeong 和 Culler 将传统网络的 Rsync 算法移植到传感器网络,与 Deluge 相比降低了一定的传输量。然而 Rsync 算法更适用于传统的没有能耗限制的大文件更新,就传感器网络来说在能耗、所生成增量文件大小等方面都达不到最优。另外,由于 Rsync 必须对外部Flash 进行读写操作,因而需要较长的更新时间。

RMTD 算法采用二维数组来标记新旧版本代码间的公共代码段,采用基于字节的匹配来保证新旧版本代码间所有的公共代码段都能标记出来,并且生成最优的增量文件。然而RMTD 算法有两个缺点:第一,RMTD 算法只能在固定的增量编码格式上生成最优的增量文件,然而在实际中 RMTD 算法的增量编码格式并不能产生最优的增量文件;第二,RMTD 算法的复杂度相当高,它的时间复杂度是 $O(n^3)$,空间复杂度为 $O(n^3)$,如此大的时空复杂度使得 RMTD 算法不适合于稍复杂的代码更新(例如 iMote2 的代码)。

2) 相似度保护技术

增量文件的大小依赖于新旧两个程序版本之间的相似度。相似度越低,则生成的增量文件越大。由于代码的更新会导致函数和数据的地址发生改变，对这些函数和数据的引用也需要做相应的改变，因此影响到了新旧版本的相似度。例如，在一个函数中只加入几行代码，就可能会导致所有函数的地址发生变化，尤其是一个函数被多处引用时，函数地址的变化可能会导致新旧版本产生很大的差异。

　　针对这种由很小的代码变动而导致新旧程序巨大差异的问题，相似度保护技术通过在编译时保持程序中所有引用不变来减小新旧程序的差异，增加相似性，降低增量文件大小。然而，要实现最大相似性，确保较小增量，并保持程序的高质量运行还面临着多种技术挑战。

3.7　典型的节点操作系统

　　目前已有很多专用于传感器网络的操作系统，本节主要剖析 TinyOS、Contiki 这两种最为常用的开源操作系统。

3.7.1　TinyOS 操作系统

　　TinyOS 是美国加州大学伯克利分校针对传感器网络开发的开源操作系统，该款操作系统应用非常广泛。2012 年，TinyOS 的版本为 2.1.2。TinyOS 操作系统使用的主要技术有：组件化编程、轻量级线程、二级调度、主动消息通信机制和事件驱动模型。

　　TinyOS 2.x 体系结构如图 3-14 所示。TinyOS 不是传统意义上的操作系统，而是一个适用于网络化嵌入式系统的编程框架，通过这个框架链接必要的组件（component）。TinyOS 中的组件分为三类：硬件抽象组件（hardware abstractions）、合成硬件组件（synthetic hardware）和高层软件组件（high level software）。硬件抽象组件负责物理硬件映射。合成硬件组件实现不同数据格式进行交互。高层软件组件负责数据处理、路由和传输等。在 TinyOS 2.x 中硬件抽象层又细分为三层，由下到上依次是：硬件表示层 HPL，硬件适配层 HAL，硬件接口层 HIL。这三层的引入方便了系统移植，提高了代码重用，也提高了系统效率。

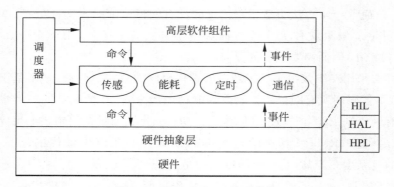

图 3-14　TinyOS 2.x 体系结构

　　TinyOS 操作系统最初使用汇编和 C 语言进行编程。在经过一段时间的研究及使用后发现，C 语言并不能方便地支持传感器网络应用程序的开发。后来在 C 语言的基础上扩展出了 nesC 语言。nesC 把组件化、模块化思想和基于事件驱动的执行模型结合起来,提高了应用开发的便捷性和执行的高效性。TinyOS 操作系统、库、应用程序都使用 nesC 语言编写。

nesC 是一种静态语言,没有函数指针,没有堆,也没有内存分配。nesC 编译器将 nesC 组件编译成 C 文件,C 文件再由 C 编译器生成可在节点上执行的二进制代码文件。该过程如图 3-15 所示。

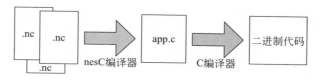

图 3-15 nesC 编译模式

3.7.1.1 编程模型

TinyOS 操作系统及应用程序可以看成是一个由许多功能独立且相互有联系的软件组件构成的执行程序。每个组件由四个部分组成:命令处理函数、事件处理函数、一段存放数据帧的固定长度内存空间、相关的任务,如图 3-16 所示。每个组件就如同 C++或 JAVA 中的类(class),其中都必须定义自己的函数。TinyOS 本身提供了一系列的组件供用户调用,包括感知组件、执行组件、通信组件等。

上层组件向下层组件发出命令,下层组件向上层组件触发事件。组件间通过引用接口(interface)使用对方组件的函数,来实现组件间功能的相互调用,即组件的接口是实现组件间互连的通道。在 nesC 中,接口可以看做是软件组件实现的一组函数的声明,是单独定义的一组命令和事件。接口是双向的,实际上也是提供者(provider)组件和使用者(user)组件间的功能交互通道:一方面接口的提供者实现了接口的一组功能函数,称为命令处理函数;另一方面接口的使用者需要实现的一组功能函数,称为事件处理函数。如图 3-17 所示。

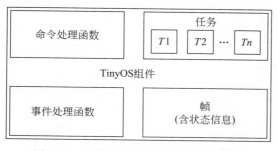

图 3-16 TinyOS 组件的组成结构示意图

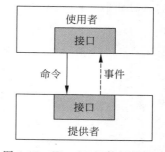

图 3-17 TinyOS 组件间的接口

组件之间的连接(组合)由所谓的配置(configuration)来指定,在应用程序的顶层配置文件中实现对应用的整体装配。配置中利用连线(wiring)定义了多个组件的接口之间的使用关系,如图 3-18 所示。配置自身也是组件,也可以提供或使用接口,这就方便了更多的配置组件以分级的方式装配出复杂的应用系统。

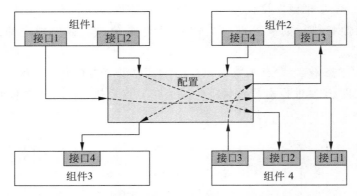

图 3-18 TinyOS 组件间接口使用关系的配置示意图

3.7.1.2 执行模型

TinyOS 采用了事件和任务的两级调度。在 TinyOS 中，任务（task）作为轻量级线程按照进入队列的先后顺序依次执行。队列中的任务不能相互抢占，一旦开始执行就要运行到结束，只有当任务放弃 CPU 使用权的时候，才可以继续执行下一个任务。任务用于实现实时要求不高的应用，所有任务只分配单个任务栈。若任务队列为空，CPU 进入休眠状态以降低功耗。为了减少 CPU 占用时间，任务采用了分段操作，即分为程序启动硬件操作后迅速返回和硬件完成操作后通知程序两个阶段。TinyOS 默认任务数是 8 个，最多可以是 255 个。

事件用于实现实时性要求严格的应用，可分为硬件事件和软件事件。硬件事件是由底层硬件发出的中断，随后进入中断处理函数。软件事件则是通过 signal 关键字来触发中断处理函数，以通知相应组件作出处理。当一个任务完成后，就可以触发一个软件事件，然后由 TinyOS 自动调用相应的处理函数。硬件事件处理函数（即中断处理函数）可以打断用户的任务和低优先级的中断处理函数，故可对硬件中断快速响应。TinyOS 把一些不需要在中断服务程序中立即执行的代码以函数的形式封装成任务提交到任务队列，这实际上是一种延迟处理机制，硬件中断所产生的事件能够打断任务的运行。图 3-19 为 TinyOS 执行过程示例。

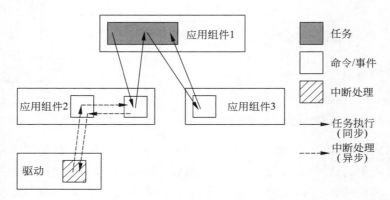

图 3-19 TinyOS 执行模型[15]

3.7.1.3　主动消息通信机制

传统的 TCP/IP 通信协议对通信带宽有较高的要求,而且对内存和缓冲区的要求较高,而传感器网络的传输带宽非常有限,内存和缓冲区资源更是稀缺,为此,TinyOS 引入了主动消息通信机制(active message)。主动消息包括三个基本机制:接收方在收到消息时同步反馈确认消息给发送方,发送方以确定发送是否成功;消息有明确的目标地址;接收方根据收到消息中的信息将其分发到相应的应用进行处理。

主动消息通信机制中的消息包括数据和事件处理句柄(event handler)两个部分。事件处理句柄是一个整数值,指定了当消息到达接收方时接收方应该采取的处理方法。当消息到达目的节点时,接收方的通信层根据该句柄触发相应的事件处理函数。

节点收到数据后首先缓存消息,将消息中的数据传递给上层应用处理。上层应用一般完成数据的解包操作、计算处理和响应消息发送等工作。主动消息机制可并发完成计算处理和通信。

TinyOS 不支持动态内存分配,所以要求应用程序在释放消息后,要能够返回空闲的消息缓存,以用于接收新消息。因为 TinyOS 中各个应用程序之间相互不能抢占,所以不会出现多个消息缓存的使用冲突,而主动消息通信组件只需要维护一个额外的消息缓存以用于接收下一个消息。如果一个应用程序需要同时缓存多个消息,则需要在其私有数据帧上静态分配额外的空间来保存消息。

在 TinyOS 中,主动消息通信作为一个系统组件,它屏蔽了下层各种通信硬件,从而为上层提供了一致的通信原语,可方便开发人员实现各种高层通信组件。TinyOS 通信相关的组件结构如图 3-20 所示。硬件抽象组件 RFM 可提供命令以控制与射频收发器相连的各个 I/O 引脚,并且触发事件以通知其他组件数据的发送和接收。合成硬件组件射频字节(Radio Byte)以字节为单位与上层组件交互,并以比特为单位与下层 RFM 组件交互;高层软件组件主动消息模块可填充缓存区内待传输的数据分组,以及将收到的消息分发给相应的任务。

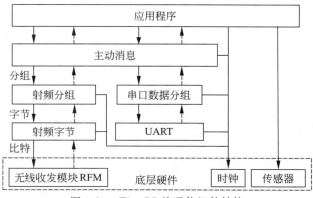

图 3-20　TinyOS 的通信组件结构

3.7.2　Contiki 操作系统

瑞典皇家科学院 2003 年发布了世界上最小的嵌入式操作系统 Contiki。Contiki 是彻底的开源操作系统，系统代码全部为 C 语言，可提供多任务环境，内建 TCP/IP 支持，仅有不到 10 KB 的源代码，只需几百字节的内存，典型情况下只需要 2 KB 的 RAM 和 40 KB 的 ROM，非常适合传感器节点这样的资源受限设备。

Contiki 的系统架构如图 3-21 所示。Contiki 采用模块化架构，系统由 Contiki 内核、库、加载程序和进程组成。Contiki 内核不提供硬件抽象，用户需要实现所需的库或驱动，应用程序可以直接访问底层硬件。在内核中遵循事件驱动调度模型，对每个进程都提供可选的线程设施，运行在内核上的应用程序可以在运行时动态加载并卸载。Contiki 支持事件优先级，高优先级的事件可以优先处理，提高了操作系统的实时性。Contiki 在内核之上通过轻量级的 protothread 提供了与线程类似的编程风格，线程间可以通过事件传递机制实现通信。

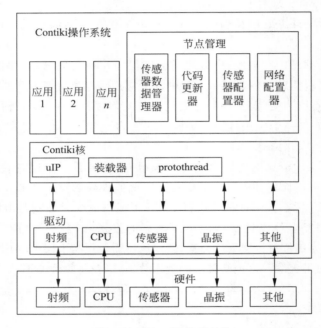

图 3-21 Contiki 体系结构

3.7.2.1 编程模型

如前所述，事件驱动的系统中所有进程共用一个栈空间，节省内存，但相对于多线程通过阻塞实现的顺序代码流，事件驱动的代码流是松耦合的。事件驱动的执行模型中，对应用程序进行建模在大多数情况下需要使用状态机，难以对复杂应用建模。Contiki 中引入了 protothread 机制，在事件驱动的内核上提供了阻塞等待的功能，不使用复杂的状态机或多线程就实现了多任务并发处理，且无需栈切换。

引入 protothread 后，进程在切换前记录下进程被阻塞时所执行的代码行数将其记录于进程结构中的两字节变量中。在进程被再次执行时，通过 switch 语句切换到被保存的行号上继续执行。简单地说，protothread 利用 switch-case 语句的直接跳转功能，实现了有条件阻塞,从而实现了虚拟的并发处理。在 Protothread 线程实现时简单利用了几个宏定义,其核心是通过 PT_BEGIN() 和 PT_END() 之间的 PT_WAIT_UNTIL() 实现条件阻塞 (conditional block)。图 3-22 为 Protothread 线程与执行过程示意,其中在两个位置会出现阻塞等待。

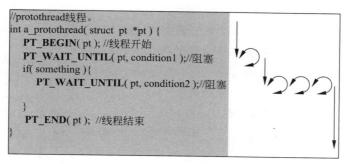

```
//protothread线程。
int a_protothread( struct pt *pt ) {
    PT_BEGIN( pt ); //线程开始
    PT_WAIT_UNTIL( pt, condition1 );//阻塞
    if( something ){
        PT_WAIT_UNTIL( pt, condition2 );//阻塞

    }
    PT_END( pt ); //线程结束
}
```

图 3-22 Protothread 线程与执行过程示意图

传统的多线程系统中通过线程的上下文切换可以达到并发的目的,在线程切换时要经历当前线程保存现场、为下一个要执行的线程恢复现场的过程,从而浪费了一定的 RAM 资源和 CPU 时间。实际上,protothreads 并不是真正的线程,在多任务的切换中并不会真正涉及上下文的切换,其线程的调度也仅仅是通过隐式的 return 来退出函数体。protothread 也不需要为每个线程分配一个独立的堆栈空间。像事件处理一样,protothreads 不能被抢占,但是,Contiki 系统在整个进程切换时进程栈上的内容会被清空,所以要避免在 protothread 中使用局部变量。

protothreads 简化了传统多线程环境中的线程概念,其优点是:不需要堆栈空间,而只在进程内部保存必要的状态信息,实现了很多只有线程编程方法才能实现的机制,比如阻塞。而用宏进行了封装之后,使用者完全可以像使用线程一样使用它们,而且其逻辑更加简化,大大增加了程序的清晰度,并降低了开发维护的难度。

3.7.2.2 执行模型

Contiki 的内核实现了事件驱动的调度,事件调度器将事件分派给相应的进程(这里的进程不是传统意义上的进程,可理解为任务)。每个进程必须实现为事件处理函数,只能通过这些事件处理函数开始执行,都是运行到结束,进程之间不能抢占,但可以被中断抢占。类似于 TinyOS 中的任务,Contiki 中的进程都在同一个堆栈中运行,并没有自己的私有栈。

Contiki 有两种类型的事件:异步事件和同步事件。当异步事件发生时,调度器将事件与响应的进程绑定并插入到事件队列中,通过轮询机制按优先级逐个执行队列中的事件,也达到了延后处理异步事件的目的。同步事件发生后调度器立即分派到目标进程,导致进程被调度,并在处理结束后返回。同步事件比异步事件有更高的处理优先级。

Contiki 进程只能由内核调度执行,内核的事件分派或轮询两种机制都会触发进程的执行。内核的轮询机制可以周期性轮询进程链表和事件队列,每次轮询会执行所有满足执行条件的进程,而只处理事件队列的一个事件(事件处理进程)。轮询处理程序也不会被抢占,总是能运行到结束。图 3-23 为 Contiki 总的调度流程：do_poll( )函数完成所有进程的遍历，遍历过程中如果进程中已做标志(needpoll)，则进程被调度执行；在遍历结束后，通过函数 do_event( )取出事件队列的队首事件来处理。

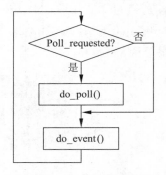

图 3-23　Contiki 系统进程
调度流程

Contiki 中有两种类型的进程：抢占型(preemptive)，合作型(cooperative)/非抢占型。抢占型的进程优先级较高，可以在任何时候直接打断非抢占型的进程执行。抢占型的进程可以由硬件中断或者是实时定时器(real-time timer,即 Contiki 系统维护的 rtimer)来触发。

非抢占型的进程优先级相对较低，可以在 Contiki 系统启动时运行，或者由其他事件触发，这里的事件是指 timer 或者是外部的触发条件。非抢占型进程执行时，上一个非抢占型进程必须执行完。图 3-24 中，进程 B 必须等进程 A 执行完毕后才能执行。非抢占型进程执行的过程中，如果有抢占型的进程执行，例如进程 B，必须要等到抢占型的进程执行完之后，进程 B 才能完成它剩下的工作。

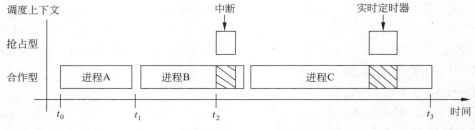

图 3-24　Contiki 两种进程调度示意图

在 Contiki 事件驱动型内核之上可以开发其他执行模型。一方面，可以通过 protothread 提供多线程支持，且线程不可被抢占，除非自己进入等待状态；另一方面，可以通过用户级多线程库提供抢占式多线程，应用程序使用时需要与该多线程库进行链接。与 protothread 不同，这种多线程机制为每个线程分配私有堆栈。

3.7.2.3　uIP 与 Rime 协议栈

Contiki 中集成了两套通信协议栈：uIP 和 Rime。uIP 是轻量级的 IPv4 协议栈,同时还实现了基于 6LoWPAN 的 IPv6 协议栈,使传感器节点可以使用 IP 协议进行通信。uIP 协议模块非常小,uIPv4 只需要占用 5 KB 的内存空间,uIPv6 也仅占用 11 KB。Rime 是一个轻量级的传感器网络通信协议栈,其中实现了一系列灵活的 MAC 协议及通信原语。图 3-25 显示了 uIP 和 Rime,以及上层应用程序之间的通信关系。

uIP 协议栈实现了最基本的 IP、ICMP、TCP、UDP 等协议,由于对协议栈内部的通信机制做了精简,代码量和内存占用都非常小,能够在内存空间极为有限的节点上运行。为了减少代码量,uIP 裁剪了标准 TCP/IP 中的高级协议功能,如滑动窗口、拥塞控制等,这些功能

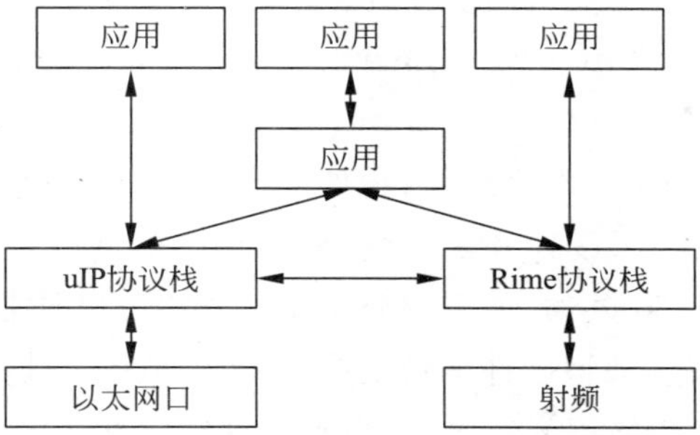

应用　应用　应用

应用

uIP协议栈 ◀——▶ Rime协议栈

以太网口　射频

图 3-25　Contiki 中 uIP 与 Rime 的通信关系

可交由上层实现。uIP 内存管理的主要思想是不用
动态内存分配方案,而使用单一的全局数据缓冲区来
存储数据包,并且有一个固定的表用于记录连接状
态。uIP 重复完成以下工作:(1)检查是否收到数据
包,如果收到数据包,则立即进行处理;(2)TCP 等协
议定时器的超时处理。uIPv6 是在 uIP 的基础上开
发的,实现最基本的 IPv6、ND、ICMPv6 协议,通过
6LoWPAN 实现与 IEEE 802.15.4 设备适配,可以实
现节点间的 IPv6 协议通信,如图 3-26 所示。

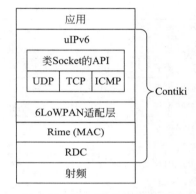

图 3-26　Contiki 中传感器网络
IPv6 协议栈

　　Rime 协议栈提供了广播、单跳和多跳三种无线
通信机制。Rime 将复杂协议的实现被分解为多个简
单部分,并提供了一系列通信原语,上层协议可以借
助这些原语完成更加复杂的协议功能。这些通信原语有:尽力匿名本地广播(best effort
anonymous local area broadcast)、可靠的本地单播(reliable local neighbor unicast)、可靠网
络洪泛(reliable network flooding)和可靠的多跳单播(hop-by-hop reliable multi-hop
unicast)。Rime 协议栈没有规定数据包的路由方式,方便了应用根据需要来扩展实现路由
等其他通信协议。

　　另外,Contiki 采用多种机制保证无线通信的低功耗。Contiki 中的 RDC(radio duty
cycling)层可实现数据帧头封装与解析以及循环检测射频信号的功能,还允许节点在不进行
无线通信时关闭无线收发机进入休眠状态,最大限度地降低节点的能耗。

3.7.3　常见操作系统的对比分析

　　TinyOS 主要的特点是其组件化的结构、事件驱动的模型以及高效的能量管理。
TinyOS 开发所采用的 nesC 语言学习曲线长。TinyOS 是学术界使用最广的传感器网络操
作系统。Contiki 尽管是一个事件驱动型的操作系统,却引入了一种称为“protothread”的概
念,在事件驱动的基础上提供了一种类似线程驱动的编程方式。

　　MansOS 发展源于 LiteOS,架构上融入了 Contiki 的一些优点,使其在易用性、可裁剪
性、目标代码大小以及平台可移植等方面均有良好表现。相比于 TinyOS,MansOS 采用 C

语言,代码更易编写、理解和管理。相比 Contiki,MansOS 的组件化设计与裁剪机制使资源利用更合理,生成目标代码更小。相比 LiteOS,MansOS 分离出了架构相关、平台相关代码,可移植性更好。

由于传感器网络发展的历史非常之短,硬件平台和应用方向也多种多样,小型团队在不长时间内即可完成操作系统的设计开发,这就使得传感器网络操作系统的发展空前繁荣。另一方面,除 TinyOS、Contiki 外,其他大部分操作系统的用户非常之少,基本上仅限于开发者自己在研究中使用,或者在典型硬件平台上应用,影响范围非常有限。即使是 TinyOS 和 Contiki 也不能满足很多应用的苛刻要求,一些研究机构在不断地对其加以改进。表 3-2 对比了几个典型传感器网络操作系统。

表 3-2　典型传感器网络操作系统对比

特性	TinyOS	Contiki	LiteOS	MansOS	Mantis
体系架构	组件	模块化	模块化	模块化、分层	分层
编程模式	事件	事件	事件、多线程	事件、多线程	多线程
调度策略	FIFO	中断、优先级	基于优化级轮换	中断、优先级	多层优化级
文件系统	支持	支持	支持	支持	不支持
编程语言	nesC	C	LiteC++	C	C
实时性保证	不支持	不支持	不支持	不支持	支持
命令行	不支持	支持	支持	支持	支持
无线重编程	支持	支持	支持	支持	不支持
低功耗模式	支持	支持	支持	支持	不支持

另外,还有一些传感器网络应用中,甚至没有操作系统的概念,节点系统程序是从设备驱动程序和封装好的各种功能子程序演变而来,一般针对的是专用硬件平台,却满足了特定的应用需要。

3.8　本章小结

操作系统是传感器节点系统软件的核心,实现了对节点硬件的抽象,以及对资源的高效管理和利用,使应用开发人员无需直接面对硬件进行编程,提高了开发效率。同普通的操作系统相比,传感器网络在节点资源极端受限、处理任务特殊、节点数量众多且无线交互等方面具有独特性,需要设计传感器网络专用的操作系统。许多国内外的知名研究机构纷纷开发出各具特色的传感器网络操作系统,其中知名的有 TinyOS、Contiki、SOS,以及 Mantis。

目前对传感器网络操作系统的研究主要是在减少节点的能耗,提高节点的实时处理能力,尽量减少系统代码的体积等要求的前提下来研究操作系统的体系结构、调度、文件系统、内存分配、动态重编程等技术。由于传感器网络以数据流为中心,无线通信是节点的基本功能,因此操作系统一般将协议栈的设计作为非常重要的一个方面,协议栈直接关系到整个传感器网络的通信性能,还关系到网络的能耗水平,关系到节点操作系统开发和使用者开发应用程序的编程体验。

习题

3.1 解释操作系统中进程的概念。

3.2 什么是进程内部通信？它与进程间通信有什么不同？

3.3 说明系统程序和应用程序之间的区别。

3.4 什么是系统调用？

3.5 试列举并分析操作系统不同的调度机制。

3.6 什么是抢占式进程？举例说明。

3.7 什么是中断和中断处理程序？

3.8 为什么大多数的传感器网络操作系统中都定义了微内核？

3.9 TinyOS 中是如何支持并发的？

3.10 解释 TinyOS 中配置组件和模块之间的差别。

3.11 为什么线程需要独立的堆栈？传感器网络中这种方法有什么问题？

3.12 给出在传感器网络中支持动态重编程的三个理由。

3.13 解释基于事件和基于线程的操作系统之间的差别，并分析在传感器网络中这两种方法的优点和缺点。

3.14 解释静态和动态内存分配的区别。

3.15 解释 TinyOS 的几个概念：(a)命令；(b)任务；(c)事件。

3.16 TinyOS 中的命令和 MansOS 中的消息之间的区别是什么？

3.17 TinyOS 如何处理动态重编程？

3.18 在 Contiki 环境中如何支持多线程？

3.19 Contiki 中什么是程序加载器的功能？为什么它很重要？

3.20 Contiki 中如何支持模块替换？

3.21 MansOS 中将传感器网络看做分布式文件系统有何优势？

3.22 说明以下操作系统所使用调度策略的类型：(a)TinyOS；(b)Contiki；(c)MansOS。

参考文献

[1] TinyOS. http://www.tinyos.net.

[2] Contiki. http://www.sics.se/contiki.

[3] Nano-RK. http://www.nanork.org.

[4] ERIKA. http://erika.sssup.it.

[5] MANTIS. http://mantis.cs.colorado.edu.

[6] SOS. https://projects.nesl.ucla.edu/public/sos-2x/doc.

[7] 邱璐璐. TinyOS 无线传感器网络操作系统分析. 电子元器件应用,2010,12(6)：79-81,85.

[8] Farooq M O, Kunz T. Operating systems for wireless sensor networks: a survey. Sensors, 2011, 11(6)：5900-5930.

[9]　王家兵，吴洪明，杨志刚. 开源无线传感器网络操作系统 MansOS 研究. 单片机与嵌入式系统应用，2013，13(6)：5-8.

[10]　Woodhouse D. JFFS：the journaling flash file system. Ottawa Linux Symposium，2001.

[11]　Lim S H，Park K H. An efficient NAND flash file system for flash memory storage. IEEE Trans. on Computers，2006，55(7)：906-912.

[12]　Baek S H，Park K H. A hybrid flash file system based on NOR and NAND flash memories for embedded devices. IEEE Trans. on Computers，2008，57(7)：1002-1008.

[13]　Tsiftes N，Dunkels A，He Z，et al. Enabling large-scale storage in sensor networks with the coffee file system. In：Proc. of the 8th ACM/IEEE Int'l Conf on Information Processing in Sensor Networks (IPSN 2009)，San Francisco，USA，Apr. 2009.

[14]　Levis P，Madden S，Gay D，et al. The emergence of networking abstractions and techniques in TinyOS. In：Proc NSDI'04，March 2004.

[15]　Levis P，Gay D. TinyOS programming. Camebridge，UK：Camebridge University Press，2009.

[16]　Liu X，Hou K M，de Vaulx C，et al. MIROS：a hybrid real-time energy-efficient operating system for the resource-constrained wireless sensor nodes. Sensors，2014，14(9)：17621-17654.

[17]　Min H，Cho Y K，Hong J M. Dynamic memory allocator for sensor operating system design and analysis. Journal of Information Science and Engineering，2010，26(1)：1-14.

[18]　Dunkels A，Finne N，Eriksson J，et al. Run-time dynamic linking for reprogramming wireless sensor networks. In：Proc of the 4th Int'l Conf on Embedded Networked Sensor Systems，ACM，2006：15-28.

[19]　Panta R K，Bagchi S，Midkiff S P. Efficient incremental code update for sensor networks. ACM Trans. on Sensor Networks (TOSN)，2011，7(4)：30.

[20]　Wang Q，Zhu Y，Cheng L. Reprogramming wireless sensor networks：challenges and approaches. IEEE Network，2006，20(3)：48-55.

[21]　Sugihara R，Gupta R K. Programming models for sensor networks：a survey. ACM Trans. on Sensor Networks (TOSN)，2008，4(2)：8：1-8：29.

[22]　Bai L S，Dick R P，Dinda P A. Archetype-based design：sensor network programming for application experts，not just programming experts. In：Proc of the 2009 Int'l Conf on Information Processing in Sensor Networks (IPSN'09). Washington，DC，USA：IEEE Computer Society，2009：85-96.

[23]　Mottola L，Picco G P. Programming wireless sensor networks：fundamental concepts and state of the art. ACM Computing Surveys (CSUR)，2011，43(3)：19.

[24]　Bin Shafi N，Ali K，Hassanein H S. No-reboot and zero-flash over-the-air programming for wireless sensor networks. In：2012 9th Annual IEEE Communications Society Conference on Sensor，Mesh and Ad Hoc Communications and Networks (SECON)，2012：371-379.

[25]　Dunkels A. A low-overhead script language for tiny nenetwork embedded systems. SICS Research Report，2006.

[26]　Kovatsch M，Lanter M，Duquennoy S. Actinium：a restful runtime container for scriptable internet of things applications. In：2012 3rd Int'l Conf on the Internet of Things (IOT)，IEEE，2012：135-142.

[27]　Dong W，Chen C，Liu X，et al. Dynamic linking and loading in network embedded systems. In：IEEE 6th Int'l Conf on Mobile Ad-hoc and Sensor Systems (MASS'09)，IEEE，2009：554-562.

[28]　Levis P，Culler D. Maté：a tiny virtual machine for sensor networks. ACM Sigplan Notices，2002，37(10)：85-95.

[29]　Hui J W，Culler D. The dynamic behavior of a data dissemination protocol for network programming

at scale. In：Proc of the 2nd Int'l Conf on Embedded Networked Sensor Systems. ACM, 2004：81-94.

[30] Han C-C, Kumar R, Shea R, et al. A dynamic operating system for sensor nodes. In：Proc of the 3rd Int'l Conf on Mobile Systems, Applications, and Services. ACM, 2005：163-176.

[31] Cha H, Choi S, Jung I, et al. Retos：resilient, expandable, and threaded operating system for wireless sensor networks. In：6th Int'l Symp on Information Processing in Sensor Networks (IPSN 2007), 2007：148-157.

[32] Brouwers N, Langendoen K, Corke P. Darjeeling, a feature-rich VM for the resource poor. In：Proc of the 7th ACM Conf on Embedded Networked Sensor Systems. ACM, 2009：169-182.

[33] Chen Y-T, Chien T-C, Chou P H. Enix：a lightweight dynamic operating system for tightly constrained wireless sensor platforms. In：Proc of the 8th ACM Conf on Embedded Networked Sensor Systems. ACM, 2010：183-196.

[34] Mottola L, Picco G P, Sheikh A A. Figaro：fine-grained software reconfiguration for wireless sensor networks. In：Wireless Sensor Networks. Springer, 2008：286-304.

[35] Kajtazovic N, Preschern C, Kreiner C. A component-based dynamic link support for safety-critical embedded systems. In：20th IEEE Int'l Conf and Workshops on the Engineering of Computer Based Systems (ECBS), IEEE, 2013.

[36] Marrón P J, Gauger M, Lachenmann A, et al. FlexCup：a flexible and efficient code update mechanism for sensor networks. In：Proc EWSN, 2006.

[37] Dong W, Liu Y H, Chen C, et al. Elon：enabling efficient and long-term reprogramming for wireless sensor networks. ACM Trans. on Embedded Computing Systems (TECS), 2014, 13(4)：17-43.

[38] Hu J, Xue C J, He Y. Reprogramming with minimal transferred data on wireless sensor network. In：Proc IEEE 6th Int'l Conf on Mobile Adhoc and Sensor Systems, 2009.

[39] Jeong J, Culler D. Incremental network programming for wireless sensors. In：Proc First Annual IEEE Comm. Soc. Conf. Sensor and Ad Hoc Communication Networks, 2004.

[40] Koshy J, Pandey R. Remote incremental linking for energy-efficient reprogramming of sensor networks. In：Proc Second European Workshop Wireless Sensor Networks, 2005.

[41] Panta R K, Bagchi S, Midkiff S P. Zephyr：efficient incremental reprogramming of sensor nodes using function call indirections and difference computation. In：Proc USENIX Ann. Technical Conf. , 2009.

[42] Panta R K, Bagchi S. Hermes：fast and energy efficient incremental code updates for wireless sensor networks. In：Proc IEEE INFOCOM, 2009.

[43] Dong W, Liu Y H, Chen C, et al. R2：incremental reprogramming using relocatable code in networked embedded systems. IEEE Trans. on Computers, 2013, 62(9)：1837-1849.

[44] Eswaran A, Rowe A, Rajkumar R. Nano-RK：an energy-aware resource-centric RTOS for sensor networks. In：Proc 26th IEEE Int'l Real-Time Systems Symp (RTSS 2005), 2005.

[45] Hui J W, Culler D. The dynamic behavior of a data dissemination protocol for network programming at scale. In：Proc of the 2nd Int'l Conf on Embedded Networked Sensor Systems, ACM, 2004：81-94.

[46] Levis P, Culler D. Maté：a tiny virtual machine for sensor networks. In：Proc ASPLOS-X, October 2002.

[47] Levis P, Gay D, Culler D. Bridging the gap：programming sensor networks with application specific virtual machines. In：USENIX OSDI, 2004.

[48] Balani R, Han S, Rengaswamy R, et al. Multi-level software reconfiguration for sensor networks. In：ACM Conf on Embedded Systems Software (EMSOFT), October 2006.

［49］ Han C，Kumar R，Shea R，et al. A dynamic operating system for sensor nodes. In：Proc of the 3rd Int'l Conf on Mobile Systems，Applications and Services（MobiSYS'05），June 2005.

［50］ Fok C，Roman G，Lu C. Agilla：a mobile agent middleware for sensor networks. Tech. Rep. WUCSE-2006-16，Department of Computer Science and Engineering，Washington University，St. Louis，2006.

［51］ Dunkels A，Finne N，Eriksson J，et al. Run-time dynamic linking for reprogramming wireless sensor networks. In：ACMSenSys，Boulder，Colorado，USA，November 2006.

［52］ Dunkels A，Grönvall B，Voigt T. Contiki：a lightweight and flexible operating system for tiny networked sensors. In：EmNets，Tampa，Florida，USA，November 2004.

［53］ Dunkels A，Schmidt O，Voigt T，et al. Protothreads：simplifying event-driven programming of memory-constrained embedded systems. In：Proc of the 4th Int'l Conf on Embedded Networked Sensor Systems（SenSys 2006），Boulder，Colorado，USA，2006.

［54］ Dunkels A，Finne N，Eriksson J，et al. Run-time dynamic linking for reprogramming wireless sensor networks. In：Proc of 4th Int'l Conf on Embedded Networked Sensor Systems（SenSys），2006.

第4章

无线传感器网络体系结构

导读

本章首先阐述了传感器网络的结构,还对传感器网络的分层协议结构进行了详细的分析和讨论,并介绍了几种典型的协议结构。随后分析了传感器网络的跨层设计概念,并介绍了几种典型的跨层协议结构。本章还分析了传感器网络全 IP 化、网络管理等方面的内容。

引言

网络体系结构描述了在设计网络协议和网络通信机制的过程中必须遵守的一组抽象规则,这组抽象规则反映了应用对网络的需求及网络自身的特点,研究网络体系结构的目的,是为网络协议和算法的标准化提供统一的技术规范,使其能够满足用户需求。

传感器网络系统结构反映了节点间通信链路的拓扑结构。一般常见的有扁平结构和分层结构,还有一些为满足应用需求的特殊结构。系统结构影响到了网内通信流量分布、端到端传输路径和传输时延、部分节点或链路失效时的可靠性和安全性等,直接关系到路由算法、传感数据采集策略、容错及抗毁性机制等方面的设计。

传感器网络协议通常参照 OSI 参考模型(Open System Interconnection Reference Model)采用了分层的结构,整个协议功能被分割成若干个独立的层(模块),相邻层之间严格地通过静态接口来交互,非相邻层之间不允许直接交互。层次模型具有结构清晰、层与层之间耦合度低的优点,相邻层之间有固定的接口。但这种严格的分层模型并不是非常适合传感器网络,主要原因是传感器网络协议功能的实现经常需要各层的特性参数协调配合,以提升网络的整体性能,如路由选择经常需要使用底层无线链路、节点剩余能量等状态信息,以适应无线链路的动态变化。与分层结构不同,跨层设计结构从整体考虑,模糊了严格的层间界限,使任意两层之间能够直接交互,将分散在网络各层的特性参数协调融合,协议栈能以全局方式适应特定应用需求和网络状况的变化,统一规划调度有限的网络资源来提高网络的整体性能。但是,跨层设计降低了体系结构模块化,增加了协议功能模块之间的耦合度,减少了各层相对独立性。

随着传感器网络的应用日趋广泛,传感器网络与采用 IP 协议的传统网络融合也越来越深入,全 IP 化是传感器网络协议研究领域的一个显著趋势。采用 IP 协议后,传感器节点不需专门的代理网关就可接入到 IP 网络,也可利用传统 IP 网络大量成熟的诊断、管理、运维等工具。IETF 已经积极进行了传感器网络 IP 协议的工作,并完成了核心的标准规范,包括 6LoWPAN、RPL、CoAP。

网络管理作为各类网络中非常重要的功能,旨在提供一体化的管理机制,保障网络系统安全、可靠、高效的运行。传统网络管理有故障管理、配置管理、计费管理、性能管理和安全管理等五个功能域。与传统网络相比,传感器网络具有能量受限、自组织性、网络移动性和动态性、与特定应用相关等特点,其中的网络管理将以能量管理、拓扑管理、覆盖管理、自组织、在线编程、故障检测和恢复、安全管理等为主要内容,达到节约能量、有效利用带宽、延长系统生命周期的目的,从而高效利用网络。但目前针对传感器网络还没有形成统一的管理框架和标准。

4.1 网络结构

网络结构是指网络中节点的物理连通方式和布局。在传统有线网络中,节点间采用有线连接,其网络结构往往更多的是指物理设备之间相互连接所形成的布局形态。无线网络中则是通过节点间的无线通信链路来描述其网络结构。从不同的角度,传感器网络系统可以划分为不同的类型,比如,根据节点功能是否有差异可以分为扁平结构和分层结构,根据网络中 sink 的数量不同可以分为单 sink 与多 sink 结构。

4.1.1 扁平结构与分层结构

依据节点在网络拓扑中是否具有层次结构,节点功能是否具有差异,可分为扁平结构(flat architecture)和分层结构(hierarchical architecture)。

1) 扁平结构

在扁平结构中,传感器网络中的节点具有相同的地位和功能,节点将采集的数据主动发送给 sink 节点或由 sink 节点发送查询请求。扁平结构又称为对等式结构。扁平结构的优点是算法简单,安装方便,在节点数目不多的情况下效率比较高。传统的传感器网络常采用扁平结构,每个节点的计算能力、通信距离和能量供应相当。根据节点间转发数据时的无线链路是单跳或多跳,扁平结构可形成星型拓扑或网格状拓扑,如图 4-1 所示。

星型结构中,传感器节点直接与 sink 节点双向通信,形成单跳(single-hop)的系统。该类系统中,一般是由一台 PC 主机直接充当 sink 节点。相对于其他类型的结构,星型网络整体功耗最低,但网络节点与 sink 节点间的传输距离有限,一般只有几十米。

网格状结构是一种相对自由的扁平拓扑,每个节点都具有选路功能,可实现多径路由,一旦某条链路故障,节点可自动跳转到其他可选链路,提高了网络的容错能力和鲁棒性。与星型网络相比,网格状结构使无线链路设计更简化、可扩展性更强、维护更简单。

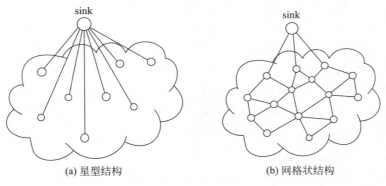

(a) 星型结构　　　　　　　　(b) 网格状结构

图 4-1　扁平结构

网格状结构缺乏对通信资源的有效管理,在网络规模较大时就会出现处理能力弱、控制开销大、能量衰竭过快、路由经常中断等缺点。随着节点数量的增加,网络覆盖范围的扩大,从源节点到目的节点的路径变得很长,平均跳数将会增加很多,传输时延增大,数据包丢失的概率增大。尤其在节点失效或移动,某段通信链路中断的情况下,路由收敛需要花费很长时间,对路由表频繁地更新也会产生很大的管理负载。网络规模较大时也会导致部分转发节点承载较大通信流量,能量消耗过快,降低网络生存周期。

2) 分层结构

分层结构也称分簇结构,如图 4-2 所示。分层结构是将传感器网络分成若干个相对独立的簇,每个簇由一个簇头节点和多个成员节点组成,而簇头节点之间则形成更高一级的网络,负责簇间数据的转发。

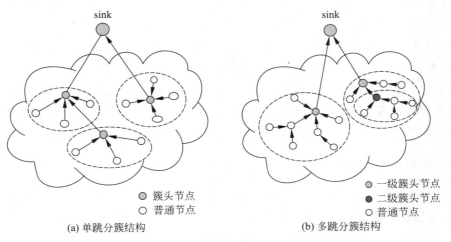

● 簇头节点　　　　　　　● 一级簇头节点
○ 普通节点　　　　　　　● 二级簇头节点
　　　　　　　　　　　　○ 普通节点

(a) 单跳分簇结构　　　　　　　　(b) 多跳分簇结构

图 4-2　分层结构

在分层结构中,成员节点负责采集数据,并将数据发送给簇头节点。sink 节点将任务通过广播发送给每个簇头,簇头在簇内广播任务,还要处理成员节点上报的数据,并承担其他簇头节点的数据转发任务。簇头节点的可靠性对全网性能影响较大,也会消耗较多能量,一般具有能量供应充足、计算处理能力更强、通信距离更远等特点。

簇可能是多层的，即簇内还可以继续分出多个子簇。簇内成员节点和簇头节点之间的短距离通信可以根据需要，采用直接通信或者多跳通信。簇头节点和 sink 之间的通信也可以根据网络规模的大小，采用单跳或者多跳通信方式。

相对于扁平结构而言，这种异构、层次化的网络结构能更好地适应网络规模的扩展和网络拓扑结构的变化。由于簇头节点负责本组内全部成员节点的数据转发，可以在这些簇头节点处实现数据的汇聚和融合，既能减少网内传输的数据量，降低能量消耗，还保留了小规模网络效率高的优点。簇内成员的功能一般比较简单，不需要维护复杂的路由信息，减少了网络中控制信息的数量。同时，由于簇的数量不受限制，网络具有很好的扩展性。另外，簇中的簇头随时可以通过选举产生，这种结构也具有很强的抗毁性。

分簇结构的缺点主要是：需要专门的簇头选择算法和簇维护机制；簇头节点的任务相对比较重，可能会成为网络的瓶颈；在簇间不一定能使用最佳路由。

4.1.2　单 sink 与多 sink

随着应用的逐渐增加，应用场景和网络架构也多种多样，如网络中可以采用单个 sink 节点或多个 sink 节点，sink 节点可以是固定的或移动的。根据 sink 节点的使用方式不同，可将传感器网络体系结构分为以下四种：固定单 sink 网络（static single sink，SSS）；固定多 sink 网络（static multi-sink，SMS）；移动单 sink 网络（mobile single sink，MSS）；移动多 sink 网络（mobile multi sink，MMS）。Sink 的使用方式直接决定了感测数据的收集方式。

1) 固定单 sink 网络

图 4-3(a)是传统的单 sink 的传感器网络架构，也是人们开始研究以及广泛关注的网络架构。这种架构中所有传感器节点采集的数据都要发送给一个 sink 节点，网络结构简单，被广泛地研究和应用，但存在扩展性问题：当传感器节点数量逐渐增加时，sink 汇集的感知数据也逐渐增加；当传输的感知数据达到网络容量限制时，网络内就不能再增加传感器节点了，否则就会造成大量感知数据的丢失。由于无线传输的同频干扰，节点收发共用天线等特性，传感器网络的传输性能与网络节点规模紧密相关，在给定区域内网络节点数量增加到一定程度后，网络吞吐量反而会减少，在 sink 及临近节点极易出现拥塞的情况。

2) 固定多 sink 网络

图 4-3(b)是多 sink 的传感器网络架构，在网络内设置多个 sink，普通传感器节点可将采集到的数据发送到最近的 sink，能提高网络的吞吐量和减少数据的传输延迟，增强网络的扩展性。这种架构的传感器网络中多 sink 有两种连接关系：第一种是 sink 之间通过网络互联，每个传感器节点基于延迟、吞吐量或跳数等标准，选择相应的 sink，这通常需要相对复杂的数据转发算法；第二种是多 sink 之间不连通，它们可连接到同一个后端服务器，这相当于把大的监测区域分割成小的监测区域，每个区域内的传感器节点发送给分配的 sink，这种网络本质上是仍是单 sink 架构。第一种多 sink 连接关系的传感器网络具有良好的适应性

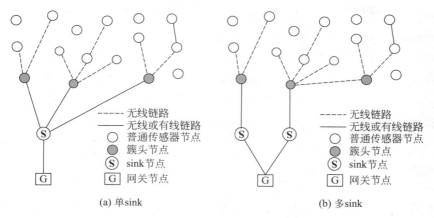

图 4-3　单 sink 与多 sink 网络

和灵活性,也是人们主要关注的多 sink 网络,其路由等通信协议也更复杂。

3) 移动单 sink 网络

对于固定 sink 的传感器网络,由于所有数据都汇聚到 sink,距离 sink 越近的节点承担转发其他节点信息的流量就越大,相比其他节点消耗的能量越多,容易出现能量空洞的现象。引入可在网络覆盖区域游走的移动 sink,可采用 data mules 方式定期收集局部区域内节点采集到的数据。与静态 sink 相比,移动 sink 就近接收传感器节点的数据,大大减小了数据的传输距离和传输跳数,节省了节点间建立路由的开销,也避免了固定 sink 附近节点存在的流量大、能耗高的现象。另一方面,在节点稀疏部署时,利用移动 sink 可以采集到相互隔离的网络内的数据。移动 sink 的传感器网络结构如图 4-4 所示。

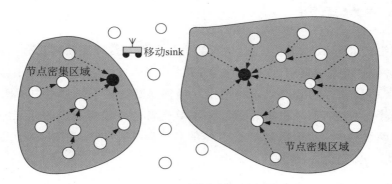

图 4-4　基于移动 sink 节点的传感器网络示意图

移动单 sink 网络根据 sink 的移动方案可以分为随机移动、固定轨迹移动和轨迹可控移动三种形式。

(1) 随机移动方案中,sink 在网络内按照随机的方式移动来获取普通节点监测到的信息。这种方案在某些情况下可以改善网络的吞吐量,但由于 sink 的随机性,无法保证数据传送的成功率以及对通信延迟时间的控制,可能造成数据传输的最大延迟无上限,甚至导致数据丢失。

（2）固定轨迹移动方案中，sink 沿着监测区域内预先设置的移动轨迹运动来采集整个网络内节点数据。固定轨迹移动方案的优点是通过 sink 移动性来进行数据收集，对解决能量空洞问题有一定作用，但是这种相对固定的移动方式只适合特定的传感器网络，缺乏一般性。

（3）轨迹可控方案中，移动 sink 在整个监测区域中按照某一控制算法进行移动来采集数据。轨迹可控方案一般可以很好地解决能量空洞问题，延长网络生命周期，但一般情况下，复杂的控制算法对 sink 的计算能力要求较高，轨迹可控方案也容易造成较高的数据采集延迟。

4）移动多 sink 网络

移动多 sink 传感器网络具有多个移动 sink。许多应用需要多个随机移动的 sink，如，在士兵作战或灾难营救时，每个士兵或者营救人员都是一个 sink，这些 sink 在传感器网络覆盖的区域内移动，传感器节点一般将收集的数据暂时缓存下来，移动 sink 会随时随地发出查询，查找感兴趣的数据。

移动多 sink 型传感器网络增加了网络部署灵活性，便于填补能量黑洞，减少节点间的数据转发。移动多 sink 型传感器网络与移动单 sink 型传感器网络在数据采集、路由等方面有相似的问题，但由于存在多个移动 sink，使很多网络问题变得更加复杂，如移动 sink 的选择策略、传感器节点周围的移动 sink 数量及移动状态的影响等，在传输可靠性、能量消耗控制、可扩展性、负载平衡和实时性等方面也存在很多研究难题。

除了以上根据 sink 的数量和移动性进行区分的网络外，还有传感器节点移动的网络。如把传感器节点部署在移动的车辆、无人机或士兵身上，同时在战场上部署一些固定或移动的基站，这些传感器节点在移动过程中遇到基站，就把采集的信息发送给相遇的基站。

4.2 协议体系结构

传感器网络在组网方式、通信模式、资源能力等方面与传统互联网具有很大差异，不再遵循传统互联网中"端系统复杂，核心网络简单"的网络体系结构原则，以路由转发和存储机制为核心的 TCP/IP 分层协议体系不再适用。传感器网络在不同应用中所使用的拓扑结构、路由机制、管理方法等组网机制也完全不同，在国际上并没有通用的标准协议结构。目前针对传感器网络提出了很多协议方案，其中的多数都采用了分层结构，部分还设计了类似IP 层的公共协议层。

4.2.1 传统的 TCP/IP 分层协议结构

OSI 和 TCP/IP 是两种重要的协议模型，它们都采用了分层的思想，但二者在层次划分和功能设计上存在很大的区别。

OSI 模型定义了一个功能完整的分层体系结构，其中定义了七个协议层，由下往上依次是物理层、数据链路层、网络层、传输层、会话层、表示层和应用层，如图 4-5 所示。各层协议相互独立，相邻层之间在接口处通过发送或接收服务原语进行交互，非相邻层之间不允许直接交互。OSI 模型是一个理想化的理论模型，试图规范从物理介质到应用程序接口的复杂

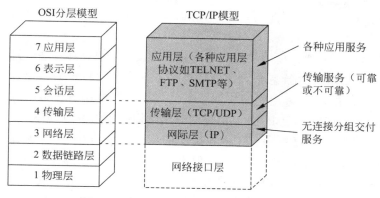

图 4-5　OSI 七层模型与 TCP/IP 四层模型

协调问题。

　　Internet 所使用的 TCP/IP 协议体系是以端到端传输功能（TCP 协议）与分组转发和选路功能（IP 协议）为核心的协议模型，其中包括了 TCP、IP、UDP、ICMP、FTP 等上百种协议。时至今日，TCP/IP 协议体系已经成为了 Internet 的基石。与 OSI 七层模型不同，TCP/IP 协议模型只定义了四层，从下往上分别为网络接口层、网际层、传输层和应用层，如图 4-5 所示。

　　TCP/IP 网络接口层的功能是将 IP 数据报通过下层的网络发送出去，或从网络上接收物理帧并提取出 IP 数据报转交给网际层。网际层的主要功能是完成主机到主机的通信，提供一种无连接的、不可靠的但尽力而为的数据报传输服务。传输层对应于 OSI 模型的传输层，其功能是为应用进程之间提供端到端的传输服务，主要有两个协议：提供面向连接的可靠的传输服务的 TCP，提供无连接、不可靠传输服务的 UDP。应用层对应于 OSI 模型的会话层、表示层和应用层，为用户提供所需要的各种应用服务，处理应用的交互语义、编码表示和会话控制等，包含了 HTTP、FTP、TELNET 等众多的应用协议。

　　TCP/IP 协议体系的特点是应用层和网络接口层都有很多协议，而中间只有 IP 协议，形成了以 IP 为细腰（narrow waist）的结构，形似一个上下大中间小的沙漏，如图 4-6 所示。这种结构说明了 TCP/IP 可以为各式各样的应用提供服务，也能够使 IP 协议运行在不同的网络上（IP over everything, everything over IP）。细腰结构为 Inernet 赋予了充分的扩展性，使其能够兼容各种形式的物理传输网络，承载各种各样的应用，这也是 TCP/IP 协议的生命力所在，这种结构所具有的可扩展性对于实现各种网络的融合至关重要。

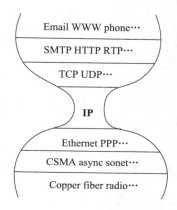

图 4-6　TCP/IP 协议体系的
细腰（沙漏）形状示意图

　　OSI 模型和 TCP/IP 协议模型都采用了分层结构，每一层关注和解决通信中某一方面的规则。分层结构的好处是：层之间是独立的，复杂程度下降；灵活性好，一层发生变化时，其他各层均不受影响；结构上可分割开，各层都可以采用最合适的技术来实现；每一层是相对独立的子系统,易于实现和维护;每一层的功能及所提供的服务都有精确的说明,有利于促进标准化工作。

　　OSI 模型与 TCP/IP 协议模型在层次划分和功能设计上也存在一些区别:(1)OSI 先有分层模型,后有协议规范,这就意味着该分层模型不偏向任何特定的协议,具有通用性,而TCP/IP 先有协议后有模型,模型是对协议分层的描述;(2)OSI 是严格的分层结构的理论模型,实现起来比较困难,而 TCP/IP 是简化的分层结构的实用模型,理论上是四层,实际上只有三层,实现起来比较容易;(3)OSI 中相邻层的实体才能直接交互,而在 TCP/IP 中 N 层实体可以越过 $N-1$ 层实体而调用 $N-2$ 层实体,使用 $N-2$ 层实体提供的服务,这种灵活性在某些情况下可以减少一些不必要的开销;(4)TCP/IP 从一开始就考虑到异构网络的互连问题,并设计了作为公共层的 IP 协议层,而 OSI 最初假定了全世界都使用统一标准的公用数据网来将各种不同的系统互连在一起。

　　总之,OSI 七层协议体系复杂且不实用,但概念清楚,体系结构完整。而 TCP/IP 四层协议模型简单实用,并得到了广泛的应用。在设计网络通信协议时,常利用 OSI 模型分析通信过程和协议的概念,利用 TCP/IP 理解网络协议的具体功能。

4.2.2　二维型传感器网络协议模型

　　较早提出的传感器网络协议模型具有二维结构[1],即在传统的分层结构之外还定义了跨越整个协议栈的管理面,如图 4-7 所示。这种协议模型中采用了类似 TCP/IP 体系的分层,从下往上分别是物理层、数据链路层、网络层、传输层以及应用层,增加的管理面主要是用于协调不同分层的协议功能,以求在能量管理、移动性管理和任务管理方面获得综合考量的最优化,使得各层协议能够协同工作。

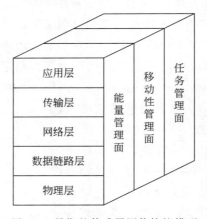

图 4-7　早期的传感器网络协议模型

4.2.2.1　协议分层

1) 物理层

物理层负责数据链路层的比特流与适合通信媒体传输的信号之间的转换。物理层要完成很多工作,例如,选择传输介质和频率,产生载波信号,检测和调制信号以及数据加密/解密等,并关注于信号传播效应和功耗。传感器网络一般工作在 ISM 频段,在这个频段必须要考虑在其他无线系统干扰下的鲁棒性。另外,传感器网络物理层要求低功耗、低速率、短距离、低复杂度、低的占空比。物理层主要通过节点的收发机来实现,最具挑战性的问题是要找到低功耗低成本的收发器,足够简单而又可用的调制方案。

2) 数据链路层

数据链路层保证了传感器网络内点到点和点到多点的通信。数据链路层要完成数据流和数据帧检测、媒体接入控制(MAC)和差错控制。其中,数据链路层最重要的功能就是媒体接入控制,解决多个节点如何接入公用媒体的问题,为数据传输提供有效的通信链路,使这些节点能够公平并且有效地共用网络中的资源,比如时间、能量和频率等,并为节点的多跳传输和自组织特性提供网络组织结构。在传感器网络中主要关注节能技术以延长网络寿命,关于传感器网络 MAC 机制已经出现了大量的研究工作,针对不同的应用场景也提出了很多 MAC 协议,这将在第 7 章介绍。

数据链路层的另一个重要功能就是传输数据时的差错控制。在恶劣的环境中,无线通信容易出错,差错控制是实现链路可靠性或可靠数据传输的关键。主要有两种差错控制机制:前向纠错(FEC)和自动重复请求(ARQ)。ARQ 通过重传丢失的数据分组或帧实现可靠的数据传输,这会显著产生重传开销和额外的能量消耗,不适合于传感器网络。FEC 通过在数据传输中使用错误控制码,在传感器节点上增加额外的编码和解码处理来提高链路的可靠性。在一定的发射功率下,FEC 可以显著降低信道误码率(BER)。由于节点的能量约束,传感器网络中 FEC 仍是最有效的差错控制方案。

3) 网络层

网络层主要提供在节点间的多跳路由服务。传感器网络以数据为中心,在网络层还可以快速有效地组织起各个节点的信息,并融合提取出有用信息直接交给用户,通常不需要传统网络中网络层的寻址过程。传统无线网络的路由协议一般不考虑能量效率,不适合于传感器网络。此外,传感器节点的数据向 sink 节点汇聚时独特的多对一流量模式会导致距 sink 越近的节点上数据流量越大,数据分组的拥塞、碰撞、丢失、延迟和能量消耗问题也更严重,从而容易影响整个网络的运行寿命。因此,在网络层和路由协议的设计中需要考虑到节点的能量约束、数据流量模式,以及冗余容错传输等要求。第 8 章将全面地介绍传感器网络的路由问题,并讨论典型的传感器网络路由协议。

4) 传输层

传输层提供端到端的传输服务,通常包括拥塞控制和可靠性保障两方面。传感器网络的能量、计算、存储资源都十分有限,数据传输量一般并不大,传统的传输层协议不能直接应用到传感器网络。例如,传统的 TCP 协议中基于窗口的拥塞控制机制不能直接用于传感器网络,原因是:(1)传感器网络中链路错误造成丢包时启动端到端的拥塞控制,易导致数据包反复重传、带宽利用率不高、传输延时增加、吞吐量下降，也会消耗较多的能量；(2)面向连接的协议在数据传输前必须通过三次握手建立连接，而传感器网络拓扑结构是动态变化的，建立连接会耗费大量的网络资源。

另一方面，传感器网络是应用相关的，不同的应用可能有不同的数据传输要求，这对传输层协议的设计有很大的影响。传感器网络中的数据传输主要发生在两个方向：上行和下行。在上行方向上，传感器节点将感测数据发送到 sink，而在下行方向的数据如查询、命令，以及编程二进制文件，从 sink 到其他网络节点。这两个方向上的数据流可以具有不同的要求。例如，上行方向的感测数据在一定程度上是冗余的，数据流是丢失容忍的，但是下行的编程二进制文件需要 100% 的可靠性。因此，传感器网络的独特特征和应用的具体要求对传输层协议的设计提出了许多新的挑战。第 9 章将全面介绍和讨论各种传输协议和算法的设计。

5）应用层

应用层可提供系统管理、查询处理、时间同步、定位、密钥管理、网络管理功能，以及各类应用功能。应用层协议可为用户应用提供传感器管理、任务分配、数据广播，以及感测数据查询与消息分发等方面的接口。针对领域应定义相应的应用协议，已经有环境监测、智能家居等传感器网络应用系统，但仍需要开发相应的应用层协议。

4.2.2.2　协议管理面

图 4-7 协议模型中管理面的一部分机制融合进了各层协议中，主要用来管理和优化协议算法，例如能量管理要求各层协议添加相应的控制代码，以进行能量策略的实施。另一部分机制独立于各层协议之外，通过收集和配置接口实现对各层协议的监控和管理，例如，网络管理可以对各种网络资源进行管理，为上层应用服务的执行提供一个集成的环境。

1）能量管理面

能量管理面综合调节传感器节点对能量的使用，提高节点甚至网络的能量使用效率。通常传感器节点的能量十分有限，产生了能量管理的需求。传感器节点能耗较大的主要原因有共享信道时的冲突、串听等，部分路由协议可能导致的节点间能耗不均衡，冗余信息的传输，需要从动态电压调节、信道接入控制、路由、数据融合等层面综合实施能量管理。

2）移动性管理面

移动性管理面用来处理网络中节点的移动对应用的影响。一些应用场景中，sink 和传感器节点可能会发生移动，在 MAC 层会导致信道接入时延增大、发送失败率增加、吞吐量下降，在网络层会发生路径失效等现象，这就需要通过移动性管理跨层优化信道接入控制、邻接节点选择、路由重构等。

3）任务管理面

任务管理面根据节点的资源条件，在节点间进行任务分配与调度以优化实现监测目标。

节点间进行任务分配与调度的同时应以高效的方式协调节点间能量和资源的利用和共享,使能量较多的节点承担相对较多的任务,以最大化网络生命周期。

随着研究和应用的深入,在图 4-7 协议模型的五层协议和三个管理面之外,还进一步添加了拓扑控制、QoS 和网络管理等管理面,以及时间同步和节点定位等应用支撑服务。拓扑控制管理面利用物理层、链路层或路由层完成拓扑生成,反过来又为它们提供基础信息支持,优化 MAC 协议和路由协议的协议过程,制定节点的休眠策略,提高协议效率,减少网络能量消耗,保持网络连通。QoS 管理面涉及各协议层的队列管理、优先级机制或者带宽预留等机制,并对应用数据进行分类处理,为数据传输和处理提供可靠性和实时性支持,为应用提供高质量的服务。网络管理面可对传感器网络中各种资源进行管理,要求各协议层嵌入各种信息接口,定时收集协议运行状态和流量信息,协调控制网络中各个协议组件的运行,可为上层应用提供统一的管理接口。定位和时间同步支撑服务一方面可为各层协议提供所需要的位置和时间信息,另一方面,服务的实现还要依赖于节点间的数据传输通道进行定位信息和时间信息的交换。

为了方便协议功能的复用、定制,一些工作中还研究了模块化的协议结构,将协议按照功能划分为不同的模块。这种模块化的协议结构具有以下优点:(1)可避免功能重复,功能重复的一个典型实例就是在多个协议层都进行纠错和重发;(2)可根据需要增删模块,便于支持不同的应用;(3)模块间信息交换便利了跨层优化。

4.2.3　细腰型传感器网络协议结构

虽然已经提出了大量的传感器网络协议,但多数的链路层、MAC 层及其他底层传输机制只是针对了特定的应用需求,这就会有两个问题:(1)不同的系统之间存在互操作性问题,不同机构所开发的协议组件之间不能互通;(2)缺乏可供利用的公共协议框架,应用必须要通过大量修改来适应不同的底层协议和通信机制。

借鉴 TCP/IP 的细腰型分层协议结构,一些传感器网络协议结构利用一种协议来适应不同类型的底层网络,为上层协议和应用提供统一的支持。SNA/SP[1] 和 Chameleon[5] 均为细腰型结构,其中,SNA/SP 定义了节点系统的软件和服务框架,并为上层提供了邻居节点管理和消息池两种管理服务,而 Chameleon 则通过一组通信原语来适配不同的底层协议和机制。

4.2.3.1　SNA/SP

SNA 主要目标是要支持传感器节点硬件和通信协议设计的模块化,为上层应用抽象了底层的网络功能,使上层应用不直接依赖底层具体的硬件。SNA 保留了分层的协议结构,各层可划分为多个协议功能模块,便于通过重用已有模块来创建新协议。

SNA 中设计了一个类似 IP 协议的 SP(Sensor-net Protocol)层,基于 SP 层形成了一个细腰结构,所有高层和低层协议只能通过 SP 层进行交互,如图 4-8 所示。SP 层为各类传感器网络提供了公共层,负责对收发数据的处理和邻居列表的管理,还定义了"尽力传送"的单跳广播协议。SP 抽象了底层的重要参数,例如链路质量和调度信息,SP 也支持一些数据处

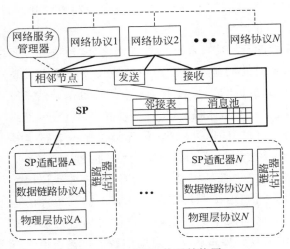

图 4-8   SNA/SP 体系结构图

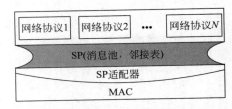

图 4-9   SNA/SP 细腰型协议结构

理,如数据包重新排序和转发。通过 SP 层,SNA 可以在其上开发新协议和服务,也可灵活兼容各类底层平台。与 TCP/IP 体系中的 IP 协议层不同,SP 层不在网络层,而是位于网络层和数据链路层之间,这样便于兼容各类传感器网络中多样化的网络层(路由协议)与链路层协议机制。

SP 层为上层网络协议提供了统一接口来访问数据链路层和物理层,有利于上层网络协议和数据链路层协议的独立研究。通过 SP 层可实现:(1)链路层可以向高层提供链路拥塞信息和休眠调度信息;(2)网络层可以告知低层网络对延迟或者可靠性的需求;(3)网络层和数据链路层可以共享链路信息。

SP 层定义了两个信息库:邻接表和消息池。邻接表中维护了邻居节点地址/标识、链路质量、调度等信息。消息池用于管理协议消息传输调度,维护消息指针、紧迫性和可靠性标志位,消息分组存储在数据链路层或网络协议层。SP 也可以重载现有的能量管理。

SNA 体系结构具有很好的灵活性和通用性,具有两个主要的特点:(1)组合性,在每一层中使用现有的组件快速完成协议开发,从结构上支持多样化的应用需求;(2)资源感知,节点可根据资源约束条件进行协议处理。

4.2.3.2   Chameleon/Rime

Contiki 操作系统的网络通信除提供了 Rime/RDC 外,还提供了 Chameleon/Rime 以兼容各类底层网络,使上层网络协议可以运行在从 ZigBee 到 IP 的任何网络之上。Chameleon 对底层网络的抽象包括两个方面:定义基本的协议原语;利用分组属性(packet attributes)来抽象描述数据分组所携带的信息。Chameleon 通过分组属性来抽象底层网络的通信,而 Rime 则将这些分组属性映射到具体的各种分组头部。

1) Chameleon 体系结构

Chameleon 体系结构如图 4-10 所示,主要包含三部分:(1)Rime,为上层协议和应用提

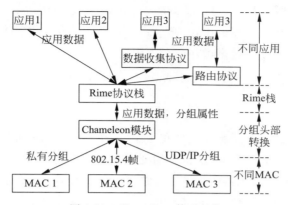

图 4-10　Chameleon 体系结构

供了一组通信原语；(2)Rime 之上的协议栈和应用；(3)头部转换模块，根据 Rime 的输出来构造数据分组和头部，能够适应特定的 MAC 或链路层。

　　上层应用将数据交给到 Rime，Rime 添加分组属性后传给下层的头部转换模块。头部转换模块根据分组属性构造分组头部，并将最终数据分组发给链路级的设备驱动程序或MAC 层。MAC 层可以根据分组属性来决定数据分组的发送方式，例如，广播数据分组与单播数据分组以不同的方式发送，需要单跳可靠性的数据分组在发送时要求链路层确认。

　　Chameleon 在各层之间通过分组头部来传递分组属性信息，分组头部要满足两个条件：(1)必须有足够的表现力和可读性来容纳所支持的各种底层通信模式；(2)必须足够灵活，允许将来对架构的扩展。对于传感器网络来说，因为低功耗的无线链路要求分组的长度要尽可能小，头部必须尽量精简以提高通信效率。

　　与传统协议栈架构不同的是，Chameleon 将数据分组头部定义和协议处理逻辑这两个部分从协议栈中分离出来，而头部转换模块可根据抽象的分组属性来生成适合具体网络的分组头部。利用分组属性机制，Chameleon 能够广泛适应各种底层 MAC 或链路层协议。此外，Chameleon 头部转换模块还实现了头部对齐、字节序转换、跨层头部压缩、头部压缩等机制。

　　2) Rime 协议栈

　　Rime 是 Chameleon 中重要的组成部分。如图 4-11 所示，Rime 是一种轻量级分层协议栈，位于 MAC 层和应用层之间。Rime 提供了不同类型的通信原语，如匿名尽力而为广播(abc)、确定发件人尽力而为广播(ibc)、单播抽象(uc)、可靠单播(ruc)、尽力多跳单播(mh)等。这些原语被设计成可重用的模块，便于扩展出其他原语，在这些原语之上实现更复杂的协议。上层应用可以直接使用任何层的 Rime 原语。

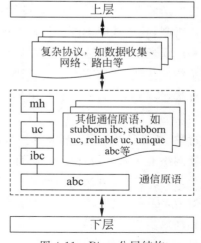

图 4-11　Rime 分层结构

不像传统的分层协议，Rime 对传感器网络通信进行更高层次的抽象，大大简化了原语之上的协议实现，但代价是内存占用较大。另一方面，因为可以重用简单的原语，复杂协议的实现也变得并不困难，不会过多增加内存占用。

4.3 跨层设计

在分层的协议结构中，各层独立设计和工作，在相邻两层之间维护了有限的数据交换和服务调用接口，各层仅与相邻层交互，信息的处理和通信延迟较大，这种结构难以适应传感器网络动态变化的特点。传感器网络底层无线链路的时变性，以及能量和计算等资源的约束都要求减少协议层间的信息传递和处理开销，进行协议的跨层设计（cross-layer design）。

4.3.1 跨层设计的基本概念

跨层设计是针对无线网络的协议设计方法，通过跨层减少通信开销和处理层次，利用各层之间的协同处理来提高节点的资源利用率，优化系统的整体性能，增强网络对无线通信环境的适应能力。

4.3.1.1 跨层设计的必要性

由于传感器网络的节点特性，通信方式及网络结构都与传统网络不同，传统的分层协议结构不能很好地适用于传感器网络。

首先，传感器节点通常是微型低功耗的设备，处理、存储、通信和能量资源都有限，需要微型紧耦合的协议栈来高效利用资源。跨层设计在多个协议层之间通过信息共享、功能协调来优化协议处理，减少协议体积，避免不同协议层之间的功能冗余和冲突，提高节点资源的使用效率。

其次，传感器网络的无线通信给分层设计带来了新的挑战。一方面，分层协议在无线通信模式下会产生新的问题，上层难以及时、准确获知底层无线链路的状态，比如，使用 TCP 协议的发送者会将无线链路出现的错误数据包作为网络拥塞的信号，从而频繁启动 TCP 超时重传机制，导致性能下降。另一方面，分层设计不能充分利用无线链路的特性，比如机会通信和广播通信，从而造成频谱、功率等资源的浪费，而跨层设计则能够充分适应并利用无线链路的这些特性，使节点间进行协作通信，提高资源利用率。

再次，传感器网络很难收集全局信息来进行集中决策，只能由节点在本地进行分布式决策。网络的性能优化需要每个节点利用观测的局部信息运行分布式算法来完成，而网络的链路特性、拓扑结构、节点业务量都会随机地发生变化，节点需要实时获取底层状态信息。传感器网络通过跨层设计能够充分利用动态变化的节点及网络状态信息，进行细粒度的快速优化，提高分布式算法的收敛速度和管理本地资源的能力。

最后，传感器网络的硬件平台是物理世界和信息世界的链接枢纽，需要对物理世界即时感知和高效反应。高层协议对硬件平台存在固有的依赖，必须对硬件平台的感知和通信行为有足够的控制才能实现特定的应用需求。跨层设计可以使硬件平台为上层协议提供丰富的接口,高效实现应用需求自上而下的映射和物理感知自下而上的反馈,使得节点对本地的资源和处理状态能够快速感知并作出反应,对无人值守的传感器网络的自治处理尤为有利。

4.3.1.2　跨层设计的类型

跨层设计可以不破坏分层结构,但需要能够在非相邻层之间进行交互。跨层设计也允许每一层维护内部状态,但要能够向其他层提供本层协议参数,使各层可以根据从其他层获得的信息来调整本层的行为。参考分层体系结构,目前提出的跨层设计方式可以分为四类:增加层间接口,合并相邻层,多层共享参数,增加层间耦合。

1) 增加跨层接口

该类跨层设计方式是在层间建立新接口,利用这些新接口既可以进行低层到高层或者高层到低层的单向通信,也可以进行层间的双向通信,如图 4-12(a)所示。低层到高层的通信可以及时将低层协议的状态信息传递给高层,使高层协议做出更有效的决策,比如物理层将邻居节点的接收信号强度直接传递给网络层,及时防止网络层选择信号接收强度较低的节点进行路由,提高通信效率。高层到低层的通信可以使高层协议及时将需求通知给低层,指导低层协议做出更有效的操作,比如应用层将期望的事件感知精度传递给数据链路层,数据链路层采用合理的休眠调度策略,减少节点能量的损耗。有时对网络资源的优化配置还需要层间双向通信、多次协作,比如物理层根据传输层的拥塞信息调整节点的功率,增加"瓶颈"节点的发射功率或者减小其邻居节点的发射功率,传输层根据物理层交付的节点信号强度及时进行拥塞控制。

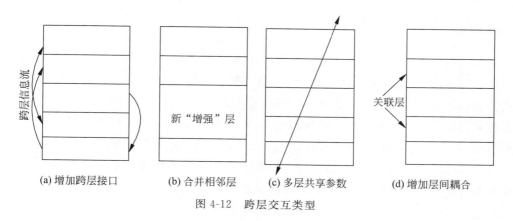

(a) 增加跨层接口　　　(b) 合并相邻层　　　(c) 多层共享参数　　　(d) 增加层间耦合

图 4-12　跨层交互类型

2) 合并相邻层

该类跨层设计方式是将两个或两个以上相邻层合为一体设计,构成新的"增强"层,如图 4-12(b)所示。"增强"层内部各子层之间不需要增加任何新的接口。从协议结构上来讲,它和其余层之间的接口均可保持不动,执行原来功能。合并相邻层的设计方式不仅能够使各层快速获取信息,还可以消除功能冗余和信息冗余,避免多层对同一功能进行重复设计及相同信息的多次存储。

3）多层共享参数

这种类型的跨层结构是通过调整那些"贯穿"于各层之间的通信参量来提升系统性能，如图 4-12(c)所示。从应用层次来看，网络性能是以下各层通信参数的一个函数。因此对"贯穿"参量的调整比单纯调整某一层的参量更为有效。

共用参数可通过静态方式设定，也可以通过动态方式设定。静态设定是指在协议设计阶段就通过某种最优化准则确定通信参数。因为在系统运行时这些参量恒定不变，所以其实现难度不大。动态设定是指"贯穿"参量在系统运行时根据信道质量、业务流量等变化不断自适应调整。显然这种方式效果更佳，但同时会带来很大的系统开销，因为要保证更新信息的实时准确，这在具体实现上有相当的难度。

4）增加层间耦合

这种类型的跨层结构不需要建立共享信息的新接口，但增加了跨层的耦合关系，如图 4-12(d)所示。耦合的含义可以理解为：某一层协议的设计需要以其他层的设计作为参考，如果想对某层协议进行修改，必须同时对其余和它耦合的层进行修改，否则是不可能的。单纯的对某层进行新协议取代则更不可能。

4.3.1.3　跨层设计的应用

传感器网络中，利用跨层设计方法来进行安全或服务质量（QoS）方面协议、算法的实现，为系统和应用提供统一的服务支撑。

1）安全

分层结构中按协议层次设计安全服务，其优点是模块化、互操作性，便于局部设计和升级。但在很多情况下，多个协议层需要共用同一种安全机制。例如，位于应用层的端到端安全连接和链路层的安全通信信道可能使用相同的加密算法。在有些情况下，某一层的安全服务也需要访问其他层的信息。例如，上层为了获得邻居节点的状态，需要分析剩余电量、信号强度、数据分组头等信息，入侵检测可能需要利用物理层的射频指纹来验证消息源。

分层设计的安全机制可能相互冲突，影响防护性能。针对同一攻击在多个协议层内的安全机制可能提供冗余的安全服务，造成资源浪费。在传感器网络中需要通过跨层设计来统一考虑系统的安全机制和服务。例如，态势感知机制和入侵检测可以为路由、数据融合、时间同步、代码分发等协议提供基本安全防护支持。

安全服务的主要目的是为协议和应用提供安全支撑，一般可将所有安全机制实现为独立的逻辑组件跨层向整个协议体系提供安全相关的服务和信息，便于对各种安全机制进行管理，同时也便于访问协议信息。独立的安全组件实现了安全服务和原语（安全协议和算法），可以定义与外部的交互接口。安全组件内安全算法和协议的具体实现细节不影响接口的定义，便于安全机制的扩展升级。安全组件可调用其他组件或协议层的服务以获得所需信息，并可在特定事件触发时通知有关的协议层。应用可以根据需要和设备条件来选择安全组件内的特定安全功能。例如,需要数字签名的应用,可以使用安全组件提供的签名服务接口,并根据设备资源选用轻量级算法(如基于椭圆曲线加密签名算法)或其他算法(如基于身份的签名)。

独立的安全组件充分体现了跨层设计的优势。首先,节点系统只需一个安全功能实例(如加密算法),针对不同的安全防护机制(如链路层安全和端到端安全)不需要重复实现。其次,所有协议层都可以访问全部安全机制和服务。例如,应用和协议都可以利用入侵检测的结果来限制与恶意节点进行交互。再次,安全组件可以访问各协议层的信息,因而可获知系统的整体状态。例如,负责监测节点及其周边状态的态势感知服务可以从其他层获取节点的状态信息。最后,安全组件和各协议层之间的信息流由已定义的接口隔离,组件内的任何改变,不会破坏整个体系结构的设计,避免了各层之间可能的依赖性。

ZigBee 协议标准中设计了独立的安全组件(Security Service Provider),该组件可跨层为网络层和应用支持子层提供数据加密算法。ZigBee 安全组件较为简单,没有提供其他安全服务,如入侵检测和自修复等。

2) 服务质量

与传统的有线网络相比,传感器网络的 QoS 涉及到所有协议层,即每个协议层的参数设置都关系到 QoS 目标能否得到保障。例如,物理层的功率控制会改变整个系统的拓扑结构,MAC 层的调度和信道管理会影响网络中的空间与时间复用,网络层的路由算法会影响节点间的流量分布,传输层的拥塞和速率控制会改变每个通信链路的业务量。

传感器网络协议分层之间具有相互依赖性的特征。例如,路由协议能够避开干扰严重的无线链路,传输层可以根据底层无线链路误码率调整其传输速率,物理层的功率控制可改变链路状态和网络拓扑,这又影响到网络层的路由。因此,这就需要跨层以优化整体性能。

QoS 需要在协议层之间进行状态和参数的直接交换。例如,物理层信号发射功率的大小决定了接收端的信号接收质量,也就影响到了物理层的性能参数;它的大小也决定了信号的传输距离,也就影响到了网络层的路由选择;它的大小还决定了对其他接收机的干扰程度及网络的拥塞情况,会影响到 MAC 层的接入控制及传输层的传输控制。

一般可在分层协议结构之外再设计一个逻辑上独立的 QoS 实体,利用各层的状态和参数信息就可以进行全局协调优化。该逻辑实体的主要功能包括两个方面:第一,采集各层及节点的状态信息。例如将传输层的端到端流量和延时、链路层的节点吞吐量、物理层的剩余带宽等状态信息反馈给其他协议层。第二,根据应用的 QoS 需求,并综合各层信息和其他因素来优化各层的运行参量。例如,根据传输层的拥塞程度,网络层的路径信息和拓扑信息,数据链路层的业务队列信息,物理层的时间同步信息等来调整拥塞、路径等变量。

4.3.2　典型的跨层协议结构

由于研究者跨层设计的出发点以及考虑的因素不一样,使得不同设计者设计的 WSN 跨层通信协议具有明显的差异性。现有的跨层协议体系大体上可以分为三类:(1)以各层协议之间共享节点和网络状态参数为目的的跨层设计,如 X-Lisa[7];(2)以优化某些服务性能为目的的跨层设计,如 Lu[9];(3)无分层模型设计,如 XLP[8]。

4.3.2.1　X-Lisa

X-Lisa 是一个跨层信息共享体系结构，支持跨层交互、服务、信息传递和事件通知。X-Lisa 体系结构如图 4-13 所示，保留了分层结构，也支持层间融合，其模块化的结构能够非常灵活地进行协议的维护更新。

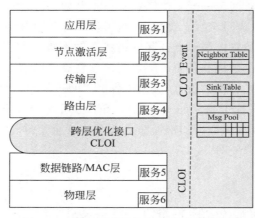

图 4-13　X-Lisa 跨层信息共享体系结构图

X-Lisa 在路由层和 MAC 层之间利用跨层优化接口（CLOI）来为其他协议和服务提供公共的信息访问接口，方便其优化协议性能。CLOI 不提供路由决策、节点激活、媒体接入控制、数据包重新排序等功能，只是为协议栈提供了公共信息的访问接口，用于协议性能的优化。CLOI 位于路由层和 MAC 层之间有两个优势：（1）在这个位置便于根据发出和接收分组的信息来直接获得邻居节点和 sink 节点的信息，若在 MAC 层和物理层之间则没有网络的全局视角，不能提供网络相关的状态信息；（2）CLOI 层便于提供链路层的抽象。

CLOI 维护了邻接表（neighbor table）、汇聚节点表（sink table）、消息池（message pool）来动态记录网络和节点的运行状态，每个协议层都可访问这些信息表。邻接表中跟踪记录了邻居节点的信息，包括节点 ID、位置、剩余的能量、感测能力、状态等。汇聚节点表保存了各个汇聚节点的距离、跳数、QoS 需求等信息，许多协议需要根据这信息来确定要把数据发送到特定的接收节点，汇聚节点表一般更新较少。消息池中记录了已经接收或发送的消息分组，主要记录了分组在节点中的 ID、优先级、突发分组的数量、分组的发送状态等信息，结合邻接表可以帮助协议层进行分组的路由和休眠调度或媒体接入决策。X-Lisa 提供了信息表的各种维护服务，在编译时可根据需要选择性地加载不同的服务，在运行时可以打开或关闭这些服务。

X-Lisa 提供两类事件通知：协议事件和 CLOI 事件。协议事件是由协议栈产生的，并直接通过 CLOI 发出，CLOI 并不处理这种类型的事件。CLOI 事件是指 X-Lisa 定义的一组事件，如消息池中新到分组、新增邻居节点等等。在编译时根据需要选用 CLOI 事件，协议可以在编译时向 CLOI 订阅所需要的事件。

X-Lisa 体系结构的几个优点：（1）有助于协议设计者只专注于协议的核心功能；

（2）CLOI 提供了信息交换标准化接口，便于独立地更新或修改某个特定协议；（3）所有的协议模块可使用 CLOI 维护的节点或网络的状态信息；（4）可避免在不同协议分层中维护冗余信息；（5）通过同时发送多个协议所需的信息，有助于减少开销。

　　X-Lisa 通过跨层优化接口（CLOI）实现了垂直和水平方向上的信息共享架构，基于该共享架构可以很方便地实现传感器网络协议的跨层优化。与 SP 相似的是，X-Lisa 在公共层维护了公用的信息表和消息池，但 SP 还提供了分组排序、转发等处理功能，而 X-Lisa 则不支持这种处理。

4.3.2.2　Lu

　　Lu 体系结构如图 4-14 所示，水平层实现了传统分层结构，垂直层（面）实现跨层交互。除了传统的物理层、MAC 层、网络层和传输层，Lu 体系结构还在 MAC 层和网络层之间增加了连接维护（connectivity maintenance）层，在传输层和应用层之间增加了数据管理（data management）层。其中连接维护层用于应对网络状态的动态变化和间歇性链接，数据管理层负责数据存储、数据发现和网内处理。垂直方向上提供传感器网络的特定服务：覆盖维护（coverage maintenance）层的任务是确保有足够数目的传感器节点监视目标区域，定位和时间服务（location and time service）层的任务是保证节点能够判断它们的相应位置，并为节点之间提供时钟同步。

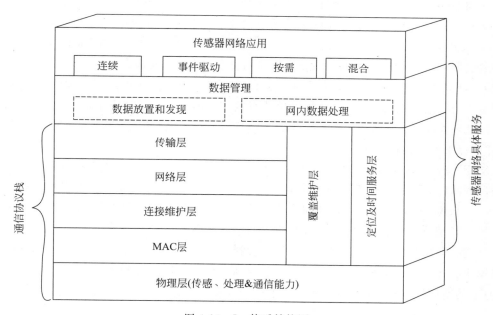

图 4-14　Lu 体系结构图

　　Lu 体系结构实现了应用 QoS 需求向各层参数的映射。不同应用对传感器网络有不同的性能需求，Lu 体系结构利用不同层之间性能参数的关联性，采用一种自上而下的设计方法，如：从应用层，经过通信协议栈，直到物理层，综合分析各层次间的性能参数的关联性。利用 Lu 跨层设计所建立的性能参数关系，实现不同的性能需求。

　　Lu 跨层设计没有设置专门的网络组件管理应用问题,同样 Lu 跨层设计也没有考虑到传感器网络的能效问题。

4.3.2.3　XLP

　　XLP 利用主动性测定(initiative determination)的概念将 MAC、路由、拥塞控制等功能集成到单个协议模块中。XLP 的核心是主动性测定技术,其中节点要发送分组时先发送 RTS,收到 RTS 的邻居节点决定是否参与通信。

　　XLP 中,节点 i 要发送一个分组,首先广播 RTS 分组。邻居节点在接收到该 RTS 分组后,基于当前状态进行主动性测定,以判断是否参加通信,通信的目标就是构建可将事件信息传到 sink 节点的多跳路径。主动性测定设置了一些条件,如链路状态、数据流、缓冲区、能量等。如果所有条件都满足时,节点参与通信,否则进入睡眠状态,直到下一次测定。节点的主动性测定条件见式(4-1)。

$$\Gamma = \begin{cases} 1, & \begin{cases} \xi_{RTS} \geqslant \xi_{Th} \\ \lambda_{relay} \leqslant \lambda_{relay}^{Th} \\ \beta \leqslant \beta^{max} \\ E_{rem} \geqslant E_{rem}^{min} \end{cases} \\ 0, & \text{其他} \end{cases} \tag{4-1}$$

　　式(4-1)中,如果四个条件都得到满足则值为 1,表示节点准备参与通信。第一个条件要求链路应具有一定的可靠性,要求所接收到 RTS 分组的信噪比(SNR)ξ_{RTS} 应大于阈值 ξ_{Th}。第二个条件 $\lambda_{relay} \leqslant \lambda_{relay}^{Th}$ 和第三个条件 $\beta \leqslant \beta^{max}$ 用于 XLP 的拥塞控制机制,其中,第二个条件通过限制节点能够中继的流量来在本地进行拥塞控制,也就是说,节点的中继输入速率 λ_{relay} 应小于阈值 λ_{relay}^{Th}。第三个条件要求节点的缓存占用 β 不超过特定的阈值 β^{max},避免发生缓存溢出,防止拥塞。最后一个条件确保节点的剩余能量 E_{rem} 保持高于最低值 E_{rem}^{min},通过这个条件能够均衡整个网络中的能量消耗。这组条件可确保链路的可靠性、流量管理、数据缓冲,并可保证均匀的能量消耗。

　　XLP 基于主动性测定,接收节点通过竞争参与到数据转发中,节点可利用本地缓存信息进行逐跳(而非端到端)的拥塞控制,节点通过位置等信息进行分布式占空比操作。相对分层结构来说,XLP 中信息和功能都是跨层融合、共享的。XLP 跨层融合的结构保证了协议功能的紧耦合和状态信息的共享,优化了网络数据转发或动作协调。

　　这类无分层的设计方案完全打破了传统网络的分层结构,消除层次概念,融合为单一的跨层模块。相比传统的分层协议,这种无分层结构在某些性能、网络能效性方面有明显的优势,但是其适用性较差,针对一些性能需求还需要重新构建整个跨层设计。

4.4　全 IP 化

　　全 IP 化是传感器网络协议的一个显著发展趋势。传统的 IP 协议是针对有线网络设计,一般认为 IP 技术不适合低功耗、资源受限的传感器网络。但研究和实践已经证明,IP 协议不仅可以运行在低功耗、资源受限的设备上,且可以更加简单。传感器网络的全 IP 化已经被广为认可,IETF 已经完成了核心的标准规范,包括 IPv6 数据报文和帧头压缩规范 6LoWPAN,面向低功耗、低速率、链路动态变化的路由协议 RPL 和应用协议 CoAP。IETF 还组织成立了 IPSO 联盟,推动 6LoWPAN 的应用。6LoWPAN 已经成为 ZigBee IP、ZigBee SEP 2.0、ISA100.11a、RFID ISO 1800-7.4(DASH)等很多标准协议的基础。

4.4.1　传感器网络全 IP 化的必要性

传感器网络与传统 IP 网络之间存在较多差异,二者的对比见表 4-1。一般来说,IP 协议不适用于传感器网络,主要有以下几方面的原因:(1)以地址为中心进行端到端的路由是 IP 协议的基本工作机制,而传感器网络是以数据为中心的应用网络,数据流呈现出从传感节点到汇聚节点的多对一模式;(2)IP 网络中节点和链路固定,且传输带宽高,而传感器节点易失效,链路也不可靠,传输带宽也很低;(3)IP 网络的主要设计目标是带宽的高效利用和提供高质量的网络服务,而传感器网络受到有限资源的制约,其主要的设计目标是有限能量的高效使用,减少处理和传输的能耗,最大化网络的生命周期。

在传感器网络技术的发展过程中,在传感、传输、应用等各个方面出现了大量的协议技术,厂商和研究机构提出了很多专有的协议方案。但随着传感器网络的应用日趋广泛,传感器网络与采用 IP 协议的传统网络融合也越来越深入,迫切需要在传感器网络中支持 IP 协议。例如,由于 IP 协议易于集成和互操作,现在的工业仪器仪表已经广泛地支持以太网及 TCP/IP(或 UDP/IP),而传感器网络技术正在拓展工业测控领域的应用,迫切需要二者的融合。总的来说,在传感器网络中融入 IP 协议有以下的好处:

(1) IP 网络的普遍性使得基于 IP 的传感器网络可以无缝地融入到现有的网络设施。传感器网络为小规模的末端网络,经常需要接入到外部 IP 网络,或经过 IP 网络实现互连,全 IP 化的传感器网络则不需要如转换网关或代理这样的中转设备就可以与 IP 网络连接,便于形成基于 IP 的端到端通信,避免了协议转换所带来的开销。

(2) IP 相关协议技术使用广泛,也广为人知,相对于专有的协议技术来说 IP 技术更容易理解。TCP/IP 协议体系涵盖了网络层、传输层、应用层等功能,非常成熟和完善,协议机制经过多年的实践,开发人员对其也更为熟悉。全 IP 化传感器网络可直接使用 TCP/IP 协议,如用 FTP 传输文件、用 HTTP 提供 Web 服务,甚至网络中的节点时间同步也可以应用 NTP 协议完成。而且,现存的大量针对 IP 网络的诊断、管理、运维等工具可以直接在全 IP 化的传感器网络中推广应用。

表 4-1　传统 IP 网络与传感器网络比较

项目	传统 IP 网络	传感器网络
网络模型	固定,与应用无关	随机,具体于应用
路由范式	以地址为中心	以数据为中心,位置为中心
典型数据流	随机,一对一	一对多,多对一
传输速率	高	低
资源限制	带宽	能量、内存、处理能力受限
运行	有人值守,受管理	无人值守,自配置

4.4.2　全 IP 化的挑战及标准化工作

传感器节点的存储容量较小(通常 RAM 在 10 KB 左右,ROM 在 100 KB 左右),TCP/IP 协议栈规模庞大(通常需占用 RAM 几百 KB,ROM 几百 KB),消耗较多的能量和 CPU 资源。传感器节点只有很低的传输带宽,如 IEEE 802.15.4 传输速率仅为 250 kb/s。IP 协议数据分组较大,传输的时间和接入媒体的时间长,相应地会增加节点的能耗。IP 协议应用到传感器网络时应尽可能减少开销。

一般认为,传统 IP 协议不能直接用于传感器网络,主要有以下挑战：

(1) 头部开销。IPv4 分组的头部最小 20 字节,IPv6 头部则要 40 字节,而传感器网络应用载荷通常比较小,只有几个或几十个字节,这对于能量资源严重受限的传感器网络而言是一个非常大的开销。在传感器网络中采用 IP 协议就需要对分组头部的一些字段做压缩处理,以减少分组的控制开销,减小分组传输时间以及通信能耗。

(2) 寻址。IP 协议利用全局唯一网络地址进行路由,而传感器网络通常使用以数据为中心的路由。对于节点数量众多的传感器网络来说,实现地址自动化配置是比较困难的。IPv4 可使用动态主机配置协议(DHCP)用于地址配置,协议开销大,而 IPv6 采用了无状态自动配置。

(3) TCP 协议。IP 协议仅提供尽力交付(best effort)的服务,通过上层的 TCP 协议来保证数据的可靠传输。而 TCP 协议建立和释放连接的握手机制相对比较复杂,无线链路的高误码率导致 TCP 连接频繁的端到端重传,以及大量 ACK 分组的传输会加重传输负载和能量消耗。传感器网络拓扑的动态变化也给 TCP 连接状态的建立和维护带来了一定的困难。TCP 也不是能量感知的,在传感器网络中应用时需要进行改进。

虽然存在诸多的挑战,但通过优化设计,在传感器网络实现 IP 协议也是可行的[10],uIP 和 lwIP 是最早开发的可用于传感器网络的 IP 协议栈[11]。uIP 基于 Contiki 操作系统,可运行在 8 位处理器上。lwIP 则更复杂一些,可在单个设备的多个网络接口上使用 UDP。这两套协议仅实现了 TCP/IP 协议体系的部分功能,主要是 IP、TCP、ICMP 协议。还有其他的一些 IP 化传感器网络实现,如 TCP/IP/SIP[13]、IPSense[14]等。

另外需要指出的是,虽然 IPv6 相比 IPv4 引入了更多的开销,但 IPv6 代表了未来的发展方向。文献[15]对比了 IPv4 和 IPv6 之后认为 IPv6 是更合适的方案,并指出在传感器网络中使用 IPv6,更大的地址空间可适应更大的网络规模,也有利于 IPv6 的推广应用。与 IPv4 相比,IPv6 有更高的安全性,增强了对组播以及流控的支持,支持自动配置机制,更便于扩充新功能。

IETF 开始推动 IPv6 在传感器网络中的标准化工作,相继制定了 6LoWPAN、RPL、CoAP 等协议规范,这些协议也得到了广泛的研究和实现。

1) 6LoWPAN

IETF 于 2004 年底成立的 6LoWPAN(IPv6 over Low power WPAN)工作组最早来解

决 IPv6 与传感器网络融合技术的标准化工作[16]。6LoWPAN 在 IEEE 802.15.4 上实现了 IPv6 数据分组的传输,其主要解决了两个问题:(1)使用压缩机制解决 IPv6 的头部开销问题;(2)由于 IEEE 802.15.4 只有 102 字节的载荷,6LoWPAN 在 IEEE 802.15.4 和 IPv6 之间提供一个适配层,将 IPv6 数据包分割为多个 IEEE 802.15.4 帧,该层还解决了 IPv6 地址与 IEEE 802.15.4 的 MAC 地址之间的映射。6LoWPAN 实现了传感器网络的 IP 化,对于实现传感器网络和 IPv6 网的全面融合具有重大意义。IETF 还成立了 IPSO 联盟,推动 6LoWPAN 的应用。IPv6/6LoWPAN 已经成为许多其他标准的核心,包括智能电网 ZigBee SEP2.0、工业控制标准 ISA100.11a、有源 RFID ISO 1800-7.4(DASH)等。

各方相继给出了 6LoWPAN 的实现,Contiki、TinyOS 也提供了 6LoWPAN 开源协议栈,并得到广泛测试和应用。加州大学伯克利分校实现了世界上第一个完整的 IPv6/6LoWPAN 协议栈[17],其中主要考察了在传感器网络中使用 IPv6 的三个基本方面:配置与管理,转发,路由。该工作中基于 TelosB 节点实现了 IPv6,在建立一个 UDP 套接字和一个 TCP 连接的情况下使用了大约 23.5 KB 的程序空间和 3.5 KB 的 RAM,这也说明了在传感器网络中能够高效地实现 IPv6。

基于 Contiki 所实现的 uIPv6 是 uIP(IPv4)的演进[18],下层可兼容 IEEE 802.15.4、IEEE 802.11 和以太网。uIPv6 在 IEEE 802.15.4 的 MAC 层和链路层之上实现 6LoWPAN,在 IEEE 802.11 和以太网之上实现了 RFC 2464(以太网适配层)。uIPv6 协议栈提供了 TCP、UDP、IPv6 寻址、ICMPv6 和邻居发现(ND),只需要不到 2 KB 的 RAM 和 11.5 KB 的程序存储。Contiki 从 2.2.3 版本开始提供了该协议栈,已经可以用于多个硬件平台。针对 ATMEL RAVEN 平台的全部代码为 35 KB,其中包括 RAVEN 驱动、IEEE 802.15.4 MAC 和物理层实现、支持分片和报头压缩功能的 6LoWPAN、uIPv6 和 ContikiOS。UDP 协议代码为 1.3 KB,而 TCP 协议代码 4 KB。

2) RPL

为了解决 6LoWPAN 的路由问题,IETF 于 2008 年 2 月成立的 ROLL(Routing over Low-power and Lossy Network)工作组针对低功耗、易丢包网络制定了 RPL 路由协议规范。RPL 是一个 IPv6 距离向量路由协议。之所以使用距离向量协议路由而不是链路状态协议,主要是为了方便协议能在资源受限的网络中运行。RPL 中利用一个目标函数和一系列路由度量/约束规定了如何建立一个面向目的地的有向非循环图(destination oriented directed acyclic graph,DODAG),其路径是从网络中的每个节点到 DODAG 的根。RPL 把路由数据的处理与转发从路由的优化目标中分离出来,而优化目标包括减少功耗、缩短延迟,以及满足约束条件。最著名的 RPL 协议实现是 Contiki 中的 ContikiRPL 和 TinyOS 中的 TinyRPL。

3) CoAP

为了充分发挥传感器网络 IP 化后的潜力,方便对传感器节点信息访问和数据交换,将 REST(Representational State Transfer)框架引入到传感器网络,Web 技术与传感器网络的集成将更进一步促进传感器网络与 Internet 的融合。REST 是一种轻量级的 Web 服务实现，是互联网资源访问协议的一般性设计风格。HTTP 协议就是一个典型的符合 REST 风格的协议。但 HTTP 协议较为复杂，开销较大，不适用于资源受限的传感器网络。

IETF 于 2010 年 3 月成立 CoRE(Constrained RESTful Environment)工作组制定受限应用层协议 CoAP(Constrained Application Protocol)，其中采用了 REST 风格。CoAP 是一种基于 UDP 的应用层客户机/服务器访问协议，专门为传感器节点这样的资源受限设备优化设计。CoAP 并不是简单地简化了 HTTP 协议，而是一方面实现了 HTTP 的功能子集，并为资源受限环境进行了重新设计；另一方面提供了内置资源发现、多播支持、异步消息交换等功能，支持代理和缓存。对于支持 CoAP 协议的传感器网络，应用可以从互联网通过 CoAP 协议直接访问传感器节点，或者通过网关的 HTTP/CoAP 协议映射转换来访问传感器节点。因此，基于 CoAP 的传感器网络与互联网的互联方式有直接接入和网关代理两种，如图 4-15 所示。

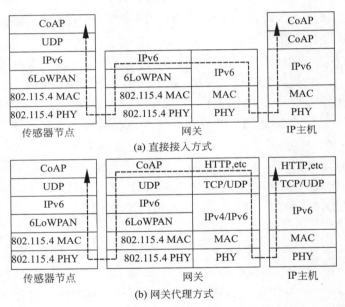

图 4-15　基于 CoAP 的 Internet 与传感器网络互联

虽然 CoAP 还在制定中，已经出现了许多开源的 CoAP 实现，包括 C 语言实现的 Libcoap、Python 语言实现的 CoAPy 等。Contiki 和 TinyOS 两大无线传感器网络操作系统也提供了 CoAP 支持。

4.5　网络管理

无线传感器的网络管理用于保障网络能够可靠、有序和高效的运行。但由于传感器网络自身特点，其管理技术与传统的网络管理有根本区别。目前对于传感器网络管理的研究，尚无统一的管理标准。本节总结了当前所提出的一些网络管理系统和框架。

4.5.1　传感器网络管理概述

网络管理是对网络的运行状态进行监测和控制,包含两个方面:一是对网络的运行状态进行监测,是否存在瓶颈问题和潜在的危机;二是对网络的运行状态进行控制和调节,提高运行性能,保证服务质量。

传统的电信网、广播电视网、计算机网络主要使用了两种网络管理模型:以 OSI 模型为基础的 CMIP(Common Management Information Protocol)系统管理模型和以 TCP/IP 模型为基础的 SNMP 网络管理模型。CMIP 系统管理模型具有理论上规范、结构上完备、功能上强大的特点,同时也存在设计复杂,实现代价较高等问题。SNMP 是用于管理 TCP/IP 网络的管理模型,结构简单,易于实现,已经成了事实上的 Internet 网络管理工业标准。

一般的网络管理都符合管理者/代理(Manager/Agent)信息模型,如图 4-16 所示。代理指驻留在被管设备上的协助网络管理系统完成网络管理任务的一个守护进程,对管理者发送来的请求作出响应,同时根据设置向网络管理者发送中断或通知消息。

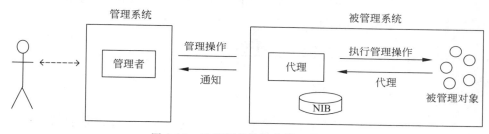

图 4-16　网络管理的信息模型结构图

在传感器网络发展的早期,其中的网络管理问题往往被忽略,但随着研究和应用的逐步深入,人们越来越发现在传感器网络的开发中不能忽略网络管理功能。由于传感器网络的节点数目庞大且资源受限,监测区域的环境可能恶劣或人员难以到达,如果没有管理策略来进行规划、部署和维护,就很难实现对工作区域进行有效监测,因为传感器网络一旦部署,人工进行维护非常困难甚至不可行。同时,传感器网络本身固有的特点,如无线信道易受电磁波、天气等环境因素的影响,节点携带能量有限,甚至大批节点设备遭到无意或敌意的破坏等,使它极易出现各种不可预期的故障。如果网络自身不能做到自我监测和恢复,那么整个网络就容易出现瘫痪。因此,传感器网络的管理功能就变得尤为重要,传感器网络的发展越来越需要管理系统的支持来满足其更持久的工作,同时避免过多的人工干扰。

传统网络管理的主要目标是最大限度地提升网络带宽,减少响应时间,而传感器网络中网络管理的目标是围绕应用目标使网络具有自适应能力,实现网络的自形成、自组织、自配置,并在网络拓扑、节点能量等动态变化的条件下优化网络资源的利用与整合。有别于传统有线网络,传感器网络需要考量更复杂的因素,如能量短缺、连接中断及其他故障,需要着重考虑逻辑简洁、处理简单、交互高效等。传感器网络与传统网络之间显著的差异性,使得现有的网络管理技术很难直接应用于传感器网络。同时传感器网络的自身特性也对其管理技术在轻量级、开放性、自治性、鲁棒性、可扩展性等方面提出了更高的要求。

4.5.2 传感器网络管理功能

一般来说,传感器网络管理主要以能量管理、拓扑管理、覆盖管理、自组织、在线编程、故障检测和恢复、安全管理等为主要内容。一方面,收集有关节点及网络的状态信息,如节点状态(例如,电池电量、存储空间、功耗)、传感器参数、通信频带、链路状态、网络拓扑结构等;另一方面,可基于所收集的网络状态执行各种控制任务,比如控制采样频率、启停节点、控制通信频带、对网络进行重新配置等。

目前相关的研究主要着重于传感器网络某一方面功能的管理,如能量管理[24,25,32,33]、流量管理[30]、故障管理[23,27]、拓扑管理、资源管理[26,34]、安全管理和 QoS 管理等。并且这些管理功能往往都结合具体的应用设计实现,各有特色但难以作为通用的网络管理框架适应各种情况下的管理需求。

ISO 开放系统互联框架定义的系统管理包含五个功能域：配置管理、故障管理、安全管理、性能管理和计费管理。由于传感器网络的特点,一般并不需要计费管理,而需要对其他管理功能有针对性地进行扩展和增强。结合 ISO 系统管理功能域划分,对传感器网络中网络管理功能的简略描述见表 4-2,下面进一步进行分析。

表 4-2 传感器网络管理功能[21]

功能域	管理功能	
	ISO 描述	子功能
配置管理	为初始化、启动、运行和终止,而实现的标识、控制以及数据收集和供给	拓扑管理;移动管理;编队管理;编程管理;定位管理;同步管理;节点配置管理;传感器管理;路由配置管理
故障管理	故障的检测、隔离和恢复	故障检测;告警管理;故障隔离和恢复;故障日志
安全管理	资源的访问控制	身份认证;授权访问;传输安全
性能管理	通过监控、评估和调整资源分配,以高效使用网络。	能量地图;传感覆盖图;通信覆盖图;节点数据统计;数据分布图

1）配置管理

配置管理主要是对传感器节点及系统的配置信息进行管理,监测和控制传感器网络的状态。从逻辑管理层的角度来看,配置管理可分为网络和网元两个层次的配置管理。网络层次的配置管理包括网络工作环境的需求定义、监测区域的大小、形状定义、节点部署方式(随机或确定)、网络拓扑发现、网络连通性发现、节点密度控制方案、时钟同步控制方式、网络能量评估、实际覆盖区域界定等。网元层次的配置管理包括节点重编程、节点自检、节点定位、节点运行状态、节点能量水平、节点的标识等。另外,配置管理还涉及基站最优位置设计和节点的部署方法,任何方式都必须考虑到重新部署的代价和困难。

2）故障管理

故障管理是实现传感器网络各种功能的基础和保障。故障在传感器网络中十分常见,能量缺乏、连接中断、环境变化、QoS变化、数据处理、物理设备故障、初始配置错误、完整性违例、操作异常、无线干扰、时间异常等导致的故障随时都可能发生。传感器网络必须有足够的容错能力和鲁棒性,经得起单个节点或网络部分节点发生突发事件的考验。故障管理涉及故障检测、故障隔离和故障修复。当传感器网络出现故障的时候,网络管理系统必须能够迅速定位故障发生的位置,分析故障产生的原因,并且尽快采取应对措施。另外,故障与网络的安全紧密相关,一旦网络受到外来威胁,网络正常行为受到干扰,故障的产生通常比较频繁。因此故障管理需要结合安全检测,协同处理。

3) 安全管理

安全管理是指通过一定的安全措施和管理手段,确保网络资源的保密性、可用性、完整性、可控制性、抗抵赖性,使网络不会因节点设备、通信协议、网络服务等受到人为和自然因素的危害而导致中断、信息泄露或破坏。在传感器网络的某些应用下必须考虑安全管理,如战场检测和评估,且不同应用场景的传感器网络,安全级别和安全需求不同。安全管理涉及的内容有许多,从技术层面上来讲,安全管理涉及密码算法、身份认证、访问控制、安全审计、入侵检测、应急响应、风险评估等安全技术;从管理层面上来讲,安全管理涉及安全组织体系结构、安全管理制度、安全操作流程、人员培训和考核等;从管理对象上来讲,安全管理涉及传感器网络物理环境、通信链路和节点设备、操作系统、网络应用服务、网络操作及人员等。

4) 性能管理

性能管理通过对各项网络性能参数进行实时监测,保证业务管理中定义的QoS,并能对网络的运行状态进行监控,如根据某一区域的剩余能量状态决定是否进行早期预警和提前维护,并能为传感器网络的故障诊断和排除提供帮助。传感器网络的性能管理包括监视和分析网络及其所提供服务的性能机制,并采取有效措施节省能量、延长网络存活时间,从而提高网络整体的性能。性能分析的结果可能会触发某个诊断测试过程或重新配置网络,以维持网络的性能。传感器网络是涵盖了数据的感知、处理和传输功能并面向应用的任务型网络,其性能管理除了包括一系列传统的性能参数,还涉及能耗开销、网络生命周期、传输QoS、网络感知QoS等更为广泛的QoS指标。

4.5.3 传感器网络管理系统结构

到目前为止,对传感器网络管理的理论和技术研究还处于起步和探索阶段,没有标准的传感器网络管理模型和协议,相关研究停留在满足特定应用的管理框架和协议,以及系统原型实现,并且主要集中在与特定应用紧密结合的某个具体的网络管理功能上,而对于通用传感器网络管理框架研究的较少。这里根据控制管理结构的不同,将传感器网络管理系统分为集中式、分布式、层次式三种,如图4-17所示。需要说明的是,这三种结构更多考虑的是网管系统的结构问题,而没有关注规则或是协议。

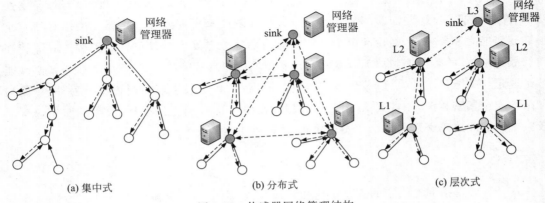

(a) 集中式   (b) 分布式   (c) 层次式

图 4-17 传感器网络管理结构

4.5.3.1 集中式网络管理结构

集中式结构利用资源丰富的 sink 节点作为整个传感器网络的中心管理节点，普通节点并不承担过多的网络管理任务。集中式结构的优点是结构简单，符合传感器网络的数据收集特点。缺点是在 sink 节点与普通节点之间带来很高的管理消息开销，占用宝贵的带宽资源，靠近 sink 节点的内层节点能源消耗大，易形成能量黑洞现象。这种结构也限制了网络的可扩展性。此外，这种结构中管理消息与普通感测数据消息的叠加极易导致 sink 节点的处理瓶颈，中心管理器将是一个潜在的单点故障点。最后，如果一个网络被分割，某些节点无法连通中心管理器被留下而丧失管理功能。

集中式结构的典型系统有 BOSS[37]、Sympathy[38]、MOTE-VIEW[39]、SNMS、6LoWPAN-SNMP、Sectoral Sweeper 等。BOSS 通过在传感器网络之上构建服务层，实现了对网络的综合管理。BOSS 管理结构包括三个组成部分：UPnP 控制点、UPnP 代理（BOSS）、传感器节点，如图 4-18 所示。控制点可通过 UPnP 协议与网关连接，并在网关直接管理传感器节点。由于 UPnP 协议需要比较强的计算能力和较多能量，所以在网关上实现 UPnP 代理来完成管理功能。控制点一般是 PC、移动终端等设备。BOSS 的功能包括：一是作为传感器节点和控制点之间的 UPnP 转换；二是收集传感器节点管理信息，提供管理功能。BOSS 提供的网络管理服务包括基本网络信息、定位、同步和能量管理。BOSS 可以提供的基本信息包括：

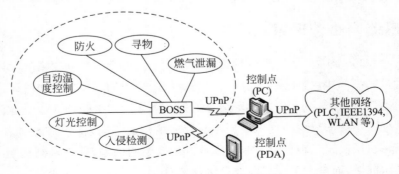

图 4-18 基于 Boss 的管理框架

节点设备描述、节点的编号和网络拓扑。定位服务给出了网络中每一个节点的位置信息。同步服务执行网络节点之间的时钟同步。能量管理服务使得管理者能够检查节点电量,并改变节点操作模式以进行能量管理。

Sympathy 是一种传感器网络故障检测和调试工具,能够进行故障检测(如节点失效、节点重启、无邻接点、无路由、路径失效等),定位故障原因。Sympathy 定义了邻接表、链路质量、节点的下一跳和下一跳所需能耗四种管理参数,所有节点将这些参数周期性上传至管理基站,出现故障后管理基站通过收集的参数来进行故障的分析。

Haksoo Choi 等人提出了 6LoWPAN-SNMP 网络管理协议,利用 SNMP 管理 6LoWPAN 网络。6LoWPAN-SNMP 是对 SNMP 协议的修改及扩展,能够在 6LoWPAN 网络中传输 SNMP 消息。在架构设计方面,6LoWPAN-SNMP 与 SNMP 基本保持一致,主要包括管理站、代理、管理信息库(MIB)和通信协议,其中最主要的区别在于通信协议中数据包格式的不同。为了减少 6LoWPAN 网络中的 SNMP 协议通信量,6LoWPAN-SNMP 采取如下一些措施:(1)不修改 SNMP 的任何协议操作,压缩 SNMP 消息,减小 SNMP 消息的大小;(2)提出新的协议操作,并在 SNMP 引擎中支持广播和多播,减小网络中传输的消息数量;(3)采用代理转发器,与 SNMP 兼容,并增强 6LoWPAN-SNMP 的效率。

4.5.3.2 分布式网络管理结构

分布式结构将一个大规模的网络管理系统划分为若干个对等的子管理域,每个域都有一个管理者节点负责收集本管理域内的管理信息和数据,管理者节点之间能够直接相互通信,当需要另一个域的管理信息时,管理者节点便可与它的对等系统进行通信,最终协同工作来完成对整个传感器网络的管理功能。

分布式结构的一个变种是基于移动代理的架构,如基于 Agent 的能耗管理、基于移动代理的策略管理、基于移动代理的框架等。但是,基于代理的方法也有一些缺点:第一,需要一些节点作为代理来执行管理任务;第二,需要智能地设置这些代理节点,以覆盖网络中的所有节点;第三,管理站通过代理来获取节点的状态时,会引入延迟。

相比集中式结构,分布式结构采用的局部处理策略,将管理任务分布到了网络内的多个管理节点完成,由普通管理节点承担了局部信息的收集和决策工作,减少了与中心管理节点之间的信息交互,具有更低的带宽开销,也减轻了中心管理节点的处理压力。但在分布式结构中,管理执行更加困难、资源受限的普通节点难以承担复杂的管理任务,只有存储、计算资源丰富的节点才能充当管理节点。

分布式管理架构的典型成果有 MANNA[28]、DSN-RM[40]、Node-energy level management[41]、App-Sleep[42]、Starfish[43]、Siphon、Agilla、TinyCubus 等。基于移动代理的方法如基于移动代理的能量管理[44]。

MANNA 采用 SNMP 的思路给出了一个基于代理的管理结构,利用管理站来全局管理整个网络,并可以通过策略(policy)执行复杂的操作。管理策略规定了在特定网络条件下将被执行的管理功能。MANNA 体系结构包括功能架构、信息架构和物理架构:功能架构定义了各种网络管理角色的功能和位置;信息架构定义了传感器网络的信息模型;物理架构描述了管理实体(簇头、普通节点和管理站)间信息交互的方式。MANNA 定义了一组基本的管理功能,每个功能实现了某一方面的管理,如拓扑发现、数据融合、时间同步、节点定位和能量图生成等,由这些基础的管理功能组合成管理服务。通过这些管理服务实现了对网络的集成管理,将网络管理与网络应用相分离,使网络能够适应各种复杂应用。MANNA既吸收了传统网络管理的思想,又结合了传感器网络的特点,但它仅仅是一个网络管理框架,并未完成所有细节设计(如提出管理协议设计),更未进行实现,仅停留在架构设计的前期阶段。

4.5.3.3　层次式网络管理结构

层次式结构是集中式架构和分布式架构的混合,采用中间管理者来分担管理功能。在层次式架构中,网络也被划分为若干个子管理域,每个域都有一个管理者节点,称为中间管理者。中间管理者彼此之间不能直接通信,每个中间管理者只是负责管理它所在的子网并把收集的相关管理信息发给上层管理者,同时把上层管理者的网管命令传达给它的子网。

与分布式结构类似,分层结构也使用多个管理节点。每个管理节点仅向更高一级的管理节点进行消息交换,管理结构清晰。与其他系统不同,DSN-RM 和 WinMS[14]允许单个节点作为代理,自主地根据自己的邻居状态来执行管理功能。

层次式管理架构的典型成果有 H-WSNMS[45]、STREAM[46]、SenOS[47]、MARWIS[48]等。由于层次式管理结构具有较高的可靠性和易扩展性,使得该结构应用广泛。典型的网管系统代表包括 MARWIS、RRP、SNMP 等。

H-WSNMS 的管理框架如图 4-19 所示,采用客户层、代理层和网关层的三层体系结构。代理层作为管理组件和具体传感器网络网关之间的扩展接口,将客户层中与特定应用相关的网络管理功能同网关层中具体的网关分离开。H-WSNMS 中的一个核心概念是代理层中的虚拟命令集 VCS,每个虚拟命令可以映射到多个现有的命令。通过 VCS,每一个管理功能被看做是由虚拟命令集中的一个或一组虚拟命令来实现的,VCS 中的虚拟命令可以重用,增加了应用设计的灵活性。

针对以无线 Mesh 网作为骨干网的异构传感器网络,Gerald 等人提出了 MARWIS。MARWIS 能够提供监测、配置和程序代码更新等管理功能,具体包括:(1)监测,可以采取管理站探测无线 Mesh 网和传感器子网,及用户直接查询所选择的传感器这两种方式对WSN 监测;(2)配置,对传感器节点的配置与节点类型无关;(3)代码更新。

如图 4-20 所示,MARWIS 管理体系结构是以无线 Mesh 网作为骨干网的异构传感器网络管理结构,整个网络体系分为传感器子网和无线 Mesh 骨干网两层:每个传感器子网由同一种类型的传感器节点组成,完成监测、定位、跟踪等任务,不同的传感器子网间不能直接通信;无线 Mesh 骨干网的 Mesh 节点具备网关的功能,可以连接不同的异构传感器子网。

MARWIS 的网络管理体系架构包括一个或多个带有用户接口和无线 Mesh 网络管理系统的管理站、Mesh 节点的传感器节点网关、传感器节点代理等。MARWIS 的优点有:(1)Mesh 节点承担了较多的管理功能,传感器节点只需执行少量的管理功能,减少了内存

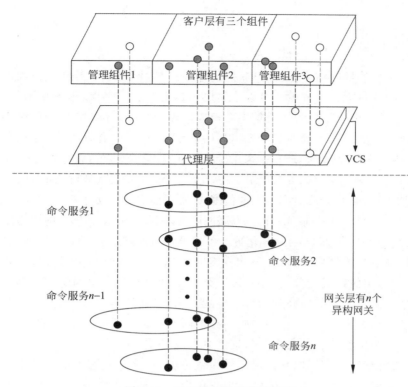

图 4-19　H-WSNMS 的管理框架

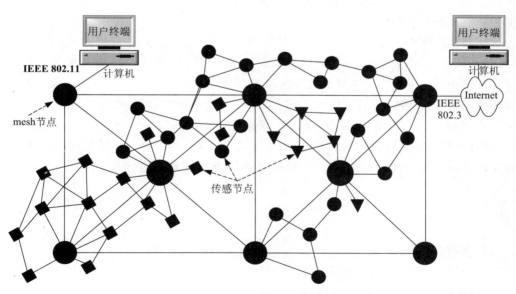

图 4-20　MARWIS 管理体系结构

和计算开销；(2)使用无线 Mesh 网作为骨干网，网络中数据包的跳数减少，无线 Mesh 网带宽高也减少了网络中的负载和拥塞。但是，MARWIS 的两层管理框架限制了网络的结构，不适合作为通用的传感器网络管理框架。

4.6　本章小结

　　本章介绍了传感器网络的系统结构、协议体系结构、网络管理等几个方面的基本概念。传感器节点之间通过无线方式虽然可以建立更为自由的通信链路，形成扁平的网络拓扑结构，但在实际应用中由于管理和数据集中处理等限制，更多采用了分层的网络结构，方便具有丰富能量、存储、处理等资源的节点充当高层节点，容易形成更为稳定的通信拓扑。

　　在传感器网络协议设计中，若直接采用传统的分层模型，高层协议难以适应底层无线链路状态的变化，一般都采用跨层的方式使上层协议及应用能够适应无线网络的动态性。实际上，传感器网络作为末端网络，在组网方式、通信模式、资源能力等方面与互联网具有很大差异，不再遵循以 IP 协议为核心、以互联为目的的互联网协议体系。但随着传感器网络与传统网络的深入融合，IETF 等组织对传感器网络 IP 化进行了相当多的研究探索、协议标准化工作。

　　跨层设计是对分层结构的破坏，不可避免地会有一些局限，包括共存性、信令、额外开销，也难以形成通用的跨层设计。第一，每一个跨层设计有其特定的跨层通信方式，其中的共存性和信令是跨层设计必须处理的两个挑战。第二，在跨层设计中跨层信息交换不可避免地会导致额外的开销。第三，不同的应用有不同的跨层设计要求，不存在针对所有应用的通用跨层设计。跨层设计会强化协议与具体节点及应用场景之间的耦合，变得更加应用相关。第四，跨层设计是以破坏原有稳定体系为代价的，可能损及其他协议功能。而且，不同的跨层优化方案能否简单叠加，总体效果也存在相当的未知因素。第五，跨层设计破坏了层的封装，可能会将组织良好的分层体系结构变得扁平而无序，对某一层的修改必须要同时考虑其他协议层的功能组件。

　　传感器网络中网络管理的主要任务是监测有关节点的电量、存储空间、链路等状态信息，并执行采样频率、数据处理、通信频带跳变、重配置等控制任务。有别于传统有线网络，传感器网络中网络管理需要考量更复杂的因素，如能量短缺、连接中断及其他故障，并能够采取相应的策略对故障进行排除、隔离或者避免。另外，传感器网络中也没有通用的网络管理方案，一般也不设计独立的网络管理层。现有对于传感器网络管理的相关研究有两个特点，一是着重研究某一方面功能的管理，二是与具体的应用相结合。传感器网络管理应该增进网络的自适应能力，优化网络资源的利用与整合，辅助完成应用目标。

习题

4.1　描述传感器网络常见的网络体系结构，并分析各自的优缺点。

4.2　试分析链状传感器网络拓扑的特点。

4.3　试分析多 sink 传感器网络的特点。

4.4　在实施网络分层时要依据哪些原则？

4.5　面向连接和无连接服务有何区别？

4.6　简述 OSI 参考模型各层的功能。

4.7　对比分析 OSI 参考模型与 TCP/IP 协议模型。

4.8　同一台计算机之间相邻层如何通信？

4.9　不同计算机上同等层之间如何通信？

4.10　简述数据发送方封装的过程。

4.11　OSI 参考模型的主要思想是什么？优缺点分别是什么？

4.12　在 TCP/IP 协议中各层有哪些主要协议？

4.13　为什么传统 TCP 协议不能直接应用到传感器网络？

4.14　为什么在传感器网络协议设计中引入跨层的方法？引入跨层方法后也会带来什么问题？

4.15　为什么传感器网络协议栈不采用细腰型的结构？

4.16　试分析简单网络管理协议(SNMP)框架及特点。

4.17　传感器网络中网络管理功能是什么？主要包括哪些方面？有哪些特点？

4.18　与传统网络相比,在设计传感器网络管理系统时应注意些什么问题？

4.19　传感器网络的网络管理在节点上具体实现时有哪些特点？

4.20　为什么说传感器网络的网络管理也是应用相关的？

参考文献

[1]　Akyildiz I, Su W, Sankarasubramaniam Y, et al. A survey on sensor networks. IEEE Communications Magazine, 2002, 40(8): 102-114.

[2]　Culler D, Dutta P, Ee C T, et al. Towards a sensor network architecture: lowering the waistline. In: Proc of Hot Topics in Operating Systems 2005. Berkeley: IEEE Press, 2005: 139-144.

[3]　Polastre J, Hui J, Levis P, et al. A unifying link abstraction for wireless sensor networks. In: SenSys'05, San Diego, CA, USA, 2005: 76-89.

[4]　Ee C E, Fonseca R, Kim S, et al. A modular network layer for sensor nets. In: Proc of the 7th USENIX Symp on Operating Systems Design and Implementation (OSDI 2006), Seattle, WA, November 2006.

[5]　Kumar R. Adaptable protocol stack architecture for future sensor networks. PhD Thesis, Georgia Institute of Technology, 2006.

[6]　Dunkels A, Österlind F, He Z. An adaptive communication architecture for wireless sensor networks. In: Proc of the 5th Int'l Conf on Embedded Networked Sensor Systems, 2007: 335-349.

[7]　Merlin C J. Adaptability in wireless sensor networks through cross-layer protocols and architectures. University of Rochester, New York, Ph. D. Dissertation, 2009.

[8]　Vuran M C, Akyildiz I F. XLP: a cross-layer protocol for efficient communication in wireless sensor networks. IEEE Trans. on Mobile Computing, 2010, 9(11): 1578-1591.

[9]　Lu G, Krishnamachari B. Energy efficient joint scheduling and power control in wireless sensor networks. IEEE SECON, 2005.

[10]　Dunkels A, Alonso J, Voigt T. Making TCP/IP viable for wireless sensor networks. In: Work-in-Progress Session of the First European Workshop on Wireless Sensor Networks (EWSN 2004), Berlin, Germany, 2004.

[11]　Dunkels A. Full TCP/IP for 8 bit architectures. In: Proc of the First ACM/Usenix Int'l Conf on Mobile Systems, Applications and Services (MobiSys 2003), San Francisco, CA, 2003.

[12]　Dunkels A, Voigt T, Bergman N, et al. The design and implementation of an IP-based sensor network for intrusion monitoring. Swedish National Computer Networking Workshop, Karlstad, Sweden, 2004.

[13] Hang G，Ma M. Connecting sensor networks with IP using a configurable tiny TCP/IP protocol stack. In：Proc of the 6th Int'l Conf on Information，Communications and Signal Processing，Singapore，2007：1-5.

[14] Camilo T，Sá Silva J，Boavida F. Some notes and proposals on the use of IP-based approaches in wireless sensor networks. Ubiquitous Computing and Communication Journal（Special Issue on Ubiquitous Sensor Networks），2007：627-633.

[15] Sa Silva J，Ruivo R，Camilo T，et al. IP in wireless sensor networks issues and lessons learnt. In：The 3rd Int'l Conf on Communication Systems Software and Middleware Workshops（COMSWARE 2008），Banglore，India，2008：496-502.

[16] Montenegro G，Kushalnagar N，Hui J，et al. Trans. of IPv6 Packets over IEEE 802. 15. 4 networks. Internet Engineering Task Force，Request for Comments 4944，September 2007.

[17] Hui J，Culler D. IP is dead，long live IP for wireless sensor networks. In：Proc of the 6th ACM Conf on Embedded Network Sensor Systems（SenSys'08），Raleigh，NC，2008：15-28.

[18] Durvy M，Abeillé J，Wetterwald P，et al. Making sensor networks IPv6 ready. In：Proc of the 6th ACM Conf on Embedded Network Sensor Systems（SenSys'08），Raleigh，NC，2008：421-422.

[19] 邱雪松，亓峰，孟洛明. 网络管理体系结构的概念、分析及其发展趋势. 通信世界，2001，(1)：9-12.

[20] 赵忠华，皇甫伟，孙利民，等. 无线传感器网络管理技术.计算机科学，2011，38(1)：8-14.

[21] 王金一，阎保平. 无线传感器网络中的网络管理. 计算机应用与软件，2012，29(5)：1-5，23.

[22] Choi H，Kim N，Cha H. 6LoWPAN-SNMP：simple network management protocol for 6LoWPAN. In：Proc of HPCC'09，Seoul：IEEE，2009：305-313.

[23] Asim M，Mokhtar H，Merabti M. A fault management architecture for wireless sensor network. In：Proc of IWCMC'08，IEEE，2008：779-785.

[24] Hosseingholizadeh A，Abhari A. A neural network approach for wireless sensor network power management. In：Proc of the 2nd Int'l Workshop on Dependable Network Computing and Mobile Systems（DNCMS 2009），Niagara Falls，USA，Sept. 2009.

[25] Jiang X F，Taneja J，Ortiz J，et al. An architecture for energy management in wireless sensor networks. ACM SIGBED Review，2007，4(3)：31-36.

[26] Del Cid P J，Hughes D，Ueyama J，et al. DARMA：adaptable service and resource management for wireless sensor networks. In：Proc of the 4th Int'l Workshop on Middleware Tools，Services and Run-Time Support for Sensor Networks. New York：ACM，2009：1-6.

[27] Ruiz L B，Siqueira I G，Oliveira L B E，et al. Fault management in event-driven wireless sensor networks. In：Proc of Modeling，Analysis and Simulation of Wireless and Mobile Systems. New York：ACM，2004：149-156.

[28] Ruiz L B，Nogueira J M，Loureiro A A F. MANNA：a management architecture for wireless sensor networks. IEEE Communications Magazine，2003，41(2)：116-125.

[29] Zhao W，Liang Y，Yu Q，et al. H-WSNMS：a web-based heterogeneous wireless sensor networks management system architecture. In：Proc of NIBS'09，Indianapolis：IEEE，2009：155-162.

[30] Wan C Y，Eisenman S B，Campbell A T，et al. Overload traffic management for sensor networks. ACM Trans. on Sensor Networks（TOSN），2007，3(4).

[31] Li Z G，Li S N，Zhou X S. PFMA：policy-based feedback management architecture for wireless sensor networks. In：Proc of WiCom'09，Beijing：IEEE，2009.

[32] Furthmuller J，Kessler S. Poster abstract：energy-efficient management of wireless sensor networks. In：Proc of Embedded Networked Sensor Systems，New York：ACM，2009：409-410.

[33] Aman A，Hsu J，Zahedi S，et al. Power management in energy harvesting sensor networks. ACM Trans. on Embedded Computing Systems（TECS），2007，6(4).

[34] Walton S, Eide E. Resource management aspects for sensor network software. In: Proc of the 4th Workshop on Programming Languages and Operating Systems, New York: ACM, 2007: 1-5.

[35] Zhang Y. Service oriented management of heterogeneous wireless sensor networks. In: Proc of WiCom'09, Beijing: IEEE, 2009.

[36] Bourdenas T, Sloman M. Starfish: policy driven self-management in wireless sensor networks. In: Proc of SEAMS'10, ACM, 2010.

[37] Song H, Kim D, Lee K, et al. UPnP-based sensor network management architecture. In: Proc of ICMU, 2005.

[38] Ramanathan N, Kohler E, Estrin D. Towards a debugging system for sensor networks. International Journal for Network Management, 2005, 15(4): 223-234.

[39] Turon M. MOTE-VIEW: a sensor network monitoring and management tool. In: Proc of the 2nd IEEE Workshop on Embedded Networked Sensors, 2005: 11-18.

[40] Zhang J, Kulasekere E C, Premaratne K, et al. Resource management of task oriented distributed sensor networks. In: Proc of the IEEE Int'l Symp on Circuits and Systems, Vol. 2, 2001: 513-516.

[41] Boulis A, Srivastava M B. Node-level energy management for sensor networks in the presence of multiple applications. In: Proc of the 1st IEEE Int'l Conf on Pervasive Computing and Communications, 2003: 41-49.

[42] Ramanathan N, Yarvis M, Chhabra J, et al. A stream-oriented power management protocol for low duty cycle sensor network applications. In: Proc of the 2nd IEEE Workshop on Embedded Networked Sensors, 2005: 53-62.

[43] Bourdenas T, Sloman M. Starfish: policy driven self-management in wireless sensor networks. In: Proc of the 5th Workshop on Software Engineering for Adaptive and Self-Managing Systems (SEAMS'10), 2010: 75-83.

[44] Ying Z, Debao X. Mobile agent-based policy management for wireless sensor networks. In: Proceedings of IEEE WCNM Conf, 2005.

[45] Zhao Y L, Yu Q, Sui Y. H-WSNMS: a web-based heterogeneous wireless sensor networks management system architecture. In: Proc of the 2009 Int'l Conf on Network-Based Information Systems (NBiS'2009), 2009: 155-162.

[46] Deb B, Bhatnagar S, Nath B. STREAM: sensor topology retrieval at multiple resolutions. Journal of Telecommunications Systems, 2004, 26(2): 285-320.

[47] Kim T H, Hong S. Sensor network management protocol for state-driven execution environment. In: Proc of the Int'l Conf on Ubiquitous Computing (ICUC), 2003: 197-199.

[48] Wagenknecht G, Anwander M, Braun T, et al. MARWIS: a management architecture for heterogeneous wireless sensor networks. In: Proc of the 6th Int'l Conf on Wired/Wireless Internet Communications, 2008: 177-188.

[49] Hadim S, Mohamed N. Middleware for wireless sensor networks: a survey. In: Proc the 1st Int'l Conf on Communication System Software and Middleware (Comsware06), New Delhi, India, 2006.

[50] Puccinelli D, Haenggi M. Wireless sensor networks: applications and challenges of ubiquitous sensing. IEEE Circuits and Systems Magazine, 2005, 5(3): 19-31.

[51] Levis P, et al. T2: a second generation OS for embedded sensor networks. Technical report, University of California, Berkeley, 2005.

[52] Levis P, Gay D, Culler D. Active sensor networks. In: Proc of Usenix Network Systems Design and Implementation (NSDI), Boston, MA, USA, 2005.

第 5 章

CHAPTER 5

无线通信基础

导读

本章系统地介绍了传感器网络相关的无线通信基础理论及当前典型的近距离无线通信技术,涉及无线通信系统的基本概念、无线通信频谱、无线通信媒介、无线信道的传播特性、调制解调技术、扩频通信技术、无线信道的多路复用和多路接入等。

引言

传感器网络的独特优势主要是因为无线通信方式而产生,如广播通信,无需连线,无需基础设施,易于部署。但是,无线通信也带来了一些挑战,如有限的通信范围、误码率高、易受干扰。

传感器网络的无线通信距离至多为几十米,发射功率一般不超过 100 mW,属于近距离 (short-range)通信技术范畴。一般来说,近距离无线通信成本低,能量消耗小,实施复杂性低,通信终端体积小,常用电池供电,发射功率低,通常在 1 mW 量级。与无线局域网所用的近距离无线技术相比,传感器网络对带宽要求不高,但要求更低的功耗,不需要考虑衰减、散射、阴影、反射、衍射、多径、衰落等的影响,因为传感器网络通过多跳通信能有效地减轻阴影和路径损耗等的影响。无线通信中对射频信号传播的物理特性和射频信号传播建模虽是一项复杂的工作,但对于通信范围估算、高精度定位等应用却是必不可少的。

无线通信特有的频段独占性决定了各个国家对无线通信产品和系统都要进行监督和管理。传感器网络一般使用工业、科学和医疗(ISM)免费频段。由于无线局域网等众多的无线系统和设备都工作在此频段,导致了该频段内各个系统之间的冲突和相互干扰。ISM 频段的各类无线系统间的干扰和共存性问题已经引起了广泛的重视。

传感器网络的物理层负责比特流转换为最适合用于无线通信信道的信号。更具体地讲,物理层负责选频,产生载波频率,信号检测,调制和数据加密。通信的可靠性也取决于节点硬件性能,如天线灵敏度和收发器电路。一个典型的射频通信链路包括一个发射机和相应的发射天线,及接收天线和接收机。由发射机发射的电磁或射频波将通过介质传播,然后到达接收机的天线。天线特性、介质等因素对到达接收机的信号能量有重大影响。

在调制机制选择方面,传统的无线通信系统需要考虑的重要指标包括频谱效率、误码率、通信速率、收发功率,以及实现的难度和成本。在传感器网络中,由于能量受限,调制机制需要重点考虑节能和成本因素,常用的编码调制主要有开关键控、幅移键控、频移键控、相移键控和各种扩频技术。为了同时满足传感器网络最小化符号率和最大化数据传输率的指标,传感器网络常采用多进制调制机制。

目前在传感器网络应用中广泛使用了 IEEE 802.15.4 标准,众多厂商推出了支持该标准的射频芯片。另一类非标准的芯片多采用了 FSK/MSK/OOK 等简单的数字调制方式,也有一些在考虑 OFDM 调制方式。各类传感器网络射频芯片的量产极大地促进了传感器网络技术的应用和推广。

5.1　无线通信技术概述

无线通信技术是指通过电磁波传播信号的一种技术,其原理在于通过调制将待传输信息加载于无线电波上并通过天线发送出去。无线通信技术和有线通信技术有很多共同点,如信号都要经过发射机的编码和调制处理,以及接收机的解调和解码反处理。不同之处在于无线通信的传输介质是电磁波,而且无线传输信道也比有线信道要复杂。

电磁波在无线信道中有直射、反射、散射和折射等传播方式,它的传播与环境联系非常密切,其在传播的过程中能量会被小的障碍物吸收,形成电波的损耗。无线电波的衰落特性可以用路径损耗、阴影衰落和多径衰落表示。由于无线信道存在着各种衰落特性,为了减少这些衰落特性对信号传输的影响,在无线通信中使用了一些抗衰落技术。常用的抗衰落技术有扩频技术、信道编码技术、信道均衡技术和分集接收技术。

无线通信系统必须包含发射机、接收机和传输介质,图 5-1 是无线通信系统基本组成的方框图。发射机是将原始信源转换成更适合于在给定传输介质上传输信号的设备电路。接收机是从传输介质接收发射的信号并将其转换回原始形式的设备电路。天线是发射和接收电磁波的一个重要部件,没有天线也就没有无线通信。

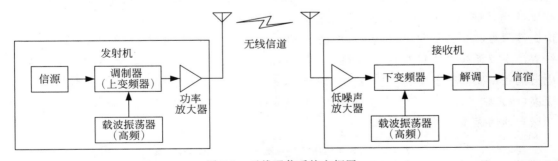

图 5-1　无线通信系统方框图

在发送端,信源输出的信号称为基带信号(baseband),它一般是低频的。调制器就是要将低频的基带信号加载到高频的载波上,变换成发射电波所要求的频带信号,再经功率放大后,由天线辐射到大气空间中进行传播的电磁波。在接收端,接收机选取相应频带的信号进行放大,通过解调将频带信号转换为基带信号。最后经解调后的基带信号就是所需的信息。一般的通信终端既是发送机也是接收机,且分时共用同一个天线。

在无线通信系统中传输介质就是传播电磁波的自由空间。为避免系统间的互相干扰,世界各国都对无线频谱资源进行严格的规划和管理,但一般开放用于工业、科学、医疗的ISM 频段供自由使用。工作在相同或相近频段的多个无线终端发送数据时会产生相互碰撞或相互干扰的问题,需要选用合适的多址接入方式和多路访问协议来解决此问题。

无线通信系统有很多类型,可以根据传输方法、频率范围、用途等分类。不同的无线通信系统,其设备组成和复杂度虽然有较大差异,但是组成设备的基本电路及其原理都是类似的。传感器网络一般利用近距离无线通信技术实现节点之间的通信。与 3G/4G 移动通信、卫星通信这样的长距离无线通信技术相比,近距离无线通信技术主要有如下的特点:(1)无线发射功率一般在几微瓦到几十微瓦;(2)通信距离在几厘米到几百米之间;(3)一般使用免费的 ISM 频道;(4)通信设备成本较低。

5.2　无线通信频谱

电磁波是电磁场的一种运动形态。电与磁可说是一体两面,变动的电会产生磁,变动的磁则会产生电。变化的电场和变化的磁场构成了一个不可分离的统一的场,这就是电磁场,而变化的电磁场在空间的传播形成了电磁波。电磁波传播时不需要任何介质,在真空中也能传播,其在真空中传播速度为恒定值 c,是宇宙中物质运动的最快速度,与光速相同,数值为 3×10^8 m/s。电磁波与水波、声波相似,也有波长和频率。按照波传播的规律,电磁波传播速度 c 与频率 f、波长 λ 三者间关系为 $c = \lambda f$。因此,波长与频率具有等同的含义。在通信领域常使用频段代表一个频率范围,也对应一个波长范围,所以频段与波段两种叫法是对应的。在广播电视领域一般使用波段。

5.2.1　电磁频谱

电磁频谱是指按照电磁波频率或者波长排列起来所形成的谱系。电磁频谱依据电磁波频率的高低或者波长的长短排序为条状结构,各种电磁波在电磁频谱中占有不同的位置。电磁波根据波长的不同,分为短波、中波、长波、微波、红外线、可见光、紫外线、X 射线、γ 射线等。不仅无线电波是电磁波,可见光、X 射线、γ 射线也都是电磁波。光波的频率比无线电波的频率要高很多,光波的波长比无线电波的波长短很多;而 X 射线和 γ 射线的频率则更高,波长则更短。目前无线电频率划分至 300 GHz,由于光波远远超过该频率,所以使用无线光通信无需通过政府的频率许可。

表 5-1　无线通信所使用电磁波的频率范围和波段

频段名称	频率范围	波段名称	波长范围
极低频(ELF)	3～30 Hz	极长波	100～10 Mm($10^8 \sim 10^7$ m)
超低频(SLF)	30～300 Hz	超长波	10～1 Mm($10^7 \sim 10^6$ m)

续表

频段名称	频率范围	波段名称		波长范围
特低频(ULF)	300~3000 Hz	特长波		$1000 \sim 100$ km($10^6 \sim 10^5$ m)
甚低频(VLF)	3~30 kHz	甚长波		$100 \sim 10$ km($10^5 \sim 10^4$ m)
低频(LF)	30~300 kHz	长波		$10 \sim 1$ km($10^4 \sim 10^3$ m)
中频(MF)	300~3000 kHz	中波		$1000 \sim 100$ m($10^3 \sim 10^2$ m)
高频(HF)	3~30 MHz	短波		$100 \sim 10$ m($10^2 \sim 10$ m)
甚高频(VHF)	30~300 MHz	超短波(米波)		$10 \sim 1$ m
特高频(UHF)	300~3000 MHz	微波	分米波	$1 \sim 0.1$ m($1 \sim 10^{-1}$ m)
超高频(SHF)	3~30 GHz		厘米波	$10 \sim 1$ cm($10^{-1} \sim 10^{-2}$ m)
极高频(EHF)	30~300 GHz		毫米波	$10 \sim 1$ mm($10^{-2} \sim 10^{-3}$ m)
至高频(THF)	300~3000 GHz		亚毫米波	$1 \sim 0.1$ mm($10^{-3} \sim 10^{-4}$ m)
		光波		$3 \times 10^{-3} \sim 3 \times 10^{-5}$ mm ($3 \times 10^{-6} \sim 3 \times 10^{-8}$ m)

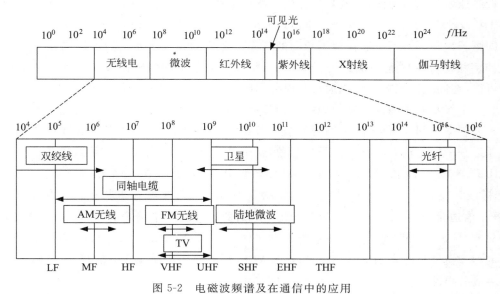

图 5-2　电磁波频谱及在通信中的应用

5.2.2　ISM 免费频段

　　频谱是无线通信必需的自然资源,频谱的利用具有有限性、排他性、易污染性等特点,世界各国对无线频谱资源进行严格的规划和管理,通过拍卖、授权等方式颁发使用许可。各国主要根据用途来分配频谱,如 AM/FM 无线电台、电视、蜂窝电话,并保留用于工业、科学、医疗的 ISM 频段。ISM 频段的使用无需许可证,只需要遵守一定的运行规则,如采用扩频方案,使用较小的发射功率(一般低于 1 W),不对其他频段造成干扰。

　　ISM 频段在各国的规定并不统一。如在美国有三个频段 $902 \sim 928$ MHz,2400~

2483.5 MHz 和 5725～5850 MHz,而在欧洲的 ISM 频段则有部分用于 GSM 通信。2.4 GHz 频段(2400 MHz～2483.5 MHz)是全球共同的 ISM 频段。ISM 频段无线通信技术的主要特点在于无需许可、低成本和低功耗,如无绳电话、WiFi、蓝牙、微波炉都使用了 ISM 频段。传感器网络一般使用 ISM 频段。

5.2.3　ISM 频段的干扰与共存性

常用的无线个域网和无线局域网等大量的无线设备都工作在 2.4 GHz ISM 频段,也由此导致了该频段内各个系统之间的碰撞和相互干扰。目前广泛使用的 WiFi/IEEE 802.11 与 ZigBee/IEEE 802.15.4 两种网络部署在同一区域时,在 WiFi 影响下 ZigBee/IEEE 802.15.4 的丢包率严重时甚至高达 92%,导致 ZigBee/IEEE 802.15.4 网络无法正常工作。因此,各类无线系统间的相互干扰和共存性问题亟待解决。

1) 干扰

干扰是无线通信中最大的瓶颈问题之一。无线通信的干扰源来自其他节点在相同频道或邻近频道发射的电磁波,以及自然界的干扰。无线通信系统间的相互干扰一般分为两类:同频干扰(co-channel interference)和邻频干扰(adjacent channel interference)。

同频干扰是因为两个通信使用相同的频率所造成的相互干扰。为解决同频干扰,可以加大使用相同频率的通信链路之间的距离,将两个通信链路的电磁波相互影响减至最低。若有可能,在同一区域内还可以通过分时使用同一频道的方式减少相互干扰。

邻频干扰是两个通信链路使用相邻频道所导致的干扰。这种干扰产生的主要原因是,虽然相邻频率之间有所区隔,但因为通信设备在设计上的不完善,会产生邻近频带的信号,影响邻近频带的通信。改善邻频干扰问题,就是尽可能将邻近频道分配给距离较远的设备。

IEEE 802.15.4 在 2.4 GHz 的 ISM 频段划分为 16 个信道,每个信道带宽为 2 MHz。WiFi 将该频段划分为 11 个直扩信道,如图 5-3 所示。系统可选定其中任一信道进行通信,每一信道带宽为 22 MHz,所以与 IEEE 802.15.4 共 11 个信道有重叠,无重叠的信道最多只有 3 个。显然,假定 WiFi 系统工作在任一信道,则 IEEE 802.15.4 和其信道频率重叠的概率为 1/4。当 IEEE 802.15.4 和 WiFi 同时使用相同频段通信时,产生同频干扰,导致传输分组冲突。

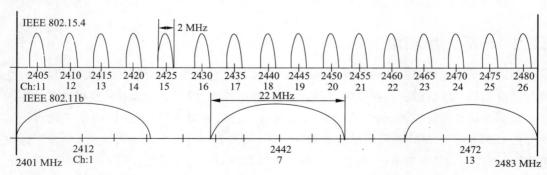

图 5-3　IEEE 802.15.4 与 IEEE 802.11b 在 2.4 GHz ISM 频段分布

IEEE 802.15.4 对 WiFi 的干扰相对来说要小得多,由于 IEEE 802.15.4 信号带宽只有 2 MHz,相对于 WiFi 的 22 MHz 带宽属于窄带干扰源,通过扩频技术 IEEE 802.11b 可以充分抑制干扰信号。另外,IEEE 802.15.4 设备天线的输出功率被限制在 0 dBm(1 mW),相对于 IEEE 802.11b 的 20 dBm(100 mW)相差甚远,不足以构成干扰威胁。

蓝牙采用跳频技术(FH)并将 2.4 GHz ISM 频段划分成 79 个 1 MHz 的信道,以伪随机码方式在这 79 个信道间每秒钟 1600 次跳变,系统间仅在部分时间才会发生使用频率冲突,大部分时间则能在彼此相异无干扰的频道中运作,蓝牙与 IEEE 802.15.4 之间的相互干扰可以忽略不计。

微波炉也工作在 2.4 GHz 的 ISM 频段,所产生的辐射泄漏成为其他设备的主要干扰源。

2) 共存性

共存性一般可认为不同无线系统实现共处且不显著相互影响性能。在 WiFi/IEEE 802.11 应用如此广泛的情况下,工作在 2.4 GHz ISM 频段的无线通信系统需要解决相互之间的共存性问题。

IEEE 802.15.2 任务组专门解决 WPAN 与 WLAN 共存性问题,给出了解决二者之间相互干扰的一系列技术策略和方法。这些技术可以分为两大类:协作共存策略(collaborative coexistence)和非协作共存策略(non-collaborative coexistence)。

对于协作方式,系统间可以通过交换信息来减少相互的干扰。对于非协作方式,系统间并不交换信息,而是在监测到干扰时才通过调整自身来减小干扰。这两种方式都有各自的应用范围:协作方式主要应用于同一设备中存在 WPAN 和 WLAN 两种装置的情况,非协作方式主要应用于 WPAN 和 WLAN 存在于不同设备的情况。

如果 WPAN 和 WLAN 彼此之间可以交换信息,那么通过协作共存策略能使两个无线网络间的相互干扰达到最小。协作共存策略在技术实现上相对简单,它只要求 WPAN 设备和 WLAN 设备协调工作,避开彼此的工作频率。

如果在两个系统间无法交换信息,那么可以使用非协作共存策略。因为非协作共存策略要求 WPAN 设备单方面避开 WLAN 设备的工作频率,技术实现上相对复杂,但更为通用。一个有效的策略是自适应跳频技术,WPAN 设备自动检测在附近 WLAN 设备的工作频带,然后在自己的跳频序列中剔除该频带。还可以自适应调整分组大小,通过减少彼此的分组大小也可以减小受到干扰的可能性。

工作在 868/915 MHz 和 2.4 GHz 两个频段的 IEEE 802.15.4 使用了一些其他机制来保证与其他无线技术的共存。这些机制包括:空闲信道评估,信道对齐,动态信道选择,直接序列扩频(DSSS),能量检测和链路质量指示,低占空比,低发射功率。

5.3　无线通信媒介

无线通信所使用的频段很广,常用的主要有无线电波、红外、激光,这三种频段的电磁波对雨、雾和雷电等环境条件较为敏感。相对来说,无线电波中的微波对雨和雾的敏感度较低,所需的天线尺寸较小,是传感器网络常用的无线通信媒介。

5.3.1　无线电波

无线电波或射频(radio frequency,RF)是指工作频率在 10 kHz～300 GHz 的电磁波。在天文学上,无线电波称为射电波,简称射电。无线电波也仅仅是频率相对较低的一部分电磁波。无线电波包括有长波、中波、短波、微波等。

无线电波是由频率很高的交变电流通过天线辐射的电磁波。由电磁感应定理可知,电场的变化产生磁场,磁场的变化又会产生电场,如此持续不断向空中传播的电场和磁场就是无线电波。无线电波易于产生,在通信方面没有特殊的限制,是目前传感器网络的主要传输方式。无线电波被广泛应用于通信的原因是传播距离可以很远,而且是全方向传播,因此发射和接收装置不必要求精确对准。

无线电波的传播特性与频率有关。在低频(频率在 1 MHz 以下),无线电波能轻易地绕过一般障碍物。在高频,无线电波趋于直线传播并易受障碍物的阻挡。微波的频率高,波长较短,它的地面波衰减很快,主要由空间波来传播,基本上与光的传播相似,是一种直线传播。总的说来,微波的传播方式比较稳定,干扰很小,几乎不受大气、工业及宇宙干扰,因而通信稳定可靠。微波天线的辐射波束可以做得很窄,因而天线的增益较高,有利于定向传播,即方向性好、保密性好。所有频率的无线电波都很容易受到其他电子设备的各种电磁干扰。

5.3.2　红外线

红外线是波长介于微波与可见光之间的电磁波,频率范围为 300 GHz～300 THz,波长比红光长的非可见光。红外线按频率从高到低可分为近红外线、中红外线、远红外线三部分。

红外线通信不受日常的电磁和射频干扰的影响,但受太阳光的干扰大。红外线有较强的方向性,通信节点必须在直线视距之内,主要是用来取代点对点的线缆连接。在红外线传输的过程中,遇到不透光的材料会发生反射,因此是限定使用空间的,不易被窃听。

红外线通信电路简单、体积小、重量轻、价格低,适合于低成本的嵌入式系统。但由于受视距所限,红外线传输距离短,传输速率相对较低,局限于很小的区域范围内,对非透明物体的透过性极差,无法灵活地组成网络。

红外线作为传感器网络的可选传输方式,其最大的优点是不受电磁干扰,且红外线的使用不受国家无线电管理委员会的限制。

5.3.3　激光

自从 1960 年激光出现以来,良好的单色性、方向性、相干性及高亮度性等特点使得激光成为光通信所需的理想光源。利用激光束在空间传输信息的通信方式称为自由空间光通信(free space optical,FSO),也称为无线激光通信或无线光通信(optical wireless communications,OWC)。一般而言,光通信分为有线光通信和无线光通信两种。有线光通信即光纤通信,已成为广域网、城域网的主要传输方式之一。无线光通信早期的研究应用主要是在军用和航天领域,随着技术的发展和制造成本的下降,近几年在宽带接入等领域得到越来越多的应用。

无线光通信的工作频段在 326~365 THz。无线光通信系统主要由光源、调制器、光发射机、光接收机及附加发送和接收设备等组成。无线光通信和红外通信相似,收发端机之间存在无遮挡的视距和足够的发射功率就可以进行通信,实现点对点或点对多点的连接。无线光通信技术除具有频带宽、速率高、频谱资源丰富、不受微波信号辐射或受电磁环境干扰等优点外,还具有方向性好、安全保密、部署便捷、成本低、无需申请频率使用许可证等优势。

无线光通信只能在视线范围内建立链路,通信距离受限,雨、雾天气影响链路的可靠性,通常情况下环境照明条件也会对光通信产生干扰。安装点的晃动会影响激光对准,意外因素容易阻断通信链路,可用性受到限制。因此,光通信只能在一些特殊的场合中使用。

与无线电通信相比,无线光通信不需要复杂的调制/解调机制,接收机的电路简单,单位数据传输功耗较小。基于光通信的节点需要同时具备发射机和接收机,由于受到体积、成本、功耗等的限制,通信范围仅在几米范围内。由于光束的发散,传播距离较远时光的强度也会较小,接收机不易检测到光信号。但在水下,声波的传输速率低、声呐设备体积笨重且能耗大,无线电波在水下的衰减严重,而 450~550 nm 波段的蓝绿光传输衰减却很小,可用来实现水下传感器网络,具有衰减小、带宽高、发散角小、保密性好、能耗低等优势,且可获得更高的定位能力。

5.4　天线

天线是发送和接收电磁波的通信组件,是一种能量转换器(transducer)。天线是双向的:发送时,发射机产生的高频振荡能量,经过发射天线变为带有能量的电磁波,并向预定方向辐射,通过媒质传播到达接收天线;接收时,接收天线将接收到的电磁波能量变为高频振荡能量送入接收机,完成无线电波传输的全过程。天线系统的发送和接收过程如图 5-4 所示。天线作为数据出入无线设备的通道,在传感器网络的通信过程中起着重要作用,天线及其相关电路往往也是影响整个节点能否高度集成的重要因素。

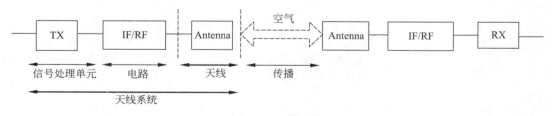

图 5-4　天线系统

天线的性能会对通信设备的无线通信能力、组网模式等产生重要的影响。一般来说,传感器网络对天线有以下要求:(1)对于尺寸有一定的限制,并要符合极化要求;(2)实现输入阻抗匹配要求,及信道频带宽度要求;(3)优化传输性能和辐射效率,实现节能、高效;(4)满足低成本、可靠工作等要求。

天线是一种无源器件，本身并没有增加所辐射信号的能量，只是通过天线振子的组合改变其馈电方式。全向天线是将能量按着 360°的水平辐射模式均匀辐射出去，便于安装和管理。定向天线是将能量集中到某一特定方向上，相应地在其他方向上减小能量强度，大大节省能量在无效方向上的损耗，适合于远距离定向通信。

一般情况下，传感器网络难以利用高增益的定向天线，因为定向天线需要特殊的对准而不易实施。传感器网络首选全向天线，使得节点在各个方向上进行有效的通信。传感器网络所用的天线在体积、能耗效率、成本方面有一定的限制。常用的线状天线包括：单极 (monopole) 天线、偶极 (dipole) 天线、环形 (loop) 天线、鞭状 (whip) 天线、螺旋状 (helix) 天线等。其他常用的还有槽状 (slot) 天线、微带 (microstrip) 天线等。表 5-2 分析了 PCB 天线、线型天线、芯片天线等常用天线的特性。

表 5-2　近距离通信中常用天线及特性

天线类型		优势	劣势
PCB 天线		成本极低，适合 868 MHz 以上频率，高频时尺寸小，有较多的标准化天线设计方案可供使用	低频时尺寸大，不适合 433 MHz 以下频率
线型天线	偶极天线	非常便宜，增益高	低频时尺寸大，不适合 433 MHz 以下频率
	鞭状天线	性能好，易于采购标准的天线模块	成本高，很难适应许多应用
	环形天线	便宜，不易手动调整	增益差，窄带，工作频率难于调整
	平面螺旋天线	尺寸比鞭状天线小，工作频带宽	难以设计馈电
	立体螺旋天线	定向性好，增益高	机械构造，体积大，容易受到附近的物体影响而导致失谐
微带天线		制造成本低，适于大量生产；重量轻、体积小、剖面薄；易于实现双频工作	工作频带窄；损耗大，增益低；大多微带天线只在半空间辐射；端射性能差；功率容量低。低频时尺寸大，不适合 433 MHz 以下频率；性能受 PCB 设计影响大
芯片天线/陶瓷天线		尺寸小；独立组件，不易受环境因素影响；易于采购标准的天线模块	成本稍高，性能一般；易受到 PCB 尺寸、厚度、形状等因素影响；低频时尺寸大，不适合低于 433 MHz 的频率
槽状天线		设计简单，健壮	低频时尺寸大，不适合 433 MHz 以下频率

上述天线均为单体 (single-element) 天线，若将多个相同的天线依特定距离置于一条线或一个平面上，即可形成线性天线阵列 (linear antenna array) 或平面天线阵列 (planar antenna array)。智能天线是利用波束转换和自适应阵列方式将波束对准目标方向,并能按需调整波束宽度,实现系统资源的优化利用,获得较高的系统性能增益,将同样的数据发送到同样的距离,所需的发射功率要小得多。传感器网络中引入智能天线能够提高增益和信噪比,降低误码率,从而改善吞吐量、延迟和其他重要的无线网络性能参数,增加网络覆盖和容量,扩展传输距离。此外,使用智能天线可以显著减少节点的功率消耗,并因此增加网络的生命周期。

5.5 无线电波传播特性

无线电波信号从发射端发出之后,在到达接收端之前电磁波传播所经过的路径称为无线信道。无线电信号每遇到障碍物会发生反射、衍射、散射等,信号强度就会发生衰减,减小了接收处的信噪比,提高了通信的误码率。

5.5.1 无线信号基本传播机制

与有线信息传输相比,无线信号以电磁波的方式在自由空间传播。无线信号传输所经历的环境要复杂得多,其传输过程受到发射机和接收机间的复杂地形、移动物体、空气温度湿度以及它们的变化特性的影响,呈现许多不稳定的传输损伤。无线信号的传播过程可能经历的四种传播机制包括直射(line-of-sight,LOS)、反射(reflection)、衍射(diffraction)和散射(scattering)。

直射即无线信号从发射机到接收机之间在一条直线上传播,中间没有任何遮挡,即传播路径为直射径,也称为视线传播。

当电磁波遇到比波长大得多的物体时发生反射。反射一般在地球表面、建筑物、墙壁表面发生。室内的物体,如金属家具、文件柜和金属门等都可能导致反射,室外的无线信号可能在遇到水面或大气层时发生反射。

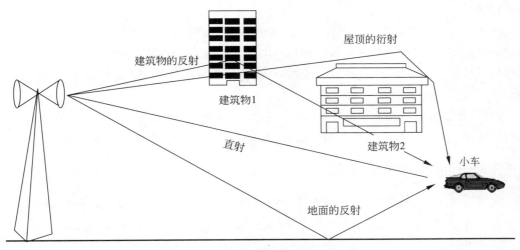

图 5-5 无线信号几种基本传播机制示意图

当接收机和发射机之间的传输路径经过尖锐的物体边缘时发生衍射,遇到阻碍的射频波会沿着障碍物弯曲并绕过障碍物。衍射是无线信号遇到障碍物时在物体周边发生的弯曲和扩展现象,而折射是信号穿过不同媒介界面时产生的弯曲。发生衍射的条件完全取决于障碍物的材质、形状、大小以及无线信号的特性,如相位和振幅等。

当传输路径中存在小于波长的物体并且单位体积内这种障碍物体的数量较多时发生散射。散射是指由传播介质的不均匀性引起的电磁波向四周射去的现象。散射发生在粗糙表面、小物体或其他不规则物体上,一般树叶、灯柱、沙尘等会引起散射。

在实际的无线通信系统中,由于障碍物的遮挡,接收机接收到的信号主要是反射波、绕射波和散射波的叠加。同一个无线信号通过不同路径在接收机处会形成多个不同时间延迟、幅度、相位的信号,产生多径效应(multipath effect)。多径效应会造成信号衰减,也增加了接收信号的解析难度。

由于无线信道自身的随机性,各种传播机制在传输中也是随机的,这就是无线信道远比有线信道的传输环境恶劣的主要原因。有线传输环境通常是静态(平稳)的、可预测的,无线信道则由于前述的各种因素影响,呈现出很强的随机时变性。

5.5.2　无线信号覆盖范围

考虑对信号强度的不同要求,无线信号的传输范围根据距离可以分为通信区域(transmission/communication range)、侦测区域(detection range)、干扰区域(interference range)三个部分。

通信区域是满足接收灵敏度阈值、信号与干扰和噪声比(SINR)的有效传输区域,在发射机的通信区域内的所有接收机都能够正确解码所接收的数据包,即接收机可以在通信允许的低误码率的情况下收到信号。

侦测区域内接收机能够侦测到传输的信号,且信号传输功率大到足以成为背景噪声。该区域内接收机在接收其他信号时误码率太高,难以与其他节点建立通信链路。侦测区域通常比通信区域更大。

干扰区域内接收到的信号功率或 SINR 太低而不能对其进行解码。在该区域内的其他接收机会受到干扰,会降低它们本地的 SINR,发射机的信号可能夹杂在背景噪声中而干扰其他信号传输。理论上,干扰区域是无限大的,但发射机的信号在传输超过某一距离后的功率就可以忽略不计了。

这样,围绕发射机形成了通信、侦测、干扰三个环形区域,如图 5-6 所示。在实际当中,无线传输需要面对大气、高山、建筑物等影响,三个区域在现实中将会是不规则的形状。

5.5.3　无线信号强度表示

在国际单位制中规定功率单位为瓦(W),这是一种绝对测量。有时以相对的比率说明功率更为方便,特别是涉及比较两个功率级的增益或损耗时,常用分贝(dB)表示相对功率的概念,即两个功率量 P_A 和 P_B 的相对功率的计算方式为:$10\lg\left(\dfrac{P_A}{P_B}\right)$。若两个功率量相差

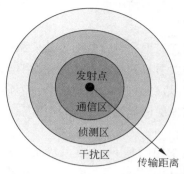

图 5-6　发射机的三个传播区域（通信、侦测、干扰）

1 倍,则相对功率为 $10\lg(2)=3\,\text{dB}$,这也说明,每增加或降低 3 dB 就意味着增加 1 倍或降低一半的功率。

使用分贝来表示增益或损耗,一方面便于表示极大的数或极小的数,另一方面,在分析多级级联的总效应时,可以用分贝的简单相加来代替线性值相乘。

一个更为方便的功率单位是 dBm,它是相对于 1 毫瓦(mW),以 dB 为单位的功率级。功率 P_A 为 $10\lg\left(\dfrac{P_A}{1\,\text{mW}}\right)$ 个 dBm。如果发射功率为 1 mW,按 dBm 单位进行折算后的值应为 0 dBm。可以说,dBm 虽是功率的相对值,但可以表示绝对的功率值。值得注意的是,两个以 dBm 为单位的值相减得到结果的单位是 dB。若两个功率值相差 1 倍,那么 $10\lg\dfrac{A}{B}=10\lg2=3\,\text{dB}$。因此,功率每增加或减小 3 dBm,功率值相差 1 倍。同理,每增加或减小 10 dBm,两个功率值之间为 10 倍或 1/10 倍的关系。图 5-7 是 dBm 与 mW 简单的对应关系。

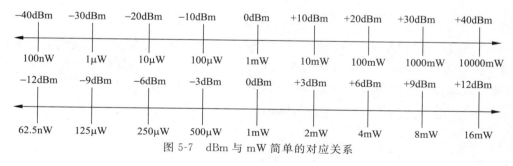

图 5-7　dBm 与 mW 简单的对应关系

5.6　无线信道传播模型

无线信号从发射之后到接收之前所经过的所有路径统称为无线信道。无线信号在传播过程中,信号强度会随距离的增加而不断衰减。由于传播路径的多样性和时变性,无线信道的特性会对信号的传播损耗产生不同的影响。在传感器网络研究中,传播路径损耗模型(propagation path loss model)是最常用的信道模型,其中将接收信号的功率或传播路径的损耗视为一个随机变量,接收信号的功率会随着传播距离的增加而减少,而传播路径的损耗会随着距离的增加而增加，因此，这个随机变量是一个距离的函数，而随着距离的不同，会有不同的平均值或中间值。

最简单的无线信号传播损耗模型是自由空间传播模型（free space propagation model）。该模型假定在自由空间环境中发射端和接收端之间没有任何障碍物，能量从发射天线向无限大的周围空间传播。无线信号自发射端送出后向各个方向传播出去，基于能量守恒原理，整个球面所接收的信号能量与发射的能量相等，而球体面积与半径的平方成正比，所以接收功率和传播距离的平方成反比。

在自由空间传播模型中最常用的是 Friis 自由空间模型（Friis free space model），在给定传送端和接收端的距离时，该模型给出了在接收端的平均接收功率，即，当传输距离为 d 时接收信号的平均功率为

$$P_r(d) = \frac{P_t G_t G_r \lambda^2}{(4\pi)^2 d^2 L} = C_f \cdot \frac{P_t}{d^2} \tag{5-1}$$

式中，P_t 为传输功率；G_t 为发射端天线的增益；G_r 为接收端天线的增益；λ 为电磁波波长（单位为米）；C_f 是依赖于具体收发器的常量。在式（5-1）中，还有一个修正用的参数 L，L 为与传播无关的系统损耗系数，代表系统中信号能量在传递过程中所产生衰减的总和，此参数通常是由整个通信系统中的传输线衰减、滤波器损耗和天线损耗所确定，若 $L=1$ 则代表在系统硬件上并无任何功率损耗。

自由空间的传播衰减由式（5-2）给出：

$$PL = \frac{P_r}{P_t} = \frac{G_t G_r \lambda^2}{(4\pi)^2 d^2 L} \tag{5-2}$$

路径损耗，即信号的衰减采用 dB 为单位的正值表示，式（5-2）可以写作式（5-3）。从式中可知，距离增加 1 倍，衰减增加 6 dB。传播距离增加 10 倍，衰减增加 20 dB。

$$PL(\text{dB}) = 10\lg\frac{P_t}{P_r} = -10\lg\left(\frac{G_t G_r \lambda^2}{(4\pi)^2 d^2}\right) = 20\lg d - 10\lg G_t - 10\lg\left(\frac{A_e}{4\pi}\right) \tag{5-3}$$

由 Friis 自由空间模型可以看出，在 $d=0$ 时，接收功率是无法定义的。为便于工程上计算，引入一个参考距离 d_0，要求是 d_0 必须满足远场区条件，在 d_0 所接收到的功率被当作参考功率。因此，对于任何距离 $d>d_0$，都可以将 Friis 自由空间模型表示为

$$P_r(d) = \frac{P_t G_t G_r \lambda^2}{(4\pi)^2 d^2 L} = \frac{P_t G_t G_r \lambda^2}{(4\pi)^2 d_0{}^2 L} \cdot \left(\frac{d_0}{d}\right)^2 = P_r(d_0) \cdot \left(\frac{d_0}{d}\right)^2 \tag{5-4}$$

以 dBm 为单位表示时，上式变为

$$P_r(d)(\text{dBm}) = 10\lg P_r(d_0) + 20\lg\left(\frac{d_0}{d}\right) \tag{5-5}$$

一般使用路径损耗模型来预估在接收端的无线信号强度（RSSI）。当发送端的信号强度已知时，也可以使用测得的 RSSI 值来估算发送端到接收端的距离。

5.7   调制与解调

在无线通信技术中，调制与解调占有十分重要的地位。根据电磁理论，携带信号的电磁波需要较高的振荡频率方能使电场和磁场迅速变化，即，低频信号不能直接以电磁波的形式

有效地从天线上发射出去。因此,在发送端须采用调制技术,将低频信号加到高频信号之上,然后将这种带有低频信号的高频信号发射出去,在接收端则把带有这种低频信号的高频信号接收下来,经过频率变换和相应的解调方式检出原来的低频信号,从而达到信息传输的目的。调制和解调方式直接决定了收发机的结构、成本与功耗。

5.7.1　调制与解调基本概念

这里先区分一下基带信号、基带传输、频带信号、频带传输等概念。基带信号是频率较低的原始电信号,如:数字信源输出的 0、1 数字信号,模拟信源输出的语音和图像信号。基带传输是基带信号直接传输的方式,如:计算机和打印机之间、计算机板卡之间。频带信号是基带信号和载波相乘后的已调信号,频率较高。频带传输是将基带信号调制处理后再传输的方式,无线通信中一般都采用频带传输方式。

图 5-1 中,在发送端,高频振荡器负责产生载波信号,把信源产生的基带信号与高频振荡信号一起送入调制器后进行调制,已调信号再经放大后由天线以电磁波的形式辐射出去。在接收端,从天线上接收到高频已调信号,并通过解调器恢复出基带信号。

1)调制

调制就是发送端用基带信号控制高频载波的参数(振幅 $A(t)$,频率 $f(t)$ 和相位 $\phi(t)$),使这些参数随基带信号的变化而变化。

$$V = A(t) \cdot \cos[2\pi f(t) + \phi(t)]$$ (5-6)

按照调制器输入调制信号的形式,调制可分为模拟调制和数字调制。模拟调制指利用输入的模拟信号直接调制载波的振幅、频率或相位,从而得到调幅(AM)、调频(FM)或调相(PM)信号。数字调制指利用数字信号来控制载波的振幅、频率或相位。

调制技术还有以下的含义:(1)采用调制方式后传送的是高频振荡信号,所需天线尺寸便可大大下降;(2)已调信号能够与信道特性相匹配,更适合信道传输;(3)每一路的信号可以采用不同频率的高频振荡信号作为载波,这样在频谱上就可以互相区分开了,便于实现多路信号的传输复用。

2)解调

解调是调制的逆过程,是从已调信号中恢复出原来的调制信号。对于幅度调制来说,解调是从它的幅度变化中提取调制信号的过程。例如收音机里对调幅波的解调通常是利用二极管的单向导电特性,将调幅高频信号去掉一半,再利用电容器的充放电特性和低通滤波器滤去高频分量,就可以得到与包络线形状相同的音频信号。对于频率调制来说,解调是从它的频率变化中提取调制信号的过程。频率解调要比幅度解调复杂,用普通检波电路是无法解调出调制信号的,必须采用频率检波方式,如各类鉴频器电路。

5.7.2　数字调制技术

数字调制一般使用数字信号的离散取值特点来键控载波的某个参数(键控法),并利用数字电路实现。在调制时所改变的是载波的幅度、相位或频率状态,相应地,数字调制有幅移键控（ASK）、频移键控（FSK）、相移键控（PSK）三类调制方式。

M 进制调制是载波的幅度、频率或相位可以取 M 个不同的值,相应地分别称作 MASK、MFSK 和 MPSK。通常取 $M=2^n$,其中 n 为正整数。由于正弦载波参数可取 M 种不同的离散值,即在一个码元周期内发送的信号波形会有 M 种不同的波形,因此每个信号波形可以携带 $n=\log_2 M$ bit 的信息,那么信息速率就是码元速率的 $n=\log_2 M$ 倍。即 $R_b=R_B \log_2 M$,R_B 为码元速率。M 进制调制技术的 M 值越大,信道的频带利用率越高,但同时会降低抗噪声性能。码元也称符号（symbol）。

1) 基本的数字调制方案

幅移键控（ASK）使用载波频率的两个不同振幅来表示两个二进制值,如图 5-8(a)所示。在一般情况下,用振幅恒定载波的存在与否（开/关）来表示两个二进制值,又称为 OOK。ASK 方式的编码效率较低,容易受增益变化的影响,抗干扰性较差。

频移键控（FSK）使用载波频率附近的两个不同频率来表示两个二进制值,如图 5-8(b)所示。FSK 比 ASK 的编码效率高,不易受干扰的影响,抗干扰性较强。

相移键控（PSK）使用载波信号的相位偏移来表示二进制数据,如图 5-8(c)所示。在 PSK 方式中,信号相位与前面信号序列同相位的信号表示 0,信号相位与前面信号序列反相位的信号表示 1。二进制 PSK 也称作 2PSK 或 BPSK。PSK 方式具有很强的抗干扰能力,其编码效率比 FSK 还要高。

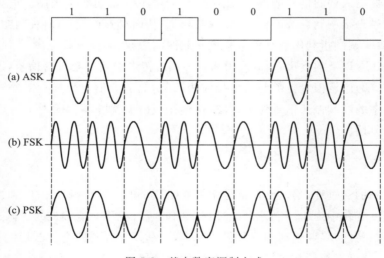

图 5-8　基本数字调制方式

这三种数字调制方式是数字调制的基础,也存在某些不足,如频谱利用率低、抗多径衰落能力差、功率谱衰减慢、带外辐射严重等。为了改善这些不足,近几十年来人们陆续提出一些新的数字调制技术。针对传感器网络的低功耗、低速率等通信要求,常使用 O-PSK 调制技术。

2）DPSK、QPSK、O-QPSK、π/4-DQPSK

QPSK 是利用载波的四种不同相位差来表征输入的数字信息。QPSK 是在 $M=4$ 时的调相技术，它在 $0\sim2\pi$ 内等间隔规定了四种载波相位，如 $\frac{\pi}{4}$、$\frac{3\pi}{4}$、$\frac{5\pi}{4}$、$\frac{7\pi}{4}$，分别对应了调制器输入二进制数据的组合，即 00、01、10、11，其中每一种相位即为一个两比特码元，代表了四进制符号中的一个符号。因此，QPSK 实现了二进制数据到四进制符号的转换，每个符号携带了 2 个比特的信息，每个符号对应一种相位。

QPSK 的频带利用率较高，理论值达 1b/s/Hz。但当码组 0011 或 0110 时，会产生 180°的载波相位跳变。这种相位跳变引起包络起伏，当通过非线性部件后，使已经滤除的带外分量又被恢复出来，导致频谱扩展，增加对相邻信道的干扰。

为了消除 QPSK 存在的 180°相位跳变，在 QPSK 基础上提出了 O-QPSK。O-QPSK 称为偏移四相相移键控(offset-QPSK)，它与 QPSK 有同样的相位关系，也是把输入码流分成两路，然后进行正交调制。不同点在于它将同相(I)和正交(Q)两支路的码流在时间上错开了半个码元周期。由于两支路码元半周期的偏移，每次只有一路可能发生极性翻转，不会发生两支路码元极性同时翻转的现象。因此，O-QPSK 信号相位只可能跳变 0°、±90°，不会出现 180°的相位跳变。

普通 QPSK 调制信号的 I 路和 Q 路信号是同步的，当它们同时发生跳变时，相临 QPSK 符号间会发生 180°相移，这时信号包络瞬时过 0 点。如随后的发射机放大器线性不理想，会造成较大的频谱扩展。O-QPSK 简单地在常规 QPSK 正交调制器上将 I 路或 Q 路信号后移半个符号周期就解决了 QPSK 的问题。

3）GFSK、GMSK

GFSK(高斯频移键控)调制是把输入数据经高斯低通滤波器预调制滤波后，再进行 FSK 调制的数字调制方式。它在保持恒定幅度的同时，能够通过改变高斯低通滤波器的 3 dB 带宽对已调信号的频谱进行控制，具有容易实现、适用频带宽、抗干扰能力强、减小信号功率等优点，适用于低数据速率和低成本的无线通信系统。蓝牙采用了 GFSK 调制技术。

将数字信号经过高斯低通滤波后，直接对射频载波进行 FSK 调制，当调频器的调制指数等于 0.5 时，即为 GMSK(高斯最小频移键控)调制，因此 GMSK 调制可以看成是 GFSK 调制的一个特例。

5.8 扩频通信技术

扩频通信(spread spectrum，SS)是 20 世纪 40 年代发展起来的一种通信技术，是将待传送的数据用与被传信息无关的函数(扩频函数)进行调制，实现频谱扩展后再传输，接收端则采用相同的扩频函数进行解调及相关处理，恢复出原始数据。

扩频通信的基本思想就是通过扩展频谱以换取对信噪比要求的降低。信息论中关于信息容量的香农(Shannon)公式为

$$C = W \cdot \log_2(1 + S/N) \tag{5-7}$$

式中，C 表示信道容量（用传输速率度量）；W 表示信号频带宽度；S 表示信号功率；N 表示加性噪声功率。上式表明，在传输速率 C 不变的条件下，频带宽度 W 和信噪比 S/N 是可以互换的，即通过增加频带宽度的方法，可在较低的信噪比下传输信息。扩频通信的优点主要有抗干扰性强、误码率低、抗多径衰落、保密性强、功率谱密度低、具有隐蔽性和低截获概率、可多址复用和任意选址、可用于精确定时和测距等。

扩频系统具有如下特点：

(1) 系统占有的频带宽度 B_c 远远大于要传输的原始信号的带宽 B_m（B_c 一般是 B_m 的 $100\sim1000$ 倍），且系统占有带宽与原始信号带宽无关。

(2) 解调过程是由接收信号和一个与发端扩频码同步的信号进行相关处理来完成的。

按照扩展频谱方法的不同，扩频技术分为直接序列扩频（direct sequence，DS）、跳频（frequency hopping，FH）、跳时（time hoppinq，TH）、线性调频以及各种混合方式，如 FH/DS、TH/DS、FH/TH 等。在传感器网络中使用最多的扩频技术是直接序列扩频和跳频扩频。

5.8.1　直接序列扩频

直接序列扩频系统（DSSS），就是用伪随机码序列（PN 码，也称扩频码）直接对待发送数据信息进行频谱扩展构成的通信系统。直接序列扩频通信系统的原理框图如图 5-9 所示。

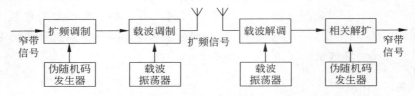

图 5-9　直接序列扩频通信系统原理框图

发送端用高速伪随机码序列 $c(t)$ 直接对待传送数据信息 $a(t)$ 进行扩频调制，获得占用较宽频带的扩频信号 $d(t)$，再载波调制获得射频信号 $s(t)$。接收端收到的信号经载波解调至扩频信号，然后由本地产生的与发端相同的伪随机码序列去相关解扩，经滤波输出后，还原成原始数据信息。

用伪随机编码序列直接调制后的编码序列带宽远大于原始信号带宽，从而扩展了发射波的频谱。在接收端用相同的伪随机编码序列进行解调，把被扩展的扩频信号还原成原始的信息。伪随机编码序列的比特码称为码片，码片越长，接收机越能很好地接收原始信号，但是由于每个信息比特要被编码成一串比特，所以需要更多的带宽。干扰信号由于与伪随机序列不相关，在接收端被扩展，使落入信号频带内的干扰信号功率大大降低，从而提高了系统的输出信噪比，达到抗干扰的目的。

由于扩频后传输能量分散，导致某个特定频率信号强度的降低。这个宽频信号通过天线发送，由使用相同扩频代码发生器的接收机接收。当干扰信号进入无线传输时，这个窄频干扰信号便通过扩频代码发生器传输到接收机，此时它已被转换成宽频信号（噪声）。DSSS 适用于中等距离信号的传输，传输速率较高，且可以传输大流量的数据。

DSSS 技术是一种数字调制方法,可以直接将原始比特流与扩频码结合起来。例如,在发射端将 1 用 11000100110,而将 0 用 00110010110 去代替,这个过程就实现了扩频,而在接收机处只需把收到的序列 11000100110 恢复成 1,00110010110 恢复成 0,这就是解扩。这样信源速率就提高了 11 倍,同时也使处理增益达到 10 dB 以上,从而有效地提高了整机倍噪比。图 5-10 中所示的 8 位的原始数据,经编码为 32 个码片,在传输过程中出现误码后仍能恢复出原始数据。

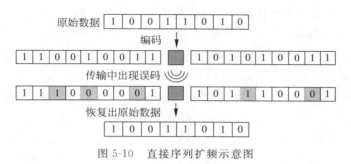

图 5-10 直接序列扩频示意图

直扩系统除了一般通信系统所要求的同步以外,还必须完成伪随机码的同步,以便接收机用此同步后的伪随机码去对接收信号进行相关解扩。直扩系统随着伪随机码字的加长,要求的同步精度也更高,因而同步时间更长。

5.8.2 跳频扩频

跳频扩频(FHSS)是载波频率受伪随机码序列的控制,不断地、随机地进行离散变化的通信方式。跳频技术可看成载频按照一定规律变化的多频频移键控(MFSK)。简单的频移键控通常只利用两个频率,而跳频系统常常有更多频率可供选用,而选用哪个频率完全由伪随机码序列决定。也就是说,通信中使用的载波频率受伪随机序列的控制在很宽的频带范围内按某种图案进行离散地跳变。从实现方式上看,跳频是一种码控载频跳变的通信系统。与直接序列扩频相比,跳频系统中的伪随机码序列并不直接传输,而是用来选择信道的。

跳频通信系统的原理框图如图 5-11 所示。跳频通信系统是一个用户载波频率按某种跳频图案(伪随机跳频序列)在很宽频带范围内跳变(用户不同则跳频图案不同)的系统。信息信号经波形变换(信息调制)后,送入载波调制。载波由跳频序列(伪随机序列)控制跳变

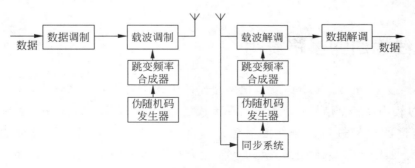

图 5-11 跳频扩频通信系统原理框图

频率合成器产生，其频率随跳频序列的序列值的改变而改变。跳频序列值改变一次，载波频率随即跳变一次。信息信号经载波调制后形成跳频信号，经射频滤波器等放大发射，被接收机接收。接收机首先从发送来的跳频信号中提取跳频同步信号，使接收机本地伪随机序列控制的频率跳变与接收到的跳频信号的频率跳变同步，产生与发射机频率完全同步一致的本地载波。再用本地载波与接收信号作解调（载波解调），从而获得发射机发送来的信息，实现通信。这个过程，称为解调。

用来控制载波频率跳变的伪随机码序列通常称为跳频序列，即图 5-11 中的 PN 码发生器产生的 PN 码，又称伪随机码。在跳频序列控制下，载波频率跳变的规律称为跳频图样或跳频图案。跳频序列的作用是控制频率跳变以实现频谱扩展：发射机和接收机以同样的规律控制频率在较宽的范围内变化，虽然瞬时信号带宽较窄，但是宏观信号带宽很宽。对收发双方而言，在同步后可实现完善的接收；对非法接收机而言，由于跳频序列未知，无法窃听到有效信息，很难实现有效的干扰。通常希望频率跳变的规律不被敌方识破，所以需要随机地改变跳频图案以至无规律可循。但是若真的无规律可循的话，通信的收发双方也将失去联系而不能建立通信。因此，伪随机改变的跳频图案只被通信的双方所知，对敌方则是绝对机密。

跳频序列的设计理论有两方面的内容：一是找跳频序列设计时所受到的理论限制；二是设计出达到或接近理论限制的跳频序列族。跳频序列的性能对跳频通信系统的性能有着决定性的影响，若跳频序列设计得不好，即使跳频通信系统的硬件电路设计得非常出色，也达不到抗干扰的目的。寻求和设计具有理想性能的跳频序列是研究跳频通信系统的重要课题之一。

目前，跳频技术最初主要用于军事通信，如战术跳频电台等，现在在民用通信系统中也广为使用，如 GSM 移动通信系统中手机与基站之间的跳频速率为 217 跳/s，而蓝牙的跳频速率更是达到了 1600 跳/s。如图 5-12 所示，5 个用户在不同的时隙内 5 个频道上跳变通信。

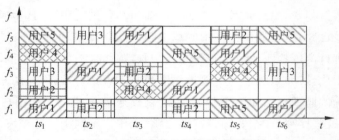

图 5-12　跳频通信的频率跳变示意图

5.9　无线信道的多路复用

所谓多路复用（multiplexing）就是把多路彼此不相关的信号合并到一条信道上进行通信，在通信过程中使各个信号互不影响。在无线通信中，可以从时间、空间、频率、码四个维度对无线信道的信号进行区分。根据合并与区分各信号的方法不同可分为频分复用（FDM）、时分复用（TDM）、码分复用（CDM）、空分复用（SDM），以及衍生出来的同步码分复用（SCDM）、正交频分复用（OFDM）等。

　　这里对比说明一下多址接入(multi-access)的概念。所谓多址接入是指处于多个用户共享信道资源实现各用户之间相互通信的一种方式。由于用户来自不同的地址,区分用户和区分地址是一致的。某种意义上,SDMA、TDMA、FDMA、CDMA 可以看作是 SDM、TDM、FDM、CDM 对应的应用。多路复用与多址接入都是为了共享通信资源,是完全不同但又联系紧密的两个概念。

　　(1) 复用针对的是物理层,是在发送端将多路信号组合成一路信号,然后在一条物理信道上实现传输,接收端再将各路信号分离出来。而多址接入则针对的 MAC 层,是在复用的基础上实现了有限的信道资源在多对通信终端间的动态分配。

　　(2) 复用根据信号的维度(频率、时间、编码、空间)将单一信道划分成多个子信道,子信道之间相互独立,互不干扰。而多址的对象是用户,是区分用户和用户的方式。

　　(3) 复用是对信道容量进行分割,每个子信道只占信道容量的一部分。而多址接入则将这些子信道动态分配给各用户,用户仅暂时性地占用某子信道。

5.9.1　频分复用

　　频分复用(FDM)是利用各路信号在信道上占有不同的频率的特征来分开各路信号的,如图 5-13 所示。频分复用就是把各路信息分别调制到不同频率上,使之占有不同频带,再合起来在同一介质上传输。在接收端可用滤波器来分路,分别解调出各路信号。

　　频分复用技术的特点是所有子信道传输的信号以并行的方式工作,每一路信号传输时无需考虑传输时延,因而频分复用技术取得了非常广泛的应用。频分复用技术除传统意义上的频分复用外,还有一种是正交频分复用(OFDM)。

　　频分复用的主要缺点:要求系统的非线性失真很小,否则将因非线性失真而产生各路信号间的互相干扰;用硬件实现时,设备的生产技术较为复杂,特别是滤波器的制作和调试较繁难;而且成本较高。

5.9.2　时分复用

　　时分复用(TDM)是利用各路信号在信道上占有不同的时间间隔的特征来分开各路信号的,如图 5-14 所示。时分复用将信道传输时间按时间片(简称时隙)分配给每一路信号传输使用,若干个时隙组成时间帧。每一路信号在每个帧的指定时隙内独占信道进行传输。

　　按时隙是否为固定分配,时分复用分为同步时分复用和异步时分复用。同步时分复用

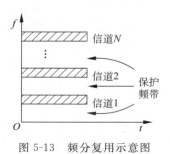

图 5-13　频分复用示意图

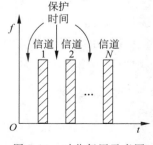

图 5-14　时分复用示意图

是指在每一帧中为每一路传输所分配的时隙是事先指定、固定不变的。若该路传输没有数据则在所指定的时隙发空信号。显然同步时分复用在数据传输量不大的情况会导致信道资源浪费。异步时分复用，也称为统计时分复用，是一种根据每一路实际传输需要动态分配信道资源的时分复用方法。只有当一路传输有数据要发送时为其分配时隙，若暂停发送数据时就不给其分配时隙。这样就可以在某用户数据量少或无数据传输时，将带宽资源供其他用户使用，以充分发挥传输线路的利用率。同步时分复用方式适合具有恒定数据速率的传输，而异步时分复用适用于突发性的传输，且线路利用率较高。

5.9.3　码分复用

与频分复用和时分复用不同之处在于，码分复用(CDM)中每一路传输所用的信号不是靠频率不同或时隙不同来区分，而是通过各自不同的编码序列来区分。码分复用的各路信号采用经过特殊挑选的不同码字，通过对不同的码型识别来消除各路信号间的干扰。码分多路复用中各路信号可在同一时间使用同样的频带进行传输，各路采用的码字相互具有准正交性，码字彼此之间是互相独立的，互相不影响。

码分复用基于扩频技术，即将需传送的具有一定信号带宽的信息数据用一个带宽远大于信号带宽的高速伪随机码(PN)进行调制，使原数据信号的带宽被扩展，再经载波调制并发送出去。接收端使用完全相同的伪随机码，与接收的宽带信号作相关处理，把宽带信号换成原信息数据的窄带信号即解扩，以实现信息通信。

码分复用的特点是所有子信道在同一时间可以使用整个信道进行数据传输，它在频率与时间资源上均为共享，具有抗干扰性能好、信道效率高、容量灵活、保密性好等优点，目前在移动通信系统中有广泛的应用。

5.9.4　空分复用

空分复用(SDM)实际上使信道资源不再局限于时间域、频率域或码域，而是引入了空间来作为第四维，即空分复用是利用空间分割构成不同的信道，如图 5-15 所示。通过空分复用，在相同时隙、相同频率或相同地址码情况下，仍可以根据信号不同的空间传播路径而区分每一路传输信号。

空分复用通过阵列天线在一定角度域提供虚信道，并使用定向波束天线来服务该路传输信号，从而在不同空间接收和发送各路信号且互不干扰。实际上，空分复用通过使用阵列天线实现了对空间的分割控制，从而增加了一个维度。

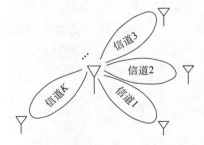

图 5-15　空分复用示意图

5.9.5　正交频分复用

正交频分复用(orthogonal frequency division multiplexing，OFDM)是在频分复用的基础上发展起来的一种多载波数字调制技术，其各子载波之间保持正交性。主要思想是：

将信道分成若干正交子信道,将高速数据信号经串/并转换成并行的低速子数据流,然后将这些并行数据流调制到大量彼此正交的子载波上进行传输。正交信号可以通过在接收端采用相关技术来分开,这样可以减少子信道之间的相互干扰。

OFDM 的工作过程是:输入数据信元的速率为 R,经过串并转换分成 M 路并行的子数据流,每路子数据流的速率为 R/M,每 N 个并行数据构成一个 OFDM 符号并经快速傅里叶反变换(IFFT),将频域信号转换到时域,经过并/串转换以及 D/A 转换后通过天线发射;接收端接收到的信号是时域信号,此信号经经 A/D 转换和串/并转换,并通过快速傅里叶变换(FFT),检测出每一路子数据流。OFDM 的工作过程示意图如图 5-16 所示。

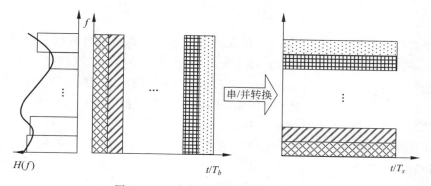

图 5-16 正交频分复用(OFDM)示意图

OFDM 技术的频谱利用率高,可有效对抗频率选择性衰落,对抗信号波形间的干扰,适用于高速数据传输。OFDM 技术奠定了移动宽带的基础,成为未来无线接入系统的关键技术之一,是目前无线传输技术研究领域的热点。OFDM 技术可以用于高数据速率的传感器网络。

5.10 超宽带技术

超宽带(UWB)脉冲通信是利用纳秒级窄脉冲发射无线信号的技术,和各种传统的无线通信中基于信息对连续正弦载波进行调制的传输技术有着根本区别。UWB 脉冲通信又称极窄脉冲通信(ultra short pulse)、脉冲无线电(impulse radio)等。

UWB 脉冲通信就是通过发射和接收具有皮秒(ps,10^{-7} s)量级的脉冲信号来传输信息。它以每秒数十兆的速率发射和接收脉宽小于 1 纳秒(ns)的窄脉冲信号,信息通过对超窄脉冲的位置、极性、相位或幅度等参数进行调制来进行传输。

根据美国联邦通信委员会(FCC)的最新定义,中心频率大于 2.5 GHz 的 UWB 系统需要拥有至少 -10 dB 的 500 MHz 带宽,对于中心工作频率低于 2.5 GHz 的超宽带信号,相对带宽 B_r 大于 20%,相对带宽定义为 -10 dB 带宽除以中心频率 $B_r = \dfrac{f_H - f_L}{(f_H + f_L)/2}$。FCC 还规定了室内 UWB 通信的实际使用频谱范围为 3.1~10.6 GHz,并在这一范围内,有效各向同性辐射功率不超过 -41.3 dBm/MHz。

从频域来看,UWB 有别于传统的窄带和宽带,它的频带更宽。从时域上看,UWB 系统

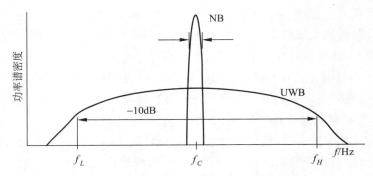

图 5-17　超宽带的相对带宽参数定义示意图

有别于传统的通信系统。一般的通信系统是通过发送射频载波进行信号调制，而 UWB 是利用起、落点的时域脉冲（几十纳秒）直接实现调制，超宽带的传输把调制信息过程放在一个非常宽的频带上进行，而且以这一过程中所持续的时间来决定带宽所占据的频率范围。由于 UWB 发射功率受限，进而限制了其传输距离，UWB 信号的有效传输距离在 10 m 以内，因而，UWB 更适于高速、近距离的无线个人通信。

　　相对于传统的通信技术，UWB 无线通信系统一方面具有高传输速率、高空间频谱效率、高测距精度、低截获概率、抗多径干扰、可与现有系统频谱共享、低功率发射、低功耗、低成本、易于全数字化等诸多优点，非常简单的收发信机结构和硬件电路也特别适合于微型传感器节点的设计要求，UWB 技术将为传感器网络带来无法比拟的优势。另一方面，由于 UWB 脉冲宽度通常是纳秒或皮秒量级，带宽超过几个 GHz，具有极高的时间分辨率和良好的抗多径性能，利用到达时间/到达角（TOA/AOA）技术可提供厘米级的相对定位。因此，UWB 在传感器网络中有两方面的应用：UWB 直接作为物理层，UWB 用于精确定位。IEEE 的 802.15.4a 工作组负责制定基于 UWB 的无线个域网通信标准（249.6～749.6 MHz，3.1～4.8 GHz，5.8～10.6 GHz），即 IEEE 802.15.4a—2007，已经融入到了 IEEE 802.15.4—2011 规范中。

5.11　本章小结

　　本章从传感器网络常用的无线通信的特性及采用的技术出发，阐明了无线通信的基本知识，阐释了电磁波的主要传播机制，初步论述了无线信道传播模型。本章还分析了直接序列扩频和跳频扩频两种扩频技术，也对比讨论了无线信道的多路复用技术。

　　无线通信中常用的主要有无线电波、红外、激光这三种频段，而传感器网络常使用无线电波中的微波来作为无线通信媒介。微波的传播方式比较稳定，干扰很小，通信相对稳定可靠。在频段选择方面，传感器网络节点一般使用免费许可的 ISM 频段，无需申请，有利于降低节点和网络成本。

　　一般情况下，传感器网络节点的体积、功耗是设计中的关键制约因素。无线收发要比数据处理消耗更多的能量，因此，需要选择合适的频段、调制方式、扩频技术、天线等。无线收发机包括用于进行数字信号处理的基带部分和进行无线发射与接收的射频前端。通常，收发机的功耗占整个传感器节点功耗的大部分,因此如何降低射频通道的功耗成为一个重要的研究课题。另一方面,无线信号的传输距离与发射功率、接收灵敏度和信道衰落情况有关,降低收发机的绝对功耗往往意味着节点之间通信距离的降低。

习题

5.1 画出无线通信收发信机的原理框图,并说出各部分的功用。

5.2 简述无线电磁波频率与波长的关系,并举例说明长波、中波、短波和微波的应用。

5.3 无线电信号的频段或波段是如何划分的? 各个频段的传播特性和应用情况如何?

5.4 手机信号与 Wi-Fi 信号有何不同?

5.5 举例说明 ISM 频段的用途。

5.6 试分析 ISM 频段的干扰及共存性问题。

5.7 分类说明适用于传感器网络的无线通信媒介。

5.8 简述无线通信信道的基本特征。

5.9 推导自由空间传输损耗公式,并说明其物理意义。

5.10 简述无线系统中天线的作用是什么。

5.11 请举出有关天线的重要参数,并说明其定义。

5.12 一个发射机通过天线发射出去的功率为 1 W,载波频率为 2.4 GHz,如果收发天线的增益均为 1.6,收发天线之间的距离为 1.6 km。求:(1)接收天线的接收功率是多少(dBm)? (2)路径损耗为多少 dB? (3)传播时延为多少 ns?

5.13 最大发射功率为 0 dBm,接收灵敏度最高位 −85 dBm,工作频率 $f=2.4$ GHz,自由空间最大理论传输距离 d 等于多少?

5.14 简述 dB、dBm 的概念。

5.15 分析无线信号的四种传播机制。

5.16 无线通信为什么要进行调制? 如何进行调制?

5.17 简述 QPSK 调制的原理。

5.18 扩频技术按照工作方式的不同,可以分为哪四种? 在传感器网络中常用的是哪些?

5.19 请分析各种复用技术原理,并说明复用技术与多址技术的关系。

5.20 超宽带(UWB)技术与传统的宽带和窄带技术相比有何特点,又具有何种优势?

参考文献

[1] Zhang W,Suresh M A,Stoleru R. On modeling the coexistence of Wi-Fi and wireless sensor networks. In:2013 IEEE 10th Int'l Conf on Mobile Ad-Hoc and Sensor Systems(MASS),2013:493-501.

[2] NXP Semiconductor Company. Co-existence of IEEE 802.15.4 at 2.4 GHz band application note. Technical Report,https://www.nxp.com/docs/en/application-note/JN-AN-1079.pdf.

[3] www.zigbee.org.

[4] ZigBee - WiFi Coexistence White paper and Test Report，Schneider Electric Innovation Department.

[5] ISM-Band and Short Range Device Antennas. http：//www. ti. com/lit/an/swra046a/swra046a. pdf.

[6] SRD (Short Range Devices) Antennas. http：//www. ti. com/lit/an/swra088/swra088. pdf.

[7] ISM-Band and Short Range Device Antennas. http：//www. ti. com/lit/an/swra046a/swra046a. pdf.

[8] AN004 How to do a successful design using Chipcon RFICs.

[9] ST Microelectronics，Application note 4190：Antenna selection guidelines. http：//www. st. com/st-web-ui/static/active/cn/resource/technical/document/application_note/DM00068254. pdf.

[10] Whyte G W M. Antennas for wireless sensor network applications. PhD thesis. University of Glasgow，2008.

[11] Voigt T，Mottola L，Hewage K. Understanding link dynamics in wireless sensor networks with dynamically steerable directional antennas. In：Proc. EWSN，2013：115-130.

[12] Sathiya P，Lakshmi C R，Sultana A. A comparative study on performance evaluation of smart antenna for wireless communication：a review. International Journal of Engineering Science and Technology，2013，5(4).

[13] Lysko A A. Towards an ultra-low-power electronically controllable array antenna for WSN. In：IEEE-APS Topical Conference on Antennas and Propagation in Wireless Communications (IEEE APS APWC 2012)，2012.

[14] Foerster J，Green E，Somayazulu S，et al. Ultra-wideband technology for short- or medium-range wireless communications. Intel Technology Journal，2001.

[15] Hwang Chi Jeon. Ultra-low power radio transceiver for wireless sensor networks. PhD thesis. University of Glasgow，2010.

[16] 翟继强，李烨. 低功耗无线传感器网络射频前端系统架构研究. 先进技术研究通报，2009，3(11).

[17] Zhao B，Yang H Z. Design of radio-frequency transceivers for wireless sensor networks. In：Marrett G V，Tan Y K (eds.) Wireless Sensor Networks：Application-Centric Design，InTech，2010. Available from：http：//www. intechopen. com/books/wireless-sensor-networks-application-centric-design/design-of-radio-frequency-transceivers-for-wireless-sensor-networks.

[18] Otis B，Rabaey J. Ultra-low power wireless technologies for sensor networks. Springer，2007.

[19] Daly D C，Chandrakasan A P. Energy efficient OOK transceiver for wireless sensor networks. In：IEEE Radio Frequency Integrated Circuits (RFIC) Symposium，2006.

[20] Chai B，Li Y，Zhang Y T. Optimal transmitter design for WPAN. IEEE Circuits and Systems Int'l Conf on Testing and Diagnosis (ICTD 2009)，2009.

第 6 章
CHAPTER 6

拓扑控制技术

导读

本章首先简述传感器网络拓扑控制的必要性、研究内容和重要意义；然后介绍拓扑控制的一些基础知识，包括相关的基本术语、设计目标和主要技术；接着，针对功率控制、睡眠调度和分簇这三类拓扑控制技术，分别选取一些代表性的算法和协议进行重点讲解；最后，简要概括了拓扑控制技术的发展方向和最新进展。

引言

网络的拓扑结构可以抽象为一个由顶点和边构成的图，顶点代表通信的节点，边代表直接通信节点之间的活动链路。在传感器网络中，拓扑结构代表了网络的连通性和覆盖性，关系到节点间通信干扰、路由选择、转发效率等方面。如果拓扑结构过于松散，就容易产生网络分区，使网络失去连通性。相反，过于稠密的拓扑易导致不必要的干扰，也不利于频谱空间重利用，从而减小网络的容量。

拓扑控制作为传感器网络的核心技术之一，其基本思想就是以确保网络连通度为前提，剔除冗余通信链路，优化网络拓扑结构，建立一个高效的数据转发系统。因此，传感器网络需要进行拓扑控制，对部署形成的拓扑结构进行裁剪和优化。拓扑控制支撑着整个网络的高效运行，良好的网络拓扑能为数据融合、定位技术和时间同步奠定基础，可以提高路由协议和 MAC 协议的工作效率。

在传感器网络中，拓扑控制与优化的意义主要表现：(1)在确保网络连通性的前提下，尽量减少并均衡利用网络节点的能量，延长网络生命周期；(2)优化节点间通信干扰，摒弃低效的通信链路，提高网络通信效率；(3)为路由协议确定数据的转发节点及其邻节点提供支持；(4)发现骨干节点，方便传感数据在网内的融合处理；(5)弥补失效节点的影响，增强网络的健壮性。

传感器网络拓扑控制主要研究的问题是：在保证网络连通质量的前提下，通过对节点发射功率的调整和骨干网节点的选择，剔除一些不必要的通信链路，让一部分不需要的节点睡眠，形成一个优化的数据转发的拓扑结构，使其满足应用的吞吐量、生存时间等需求。具体来说，传感器网络的拓扑控制研究主要有三个方向：功率控制、休眠调度、分簇。功率控制的基本思想是节点通过调节自身的发射功率来控制通信链路，尽最大的可能降低节点的发射功率。睡眠调度的基本思想是在保持连通的前提下，通过关闭冗余节点来降低网络的能耗。分簇的基本思想就是从网络中选择一定数量的骨干节点构成数据转发的骨干网络，在簇内可以进行数据转发和数据融合，从而减少数据重传次数并优化对网络资源的利用。

实际的拓扑控制问题要考虑的因素极多，需要在保证一定的网络连通质量和覆盖质量的前提下，一般以延长网络的生命期为主要目标，兼顾通信干扰、网络延迟、负载均衡、简单性、可靠性、可扩展性等方面的性能，形成一个优化的网络拓扑结构。对于不同的应用场景，拓扑控制研究的侧重点也各不相同。这些因素之间又有着错综复杂的联系，研究中必须要进行大量的简化。

6.1　网络拓扑结构简介

计算机网络的拓扑结构是引用拓扑学中研究与大小、形状无关的点、线关系的方法，把网络中的计算机和通信设备抽象为一个点，把传输介质抽象为一条线，由点和线组成的几何图形就是计算机网络的拓扑结构。典型的计算机网络拓扑结构有总线型结构、树型结构、网状结构、环型结构、层次型结构等，如图 6-1 所示。

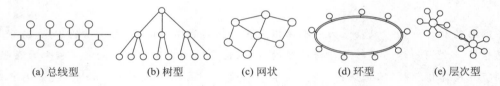

|(a) 总线型|(b) 树型|(c) 网状|(d) 环型|(e) 层次型|

图 6-1　典型的计算机网络拓扑结构

计算机网络的拓扑结构反映出网络中各个实体之间的通信关系，是构建计算机网络的第一步，也是实现各种计算机网络协议的基础，它对网络的性能，可靠性和通信费用等都有重大影响。在建设有线网络时，关键的问题是确定网络的拓扑结构，骨干网和子网结构，以及网络的核心路由器和交换机。有线网络的拓扑结构确定以后，很少再次发生变化。

对于无线网络来说，把无线链路抽象为一条线。根据无线节点之间，以及无线节点与有线节点之间的协作关系，可将无线网络的拓扑结构分为两类，即自组织网络（Ad-Hoc）和基础设施网络（infrastructure network）。自组织网络由一组无线节点组成，相互直连，在网络覆盖范围内可进行点对点、点对多点或多跳形式的通信。在自组织拓扑结构中，不需要增添任何网络基础设施，不需要有中央节点的协调，仅需要无线节点及配置一种网络协议。基础设施型的无线网络利用了高速的有线网络作为传输网络，无线节点通过基站与有线网络连接起来。在基础设施的拓扑结构中，无线节点在基站的协调下接入到无线信道，无线节点的协议功能较为简单。基站的另一个作用是将无线节点接入到有线网络，基站也称为接入点（AP）。无线局域网有自组织型和基础设施型两种模式的网络结构，如图 6-2 所示，在实际

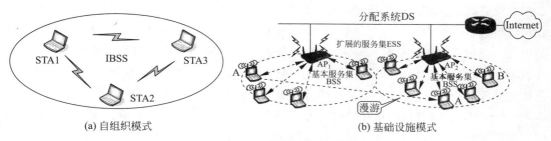

(a) 自组织模式　　　　　　　　　　　(b) 基础设施模式

图 6-2　无线局域网拓扑结构

应用中,大部分无线局域网都是基础设施型网络结构。3G/4G 移动通信系统(蜂窝系统)为基础设施型网络,基站及基站覆盖范围内的移动节点形成的蜂窝小区,小区之间有合理的重叠,可以实现区域的全覆盖,移动节点可在不同基站之间切换,如图 6-3 所示。

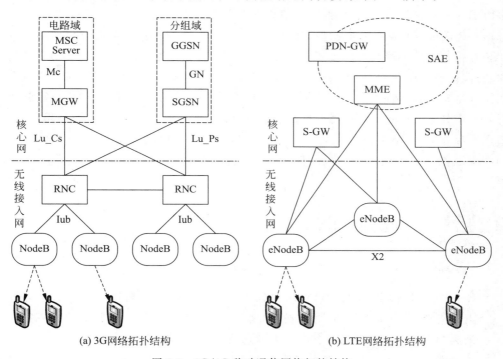

(a) 3G网络拓扑结构　　　　　　　　(b) LTE网络拓扑结构

图 6-3　3G/4G 移动通信网络拓扑结构

不同于无线局域网和蜂窝移动通信网络的基础设施型网络,传感器网络并不依赖有线网络这样的基础设施,节点在供能方式、自组织方式以及通信方式等各方面与传统的有线网络和蜂窝无线网络都存在着很大的差异。

在传感器网络中,节点之间通过自组织形成一定的拓扑结构。如图 4-1 所示,传感器网络主要有两种拓扑结构:扁平结构和分层结构。在扁平结构当中,所有节点的地位平等,源节点和目的节点之间往往存在多条路径,网络负荷由这些路径共同承担,一般情况下不存在瓶颈,网络比较健壮。但是,在节点特别多的情况下,扁平型的网络结构在节点组织、路由建立、管理与控制的报文方面会占用很大的带宽。这影响网络传输速率的同时,也使得网络节点能耗比较高。在严重情况下，甚至会造成网络瘫痪。因此，扁平结构一般用于网络规模比较小的传感器网络中。在分层结构中，网络被划分为多个簇，每个簇由一个簇头和多个簇成员组成。簇头负责簇间信息传输，簇成员只负责数据的采集。传感器节点的无线通信模块在空闲状态时的能量消耗与在收发状态下相当，所以，在节点空闲时，关闭通信模块，能够大幅度降低无线通信的能量消耗，从而降低节点能耗，延长网络生命周期。

另一方面，传感器网络拓扑结构还受到节点自身和环境条件的影响。无线传感器节点的发送信号强度、接收节点的接收能力，以及节点间的信号的相互干扰，严重影响网络通信链路和网络拓扑结构。由于应用环境的特点（如天气变化、存在障碍物等）、网络中节点的随机开机和关机操作，以及节点能量消耗殆尽而失效等情况的发生，使得传感器网络的拓扑结构动态变化，对网络路由协议、生命周期等性能产生严重影响。

在传感器网络这样的多跳无线网络中，节点之间并没有预先配置底层的连接，而完全是靠多跳的无线连接进行通信，因此每个节点都可以通过调整自己的传输能量改变邻居集合，进而潜在地改变网络拓扑，即通过拓扑控制技术可以对网络拓扑结构进行合理的控制与优化。拓扑控制是传感器网络的重要技术，可以使网络在保持连通的同时，保证覆盖质量和连通质量，降低通信干扰，延长网络生命周期，提高 MAC 协议和路由协议的效率，为数据融合提供拓扑基础，对网络的可靠性、可扩展性等性能具有重大的影响，因而对拓扑控制技术的研究具有十分重要的意义。传感器网络一般具有大规模、自组织、随机部署、环境复杂、传感器节点资源有限、网络拓扑经常发生变化的特点，而拓扑控制则需要节点相互合作，依照某种标准决定各自的传输能量，进而建立网络拓扑，这些特点使拓扑控制成为挑战性研究课题。

6.2　拓扑控制基础知识

6.2.1　基本术语

- **拓扑图**：网络的拓扑结构可以用图 $G=(V,E)$ 描述，称为拓扑图。其中，V 是通信节点的集合，E 是通信节点之间链路的集合，E 中的元素记为 $e=(u,v),u,v\in V$。
- **最大功率图**：网络中的节点以最大发射功率工作时形成的拓扑图。
- **单位圆图**：节点的通信模型可以抽象为一个发射半径等于 r 的圆，称作圆图模型（disk graph model）；$r=1$ 的情况称为单位圆图（unit disk graph）。
- **连通**：网络中任意的两个工作节点之间都存在至少一条通信路径。
- **k-连通**：网络中任意的两个工作节点之间都存在至少 k 条独立的通信路径，k-连通的网络在去掉任意 $k-1$ 个节点后仍然是连通的，如图 6-4 所示。
- **节点度**：节点度是指位于节点一跳通信范围内的邻居节点的数目。

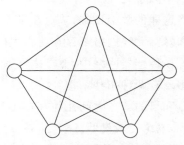

图 6-4　k-连通示例图（$k=4$）

- **邻近图**：邻近图 $G'=(V,E')$ 是由图 $G=(V,E)$ 导出的：对于任意一个顶点 $v\in V$，给定其邻居判定条件 q，E 中满足条件 q 的边 $e=(u,v)$ 属于 E'，$u\in V$。经典的邻近图模型有 MST(minimum spanning tree)、RNG(relative neighborhood graph)、GG(Gabriel graph)和 YG(Yao graph)等。
- **最小连通支配集**(minimum connected dominating set，MCDS)：给定图 $G=(V,E)$，支配集 D 是 V 的一个子集，$D\subset V$，当且仅当 V 中的顶点要么在 D 中要么与 D 中的顶点相连。如果支配集 D 能导出连通的子图，则 D 是连通支配集。包含顶点数最少的连通支配集称为最小连通支配集，如图 6-5 所示。
- **最大独立集**(maximum independent set，MIS)：给定图 $G=(V,E)$，独立集 I 是 V 的一个子集，$I\subset V$，并且 I 中的任意两个顶点之间都互不相邻。其中，包含顶点数最多的独立集称之为最大独立集，如图 6-6 所示。

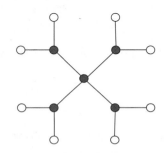

图 6-5　最小连通支配集示例图

图 6-6　最大独立集示例图

6.2.2 影响因素

影响传感器网络拓扑结构的因素主要有位置(确定性部署或随机部署，静止或移动)、功率、架构(有无基础设施)、环境(地形/建筑物，干扰物)。

1) 位置

传感器网络的部署方式直接关系到网络的构成和布局优化。节点的部署方式分为确定和随机两种。节点可以通过人工等确定性方式部署到监测区域，这时使用静态部署不仅能减少节点的配置成本，还能避免由于节点移动而耗费的能量。然而在战场等类似的危险环境中，通常采用随机撒播方式，如利用飞机将传感器节点抛撒到目标区域。由于在随机部署过程中节点位置和节点状态的不确定性，节点的随机放置可能不能满足网络连通性或覆盖的要求，可以通过增量节点部署使节点密集分布或借助移动节点来调节。

传感器节点的移动也对拓扑结构有影响。在静态网络中，节点不具有移动能力，一旦被放置后其位置不再发生更改，网络的拓扑变化较小，节点能量耗尽或受到外力破坏引起的节点失效，抑或是新节点的加入会导致网络拓扑的变化。在移动网络中，节点具有移动能力，除在静态网络中对网络拓扑变化产生影响的那些因素以外，节点的移动性是导致移动网络拓扑变化的首要因素。

2）功率

传感器网络中如果每个节点都以大功率进行通信，会加剧节点之间的干扰，降低通信效率，造成节点能量的浪费。但如果选择太小的发射功率，会影响网络的连通性。因此，传感器网络在不牺牲系统性能的前提下，通过设置或动态调整节点的发射功率，在保证网络拓扑结构连通、双向连通或者多连通的基础上，尽可能降低节点的发射功率，均衡节点单跳可达的邻居数目，减少节点的覆盖范围，提高能耗效率，延长网络的生存周期。

3）架构

传感器网络中，依据一定的机制选择某些节点作为骨干网节点，由骨干节点构建一个连通网络来负责数据的路由转发。在这种拓扑管理机制下，网络中的节点可以划分为骨干网节点和普通节点两类。骨干网节点对周围的普通节点进行分簇管理。骨干网节点是簇头节点，普通节点是簇内节点。骨干节点形成了网络的基础架构，负责保持网络的连通和转发能力。相对无基础架构的传感器网络，有基础架构的网络在进行拓扑维护时，必须保持稳定的骨干架构。

4）环境

传感器网络部署区域的地形地势、天气、障碍物等环境条件也直接影响到节点间的不可达。拓扑结构要实现网络连通度和覆盖的前提下有效避开外部的障碍或干扰，高效利用通信带宽，能够具有一定的健壮性以适应环境对通信链路的影响。

6.2.3　拓扑控制的设计目标

传感器网络是与应用相关的，不同的应用场景可能对拓扑控制的设计目标提出不同的要求。但总体来说，传感器网络拓扑控制的设计目标是以保证一定的网络连通质量为前提，以延长网络的生存时间为主要考虑，同时兼顾吞吐量、鲁棒性和可扩展性等其他性能。下面具体介绍这些设计目标和相应的一些要求。

- 连通性：传感器网络一般是大规模部署的，节点的感知数据依靠自组织、多跳的通信方式传输到汇聚节点，这就要求拓扑控制必须保证网络是连通的，发射功率调整和节点睡眠都不能破坏原有网络的连通性。另外，有些应用可能还要求可靠传输，需要网络的拓扑是 k-连通（$k>1$）的。
- 生存时间：传感器节点依靠能量有限的电池供电，并且难以再次补充能量，因此降低节点的能量消耗成为拓扑控制的主要目标。在网络连通的前提下，拓扑控制应该尽可能降低节点的发射功率，同时让网络中更多的节点睡眠，从而延长网络的生存时间。此外，拓扑控制算法本身的开销也应当受限，避免增加节点的能耗负担。
- 吞吐量：为了满足应用的数据传输需求，尤其是支持事件发生时大量监测数据的突发性传输，网络的拓扑结构需要具有较高的吞吐量。拓扑控制可以通过降低节点的发射功率和网络中活跃节点的密度来减少节点间的相互干扰和竞争，提高通信效率,从而增加网络的吞吐量。

- 鲁棒性:传感器网络的拓扑结构具有很强的动态性,比如节点的移动、能量耗尽失效或者新节点的加入,这些都会改变原有拓扑结构的连接关系。因此,拓扑控制算法需要具有很强的鲁棒性,能够对局部的网络拓扑变化作出高效灵活的反应,以较低的代价实现网络拓扑的更新和维护。
- 可扩展性:传感器网络一般都拥有大规模的节点,拓扑控制算法如果没有可扩展性保证,很有可能导致网络性能随着节点规模的增加而显著降低。为此,拓扑控制算法通常被要求设计为分布式算法,能够依靠局部范围的信息实现。

6.2.4　拓扑控制的主要技术

传感器网络在部署以后,为了便于邻居节点发现,节点以最大的发射功率开始工作,形成一个稠密的网络拓扑结构,称为最大功率图,如图 6-7(a)所示。拓扑控制主要是从两个方面对最大功率图进行优化:一是剔除节点之间不必要的通信链路,二是减少网络中活跃节点的数量。具体来说,拓扑控制技术主要包含三类:功率控制、睡眠调度和分簇。

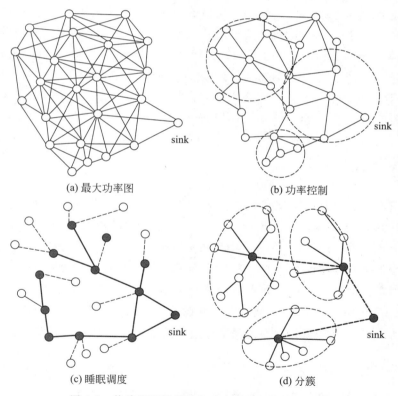

(a) 最大功率图　　　　(b) 功率控制

(c) 睡眠调度　　　　(d) 分簇

图 6-7　传感器网络的最大功率图及拓扑控制技术

1) 功率控制

功率控制调整网络中每个节点的发射功率,通过限制节点的通信范围,均衡与节点直接相连的邻居数目，从而将原有的稠密型的拓扑结构进行简化，形成一个稀疏型的拓扑结构，如图 6-7(b)所示。功率控制在保证网络连通性的前提下，通过合理地调整节点无线通信模块的发射功率，一方面可以减少节点的能量消耗，另一方面可以降低节点之间的通信干扰，提高网络的通信效率。

2）睡眠调度

睡眠调度控制每个节点在活跃状态和睡眠状态之间的转换，按需要从网络中选择一部分节点建立骨干网络，负责数据转发，如图 6-7(c)所示。睡眠调度对于节点密集部署的传感器网络十分有效，它只选择少量的骨干节点保持活跃状态，让大部分的冗余节点都睡眠，因而能有效延长网络的生存时间。对于事件驱动型的传感器网络，睡眠调度能进一步节省节点的能量开销，它使节点在没有事件发生时关闭通信模块，而在有事件发生时才自动醒来并唤醒邻居节点，形成数据转发的骨干网络。

3）分簇

分簇是典型的层次型拓扑控制技术，它将整个网络划分为若干个相连的区域，每个区域称为一个簇，每个簇按照一定的机制选举出一个簇头节点，由簇头节点负责对簇内节点的管理、数据的融合和转发，如图 6-7(d)所示。分簇的拓扑结构具有很多优点，例如，簇头节点进行数据融合，能减少网络中的数据通信量；层次型拓扑有利于分布式算法实现，适用于大规模传感器网络；网络中只有占少部分的簇头节点保持活跃状态，占大部分的簇内节点只在与簇头节点通信时唤醒，其余时间睡眠，因此能有效地延长网络生存时间。

6.3　功率控制

无线通信模块的发射功率决定传感器节点的通信范围，对网络性能有重要影响。一方面，增加发射功率可以提高无线信道的通信质量，增强网络的连通性；另一方面，减小发射功率可以减少节点的通信能耗，降低节点相互之间的通信干扰。因此，传感器网络的功率控制通常面临着增加网络连通性与减少通信干扰、延长网络生存时间之间的折中。

希腊佩特雷大学的 Kirousis 等人将传感器网络的功率控制问题简化为发射范围分配问题，简称 RA(range assignment)问题[1]。假设节点的集合为 $V = \{v_1, v_2, \cdots, v_n\}$，节点 v_i 的通信半径为 r_i，RA 问题就是在保证网络连通的前提下，使网络中各个节点的发射功率的总和最小，即最小化 $\sum_{i=1}^{n} r_i^{\alpha}$，其中，$\alpha$ 是反映无线信号路径衰减的常数，$\alpha \geqslant 2$。当传感器节点部署在二维[1]或三维空间[2]时，RA 问题被证明是一个 NP 难问题。因此，试图寻找功率控制问题的最优解是不现实的，目前提出的功率控制算法都是寻找近似的最优解。

6.3.1　基于节点度的功率控制

基于节点度的功率控制是由应用给定节点度的上、下限需求，动态地调整网络中每个节点的发射功率,使它们的邻居节点数目都保持在设定的范围内。本地平均算法和本地邻居平均算法是两个典型的基于节点度的功率控制算法。

1) 本地平均算法

本地平均算法(Local Mean Algorithm,LMA)[3]周期性地调整节点的发射功率,采用局部范围的广播应答机制来计算节点度。LMA 算法的具体步骤如下:

(1) 初始阶段所有节点采用相同的发射功率 P_t,每个节点周期性地广播一个包含自己 ID 的 LifeMsg 消息。

(2) 当节点接收到一个 LifeMsg 消息后,回复一个包含 LifeMsg 的节点 ID 的应答消息 LifeAckMsg。

(3) 节点在下一次广播 LifeMsg 消息之前,检查已经收到的 LifeAckMsg 应答消息的数目,计算出自己的节点度 n_r。

(4) 每个节点根据自己的节点度和设定的上、下限值调整发射功率,有下面三种情况:

- 如果 n_r 在预设的下限 $n_{\min}$ 和上限 $n_{\max}$ 之间,节点保持发射功率不变;
- 如果 n_r 小于下限 $n_{\min}$,节点以初始功率的 A_{inc} 倍为步长增大发射功率,且新的发射功率不能超过初始功率的 $B_{\max}$ 倍,如式(6-1)所示;

$$P_t^{\mathrm{new}} = \min\{B_{\max}P_t, A_{\mathrm{inc}}(n_{\min} - n_r)P_t\} \tag{6-1}$$

- 如果 n_r 大于上限 $n_{\max}$,节点以初始功率的 A_{dec} 倍为步长减小发射功率,但新的发射功率不能低于初始发射功率的 $B_{\min}$ 倍,如式(6-2)所示:

$$P_t^{\mathrm{new}} = \max\{B_{\min}P_t, A_{\mathrm{dec}}(1 - (n_r - n_{\max}))P_t\} \tag{6-2}$$

2) 本地邻居平均算法

本地邻居平均算法(Local Mean of Neighbors Algorithm,LMN)[3]与本地平均算法类似,唯一的区别在于节点度的计算方法上。LMN 算法是把一个节点的所有邻居的邻居数求平均值作为节点度。以图 6-8 为例,节点 A 的邻居有节点 B、C 和 D,节点 B、C、D 的邻居数分别为 5、4、3,求平均值,A 的节点度为 4。

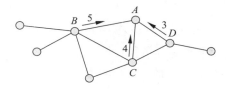

图 6-8 LMN 算法的节点度计算

LMA 和 LMN 两个算法的实现都很简单,对传感器节点的硬件也没有特殊要求,不需要时间同步,也不需要节点的地理位置等信息。计算机仿真结果显示,这两种算法的收敛性和网络的连通性是可以保证的,它们通过少量的局部信息交互达到了一定程度的优化效果。算法中还存在一些不完善的地方,比如缺少严格的理论推导,需要进一步研究合理的节点度范围等。

6.3.2　基于邻近图的功率控制

　　基于邻近图的功率控制是一种解决功率分配问题的近似算法,它的基本思想是:所有节点首先使用最大功率发射形成最大功率图 G,然后在 G 的基础上按照一定的邻居判定条件生成邻近图 G',最后 G' 中的每个节点根据自己的最远邻居节点确定发射功率。通常认为,传感器节点间的通信是双向的,因此在求得邻近图 G' 后还应当对 G' 中存在的单向边进行增删,确保最终的网络拓扑图是双向连通的。DLMST 算法和 DRNG 算法是基于邻近图算法的典型代表。

　　1) DLMST 算法

　　DLMST(Directed Local Minimum Spanning Tree)算法[3]是基于最小生成树的邻近图模型提出的功率控制算法。在 DLMST 算法中,每个节点首先以最大功率发射形成自己的一跳可达邻居子图,然后在可达邻居子图上建立局部最小生成树,并执行邻居判定条件,保留与其直接相连的邻居节点,最后根据邻接的最远邻居节点来确定发射功率。

　　DLMST 算法的执行包括邻居信息收集、网络拓扑构建和发射功率计算三个阶段。

- 邻居信息收集:在此阶段,每个节点以最大发射功率周期性地广播 HELLO 消息,该消息中至少包含节点的编号 ID 和位置信息。每个节点 u 根据接收到的 HELLO 消息,确定自己的一跳可达邻居集合 N_u。由节点 u 和 N_u 以及这些节点之间的边构成可达邻居子图 G_u。
- 网络拓扑构建:节点 u 在可达邻居子图 G_u 的基础上,建立连通所有邻居节点 N_u 的局部最小生成树 T_u。定义由节点 u 和 v 构成的边 (u,v) 的权重函数 $w(u,v)$ 满足下面的关系式(6-3):

$$w(u_1,v_1) > w(u_2,v_2) \Leftrightarrow d(u_1,v_1) > d(u_2,v_2)$$
$$\textbf{or}\quad (d(u_1,v_1) = d(u_2,v_2))$$
$$\&\&\max\{\mathrm{id}(u_1),\mathrm{id}(v_1)\} > \max\{\mathrm{id}(u_2),\mathrm{id}(v_2)\}$$
$$\textbf{or}\quad (d(u_1,v_1) = d(u_2,v_2)) \tag{6-3}$$
$$\&\&\max\{\mathrm{id}(u_1),\mathrm{id}(v_1)\} = \max\{\mathrm{id}(u_2),\mathrm{id}(v_2)\}$$
$$\&\&\min\{\mathrm{id}(u_1),\mathrm{id}(v_1)\} = \min\{\mathrm{id}(u_2),\mathrm{id}(v_2)\}$$

式中,$d(u_1,v_1)$、$d(u_2,v_2)$ 表示节点之间的欧氏距离;$\mathrm{id}(u_1)$、$\mathrm{id}(u_2)$、$\mathrm{id}(v_1)$、$\mathrm{id}(v_2)$ 表示节点的编号。考虑到节点编号是全局唯一的,式(6-3)中的权重函数关系可以保证节点 u 建立的局部最小生成树 T_u 是唯一的。

　　接下来,每个节点 u 按照下面的邻居判定条件重新建立自己的邻居关系:节点 v 是节点 u 的邻居,当且仅当节点 v 在节点 u 的局部最小生成树 T_u 上,并且与节点 u 直接相连。即

$$u \rightarrow v \quad 当且仅当 (u,v) \in T_u \tag{6-4}$$

　　最后,由所有节点及其对应的邻居关系共同构成整个网络的拓扑图,记为 $G=(V,E)$。其中,V 是所有节点集合;$E=\{(u,v): u\rightarrow v, u,v \in V\}$ 是所有节点的邻居关系的集合。

- 发射功率计算：假设所有节点的最大发射功率为 $P_{\max}$，节点正确接收消息所需的最低功率为 P_{th}。节点 u 在接收到邻居节点 v 广播的 HELLO 消息时，通过测量该接收消息的功率 P_r，可以由式(6-5)计算出它与邻居节点 v 通信所需的最低发射功率 P_t。为了保证与所有的邻居节点都能通信，节点 u 的发射功率应该设置为它与最远邻居节点通信所需的功率。

$$P_t = P_{th} \cdot \frac{P_r}{P_{\max}} \tag{6-5}$$

由于式(6-4)中的邻居判定条件只保证节点之间单向连通，DLMST 算法形成的网络拓扑图 G 中可能存在单向边。如图 6-9 中所示，节点 u 的一跳可达邻居集合为 $\{v, a\}$，建立局部最小生成树 T_u 并执行邻居判定条件，新的邻居关系为：$u \rightarrow a, u \rightarrow v$；节点 v 的一跳可达邻居集合为 $\{u, a, b, c, d\}$，建立局部最小生成树 T_v 并执行邻居判定条件，新的邻居关系为：$v \rightarrow d$。由此可见，节点 u 和 v 之间的边是单向连通的，即 $u \rightarrow v$，但是 $v \nrightarrow u$。为了保证网络双向连通，需要进一步对 G 中存在的单向边进行增删，比如增加新的单向边 $v \rightarrow u$，或者删除已有的单向边 $u \rightarrow v$。

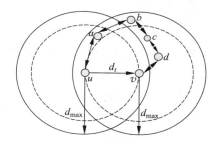

图 6-9　DLMST 算法拓扑图中的单向边示例图

2) DRNG 算法

DRNG(Directed Relative Neighborhood Graph)算法[3]是以经典的 RNG 邻近图模型为基础提出的功率控制算法。它的实现过程与 DLMST 算法类似，唯一的区别是邻居判定条件不同。在 DRNG 算法中，每个节点 u 在自己的可达邻居子图 G_u 上执行下面的邻居判定条件：节点 v 被选为节点 u 的邻居节点，当节点 u 和 v 之间的距离满足条件 $d(u,v) \leqslant r_u$，并且不存在另一节点 p 同时满足条件 $w(u,p) < w(u,v), w(p,v) < w(u,v)$ 和 $d(p,v) \leqslant r_p$，如图 6-10 所示。

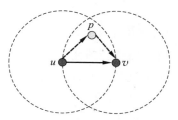

图 6-10　DNRG 算法的邻居判定条件

图 6-11 是 DLMST 和 DRNG 算法对网络拓扑图进行优化的例子。可以看出,无论是 DLMST 算法还是 DRNG 算法,都使得最大功率图中边的数量明显减少,降低了节点的发射功率,同时减少了节点之间的通信干扰。这两种算法都着重考虑网络的连通性,以原始网络拓扑双向连通为前提,保证优化后的网络拓扑也是双向连通的。

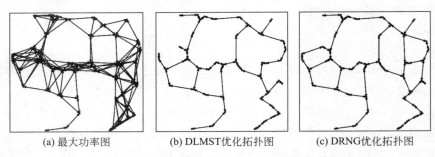

(a) 最大功率图　　　　(b) DLMST优化拓扑图　　　　(c) DRNG优化拓扑图

图 6-11　DLMST 和 DRNG 算法优化生成的拓扑图

6.3.3　基于方向的功率控制

在基于方向的功率控制中,一般假设节点不知道自身和其他节点的具体位置,但能估测到邻居节点的相对方向。这种策略的实现要保证发射功率的选择能在给定角度的、以节点为顶点的任意锥形区域内至少有一个邻居。基于方向的功率控制算法需要可靠的方向信息,因而需要很好地解决到达角度问题,节点需要配备多个定向天线,因而对传感器节点提出了较高的要求。代表性的是 CBTC 算法[11]。

CBTC 算法的思想是:节点首先发送 HELLO 消息,并收集其他节点的回复信息;然后节点独立调节发射功率,以保证在每 α 角度内至少有一个邻居节点;最后删除冗余链路以维持拓扑的对称性。

在 CBTC 算法中传感器节点的发射功率被分为离散的功率等级,根据接收到的数据包方向信息,调整节点的功率等级,以一个最优的发射功率确保在节点的每个锥角 α 内至少有一个邻居节点。CBTC 算法的具体执行可分以下三步。

(1) 网络初始化阶段,节点以低功率发送 HELLO 消息,并收集其他传感器节点的回复消息;

(2) 节点根据收到的回复消息,确定邻居节点,判断在所有锥角 α 内是否存在至少一个邻居节点,若存在则结束,若不存在则增大发射功率直至条件满足,即所有锥角 α 内至少存在一个邻居节点;

(3) 移除网络中的冗余链接,确保网络拓扑的对称性。

锥角 α 的合理设置对保证最终网络拓扑的连通至关重要,文献[12]证明了当锥角 α 大于 $2\pi/3$ 时,传感器网络拓扑结构的连通性和对称性无法同时得以保证,所有节点必须计算其所需最小功率,使得所有 $\alpha(\alpha \leqslant 2\pi/3)$ 的锥形角度内存在可达下跳节点,此时方可确保网络的连通性。CBTC 算法能得到具有全局连通、对称性、节点度受限等特点的拓扑,但CBTC 未对低能量节点采取保护策略,忽略了节点在路由中的能耗不平衡问题,因此若网内数据流量分布不均,极易造成局部网络过早失效。

6.3.4　基于干扰的拓扑控制

干扰的存在直接造成网络数据的冲突和重传,严重影响网络性能。传统的功率控制技术都隐式地认为,通过构建稀疏的网络拓扑结构能够有效地减少网络中的干扰。Burkhart等人证明:稀疏的网络拓扑结构并不能够保证网络中的干扰得到有效降低[13]。因此,片面减少边的数量、长度及邻节点度不一定就能降低节点之间的干扰现象,GG、RNG 等拓扑算法都无法完成干扰最优化。可以从干扰优化的角度来研究拓扑控制算法,这类算法以降低网络干扰为主要目标,同时保证算法生成的网络拓扑结构是连通的。

为了研究干扰对拓扑的影响,Burhart 提出关于干扰的定义,并建立了链路干扰模型。链路干扰模型中,节点的所有邻居都会对该节点产生干扰,并定义链路的干扰度为两端正在通信的节点的覆盖范围内的所有邻居节点数目。链路 $e(u,v)$ 的覆盖范围就是分别以 u 和 v 为圆心,以 u 和 v 的传输半径 $|u,v|$ 和 $|v,u|$ 为半径的两个圆的并集,见式(6-6),如图 6-12 所示。链路 $e(u,v)$ 的干扰度定义为被节点 u 和 v 的传输所影响的网络节点个数。

$$Cov(e) = \{w \in V | w \text{ is covered by } D(u,|u,v|) \bigcup w \in V | w \text{ is covered by } D(v,|v,u|)\}$$

$$(6-6)$$

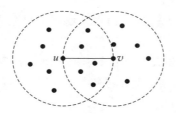

图 6-12　基于链路的干扰覆盖

链路干扰模型能很好地描述能直接通信节点对之间的干扰情况,只能反映网络的局部状况,或者说反映网络最差干扰情况的链路。针对数据转发的端到端投递特征,基于链路干扰模型可定义对应的路径干扰模型。路径的干扰度为组成此路径上所有链路的干扰度之和。网络干扰度定义为平均路径干扰度。

基于链路干扰模型,Burkhart 提出了链路干扰最小的干扰优化拓扑控制算法 LIFE (Low Interference Forest Establisher)。基于路径干扰模型,Johanssonn 提出了路径干扰最小的干扰优化拓扑控制算法 API(Average Path Interference)[14]。

1) LIFE 算法

LIFE 的提出为拓扑控制领域的一项开创性工作。LIFE 中关于干扰的定义,将为后续研究者提供可贵的研究参考。从构造上看,LIFE 类似于典型的 MST 邻近图结构。不同于经典 MST 算法,LIFE 采用链路干扰度而不是节点对间的欧氏距离作为权重,其中链路干扰度 $e(u,v)$ 实际上等同于以边长 $|u,v|$ 为半径、圆心分别为 u 和 v 的两圆覆盖范围并集内的覆盖值,即,LIFE 是一个以链路覆盖值作为权重的连接网络 n 个节点的 MST。

　　LIFE 算法是基于贪婪策略，将干扰值最小的边加入到最终的拓扑图中，以达到降低网络干扰的目的。LIFE 算法在保证子图具有连通性的情况下生成具有最小化干扰值的树状拓扑，所有的链路都是双向的。但 LIFE 为集中式算法，需要知道网络的全局信息。

　　2）API 算法

　　API 算法是要在拓扑结构没有改变的情况下最大限度地减少整个网络中的干扰。在链路干扰模型基础上，API 算法用干扰值较小的边来替换路径中干扰值大的边，算法有效地减少了网络中的干扰，同时也保证了生成的拓扑结构具有能量伸展性。

　　API 算法包括两个步骤：第一步是在 UDG 图基础上构建 GG 图；第二步为干扰优化，在已构建的 GG 图上移除具有高干扰度的链路。

　　第一步：构建 Gabriel 图

　　对于每一个节点 u：

　　（1）以最大信号强度广播一个测试消息；

　　（2）接收到来自节点 v 的测试消息后，根据接收消息的信号强度 p 来估算节点 u 到节点 v 的距离 d，从而估算出从节点 u 到节点 v 的能耗 $c(u,v)$，并将该能耗值回复给节点 v；

　　（3）获得所有邻居节点给节点 u 的响应，得到能耗 $c(v,u)$，其中 v 是邻居节点；

　　（4）向每个邻居节点 v 发送 $c(v,u)$；

　　（5）对每个邻居节点 v，激活链路 (u,v) 当且仅当不存在节点 w 使得 $c(u,w)+c(w,v)\leqslant c(u,v)$。

　　第二步：删除高干扰度链路。节点可在本地来计算链路的覆盖，如果两条链路的共同覆盖小于某条链路的覆盖，则该条链路被替换掉。在实际中，算法可标记所使用的链路，未标记的链路会被移除。算法如下。

　　（1）对于每一个节点 u，分析每一个邻居节点 v：如果存在一个节点 w 使得 $\mathrm{Cov}(u,w)+\mathrm{Cov}(w,v)<\mathrm{Cov}(u,v)$，则标记 (u,w) 和 (w,v) 可以保留；否则，标记 (u,v) 可以保留。

　　（2）移除所有没有标记的链路。

　　API 算法把平均最优路径的冲突作为衡量网络冲突性能指标，显示出构建拓扑结构的优越性，但是算法是基于 GG 图进行干扰度优化剪枝处理，并没有从直接寻求最优干扰路径的角度设计算法，这使得 API 构建的拓扑有可能没有获得最优干扰路径。

　　这些通过拓扑控制降低网络干扰的研究工作，其主要贡献在于对拓扑结构的干扰进行定性或半定量的分析。但在拓扑控制算法的研究中，多数都是只关注降低网络的局部或某些特殊情形的干扰，很少有算法考虑拓扑结构与网络协议的相互关系，以及拓扑结构对网络传输性能的影响。而且很多算法也不实用，时间复杂度高且大多是集中式算法，或需获得网络全局信息，通信代价过高。

6.4　睡眠调度

　　在传感器网络中，节点处于睡眠状态时的能量消耗最低，空闲状态与收发状态时基本相当。因此，在保证网络连通性需求的前提下，除了降低节点的发射功率以外，让更多的节点睡眠是延长传感器网络生存时间的有效手段。对于睡眠调度的拓扑控制,所面临的问题是在网络中选择最少的节点保持活跃状态,形成数据转发的连通的骨干网络,这个问题本质上等价于求解传感器网络的最小连通支配集。最小连通支配集问题被证明是一个 NP 难问题,因此目前提出的睡眠调度控制算法主要是在网络中求解近似最优的连通支配集,或者利用一些启发机制建立满足应用需求的数据传输通道。

6.4.1　连通支配集算法

连通支配集算法主要分为 2 类:第一类算法首先在第一个阶段构建一个最大独立集(maximum independent set,MIS),然后在第二个阶段选出一些连接节点,将这个最大独立集连成一个连通支配集,这类算法的代表是 EECDS 算法[15];第二类算法首先在第一个阶段生成一棵未经优化的连通支配集树,然后在第二个阶段使用修剪规则剪掉冗余的叶子节点,这类算法的代表是 CDS-Rule-K 算法[16]。

1) EECDS 算法

EECDS(Energy Efficient Connected Dominating Set)是连通独立集的代表性算法,采用最大独立集构造连通支配集。该算法分为两个阶段:第一阶段创建一个 MIS;第二阶段选择连接节点使这独立集连通。

在第一阶段,EECDS 算法利用着色的方法来构建 MIS。初始时,所有节点都被标记为 White,选择一个初始节点 s 作为 MIS 的一部分(成为支配节点),同时 s 标记自身为 Black,然后节点 s 广播 Black 消息通知邻居节点它是 MIS 的一部分。当状态为 White 的邻居节点接收到 Black 消息后将自身状态改为 Gray(成为被覆盖节点),然后广播 Gray 消息,接收到 Gray 消息的 White 节点(即距离初始节点两跳并且状态为 White 的节点)开始竞争成为支配节点(Black 节点)。

竞争过程分为两步:首先,这些要竞争成为 Black 的 White 节点发送一个 Inquiry 信息询问邻居节点的状态和权值,然后设定一个超时时间,等待它们的回应。如果在超时时间内,它没有收到任何返回的 Black 消息,并且它有着最高的权值,那么它将成为 Black 节点,并继续广播 Black 消息,否则,它仍然保持为 White 状态。这里,权值的计算基于每个节点的电池能量和有效节点度。上述过程重复进行,直到所有节点成为支配节点或被覆盖节点,这些 Black 节点(支配节点)构成一个彼此互不相连的最大独立集,也是相互无直接连接的簇头。

在第二阶段,主要是利用那些可互联簇头节点的被覆盖节点(非 MIS 节点)去构建连通支配集,这些节点称为连接节点。MIS 节点通过贪婪算法选中连接节点,该过程使用了 3 个消息:首先,一个已经成为了连通支配集一部分的非 MIS 节点发送一个 Blue 消息通知它的邻居;然后,MIS 节点发送 Invite 消息给非 MIS 节点,去邀请它们成为连接节点;收到 Invite 消息的非 MIS 节点,计算自身的权值然后返回 Update 消息,拥有最高权值的非 MIS 节点将成为连接节点。最终,所有的 Black 节点和连接节点构成连通支配集。

EECDS 算法的主要缺点是它的消息复杂度。在算法的两个阶段,包括独立集和最后生成树形成的过程都使用了竞争机制，即每个阶段都需要去确定最好的候选者。从消息开销的角度来讲，竞争过程的代价是非常大的，因为要得到自身的权值，每个节点都要去询问它的邻居的状态。由于网络拥塞和碰撞，在密集型网络中算法效率尤其低效。

在 EECDS 中，那些收集邻居信息的簇头节点容易较快耗尽能量。EECDS 算法在各个阶段，每个节点都只发送一类信息，所以它的信息复杂度为 $O(n)$；在构建 MIS 时，其过程是最复杂的，它的时间复杂度最差情况下也为 $O(n)$。

2）CDS-Rule-K 算法

CDS-Rule-K(Connected Dominating Set under Rule K)算法利用了剪枝规则和标记算法。该算法的思想是以一个超大节点集作为框架，在此基础上通过一定的规则对它进行修剪，去除非必要的节点，从而完成最小化的目标。该算法分为两个阶段。

在第一阶段创建一个初始 CDS 树，其中使用了以下标记(mark)过程：

$$S = (\forall v \in S: x, y \in N(v), \neg \exists (x, y) \in E) \tag{6-7}$$

式中，$N(v)$ 是 v 的邻居节点集合；E 是网络所有链路的集合。式(6-7)的含义是：如果节点 v 存在两个彼此未连通的邻居节点，那么节点 v 将被包括在初始集合中。具体的算法过程为：相邻节点之间交换 HELLO 信息，提供自己的邻居节点列表；一个节点收到相邻节点的邻居节点列表后，与自己的邻居节点列表进行对比，如果自身邻居节点列表中有节点不在所收到邻居节点列表中，则该节点标记自身，并被包括在初始集合中。

在第二阶段，如果一个节点确信它的邻居节点都被更高优先级的节点覆盖到了，那么它将取消自己的标记(剪除非必要节点)，该过程可选用下面三条规则。

规则 1：对于标记节点，如果它所有的邻居节点都被具有更高优先级的已标记节点所覆盖，那么它将取消自身的标记。如图 6-13(a)中，标记节点 u 覆盖了节点 v 的所有邻居节点，且 u 比 v 有更高的优先级，则可取消 v 的标记。

规则 2：对于标记节点，如果它的邻居节点被两个其他直接相连的已标记邻居节点所覆盖，那么它将取消自身的标记。如图 6-13(b)中，标记节点 v 的邻居节点都被直接相连的已标记邻居节点 u 和 w 所覆盖，且 v 的优先级不高于 u 和 w 的优先级，则可取消 v 的标记。

规则 k：对于 k 个连通的标记节点 $\{v_1, v_2, \cdots, v_k\}$，如果节点 v_i 具有最低优先级，v_i 的每一个邻居节点都被 $\{v_1, v_2, \cdots, v_{i-1}, v_{i+1}, \cdots, v_k\}$ 中的某一个节点所覆盖，则可取消 v_i 的标记。如图 6-13(c)所示。

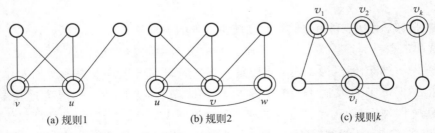

(a) 规则1　　　　　(b) 规则2　　　　　(c) 规则k

图 6-13　CDS-Rule-K 剪枝算法示例图(注：带环的节点为已标记节点)

最初的树经过修剪后移除了所有冗余节点,这些冗余节点被拥有更高优先级的其他节点所覆盖。这里,节点的优先级可以是基于节点的任何属性,如剩余能量、节点在树中的层次、节点 ID。规则 k 是对规则 1 和规则 2 的一般化,放宽了对标记主机的数量限制,可构造一个更精简的连通支配集。k 可以是任意值。

与 EECDS 算法类似,CDS-Rule-K 机制在节点间询问和标记取消通知过程是信息开销的主要来源。在询问过程中,每个节点都会发送一个基于自身层次的询问信息,并且接收一个回应信息。而在标记取消通知过程中,当一个节点打算取消自身的标记的时候,它必定会通知它的每个邻居节点。因此,CDS-Rule-K 算法拥有 $O(n^2)$ 的信息复杂度,$O(n^2)$ 的计算复杂度。

6.4.2　ASCENT 算法

ASCENT(Adaptive Self-Configuring sEnsor Networks Topologies)算法[9]采用自适应的睡眠调度机制,其重点在于均衡网络中骨干节点的数量,并保证数据通路的畅通。节点接收数据时若发现丢包严重就向数据源方向的邻居节点发出求助消息;当节点探测到周围的通信节点丢包率很高或者接收到邻居节点发出的求助消息时,它醒来后主动成为活跃节点,加入骨干网络,帮助邻居节点转发数据包。

ASCENT 算法包括三个阶段:触发阶段、建立阶段和稳定阶段。触发阶段,如图 6-14(a) 所示,sink 节点在不能接收源节点的数据时,向它的邻居节点发出求助消息;建立阶段,如图 6-14(b)所示,当节点收到邻居节点的求助消息时,根据一定的算法判断自己是否需要成为活跃节点,如果成为活跃节点,就向邻居节点发送邻居通告消息;稳定阶段,如图 6-14(c) 所示,网络中活跃节点的数目保持稳定,在 sink 节点与数据源节点之间建立起可靠的传输通道进行数据转发。稳定阶段保持一定时间后,活跃节点可能因为能量耗尽而失效,出现通信不畅的情况,此时需要再次进入触发阶段,重新建立数据传输通道。

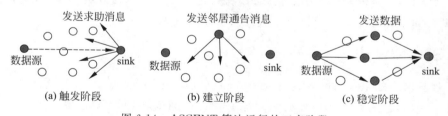

图 6-14　ASCENT 算法运行的三个阶段

在 ASCENT 算法中,节点可以处于四种状态:(1)睡眠状态,节点关闭通信模块,能量消耗最小;(2)侦听状态,节点只对网络信息进行侦听,不参与数据包转发;(3)测试状态,是一个暂态,节点尝试参与数据包转发,并进行一定的运算判断自己是否需要变为活跃状态;(4)活跃状态,节点负责数据包转发,能量消耗最大。节点在这四种状态之间的转换关系如图 6-15 所示,其中 neighbors 表示节点的邻居数,NT 表示邻居数门限,loss 表示信道丢包率,LT 表示丢包率门限,help 表示求助消息,T_s、T_p、T_t 分别是睡眠状态、侦听状态和测试状态的定时器。

图 6-15 中各个状态之间的具体转换关系如下:

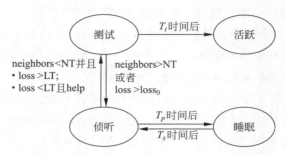

图 6-15　ASCENT 算法的节点状态转移图

- 睡眠状态与侦听状态：处于睡眠状态的节点设置定时器为 T_s，当 T_s 超时后，节点进入侦听状态；处于侦听状态的节点设置定时器为 T_p，当 T_p 超时后，节点进入睡眠状态。
- 侦听状态与测试状态：处于侦听状态的节点侦听信道，在定时器 T_p 超时之前，如果发现邻居数 neighbors 小于门限值 NT，并且丢包率 loss 大于门限值 LT，或者丢包率 loss 小于门限值 LT，但接收到来自邻居节点的求助消息时，节点进入测试状态。处于测试状态的节点设置定时器为 T_t，在 T_t 超时之前，如果发现邻居数 neighbors 大于门限值 NT，或者当前的丢包率 loss 比节点在进入测试状态之间的丢包率 $loss_0$ 还要大，说明该节点不适合成为活跃节点，它将进入侦听状态。
- 测试状态与活跃状态：处于测试状态的节点在定时器 T_t 超时后，进入活跃状态，进入活跃状态的节点成为骨干网节点，负责数据转发，直到节点因为能量耗尽而失效。

ASCENT 算法具有自适应性，能够根据网络情况动态改变节点的状态，进而调整网络的拓扑结构保障可靠的数据传输通道；节点只根据本地的信息进行计算，不依赖于具体的无线通信模型或者节点的地理位置分布。ASCENT 算法有其不足之处：ASCENT 并不能保证网络的连通性，因为它只是通过丢包率来判断连通性。当网络不连通时，它是无法检测和修复的。ASCENT 也没有考虑节点的负载均衡，进入活跃状态的节点一直工作到能量耗尽失效，这些都可能潜在地影响到网络的连通性和生存周期。

6.4.3　SPAN 算法

为了延长网络的生存时间，拓扑控制算法通常是优化活跃节点的数量，用最少的活跃节点构建骨干网络，但这种方式可能会影响原有网络的通信容量。例如，图 6-16 中由深灰色

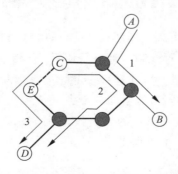

图 6-16　骨干网对通信容量的影响

节点构建的骨干网络,如果节点 C 和 D 之间有数据转发,同时节点 A 和 B 之间也有数据转发,由于这两条转发路径之间有重叠,因此会面临带宽竞争的问题,使网络的通信容量降低。但是,如果把节点 E 也作为骨干节点,节点 C 和 D 之间的数据就可以通过路径 3 转发,从而避免了带宽竞争。

SPAN 算法[10]是一个考虑了骨干网络通信能力的拓扑控制算法,它的目的是使骨干网的数据转发能力尽可能接近原有网络的通信容量。SPAN 的基本思想是节点采用分布式的睡眠调度方法,根据自己的剩余能量和在网络中的效用,决定进入活跃状态或者睡眠状态。处于活跃状态的骨干节点根据一定的规则,周期性地判断自己是否应该退出,返回睡眠状态;处于睡眠状态的节点周期性地醒来,根据一定的规则判断自己是否应该进入活跃状态,成为骨干节点。

在 SPAN 中,节点需要周期性地向邻居节点广播一个 HELLO 消息。HELLO 消息中包含节点的状态、邻居节点列表和它连接的骨干节点列表。邻居节点之间通过 HELLO 消息的交互,最终构建出自己的邻居节点列表和连接的骨干节点列表,以及每个邻居节点的邻居节点列表和连接的骨干节点列表,相当于节点掌握了其两跳范围内的连通信息。根据这些连通信息,节点将按照一定的规则决定自己的状态。

节点加入骨干网络的规则是:有任意两个邻居节点不能直接通信,并且也不能通过一个或者两个骨干节点进行间接通信。邻居节点不能通信的情况可能会被多个节点同时发现,使得这些节点都进入活跃状态,造成骨干节点的冗余。为了避免这种情况,SPAN 采用退避机制,节点在成为骨干节点之前,首先要等待一个延迟时间。如果在延迟时间内,节点收到其他节点发送的成为骨干节点的通告消息,就重新判断自己是否满足加入骨干网络的规则;否则,节点加入骨干网络,并向邻居节点广播一个通告消息。SPAN 在计算延迟时间时,考虑节点的剩余能量和对网络的效用两个因素,计算公式如下:

$$\text{delay} = \left[\left(1 - \frac{E_r}{E_m}\right) + (1 - U_i) + R\right] \times N_i \times T, \quad U_i = C_i \Big/ \binom{N_i}{2} \qquad (6\text{-}8)$$

式中,E_r 是节点的剩余能量;E_m 是节点的最大能量;U_i 用于评估节点 i 在成为骨干节点后对网络的效用;R 是一个 $0\sim1$ 之间的随机数;N_i 是节点 i 的邻居节点数目;T 是数据包在无线信道上传输的往返延迟;C_i 是节点加入骨干网后新增加的连通的邻居节点对的数目。由延迟时间的计算公式可知,剩余能量越多,或者在加入骨干网后能使更多邻居节点连通的节点,具有更高的优先级成为骨干网节点。

节点退出骨干网络的规则是:任意两个邻居节点之间能够直接通信或者通过其他节点间接通信。为了使网络中节点的能量消耗更加均衡,骨干节点在工作一段时间之后,如果发现它的任意两个邻居节点都可以通过其他的邻居节点通信,即使这些邻居节点当前还不是骨干网节点,它也应该退出。同时,为了避免网络的连通性遭到临时性的破坏,骨干节点在退出之前仍然需要保持一段时间的活跃状态,直到确认有新的邻居节点加入骨干网络。

SPAN 是一个分布式的睡眠调度算法,节点根据局部范围的连通信息,独立地决定自己的状态;建立的骨干网络能保证始终连通,并且具有较高的通信容量;通过轮换骨干节点,均衡能量消耗,可以有效地延长网络生存时间。仅从骨干网络的活跃节点数量来看,SPAN 算法不是最优的,它增加了一部分节点用于获得更高的通信容量。

6.5 分簇

在分簇算法中，簇头的选举、簇的划分以及簇与簇之间的通信是三个主要考虑的问题。

（1）簇头选举。簇头选举算法整体可以分为集中式和分布式两种，集中式算法是由基站根据收集到的全网信息来选择簇头，如 LEACH-C、LEACH-F 算法等，而分布式算法则完全由节点自主决定是否当选簇头，如 LEACH、HEED、EDRCA 算法等。

（2）簇的划分。簇的划分就是要根据一定的组簇原则来确定合理的分簇结构，使网络整体能耗相对均衡，网络生命周期能够得到延长。这类算法可以分为两类，一是均匀分簇结构，如 GAF 算法是将整个网络按照区域整体情况划分为面积规模大小相同的簇；另一种是非均匀分簇结构，如 EECS 算法考虑要均衡各簇头的能耗。

（3）簇间的通信。合理的分簇可以缩短节点间通信半径，节约网络整体能耗。

分簇算法中通常考虑节点间的物理距离、邻居关系、接收信号强度、剩余能量、网络连通性、簇头轮转频率等信息。对分簇算法的深入研究一般从跨层设计的角度，结合 MAC 层、网络层甚至应用层进行。

6.5.1 LEACH 算法

LEACH(Low Energy Adaptive Clustering Hierarchy)[1]算法是一个高效自治的分簇算法，它按轮周期性地执行，每轮包括簇的建立阶段和稳定阶段，如图 6-17 所示。在簇的建立阶段，相邻节点动态地形成簇，随机产生簇头；在稳定阶段，簇内节点把监测数据发送给簇头，簇头进行数据融合并把处理结果发送给汇聚节点。

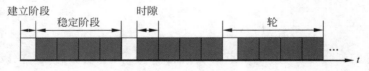

图 6-17 LEACH 算法的执行过程

在 LEACH 算法中，簇内节点只在与簇头通信时唤醒，其他时间睡眠，能量消耗小；而簇头需要完成数据融合、与汇聚节点通信等工作，必须一直保持活跃状态，能量消耗大。为了使网络中的节点均衡地消耗能量，LEACH 采用循环选举的方法，保证各个节点等概率地担任簇头。假设网络中有 N 个节点，期望在每轮执行过程中形成 k 个簇（即选举 k 个簇头），则 LEACH 算法的一个循环选举周期正好包含 N/k 轮。

LEACH 算法选举簇头的过程如下：每个节点 i 在第 $r+1$ 轮选举开始时（时间为 t），产生一个 0～1 之间的随机数，如果这个数小于阈值 $P_i(t)$，则当选簇头。在一个循环选举周期中，如果节点已经当选过簇头，则把 $P_i(t)$ 设置为 0，这样该节点不会再次当选为簇头；对于未当选过簇头的节点，随着选举轮数 r 的增大，$P_i(t)$ 的值也会随之增大，因此当选簇头的概率增大；最后一轮选举时，所有未当选过簇头的节点的 $P_i(t)$ 值等于 1，表示一定当选。阈值 $P_i(t)$ 的计算公式如下：

$$P_i(t) = \begin{cases} \dfrac{k}{N - k \cdot \left(r \bmod \dfrac{N}{k}\right)}, & C_i(t) = 1 \\ 0, & C_i(t) = 0 \end{cases} \tag{6-9}$$

式中,$C_i(t)=0$ 表示节点 i 已经当选过簇头;$C_i(t)=1$ 表示还未当选簇头。从上述的选举过程可知,当选举轮数 $r=N/k$ 时,LEACH 算法的一个循环选举周期结束,所有节点都正好当选过一次簇头。

节点在确定自己成为簇头后,采用 CSMA 的 MAC 协议向邻居节点广播一个 CHA(cluster-head-advertisement)的通告消息。非簇头节点在接收到周围节点的 CHA 消息后,选择接收信号强度(RSSI)最大的簇头加入,并且发送一个 Join-Request 消息告知该簇头。簇头在接收到 Join-Request 消息后,回复一个 TDMA 调度消息,告知簇内节点分配的时隙。在所有的簇内节点都接收到 TDMA 调度消息后,簇的建立阶段结束。

图 6-18 是 LEACH 算法两轮分簇后的结果示意图,图中共有 5 个簇,具有相同标记的节点属于同一个簇,黑色节点表示簇头。

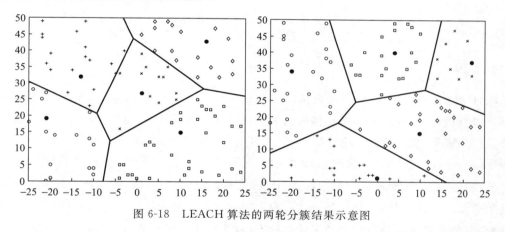

图 6-18　LEACH 算法的两轮分簇结果示意图

在稳定阶段,簇内节点在各自分配的时隙内向簇头节点发送数据,其他时间睡眠,以减少能量消耗。簇头节点需要一直保持活跃状态,接收所有簇内节点的发送数据,进行数据融合后,将处理结果发送给汇聚节点。LEACH 算法假设网络中的所有节点都可以直接和汇聚节点通信,因此没有讨论网络连通性问题。

LEACH 采用分布式的机制实现分簇,所有节点等概率地担任簇头,并且结合了高效的 MAC 协议体系,在网络生存时间、吞吐量和延迟等性能上都有良好的表现。LEACH 的簇头选举机制没有考虑节点的具体地理位置,不能保证簇头均匀分布在网络中,簇的大小也可能差异很大,从图 6-18 中可以得到证实,这种情况会造成节点的负载不均衡。

6.5.2　GAF 算法

GAF(Geographical Adaptive Fidelity)算法[7]是 Ad Hoc 网络中提出的一种路由算法,它采用的虚拟单元格划分机制为传感器网络的分簇提供了新的思路。GAF 将整个网络区域划分为若干个虚拟单元格,节点根据自己的地理位置信息划入相应的单元格中;每个单元格定期选举产生一个簇头，只有簇头保持活跃状态，其他节点睡眠。

GAF 算法的执行过程包括两个阶段。第一个阶段是虚拟单元格的划分。根据节点的位置信息和通信半径，将网络区域划分成若干个虚拟单元格，并且保证相邻单元格中的任意两个节点都能够直接通信。假设节点已知整个监测区域的位置信息和自身的位置信息，则可以通过计算获知自己属于哪个单元格。在图 6-19 中，假设所有节点的通信半径均为 R，监测区域按边长为 r 的正方形划分虚拟单元格，为了保证相邻单元格内的任意两个节点能够直接通信，需要满足如下关系式：

$$r^2 + (2r)^2 \leqslant R^2 \Rightarrow r \leqslant \frac{R}{\sqrt{5}} \tag{6-10}$$

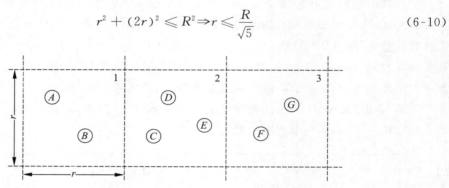

图 6-19　GAF 算法的虚拟单元格划分示意图

GAF 算法的第二个阶段是在虚拟单元格中选取簇头。由于相邻单元格内的任意两个节点可以直接通信，因此同一单元格内的节点可以认为是等价的，每个单元格只需要选出一个节点作为簇头，保持活跃状态。GAF 中的节点可以处于发现（discovery）、活跃（active）以及睡眠（sleeping）三种状态，如图 6-20 所示。在网络初始化时，所有节点都处于发现状态，每个节点都发送消息来通告自己的位置、ID 等信息，经过这个阶段，节点能得知同一单元格中其他节点的信息。然后，每个节点将自身定时器设置为某个区间内的随机值 T_d。一旦定时器超时，节点发送消息声明它进入活动状态，成为簇头节点。节点如果在定时器超时之前收到来自同一单元格内其他节点成为簇头的声明，说明这次簇头竞争失败，进入睡眠状态。成为簇头的节点设置定时器为 T_a，T_a 代表它处于活跃状态的时间。在 T_a 超时之前，簇头节点定期发送广播包声明自己处于活动状态，以抑制其他处于发现状态的节点进入活跃状态；当 T_a 超时后，簇头节点重新回到发现状态。处于睡眠状态的节点设置定时器为 T_s，并在 T_s

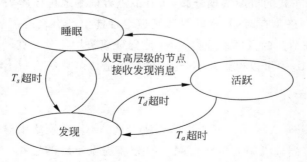

图 6-20　GAF 算法中的节点状态转移图

超时后重新回到发现状态。处于活跃状态或发现状态的节点如果发现本单元格中出现更适合成为簇头的节点时,会自动进入睡眠状态。

GAF 采用基于单元格划分簇的思想,网络中的分簇均匀,拓扑结构稳定。GAF 是以节点地理位置为依据的分簇算法,它需要节点的地理位置信息,对传感器节点提出了更高的要求。另外,GAF 算法随机地选择簇头,没有考虑节点的剩余能量,可能导致网络中节点的能量消耗不均匀,簇头由于数据通信量大将最先失效。

6.5.3　HEED 算法

HEED(Hybrid Energy-Efficient Distributed clustering)算法[8]是一个分布式的分簇算法,它的基本思想以节点的剩余能量作为首要因素,簇内的通信代价作为次要因素来进行簇头的选择和分簇,使簇的大小和簇头的分布更加均匀,网络中节点的能量消耗更加平均。

HEED 算法按轮周期性地执行,每轮包括分簇阶段和网络运行阶段。在分簇阶段,HEED 根据节点的剩余能量选择簇头,其他节点根据簇内通信代价选择加入各个簇。节点成为簇头的初始概率由式(6-11)计算:

$$\mathrm{CH}_{\mathrm{prob}} = \max\left(C_{\mathrm{prob}} \cdot \frac{E_{\mathrm{residual}}}{E_{\mathrm{max}}}, p_{\mathrm{min}}\right) \tag{6-11}$$

式中,E_{residual} 是节点的剩余能量;E_{max} 是节点拥有的最大能量;C_{prob} 是预先设定的簇头在所有节点中的百分比;p_{min} 是为了保证算法收敛而设定的一个概率下限。可见,剩余能量越多的节点成为簇头的概率越大。

当某个节点被选举为簇头时,相应的簇内通信代价用平均最小可达功率 AMRP (average minimum reachability power)表示。AMRP 是指一个簇内所有其他节点与簇头通信所需的最小功率的平均值,数学表示为

$$\mathrm{AMRP} = \frac{\sum_{i=1}^{M}\mathrm{MinPwr}_i}{M} \tag{6-12}$$

式中,M 是簇内的节点数目;MinPwr_i 是簇内的某个节点与簇头通信所需的最小功率。根据 AMRP 选择簇头,能够以最小的平均功率实现簇内节点与簇头的通信,因而能进一步节省节点的能量消耗。

簇头的选举过程采用多次迭代的方法实现:(1)初始时,节点根据剩余能量按照式(6-11)计算选举概率 $\mathrm{CH}_{\mathrm{prob}}$,并向邻居节点广播簇内通信代价 AMRP;(2)每次迭代开始时,节点以概率 $\mathrm{CH}_{\mathrm{prob}}$ 竞争簇头,如果竞争成功,就向邻居节点通告自己成为临时簇头(tentative cluster head);(3)如果节点收到多个临时簇头的广播消息,选择 AMRP 最小的临时簇头加入,如果节点没有收到任何临时簇头的广播消息,以概率 $\mathrm{CH}_{\mathrm{prob}}$ 推荐自己成为临时簇头;(4)每次迭代结束,节点的选举概率值都乘以 2,以新的概率竞争簇头;(5)当节点的选举概率值等于或者大于 1 时,整个迭代过程结束,节点选择 AMRP 最小的临时簇头作为最终簇头(final cluster head)加入该簇,如果节点的 AMRP 值最小,自己就成为最终簇头。

HEED 算法在分簇时综合考虑节点的剩余能量和簇内的通信代价两个因素,尽可能使

得簇头的分布均匀,延长网络的生存时间。HEED 不依赖于网络的规模大小,通过 $O(1)$ 次迭代完成分簇。在 HEED 算法的迭代分簇过程中,每一步迭代的时间要足够长,使得节点能够收到来自邻居节点的通告消息。

6.5.4 TopDisc 算法

TopDisc(topology discovery)算法[6] 是基于最小支配集模型提出的分簇算法,它采用启发式的方法建立骨干网络拓扑。在 TopDisc 算法中,由一个初始节点首先发送查询消息,启动拓扑发现的过程;接收到查询消息的节点表示被发现,在被发现的节点中,按照一定的条件选举出簇头节点,簇头节点管理自己的簇内节点;随着查询消息在网络中继续传播,所有节点都被发现;最后,通过反向寻找查询消息的传播路径,在簇头节点之间建立起通信链路,形成数据传输的骨干网络。

TopDisc 算法采用颜色标记理论来选择簇头节点,并且提出了两种具体的颜色标记方法,分别称为三色算法和四色算法。它们都使用不同的颜色来标记节点的状态,区别在于寻找簇头节点的标准不一样,因而形成的网络拓扑结构也有所不同,下面详细地介绍这两种算法。

1) 三色算法

在三色算法中,节点可以处于三种状态,分别用白色、黑色和灰色三种颜色来标记:白色节点代表未被发现的节点;黑色节点代表簇头节点;灰色节点代表簇内节点。在三色算法执行之前,所有节点都被标记为白色节点,由一个初始节点发起算法,算法执行完毕后所有白色节点都变成黑色节点或者灰色节点。

三色算法的具体过程如下:

(1) 初始节点将自己标记为黑色节点,并广播查询消息。

(2) 白色节点收到黑色节点的查询消息时变为灰色节点,然后等待一段时间,再广播查询消息,等待时间的长度与它到黑色节点的距离成反比。

(3) 白色节点收到灰色节点的查询消息时,先等待一段时间,等待时间的长度与它到灰色节点的距离成反比。如果在等待时间内,白色节点又收到黑色节点的查询消息,则立即变成灰色节点;否则,它变为黑色节点。

(4) 黑色节点或者灰色节点都不响应所有的查询消息。

(5) 查询消息传播完后,黑色节点成为簇头,灰色节点成为簇内节点,反向还原查询消息的传播路径,连接所有簇头形成骨干网络。

下面用图 6-21 所示的例子进一步描述三色算法的执行过程以及形成的网络拓扑图。假设 a 是初始节点,它将自己标记为黑色节点,并广播查询消息;b 和 c 收到黑色节点 a 的查询消息后,变为灰色节点,并等待一段时间后继续广播查询消息,等待时间与距离成反比;由于 b 比 c 距离 a 更远,所以 b 的等待时间较短,先广播查询信息;e 和 d 收到灰色节点 b 的查询消息后,同样等待一段时间;由于 d 比 e 距离 b 更远,所以 d 先超时,变为黑色节点,继续向外广播查询信息;此时,e 仍处于等待状态,它在收到来自黑色节点 d 的查询消息后,立即

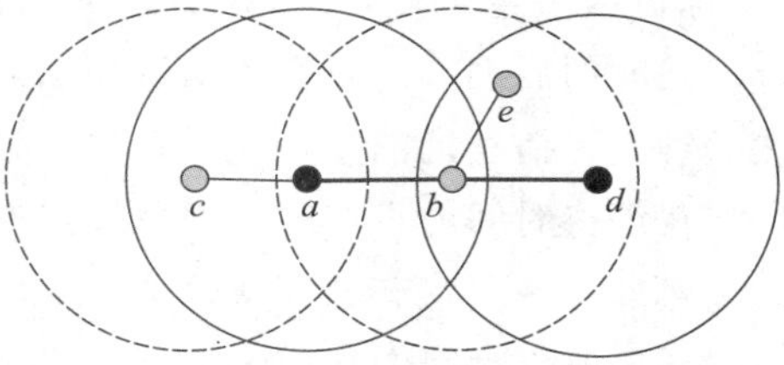

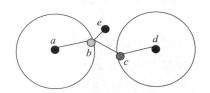

图 6-21 三色算法示意图

变为灰色节点。算法结束后,黑色节点 a 和 d 成为簇头,灰色节点 c、b 和 e 成为簇内节点。按照查询消息的传播路径进行回溯,簇头节点 a 和 d 之间通过簇内节点 b 连接,形成的骨干网络为 $d \rightarrow b \rightarrow a$。从图 6-21 中可以看出,簇内节点 b 同时被两个簇头节点 a 和 d 覆盖,这表明三色算法所形成的簇与簇之间存在重叠区域。

2)四色算法

四色算法与三色算法类似,它的目的是增大簇与簇之间的间隔,减少重叠区域。在四色算法中,节点可以处于四种状态,分别用白色、黑色、灰色和深灰色四种颜色来标记。其中白色、黑色和灰色的含义与三色算法相同,增加的深灰色节点代表已经被发现,但未被黑色节点覆盖的节点,它与黑色节点有两跳距离。

四色算法的具体过程如下:

(1)初始节点将自己标记为黑色节点,并广播查询消息。

(2)白色节点收到黑色节点的查询消息时变为灰色节点,然后等待一段时间,再广播查询消息,等待时间的长度与它到黑色节点的距离成反比。

(3)白色节点收到灰色节点的查询消息时,变为深灰色节点,然后继续广播查询消息,同时等待一段时间,等待时间的长度与它到灰色节点的距离成反比。如果在等待时间内,深灰色节点又收到黑色节点的查询消息,则立即变成灰色节点;否则,它将变为黑色节点。

(4)白色节点收到深灰色节点的查询消息时,先等待一段时间,等待时间的长度与它到深灰色节点的距离成反比。如果在等待时间内,白色节点又收到黑色节点的查询消息,则立即变成灰色节点;否则,变为黑色节点。然后,继续向外广播查询消息。

(5)黑色节点或者灰色节点都不响应所有的查询消息。

(6)查询消息传播完后,黑色节点成为簇头,灰色节点成为簇内节点,反向还原查询消息的传播路径,连接所有簇头形成骨干网络。

下面用图 6-22 所示的例子进一步描述四色算法的执行过程以及形成的网络拓扑图。

图 6-22 四色算法示意图

　　假设 a 是初始节点，它将自己标记为黑色节点，并广播查询消息；b 收到黑色节点 a 的查询消息后，变为灰色节点，等待一段时间后继续广播查询消息；e 和 c 收到灰色节点 b 的查询消息后，都变为深灰色节点，然后继续广播查询消息，并且等待一段时间；d 收到深灰色节点 c 的查询消息后，等待一段时间，在等待时间内没有收到黑色节点的查询消息，变成黑色节点，并向外广播查询消息；此时，仍然处于等待状态的深灰色节点 c 收到黑色节点 d 的查询消息后，立即变成灰色；深灰色节点 e 在等待时间内没有收到黑色节点的查询消息，变成黑色节点。算法结束后，黑色节点 a、e 和 d 成为簇头，灰色节点 b 和 c 成为簇内节点。按照查询消息的传播路径进行回溯，簇头节点 a 和 e 之间通过簇内节点 b 连接，簇头节点 a 和 d 之间通过簇内节点 b 和 c 连接。从图 6-22 中可以看出，与三色算法相比，四色算法形成的簇之间的距离更大，交叠更少。但是，它也有可能在网络中产生一些孤立的簇头节点，比如图 6-22 中的簇头节点 e。

　　TopDisc 算法继承了图论中经典的着色算法，是早期分簇算法的代表，可以在密集部署的传感器网络中快速地形成分簇，并在簇头之间建立连接，形成树型的骨干网络。但是这种算法构建成的分簇结构灵活性不强，需要在整个网络中传递查询消息，重复执行算法的开销较大。另外，该算法在产生簇头时没有考虑节点的剩余能量问题。

6.6　本章小结

　　拓扑控制涉及传感器网络的网络结构、连通度、覆盖率、功率控制、节点调度、能量管理等诸多方面。通过有效的拓扑控制生成良好的网络拓扑结构，能够提高路由协议和 MAC 协议的效率，为数据融合、时间同步和目标定位等相关技术奠定基础，是传感器网络的核心技术之一。

　　目前的拓扑控制算法研究中大多没有充分考虑实际的网络环境的复杂性，对算法的收敛速度、节点移动的影响、节点精确位置信息的确定、三维空间区域部署等方面均有待深入考虑，特别是需要综合运用多种机制，提高网络的通信效率，探索更接近现实环境的拓扑控制技术也是传感器网络拓扑控制进一步的研究方向。

　　随着传感器节点硬件性能的提升，节点处理能力增强，能够更方便获得自身的定位信息，可为拓扑控制技术的研究和实施提供有力的支撑。拓扑控制与协议栈的关系密切，可通过跨层的方式与物理层、数据链路层和网络层等协议协同设计，极大地提高协议的性能，减少节点能耗，延长节点生存时间。

习题

6.1　网络的拓扑结构控制与优化有着十分重要的意义，主要表现在哪些方面？

6.2　分析传感器网络中影响拓扑控制的主要因素。

6.3　阐述水下传感器网络的拓扑控制机制有何特点。

6.4　分析拓扑控制与协议栈相关各层之间的关系及可能的信息交换。

6.5 请找出图 6-23 中的支配集和连通支配集。

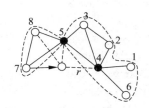

图 6-23 支配集与连通支配集配图

6.6 找出图 6-24 中的 1 跳关键节点。

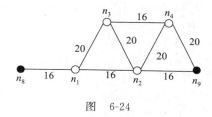

图 6-24

6.7 基于节点度算法的核心思想是什么？

6.8 基于邻近图的算法的作用是什么？

6.9 什么是 LEACH 算法？LEACH 算法的实现过程如何？

6.10 GAF 算法的基本思想是什么？试描述 GAF 算法的执行过程。

6.11 ASCENT 算法执行分哪几个阶段？

6.12 TopDisc 算法的基本思想是什么？

6.13 TopDisc 四色算法比三色算法有何优势？

6.14 基于距离的分簇算法有什么劣势？

6.15 为什么说维护邻居列表要消耗额外的能量？

6.16 依赖定位信息的拓扑控制算法有何不足？

参考文献

［1］ Kirousis L M，Kranakis E，Krizanc D，et al. Power consumption in packet radio networks. Theoretical Computer Science，2000，243(1-2)：289-305.

［2］ Clementi A E F，Penna P，Silvestri R. On the power assignment problem in radio networks. ACM/ Kluwer Mobile Networks and Applications（MONET），2004，9(2)：125-140.

［3］ Kubisch M，Karl H，Wolisz A，et al. Distributed algorithms for transmission power control in wireless sensor networks. In：IEEE WCNC 2003，New Orleans，Louisiana，2003.

［4］ Heinzelman W R，Chandrakasan A，Balakrishnan H. An application-specific protocol architecture for wireless microsensor networks. IEEE Trans. on Wireless Communications，2002，1(4)：660-670.

［5］ Deb B，Bhatnagar S，Nath B. A topology discovery algorithm for sensor networks with applications to network management. DCS Technical Report DCS-TR-441，Rutgers University，May 2001.

[6] Xu Y, Heidemann J, Estrin D. Geography-informed energy conservation for Ad Hoc routing. In: Proc of the ACM/IEEE Int'l Conf on Mobile Computing and Networking (MOBICOM), Rome, Italy, 2001: 70-84.

[7] Younis O, Fahmy S. Distributed clustering in Ad-Hoc sensor networks: a hybrid, energy-efficient approach. In: Proc of IEEE INFOCOM, March 2004.

[8] Cerpa A, Estrin D. ASCENT: adaptive self-configuring sensor networks topologies. In: Proc of IEEE INFOCOM, New York, NY, June 2002.

[9] Chen B, Jamieson K, Balakrishnan H, et al. SPAN: an energy-efficient coordination algorithm for topology maintenance in Ad Hoc wireless networks. In: Proc of ACM MobiCom'01, Rome, Italy, 2001: 85-96.

[10] Li L, Halpern J Y, Bahl P, et al. A cone-based distributed topology-control algorithm for wireless multi-hop networks. IEEE/ACM Trans. on Networking (TON), 2005, 13(1): 147-159.

[11] Li L, Halpern J Y, Bahl P, et al. A cone-based distributed topology-control algorithm for wireless multi-hop networks. IEEE/ACM Trans. on Networking (TON), 2005, 13(1).

[12] Burkhart M, Rickenbach P V, Wattenhofer R, et al. Does topology control reduce interference? In: ACM MobiCom, 2004.

[13] Johansson T, Carr-Motyckova L. Reducing interference in Ad Hoc networks through topology control. In: Proc of the 3rd ACM/SIGMOBILE Int'l Workshop on Foundation of Mobile Computing, 2005.

[14] Zeng Yuanyuan, Jia Xiaohua, He Yanxiang. Energy efficient distributed connected dominating sets construction in wireless sensor networks. In: Proc of the 2006 ACM Int'l Conf on Communications and Mobile Computing, 2006: 797-802.

[15] Dai F, Wu J. An extended localized algorithm for connected dominating set formation in Ad Hoc wireless networks. IEEE Trans. on Parallel and Distributed Systems, 2004, 15(10): 908-920.

[16] Wu J, Cardei M, Dai F, et al. Extended dominating set and its applications in Ad Hoc networks using cooperative communication. IEEE Trans. on Parallel and Distributed Systems, 2006, 17(8): 851-864.

[17] Qureshi H K, Rizvi S, Saleem M, et al. Evaluation and improvement of CDS-based topology control for wireless sensor networks. Wireless Networks, 2013, 19(1): 31-46.

MAC 协议

第 7 章

导读

本章介绍传感器网络的 MAC 协议。首先,回顾了传统无线网络的信道访问控制方式、MAC 协议设计特点及节能设计,结合传感器网络在节点性能、网络业务和能量消耗方面的特征,介绍传感器网络 MAC 协议设计的特点和面临的挑战。然后,分类介绍了竞争型、分配型、混合型的 MAC 协议,结合代表性的协议分析了各类协议的优点和缺点。

引言

无线信道具有广播特性,网络中任意节点发送的无线信号都能被其通信范围内的其他节点接收。如果邻近范围内有两个以上的节点同时发送无线信号,就有可能在接收节点处发生信号碰撞,导致接收节点无法正确接收发送信息。为此,无线网络需要引入介质访问控制(MAC)协议,目的是协调和控制多个节点对共享信道的访问,减少和避免信号冲突,公平、高效地利用有限的信道频谱资源,提高网络的传输性能。

传感器网络 MAC 协议的基本任务之一就是调度网络中的节点在时间和空间上分配信道的使用权,建立网络的基础结构。在传感器网络协议栈中,MAC 协议处于底层部分,直接对物理层无线信道的使用进行控制,对网络的吞吐量、接入时延、发送时延、带宽利用率等通信性能有较大影响,是保证传感器网络高效通信的关键网络协议之一。

传感器节点的能量有限且难以补充,为保证传感器网络的长期有效工作,节能成为传感器网络 MAC 协议设计的首要目标。其次,MAC 协议需要具备良好的可扩展性,能够适应传感器网络中由于节点移动、能量耗尽失效、新节点加入等导致的网络拓扑变化。而传统无线网络 MAC 协议所关注的节点使用信道的公平性、信道的使用效率以及网络的实时性等性能指标成为传感器网络 MAC 协议设计的次要目标,这意味着传统无线网络的 MAC 协议不能简单地照搬到传感器网络,需要研究和提出新的适用于传感器网络的 MAC 协议。当然,传统无线网络 MAC 协议设计中遇到的一些基本问题,比如隐藏终端和暴露终端问题等,在传感器网络 MAC 协议中依然需要解决。

由于传感器网络具有与应用高度相关的特征,并没有一个通用的 MAC 协议存在。不同的应用侧重于不同的网络性能,映射到 MAC 协议中就有不同的设计侧重,近年来研究人员提出了各种适用于不同应用的传感器网络 MAC 协议。根据信道接入方式分类,可将 MAC 协议分为竞争型的 MAC 协议和分配型的 MAC 协议。前者通过竞争方式主动抢占信道,具有信道利用率高、可扩展性好等优点。后者则是根据节点的需求动态或者固定(静态的)分配信道,具有避免空闲侦听和串听问题,能效较高,不需要太多控制信息等优良特性。在这两种类型的基础上,也出现了一些混合型的 MAC 协议。

近年来传感器网络 MAC 协议的研究虽然已经取得了丰富的研究成果,但是一些技术问题仍然经常被讨论。这些问题如协议复杂度问题,过于复杂的协议会导致开销特别大,造成巨大的能量浪费。还有性能指标之间的权衡问题,各种性能指标之间通常会发生冲突,应当根据实际应用的需求,在各种性能指标之间寻找最佳权衡点。

7.1 概述

多个无线通信节点共享使用无线介质通信,需要一种机制来控制对介质的访问。在 OSI 参考模型中,数据链路层(DLL)负责相邻节点之间数据传输功能的实现。根据 IEEE 802 参考模型,数据链路层又可细分为媒体访问控制(MAC)子层和逻辑链路控制(LLC)子层,如图 7-1 所示。LLC 层负责流量控制、差错控制、分片与重组、顺序传输等。由于传感器网络中常以广播方式传输,数据分组较小不需要分片,顺序传输要求也不高,传感器网络一般不用 LLC 层,也精简了协议栈。MAC 层规定了不同的用户如何共享可用的信道资源,对于无线网络节点间的数据传输来说是非常至关重要的。

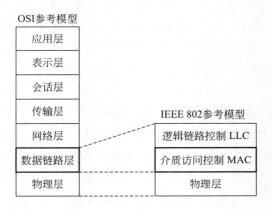

图 7-1　IEEE 802 参考模型中 MAC 层的位置

MAC 层紧邻物理层,主要定义了节点之间如何共享无线信道资源的机制,包括节点间对数据分组收发的管理和协调,减少邻近节点发送冲突概率,以保证某些特定的性能要求能得到满足,例如,延迟、吞吐量和公平性。MAC 协议用来组建传感器网络的底层基础结构,分配有限的通信带宽,对网络性能的影响十分巨大,是传感器网络高效率地通信的有效保证。

7.1.1　无线网络的信道访问控制方式分类

　　信道访问控制是无线网络 MAC 协议的基本任务,目的是解决网络中多个节点如何高效、无冲突地共享信道资源的问题。目前,无线网络 MAC 协议的信道访问控制方式主要分为两类,一类是基于竞争的信道访问控制,另一类是基于分配的信道访问控制,如图 7-2 所示。不同的信道访问控制方式具有各自的优、缺点和适用的场景,在实现过程中面临不同的难点,所获得的吞吐量、时延等网络性能也不一样。

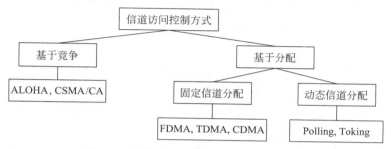

图 7-2　无线网络的信道访问控制方式分类

1) 基于竞争的信道访问控制

　　基于竞争的信道访问控制采用按需使用信道的方式,它的基本思想是当节点需要发送数据时,通过竞争方式主动抢占信道。如果节点获得信道的访问权限,就开始发送数据;如果发送的数据产生碰撞,就按照某种策略重发数据,直到数据发送成功或者放弃发送。在基于竞争的信道访问控制方式中,节点分布式地按需访问信道,拥有很好的可扩展性,并能适应业务数据的动态变化。竞争方式面临的难点在于如何解决竞争访问的冲突问题,因为较高的冲突概率会导致无线信道的利用率降低。典型的基于竞争的信道访问控制方式有 ALOHA 和载波侦听多路访问(carrier sense multiple access,CSMA)。

　　ALOHA 采用随机访问的方式占用信道,当节点有数据发送时就直接发送,不与其他节点协调。为了解决冲突,接收节点在收到数据后需要返回一个 ACK 作为确认。如果发送节点在指定时间内没有收到 ACK,就随机等待一段时间后重发数据。ALOHA 的优点是实现非常简单,但由于它没有对节点访问信道作任何控制,因此当网络中有大量节点需要发送数据时,冲突的概率很高,导致信道利用率降低。理论上,ALOHA 协议的信道利用率最高只有 18.4%。

　　CSMA 采用载波侦听的方式访问信道,当节点需要发送数据时,首先侦听信道上是否有其他节点正在发送数据。如果信道空闲,节点就发送数据;如果信道忙,节点就等到信道空闲时再发送。通过"先听后发"的载波侦听机制,CSMA 可以有效地降低网络中的冲突概率,在一定程度上提高了无线信道的利用率。冲突避免的载波侦听多路访问(carrier sense multiple access with collision avoidance,CSMA/CA)在 CSMA 的基础上引入冲突避免机制,当发送节点侦听到信道忙时,随机等待一段时间后再进行侦听和发送,进一步降低了信道访问的冲突概率。

　　在有线系统中,发送端可以持续不断地侦听,来检测它自己发送的数据是否与其他节点的数据发送有冲突。但是在无线系统中,碰撞发生在接收端,因此,发送端不知道是否有冲突。当两个发送节点 A 和 C 都能够到达同一个接收端 B,但是不能监听彼此的信号(如图 7-3 所示,圆圈代表每个节点的传输和干扰范围),这就是隐藏终端问题。因此,有可能出现 A 和 C 传递的数据同时到达 B,导致了在 B 节点的碰撞,而且无法直接检测出这种碰撞的情况。还有一个相关的问题是暴露终端问题,C 要传输数据到第四个节点 D,但需要等待,因为它监听到从 B 到 A 的不间断传输。实际上,节点 D 在节点 B 的传输影响范围之外,B 节点的传输并不干扰在 D 节点接收数据。结果是,节点 C 的等待延迟了它的传输,这是没有必要的。包括传感器网络在内的许多无线网络 MAC 协议都试图解决这两个挑战。

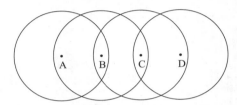

图 7-3　隐藏终端和暴露终端问题示意图

2) 基于分配的信道访问控制

基于分配的信道访问控制将共享的信道资源按照某种策略无冲突地分配给网络中的各个节点,当节点需要发送数据时,在自身分配的信道资源内完成数据传输,节点之间互不干扰,因此没有冲突。它面临的难点是如何以最小的代价为整个网络中的节点无冲突地分配信道资源。信道资源的分配方式包含两种,一种是固定的信道分配,另一种是动态的信道分配。

固定信道分配将共享的无线信道资源以频分多址(frequency division multiple access,FDMA)、时分多址(time division multiple access,TDMA)或码分多址(code division multiple access,CDMA)等方式划分为若干个逻辑子信道,再将各个子信道分配给节点,所有节点在自己的逻辑子信道内发送数据,互不冲突。FDMA 按照频率划分信道,各个节点使用不同的频段发送数据;TDMA 按照时间划分信道,各个节点使用不同的时隙发送数据;CDMA 将不同的码字分配给各个节点,各个节点使用自己的码字发送数据。固定信道分配方式能够使节点获得稳定的信道资源,但对于没有数据发送的节点,其占用的信道资源将白白浪费。

动态信道分配采取按需分配的策略,将信道资源动态地分配给需要发送数据的节点,尽可能提高信道的利用率。动态信道分配的难点是需要网络建立某种控制机制,用于仲裁多个节点对共享信道的竞争访问。轮询(polling)和令牌环(token ring)是两个典型的控制机制,前者是集中式的,后者是分布式的。在轮询机制中,控制中心依次查询各个节点是否有数据发送。如果有,节点获得信道的使用权,发送完成后交还控制中心;如果没有,控制中心继续询问下一个节点。例如,蓝牙的 MAC 协议以及 IEEE 802.11 MAC 协议的 PCF 模式都采用了轮询机制。在令牌环机制中,所有节点构成一个环,环上的节点相互传递一个令牌帧。如果节点有数据发送,在收到令牌帧后保留,发送完成后再转交给下一个节点;如果节点没有数据发送,直接将令牌帧转发给下一个节点。

7.1.2　传感器网络 MAC 协议的特点

MAC 协议是传感器网络组网的基础,也是网络节点通信的第一步,对传感器节点的能量消耗,以及上层路由协议的工作效率都有重要影响。与传统无线网络相比,传感器网络在节点规模、网络结构、通信带宽、电源能量、应用场景等方面都有显著的区别,这些区别也使传感器网络的 MAC 协议有其自身的特点。

（1）能量高效。传感器网络的节点采用能量有限的电池供电,而且通常难以再更换电池,为了保证传感器网络能长时间的工作,传感器网络的 MAC 协议必须是能量高效的。MAC 层位于物理层之上,直接控制节点上能耗较大的无线通信模块的收/发行为,对节点的能量消耗有重要影响。

（2）可扩展性。在传感器网络中,节点大规模部署,MAC 协议的设计要能保证大量节点对信道的高效访问,减少对信道的访问冲突。传感器节点之间采用自组织多跳的方式建立通信路径,网络中的节点可能因为能量耗尽失效或者发生移动,因此,MAC 协议也要能适应网络拓扑的动态变化。

（3）延迟。很多重要的传感器网络应用对数据的传输时延有比较严格的要求,比如用于监测森林火灾的传感器网络,要求监测数据能迅速发送到监控中心以便即时发现火情,作出快速反应。MAC 协议中的时延是指数据帧从源节点成功地到达目的节点的一段时间,包括发送等待时间（接入时延）和数据帧在信道上的传输时间。

（4）吞吐量。在基于事件触发类的传感器网络应用中,当事件发生时,往往有大量的节点感知到事件的发生,造成网络中的流量突发性增大。MAC 协议应该要充分利用传感器网络有限的带宽资源,提高单位时间内的数据传输量。

（5）公平性。传统的无线网络 MAC 协议主要关注公平性,使网络中的节点具有平等的机会占用共享信道资源。在传感器网络中,所有节点协作,共同完成监测任务,因此通常较少考虑公平性。

7.1.3 传感器网络 MAC 协议的节能设计

传感器节点的无线通信模块可以处于发送、接收、侦听和睡眠 4 种状态,在这些状态下的能量消耗见表 7-1。可见,无线通信模块在发送状态消耗能量最多,在睡眠状态消耗能量最少,接收状态和侦听状态下的能量消耗基本相当。传感器网络的 MAC 层位于物理层之上,MAC 协议决定节点对信道的访问时间和收/发时长,直接控制无线通信模块所处的状态,对节点的通信能耗有非常大的影响。

表 7-1 无线通信模块在发送、接收、侦听和睡眠状态下的能耗情况

	数据速率(kb/s)	发射电流(mA)	接收电流(mA)	空闲电流(mA)	待机电流(μA)
RFM TR1000	115.2	12	3.8	3.8	0.7
RFM TR3000	115.2	7.5	3.8	3.8	0.7
MC13202	250	35	42	800	102
CC1000	76.8	16.5	9.6	9.6	96
CC2420	250	17.4	18.8	18.8	426

从无线网络 MAC 层的角度来看,影响节点通信能耗的因素主要来自于 4 个方面:冲突

重传、空闲侦听、串听以及 MAC 协议的控制消息。与传统的无线网络相比，传感器网络具有的大规模部署、节点性能受限、业务数据突发、网络负载较低和数据分组小等特征进一步加剧了这些因素对传感器节点造成的能量消耗，设计 MAC 协议时需要重点考虑。

（1）冲突重传。在基于竞争的 MAC 议中，当多个节点同时访问信道时会发生数据冲突，使得接收节点无法成功接收数据。这就使发送节点必须重传发送的数据，因而消耗更多的能量。对于传感器网络而言，大规模节点的部署以及事件触发类应用中感知数据在时间上的突发性特征，都可能导致网络中的碰撞概率增大，以致数据包的频繁重传急剧加速节点的能量消耗，同时还会增大网络的传输延迟。

（2）空闲侦听。节点在不发送数据时，需要一直保持对无线信道的侦听，以便接收可能传输给自己的数据。但是如果信道上没有发送给节点的数据，节点的这种持续侦听就没有必要，反而会造成能量的浪费。在传感器网络的应用中，节点只有在监测事件发生时才会发送数据，信道上的业务负载比较低。这样会导致很多节点长期处于空闲侦听状态，浪费更多的能量。

（3）串听（overhearing）。由于无线网络的广播特性，节点在发送信号时，其传输范围内的所有节点都会接收到该信号，从而使那些非期望的目的节点接收和处理了不需要的数据，这种现象称为串听。串听造成网络中大量无关节点的无线接收模块和处理器模块消耗更多的能量。传感器网络中大规模的节点部署和大量的单播通信会进一步加剧节点间的串听，造成严重的能量浪费。

（4）协议控制消息。MAC 协议为了协调网络中的节点更高效、无冲突地访问共享信道，不可避免地需要发送一些额外的协议字段或者控制消息，使节点消耗更多的能量。对于业务负载比较低和数据分组比较小的传感器网络，如果协议的运行维护机制复杂，就会使得协议控制产生的能量开销所占的比重相对较大，反而给节点造成过多的能耗负担。

考虑到上述因素，传感器网络 MAC 协议为了减少节点的能量消耗，通常采用“侦听/睡眠”方式。当节点有数据需要发送时，开启无线通信模块进行侦听，在信道空闲时发送数据，从而减少冲突重传；当节点没有数据需要收发时，控制无线通信模块进入睡眠状态，从而减少空闲侦听和串听造成的能量消耗；为了使节点在无线通信模块睡眠时不错过发送给它的数据，或减少节点的过度侦听，邻居节点间需要通过协调保持侦听/睡眠周期的同步，或者直接在收/发节点之间主动唤醒；当然，MAC 协议的设计应该尽可能地简单高效，避免协议本身的开销过大，造成能量浪费。

7.2　竞争型的 MAC 协议

竞争型 MAC 协议的基本思想是节点根据业务需求，通过竞争方式主动抢占信道。分配型 MAC 协议需要维护用来表征节点间信道占用顺序的传输调度表，竞争型 MAC 协议不依赖于传输调度表，一般也不需要在网络内保存、维护或者共享状态信息，而是采用了其他方法来解决竞争问题。相对于分配型 MAC 协议，竞争型 MAC 协议的主要优势就是简单，可扩展性好，能支持大规模的网络，自动适应网络流量和拓扑结构的动态变化。但是，竞争型 MAC 协议的空闲监听和串听会导致更高的碰撞率和能量的消耗，也可能会面临公平接入的问题,也就是说某些节点可能比其他节点更多地获取信道接入的机会。

典型的竞争型 MAC 协议采用的 CSMA 较早被无线局域网 IEEE 802.11 MAC 协议所采用。IEEE 802.11 MAC 的 DCF 模式采用 CSMA/CA 和随机退避时间实现无线信道的共享,但是该协议要求射频部分一直处于侦听状态,消耗了大量的能量。S-MAC 协议是对 IEEE 802.11 MAC 协议的改进,主要以减少节点能量消耗为目标。

7.2.1 IEEE 802.11 MAC(DCF 模式)

IEEE 802.11 MAC 协议[1]是无线局域网络的 MAC 层协议标准,很多基于竞争方式的传感器网络 MAC 协议都是在此基础上提出的。IEEE 802.11 MAC 协议有分布式协调 (distributed coordination function,DCF)和点协调(point coordination function,PCF)两种工作方式。其中,DCF 是基本工作方式,采用 CSMA/CA 机制共享无线信道;PCF 是可选工作方式,通过接入点(access point,AP)或者控制中心轮询节点的方式控制信道访问。

IEEE 802.11 MAC 协议规定了三种基本的帧间间隔(InterFrame Spacing,IFS),用于支持不同的数据帧占用信道的优先级,减少数据帧之间的信道访问冲突。这三种帧间间隔分别如下。

(1) SIFS(Short IFS):短帧间间隔。使用 SIFS 的帧具有最高的信道访问优先级,用于需要立即响应的服务,如 ACK 帧、RTS 帧和 CTS 帧等控制帧。

(2) PIFS(PCF IFS):PCF 方式下节点使用的帧间间隔,用以获得在非竞争访问周期启动时对信道的占用权,完成节点与 AP 之间的数据帧传输。

(3) DIFS(DCF IFS):DCF 方式下节点使用的帧间间隔,用于完成节点与节点之间的数据帧传输。

上述各帧间间隔的时间长度一般满足关系:DIFS>PIFS>SIFS。

在 DCF 工作模式下,当节点需要传输数据分组时,首先要通过载波侦听机制来确定无线信道的状态。载波侦听机制包含物理载波侦听和虚拟载波侦听两部分,物理载波侦听由物理层提供,虚拟载波侦听由 MAC 层提供。如图 7-4 所示,当 S 有数据发送给 R 时,首先通过物理载波侦听判断信道上是否有数据帧发送。如果信道空闲,且空闲时间超过一个 DIFS 帧间间隔,S 就向 R 发送一个请求帧(Request-To-Send,RTS),再由 R 返回一个清除帧(Clear-To-Send,CTS)进行应答。在这两个帧中都包含有一个 NAV 字段(network allocation vector),用于记录本次数据交换的时间和实现虚拟载波侦听,在其他帧的 MAC

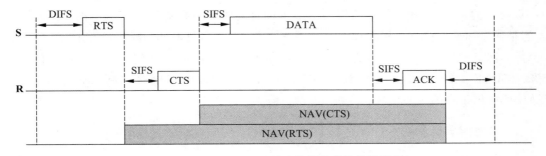

图 7-4　IEEE 802.11 MAC 协议的载波侦听机制

头部也会捎带这一信息。当其他节点侦听到这个信息后，记录 NAV 的值，指示信道被占用的剩余时间。在数据交换过程中，NAV 值逐渐递减，当值为零时，虚拟载波侦听指示信道为空闲状态；否则，指示信道为繁忙状态。

IEEE 802.11MAC 采用了立即主动确认机制和信道预留机制来提高网络的通信效率。在主动确认机制中，当目的节点接收到一个发送给它的有效数据帧（DATA）时，必须向源节点发送一个应答帧（ACK），确认数据帧被正确接收。信道预留机制要求源节点和目的节点在发送数据帧之前先交换简短的控制帧，即 RTS 帧和 CTS 帧。从 RTS 帧开始到 ACK 帧结束的这段时间，信道将一直被预留用于本次数据交换。在此过程中，其他节点都无法占用信道，直到它们的 NAV 值减为 0。

根据 CSMA/CA 协议，如果节点在准备发送数据前侦听到信道繁忙，需要一直侦听信道直到信道的空闲时间超过 DIFS 帧间间隔，再执行退避算法，进入退避状态来避免发生碰撞。节点的退避时间按下面的公式计算：

$$\text{BackoffTime} = \text{Random}() \times \text{aSlotTime} \tag{7-1}$$

式中，Random() 是竞争窗口[0，CW]内均匀分布的伪随机整数；CW 是一个随机整数，其值处于标准规定的（aCWmin，aCWmax]区间；aSlotTime 是一个时隙长度，包括发射启动时间、媒体传播时延、检测信道的响应时间等。

节点在进入退避状态时，启动一个退避计时器，该计时器只在检测到信道空闲时才进行计时，信道忙时则中止计时。当计时达到退避时间后，节点结束退避状态，进入数据帧发送阶段。当有多个节点处于退避状态时，选择具有最小退避时间的节点作为竞争优胜者。

在 PCF 工作方式下，网络中需要有一个固定的 AP，其他节点都与 AP 连接，AP 集中式地控制其他节点对信道的无冲突访问。AP 周期性地广播信标分组，通常周期设定为 0.1 s。在每两次广播之间，PCF 定义了两个周期：无竞争访问周期和竞争访问周期。节点在竞争访问周期使用 DCF 工作方式。在无竞争访问周期内，AP 依次轮询各个节点是否有数据发送。如果有，节点等待一个 PIFS 帧间隔后发送数据。PIFS 比 DIFS 短，但长于 SIFS，目的是使 PCF 方式下的数据帧比 DCF 方式下的数据帧具有更高的信道访问优先级，同时不干扰具有最高优先级的 DCF 控制帧的传输，如 RTS、CTS 和 ACK 帧。

7.2.2 S-MAC

S-MAC(sensor MAC)协议[2]采用基于 CSMA 的随机竞争方式，是在 IEEE 802.11 MAC 协议的基础上，针对传感器网络的节省能量需求和可扩展性目标提出的。它的基本思想是通过周期性侦听/睡眠的低占空比方式，控制节点尽可能处于睡眠状态来减少空闲侦听时间，降低能量消耗。此外，为了避免网络中的冲突和隐藏终端问题，S-MAC 采用了与802.11 DCF 类似的物理和虚拟载波侦听机制，以及 RTS/CTS 通告机制。下面详细描述S-MAC 协议采用的主要机制。

1）周期性侦听和睡眠

在 S-MAC 协议中，节点按照图 7-5 中所示的周期性侦听/睡眠时序工作。在侦听时间

图 7-5 节点的周期性侦听/休眠时序

内,节点醒来后侦听信道的状态,判断是否需要发送或者接收数据;在睡眠时间内,节点关闭通信模块,转入低功耗的睡眠状态。为了降低能量消耗,节点要尽可能地睡眠,减少侦听时间。但这可能会导致一个问题,如果发送节点与接收节点的侦听时间不一样,节点之间将无法进行通信。为此,S-MAC 需要在相邻的节点之间建立同步,以保证可能的收发节点之间具有共同的调度周期。

节点通过维护一个调度表控制自己的侦听/睡眠时间,同时保存相邻节点的调度信息,相邻节点之间通过 SYNC 消息建立同步。当节点开机后,首先侦听信道一段时间,此时,可能会出现下面 3 种情况:(1)如果节点没有收到邻居节点的 SYNC 消息,就随机产生自己的调度周期并广播给邻居节点。(2)如果节点在产生自己的调度周期之前,收到邻居节点的SYNC 消息,则将它的调度周期设置为与邻居节点相同,并在等待一个随机时延后广播自己的调度信息。(3)如果节点在产生并通告了自己的调度信息之后,收到了来自邻居节点的不同的调度信息,节点首先判断是否有邻居节点和自己保持同步,如果没有就放弃自己的调度周期,转而采用邻居节点的调度周期;如果节点没有收到过与自己调度相同的邻居节点的通告,节点在调度表中添加该邻居节点的调度信息,此后依次按照自己和邻居节点的调度周期工作,以便能够与非同步的邻居节点通信。

这样,通过相邻节点间的同步,使得具有相同调度周期的节点形成一个虚拟簇,簇内节点间可以正常通信。对于具有多个调度周期的节点,成为虚拟簇的边界节点,可以同时与多个虚拟簇的节点通信。图 7-6 是两个虚拟簇的情况,其中,边界节点同时具有虚拟簇 1 和虚拟簇 2 的调度周期。S-MAC 协议可以形成众多不同的虚拟簇,对大规模部署的传感器网络具有很好的可扩展性。

图 7-6 S-MAC 协议形成的
虚拟簇

2) 自适应侦听

在周期性侦听/睡眠机制中,节点周期性的睡眠不可避免地将会引起数据传输的延迟。尤其是在多跳通信的传感器网络中,传输延迟会随着跳数的增多而累加。为了解决这个问题,S-MAC 协议采用了自适应侦听机制。它的基本思想是在一次通信过程中,当节点发现邻居节点传输结束时,醒来侦听一段时间。此时,如果节点发现自己正好是通信的下一跳,即收到 RTS 分组,它就可以立刻接收数据,无需等到下一次侦听周期,从而减少了数据分组的传输延迟。当然,如果节点在侦听时间内没有收到 RTS 分组,则返回睡眠状态,直至下一个侦听周期。

3) 消息传递和串听避免

在 S-MAC 协议中,为了能让节点既可以收到 SYNC 分组也可以收到 DATA 分组,进一步将节点的侦听时间分成两部分,分别用于 SYNC 分组和 DATA 分组的收发,如图 7-7 所示。

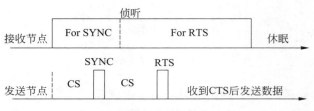

图 7-7 收/发节点的通信时序

为了减少碰撞和可靠传输,节点在发送数据分组时,需要经历 RTS/CTS/DATA/ACK 的通信过程(SYNC 分组除外)。由于无线信道的误码率较高,S-MAC 将长数据分组分割成多个短数据片段传输,以提高发送的有效性。节点首先利用一次 RTS/CTS 通告机制为长数据分组的全部短数据片段预留信道,再依次传输每个短数据片段,接收节点相应地逐一确认,如图 7-8 所示。

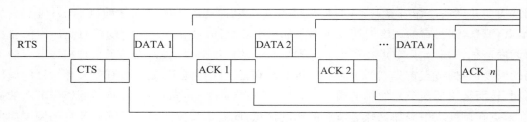

图 7-8 S-MAC 协议的长数据分组发送

为了避免收/发节点通信过程中邻居节点的串听,S-MAC 在节点传输的每个分组中,都附加一个字段表示剩余通信过程需要持续的时间长度。当邻居节点接收到 RTS 或者 CTS 分组时,首先记录当前通信过程的剩余时长,随即转入睡眠状态,直至当前通信过程结束。由于 RTS/CTS 分组比 DATA 分组小很多,这种方式有效地避免了邻居节点对收/发节点长 DATA 分组和后续 ACK 分组的串听。

S-MAC 协议采用虚拟簇节点同步的周期性侦听/睡眠机制,显著减少了节点的空闲侦听,能够较好地满足传感器网络 MAC 协议能量高效的要求,同时具有良好的可扩展性。但是,S-MAC 协议有其缺点:(1)周期性侦听/睡眠的固定占空比方式需要大量的 SYNC 广播分组在虚拟簇节点间建立和维护同步的调度周期。特别是在网络业务负载较高的情况下,这种控制开销的能耗代价将会大于节省的空闲侦听能耗,成为负担。(2)即使 S-MAC 采用自适应侦听机制来减少多跳通信的延迟累加,但节点周期性睡眠造成的传输延迟仍然十分显著,S-MAC 不适于具有严格时延要求的应用。

7.2.3 B-MAC(SenSys)

能量高效是传感器网络 MAC 协议设计的主要性能指标,S-MAC 协议采用基于周期性侦听/睡眠的固定占空比方式来减少节点因空闲侦听造成的能量消耗。固定占空比方式有其固有的缺点:一是需要依靠大量的控制开销来建立和维护节点间的周期性同步;二是节点在没有数据收发时仍然要在整个侦听周期内保持侦听状态,对网络业务负载变化的适应性差。下面介绍一种基于异步周期性侦听/睡眠调度机制的传感器网络 MAC 协议——B-MAC(Berkley MAC)协议[4]。

与采用同步固定占空比方式的 S-MAC 协议不同，B-MAC 协议让各个节点独自决定自己的睡眠和唤醒时间，不需要在所有节点之间建立和保持同步，而是只在发送者有数据需要发送时直接和接收者建立同步。B-MAC 协议采用前导采样(preamble sampling)来实现收/发节点之间的同步，前导采样也称为低功耗侦听(LPL)。LPL 的思想是当发送节点需要发送数据时首先在信道上传输一个前导用于唤醒接收者，每个节点周期性地醒来，检查信道上是否有针对自己的扩展前导。如果有，节点保持接收状态；否则，节点返回到睡眠状态。

下面以图 7-9 为例说明前导采样的工作过程。图中，A 是发送节点，B 是接收节点，C 是收/发节点的邻居节点。各个节点独立地决定自己的睡眠调度时间 T_P，在醒来后检测信道是否活跃。当节点 A 需要发送数据给 B 时，它首先发送一个时间长度为 T_P 的前导。当节点 B 醒来后，侦听到 A 发送的前导，发现自己是接收者，节点 B 保持侦听状态直到 A 开始数据传输，然后开始接收 A 发送的数据。如果 B 成功地接收 A 传输的数据，B 回复一个 ACK。需要注意的是，在 A 发送前导时，邻居节点 C 也会侦听到，但由于 C 不是数据包的接收者，因此它结束侦听，返回睡眠状态。

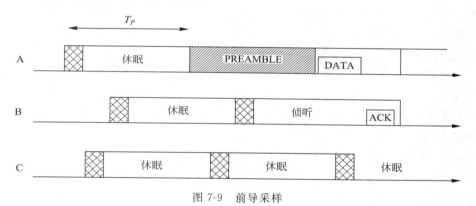

图 7-9　前导采样

显然，与同步的周期性侦听/睡眠方式相比，LPL 机制消除了节点之间通过周期性发送 SYNC 消息建立虚拟簇的缺点，但付出了在每个数据包之前发送前导分组的代价。在 LPL 中，侦听周期 T_P 是一个重要参数，它直接影响节点的能量消耗。如果 T_P 设置得很小，接收节点就会因频繁的唤醒侦听而浪费能量；如果 T_P 设置得很大，发送节点就会因传输很长的前导分组而增加能量消耗。通常情况下，T_P 应该设置的偏大一些，从而能利用少数发送节点传输较长的前导分组来减少大量侦听节点的频繁唤醒。

在 B-MAC 协议中，LPL 机制的成功执行依赖于节点对信道状态的准确感知。如果接收节点误认为空闲信道活跃，从而保持侦听状态，会浪费接收节点的能量；如果节点在侦听前导分组时没有发现自己是接收节点，将会导致发送节点因再次传输前导分组而浪费能量，同时还会增加数据的传输延迟；此外，如果发送节点误认为活跃信道空闲，从而发送前导分组，将会导致信道冲突，因而造成能量浪费并降低了信道的利用率。为了实现节点对信道状态的准确感知，B-MAC 协议采用空闲信道评估机制(clear channel assessment，CCA)。

CCA 机制在进行空闲信道评估时主要考虑无线信道的两个基本特征：一方面，噪声信号易受环境影响而动态变化，使得当信道上没有数据包传输时，节点的接收信号强度也会发生频繁的高低抖动；另一方面，数据包在信道上传输时表现为相对稳定的信道能量。无线信道的这两个特点使得对信道状态的检测不能仅仅依靠单独的一两次采样，而是需要依赖于一定时间内的多次采样进行分析。

CCA 机制的目的是通过对信道噪声和传输信号的区分准确地检测出信道的状态，它包括两个阶段：噪声基准估计和传输信号检测。考虑到噪声信号易受环境影响而动态变化，CCA 不采用固定的噪声基准，而是利用信道数据传输结束后的多次信号强度采样进行动态估计，采样数据使用先进先出 FIFO 队列进行存储并实时更新。CCA 机制的噪声基准估计的表达式为

$$A_t = a \cdot S_t + (1-a) \cdot S_{t-1} \qquad (7\text{-}2)$$

式中，a 是与信号衰落情况相关的参数；S_t 是 FIFO 队列中噪声采样信号的中位值。

在传输信号检测方面，传统的方法是在对接收信号进行采样后，直接将其与噪声基准信号作比较，称为阈值方法，阈值方法的缺点是检测结果容易产生大量的错误判断，将突变的高强度噪声信号认为是传输信号。考虑到无线信道的另一个特征，数据分组在传输期间信道的能量维持恒定，CCA 机制采用孤立点检测的方法进行传输信号检测。如果节点在多个接收信号采样中检测到有明显低于噪声基准的采样值（即孤立点），则认为信道空闲；相反，如果节点在采样期间内未发现孤立点，则认为信道上有传输信号。

CCA 机制的完整工作流程如下：当发送节点需要传输数据时，首先进行空闲信道采样，计算和更新噪声基准值。接下来，在发送数据之前，节点需要再次对当前信道进行采样，检测采样值中是否存在孤立点。如果存在，则认为信道空闲，节点开始发送数据；如果不存在，则认为信道忙，发送节点退避一段时间后再重复上述过程。

B-MAC 协议使用扩展前导和低功率侦听(LPL)技术实现低功耗通信，采用空闲信道评估和数据包退避(packet backoffs)进行信道裁决。节点在发送数据分组之前先发送一段长度固定的前导序列。为避免分组空传，前导序列长度要大于接收方睡眠时间。若节点唤醒后侦听到前导序列，则保持活跃状态，直到接收到数据分组或信道变得再次空闲为止。

对于异步的周期性侦听/睡眠机制，当发送节点有数据发送时需要和接收节点建立同步。B-MAC 协议采用发送节点传输前导分组，通过接收节点的前导采样来实现收/发节点的同步。当网络业务流量较低时，前导采样比固定占空比的侦听唤醒方式更节省能量。

7.2.4　RI-MAC（SenSys）

RI-MAC(Receiver-Initiated MAC)[6] 是一个采用异步占空比方式的 MAC 协议，不需要相邻节点间保持唤醒或睡眠周期的同步。在 RI-MAC 协议中，任何数据帧的传输都由接收节点发起，其基本思想是由接收节点发送一个信标分组主动通告发送节点开始数据分组传输。

RI-MAC 协议的基本机制如下：网络中的各个节点根据自己的调度周期定时唤醒，在醒来后等到信道空闲时对外广播一个信标分组，通告自己处于唤醒状态，可以接收数据分组；对于有数据分组发送的节点，在醒来后一直保持唤醒状态，直至收到接收节点发送的信标分组，然后将数据分组逐个发送给接收节点。例如，在图 7-10 中，S 有数据分组发送给 R，

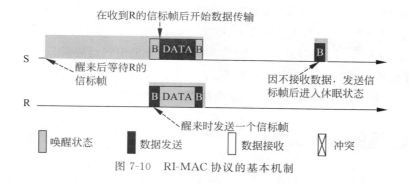

图 7-10　RI-MAC 协议的基本机制

S 醒来后一直等待 R 发送信标分组；某一时刻，R 醒来并广播一个信标分组；S 在收到 R 的信标分组后立即将数据分组发送给 R；在数据分组发送完成后，S 和 R 都返回睡眠状态。

在 RI-MAC 协议中，当接收节点收到一个数据分组时，需要向发送节点回复一个信标分组，信标分组格式如图 7-11。信标分组的作用有两个：一方面告知发送节点上一个数据分组已成功接收，另一方面表示自己可以接收下一次的数据传输。信标分组主要包含源地址（Src）、退避窗口（BW）和目的地址（Dst）3 个字段。其中，源地址是发送信标分组的节点的地址，数据分组的发送节点利用信标分组中的源地址字段判断当前唤醒的节点是否是数据分组的接收节点；目的地址是接收信标分组的节点的地址，数据分组的接收节点将发送节点的地址填入信标分组的目的地址字段，作为对上一个数据分组的应答；退避窗口用于在发生数据分组冲突时指定发送节点的退避时间。

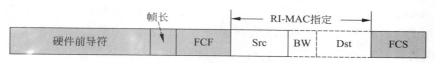

图 7-11　RI-MAC 协议的信标分组

利用信标分组中的退避窗口字段，RI-MAC 协议可以很好地处理多个节点同时发送数据分组给相同接收节点的情况。如图 7-12 所示，S1 和 S2 都有数据分组发送给 R，当 R 醒

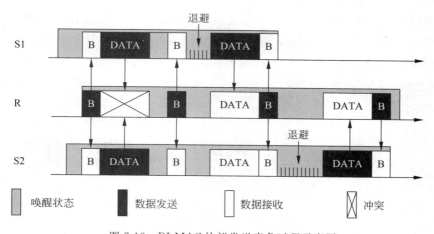

图 7-12　RI-MAC 协议发送竞争过程示意图

来后广播信标分组；S1 和 S2 在收到 R 的信标分组后都给 R 发送数据分组，导致这两个数据分组在 R 处发生冲突；当 R 检测到数据冲突后，重新广播一个包含退避窗口值的信标分组；S1 和 S2 在收到 R 发送的新信标分组后，根据信标分组中的退避窗口值计算各自的随机退避时间；在随机退避时间到达后，S1 和 S2 分别将数据分组再次发送给 R。因此，RI-MAC协议能有效地解决多个节点同时访问信道造成的冲突问题。

7.3 分配型的 MAC 协议

随着网络流量的增大，竞争型的 MAC 协议中节点发生冲突的概率增大，这样不仅降低了网络带宽利用率，而且浪费大量能量。分配型的 MAC 协议通常用时分多址（TDMA）、码分多址（CDMA）、频分多址（FDMA）或者是空分复用接入（SDMA）等技术，将一条物理信道划分为许多子信道，然后将这些子信道根据节点的需求动态或者固定（静态地）分给通信节点，避免不必要的冲突发生。分配型 MAC 协议的设计思想是：节点在给定的时间接入指定的信道，可以无冲突的发送数据，以避免碰撞和重传，在不需要收发数据时就可进入睡眠状态。但分配型 MAC 协议的设计思想需要理想的介质和环境，不存在其他竞争网络或行为异常的节点，否则会导致接入冲突甚至是信道阻塞。下面介绍其中的几个典型协议。

7.3.1 TRAMA（TDMA-W）

TRAMA（TRaffic Adaptive Medium Access）协议[8]将信道按时间划分为连续的时隙，是一个分布式的基于 TDMA 方式的传感器网络 MAC 协议。在该协议中，每个节点掌握其两跳范围内的邻居节点信息，根据节点的 ID 号及当前时隙号，各节点利用哈希函数分布式地计算出所有节点在每个时隙上的优先级，并将当前时隙分配给优先级最高的节点。为了节省能量，TRAMA 协议避免将时隙分配给没有业务流量的节点，同时让没有通信任务的节点转入睡眠状态。通过使用预先分配时隙的通信方式，TRAMA 协议可以有效减少因为冲突和空闲侦听导致的能量消耗。

在 TRAMA 协议中，连续时隙组成的信道被划分为周期性交替的随机访问阶段和调度访问阶段，随机访问阶段的时隙称为通告时隙，调度访问阶段的时隙称为传输时隙，如图 7-13 所示。随机访问阶段主要用于网络维护，比如节点失效或者新节点加入引起的网络拓扑结构的变化。调度访问阶段用于确定每个时隙的发送者和接收者，实现无冲突的数据传输。

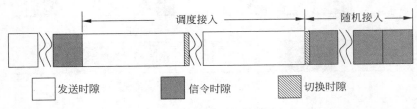

图 7-13　TRAMA 协议的时隙组织

TRAMA 协议包含 3 个部分：邻居协议（Neighbor Protocol，NP），调度交换协议（Schedule Exchange Protocol，SEP）和自适应选举算法（Adaptive Election Algorithm，AEA）。邻居协议和调度交换协议用于交换节点两跳范围内的邻居信息及其调度信息。自适应选举算法利用邻居节点信息和调度信息选取各个时隙的发送者和接收者。

　　1）邻居协议

　　邻居协议的目的是使信道时隙的分配能适应网络的动态变化，比如网络中节点的增加、删减以及节点业务流量的变化。邻居协议运行在随机访问阶段，在此期间，节点采用随机竞争的方式占用通告时隙访问无线信道。节点间通过邻居协议需要获得一致的两跳邻居拓扑结构及各节点的业务流量信息，因此要求所有节点在此期间都要处于发送或者接收状态，并且需要周期性地广播通告自己的 ID、是否有业务流量需要发送以及能够与其直接通信的邻居节点的相关信息，并且实现时钟同步。最终，依靠通告时隙的信令交互，两跳范围内所有邻居节点之间都彼此掌握了对方的信息。

　　2）调度交换协议

　　调度交换协议的目的是根据节点的业务流量信息，建立和维护节点的调度信息。调度交换协议的工作过程如下。

　　首先，节点根据上层应用产生数据分组的速率，即业务流量信息，计算自己的调度间隔 SHEDULE_INTERVAL，表示节点进行一次调度需要的时隙个数；然后，节点计算在 $[t, t+$ SHEDULE_INTERVAL] 时隙内，与所有两跳邻居节点相比，自己具有最高优先级的时隙个数，最高优先级时隙称为节点的赢时隙；最后，节点通告发送数据的接收者，在自己的赢时隙内进行数据传输。此外，如果节点自身的业务流量信息不足以占完自己的所有赢时隙，节点应及时做出放弃赢时隙的通告，以便其他邻居节点使用。同时，节点调度间隔内的最后一个赢时隙保留用于广播节点下一个调度间隔的调度信息。例如，假设节点 s 的调度间隔是 100 个时隙，在时隙 1000 开始时，s 首先计算在 [1000，1100] 范围内自己的赢时隙，比如 1009，1030，1033，1064，1075 和 1098，在赢时隙内通告接收节点 r 开始数据传输。在最后一个赢时隙 1098，s 通告自己在下一个调度间隔 [1098，1198] 内的调度信息。

　　在调度交换协议中，节点调度信息通过调度分组进行广播，调度分组格式如图 7-14 所示。其中，sourceAddr 是调度分组发送节点的编号，timeout 是从当前时隙开始本次调度有效的时隙个数，width 是一跳邻居节点的个数，numslot 是节点的赢时隙个数。bitmaps 字段用于指定节点在各个赢时隙内发送数据的接收者，其大小等于邻居节点数×赢时隙个数。其中，节点的每个赢时隙对应一个位图（bitmap），每个位图指定了在当前赢时隙上节点发送数据的对应接收者。在位图中，由于节点通过邻居协议维护了一致的两跳邻居拓扑结构，因此可以将邻居节点按照 ID 作升序或降序排列来指定接收者，位图中的每一位代表一个邻居节点。采用位图方式可以非常方便地实现节点的广播、组播和单播发送，例如位图全为 1 就代表广播，某些位指定为 1 就代表单播或者组播。此外，节点将放弃的赢时隙的位图置为全 0。节点的最后一个赢时隙，即用于通告下一个调度间隔节点调度信息的时隙，称为变更时隙。邻居节点通过对发送节点变更时隙的侦听，最终所有两跳范围内的节点都同步到新的下一个节点调度间隔。

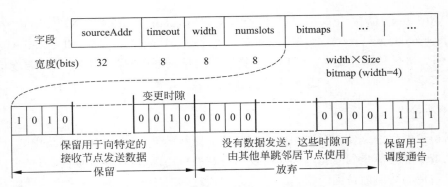

图 7-14　TRAMA 协议的调度分组格式

3）自适应选举算法

自适应选举算法的目的是通过计算两跳范围内所有节点的优先级，分布式地决定各个节点在当前时隙内的活动策略：发送、接收或者睡眠。其中，节点 s 在时隙 t 的优先级通过伪随机的哈希函数计算，即

$$priority(s,t) = hash(u \oplus t) \qquad (7\text{-}3)$$

由于两跳范围内相邻节点之间彼此掌握的信息一致，由各个节点独立计算的所有节点在每个时隙上的优先级是一致的，因此各节点最终确定的在每个时隙上优先级最高的绝对优胜节点也是相同的。

在调度访问阶段的每个时隙上，所有节点都分布式地运行自适应选举算法，根据当前两跳范围内邻居节点的优先级和一跳范围内邻居节点的调度信息，独立地决定自己在当前时隙内的活动策略：当且仅当节点有数据需要发送，且在当前时隙是绝对优胜节点，即具有最高的优先级，节点处于发送状态；当且仅当节点是当前发送节点指定的接收节点，节点处于接收状态；否则，节点处于睡眠状态。

TRAMA 协议实现了分布式的基于 TDMA 方式的信道访问控制，保证节点根据实际的业务流量需求使用预先分配的时隙进行无冲突的通信，并且将没有通信任务的节点转入睡眠状态，有效减少了数据冲突和空闲侦听造成的能量消耗。TRAMA 协议适用于周期性数据采集和监测等传感器网络应用。它的不足是时钟同步存在一定的通信开销，随机和调度访问阶段的交替会在一定程度上增加业务传输的端到端延时。此外，TRAMA 协议对节点存储空间和计算能力有一定要求，实现的复杂度较高。

7.3.2　BMA-MAC (IPSN'04)

BMA-MAC(Bit Map Assisted-MAC)[9]是针对采用分簇结构的传感器网络中成员节点与簇头节点之间的通信业务提出的 MAC 协议，采用 TDMA 的信道访问控制方式。它的目标是利用局部范围内的时隙分配，降低簇内节点因为空闲侦听和碰撞造成的能量消耗。

BMA 协议按轮执行，每轮分为簇建立阶段(cluster set-up phase)和稳态阶段(steady-state phase)，如图 7-15 所示。其中，簇建立阶段用于在网络中形成基本的簇结构，选举出簇

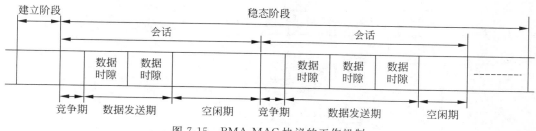

图 7-15 BMA-MAC 协议的工作机制

头节点;稳态阶段用于成员节点和簇头节点之间的数据传输,由簇头节点充当控制中心,分配发送时隙给需要发送数据的节点,并接收节点发送的数据。

簇建立阶段,各个节点根据自己的能量等级决定是否被选举为簇头节点,以达到均衡节点能耗的情况。成为簇头的节点向其他节点广播一个通告消息,其他节点根据与各个簇头的通信能耗情况,选择最小能耗的簇头加入。

簇结构一旦建立,就进入稳态阶段。稳态阶段包含 k 个会话(session),每个会话占用相同的时长,由竞争期、数据发送期和空闲期组成。竞争期包含 N 个时隙长度,其中,N 是簇内成员节点的数目。数据发送期的长度是可变的,取决于簇内需要发送数据的节点数量,每个发送数据的节点占用一个时隙。数据发送期结束后,进入空闲期,直到当前的这个会话结束。

在每个会话的竞争期,所有节点都打开无线通信模块。成员节点在预先分配给自己的时隙内向簇头节点报告是否有数据发送。如果有,则在时隙内发送 1 个比特的控制消息;否则,该时隙空闲。竞争期结束后,簇头节点得知需要发送数据的成员节点,由此为这些节点分配发送时隙并广播时隙分配表。之后,进入数据传输期,需要发送数据的成员节点在分配的时隙内与簇头节点通信,其他时隙睡眠。通信结束后,进入空闲期,所有节点进入睡眠状态,直至下一个会话开始。当 k 个会话结束后,BMA-MAC 协议进入下一轮,重复上述过程。

7.3.3 DMAC (IPDPS'04)

传感器网络中一种常见的通信模式是多个传感器节点在采集到监测数据后,通过自组织多跳的方式,向一个汇聚节点发送数据。所有传感器节点转发收到的数据,形成一个以汇聚节点为根节点的树型网络结构,称为数据采集树(data gathering tree),如图 7-16 所示。

在 S-MAC 和 B-MAC 等基于竞争方式的 MAC 协议中,节点采用周期性的活动/睡眠策略来减少能量消耗,但会出现数据在转发过程中"走走-停停"的通信停顿问题。例如,对于通信模块处于睡眠状态的节点,如果监测到事件发生,就必须等到通信模块转换到活跃期才能发送数据;当中间节点要转发数据时,下一跳节点可能处于睡眠状态,此时也必须等待它转换到活动期。在数据采集树结构中,这种节点睡眠引起的延迟会随着路径上的跳数成比例增加,进一步增大了数据的传输延迟。

DMAC[10] 是针对数据采集树结构设计的 MAC 协议,目标是减少数据的传输延迟和网络的能量消耗。DMAC 协议的核心思想是采用交错调度机制,将节点周期划分为接收时间、发送时间和睡眠时间,如图 7-16 所示。其中接收时间和发送时间相等,均为发送一个数据分组的传输时间。每个节点的调度具有不同的偏移,下层节点的发送时间对应上层节

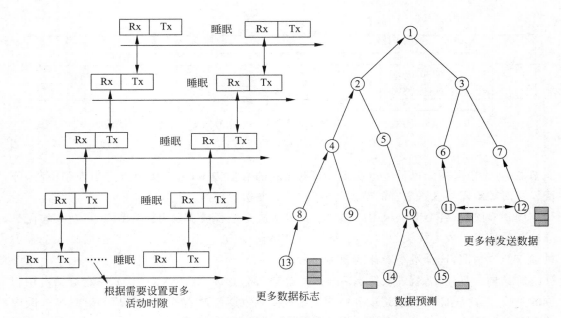

图 7-16　针对数据采集树的 DMAC 协议

点的接收时间。这样，数据能够连续地从源节点传送到汇聚节点，减少在网络中的传输延迟。

DMAC 协议采用 ACK 应答机制，目的节点正确接收到数据后，需要立刻返回 ACK 给源节点。如果源节点没有收到 ACK，要在下一个发送时间重发。为了减少发送数据产生的冲突，节点等待一个固定的退避时间（backoff period，BP），然后在冲突窗口（contention window，CW）内随机选择发送等待时间。目的节点在发送 ACK 消息时，等待一个短时间间隔（short period，SP）。为保证数据帧不与 ACK 帧冲突，SP 应当小于 BP，相当于设定 ACK 帧的优先级高于数据帧。根据上述的通信应答机制，DMAC 协议一次完整数据通信过程需要的时长 μ 为

$$\mu = BP + CW + DATA + SP + ACK \tag{7-4}$$

式中，DATA 表示源节点发送数据分组的时间；ACK 表示目的节点发送 ACK 应答的时间。

为了进一步降低网络的传输延迟，提高传输效率，DMAC 协议采用了自适应占空比机制、数据预测机制和 MTS 分组机制。

1）自适应占空比机制

在 DMAC 中，假设无线通信的干扰范围是发送范围的 2 倍，为了避免前后数据分组之间互相干扰，相邻数据分组之间的发送间隔需要至少 3 μs 的时间，这使得一个节点需要 5 μs 时间才能接收、转发完一个数据分组。如果节点的业务负载较大，有多个数据分组需要发送时，这种每个周期发送一个数据分组的方式就会极大地增加网络的传输延迟。为此，DMAC 引入自适应占空比机制来解决这个问题。自适应占空比机制根据节点的业务负载情况动态地增加节点的占空比，并同时请求传输路径上的各个节点也相应的增加。

DMAC 协议在数据分组头中增加一个继续传输标志位(more data flag),设置为 1 时表示发送节点还有数据需要发送。在 ACK 分组头中也增加相同的标志位,设置为 1 表示接收节点准备好接收更多数据。当节点的发送缓存不为空或者收到上一跳节点发来的标志位设为 1 的数据分组时,将准备发送的数据分组中的标志位设为 1。当节点发送了标志位设为 1 的数据分组,或者收到了标志位设为 1 的 ACK 分组时,就调整自己的占空比,增加接收/发送时长。通过在传输路径上进行占空比增加的逐跳预约,这种机制能够有效地提高网络的数据传输率,降低传输延迟。

　　2) 数据预测机制

　　在传感器网络的数据采集树上,可能会存在有多个子节点同时需要发送数据给父节点的情况,如图 7-16 中的子节点 14、15 和父节点 10。当某个子节点赢得发送机会并完成发送后,父节点进入睡眠状态,这样将造成其他子节点数据的发送延迟。为了解决父节点早睡问题,DMAC 协议设计了数据预测机制。父节点在收到某个子节点的数据分组后,预测其他子节点可能还有数据发送,因此在 3 μs 时间后醒来进入接收状态。竞争失败的子节点在发送退避期间侦听到父节点发送的 ACK 消息,知道父节点在 3 μs 后将再次醒来,就调整自己的调度表,在 3 μs 后醒来向父节点发送数据。如果父节点预测失败,没有其他子节点发送数据,就直接转到睡眠状态。

　　3) MTS 分组机制

　　数据采集树上不同传输路径的节点之间会因为竞争造成传输延迟,如图 7-16 中的 11 节点和 12 节点。假设某个周期开始时,这两个子节点都有数据发送给对应的父节点。如果子节点 11 最终赢得竞争,子节点 12 就不得不等到下一个周期再竞争发送数据,导致数据的发送延迟。为了解决这个问题,DMAC 协议引入了 MTS(more to send)分组机制。MTS 分组机制的基本思想是通过子节点发送 MTS 请求,主动唤醒父节点接收。例如,子节点 12 在竞争失败后,等待一个退避时间,然后向父节点 7 发送一个 MTS 请求,父节点 7 在收到 MTS 请求后知道子节点 12 有数据需要发送。此后,子节点 12 和父节点 7 都每隔 3 μs 时间周期性地醒来进行数据传输,直到子节点 12 发送完数据,并向父节点 7 发送清除 MTS 的分组。

　　DMAC 协议是针对基于数据采集树的传感器网络而提出的,采用不同深度节点活动/睡眠周期的交错调度机制,使数据能够沿着多跳路径连续传播,减少因中间节点睡眠带来的传输延迟。该协议通过自适应占空比机制,动态调整传输路径上节点的活动时间长度,能主动适应网络中业务负载的动态变化;通过数据预测机制和 MTS 分组机制分别解决了相同父节点的子节点间的干扰和不同路径的邻居节点之间的干扰带来的睡眠延迟问题。

7.4　混合型的 MAC 协议

　　混合型 MAC 协议同时包含了竞争型协议和分配型协议的设计要素,能保留两种类型协议的特点。比如,混合型协议可以通过周期性分配型的 MAC 协议的优点减少空闲侦听、碰撞重传，同时也发挥了竞争型协议的灵活性和低复杂性。但是，混合型 MAC 协议的设计难度大，实现困难。

典型的混合型 MAC 协议主要有 Z-MAC、Funneling-MAC，二者均为 CSMA 与 TDMA 的混合型 MAC 层协议。Z-MAC 在低流量条件下使用 CSMA 信道访问方式，可提高信道利用率并降低延时，在高流量条件下使用 TDMA 信道方式，可减少冲突和串听。Funneling-MAC 针对临近 sink 节点的区域易于发生分组碰撞和丢失的漏斗效应（funneling effect），只在 sink 节点附近使用 TDMA 和 CSMA 混合方式接入信道，在全网其他区域使用 CSMA/CA 机制。

7.4.1　Z-MAC（SenSys, CSMA/TDMA）

Z-MAC 协议[11]是一个基于 CSMA 和 TDMA 混合方式的传感器网络 MAC 协议。Z-MAC 协议的运行包括两个阶段（如图 7-17 所示）：启动阶段和运行阶段。在启动阶段，Z-MAC 通过局部范围的邻居发现获得节点的两跳网络拓扑结构，然后利用 DRAND 协议[12]对节点进行无冲突的时隙分配，进一步通过 TF 规则计算节点的局部时间帧，确定节点使用分配时隙的周期。在运行阶段，Z-MAC 对节点进行传输控制。当网络的业务流量低时，Z-MAC 采用 CSMA 方式，可以有效提高信道的利用率并降低时延；当业务流量高时，Z-MAC 使用 TDMA 方式，可以有效减少冲突并且提高信道利用率。下面详细介绍 Z-MAC 协议的设计机制。

图 7-17　Z-MAC 协议的执行流程图

在启动阶段，Z-MAC 协议需要依次执行下面的初始化操作：邻居发现、时隙分配、局部分组交换和全局时间同步。这些操作仅在协议启动时运行一次，直到网络拓扑发生变化时才再次运行。

1）邻居发现和时隙分配

节点启动时，首先运行邻居发现协议，周期性地向一跳邻居节点广播 ping 消息，通过一跳邻居节点间的信令交互，最终两跳范围内的相邻节点之间都掌握相同的两跳网络拓扑信息。在此基础上，Z-MAC 采用 DRAND 协议，通过两跳节点间的调度信息广播，最终为两跳范围内的每个节点都分配一个无冲突的时隙。无冲突时隙的分配需要保证节点在其分配时隙内与一跳邻居节点通信时，不会与其两跳邻居节点产生干扰。下面用一个具体的示例描述 DRAND 协议的工作过程。

图 7-18(a)是一个由 6 个节点构成的两跳网络拓扑，椭圆代表一跳通信范围。根据网络拓扑，DRAND 首先构建一个节点间的信号干扰图（图 7-18(b)）。假如节点 C 需要分配一个时隙，它首先向其一跳邻居节点 A、B、D 广播一个 request（请求）消息（图 7-18(c)），此时有两种情况：

如果所有一跳邻居节点都判定 C 申请的时隙是无冲突时隙，就回复一个 grant（授权）

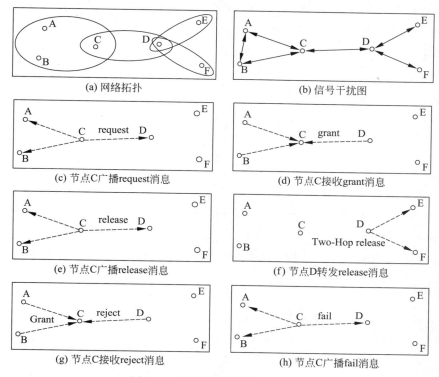

图 7-18　DRAND 协议的时隙分配

消息(图 7-18(d))。C 在获得所有一跳邻居节点的授权后,广播回复一个 release(发布)消息确认分配该时隙(图 7-18(e)),同时 C 的一跳邻居节点转发该 release 消息告知其两跳邻居节点 E、F(图 7-18(f)),以此完成节点 C 的时隙分配和通告。

如果某个邻居节点 D 发现 C 申请的时隙存在冲突,回复一个 reject(拒绝)消息(图 7-18(g))。C 收到 reject 消息后,广播一个 fail(失败)消息通告自己没有分配该时隙(图 7-18(h))。由此可见,DRAND 协议时隙分配的申请和通告机制可以保证两跳范围内所有节点分配的时隙是无冲突的。

2) 局部时间帧

当节点分配时隙之后,紧接着需要决定它使用时隙的周期,称为节点的时间帧(time frame)。传统的方法是让全局范围内的所有节点设定一个相同的全局时间帧,并且同步在同一时刻开始 0 时隙。这种方法的缺点是需要在全局范围内广播最大时隙号,并且任何由于网络中节点增减导致的最大时隙号的改变都需要再次全网广播。为了减小广播代价,Z-MAC 采用局部时间帧方法,局部时间帧大小的选取只决定于两跳邻居范围的网络。

Z-MAC 采用 TF 规则计算节点的局部时间帧取值:如果节点 i 的分配时隙为 S_i,邻居节点中的最大时隙号为 F_i,则节点 i 的时间帧大小设为 2^a,其中整数参数 a 满足 $2^{a-1} \leqslant F_i \leqslant 2^a - 1$。根据 TF 规则,节点 i 使用的时隙为 $l \cdot 2^a + S_i, l = 1,2,3,\cdots$。TF 规则保证节点 i 在每个 2^a 时隙大小的时间帧内都可以使用时隙 S_i,并且不会与其两跳邻居节点冲突。

图 7-19 是一个节点使用 TF 规则确定节点局部时间帧的示意图。需要指出的是，TF 规则仍然要依靠全局时间同步让所有节点在同一时刻开始 0 时隙。

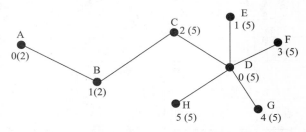

图 7-19　基于 TF 规则的局部时间帧

所有节点完成时隙分配，并确定自己的局部时间帧后，需要将自己的时隙号和时间帧大小广播给两跳邻居节点。这样，两跳范围的节点之间彼此都知道对方的时隙及时间帧，当所有节点同步到时隙 0 后，Z-MAC 协议在启动阶段的工作结束，进入运行阶段。

3）传输控制

在运行阶段，Z-MAC 协议的主要工作是对节点的数据发送进行传输控制。Z-MAC 协议设定节点有两种工作模式：低竞争级（low contention level，LCL）和高竞争级（high contention level，HCL）。Z-MAC 采用显式竞争通告（explicit contention notification，ECN）机制解决隐藏终端问题，当且仅当节点收到其两跳邻居节点的 ECN 通告时，节点才会进入 HCL 模式。其他情况下，节点都处于 LCL 模式。

图 7-20 是 Z-MAC 协议 ECN 通告机制的一个示例。节点 C 想要通过 D 和 E 发送数据给 sink 节点，如果 C 在申请时隙时遭遇激烈的竞争，它就广播一个 ECN 消息通告其一跳邻居节点 A、B、D。节点 A、B 不在 C 节点发送数据包的传输路由上，抛弃掉 ECN 消息。节点 D 在传输路由上，转发该 ECN 消息给 C 节点的两跳邻居 E、F。这样，E、F 节点就不再与 C 节点竞争时隙，因此 C 在发送数据时不会受到 E、F 的干扰，从而有效地避免了隐藏终端问题。

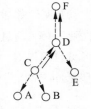

图 7-20　Z-MAC 协议的 ECN 通告机制

Z-MAC 协议要求网络中的所有节点在发送数据时遵循传输控制规则：当节点 i 有数据需要发送时，首先检查自己是否是当前时隙的拥有者。此时，有 3 种情况。

（1）如果节点 i 是当前时隙的拥有者，则在固定周期 T_o 内设定一个随机退让时间，退让时间超期后检查信道是否空闲。如果空闲则开始数据传输，否则等待信道空闲。

（2）如果节点 i 不是当前时隙的拥有者且处于 LCL 模式，或者节点 i 处于 HCL 模式且当前时隙没有被两跳邻居节点占有，则在等待 T_o 时间后在竞争窗口 $[T_o, T_{NO}]$ 期间设定一个随机退让时间，退让时间超期后，如果信道空闲则开始数据传输，否则等待。

（3）如果节点 i 不是当前时隙的拥有者且处于 HCL 模式，节点推迟数据发送，直到找到一个时隙没有被两跳邻居节点占有，或者自己是该时隙的拥有者。

根据 Z-MAC 协议的传输控制规则,当网络中的业务流量较低时,节点处于 LCL 模式,以 CSMA 方式竞争任意时隙,因此可以有效地提高信道的利用率,并且降低节点的数据传输延时。当网络中的业务量较高时,节点以 TDMA 方式访问信道,并且限制所有处于 HCL 模式的节点只能在自己拥有的时隙或者一跳邻居节点拥有的时隙内竞争,这样提高了信道的利用率,同时可以有效地减少冲突和避免隐藏终端问题。

Z-MAC 协议适合于中、高网络流量的传感器网络应用,具有比传统 TDMA 协议更好的可靠性和容错能力,在最坏情况下,Z-MAC 协议的性能接近于 CSMA。Z-MAC 协议的缺点是在启动阶段的初始化操作复杂,局部范围通信量大,并且需要全局时间同步;节点在 LCL 模式下仍然存在隐藏终端问题。

7.4.2　Funneling-MAC(SenSys,CSMA/TDMA)

传感器网络常见的单跳传输、多跳聚合的通信方式造成 sink 附近的数据传输量大,容易发生冲突、拥塞和丢包,这种现象称为漏斗效应(funneling effect),如图 7-21 所示。实验发现,网络中大约有 80%~90% 的丢包发生在距离 sink 两跳的区域内,这些区域的节点吞吐量降低,能量消耗加剧。为了解决这个问题,Ahn 等人提出了一种采用 CSMA 和 TDMA 结合的 Funneling-MAC 协议[13]。它的基本思想是在全网范围内采用 CSMA,在局部范围的漏斗区域内使用 TDMA。

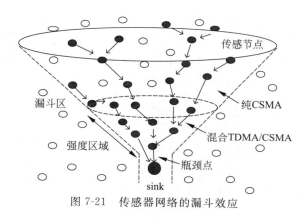

图 7-21　传感器网络的漏斗效应

Funneling-MAC 中,节点默认采用 CSMA,局部 TDMA 的使用是由 sink 发起的。当网络中的流量达到一定程度时,sink 广播信标分组(beacon)触发 TDMA。收到信标分组的节点称为 F-节点,F-节点采用 CSMA 和 TDMA 结合的方式通信。F-节点所在的区域称为强度区域(intensity region),强度区域的范围由 sink 节点根据网络的实时流量情况,通过控制信标分组的发送功率动态调节。为了实现 TDMA 的时间同步要求,所有的 F-节点在收到信标分组时统一初始化时钟。

sink 负责 F-节点的时隙调度,首先统计强度区域中的汇聚路径,如图 7-22 中有三条:A→E→F→D→sink,B→E→F→D→sink,C→G→D→sink。然后,根据各条汇聚路径的流量速率分配时隙,时隙数为 $\lfloor k \rfloor * h$。其中,k 是汇聚路径的流量速率,h 是汇聚路径的跳数。为了进一步提高时隙的利用效率,Funneling-MAC 采取空分复用的策略。假设节点的干扰距离是其通信距离的 2 倍,超过两跳间隔的节点之间可以共用相同的时隙发送数据,互不干扰。例如,图 7-22 中的 A 节点和 B 节点都与 D 节点相距 3 跳,因此它们可以与 D 节点使用同一个时隙发送数据。

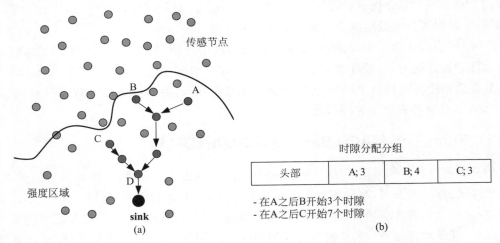

图 7-22　Funneling-MAC 协议的时隙调度

按照上述的时隙调度机制,为路径 A→E→F→D→sink 分配 3 个时隙,路径 B→E→F→D→sink 分配 4 个时隙,路径 C→G→D→sink 分配 3 个时隙。sink 在完成时隙分配后,采用与信标分组相同的发送功率向所有 F-节点广播时隙分配表,如图 7-22(b)所示。时隙分配表中包含各条汇聚路径的起始节点和路径分配的时隙数。F-节点在收到时隙分配表后,根据自己在汇聚路径上的位置计算时隙,等于起始节点的时隙加上距离跳数。比如,节点 E 同时在两条汇聚路径上,与两条路径的起始节点 A 和 B 的距离为 2 跳,因此它的时隙为{A;2}和{B;2},即在 A 和 B 通信时隙的 2 个时隙之后。

Funneling-MAC 采用超帧结构(superframe),一个超帧由一个 CSMA 帧和一个 TDMA 帧构成,两个信标分组之间包含多个超帧,如图 7-23 所示。F-节点依靠 sink 节点广播的信标分组将自己的时钟与超帧同步,使用 CSMA 帧和 TDMA 帧交替访问信道。其中,CSMA 帧主要用于两个目的:一是发送 F-节点在通信过程中临时产生的新数据,这些新数据还没有被分配通信时隙;二是发送网络中突发性的事件信息或者实时性要求高的控制信息。sink 的时隙调度表紧随信标分组发送,TDMA 帧阶段,各个 F-节点在分配的时隙内转发数据。当网络空闲或者流量较低时,TDMA 引入的控制开销成为节点的能耗负担。此时,sink 节点停止广播信标分组,由于 F-节点在信标周期内没有再次收到信标分组,停止执

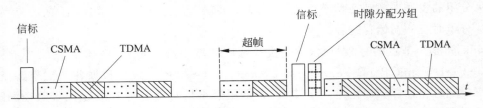

图 7-23　Funneling-MAC 协议的超帧结构

行 TDMA,退回到 CSMA 方式。

Funneling-MAC 协议在强度区域内采用 CSMA 和 TDMA 结合的方式,利用时隙分配能有效降低传感器网络漏斗效应造成的数据冲突,减少强度区域内的节点丢包和能量消耗。sink 根据网络的流量情况触发 TDMA,以及按汇聚路径流量速率分配时隙的方式能适应网络业务负载变化的情况。Funneling-MAC 在全局范围内仍然采用 CSMA 的方式,能自适应网络拓扑变化,具有较强的可扩展性。

7.5　本章小结

传感器网络的 MAC 层的主要功能就是要解决多个节点接入信道的问题,约定了节点何时使用信道并避免节点间发生碰撞冲突。MAC 层决定了有限的信道资源在传感器节点之间的分配方式,用来构建传感器网络系统的底层基础结构。

MAC 层直接与物理层接口,MAC 协议直接控制着无线通信模块的活动。MAC 协议的设计一般要考虑节能、可扩展性、通信效率等方面的问题,而通常最关心的问题是节能。MAC 协议的设计直接影响到了网络中的数据碰撞重传、串听、空闲侦听、控制消息传输等耗能操作。因此,MAC 协议对节点能耗和整个网络生命周期有着重要的影响。

传感器网络 MAC 协议的设计是困难的,除了考虑传输时延、带宽、能耗等性能指标要求外,通常还需要综合硬件条件、网络规模、实现难度和部署成本等因素。现在已经提出了大量的传感器网络 MAC 协议,这些协议在面向的应用、针对的性能指标、所采取的技术路线等方面都各有不同。而传感器网络自身的特点决定了不可能设计一种普适的、通用的MAC 协议。现在提出的传感器网络 MAC 协议在扩展性、可靠性、安全性等方面还存在很多问题,若要达到广泛实用的要求,还有很多基础理论问题和关键技术需要更深入的研究。

习题

7.1　在设计传感器网络的 MAC 协议时,需要着重考虑哪几个方面?

7.2　在传感器网络中,人们经过大量实验和理论分析,总结出可能造成网络能量浪费的主要原因包括哪几方面?

7.3　传感器网络的 MAC 协议分哪三类?

7.4　什么是基于竞争的 MAC 协议的基本思想? 无竞争和基于竞争的介质访问策略各自的优点和缺点是什么? 请举例说明。

7.5　IEEE 802.11MAC 协议有哪两种访问控制方式?

7.6　S-MAC 协议工作机制是什么?

7.7　流量自适应侦听机制的基本思想是什么?

7.8　MAC 层的主要目的是什么? 为什么在网络中共享媒体是具有挑战性的问题?

7.9　CSMA/CD 的核心思想是发送方检测到冲突,并进行相应的反应。为什么是这种方法在无线网络中不实用?

7.10 什么是"隐藏终端"？它是如何影响传感器网络的性能？

7.11 考虑图 7-24,其中圆圈表示各网络节点的通信和干扰范围,即每个节点都可以侦听到左侧和右侧的近邻。假设不使用 RTS/CTS 机制。

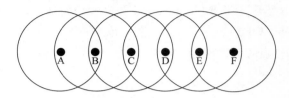

图 7-24　隐藏节点问题示意图

(a) 节点 B 发送给节点 A,节点 C 要发送到节点 D。是否允许节点 C 这样做(即它可以这样做,而不会引起冲突)？

(b) 节点 C 发送到节点 B,节点 E 要发送到节点 D。是否允许 E 这样做？

(c) 节点 A 发送至节点 B,节点 D 发送到节点 C。其他哪些节点可同时发送？

(d) 节点 A 发向节点 B,节点 E 发送给节点 F。其他哪些节点可同时发送？

7.12 说明在传感器网络中使用 CSMA 介质访问控制机制时存在的问题。

7.13 在 CSMA/CA 的网络中,节点访问介质之前会使用一个随机的延迟。为什么？

7.14 假设 RTS 和 CTS 帧长与 DATA 和 ACK 帧长相同,使用 RTS/CTS 会有什么优势？解释原因。

7.15 IEEE 802.11 PSM(节能模式)的具体特点是什么？传感器网络中使用它的主要困难是什么？

7.16 为什么 IEEE 802.11 标准使用了三个不同的帧间隔？

7.17 考虑如图 7-25 所示的拓扑结构,图中连线表示的节点间能够进行相互通信或干扰。假设使用 TDMA 协议,帧长为 5 个时隙,每个节点在任何时间段只能是发送方或接收方。

(a) 生成一个时间表,使得每一个节点都有机会与它的所有邻居通信。

(b) 对一个时间表来说,考虑到节能,每一个节点在一个帧中有多少时隙进行休眠？如何看待节点密度和保有能量的关系？

(c) 在给定的时间表中,假设节点 A 发送一个消息到节点 E,对 E 来说接收该消息需要花费多长时间(在时隙数)？

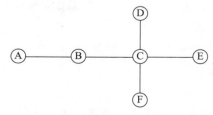

图 7-25　TDMA 协议示例图

7.18 大多数传感器网络为什么使用 IEEE 802.15.4,而不是 IEEE 802.11 标准？

7.19　MAC 协议的设计是如何影响到传感器节点的能量效率的？

7.20　传感器网络的 MAC 协议一般会有高能效、可扩展性、适应性、低延时和可靠性的需求。请针对每一种需求举例描述相关的应用，其中对该需求更为重视。

7.21　TRAMA 协议是无竞争的 MAC 协议的一个例子。回答有关 TRAMA 的以下几个问题。

　　（a）TRAMA 协议有哪些优势和缺点（相对于基于竞争的协议来说）？

　　（b）发送时隙和信令时隙之间的区别是什么？

　　（c）NP 组件的用途是什么？

7.22　讨论 LEACH 协议的簇头选举策略，并解释 LEACH 在选举过程中如何考虑每个节点上的可用能量。能量感知竞选策略的问题是什么？此外，LEACH 在簇内采用了 TDMA，解释这种方法的优点和缺点。

7.23　为什么 LEACH 使用了 DSSS 扩频技术？

7.24　讨论在传感器网络中为什么串听（overhearing）是一个问题，解释 PAMAS 是如何处理该问题的。

7.25　S-MAC 协议是如何削减传感器节点的工作周期的？S-MAC 协议如何试图减少冲突？它是如何解决隐藏终端问题的？列举 S-MAC 协议的至少三个缺点。

7.26　T-MAC 解决了 S-MAC 协议哪一个缺陷？简要解释 T-MAC 适应通信流量的能力。

7.27　什么是"早睡觉问题"？T-MAC 是如何解决这个问题的？

7.28　什么类型的传感器网络应用会使用 DMAC 协议？

7.29　试解释"idle listing"问题，并介绍 preamble sampling 是如何解决该问题的。WiseMAC[5] 是如何对 preamble sampling 进行改进的？

7.30　由接收方（而不是发送端）来控制发送时间有何优势（例如在 RI-MAC 协议）？RI-MAC 协议如何处理多个发送方之间的竞争？

7.31　Z-MAC 协议中，节点如何确定自己的本地时间帧，而不是使用一个全局时间帧？Z-MAC 协议的缺点是什么？

参考文献

[1] Society I C. 802.11 IEEE Standard for Information technology—Telecommunications and information exchange between systems—Local and metropolitan area networks—Specific requirements. Part 11：Wireless LAN Medium Access Control（MAC）and Physical Layer（PHY）Specifications. IEEE Std.，12 June 2007.

[2] Ye W，Heidemann J，Estrin D. Medium access control with coordinated adaptive sleeping for wireless sensor networks. IEEE/ACM Trans. on Networking，2004，12(3)：493-506.

[3] Dam T V，Langendoen K. An adaptive energy-efficient MAC protocol for wireless sensor networks. In：Proc of the 1st Int'l Conf on Embedded Networked Sensor Systems（SenSys'03），ACM Press，2003：171-180.

[4] Polastre J，Hill J，Culler D. Versatile low power media access for wireless sensor networks. In：Proc of the 2nd Int'l Conf on Embedded Networked Sensor Systems（SenSys'04），ACM Press，2004：95-107.

[5] El-Hoiydi A, Decotignie J-D. WiseMAC: an ultra low power MAC protocol for multi-hop wireless sensor networks. In: Proc of the 1st Int'l Workshop, Algorithmic Aspects of Wireless Sensor Networks, vol. 3121, 2004: 18-31.

[6] Sun Y, Gurewitz O, Johnson D B. RI-MAC: a receiver initiated asynchronous duty cycle MAC protocol for dynamic traffic loads in wireless sensor networks. In: Proc of the Int'l Conf on Embedded Networked Sensor System (SenSys'08), 2008.

[7] Buettner M, Yee G V, Anderson E, et al. X-MAC: a short preamble MAC protocol for duty-cycled wireless sensor networks. In: Proc of the 4th Int'l Conf on Embedded Networked Sensor Systems (SenSys'06), 2006: 307-320.

[8] Rajendran V, Obraczka K, Garcia-Luna-Aceves J J. Energy-efficient, collision-free medium access control for wireless sensor networks. Wireless Networks, 2006, 12(1): 63-78.

[9] Li J, Lazarou G. A bit-map-assisted energy-efficient MAC scheme for wireless sensor networks. In: Proc of the 3rd Int'l Symp on Information Processing in Sensor Networks (IPSN'04), 2004: 55-60.

[10] Lu G, Krishnamachari B, Raghavendra C. An adaptive energy-efficient and low-latency MAC for data gathering in sensor networks. WMAN, Santa Fe, NM, USA, April 2004.

[11] Rhee I, Warrier A, Aia M, et al. Z-MAC: a hybrid MAC for wireless sensor networks. In: Proc of SENSYS, 2005: 90-101.

[12] Rhee I, Warrier A, Aia M, et al. DRAND: distributed randomized TDMA scheduling for wireless Ad-Hoc networks. In: Proc of MOBIHOC, 2006: 190-201.

[13] Ahn G-S, Miluzzo E, Campbell S G, et al. Funneling-MAC: a localized, sink-oriented MAC for boosting fidelity in sensor networks. In: Proc of the 4th ACM Conf on Embedded Networked Sensor Systems (SenSys). Boulder, Colorado, USA: ACM, 2006: 293-306.

[14] Singh U K, Phuleriya K C, Yadav R. Real Time Data Communication Medium access control (RCMAC) Protocol for wireless sensor networks (WSNs). International Journal of Emerging Technology and Advanced Engineering, 2012, 2(5): 123-127.

[15] Gadallah Y, Jaafari M. A reliable energy-efficient 802.15.4-based MAC protocol for wireless sensor networks. IEEE Wireless Communication & Networking Conference, 2010: 1-6.

[16] Ben-Othman J, Diagne S, Mokdad L, et al. Performance evaluation of a medium access control protocol for wireless sensor networks using Petri nets. HET-NETs, 2010: 335-354.

[17] Rosberg Z, Liu R P, Dong A Y, et al. ARQ with implicit and explicit ACKs in sensor networks. IEEE Globol Telecommunications Conference, 2008: 1-6.

[18] Stann F, Heidemann J. RMST: reliable data transport in sensor networks. In: SNPA'03, Anchorage, AK, 2003: 102-112.

[19] Woo A, Culler D C. A transmission control scheme for media access in sensor networks. In: Proc ACM Mobicom 01, Rome, Italy, 2004: 221-235.

[20] Gunn M, Koo S G M. A comparative study of Medium Access Control Protocols for wireless sensor networks. Internaltional Journal of Communications, Network and System Sciences, 2009, 2(8): 695-703.

[21] Yadav R, Varma S, Malaviya N. A survey of MAC protocols for wireless sensor networks. UbiCC Journal, 2009, 4(3): 827-833.

[22] Singh U K, Phuleriya K C, Laddhani L. Study and analysis of MAC protocols design approach for wireless sensor networks. International Journal of Advanced Research in Computer Science and Software Engineering, 2012, 2(4): 79-83.

[23] Singh U K, Phuleriya K C, Laddhani L. Study and analysis of reliable MAC protocols for wireless sensor networks. International Journal of Computer Science and Information Technologies, 2012, 3(3): 3884-3887.

［24］ Felemban E，Lee C，Ekici E，et al. Probabilistic QoS guarantee in reliability and timeliness domains in wireless sensor networks. IEEE INFOCOM，Miami，FL，Mar 2005：2646-2657.

［25］ Jamieson K，Balakrishnan H，Tay Y. Sift：a MAC protocol for event-driven wireless sensor networks. In：Proc of the 3rd European Workshop on Wireless Sensor Networks（EWSN），(Zurich，Switzerland)，February 2006.

［26］ Langedoen K. Medium access control in wireless networks. Vol. 2，chg. 20. pp. 535-560. Nova Science Publishers，July 2008.

［27］ Heinzelman W R，Chandrakasan A，Balakrishnan H. Energy efficient communication protocol for wireless micro sensor networks. In：Proc of the 33rd Annual Hawaii Int'l Conf on System Sciences（HICSS），January 2000：10-20.

［28］ IEEE. IEEE 802. 15. 4—2006 IEEE standard for information technology-telecommunications and information exchange between systems-local and metropolitan area networks-specific requirements part 15.4：Wireless medium access control（MAC）and physical layer（PHY）specifications for low rate wireless personal area networks（LR-WPANs）. 2006.

［29］ Tijs van Dam，Keon Langendoen. An adaptive energy-efficeint MAC protocol for wireless sensor networks. In：SenSys'03，November 5-7，2003.

［30］ Lee W L，Datta A，Cardell-Oliver R. FlexiMAC：a flexible TDMA-based MAC protocol for fault tolerant and energy efficient wireless sensor networks. IEEE International Conference on Networks，2007，2(2)：1-6.

［31］ 蹇强，龚正虎，朱培栋，等. 无线传感器网络 MAC 协议研究进展. 软件学报，2008，19(2)：389-403.

［32］ 于海滨，曾鹏. 分布式传感器网络协议研究. 通信学报，2004，25(10)：102-110.

［33］ Arindam K. Das，Sumit Roy. Analysis of the contention access period of IEEE 802. 15. 4 MAC. ACM Trans. on Sensor Networks，2007，3(1)：1-29.

［34］ Wen H，Lin C，Chen Z J，et al. An improved Markov model for IEEE 802. 15. 4 slotted CSMA/CA mechanism. Journal of Computer Science and Technology，2009，24(3)：495-504.

［35］ Ilker Demirkol，Cem Ersoy，Fatih Alagoz. MAC protocols for wireless sensor networks：a survey. IEEE Communications Magazine，2006，44(4)：115-121.

［36］ IEEE Computer Society LAN MAN Sandards Committee. IEEE Std802. 11-1999，Wireless LAN Medium Access Control（MAC）and Physical Layer（PHY）specifications. 1999.

［37］ 刘明，龚海刚，毛莺池. 高效节能的传感器网络数据收集和聚合协议. 软件学报，2005，16(12)：2106-2116.

［38］ 田乐，谢东亮，韩冰. 无线传感器网络中瓶颈节点的研究. 软件学报，2006，17(4)：838-844.

第 8 章

CHAPTER 8

路 由 技 术

导读

本章首先回顾了传统有线网络和 Ad Hoc 网络中的路由策略,并指出这些传统路由协议无法适应传感器网络提出的新的需求。随后,讨论了传感器网络自身特点对路由协议设计的影响,根据传感器网络路由的设计要点对已有路由协议进行了分类。接下来,按照分类的顺序,介绍了多种典型的路由协议。最后讨论了实用化的路由协议。

引言

路由是由网络层向传输层提供的选择传输路径的服务,它是通过路由协议来实现的。路由协议包括两个方面的功能:寻找源节点和目的节点间的优化路径;将数据分组沿着优化路径正确转发。

在传统的有线网络中,通过全局唯一的 IP 地址在任意两个节点之间进行数据传输,路由协议选择路径的依据是延迟、吞吐量等。为了找到低延迟、高吞吐率的路径,节点通过邻居信息交换或洪泛来获取全局链路信息。这种路由方式在传感器网络中是难以实现的:首先,传感器节点往往没有全局唯一的地址;其次,获取全局信息消耗大量的节点能量和存储资源,不适用于资源极其受限的传感器节点。与传统有线网络相比,Ad Hoc 网络在网络特征上更加接近传感器网络,具有节点间自组织通信、无线通信链路不稳定的特征。但是,Ad Hoc 网络通常假设节点能量不受限制。并且,Ad Hoc 网络的数据传输可以发生在任意节点对之间,而传感器网络的数据传输是由数据收集、事件检测、查询等应用驱动的,往往发生在普通节点与 sink 之间。这些区别使得 Ad Hoc 网络的路由协议同样无法适用于传感器网络。

设计传感器网络路由协议必须结合其自身的特点。首先,从需求上说,传感器网络主要用于数据收集、事件检测和查询,在不同的应用需求中数据的传输对象是不同的,数据传输的时间、空间特性也是不同的。其次,从传感器网络自身的特点上说,在传感器网络中的节点能量有限且一般没有能量补充,因此路由协议需要能够高效利用能量;同时传感器网络的节点数目往往很大,节点只能获取局部拓扑结构信息,路由协议需要在局部信息的基础上选择合理的路径;传感器网络的节点与传统网络的节点相比更容易失效,网络拓扑变化频繁,因此路由协议需要经常维护网络的拓扑;传感器网络具有很强的应用相关性,不同应用中的路由协议可能差别很大,没有一个通用的路由协议。

为了解决传感器网络的路由问题,研究人员提出了很多不同的路由算法。本章根据它们采用的基本思路,将已有路由算法共分为 6 大类:以数据为中心的路由、地理位置信息路由、层次式路由、QoS 路由、多径路由和基于节点移动的路由。之所以有如此多的种类,是因为:首先,传感器的路由是应用相关的,不同的应用会对网络提出不同的路由需求;其次,传感器网络自身能量受限,要求在满足数据传输的前提下,尽量减少能耗;最后,在一些特殊场景下,网络中的节点可能是移动的,路由需要考虑节点的移动特性。理解了这些原因之后,在阅读本章中典型的路由算法时,就能够明白,实际上不同的路由算法侧重在路由设计的出发点,而不是具体的过程,对将来设计新的路由协议有所帮助。

8.1 传统网络中的路由

8.1.1 有线 Internet 网络中的路由

在传统有线 Internet 网络中,路由协议运行的环境如图 8-1 所示,网络主要由两个部分组成:网络运营商设备和客户设备。图 8-1 中,网络运营商设备位于灰色椭圆之内,而客户设备位于椭圆之外。网络运营商的设备主要包括由传输线连接的路由器,如图中的 A、B等,这些设备形成的网络称为骨干网;客户设备(如图 8-1 中的 M1 和 M2)可能直接连接到骨干网,或者通过局域网间接连接到骨干网。在后面的讨论中,把路由器和主机都称为网络中的节点。

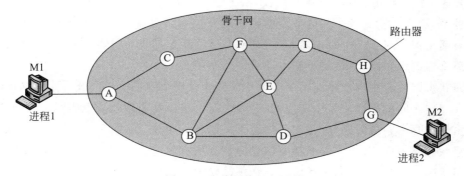

图 8-1 有线网络运行环境

有线网络中,分组采用存储-转发机制逐跳传输。如果一台主机 M1 上的进程 1 要发送一个分组到另一台主机 M2 上的进程 2,那么分组首先被转发到主机 M1 最近的骨干网路由器上,该路由器接收并校验收到的分组,随后转发到下一跳路由器,直到抵达目的主机为止,分组在目的主机 M2 提交给进程 2。在图 8-1 中可以看到,在主机 M1 与主机 M2 之间存在多条可选的路径。例如,当 M1 把分组传输到路由器 A 后,A 可以转发给 B 或 C。在实际转发过程中，路由器 A 依据自身维护的路由表①来选择下一跳路由器，路由表的每个表项包含两项基本内容：目的地址和端口号。当路由器接收到一个分组，先按照目的地址查找对应的端口号，查到后沿对应的端口将分组转发出去。因此，路由过程实际上就是由路径上每个路由器上的转发组成的。

在构建路由表之前，需要为网络中每个节点分配一个唯一的标识。在 TCP/IP 体系结构中，每个节点都有全局唯一的 IP 地址。IP 地址包含网络号和主机号，每个 IP 地址的长度为 32 位，原则上 Internet 上任何两台机器都不会有相同的 IP 地址。需要注意的是，每个 IP 地址对应的是一个网络接口，因此路由器的每个端口都对应一个 IP 地址。IP 包的结构包含如图 8-2 所示字段，每当主机要发送分组时，需要将目的地址填入 IP 包头。Internet 上的任意一个路由器接收到 IP 包后，查找目标的 IP 地址对应的路由器端口地址，查找成功后沿该端口转发 IP 包。

| ⋯ | 源IP地址 | 目标IP地址 | ⋯ | 数据 | CRC |

图 8-2　IP 分组格式

路由表的生成和维护是由路由算法负责的。由于网络负载、节点状态（如路由器损坏）会动态变化，因此需要采用动态路由算法，即路由表的内容是随网络状态动态变化的，而不是固定不变的。常见的两种动态路由算法有距离向量路由和链路状态路由。

（1）距离向量路由：每个路由器维护一张路由表，路由表以每个路由器为索引，每个表项包含两个部分，即到达该目的路由器的输出端口，以及到达该路由器的距离。这里的距离可以通过多种度量来衡量，如端到端传输时间延迟、端到端跳数、沿该路径排队的分组数等。为了得到路由表，路由器需要同邻居路由器不断交换信息，从而估计从当前路由器到网络内任意路由器之间的距离，并更新本地维护的路由表。

（2）链路状态路由：网络初始化阶段，每个路由器首先发现其邻居路由器，并记录它们的网络地址，随后测量到各个邻居节点的延迟或开销。路由器将自身测得的信息通告给网络内所有路由器。对于一个路由器，在得到所有链路状态信息后，运行 Dijkstra 算法找出它到任意路由器的最短路径，最终更新本地维护的路由表。

链路状态路由与距离向量路由的最大不同在于链路信息的分享方式。距离向量路由中信息是在邻居之间的不断交换中实现的，这种情况下路由器得到的信息实际上是间接的，当一个路由器选择一条最短路径时，它只知道下一跳邻居是谁，而并不知道整个路径的情况。而在链路状态路由中，节点将邻居链路信息分享到所有其他节点，因此每个路由器都了解全网的链路状况，可以独立计算最优路径。在规模较大的网络中，链路状态路由的收敛速度要比距离向量路由快。Internet 上使用的路由大都是在上述两种路由的基础上演化得到的，如 RIP 和 BGP 属于距离向量路由，而 IS-IS 和 OSPF 则属于链路状态路由。

---

① 为了提高转发效率，节点实际上是根据转发表来选择下一跳节点的，转发表是根据路由表生成的，但转发表的格式和路由表的格式不同，它更适合实现快速查找，这里没有严格区分这两个概念。

8.1.2　Ad Hoc 网络中的路由

Ad Hoc 网络是一种无线移动网络，例如在图 8-1 中，若所有路由器不再是固定的，而是可以移动的，路由器之间不再是有线连接，而是通过无线模块通信。对于一个有线网络，如果一台路由器有一条有效路径通向某个目标路由器，那么该路径在某个路由器出现故障之前会一直有效。但对于一个 Ad Hoc 网络，拓扑结构会随时发生变化，某条有效路径可能由于节点移动而变得无效，因此 Ad Hoc 网络中的路由不同于有线网络中的路由。由于 Ad Hoc 网络拓扑动态变化，无法维护长期有效的路径，当节点之间需要通信时，路径通常是按需建立的，这样的路由称为按需路由（on-demand routing）。

Ad Hoc 网络中经典的按需路由包括 AODV[1] 和 DSR[2]。AODV 即 Ad Hoc on-demand distance vector，考虑图 8-3 中的情况，当网络中某源节点要给目标节点发送分组时，源节点需要临时建立一条从源节点到目标节点的路径。建立路径的过程由源节点发起，源节点首先广播一个路由请求分组，该分组的格式如图 8-4 所示。

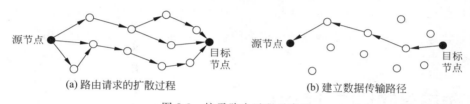

(a) 路由请求的扩散过程　　　　　(b) 建立数据传输路径

图 8-3　按需路由过程示意图

源地址	请求ID	目标地址	源序列号	目标序列号	跳数

图 8-4　路由请求分组格式

请求分组包含源地址和目标地址，这些地址通常由 IP 地址表示。请求 ID 由源节点维护，每发出一个新的请求分组则该字段加 1。除此以外，源节点还维护一个序列号，每当它发出或应答一个请求分组则计数器加 1，这个计数器值填写到分组的源序列号字段，可用于区分新的和老的路由路径。同样，目标序列号表示源节点所见过的最新的目标节点的序列号。分组最后的跳数域记录该请求分组经历了多少次转发。

当来自源节点的请求分组被其他节点接收到后，节点首先根据请求 ID 判断这是否是一个重复分组，如果是则丢弃，否则保存在本地缓存。随后，节点在本地查找通向目标地址的路径信息，如果找到一条通向目标的路径，且对应的目标序列号大于等于请求分组中的目标序列号则向源地址返回一个应答分组（格式如图 8-5 所示），表示已经找到路由路径。否则，节点增加请求分组中的跳数值，进一步广播请求分组，同时节点记录请求分组的来源节点用于构造逆向路由路径。这个过程不断重复，直到请求分组抵达目标节点，或某个有较新路径信息的中间节点。如图 8-3 的例子中，若请求分组抵达目标节点，则由目标节点产生一个应

源地址	请求ID	目标序列号	跳数	生存期

图 8-5　路由应答分组格式

答分组。

应答分组以单播的方式沿逆向路由发送至源节点，每经过一跳则跳数值加 1。路径上的节点如果发现该路由信息比节点原有的路由信息新，则把信息保存在本地缓存中，供以后建立新的路由使用。通过这种方式，逆向路径上的所有节点都得到了通向目标节点的路径。源节点将数据沿着新建的路径逐跳转发。在节点移动的情况下，一条有效路径可能失效，为了及时掌握这种情况，每个节点都动态维护其邻居节点的情况，若某节点发现邻居节点不再有效，则清除掉路由表中与之相关的路由信息，并通知它的其他邻居节点清除相关路由信息。

另一个经典协议 DSR，即 dynamic source routing 是一种源路由协议，即当源节点要向目标节点发送分组时，源节点需要将整条路径上的每个节点编号附带在分组内。DSR 的路径发现机制与 AODV 类似，其不同点在于路径的维护方式，即由源节点来记录整条路径，而不是由每个中间节点在本地维护路由转发表。

前面介绍了传统有线网络 Internet 和移动 Ad Hoc 网络中使用的路由协议，这些协议的首要目标是为端到端通信提供高质量服务和公平高效地利用网络带宽，因此路由算法的任务是寻找源节点到目标节点间通信延迟小的路径，同时提高整个网络的利用率，避免产生通信拥塞并均衡网络流量等。

8.2　传感器网络中的路由

8.2.1　传感器网络的路由需求

在讨论路由之前，必须清楚传感器网络应用的路由需求，正是这些需求决定了数据的"源头"和"目标"，理解这些基本概念是设计路由协议的前提。常见的应用中，数据传输是由三种方式驱动：时间驱动、事件驱动和查询驱动，借助图 8-6 中的森林监控应用，我们可以更好地理解这些不同驱动方式之间的差异。

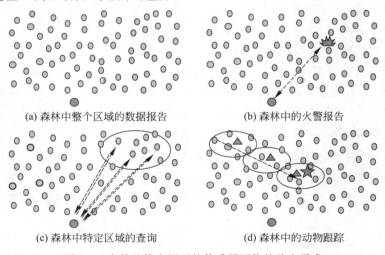

(a) 森林中整个区域的数据报告　　　　　(b) 森林中的火警报告

(c) 森林中特定区域的查询　　　　　(d) 森林中的动物跟踪

图 8-6　森林监控应用下的传感器网络的路由需求

（1）时间驱动：在传感器网络应用中，时间驱动的数据传输是最常见的。这种情况下，节点采集数据，并以一定的周期向 sink 汇报，因此数据传输是由时间触发的。例如在森林火警监控中，所有部署节点都定期将采集到的温湿度信息汇报给 sink，如图 8-6(a)所示。为了实现数据传输，通常每个节点都需要一条从自身抵达 sink 的转发路径。

（2）事件驱动：在事件检测类应用中，节点平时不发送数据，在检测到某种事件发生后才向 sink 汇报，因此这种数据传输是由事件驱动的。如图 8-6(b)中，出现火情区域附近的节点主动向 sink 汇报数据；图 8-6(d)中感知到动物的节点向 sink 汇报数据。由于事件往往只影响局部节点，那些不受影响的节点仍然保持休眠。通常情况下，事件发生频率较低、持续时间较短，因此，往往在事件发生时临时建立和维护传输路径。

（3）查询驱动：在某些应用中，sink 发出查询消息，消息分发到某些特殊的节点(如携带某种信息、位于某个地理位置)，这些节点接收到查询消息后将数据传输到 sink。如图 8-6(c)所示，sink 向森林中特殊区域查询温湿度信息。查询包含两个基本过程：sink 将查询消息设法传输到目标区域或节点；建立从目标节点到 sink 的路径，开始数据传输。

由此可见，传感器网络的数据传输总是发生在 sink 和节点之间。因此传统有线网络和 Ad Hoc 网络中，任意点到点之间(任意两个 IP 地址之间)通信在传感器网络中变得没有意义。不仅如此，传统路由协议赖以寻址的全局唯一的 IP 地址在传感器网络中往往是不存在的。这是由于在大规模传感器网络中，节点或链路失效导致网络拓扑动态变化，全局地址分配困难；另一方面，这种全局唯一的 ID 在很多应用场景下是不需要的。例如，在查询应用下，用户关心的不是来自某个特定 ID 节点的信息，而是满足某种特征的信息。因此，传感器节点 ID 往往只需满足局部唯一，用以区分不同节点，不需要具备全局唯一性。

从上面的讨论中可以看到，传感器网络中数据传输的对象(sink 与普通节点)与传统路由协议的传输对象(任意端到端)是不同的；传感器路由的寻址方式与传统路由也不同。传统路由协议无法适应这些新的、多样化的传输需求，研究人员需要针对传感器网络自身的特点提出新的路由算法。

8.2.2　传感器网络特点对路由协议设计的影响

与传统网络相比，传感器网络的应用需求、寻址方式不同，这些特点都使传统路由协议无法应用于传感器网络。因此设计传感器网络路由协议需要紧密结合其自身的特点，主要有以下 4 点。

（1）能量优先

传统路由协议在选择最优路径时，主要考虑端到端延迟和吞吐率，很少考虑节点的能耗。传感器网络中节点能量有限，延长整个网络的生存期成为传感器网络路由协议设计的重要目标之一，在选择路径时，需要考虑节点的能耗(如避免经过剩余能量少的节点)以便均衡使用网络能量。为节省能量，节点很可能进行休眠，使得链路时有时无，路由设计需要引入跨层机制，如与链路层协调完成路径选择。

（2）基于局部信息

传统有线网络中，节点可以获取全网信息，如链路状态路由。传感器节点的存储和计算资源有限,节点无法存储大量的路由信息和进行太复杂的路由计算。除此以外,获取全局信息也需要耗费大量的能量,并且由于链路状态的不断变化,节点需要频繁更新这些信息,这对能量极其受限的传感器节点是难以接受的。在只能获取局部拓扑信息的情况下,如何实现简单高效的路由机制是传感器网络的基本问题。

(3) 以数据为中心

传统的路由协议通常以 IP 地址作为路由寻址的依据,而传感器网络中大量节点随机部署,应用关注的是满足某种条件的感知数据(如测得的数据大于一定阈值),而不是某个节点获取的信息。因此传感器网络需要以数据为中心形成消息的转发路径,建立从携带兴趣消息的传感器节点到 sink 的数据传输路径,以数据为中心是传感器网络的一大特色。

(4) 应用相关

传感器网络的应用千差万别,没有一个路由机制适合所有的应用。对于周期性汇报类应用,可能需要维护一个从所有源节点到 sink 的长期路由结构;对于事件检测、查询类应用,平时网络不需要路由,而只在事件发生或发出查询命令时需要临时建立路由;在一些与地理位置紧密相关的应用中,节点的地理位置信息成为选择路径的关键。设计者需要针对每一个具体应用的需求,设计与之适应的特定路由机制。

8.2.3　路由选择考虑的因素

在传感器网络中,源节点与目的节点之间可能存在多条可选路径。选择哪条路径传输数据是传感器网络路由的关键问题。最为简单、直接的方法是选择从源节点到目的节点间跳数最少的路径,这种方法假设每条链路都是相同的,因此选择跳数最小的路径开销最小。但实际上,这种假设往往不成立,因此选择路径需要综合考虑节点能量、地理位置、链路质量等问题。下面介绍一些影响传感器网络路由选择的重要因素。

1) 能耗对路由选择的影响

能耗是传感器网络路由的首要考虑因素。由于数据需要经过多跳转发,位于下游的节点不仅要转发自身数据,还需要帮助上游节点转发数据,因此它们的能量容易提早耗尽。实际上,正是路由决定了这种节点之间的转发关系,因此通过调整路由选择策略,可以均衡网络能量消耗。具体指标如下。

网络生存期最长。传感器网络的任务是长期数据观测,所以节省能量的最终目的是延长网络生存期。在传感器网络中,生存期的定义有多种,常见的有以下两种。

(1) 第一个节点失效:从网络运行开始,截止到第一个节点失效,这段时间定义为网络生存期;

(2) 网络被分割为不相连接的孤立区域:从网络运行开始,截止到网络中存在两个无法通信的区域,这段时间定义为网络生存期。

根据不同应用对网络生存期的定义,路由需要尽量延长网络生存期。这种指标虽然说明了实现能量高效路由的最终目标,但由于其定义过于抽象,无法应用在具体的选路过程中。

最小化节点能耗差异。这种指标希望网络中节点能耗尽量接近,避免某些节点因使用过度而导致节点失效和网络提早分割。节点之间的能耗差异可以用方差来衡量,方差越小则能耗越均衡。但是,路由不能盲目追求节点间的能耗均衡,而忽略了能量高效,即必须在能量高效的前提下,使节点间能耗尽量均衡。

每个分组的传输能耗最小。从源节点到目的节点,传输一个分组所需的总能量最小,总能量定义为路径上每个节点转发分组消耗的能量之和。这种做法的目的是希望减少单个分组消耗的能量,从而减少所有分组的能耗。但是,这种定义没有考虑流量的不均衡性,某些处于热点①位置的节点的能量可能提前耗尽,从而导致网络分割。图 8-7 中节点附近括号中的数字表示其剩余能量,链路上的数字表示发送分组的能耗。从源节点到目的节点的路径中,分组能耗最小的路径是 ADF,其消耗的能量是 5,小于所有其他路径。

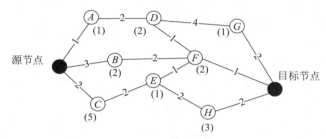

图 8-7　能量对路由的影响

最大剩余能量优先(最大最小剩余能量优先)。路由优先选择剩余能量最大的路径,路径的剩余能量定义为路径上所有节点剩余能量之和。采用这种指标,如果一条路径被长期使用,它的剩余能量将下降,后续的传输将放弃该路径而使用其他能量更高的路径,这有利于流量均衡。但是,使用这种方式要避免不必要的长路径,需要在路径跳数和剩余能量两方面权衡考虑。图 8-7 中的路径 CEH 的剩余能量和跳数满足这种选路方法的要求。最大剩余能量优先的一种变形是最大最小剩余能量,这种方法优先选择路径上最小剩余能量节点能量最大的路径。这种修改避免了那些处于热点位置的节点提早耗尽能量。图 8-7 中,路径 BF 拥有的最小剩余能量是 2,高于其他路径。

实际上,由于节点无法得到全局信息,因此难以实现真正的能耗最优化路由选择。路由协议可以使用一些近似的方法,利用启发式、分布式算法来达到延长网络生存期的目的。

2) 地理位置信息对路由选择的影响

在某些应用中,节点的地理位置直接影响下一跳节点的选择,例如 sink 将查询信息传输到指定的地理位置区域。如图 8-8 所示,节点 S 要发送一个分组到位置已知的节点 D,假设每个节点都知道其邻居节点的位置,选择下一跳节点最常见的方式有:

贪婪转发:将分组转发给离目标节点最近的邻居节点,如图 8-8 所示,在节点 S 的邻居中,节点 E 离目标节点 D 的距离是最近的,于是选择 E 作为下一跳节点。这种转发方式的目的是找到从源节点到目标节点之间跳数最小的路径。

①　即节点需要替多个上游节点转发数据,形成了类似交通网络中车流量高的热点地段。

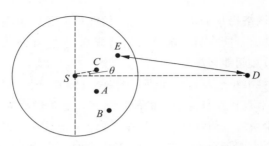

图 8-8　地理位置转发中的下一跳节点选择

定向转发：如图 8-8 所示，假定源节点 S 与目标节点 D 之间存在一条虚拟直线，那么源节点 S 与其下一跳节点之间的连线与虚拟直线间形成夹角 θ，在所有邻居节点中选择夹角最小的节点为下一跳节点[3]。图 8-8 中，节点 C 满足这种要求。这种转发方式的目的是最小化分组转发的总距离。

最优 PRR*距离：选择下一跳转发节点时，综合考虑分组前进的距离和链路质量。其中 PRR(packet reception rate)表示节点与下一跳节点间链路的收包率，距离的计算方式为

$$1 - \frac{d(N,D)}{d(S,D)} \tag{8-1}$$

式中，$d(N,D)$ 和 $d(S,D)$ 分别表示节点 N 和 S 到目标节点 D 的距离；N 为 S 的任意邻居节点。这种转发方式使用 PRR 与距离的乘积作为选择下一跳节点的标准，既考虑分组前进的距离，同时选择质量较好的链路。

基于地理位置信息的路由中，节点可以通过信息互换来获取邻居节点的位置信息，在转发时，节点不需要提前建立和维护传输路径，就能从邻居中选择下一跳节点，因此，基于地理位置的路由开销较低。

3) 应用服务质量对路由选择的影响

在具体的应用场景中，应用的服务质量取决于应用本身。典型的服务质量包括端到端传输可靠性、延迟、吞吐率和延迟抖动等。传感器网络的首要目标是数据收集，因此将数据从源节点可靠地发送到 sink 至关重要。用于衡量网络可靠性的常用参数是期望传输次数 ETX(expected transmission count)，对于一条给定链路，ETX 定义为成功发送一个分组的期望传输次数。ETX 的定义包含分组重传的情况，对于不对称链路还要考虑分组被成功确认的概率，因此，ETX 定义为

$$\text{ETX} = \frac{1}{d_f \cdot d_r} \tag{8-2}$$

式中，d_f 和 d_r 分别表示链路正向和反向的成功转发率，即一个分组需要成功发送并且确认。对于多跳路径，路径 ETX 定义为所有路径上链路的 ETX 之和。源节点在选择路径时，倾向选择那些路径 ETX 值较小的路径转发数据[4]。

在定义 ETX 的基础上，可以进一步定义期望传输延迟 ETT(expected transmission time)，对于一条给定链路，ETT 定义为

$$\text{ETT} = \text{ETX} \times \frac{S}{B} \tag{8-3}$$

式中，S 表示分组的平均长度；B 表示链路的带宽。因此 ETT 反映了成功发送一个分组的

时间。如果仅有一条链路,那么它的 ETT 可以方便地计算,但若考虑一条完整的路径,则问题变得较为复杂,因为链路之间可能相互干扰,发送分组消耗的时间还必须包含 MAC 协议冲突退避的时间,这些时间的长短取决于 MAC 协议本身以及周围冲突节点的数量。因此,ETT 在真实的场景下难以通过计算的方式得到,但每个节点可以统计自身成功转发一个分组的时间,例如使用一段时间内成功转发分组时间的平均值。

ETT 实际上描述了,在没有外界干扰的情况下,一条链路上成功转发一个分组需要花费的时间。如果每个节点都知道自身的地理位置信息,那么可以计算出数据包经过一条链路的速度[5,6]。如图 8-8 所示,节点 S 需要向已知地理位置的节点 D 发送查询命令,那么命令分组向接近目标位置的方向转发。S 在选择下一跳时,可以考虑两个因素:节点前进的距离和对应链路的 ETT。节点前进的距离定义为 $L-L'$,其中 L 和 L' 分别表示节点 S 和下一跳节点与节点 D 的欧氏距离;对应链路则是指 S 与下一跳节点之间的链路。由此,分组在链路上的“移动”速度可以表示为 $(L-L')/$ETT。在选择下一跳节点时,若已知源节点 S 到目标节点 D 的距离,可以通过维护分组的速度来满足端到端延迟的要求。

为了达到多种服务质量要求,传感器网络可能需要多个层次协作,例如网络层与链路层协作。值得注意的是,能量消耗总是传感器网络必须考虑的问题,所以在保障服务质量和降低能耗之间,协议往往需要求取一个折中。

4)鲁棒性要求对路由选择的影响

在传感器网络中,若部分节点由于故障或能量耗尽而停止工作,会造成网络拓扑的变化。因此,路由协议应当尽量避免由于少量节点停止工作而使整个系统无法正常运行。对于这种情况,路由协议可能要同时找出并维护多条从源节点到目的节点的转发路径,一旦某一条链路失效,可以立即启用其他备用链路转发数据。另外,对于节点移动的情况,一条链路存在的时间有限,因此链路稳定性可以用于估计链路持续时间,作为选择路径的依据。鲁棒性通常不单独使用,而是作为路由协议选择下一跳节点的重要指标之一。

8.2.4 传感器网络路由的评价标准

对于给定的传感器路由协议,需要从多个方面来评价它的优劣,既要考虑应用对路由提供的服务质量的要求,又要考虑传感器网络、节点特性带来的要求。下面列举一些常用的评价标准。

(1)能耗:传感器节点能量受限,路由协议应当以能量高效的方式实现数据传输。能量高效包括两个方面的要求:首先,路由协议本身消耗的能量(如邻居发现)不能过大;另外,路由需要从整个网络的角度考虑,均衡网络的能量消耗。

(2)鲁棒性:路由机制针对网络拓扑结构变化需要具备一定的容错能力。在实际的部署环境中,由于能量耗尽或环境因素,传感器节点可能提前死亡;由于节点加入、移动或链路变化,导致链路稳定性差、时有时无。设计路由协议时,需要考虑这些因素造成的网络拓扑动态变化,提供稳定的路由服务。

(3)快速收敛性:由于传感器网络的拓扑结构动态变化,传感器节点能量和通信带宽等资源有限,要求路由机制要能够快速收敛,以适应网络拓扑的动态变化,减少通信开销,提高消息传输的效率。

（4）服务质量要求：传感器网络路由面向应用设计,因此要满足应用本身的服务质量要求,如端到端延迟、吞吐率、可靠性等方面;网络状态动态变化,因此要求路由协议能够在适应这种变化的同时,保障服务质量。

（5）可扩展性：传感器网络路由应当能适应网络规模、密度的变化。不同的应用中,监测区域范围和节点部署密度不同,要求路由机制具有可扩展性,能够适应网络结构的变化。为进一步减少通信开销,路由协议还可以支持网内处理来减少传输数据量。

8.3 传感器网络路由协议分类

传感器网络的路由协议与应用紧密相关,为了满足不同的应用需求,需要有多种多样的路由协议。在研究过程中,学者提出了多种传感器网络路由协议,但到目前为止仍然没有一种统一的分类方法。本章按照路由设计的基本思路,将现有的路由协议分为 6 大类,如图 8-9 所示。

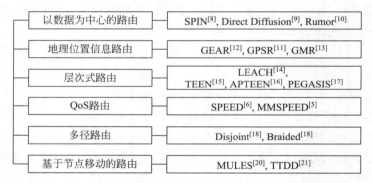

图 8-9　传感器网络路由协议分类

1）以数据为中心的路由

以数据为中心的路由是传感器网络中一种新出现的寻址方式,有别于传统网络以 IP 为中心的寻址方式。这种情况下,数据传输发生在感兴趣节点（通常为 sink）与携带兴趣数据的普通节点之间。这些携带兴趣数据的节点不是由系统指定的,而是在网络部署后由部署环境和监测任务决定的。例如,sink 想要知道监测区域内温度高于给定阈值的节点位置信息,在查询之前 sink 并不知道这些满足条件的节点的 ID,同时也不需要这些 ID 信息。以数据为中心的路由过程分为两个部分：（1）sink 首先要发现那些携带兴趣信息的节点；（2）在这些节点与 sink 之间建立数据传输路径。以数据为中心的路由的关键问题在于如何减少节点发现的开销和提高数据传输效率。

2）地理位置信息路由

一些传感器网络应用中,采集到的数据需要与地理位置联系起来,才有实际意义。例如,在森林火险监控应用中,消防人员不仅要知道是否发生火灾,还需要知道火灾发生的具体位置。地理位置信息路由假设所有节点都知道自己的地理位置信息,以及目的节点或目的区域的地理位置,利用这些地理位置信息作为路由选择的依据,节点按照一定策略转发数据到目的节点。地理位置信息路由中,节点的物理位置已经隐含了向哪个邻居节点转发数据分组的信息,所以它只需用很小的路由表(甚至不需要路由表),这可以大大简化路由协议。地理位置信息路由的关键在于如何根据节点的位置信息选择下一跳邻居节点,以及在出现路由空洞时如何绕路。

3）层次式路由

采用层次式路由的出发点是节省能量,在层次式路由中网络划分成多个簇,每个簇包含多个簇成员和一个簇头,簇头节点管理协调簇内成员之间的通信。成员节点和簇头可以看作两个不同层次,簇头节点还可以进一步划分成多个更高层次的簇,这样网络就形成了多层结构。层次式路由的过程实际上就是分簇的过程,网络完成分簇后,每个节点都只需要将数据传输到簇头节点,由簇头节点存储、融合后再发往更高层次的簇头节点,直到 sink 为止。因此,层次式路由的关键在于如何分簇和簇内节点间的协同操作。

4）QoS 路由

QoS 路由是指除了需要减少能耗以外,还要满足某些其他服务质量需求的路由。常用的服务质量指标包括延迟、吞吐率和可靠性等。值得注意的是,QoS 路由并非仅仅要优化网络的某项性能,而是要保证网络提供的路由服务必须满足一个给定的服务质量界限。例如,在有一定实时性要求的系统中,端到端传输延迟不得高于给定阈值,因此建立的路由转发路径必须满足这个条件。由于每个节点只有局部信息,为了达到服务质量要求,每个节点在选择下一跳节点时都只能估计整条路径可能达到的服务质量。QoS 路由的关键在于如何将全局服务质量转换为局部路由指标,进而分布式实现路由转发过程。

5）多径路由

源节点与 sink 之间存在多条可用传输路径,数据可以沿着其中一条路径传输,也可以同时使用多条路径传输以提高数据传输鲁棒性。多径路由通常分为两类,即相交多径和不相交多径。相交多径路由中一个中间节点可能处在多条路径上;不相交多径路由中除源节点与 sink 节点外,其他任意中间节点只能位于一条路径之上。多径路由的构造可以看作单条路径路由在数量上的扩展,节点可能需要同时维护多条路径。多径路由的关键在于如何以较低的开销构造和维护多条路径。

6）基于节点移动的路由

传感器网络中的节点移动包含:传感器节点移动、汇聚节点移动或一些特殊功能的节点移动。在节点移动的情况下,链路无法长期稳定存在,路由设计需要考虑这种情况,节点需要不断维护邻居列表,在邻居节点离开时要及时发现失效链路,而当新的邻居出现时,需要及时发现这种短暂的通信机会。但更新信息的同时又必须考虑能量开销。节点移动的路由实际上是一大类协议,这类协议没有统一的实现过程,根据节点移动模型不同,设计的路由协议差别较大。节点移动路由设计的关键在于如何适应节点链路时断时续的特征。

8.4 典型传感器网络路由协议

8.4.1 洪泛和闲聊路由

洪泛(flooding)和闲聊(gossiping)路由是两种经典的传统网络路由协议[7]。其中洪泛策略是多跳网络中最简单的路由机制，每个节点收到数据包后，将通过广播方式将数据转发给所有的邻居节点，直至数据传输到网络中的所有节点。为了限制分组传递的距离，赋予每个分组一个生存时间(TTL)，用来表示分组转发的最大跳数，分组每被转发一次其 TTL 值就减 1，当 TTL 减为 0 时分组被丢弃。在使用洪泛路由时，只要源节点和目标节点之间存在连通的路径，数据包就有可能到达目标节点。为了避免分组无休止地转发，规定节点只能转发它未接收过的数据。

洪泛路由的优点是简单且易实现，它既不要求获知邻居节点的信息，也不需要复杂的路由发现和维护操作。此外，洪泛还能够很好地实现一个节点对多个节点的数据分发。更重要的是，在一些对鲁棒性和可靠性要求较高的应用中(如战场监控)，洪泛是很好甚至是唯一的选择。但是洪泛也有其不足之处：

(1) 内爆。在局部区域，洪泛无法限制多个节点广播相同的数据，导致重复的分组发送到同一个节点，如图 8-10(a)所示，如果节点 A 与节点 B 拥有 N 个共同的邻居节点，那么节点 B 会收到节点 A 发送的 N 份数据拷贝。

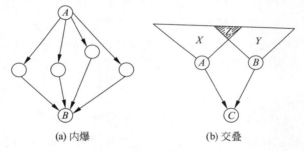

(a) 内爆　　　　　(b) 交叠

图 8-10　内爆和交叠

(2) 交叠。节点发送的数据与其感知区域紧密相关，如果两个节点有重叠的感知区域，那么这两节点可能感知到相同的事件，从而导致邻居节点收到重复的信息，如图 8-10(b)所示，图中阴影部分 Z 为节点 A 和 B 感知区域 X 和 Y 的交集，则 C 将收到部分重复的感知数据。

综上所述，洪泛路由协议的主要缺点来源于资源的浪费，节点在转发分组时，不考虑周围节点是否已经获得过该分组，也没有考虑节点自身的剩余能量，节点一味地转发分组只会造成节点提早耗尽能量而失效。

闲聊协议是对洪泛的一种改进，它实际上包含一大类路由协议。这些协议的特点是，它们通过随机选择一个或多个邻居节点来转发数据，因此在节点密集的情况下，在某个局部可能只有少数的节点转发数据，从而减轻了内爆。尽管闲聊协议可以避免洪泛带来的内爆问题，降低了能量开销，但是它随机建立的路由并不能实现最优，可能增加了数据传输到目标节点的延迟,同时闲聊仍无法解决交叠问题,因为在闲聊路由中,节点并不知道邻居节点与自身有共同的监控区域。

洪泛和闲聊策略虽然并不高效,但是其简单易实现的特点使得其仍然得到较多的应用。例如,在部署阶段,sink 节点能够通过洪泛或闲聊来检测节点是否活动;在传感网初始化阶段,可以利用洪泛策略来收集邻居节点的信息。

8.4.2 以数据为中心的路由

以数据为中心体现了传感器网络应用本身的特性,在数据收集应用中,用户感兴趣的内容不是来自某个节点的数据,而是具有某种特征的数据。以数据为中心的路由正是为了这类应用提出的,是传感器网络特有的路由方式,它不以节点的 ID 为选路依据,不需要知道携带兴趣消息的节点 ID,而是在携带满足要求数据的节点与 sink 之间建立数据传输路径。本节介绍 SPIN[8]、Direct Diffusion[9] 和 Rumor[10] 三种经典的以数据为中心路由协议。

8.4.2.1 SPIN 协议

SPIN(sensor protocols for information via negotiation)是为了避免洪泛协议带来的内爆和交叠问题提出的一组路由协议。SPIN 是典型的以数据为中心的路由协议,数据在携带数据的节点与感兴趣的节点之间传递。为了达到这个目的,携带数据的节点首先向邻居节点"广告"数据的描述信息,邻居节点如果对数据感兴趣,则向广告节点返回数据"请求",这个过程称为协商。协商完成后,节点将原始数据发送到对数据感兴趣的邻居节点。SPIN 路由协议包含 ADV 广告消息、REQ 请求消息和 DATA 数据消息 3 种消息类型。其路由过程可分为 3 个阶段,如图 8-11 所示。

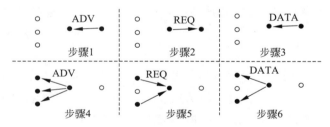

图 8-11 SPIN 路由的过程

(1) 广告:节点采集到数据后向邻居节点发送 ADV 消息,如图 8-11 中步骤 1 所示,其中 ADV 消息包含数据的描述信息,描述信息通常比原始信息要短得多,因此广告信息消耗的能量较小,这样的设计符合能量受限的传感器网络;

(2) 请求:邻居节点接收到 ADV 消息后,如果对信息感兴趣且尚未收到过 ADV 消息中的描述信息所对应的数据,则给发送 ADV 消息的节点发送数据请求消息 REQ,如图 8-11 中步骤 2 所示;如果已经收到或不感兴趣,则丢弃 ADV 消息,不做处理;

(3) 传输:当节点收到邻居节点返回的数据请求消息 REQ 后,将数据封装到 DATA 消息中发送给该邻居节点,如图 8-11 中步骤 3 所示。

上述三个步骤不断执行,将数据扩散到网络中那些希望得到数据的节点,如图 8-11 中的步骤 4~步骤 6 所示。SPIN 最初的版本称为 SPIN-PP(point-to-point)，协议假设节点之间采用单播通信，且既不考虑节点的剩余能量，也不考虑信道丢包。这样的设定不适合传感器网络，其原因包括：首先，因为无线通信具有广播特性，节点一旦发送数据，在一定范围内的所有节点都能够收听到；另外，无线通信相比有线通信，丢包率要高得多，消息丢失可能造成 SPIN-PP 协议无法正常运行；最后，传感器节点能量受限，节点需要根据自身剩余能量决定是否参与数据转发。

为了适应传感器网络的特性，SPIN 协议簇还包含了其他 3 种不同的形式：SPIN-EC，SPIN-BC 和 SPIN-RL。这 3 种协议都遵循 SPIN 协议的基本思想，但在细节上作了相应调整。

(1) SPIN-EC：在 SPIN-PP 协议的基础上增加了能量自适应策略，只有能量不低于设定阈值的节点才能参与数据交换。一旦节点的能量低于某个阈值，就减少其在协议中的通信，即当节点有新数据的时候，不会向周围节点发送 ADV 消息，而当接收到邻居节点的 ADV 消息后也不会发送 REQ 消息。

(2) SPIN-BC：采用了广播信道，使所有的有效半径内的节点可以同时完成数据交换。为了防止产生重复的 REQ 请求，节点在听到 ADV 消息以后，设定一个随机定时器来控制 REQ 请求的发送，在定时器超时前若听到其他节点的 REQ 请求则主动放弃请求。

(3) SPIN-RL：是对 SPIN-BC 的完善，主要考虑如何恢复无线链路引入的分组差错与丢失。SPIN-RL 中，节点接收到 ADV 消息后发送 REQ 请求，如果在一段时间内没有接收到请求数据，则发送重传请求，重传请求有一定的次数上限。

SPIN 的设计充分体现了"数据为中心"的思想，节点间的数据传输不是以节点的 ID，而是以数据内容为依据。与洪泛和闲聊相比，SPIN 通过协商机制有效地避免了节点间不必要的数据传输，减小了数据传输的不确定性。但是，SPIN 也存在潜在的问题，如果对数据感兴趣的节点不是携带数据节点的邻居节点，那么信息将无法到达这些节点。

8.4.2.2 Directed Diffusion 路由

定向扩散(direct diffusion, DD)是另一种以数据为中心的路由，除此以外它还是一种基于查询的路由。汇聚节点 sink 通过兴趣消息(interest)发出查询命令，查询命令包括查询内容(如温度、湿度或光照强度等)、查询要求(如汇报频率和持续时间等)、查询对象(如目标所在地理位置等)。数据查询可能持续一段时间，在查询期间，节点根据指定频率周期性汇报感知数据。DD 的目标是在数据传输之前，在 sink 与携带感兴趣信息的节点之间建立数据传输路径，在任务持续的时间内进行数据传输。

由 sink 产生的兴趣消息采用洪泛方式传播到整个区域或部分区域内的所有传感器节点，如图 8-12(a)所示。在兴趣消息的传播过程中，接收到兴趣消息的每个节点都记录消息的上一跳节点，逐跳地在每个节点上建立从数据源到汇聚节点的信息梯度(gradient)，如图 8-12(b)所示。信息梯度从当前节点指向 sink 方向，洪泛完成后，根据梯度的指向从源节点到 sink 之间形成了多条备选的传输路径，DD 从中选择链路质量较好的路径作为主传输路径，最终数据沿主路径传输，如图 8-12(c)所示。由此可见，DD 路由机制可以分为兴趣扩散、梯度建立以及路径增强三个阶段。图 8-12 显示了这三个阶段的数据传播路径和方向。

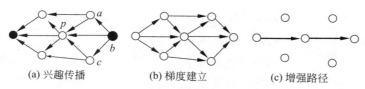

(a) 兴趣传播　　　　(b) 梯度建立　　　　(c) 增强路径

图 8-12　定向扩散路由机制图示

1) 兴趣扩散阶段

在兴趣扩散阶段,sink 周期性地向邻居节点广播兴趣消息。每个节点在本地保存一个兴趣列表,每接收到一个新的兴趣消息,则在列表中创建一个表项。表项记录兴趣消息的内容(包括查询内容、汇报频率和持续时间等)和发送兴趣消息的邻居节点,每个邻居节点称为一个梯度。节点可能收到来自多个邻居节点的兴趣消息,如图 8-12(a)所示,节点 p 收到来自节点 a、b、c 的兴趣消息,因此一个表项对应多个梯度值。除此以外,每个表项还记录该表项的有效时间值,超过有效时间后,节点将删除这个表项。

节点收到邻居节点的兴趣消息时,首先检查兴趣列表中是否有已经存在兴趣内容相同的表项。如果不存在,则创建一个新的表项,记录兴趣内容和对应的梯度;如果已存在,但没有对应的梯度信息,则节点在原有的表项内增加一个梯度;如果兴趣内容和梯度都已经存在,则节点仅更新收到兴趣消息的有效时间值。在决定是否转发兴趣消息时,如果节点收到的兴趣消息和节点刚刚转发的兴趣消息一样,为避免重复转发就丢弃该消息,否则,就转发收到的兴趣消息。

2) 数据传播阶段

当传感器节点采集到与兴趣匹配的数据时,把数据发送到梯度上的邻居节点,并按照汇报频率要求设定传感器节点的传输速率。节点可能有多个邻居节点的梯度,所以会向多个节点发送数据,因此,sink 可能接收来自多条路径的相同数据。中间节点收到来自其他节点的数据后,根据查询兴趣列表的结果做出不同的反应。

(1) 如果没有与兴趣内容匹配的表项就丢弃数据。

(2) 如果有兴趣内容匹配的表项,节点检查和这个兴趣对应的数据缓冲池(data cache),数据缓冲池用来保存最近转发的数据。如果在数据缓冲池中有与接收到的数据相匹配的副本,说明已经转发过这个数据,为避免传输重复而丢弃这个数据。

(3) 如果有兴趣内容匹配的表项且未转发过,检查该兴趣表项中的邻居节点信息,如果发现邻居节点汇报频率大于等于接收的数据的频率,则节点转发接收的全部数据;否则,按照比例转发。例如,节点接收数据的频率是 100 次/s,而邻居节点的汇报频率为 50 次/s,则节点每接收两个消息则转发一个到对应的邻居节点。

若节点转发数据,则在数据缓冲池保留一个副本,并记录转发的时间。

3) 路径加强阶段

定向扩散路由机制通过正向加强机制来建立优化主路径。兴趣扩散阶段是为了探测网络中是否有满足兴趣要求的节点,在刚刚建立好梯度时,数据源节点以较低的汇报频率发送数据,这个阶段建立的梯度称为探测梯度(probe gradient)。汇聚节点在收到从源节点发来的数据后,建立到源节点的加强路径,后续数据将沿着加强路径以较高的汇报频率传输数据。

　　DD 以数据传输延迟作为路由加强的标准。sink 选择首先发来最新数据的邻居节点作为加强路径的下一跳节点,向该邻居节点发送路径加强消息。路径加强消息的格式与兴趣消息相同,但包含较高汇报频率值。邻居节点收到消息后,经过分析确定该消息描述的是一个已有的兴趣,只是增加了数据汇报频率。因此,节点更新相应兴趣表项中的到邻居节点的汇报频率,同时按照同样的规则选择加强路径的下一跳邻居节点。路由加强的标准不是唯一的,可以选择在一定时间内发送数据最多的节点作为路径加强的下一跳节点,也可以选择数据传输最稳定的节点作为路径加强的下一跳节点。

　　定向扩散路由是一种经典的以数据为中心的路由机制。为了动态适应节点失效、拓扑变化等情况,定向扩散路由周期性进行兴趣扩散、数据传播和路径加强三个阶段。定向扩散路由在路由建立时需要一个兴趣扩散的洪泛传播,能量和时间开销都比较大。

8.4.2.3　Rumor 路由

　　有些传感器网络应用中,节点产生的数据量较少,如果采用定向扩散路由,需要经过查询消息的洪泛传播和路径增强机制,才能确定一条优化的数据传输路径,由于路由开销过大,并不是高效的路由机制,为此提出了谣传路由(rumor routing)。

　　谣传路由也是一种以数据为中心的路由,它采用查询消息的单播随机转发,克服了使用洪泛方式建立转发路径带来的开销过大问题。它的基本思想是事件区域中的传感器节点产生代理(agent)消息,代理消息沿随机路径向外扩散传播,同时汇聚节点发送的查询消息也沿随机路径在网络中传播。当代理消息和查询消息的传输路径交叉在一起时,就会形成一条汇聚节点到事件区域的完整路径。谣传路由综合了闲聊路由与扩散路由的两种思想。

　　谣传路由的原理如图 8-13 所示,灰色区域表示发生事件的区域,圆点表示传感器节点,黑色圆点表示代理消息经过的传感器节点,灰色节点表示查询消息经过的传感器节点,连接灰色节点和部分黑色节点的路径表示事件区域到 sink 的数据传输路径。谣传路由的工作过程如下。

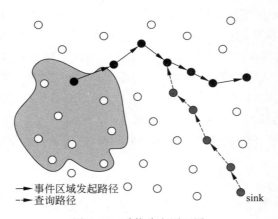

图 8-13　谣传路由原理图

（1）每个传感器节点维护邻居列表和事件列表。邻居列表中记录所有邻居节点的编号；事件列表的每个表项都记录一个事件相关的信息，包括事件名称、到事件区域的跳数和到事件区域的下一跳邻居等信息。当传感器节点在本地监测到一个事件发生时，在事件列表中增加一个表项，设置事件名称、跳数（为零）等，同时根据一定的概率产生一个代理消息。检测到事件的节点数量可能较多，以概率产生代理消息可以避免过多的重复。

（2）代理消息是一个包含生命期（time to live，TTL）等事件相关信息的分组，用来将事件信息通告给它传输经过的每一个传感器节点，如图 8-13 中的黑色节点所示。对于收到代理消息的节点，首先检查事件列表中是否有该事件相关的表项：① 如果列表中存在相关表项，就比较代理消息的跳数值和表项中的跳数值。如果代理消息中的跳数小，表示节点与事件之间存在一条比以前记录更短的新路径，节点更新表项中的跳数值和转发下一跳节点；否则，若表项中的跳数小，则表项保持不变。② 如果事件列表中没有该事件相关的表项，就增加一个表项来记录代理消息携带的事件信息及到达事件区域的跳数。

然后，节点将代理消息中的生存值减 1，在网络中随机选择邻居节点转发代理消息，直到其生存值减少为零。通过代理消息在其有限生存期的传输过程，形成一段到达事件区域的路径。

（3）网络中的任何节点都可能生成一个对特定事件的查询消息。如果节点的事件列表中保存有该事件的相关表项，说明该节点在到达事件区域的路径上，它沿着这条路径转发查询消息。否则，节点随机选择邻居节点转发查询消息。查询消息经过的节点按照同样方式转发，并记录查询消息中的相关信息，形成查询消息的路径。为避免陷入环路，查询消息也具有一定的生存期。

（4）如果查询消息和代理消息的路径交叉，交叉节点会沿查询消息的反向路径将事件信息传送到查询节点。如果查询节点在一段时间没有收到事件消息，就认为查询消息没有到达事件区域，可以选择重传、放弃或者洪泛查询消息的方法。由于洪泛查询机制的代价过高，一般作为最后的选择。

与定向扩散路由相比，谣传路由可以有效地减少路由建立的开销。但是，由于谣传路由使用随机方式生成路径，所以数据传输路径一般不是最优路径，并且可能存在路由环路问题。

8.4.3 地理位置信息路由

与以数据为中心的路由相比，地理位置信息路由的依据不再是数据内容，而是节点的地理位置，即数据需要转发到某个地理位置区域。这主要针对某些查询类应用，例如，用户查询某个区域内的平均温度。本节中介绍 GPSR[11]、GEAR[12] 和 GMR[13] 三个经典的地理位置信息路由。

8.4.3.1 GPSR 路由

GPSR（greedy perimeter stateless routing）是一种非常简单的地理位置信息路由，它根据节点自身位置和数据包目的地位置来确定转发策略。在 GPSR 协议中，源节点在发送数据包前，将目标节点的地理位置填入数据包中。GPSR 协议包含两个工作模式：贪婪转发和空洞绕路。当节点收到数据包时，它将贪婪地选择离目标节点位置最近的邻居节点作为下一跳；当节点没有离目标节点更近的邻居节点时，它使用右手法则绕过空洞区域。

1) 贪婪转发

GPSR假设节点已知所有邻居的位置（如每个节点都装备GPS模块）。在贪婪转发模式中，当节点收到数据包后将选择离目标节点最近的邻居节点进行转发。理想情况下，数据包将会沿着越来越靠近目标节点的方向转发，直至到达目标节点。由于每个节点只需要知道邻居节点的位置，不需要建立或维护数据转发路由，所以节省了协议开销。但是，每个节点只根据自身的邻居信息来选择下一跳，可能会出现节点周围没有距离目标比自己更近的邻居节点，导致数据包无法继续转发。如图8-14(b)所示，上面的虚弧线是以目标节点为圆心，节点X到目标节点的距离为半径的圆弧，节点X比其邻居节点Y和W更靠近目标节点。根据GPSR贪婪路由策略，节点X不会选择任何邻居作为下一跳，数据包将失去转发路径，这种情形在GPSR协议中被称作路由空洞。

2) 空洞绕路

针对路由空洞问题，GPSR协议又提出了一种空洞绕路策略，使得数据包能够绕过空洞继续转发。在空洞绕路模式中，节点通过右手法则代替贪婪策略来确定下一跳节点。右手法则的意思是，分组总是沿着输入边逆时针方向的下一条边转发的，如图8-14(a)所示，Y将来自Z的分组转发到X，因为$\overrightarrow{ZY}$的逆时针方向下一条边是$\overrightarrow{YX}$。基于右手法则，在图X中，当数据包到达X节点后，根据右手规则节点X将会选择节点Y作为下一跳节点，随后经过节点Z转发到目的节点。

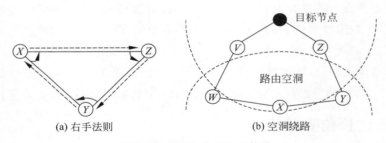

(a) 右手法则　　　　　　(b) 空洞绕路

图8-14　GPSR中的空洞绕路

GPSR协议需要对贪婪转发和空洞绕路两种工作模式做合理的切换，当节点邻居中没有更靠近目标节点的节点时，按照空洞绕路策略转发数据包。但是，如何正确地选择空洞绕路到贪婪转发模式的切换点将对路由性能产生较大影响。这里给出了一个简单的启发式算法，只要一个节点到目标节点的距离比它到开始进行空洞绕路时的节点更近，那么就切换回贪婪转发模式。

8.4.3.2　GEAR 路由

在数据查询类应用中，汇聚节点需要将查询命令发送到事件区域内的所有节点。若采用洪泛方式分发查询命令到整个网络，建立汇聚节点到事件区域的传播路径，则路由建立过程的开销很大。GEAR(geographical and energy aware routing)路由机制根据事件区域的地理位置信息和节点的剩余能量,建立汇聚节点到事件区域的优化路径,避免了洪泛传播方式,从而减少了路由建立的开销。

GEAR 路由假设已知事件区域的位置信息;每个节点知道自己的位置信息和剩余能量信息,并通过一个简单的 HELLO 消息交换机制知道所有邻居节点的位置信息和剩余能量信息;节点间的无线链路是对称的。GEAR 路由中查询消息传播包括两个阶段:

(1) sink 发出查询命令,并根据事件区域的地理位置和剩余能量,将查询命令传送到区域内距汇聚节点最近的节点;

(2) 获得查询命令的节点将查询命令广播到区域内的其他所有节点。

来自查询区域内节点的监测数据沿查询消息的反向路径传送到 sink。

1) 查询消息传送到事件区域

GEAR 路由用实际代价(learned cost)和估计代价(estimate cost)两种代价值表示路径代价。节点使用实际代价来决定下一跳节点,但在网络初始阶段,没有建立从 sink 到事件区域的路径,实际代价用估计代价来作为默认值。估计代价由两部分决定:(1)节点到事件区域的距离;(2)节点的剩余能量。节点到事件区域的距离用节点到事件区域几何中心的欧氏距离来表示,由于所有节点都知道自己的位置和事件区域的位置,因而所有节点都能够独立计算出自己到事件区域几何中心的距离。节点根据公式(8-4)计算它到事件区域的估计代价。

$$c(N,R) = \alpha d(N,R) + (1-\alpha)e(N) \tag{8-4}$$

式中,$c(N,R)$为节点 N 到事件区域 R 的估计代价;$d(N,R)$为节点 N 到事件区域 R 的距离;$e(N)$为节点 N 的剩余能量;α 为比例参数。注意公式(8-4)中的 $d(N,R)$ 和 $e(N)$ 都是归一化后的参数值。

一旦查询信息到达事件区域,事件区域的节点即把监测数据沿查询路径的反方向传输。在此过程中,中间节点需要修正它们的实际代价。为达到这个目的,数据附带一个能耗字段,该字段初始化为 0。数据传输经过每个节点时,节点更新能耗字段,将自身发送消息到下一跳的能耗累加在能耗字段上,然后记录该能耗的大小并将数据转发到下一跳节点。这样数据中附带的能耗实际上就是从节点发送分组到 sink 的总能耗。节点下一次转发查询消息时,用刚才记录的实际能量代价代替式(8-4)中的 $d(N,R)$,计算它到事件区域的实际代价。节点用调整后的实际代价选择到事件区域的优化路径。

下面以图 8-15 为例说明路由过程。从 S 开始的路径建立过程采用贪婪算法,节点在邻居节点中选择到事件区域 T 实际代价最小的节点作为下一跳节点。如果节点的所有邻居节点到事件区域实际代价都比自己的大,则与前面讨论的 GPSR 一样,转发陷入了路由空洞。如图 8-15 所示,节点 C 是节点 S 的邻居节点中到目标节点 T 实际代价最小的节点,但节点 G,H,I 为失效节点,节点 C 的所有邻居节点到节点 T 的实际代价都比节点 C 大。可采用如下方式解决路由空洞问题:节点 C 选取邻居

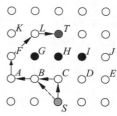

图 8-15 贪婪算法的
空洞绕路图示

中实际代价最小的节点 B 作为下一跳节点，并将自己的实际代价值设为 B 的实际代价加上节点 C 到节点 B 一跳通信的代价[①]，同时 C 将这个新代价值通知节点 S。当节点 S 再转发查询命令到节点 T 时就会选择节点 B 而不是节点 C 作为下一跳节点。

2）查询消息在事件区域内传播

当查询命令传送到事件区域后，可以通过洪泛方式传播到事件区域内的所有节点。但当节点密度比较大时，洪泛方式开销比较大，这时可以采用迭代地理转发策略。如图 8-16 所示，事件区域内首先收到查询命令的节点 N_i 将事件区域分为若干子区域，并向所有子区域的中心位置转发查询命令。在每个子区域中，最靠近区域中心的节点接收查询命令，并将自己所在的子区域再划分为若干子区域并向各个子区域中心转发查询命令。该消息传播过程是一个迭代的过程，当节点发现自己是某个子区域内唯一的节点，或者某个子区域没有节点存在时，停止向这个子区域发送查询命令。当所有子区域转发过程全部结束时，整个迭代过程终止。

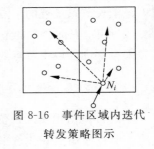

图 8-16　事件区域内迭代
转发策略图示

洪泛机制和迭代地理转发机制各有利弊。当事件区域内节点较多时，迭代地理转发的消息转发次数少，而节点较少时使用洪泛策略的路由效率高。GEAR 路由可以使用如下方法在两种机制中做出选择：当查询命令到达区域内的第一个节点时，如果该节点的邻居数量大于一个预设的阈值，则使用迭代地理转发机制，否则使用洪泛机制。

GEAR 路由定义节点到事件区域的距离和节点剩余能量为路由代价，并利用捎带机制获取实际路由代价，进行数据传输的路径优化，从而形成能量高效的数据传输路径。GEAR 路由采用的贪婪算法是一个局部最优的算法，适合传感器网络中节点只知道局部拓扑信息的情况，其缺点是由于缺乏足够的拓扑信息，路由过程中可能遇到路由空洞，反而降低了路由效率。如果节点拥有相邻两跳节点的地理位置信息，可以大大减少路由空洞的产生概率。GEAR 路由中假设节点的地理位置固定或变化不频繁，适用于节点移动性不强的应用环境。

8.4.3.3　GMR 路由

GMR（geographic multicast routing）协议设计了一种基于位置的多播路由，它是单播贪婪地理位置路由的扩展。在 GMR 协议中，协议优化的目标是减少带宽消耗，使得完成一次多播任务所需的通信转发次数最少。跟传统的基于地理位置的单播路由协议一样，GMR 路由假设源节点已知所有目标节点的位置，协议存在两种运行模式：贪婪多播模式和表面路由（face routing）模式。通常情况下，它贪婪地选择最优的多个邻居节点；当遇到局部最优问题时，GMR 协议切换为表面路由模式，绕出局部最优区域。GMR 路由的关键问题是如何选择多播邻居节点，使得最终的通信传输次数最少。

1）贪婪多播模式

在单播地理位置路由协议中，选择离目标节点最近的邻居作为下一跳。而在多播问题

---

① 原文中未讨论如何计算一跳通信代价。

中,需要考虑将一个数据包发送到多个邻居节点。如图 8-17 所示,节点 C 收到一个多播分组,需要发送到目标节点 $D_1,D_2,\cdots,D_5$,这些目标节点都包含在多播分组头部的目标列表中。邻居节点 A_1 和 A_2 是候选的下一跳转发节点。节点 C 到所有目标节点的多播距离可以描述为 $T_1=\overline{|CD_1|}+\overline{|CD_2|}+\overline{|CD_3|}+\overline{|CD_4|}+\overline{|CD_5|}$,即节点 C 到所有目标节点的距离之和。

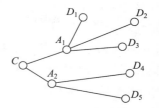

图 8-17　GMR 邻居选择指标
示意图

如果 C 把 A_1 和 A_2 作为转发节点,分别将数据发送到目标节点 D_1,D_2,D_3 和 D_4,D_5。那么到目标节点的新多播距离将变为 $T_2=\overline{|A_1D_1|}+\overline{|A_1D_2|}+\overline{|A_1D_3|}+\overline{|A_2D_4|}+\overline{|A_2D_5|}$,前进的多播距离为 T_2-T_1。GMR 协议旨在最小化通信开销,这与选择的转发节点个数直接相关,因此它需要选择尽可能少的邻居节点作为转发节点。在邻居选择过程中,GMR 协议将选择的邻居个数与前进多播距离的比值$\left(\text{即}\ \dfrac{N}{T_2-T_1},\text{本例中}\ N=2\right)$作为是否选择邻居节点的衡量指标。当节点选择多播邻居节点时,分别计算各种邻居节点组合所产生的上述比值,选择比值最小的邻居节点集合作为多播转发的下一跳节点集。

2) 表面路由模式

GMR 多播路由通常贪婪地选择那些更靠近目标节点的邻居集合作为下一跳转发节点。然而,在贪婪路由过程中,对于一部分目标节点,当前节点可能无法找到更靠近它们的邻居进行转发,该情形称为局部最优问题,即前面提到过的路由空洞。在这种情况下,GMR 协议在每个分组上记录两个列表:目标列表和绕路列表。目标列表记录那些仍然可以通过贪婪的方式找到转发邻居的目标节点,绕路列表记录那些已经达到局部最优的目标节点。

对于目标列表中的目标节点,当前节点按照贪婪多播模式转发;对于绕路列表中的目标节点,当前节点将切换到表面路由模式。表面路由策略主要用于在地理位置信息路由中绕过路由空洞,如 GPSR 和 GEAR 路由中的空洞绕路策略。一个多播分组有多个目标节点,GMR 协议将那些无法贪婪转发的目标节点添加到数据包的绕路列表中。在表面路由模式下,当前节点按照某种规则①(如右手法则)选择下一跳节点。如果按照多播邻居选择指标,当前节点比启动表面路由模式的节点更靠近某个目标节点,那么将该目标节点从分组的绕路列表中删除。删除后,当前节点将按照贪婪模式把分组转发到对应的目标节点;如果绕路列表中还有其他目标节点,当前节点将继续执行表面路由模式,直到绕路列表为空。

监测森林火灾、动物行为和环境污染等多种传感器网络应用在数据采集和查询的过程中具有多播传输的需求。基于地理位置的单播路由具有减少开销的优势,也适应网络链路的不断变化。GMR 路由充分利用了多播和位置的优势,减少了此类传感器网络应用中的通信开销。此外,GMR 路由完全是分布式的,无需建立多播树,可扩展性较好。

8.4.4　层次式路由

层次式路由是针对扁平网络结构在可扩展性和能量效率方面的缺点提出的。前面提到

---

① GMR 中并未指明所采用的表面路由策略。

的协议大都属于扁平网络结构中的路由，这些路由协议也采用了某些能量高效策略，例如
GEAR 中选择下一跳节点时，以节点的剩余能量作为重要的指标，路由路径尽量避开那些
即将耗尽能量的节点。即使使用这样的方法，当网络规模足够大的时候，由于流量的不均衡
性，离 sink 较近的节点仍然需要转发大量的分组，导致能量提前耗尽。为了改善这种状况，
可以在网络中部署少量能力较高的节点，或者使少量节点以高于普通节点的能量发送，这样
网络就形成了分层结构。这些特殊节点与它们周围的普通节点形成簇结构，特殊节点称为
簇头而普通节点称为簇内成员。

图 8-18 中显示了两种最为常见的分簇结构，两者的不同在于簇头节点是否能够直接与
sink 通信。采用分簇结构有多种好处：首先，大部分节点都只与簇头通信，簇头与 sink 一
跳或多跳通信，减少了网络中的信道冲突；其次，当簇内成员节点将信息汇聚到簇头后，簇头
有机会进行数据融合，由于感知数据大都具有时空相关性，数据融合能够极大减少需要发送
到 sink 的信息量；此外，簇头负责管理簇内成员的传输、休眠、簇头的轮换等操作，每个簇的
规模有限，减少了协议的复杂度，提高了可扩展性；最后，分簇结构形成后，节点只需要将信
息发送到簇头节点，簇头节点直接或经过更高层次的簇头间接转发到 sink，简化了路由过程。

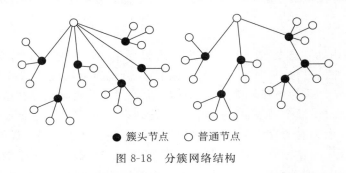

● 簇头节点　　○ 普通节点

图 8-18　分簇网络结构

经典的基于分簇的路由协议有 LEACH[14]、TEEN[15]、APTEEN[16] 和 PEGASIS[17]。
LEACH 算法的核心在于如何选择簇头节点和簇头节点轮换，这不在本章的讨论范围。分
簇完成后，每个簇内成员节点直接与簇头节点通信，簇头节点收集并融合信息，再直接将数
据转发到 sink。因此，数据总是经过两跳路由转发到达 sink。LEACH 算法主要针对周期
性收集的应用，对于事件检测类型的应用，TEEN 能够实现更好的能量效率。TEEN 的核
心思想包括两方面：首先，基于阈值检测事件发生，如果没有发生事件则不汇报任何数据；
其次，事件发生后，若汇报的数据未发生较大改变，则不更新数据。假设汇报数据为温度，若
前一周期内汇报的温度为 $30°$，而当前测得的温度为 $29°$，则相对变化只有 $1°$，节点不需要更
新汇报数据。APTEEN 在 TEEN 的基础上作了修改，APTEEN 允许簇内节点周期性汇
报，但在事件发生时，可以动态改变汇报频率来更好地观测事件变化。从路由的角度，
TEEN 和 APTEEN 与 LEACH 的差别在于，它们采用的是如图 8-18 所示的多层网络结构，
簇内成员汇报给簇头后，簇头再进一步转发到更高级的簇头，最终抵达 sink。

在前面提到的 LEACH、TEEN 和 APTEEN 中，网络都是划分为多个簇，簇头节点负责
融合和发送数据到 sink。由于簇头离 sink 可能较远，当网络中簇的数量较多时，簇头向
sink 汇报还是会消耗较多的能量。反之，若全网只形成一个簇，每个节点都只跟相邻的节

点通信,那么能耗可以进一步降低。PEGASIS 就是基于这种思想提出的。

PEGASIS 假设:每个节点都知道其余节点的位置信息;每个节点都能和 sink 直接通信。在这些假设前提下,PEGASIS 将网络中所有节点组合成一条链,链中只有一个节点充当簇头节点;节点沿着链将数据发送给靠近簇头节点的邻居节点,邻居节点将接收到的数据和自己的数据融合后,再将数据沿着链发送给它的邻居节点。簇头节点接收到数据后将数据发送给 sink。

1) 链的构造

链的构造可以由节点自己完成,也可以由 sink 来完成,然后通过广播告知所有节点。在链的构造过程中,节点选择距离自己最近的节点作为数据传输的下一跳。为了确保距离 sink 较远的节点有较近的邻居节点作为下一跳,链的构造从距离 sink 最远的节点开始。因为在链的构造过程中已经在链中的节点不能再次被访问,链中邻居节点间的距离可能会越来越大。如图 8-19 所示,节点 0 距离 sink 最远,节点 0 选择距离自己最近的节点 3 连接,节点 3 在剩余的节点中选择和距离较近的节点 1 连接,最后节点 1 和节点 2 连接,这样就组成了一条 0-3-1-2 的链。当链中有节点能量耗尽的时候整条链再重构一次。每条链中只有一个簇头节点,且簇头节点周期更换。在第 i 周期中,PEGASIS 使用链条上第 $i \bmod N$ 个节点作为簇头节点,其中 N 为节点的总数。

2) 数据传输

PEGASIS 使用令牌消息(Token)来控制数据传输,令牌消息一般很小,带来的开销也较小。如图 8-20 所示,节点 c_2 为本轮的簇头节点,节点 c_2 沿着链先给节点 c_0 发送一个令牌消息。节点 c_0 接收到令牌消息后将自己的数据发送给 c_1,c_1 先将 c_0 的数据和自己的数据融合,再将融合后的数据发送给节点 c_2;c_2 接收到 c_1 发送的数据后,再沿着链的另一个方向给节点 c_4 发送令牌消息,节点 c_4、c_3 的数据采用和前面相同的方式发送给节点 c_2,最后节点 c_2 将 c_1、c_3 发送过来的数据和自己的数据融合,并将结果发送给 sink。有些节点可能和自己邻居节点的距离比较大,比如图 8-19 中的节点 1 和节点 2,如果让这些节点做簇头节点,在数据传输阶段的开销会比较大。为了防止这些节点因为能量耗尽而过早失效,可以设置一个阈值,当节点和邻居节点的距离大于此阈值的时候,该节点就不能成为簇头节点。

图 8-19　基于贪婪算法的链构造　　　　图 8-20　令牌传递过程

PEGASIS 和 LEACH 相比能够节省很多能量。首先,PEGASIS 更换簇头后不会像 LEACH 一样,要广播告知网络中的其余节点;其次,在数据传输阶段,PEGASIS 中节点将数据发送给邻居节点,LEACH 中节点将数据发送给簇头节点,而一般说来前者的传输距离比后者的传输距离要小；接着，PEGASIS 每轮中只有一个簇头节点，LEACH 中有多个簇头节点，而簇头节点和 sink 之间的通信开销很大；最后，PEGASIS 中簇头节点只需接收两个节点的数据，而 LEACH 中簇头节点要接收很多节点的数据。

PEGASIS 虽然能够有效地延长网络的寿命，但是 PEGASIS 也有一些缺点：首先，簇头节点必须要等到链两边的数据到达后才能将数据发送给 sink，因此 PEGASIS 的延迟会比较大；其次，数据在沿途过程中会经过多次融合，这将导致 sink 接收到的数据可能不精确。

8.4.5 QoS 路由

在前面讨论的几类路由协议中，大都考虑了传感器网络最为关注的一些问题，如能量、地理位置信息等。实际上，除了这些因素以外，一些应用的服务质量需求也是很重要的。例如，在传感器网络中传输多媒体流数据可能需要端到端延迟低于给定阈值。本节中将介绍两种典型的 QoS 路由协议：SPEED[6] 和 MMSPEED[5]。

8.4.5.1 SPEED 路由

SPEED 是一个实时路由协议，在一定程度上实现了端到端的传输速率保证、网络拥塞控制以及负载平衡机制。为了实现上述目标，SPEED 协议首先交换节点的传输延迟，以得到网络负载情况；然后节点利用局部地理信息和传输速率信息做出路由决定，同时通过邻居反馈机制保证网络传输速率在一个全局定义的传输速率阈值之上。节点还通过反向压力路由变更机制避开延迟太大的链路和路由空洞。

SPEED 协议主要由以下 4 部分组成：

（1）延迟估计机制，用来得到网络的负载情况，判断网络是否发生拥塞；

（2）SNGF（stateless non-deterministic geographic forwarding，SNGF）算法，用来选择满足传输速率要求的下一跳节点；

（3）邻居反馈环策略（neighborhood feedback loop，NFL），在 SNGF 路由算法中找不到满足要求的下一跳节点时采取的补偿机制；

（4）反向压力路由变更机制，用来避免拥塞和路由空洞。

SPEED 协议中各部分之间的关系如图 8-21 所示，下面详细描述每个部分的工作原理。

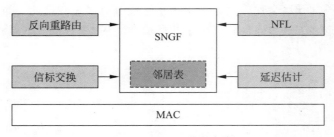

图 8-21　SPEED 协议框架

1）延迟估计

在 SPEED 协议中，节点记录到邻居节点的通信延迟，用来表示网络局部的通信负载。这里的通信延迟主要是指发送延迟，而忽略传播延迟，即信号在空中传输的时间。在带宽有限的网络条件下,如果用专门的分组探测节点间的通信延迟,开销会比较大。SPEED 协议中用数据包捎带的方法得到节点之间的通信延迟,具体方法如下:

发送节点给数据分组加上时间戳;接收节点计算从收到数据分组到发出 ACK 的时间间隔,并将其作为一个字段加入 ACK 报文中;发送节点收到 ACK 后,从收发时间差中减去接收节点的处理时间,得到一跳的通信延迟。在更新记录的延迟值时,综合考虑新计算的延迟值和原来记录的延迟值,更新的延迟值是二者的指数加权平均(exponential weighted moving average,EWMA)。节点将计算出的通信延迟通告邻居节点。

2) SNGF 算法

节点将邻居节点分为两类:比自己距离目标区域更近的节点和比自己距离目标区域更远的节点。前者称为候选转发节点集合(forwarding candidate set,FCS)。节点计算到其 FCS 集合中的每个节点的传输速率。对于两个节点 i 和 j,从 i 发送到 j 的传输速率 Rate_{ij} 定义为节点 i 和 j 到目标区域的距离差除以节点间通信延迟 Delay_{ij},如下所示:

$$\mathrm{Rate}_{ij} = \frac{L_i - L_j}{\mathrm{Delay}_{ij}} \tag{8-5}$$

式中,L_i 和 L_j 分别表示节点 i 和 j 距离目标区域的直线距离;单跳延迟由前面讨论的方法得到。

如果节点的 FCS 集合为空,意味着分组遇到路由空洞。这时节点将丢弃分组,并使用下面 4)介绍的反向压力信标(backpressure beacon)消息通告上一跳节点,以避免分组再走到这个路由空洞中。

根据传输速率是否满足预定的传输速率阈值,FCS 集合中的节点又分为两类:大于速率阈值的邻居节点和小于速率阈值的邻居节点。若 FCS 集合中有节点的传输速率大于速率阈值,则按照一定的概率分布在这些节点中选择下一跳节点,节点的传输速率越大,被选中的概率越大;若 FCS 集合内所有节点传输速率都小于速率阈值,则使用下面介绍的 NFL 算法计算一个转发概率,并按照这个概率转发分组。如果决定转发分组,在 FCS 集合内的节点按照一定的概率分布作为下一跳节点。

3) 邻居反馈环机制 NFL

为了保证节点间的数据传输满足一定的传输速率要求,引入邻居反馈环机制 NFL。在邻居反馈环机制中,数据丢失和低于传输速率阈值的传送都视作传输差错。邻居反馈环机制示意图如图 8-22 所示。

MAC 层收集差错信息(即丢包信息),并把到邻居节点的传输差错率通告给转发比例控制器(relay ratio controller),转发比例控制器根据这些差错率计算出转发概率,供 SNGF 路由算法做出选路决定。满足传输速率阈值的数据按照 SNGF 算法决定的路由传输出去,而不满足传输速率阈值的数据传输由邻居反馈环机制计算转发概率。这个转发概率表示网络能够满足传输速率要求的程度,因此节点按照这个概率进行数据转发。

由传输差错率计算转发概率的方法如下:节点查看 FCS 集合中的节点,如果存在节点的传输差错率为零,表明存在节点满足传输速率要求,因而设转发概率为 1;如果 FCS 集合

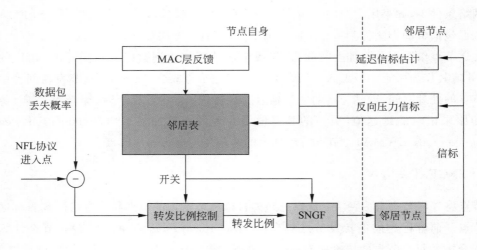

图 8-22　邻居反馈环机制图示

中所有节点的传输差错率都大于零,则按照以下公式计算转发概率:

$$u = 1 - K \frac{\sum_{i=1}^{N_{\mathrm{FCS}}} e_i}{N_{\mathrm{FCS}}} \tag{8-6}$$

式中,e_i 表示到 FCS 集合中节点 i 的传输差错率;N_{FCS} 表示 FCS 集合中节点个数;K 表示比例常数;u 表示转发概率。直观上,转发概率表示 FCS 集合中的节点能够成功转发的评估。

4) 反向重路由

前面讨论的机制可以保证节点间一定的传输速率,但是不能应对网络拥塞和路由空洞。为此,引入反向压力路由变更机制。

反向压力路由变更机制的首要目标是拥塞处理。当网络中某个区域发生事件时,数据量会突然增大。事件区域附近的节点传输负载加大,不再能够满足传输速率要求。产生拥塞的节点用反向压力信标消息向上一跳节点报告拥塞,并用反向压力信标消息表明拥塞后的传输延迟。上一跳节点按照上面几节介绍的机制重新选择下一跳节点。如果节点的 FCS 集合中所有邻居节点都报告了拥塞,节点用反向压力信标消息继续向上一跳节点报告拥塞。

反向压力路由变更机制的另一个作用是避免路由空洞。由于 SNGF 是基于地理位置信息的贪婪算法,会遇到路由空洞问题,协议中同样使用反向压力信标消息来解决这个问题。如图 8-23 所示,节点 2 发现自己没有下游节点能将分组传送到目的节点 5,这时节点 2 向上游节点发送一份延迟时间为无穷大的反向压力信标消息,以表明遇到了路由空洞。节点 1 将到节点 2 的延迟时间设为无穷,并转而使用节点 3 来传递分组。如果所有的下游节点都遇到路由空洞,节点 1 继续向上游节点发送反向压力信标消息。

SPEED 是一种利用地理位置信息的 QoS 路由,主要针对传输速率有一定要求的应用场景。SPEED 不是仅仅根据地理位置选择下一跳节点,而是还加入了传输速率。由于传输速率本身受到负载的影响,即负载越大转发延迟越高、传输速率越低,所以 SPEED 通过选

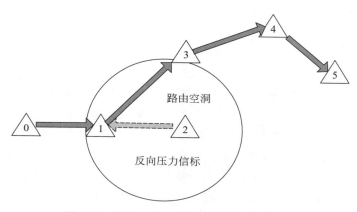

图 8-23 用反向压力信标解决路由空洞问题

择传输速率较高的下一跳,可以间接起到均衡网络负载的作用。SPEED 中还考虑了在网络出现拥塞时,利用反向压力机制来减少向拥塞区域注入流量。但是,SPEED 并未考虑网络中有多种不同传输速率要求的应用并存的情况,这在下面将要介绍的 MMSPEED 中会进一步讨论。

8.4.5.2 MMSPEED 路由[5]

MMSPEED(multi-path multi-speed)是在 SPEED 基础上提出的一种同时考虑传输延迟和丢包率的 QoS 路由协议。与 SPEED 相比,MMSPEED 做了多方面的改进:(1)SPEED 仅能支持一种速率要求,而 MMSPEED 可以同时支持不同应用的多种速率要求;(2)SPEED 不考虑端到端传输的可靠性,而 MMSPEED 在速率的基础上,还支持不同的端到端可靠性要求;(3)SPEED 没有考虑估计误差对端到端延迟的影响,MMSPEED 在每一跳节点上都需要进行速率补偿和可靠性补偿,不断纠正由于估计误差造成的影响。

具体来说协议分为两个基本组件:时延控制和可靠性控制。时延控制即满足某种特定应用对端到端传输延迟的需求,这种控制是通过路径选择完成的。在源节点和目标节点之间存在多条可选路径,如图 8-24 左图所示,不同路径的端到端传输延迟不同,对于那些延迟要求高的应用,使用高速路径转发,而延迟要求低的应用使用低速路径转发。可靠性控制是指满足端到端传输可靠性,是通过多径转发实现的。如图 8-24 右图所示,对于可靠性要求高的应用,使用多条路径同时转发,这样即使其中部分路径失败,目标节点仍然能够接收到

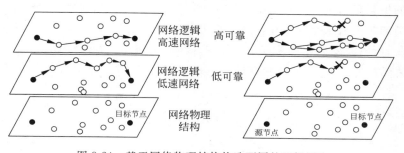

图 8-24 基于网络物理结构构造不同的逻辑层次

数据。对于可靠性要求低的应用，可以只使用单条路径转发。下面分为两个部分来介绍协议设计的具体细节。

1）时延控制

对于不同的数据流，MMSPEED 可以提供不同的传输速率服务，这种服务是通过每个节点分布式完成的。每个节点首先将邻居节点按照转发速率的大小，分为多个不同的层次，称为 speed layer。转发速率的大小是通过在线测量得到的，测量方法与 SPEED 相同。在这种分层结构上，MMSPEED 通过两种方法来保障不同数据流的转发优先级。

首先，每个节点维护多个转发队列，每个队列对应不同的优先级等级，高优先级队列比低优先级队列中的包优先发送。这种方法保障了高优先级数据流能够更快转发，降低端到端延迟。其次，利用跨层设计，为每个节点分配不同的优先级，有高优先级数据流等待发送的节点的优先级较高。与低优先级节点相比，高优先级节点发包间隔更短，回退窗口更小，保障高优先级节点更容易抢占信道。这种双层优先级保障机制如图 8-25 所示。

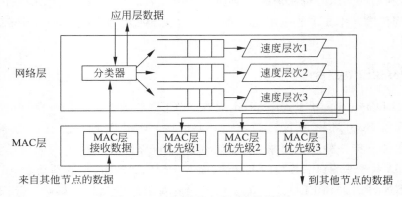

图 8-25　双层优先级保障机制图示

对于一个给定的数据流，先根据其端到端 deadline 计算转发速率要求，即将源节点与目标节点间的欧氏距离除以 deadline。在转发过程中，数据包的真实转发时间可能与估计不符。因此 MMSPEED 采用速率补偿机制来纠正估计误差。每个数据包携带 deadline 和已经耗费的时间，用于计算剩余时间，根据剩余时间来调整在接下来的传输过程中的速率要求。

2）可靠性控制

可靠性的控制是通过多径传输来实现的，可靠性要求低的数据流选择的路径较少，相反可靠性要求高的数据流选择的路径较多。每个节点只知道与邻居节点的传输丢包率，无法得知全局情况，所以需要估计每条转发路径的端到端丢包率。MMSPEED 采用非常简单的路径丢包率估算方法，如图 8-26 所示，对于节点 i，它假设通过节点 j 到 sink 路径上的每跳丢

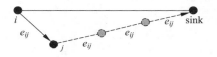

图 8-26　跳数估计示意图

包率相同,都为节点 i 到 j 的丢包率 e_{ij}。对于 n 跳的路径,它的端到端收包率为 $(1-e_{ij})^n$。实际上,跳数信息也是不知道的,所以也需要估计,估计方法是认为每一跳的距离都相等,为 dist_{ij},即节点 i 到节点 j 的欧氏距离,那么粗略估算端到端的跳数为 $\text{dist}_{jd}/\text{dist}_{ij}$。

每个节点都按照上述方法维护自身到每个邻居节点的丢包率和到 sink 的跳数,计算出端到端路径收包率,记作 RP。如图 8-27 中,节点 i 估计经过邻居节点 j、k 和 l 到 sink 的路径收包率分别为 0.3、0.25 和 0.45。若端到端要求的收包率仅为 0.2,则节点 i 只选择其中一条路径,由 k 转发即可。若要求端到端收包率为 0.5,则同时选择下一跳节点为 j 和 l 两条路径,达到的收包率为 $1-(1-0.3)(1-0.45)>0.5$,因此满足要求。

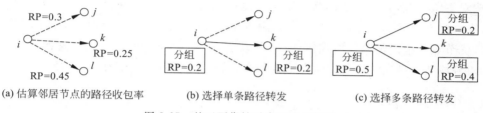

(a) 估算邻居节点的路径收包率　　(b) 选择单条路径转发　　(c) 选择多条路径转发

图 8-27　基于可靠性需求的多径转发

采用这种方式,每个节点都动态选择一到多条转发路径来满足数据流的可靠性要求。需要注意的是,由一路分为多路时,每条路径上要求满足的端到端收包率会降低。例如图 8-27 中,通过 j 和 l 的路径收包率只要分别高于 0.2 和 0.4 就可以满足要求了。因此,当两个消息拷贝在 j 和 l 的路径上传输时,它们的路径收包率要求分别更改为 0.2 和 0.4,比在节点 i 处的 0.5 要小。在转发的过程中,若发现某个中继节点无法完成给定的端到端收包率要求,则产生一个包含该节点估计可以达到的收包率上限的控制消息,通告其上游节点在估算路径收包率时不能只考虑邻居单跳链路质量,还需要考虑后续节点的实际能力。

相比 SPEED,MMSPEED 不仅考虑了多种速率要求的应用并存的情况,还考虑了数据传输可靠性的要求。此外,在设计 MMSPEED 时采用了跨层结构,在 MAC 层配合下可以更加有效地保障优先级高的数据流能够优先转发。但是,由于节点需要维护每个邻居的转发延迟和可靠性估计,存储开销比 SPEED 更大。

8.4.6　多径路由

在 8.4.5.2 节介绍的 MMSPEED 中,已经涉及到了多径路由,为了保障端到端传输可靠性,数据可能沿多条不同的路径抵达 sink。在传感器网络中,引入多径路由的目的是为了提高数据传输的可靠性和实现网络负载平衡。当主路径失效时,可以采用次优路径转发。在多径路由中,如何建立数据源节点到 sink 的多条路径是首先要解决的问题。本小节将继续讨论多径路由,介绍一些典型的多径路由协议。

8.4.6.1　不相交多径路由和缠绕多径路由

文献[18]提出了一种多路径路由机制,它通过预先建立和维护多条路径,不需要周期性洪泛就能够恢复从数据源节点到 sink 的传输路径。其基本思想是:首先建立从数据源节点到 sink 的主路径,然后再建立多条备用路径;数据通过主路径进行传输,同时在备用路径低速传送数据来维护路径的有效性；当主路径失效时，从备用路径中选择次优路径作为新的主路径。对于多条路径的建立方法，文献[18]提出不相交多路径(disjoint multipath)和缠绕多路径(braid multipath)两种算法。

1) 不相交多路径法

不相交多路径是指从源节点到目标节点之间存在多条路径，但任意两条路径，除源节点和目标节点外都没有相交的节点。建立过程如图 8-28 所示：如同 DD 路由，sink 先洪泛兴趣消息形成传输梯度，然后建立数据源节点到 sink 的多条路径；sink 首先通过主路径增强消息建立主路径；然后发送次优路径增强消息给次优节点 A，节点 A 再选择自己的最优节点 B，把次优路径增强信息传递下去。如果 B 在主路径上，则 B 发回否定增强消息给 A，A 选择次优节点传递次优路径增强信息；如果 B 不在主路径上，则 B 继续传递次优路径增强信息，直到构造一条次优路径。按照同样的方式，可继续构造下一条次优路径。

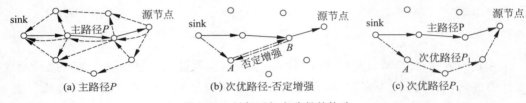

(a) 主路径P   (b) 次优路径-否定增强   (c) 次优路径P_1

图 8-28　局部不相交路径的构造

2) 缠绕多路径法

在不相交多路径中，备用路径可能比主路径长很多，为此引入了缠绕多路径(braid multipath)的概念。缠绕多路径可以克服主路径上单个节点失败的问题。理想的缠绕多路径是由一组缠绕路径形成的。缠绕路径是指对于主路径上的一个节点，在网络不包括该节点时，形成的从源节点到目标节点的优化备用路径。主路径上每个节点都有一条对应的缠绕路径，这些缠绕路径构成从源节点到目的节点的缠绕多路径。显然，这样得到的备用路径与主路径相交，如图 8-29(a)所示。缠绕路径作为主路径的一条备用路径。

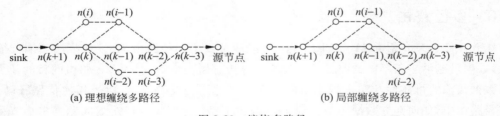

(a) 理想缠绕多路径   (b) 局部缠绕多路径

图 8-29　缠绕多路径

理想的缠绕多路径中，节点需要知道全局网络拓扑信息。一种局部的缠绕多路径生成算法如下：在建立主路径后，主路径上的每一个节点(除了源端和靠近源端的节点)都要发送备用路径增强消息给自己的次优节点(记为 A)，次优节点 A 再寻找其最优节点(记为 B)传播该备用路径增强消息。如果节点 B 不在主路径上，将继续向自己的最优节点传播，直到与主路径相交形成一条新的备用路径，如图 8-29(b)所示。

在上述两个算法中,备用路径之间具有不同的优先级。当主路径失效时,次优路径将被激活成为新的主路径。因此,少量节点失效并不影响网络功能正常执行。但是,网络内部分节点需要保存多条路径信息,增加了存储开销和协议复杂度。

8.4.6.2　能量多路径路由

多路径路由还可以用于均衡节点的能量消耗。传统网络的路由机制往往选择源节点到目标节点的跳数最小的路径传输数据,但在传感器网络中,如果频繁使用同一条路径传输数据,就会造成该路径上的节点因能量消耗过快而过早失效,从而使整个网络分割成互不相连的孤立部分,减少了网络的生存期。为此,Rahul C. Shah 等人提出了一种能量多路径路由机制[19]。该机制在源节点和目标节点之间建立多条路径,根据路径上节点的通信能量消耗以及剩余能量情况,给每条路径赋予一定的选择概率,数据传输均衡消耗整个网络的能量,延长网络的生存期。

能量多路径路由协议包括路径建立、数据传输和路由维护三个过程。路径建立过程是该协议的重点内容。每个节点需要知道到达目标节点的所有可选下一跳节点,并计算选择每个下一跳节点传输数据的概率。选择概率是根据节点到目标节点的通信代价来计算的,在下面的描述中用 $\mathrm{Cost}(N_i)$ 表示节点 i 到目标节点的通信代价。因为每个节点到达目的节点的路径很多,所以这个代价值是各个路径的加权平均值。能量多路径路由的主要过程描述如下:

(1) 目标节点向邻居节点广播路径建立消息,启动路径建立过程。路径建立消息中包含一个代价域,表示发出该消息的节点到目标节点路径上的能量信息,初始值设置为零。

(2) 当节点收到邻居节点发送的路径建立消息时,相对发送该消息的邻居节点,只有当自己距源节点更近,而且距目标节点更远的情况下,才需要转发该消息,否则将丢弃该消息。

(3) 如果节点决定转发路径建立消息,需要计算新的代价值来替换原来的代价值。当路径建立消息从节点 N_i 发送到节点 N_j 时,该路径的通信代价值为节点 i 的代价值加上两个节点间的通信能量消耗,即

$$C_{N_j,N_i} = \mathrm{Cost}(N_i) + \mathrm{Metric}(N_j,N_i) \tag{8-7}$$

式中,C_{N_j,N_i} 表示节点 N_j 经由节点 N_i 路径发送数据到达目标节点的代价;$\mathrm{Metric}(N_j,N_i)$ 表示节点 N_j 到节点 N_i 的通信能量消耗,计算公式为

$$\mathrm{Metric}(N_j,N_i) = e_{ij}^\alpha R_i^\beta \tag{8-8}$$

式中,e_{ij}^α 表示节点 N_j 和 N_i 直接通信的能量消耗;R_i^β 表示节点 N_i 的剩余能量;α、β 是常量。这个度量标准综合考虑了节点的能量消耗以及节点的剩余能量。

(4) 节点要放弃代价太大的路径,节点 j 将节点 i 加入本地路由表 FT_j 中的条件是

$$\mathrm{FT}_j = \{i \,|\, C_{N_j,N_i} \leqslant \alpha(\min_k(C_{N_j,N_k}))\} \tag{8-9}$$

式中,α 为大于 1 的系统参数。

(5) 节点为路由表中每个下一跳节点计算选择概率,节点选择概率与能量消耗成反比。节点 N_j 使用如下公式计算选择节点 N_i 的概率:

$$P_{N_j,N_i} = \frac{1/C_{N_j,N_i}}{\sum\limits_{k \in \mathrm{FT}_j} 1/C_{N_j,N_k}} \tag{8-10}$$

（6）节点根据路由表中每项的能量代价和下一跳节点选择概率计算本身到目标节点的代价 $\mathrm{Cost}(N_j)$。$\mathrm{Cost}(N_j)$ 定义为经由路由表中节点到达目标节点代价的平均值，即

$$\mathrm{Cost}(N_j) = \sum_{k \in \mathrm{FT}_j} P_{N_j,N_i} C_{N_j,N_k} \tag{8-11}$$

节点 N_j 将 $\mathrm{Cost}(N_j)$ 值替换消息中原有的代价值，然后向邻居节点广播该路由建立消息。

在数据传输阶段，对于接收的每个数据分组，节点根据概率从多个下一跳节点中选择一个节点，并将数据分组转发给该节点。路由的维护是通过周期性地从目标节点到源节点实施洪泛查询，以维持所有路径的活动性。

能量多路径路由综合考虑了通信路径上的能量消耗和剩余能量，节点根据概率在路由表中选择一个节点作为路由的下一跳节点。由于这个概率与能量相关，可以将通信能耗分散到多条路径上，从而实现整个网络能量平稳降级，最大限度延长网络的生存期。

8.4.7　基于节点移动的路由

在前面讨论的路由协议中，往往假设节点是静态部署的，但在实际环境中，节点不一定静止，它们有可能是移动的，例如，在战场上利用移动机器人收集传感器节点采集到的信息。节点移动为网络带来一些好处，如节省能耗、负载均衡等。本节中将介绍两种经典的节点移动的路由：MULE[20] 和 TTDD[21]。

8.4.7.1　MULE 路由

多数传感器网络的路由协议都假设传感器被密集部署，使得传感器网络具有较高的连通度，以保证源节点可以将监测数据直接或者间接地发送到 sink。为了提高网络的连通度，有两种主要的部署策略：第一，通过大量增加传感器节点生成一个密集的全连通网络，使得源节点将数据多跳传输到 sink；第二，部署可移动的 sink 对网络进行全覆盖，保证源节点能够直接和最近的 sink 通信。显然，两种策略都会给网络带来更大的部署成本。但是，第一种策略会导致靠近 sink 的节点转发负载过大，能量过早耗完；第二种策略源节点只向最近的 sink 单跳汇报，明显减少了通信开销。

MULE(mobile ubiquitions LAN extensions)路由协议针对稀疏的传感器网络提出了一种基于移动节点的三层网络架构的路由协议。它没有直接采用 sink 节点移动的策略，而是增加了一组 MULE 节点来移动采集数据，MULE 节点遇到普通节点时，收集它们采集到的数据；当遇到 sink 节点时，将数据上传。MULE 架构中包含三种组件：传感器节点、MULE 节点和基站，如图 8-30 所示。其中，传感器节点位于 MULE 协议的底层，负责对环境感知；MULE 节点作为中间层能够与传感器节点和基站通信，具有较大的存储能力，负责存储收集到的感知数据，等抵达基站通信范围内时将数据上传；基站位于顶层，负责接收 MULE 节点转发的数据，同时通过 WiFi 网络将数据传输到后台服务器进行分析处理。

MULE 的转发模型如图 8-30 所示，传感器节点、MULE 节点和基站将区域划分为二维

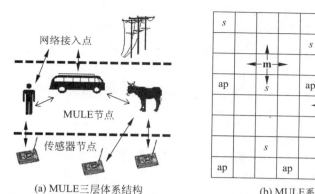

图 8-30 MULE 路由的架构和基本思想

网络,传感器节点和基站固定,MULE 节点向四个方向等概率移动。在全局时钟控制下,每个间隔内 MULE 随机移动一格,同时传感器节点生成一个数据单元。当 MULE 节点移动到与传感器节点在同一方格内时,进行数据转发。同样,当 MULE 节点携带消息移动到基站位置时将数据转发给基站。通过这种方式,即使网络无法形成全连通,在 MULE 节点的协助下,传感器节点仍然能够将数据汇报到基站。

由于静止的传感器节点直接与 MULE 节点交换数据,无需转发数据包,因此减少了能量消耗。而且 MULE 节点在感知区域随机移动,保证了所有传感器节点的负载均衡。此外,MULE 架构具有较好的鲁棒性和可扩展性。由于传感器节点不依赖于确定的 MULE 节点,如果一个 MULE 节点失效,传感器节点可以选择其他的 MULE 节点来转发数据。当传感器节点和 MULE 节点的数量增加时,网络无需重新配置。然而,MULE 协议的传输延迟较大,不适用于时间受限的应用。当 MULE 失效后,它携带的数据将永久丢失。

MULE 节点的移动为时延要求较低的应用带来了很多好处。网络可以根据数据采集需求部署传感器节点,不一定要在全局形成连通的网络,因而节省了部署成本;节点之间都只需要进行短距离通信,并且在 MULE 节点未到达之前可以进行休眠,进一步降低了能耗;应用能够在成本和时延之间更好地折中,为了降低延迟可以部署更多的 MULE 节点,反之则减少 MULE 节点的数量。但是,MULE 路由使用的网络模型过于简单,难以适用于实际应用中。

8.4.7.2 TTDD 路由

TTDD(two-tier data dissemination)协议是针对多移动汇聚节点提供的一种双层数据转发协议,它适合于传感器节点固定、多个 sink 自由移动的场景。例如,在战场上士兵利用传感器网络监测敌军坦克的移动,士兵携带 sink 在收集数据的同时需要不断移动。TTDD 协议假设除汇聚节点以外的所有传感器节点都知道自己的物理位置,并且假设网络密集部署。

TTDD 协议的基本原理是当多个传感器节点监测到事件发生时,选择一个节点作为发送数据的源节点,该源节点以自身作为一个顶点构造一个网格(grid),网格顶点位置的节点将作为转发节点。假设 sink 希望知道当前网络中发生的事件,它可以发出查询消息,查询消息通过两层传输到达事件源节点:第一层,sink 在当前所在的格子中,洪泛查询命令查找最近的转发节点;第二层,查询消息在转发节点间传播,直至到达源节点。当源节点接收到查询消息后,将数据沿着反向路径传输到 sink。

TTDD 的工作过程主要包括网格的构造和维护、两层的查询与数据转发。

1) 网格的构造和维护

源节点先计算它周围网格顶点的位置,然后请求距离这些顶点位置最近的传感器节点成为新的转发节点。如图 8-31 所示,节点 A 为源节点,节点 S 为 sink,每个格子的边长为 α。对于 A 周围每个网格顶点 B,C,D。以顶点 B 为例,源节点 A 将向最靠近顶点 B 位置的节点发送通告消息。首先源节点 A 将请求消息发送给离 B 点最近的邻居节点 A_1,A_1 接到消息后将请求消息发送给离 B 点最近的邻居节点 A_{11},A_{11} 节点用同样的方式继续直到请求消息到达 B_1(B_1 是距离 B 点位置最近的节点),从而 B_1 就成为了新的转发节点。然后 B_1 保存通告消息和上游转发节点 A(即源节点)的位置后发送新的通告消息寻找下一个转发节点,直至构建出如图 8-31 所示的网格。

为了避免转发节点无休止的维持网格的存在,源节点在通告消息中添加了网格的生命周期,当网格超时后自动消失。网格生命周期将根据具体应用要求进行设定。

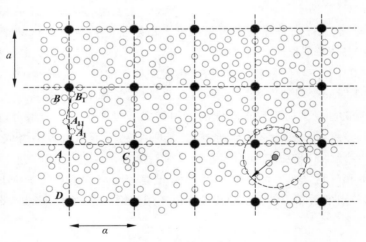

图 8-31   TTDD 建立网格

2) 两层的查询与数据转发

sink 需要数据时,它将向源节点发送查询消息。查询消息通过两层数据传输到达源节点。首先,sink 在一个格子大小的范围内洪泛查询消息。接收到 sink 查询消息的转发节点称为 sink 的直接转发节点。然后,直接转发节点沿着构建网格时保存的路径向自己的上游转发节点继续转发查询消息,直至到达源节点。在查询消息传输到源节点的过程中,上游转发节点会记录下游转发节点的位置,以便于进行后续的数据传输。当直接转发节点接收到多个 sink 对同一个源节点的查询消息时,它只向自己的上游转发节点发送一次查询消息。同样地,转发节点如果从不同的下游转发节点收到同一个数据查询时,也只向上游转发节点发送一次查询消息。

　　数据从源节点转发到 sink 分为两个阶段:第一个阶段,源节点将数据发送到 sink 的直接转发节点。当查询消息到达源节点后,源节点将数据沿着查询消息传输的反向路径发送到 sink 的直接转发节点。如果一个转发节点融合了多个查询消息,那么它将数据发送给每个相关的下游转发节点。

　　第二个阶段,直接转发节点按照轨迹转发策略将数据发送给处于移动状态的 sink。在轨迹转发策略中,每个移动 sink 有两个代理节点:初级代理 PA(primary agent)和直接代理 IA(immediate agent),如图 8-32 所示。sink 的直接转发节点先将数据发送给 PA,然后 PA 将数据发送给 IA,最后再由 IA 将数据发送给处于移动状态的 sink。初始时 PA 和 IA 是同一个节点,当 sink 将要移出当前 IA 的范围时,选择一个新的邻居节点作为新的 IA,并将新 IA 位置信息发送给 PA 和旧 IA。PA 收到新 IA 的位置信息后将把数据发送给新 IA,旧 IA 收到新 IA 的位置信息后将刚接收到的数据发送给新 IA。当 sink 移动出 PA 的范围后(通常是一个格子大小),sink 选择一个邻居节点作为新的 PA,然后在一个格子大小的范围内洪泛查询消息以找到新的离 sink 更近的直接转发节点。

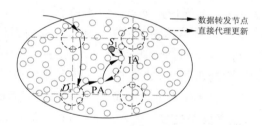

图 8-32　代理节点更新

　　移动汇聚节点策略是解决大规模传感器网络数据收集的有效方式,但是这给路由协议的设计带来了新的挑战。TTDD 转发协议通过构建网格拓扑结构来实现双层的数据传输,避免了移动汇聚节点频繁广播自身位置所带来的巨大开销,同时也增加了协议的灵活性和可扩展性。在建立网格的过程中,每个源节点独立建立自己的网格,这有利于静止传感器节点的负载均衡。然而,TTDD 协议与其他基于位置的路由协议一样受限于节点位置已知的应用场景。

8.4.8　实用化路由协议介绍

　　路由协议的设计直接影响了传感器网络的整体性能和实用化进程。随着 ZigBee、TinyOS 等传感器网络系统的广泛应用,其中的路由协议也得到了实践的检验。

　　在 ZigBee 网络中,每个节点使用网络层的 2 字节短地址进行通信,该短地址就是节点的网络地址,类似于 IP 网络中的 IP 地址。ZigBee 网络常采用树状网络拓扑,并按节点在网络拓扑中的位置来分配地址,相应地使用层次化的树型路由。节点之间的路由经过源和目标节点的共同祖先节点(树状拓扑中的公共上层节点)来负责转发。ZigBee 的树型路由简单,容易实现,但往往不是最佳路由,协调器或其他上层节点也容易成为自己子孙设备间通信的瓶颈。针对网状拓扑，ZigBee 采用了 AODVjr（AODV Junior）算法，该算法是对 AODV 的简化。作为一种协议标准，Zigbee 主要注重协议的流程细节，导致协议运行成本较高，而且没有过多考虑链路质量估计、节点剩余能量等，因此在性能上离最优设计差距较大。

针对将监测数据汇聚到 sink 的常见需求，TinyOS 2.x 在网络层提供了一种用于数据收集的路由协议 CTP(collection tree protocol)[4]。CTP 建立了一棵以 sink 为根的汇聚树，其他节点根据路由梯度形成到根节点的路由。CTP 协议中，节点是通过选择父节点作为下一跳隐式地选择到根节点的路由，这种路由选择机制提供了一定的传输可靠性保障。此外，CTP 检查重复数据包，抑制重复传输和路由循环。

CTP 是一种距离向量路由，网络中每个节点维护一张路由表，与 Internet 上的距离向量路由不同的是，每个分组的目标地址都是 sink。CTP 采用 ETX(见 8.2.3 节)评估单跳链路的好坏，节点之间不断交换信息，每个节点都评估到达 sink 的最短路径(即 ETX 值之和最小的路径)，分组沿着 ETX 值最小的路径转发。CTP 包含三个基本组件：路由模块（routing engine）、转发模块（forwarding engine）和链路评估模块（link estimator）。下面将分别介绍这三个模块的功能。

1) 路由模块

路由模块的核心功能是建立和维护路由表。由于所有分组的目标节点都是 sink，路由表实际上只需要维护到达 sink 的最短路径上的下一跳节点。但在传感器网络中，由于链路质量动态变化，下一跳节点可能随时改变。因此，CTP 的路由表中维护所有邻居节点的信息，表项包含邻居节点的 ID 和路由指标，路由指标反映了邻居节点作为下一跳节点的"质量"，质量最好的邻居节点优先选择作为下一跳节点。CTP 中节点的质量由其与 sink 之间的 ETX 值来表示。由于节点需要经过多跳转发到 sink，这里的 ETX 记作 ETX_{mhop}，而单跳链路的 ETX 记作 ETX_{1hop}。如果一个节点的 ETX_{mhop} 值为 n，则表示从该节点成功发送一个包至 sink 需要的平均传输次数是 n。

在 8.2.3 节中曾经讨论过，一条路径的 ETX_{mhop} 是指这条路径上所有链路的 ETX_{1hop} 之和。假设每个节点都能够估算到邻居节点链路的 ETX_{1hop}，那么与 Internet 中的距离向量路由一样，CTP 需要节点间不断交换信息来计算路径的 ETX_{mhop}。在 CTP 中，节点之间通过信标消息(beacon)来交换 ETX_{1hop}，每个节点按照一定的周期发送信标消息。通过消息交换，每个节点都能够知道其邻居节点的 ETX_{mhop}。在网络初始阶段，sink 的 $ETX_{mhop}=0$，而距离 sink 一跳范围节点的 ETX_{mhop} 就是它们与 sink 间链路的 ETX_{1hop}。其他节点并不知道 ETX_{mhop}，因为它们与 sink 之间有多跳。但是，随着信标消息的不断交换，距离 sink 两跳、三跳、…、n 跳之内的节点会依次计算出它们到 sink 的 ETX_{mhop}，直到全网节点都能算出到 sink 的 ETX_{mhop}。

值得注意的是，每个节点实际上会收到多个下游节点的 ETX_{mhop}，这些信息都保存在节点的路由表中，每个节点对应一个表项。节点在转发分组时，选择其中 ETX_{mhop} 最小的节点作为下一跳节点转发。节点链路质量动态变化，所以原有的最短路径也可能发生变化。节点通过发送信标消息将变化通知周围节点，信标消息的发送频率影响路由性能，较快的频率可以使路由协议能够对事件作出快速反应,如某个节点失效导致链路失效或路由回环等,但这样会带来较大的能量开销;较慢的频率得到的结果相反。CTP采用一种折中的设计,在没有事件发生的情况下节点的信标消息频率会逐渐减慢,一旦发生事件则立刻重置信标消息发送时机,发送频率先变快,随后若无事件发生则又会减慢,其过程如图8-33所示。

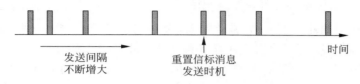

图 8-33　信标消息发送策略示意图

2) 转发模块

转发模块用于转发节点自身产生的或来自邻居节点的分组。除此以外,该模块的另一个重要功能是检测路径一致性。理想情况下,分组向靠近 sink 的方向转发,下一跳的 ETX_{mhop} 应该小于当前节点的 ETX_{mhop},如图 8-34 中的传输路径应该满足 $ETX_{mhop}(n_i)>ETX_{mhop}(n_{i+1})$,这种关系称为路径一致性。在特殊情况下,节点的 ETX 值可能发生变化,使路径一致性失效,路径一致性失效会导致路由回环。

图 8-34　路径一致性

如图 8-35 所示,图中实线箭头表示原有的路由转发链路,若节点 C 的下游链路出现问题,导致 ETX 由 3.2 变为 8.2,虽然可以通过信标消息通知周围节点,但为了节省能量,信标消息发送周期可能较长,在一定时间内上游节点 B 无法得知这种消息。当节点 C 产生一个需要发送到 sink 的分组后,虽然节点 C 不会选择 B 作为其父节点(因为 B 为 C 的子节点),但 C 有可能选择 D 作为父节点,因为 D 并不知道 C 原来在路由路径的下游。这样节点 C、D、B 就形成了路由回环。路由回环会使分组在网络内循环转发,造成能量的浪费,因此需要尽快发现。

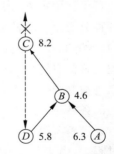

图 8-35　路径一致性检查

为了检查路径的一致性,CTP 在每个分组中携带发送节点的 ETX_{mhop} 值。如图 8-35 所示,来自节点 D 和节点 B 的分组携带的 ETX_{mhop} 分别为 5.8 和 4.6。在节点 C 出现问题的情况下,来自节点 B 的分组携带的 ETX_{mhop} 为 4.6,小于节点 C 的 ETX_{mhop},所以检测出路径不一致。节点一旦发现这种情况,立刻重置信标消息的发送时机,并将 ETX_{mhop} 信息更新到邻居节点,恢复路径一致性。CTP 规定节点在三种特殊情况下重置信标消息的发送时机,分别为:

(1) 节点 ETX_{mhop} 显著减小,节点尽快通知上游节点,重新选择最优的转发路由;

(2) 子节点 ETX_{mhop} 小于自身 ETX_{mhop},表示路径不一致,节点尽快通知周围节点更新路由信息;

（3）新节点加入。新节点向周围节点发送加入请求，周围节点回应信标消息，节点根据反馈信息建立路由表。

3）链路评估模块

链路评估模块用于测量节点与一跳邻居节点之间的链路质量。与路由模块维护的路由表类似，链路评估模块也维护一个邻居列表，表中记录了节点与其一跳邻居之间的单跳 ETX_{1hop} 值，如前面讨论，这些值用于计算节点到达 sink 的 ETX_{mhop}。ETX_{1hop} 值的评估基于两种统计：输入统计和输出统计。输入统计用于描述其他节点到节点自身的链路质量，节点统计接收到的来自某个邻居节点的信标消息数量占该节点发送的总信标消息数量的比例，这种统计可利用信标消息中携带的序列号实现；输出统计描述节点到某个邻居节点链路的质量，根据节点向某个邻居节点发包的成功率统计，成功发送的包由节点接收到的 ACK 数量来估计。这样的设计同时考虑了输入链路和输出链路，反映了网络链路的不对称性，更好地适合无线网络的特征。

CTP 协议本质上是一种距离向量路由，节点动态维护与邻居的链路质量，并不断交换信息来获得到 sink 的最优路径。路径的可靠性较好，CTP 专门设计了路由更新机制来预防路由环的出现，增强了协议的性能。但是，CTP 不考虑节点休眠机制，因而能耗难以达到最优。

8.5　本章小结

本章从传统有线网络、Ad Hoc 网络中的路由讲起，通过对比分析说明了传统的路由协议无法适用于传感器网络。随后从传感器网络的应用出发，讨论了影响传感器网络路由设计的若干重要因素，列举了一些常用的性能评价指标。最后按照路由设计的基本思路，介绍了各种分类下经典的路由协议。从路由协议的分类上，可以看出路由与应用本身是紧密相关的。例如，以数据为中心的路由要求数据传输以数据是否合乎查询需求作为路由的依据；地理位置信息路由则要求数据传输以节点所在的位置为路由依据。除此以外，考虑传感器节点资源受限的特点，层次式路由协议以及一些考虑节点剩余能量的路由协议在满足数据传输的条件下，尽量减少能量消耗。

要理解各种不同的路由协议，首先必须清楚不同协议设计的出发点。在各种协议的设计过程中，由于节点只能获取局部网络信息，因此路由的关键在于如何选择下一跳节点，即如何为每条链路确定一个指标，这需要考虑多种因素，如能耗、地理位置、转发延迟、稳定性等，这些信息大都来自链路层，因此跨层设计几乎是每个路由协议必须采用的。本章介绍了两种典型的实用化路由协议，这些协议的思路往往比较简单，但它们更注重实现细节以保障协议执行的正确性，如怎样处理网络回环。路由是传感器网络的研究热点，通过阅读本章，读者应该能够对传感器网络路由协议有一个大致的了解。

习题

8.1　传感器网络路由协议与传统路由协议有什么不同点？

8.2 简述传统 Internet 路由协议和 Ad Hoc 路由协议为何不能用于传感器网络。

8.3 简述传感器网络的路由协议的特点。

8.4 传感器网络路由机制的要求有哪些？

8.5 结合本章中提到的三个典型协议，说明以数据为中心的路由协议的基本特点。

8.6 计算图 8-36 中，从节点 a 到节点 d 之间路径的 ETX 值（图中链路上的数字表示单跳链路的丢包率）。

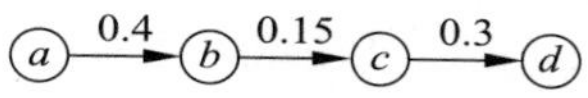

$$a \xrightarrow{0.4} b \xrightarrow{0.15} c \xrightarrow{0.3} d$$

图 8-36 路径 ETX 计算

8.7 比较 GEAR 路由和 GPSR 路由在进行空洞绕路时操作的差别。

8.8 图 8-27 中，当端到端可靠性要求超过多少时，无论怎么选择下一跳节点都无法得到满足？

8.9 思考在节点全移动的情况下，节点之间以怎样的依据选择下一跳节点。例如，传感器节点是人们随身携带的移动终端（如手机等）。

8.10 根据传感器网络的不同应用敏感度不同，可将传感器网络的路由协议分为哪几种。

8.11 简述能量路由策略主要有哪几种。

8.12 简述能量多路径路由的基本过程。

8.13 简述定向扩散路由的基本思想。

8.14 简述定向扩散路由机制的基本过程。

8.15 简述谣传路由的基本思想。

8.16 简述 GEAR 路由的基本过程。

8.17 传感器网络主要有哪三种存储监测数据的方式。

8.18 简述边界定位的地理路由的基本思想。

8.19 简述一个信标节点确定边界节点的过程。

8.20 研究人员提出的可靠路由协议主要从哪两个方面考虑？

8.21 简述基于不相交路径的多路径路由机制的基本思想。

8.22 SPEED 协议主要由几部分组成？简述 SPEED 协议的基本过程。

参考文献

[1] Perkins C E, Royer E M. Ad-Hoc on-demand distance vector routing. In：Proc of the 2nd IEEE Workshop on Mobile Computing Systems and Applications（WMCSA'99）. IEEE，2002：94-95.

[2] Johnson D B, Maltz D A, Broch J. DSR：the dynamic source routing protocol for multihop wireless Ad Hoc networks. In：Pekins CE. Ad Hoc Networking，Addison-Wesley，2016：139-172.

[3] Singh H, Urrutia J. Compass routing on geometric networks. In：The 11th Canadian Conference on Computational Geometry. 1999：51-54.

[4] Gnawali O, Fonseca R, Jamieson K, et al. Collection tree protocol. In：ACM Conference on Embedded Networked Sensor Systems. ACM，2009：1-14.

[5] Felemban E，Lee C G，Ekici E. MMSPEED：multipath multi-SPEED protocol for QoS guarantee of reliability and timeliness in wireless sensor networks. IEEE Trans. on Mobile Computing，2006，5(6)：738-754.

[6] He T，Stankovic J A，Lu C，et al. SPEED：a stateless protocol for real-time communication in sensor networks. In：Proc Int'l Conf on Distributed Computing Systems. IEEE Computer Society，2003：46.

[7] Hedetniemi S M，Hedetniemi S T，Liestman A L. A survey of gossiping and broadcasting in communication networks. Networks，1988，18(4)：319-349.

[8] Kulik J，Heinzelman W，Balakrishnan H. Negotiation-based protocols for disseminating information in wireless sensor networks. Wireless Networks，2002，8(2-3)：169-185.

[9] Intanagonwiwat C，Govindan R，Estrin D. Directed diffusion：a scalable and robust communication paradigm for sensor networks. In：Proc of the 6th Annual ACM/IEEE Int'l Conf on Mobile Computing and Networks (MobiCom 2000)，2000：56-67.

[10] Braginsky D，Estrin D. Rumor routing algorithm in sensor networks. In：ACM Int'l Workshop on Wireless Sensor Networks and Applications (WSNA 2002)，Atlanta，Georgia，USA，September. DBLP，2002：22-31.

[11] Karp B，Kung H T. GPSR：greedy perimeter stateless routing for wireless networks. In：Proc of the Int'l Conf on Mobile Computing and Networking. ACM，2000：243-254.

[12] Yu Y，Govindan R，Estrin D. Geographical and energy aware routing：a recursive data dissemination protocol for wireless sensor networks. Marine Pollution Bulletin，2001，20(1)：48.

[13] Sanchez J A，Ruiz P M，Stojmnenovic I. GMR：geographic multicast routing for wireless sensor networks. In：Proc 2006 3rd Annual IEEE communications Society on Sensor & Ad Hoc Communications and Networks，2006，1(2)：20-29.

[14] Heinzelman W R，Chandrakasan A，Balakrishnan H. Energy-efficient communication protocol for wireless microsensor networks. Hawaii International Conference on System Sciences. IEEE Computer Society，2000：8020.

[15] Manjeshwar A，Agrawal D P. TEEN：a routing protocol for enhanced efficiency in wireless sensor networks. In：Proc of IEEE Int'l Parallel and Distributed Processing Symp. IEEE，2002：189.

[16] Manjeshwar A，Agrawal D P. APTEEN：a hybrid protocol for efficient routing and comprehensive information retrieval in wireless sensor networks. In：Proc Int'l Parallel and Distributed Processing Symp (IPDPS 2002)，Abstracts and CD-ROM. IEEE，2002：8.

[17] Lindsey S，Raghavendra C S. PEGASIS：power-efficient gathering in sensor information systems. In：Aerospace Conference Proceedings. IEEE，2003，Vol. 3.

[18] Ganesan D，Govindan R，SHENKER S，et al. Highly-resilient，energy-efficient multipath routing in wireless sensor networks. In：ACM Int'l Symp on Mobile Ad Hoc Networking & Computing. ACM，2001：251-254.

[19] Shah R C，Rabaey J M. Energy aware routing for low energy Ad Hoc sensor networks. In：Wireless Communications and Networking Conference (WCNC2002). IEEE，2002，Vol. 1，350-355.

[20] Shah R C，Roy S，Jain S，et al. Data MULEs：modeling and analysis of a three-tier architecture for sparse sensor networks. Ad Hoc Networks，2003，1(2-3)：215-233.

[21] Ye F，Luo H，Cheng J，et al. A two-tier data dissemination model for large-scale wireless sensor networks. In：Proc Int'l Conf on Mobile Computing and Networking. ACM，2002：148-159.

[22] Z. Alliance. ZigBee specifications.

第 9 章

CHAPTER 9

传输控制技术

导读

　　本章从传输控制技术的基础知识出发,首先讨论传输控制协议的功能,讨论了 TCP 可靠传输协议为何不能在无线传感器网络中使用,具体分析了传感器网络诸多特点对传输控制协议设计的挑战。随后,按照当前研究的分类分别对拥塞控制机制和可靠传输机制展开讨论,在介绍完各自关键技术后对一些经典协议进行了详细说明。最后对本章内容进行了小结,总结了现有工作的成果和不足。

引言

　　无线传感器网络由大量资源受限的节点组成,部署在感兴趣的物理区域。例如,传感器网络可部署在森林中监控火险,或在城市环境下检测交通状况。在这样的应用下,数据由传感器节点产生后需要可靠传输到 sink。为了达到这个目的,MAC 协议需要协调信道访问策略,路由协议需要选择转发路径。然而,仅有这些是不够的,在它们的基础上,还需要传输层来优化或保障数据传输的质量,如可靠性、延迟、吞吐率等。传输层不是传感器网络独有的,在传统的 TCP/IP 网络体系结构中,传输层位于应用层以下、网络层之上,为各类应用提供端到端的传输服务。典型的传输层协议包括 UDP 和 TCP:UDP 是无连接协议,它不提供可靠传输和拥塞控制,通常用于一次发送少量的数据;TCP 协议是基于连接的协议,为端到端传输提供保序可靠传输、拥塞控制、速率控制等服务。

　　UDP 和 TCP 虽然已在 Internet 上应用多年,但它们无法在无线传感器网络中直接使用。其主要原因在于无线传感器网络与传统有线网络相比有许多不同之处。传感器网络是以数据为中心的网络,节点通常没有全局地址;节点部署在恶劣的自然环境中,由于节点死亡或链路失败使拓扑结构频繁变化;无线通信环境多变,节点间通信易受能量衰减和外界干扰而出现误码丢包;传感器网络应用复杂多样,其数据流量变化具有不同特征。例如,在温湿度监控应用下,sink 需要发布下行命令向指定区域的传感器节点查询信息;而在森林火险监控应用中,检测到火情的节点需要上行向 sink 汇报情况,并且火险发生的区域并非固定；传感器节点通常采用电池供电，一旦电量耗尽则停止工作。这些特点使得传统传输层协议无法应用于传感器网络，需要设计符合传感器网络自身特点的新的传输协议。

无线传感器网络传输层协议的设计引起了研究人员的广泛关注。根据基本服务功能，可将已有研究划分为两大类：拥塞控制协议和可靠传输协议。网络拥塞对传感器网络应用危害极大，在拥塞的情况下大量丢包不仅影响应用服务质量，还会造成信道和能量资源的浪费。拥塞控制协议用于检测、通知并解除拥塞。在无线传感器网络中，数据包需要经过多跳转发，在逐跳转发过程中可能受信号衰减、无线干扰等原因丢失。可靠传输协议用于保障信息从源节点到目标节点的可靠转发，利用确认机制、冗余编码或链路调度等策略减少信息损耗。在对传感器网络传输层的研究中，发现仅仅依靠单层无法解决问题，往往需要进行跨层设计，与 MAC 层或网络层进行协同处理。

9.1 传输控制协议概述

9.1.1 传输层协议的功能

传输层负责总体的数据传输和控制，它利用网络层提供的接口为主机之间提供逻辑连接。尽管各个主机之间没有物理连接，但从应用层的角度看它们之间就像存在物理连接一样。传输层为其上各层提供透明的传输服务。应用层使用传输层提供的逻辑连接传输信息，不用考虑真正传输这些信息的底层物理基础设施。传输层的首要目标是为应用层提供高效、可靠的传输服务，这些服务包括以下 5 种。

(1) 传输连接管理：针对面向连接(connection-oriented)的传输服务，传输层在数据传输之前先建立端到端的连接；在数据传输期间监控连接状态，维持连接的畅通；在传输结束后释放连接，避免空占传输信道资源。

(2) 可靠数据传输：在非理想通信媒介中，数据传输可能会出现乱序、误码和丢包。传输层对到达的数据进行顺序控制、差错检测和纠正，使源端产生的数据能够顺序可靠地提交给目的端的应用层。

(3) 拥塞控制：网络带宽资源有限，当进入网络的数据量超过网络容量时会发生拥塞，造成网络丢包率剧增，吞吐量随输入负荷增大而下降。传输层需要避免拥塞，或及时检测、通告、处理拥塞，维持网络功能正常执行。

(4) 流量控制：在数据发送端，传输层需要根据当前网络状况调整数据发送速率，在网络空闲时可以增大发送速率来提高网络利用率；在网络发生拥塞或接收端来不及处理收到的数据时，传输层需要限制发送速率。

(5) 多路复用：多个用户进程能够共享单一的传输层实体进行通信。这种多路复用机制是基于传输服务访问点 TSAP(transport service access point)来实现的，每个用户进程对应一个本机唯一的 TSAP。一次通信结束后，释放连接的同时也释放了进程占用的 TSAP 地址，这个地址可以再次分配给其他进程使用。

这些服务是通过一系列传输层协议来完成的。在 Internet 上使用的 TCP/IP 协议簇中，传输层主要有两个协议：无连接的用户数据报协议 UDP(user datagram protocol)，面向连接的传输控制协议 TCP(transfer control protocol)。UDP 是一个简单的传输协议,不提供可靠传输服务,通常用于少量数据发送。相比之下,TCP 提供可靠的数据传输,保证数据正确有序地从发送端到达接收端。除此以外,TCP 还提供拥塞控制和流量控制等重要功能。

9.1.2 TCP 协议

TCP 协议是面向连接的传输控制协议,通信双方在传输数据之前,必须先建立端到端的连接。TCP 采用三次握手协议来建立连接,实体 A 和实体 B 之间建立连接的过程如下:

(1) 实体 A 发出序列号为 x 的连接请求;

(2) 实体 B 返回序列号为 y、确认号为 $x+1$ 的连接请求确认;

(3) 实体 A 通过一个序列号为 $x+1$、确认号为 $y+1$ 数据分段,对用户 B 的确认进行反馈。

三次握手使连接双方达成同步,是可靠传输的基本前提。释放连接的方式与上述过程类似,同样在双方协商后完成。

为了保障数据传输的可靠性,TCP 采用肯定确认重传机制(positive acknowledge with retransmission)。这种机制是在通信两端实现的,它要求接收端收到数据段后向发送端返回确认信息 ACK(Acknowledgement),确认信息中携带下一个数据段的序列号。发送端发出每个数据段后都保留一份备份,同时启动一个定时器,在定时器超时前若收到确认,则发送下一个数据段,否则判定分组丢失,发送端重传数据段。值得注意的是,上述过程中发送端必须等待确认后才开始发送下一个数据段,使连接在大量时间内处于空闲状态,因而网络利用率不高。为克服这个问题,TCP 采用更为有效的数据传输控制方式。

TCP 的数据传输控制是通过滑动窗口机制来实现的。滑动窗口允许发送端在等待一个确认信息之前发送多个数据段,如图 9-1 所示,数据在发送端分为一个数据段序列,滑动窗口协议在数据段序列中放置一个窗口。在发送数据时,发送端可将窗口内所有数据都发送出去。当窗口第一个数据段被确认后窗口向后滑动到下一个数据段;随着确认的不断到达,窗口也不断向后滑动。若窗口大小为 1,则滑动窗口退化为简单的停止等待,即发送端每发出一个数据段都必须等待确认后才能发送下一个分组;反之,发送窗口越大则表示发送端的发送速率越快。在网络带宽允许的情况下,使用滑动窗口协议有利于提高网络利用率。

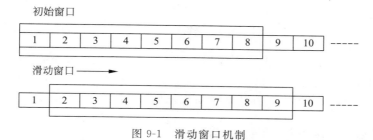

图 9-1 滑动窗口机制

除了能够提高网络利用率外,滑动窗口机制还是实现流量控制和拥塞控制的基础。流量控制的目的是使发送端的发送速率与接收端的接收速率相匹配。对于 TCP 协议,在发送数据之前,发送端并不知道接收端的接收能力和网络的传输能力,收发双方需要协商发送窗口的大小来确定发送速率。为了达到这个目的,每一个 TCP 连接需要有两个状态变量。

（1）接收端窗口 rwnd（receiver window）：接收端根据当前的接收缓存大小允许使用的窗口值，是来自接收端的流量控制。

（2）拥塞窗口 cwnd（congestion window）：发送端根据自己估计的网络拥塞程度而设置的窗口值，是来自发送端的流量控制。

接收窗口的大小由接收端反馈给发送端。当发送端获得上述两个窗口值之后，发送窗口的上限值取二者之中的较小者，即发送窗口的上限值＝min[rwnd,cwnd]。数据传输阶段之初，TCP 采用慢启动技术来调整 cwnd 的大小。初始状态下，cwnd 的大小仅为一个数据段的大小，每接收到一个 ACK，窗口大小就增加一个数据段的大小。这样逐步增大发送端拥塞窗口，可以使分组注入网络的速率更加合理。在这种增长模式下，拥塞窗口呈指数增长。例如，当发送完第一个分组并收到 ACK 后，cwnd 由 1 增加到 2，随后发送出两个分组并收到两个 ACK，则窗口大小由 2～4。

快速增长的发送窗口容易导致拥塞，为了避免拥塞出现，慢启动算法设定一个阈值 ssthresh，表示当拥塞窗口超过 ssthresh 则网络接近出现拥塞，因此降低拥塞窗口的增长速度，由指数增长改为线性增长，直到出现拥塞。阈值的初始值设置为 ssthresh＝64 KB。若假定接收端窗口足够大，则发送窗口的大小由拥塞窗口的数值决定。拥塞窗口的变化如图 9-2 所示，假设网络在运行一段时间后 ssthresh＝16 KB，初始阶段窗口大小按指数规律增长，直到 cwnd＝16 KB。随后窗口大小线性增长，直到发生超时，表示当前网络拥塞[1]。拥塞后 cwnd 重新设为 1 个数据段长度，再次采用慢启动增长，并将 ssthresh 的值改为发生拥塞时窗口大小的一半，图中为 12 KB。

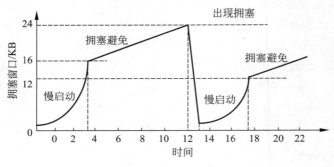

图 9-2　拥塞窗口变化过程

这里介绍了 TCP 协议的基本工作流程。TCP 协议已经在 Internet 上应用多年，其稳定性和可扩展性都经过了实践的检验。但无线传感器网络与 Internet 有着非常大的差异，TCP 能否适用的关键在于是否符合传感器网络本身的特点。

9.1.3　传感器网络中的传输控制

传感器网络是有别于传统有线网络的一种新型网络。传感器节点产生的数据往往较短，所以，传感器网络的传输控制不再需要复杂的连接管理和复用。但是，可靠性保障和拥

---

[1]　目前所有 Internet 上的 TCP 实现都假定超时是由于拥塞引起的。

塞控制是必须的功能。首先,数据收集、查询以及事件检测都需要保障一定的传输可靠性;另外,拥塞造成大量丢包而引起能量浪费,使节点能量过早耗尽,因此需要及时解除拥塞。在设计传输控制协议之前,需要认识到传感器网络相比有线网络在基础条件方面要薄弱得多,容易出现丢包和拥塞,具体原因包括以下 3 点。

(1) 无线通信:无线通信丢包率比有线网络要高得多。首先,无线信号传播过程中,受到环境的影响,会产生衰减和多径效应,使得接收端接收到的信号强度远低于发送端的信号强度;此外,无线信道是共享信道,信号在传播过程中,容易受到来自网内外同频信号的干扰。这些原因使信号无法解析,或解析后出现误码,在接收端被丢弃。

(2) 资源受限:传感器网络节点通信和能量等资源受限,使得网络更容易出现拥塞和丢包。现有的传感器节点平台支持的传输带宽往往较低,网络能够容纳的数据量较少,容易出现拥塞;节点由于能量受限,容易提早死亡,可能造成网络分割或传输路径质量下降,会进一步加剧网络丢包和拥塞。

(3) 流量不均衡:传感器网络中的数据流量是不均衡的。在数据收集型网络中,距离 sink 较近的节点需要转发较多的数据,容易在 sink 附近区域产生拥塞;在事件检测的网络中,事件同时被多个节点检测到,引起具有时空相关性[①]的突发数据流,容易造成局部网络拥塞。

上述原因说明传感器网络容易出现拥塞和可靠性的问题。同时,受传感器网络自身条件的限制,实现传输控制也面临多重困难:

(1) 无线传感器网络节点计算、存储和能量受限,无法运行复杂的协议,传输控制协议必须尽量简单且能量高效;

(2) 在大规模多跳传感器网络中,传输延迟较大,实现控制机制十分困难,难以适应一些实时性要求较高的应用,而且由于无线信道丢包严重,多跳控制本身也将消耗额外的能量和带宽资源;

(3) 在大规模传感器网络中,节点往往无法获取全局信息,传输控制协议只能依靠局部信息,难以得到最优结果;

(4) 不同传感器网络的应用需求不同,对传输控制协议提出了多种不同的需求,尤其当多个应用共存在同一网络中时,传输控制协议面临更为复杂的需求。

传感器网络的特点为传输层协议设计提出了诸多挑战,传输层协议既要满足应用的需求又要尽可能节省资源。虽然 TCP 协议实现了可靠传输和拥塞控制,但它不能适用于传感器网络,主要原因如下。

(1) 100%可靠:TCP 想要达到完美的可靠,不允许任何数据丢失。但无线传感器应用中,数据经常存在冗余性,例如多个节点同时检测到同一事件,这样的情况下不需要所有数据都可靠传输。

(2) 端到端实现:TCP 的可靠传输、流量控制和拥塞控制都是在逻辑连接两端实现的。传感器网络是无线多跳网络,链路质量比有线网络要差得多,端到端的确认、重传会造成较高的延迟和较大的能量开销。

---

① 时空相关性是指采集时间相近或空间相近的数据在内容上具有相关性。

（3）协议开销：TCP协议每次传输数据都要通过三次握手建立连接，并且TCP数据包需要携带至少20字节的包头，这些对于大多数传感器网络应用来说，会造成较大的负担。

（4）拥塞检测：TCP假设丢包都是由于拥塞造成的，因此一旦出现丢包TCP就缩小发送窗口来降低发送速率。传感器网络丢包大多由于无线信号衰减、多径效应或干扰，盲目降低发送速率将导致网络利用率下降。

（5）分层透明：TCP为发送和接收端建立逻辑连接，中间转发节点不需要知道或处理数据的内容，只负责转发。而无线传感器网络中，中间节点负责网内处理和融合。

虽然TCP无法在传感器网络中直接使用，但其中一些思想是值得借鉴的，包括确认重传、拥塞检测和流量控制等。

9.1.4　传感器网络传输层协议评价指标

在传感器网络中，传输层协议需要满足应用提出的服务质量要求，同时节省网络资源。评价传输层协议性能需要多种指标，包括能量效率、可靠性、公平性、及时性和可扩展性等。下面解释一些常用的评价指标。

1）能量效率

传感器节点的能量极其受限，因此传输层协议设计的首要考虑是节省能耗以延长网络寿命。对于传输层协议来说，丢包是影响协议能耗的主要因素，丢包后节点需要发起重传。首先，丢掉的分组可能已经在网络中经过多跳传输，一旦分组丢失，用于转发的一部分能量就浪费了；其次，确认和重传丢失的分组，又需要耗费额外的能量，在多跳的网络中重传的跳数越多则能耗越大。这是因为，单跳链路重传一次只消耗收发一个数据包的能量；而多跳重传需要每个路径上的节点都参与转发。在具体的协议设计中，能量效率的计算方法有多种，例如CODA[3]中定义平均能量损耗（average energy tax）为

$$平均能量损耗 = \frac{丢失的数据包数量}{sink\ 接收的数据包数量} \tag{9-1}$$

上面的定义直接反映了所有用于发包的能量中有多少因为丢包而消耗了，这种定义同样被Siphon[4]采用。而Fusion[5]中使用了更为精细的定义，定义能量效率（energy efficiency）为

$$能量效率 = \frac{有效数据包传输次数}{网络内所有数据包传输总次数} \tag{9-2}$$

其中提到的有效数据包是指最终成功被sink接收的数据包。能量效率刻画了有效传输次数占总传输次数的比例，该定义相比平均能量损耗来说，考虑了不同包被转发的次数不同。不管是哪种定义，其目的都是要量化总消耗能量中有多大比重是因为丢包而损耗的。

2）可靠性

不同应用的可靠性需求是不同的，通常可分为两类：数据包可靠和事件可靠。数据包可靠通常要求数据从源节点能够可靠地传输到目标节点，典型的应用场景包括sink向所有节点分发代码或查询命令，其形式化描述为

$$数据包可靠性 = \frac{目标节点接收到的数据包总数}{源节点发出的数据包总数} \tag{9-3}$$

另一类称为事件可靠,具有这种可靠性需求的应用通常能够容忍一定的数据包丢失,例如事件检测或图像、音频等多媒体流传输,其形式化描述为

$$事件可靠性 = \frac{成功检测到的事件数}{应用定义的事件总数} \tag{9-4}$$

上述事件可靠性定义还是比较抽象,实际协议设计中往往采用一种简化的形式来描述事件可靠性,如 ESRT[6] 中将 sink 收集到的数据包个数与期望接收到的包个数的比例作为事件可靠性定义。

3) 公平性

公平性主要针对数据收集型应用,sink 希望来自每个节点的数据量尽量相同,而不是来自某个节点的数据比其他节点多得多。节点公平性[8] 通常被定义为

$$节点公平性 = \frac{(\sum\limits_{i=1}^{N} r_i)^2}{N \sum\limits_{i=1}^{N} r_i^2} \tag{9-5}$$

式中,r_i 定义为 sink 对节点 i 的数据接收速率,即单位时间内 sink 接收到来自节点 i 的数据量。需要注意 r_i 并非节点 i 的数据产生速率或发送速率,这些概念之间是有区别的。节点的数据产生速率描述单位时间内节点自身产生的数据量,节点发送速率则是指单位时间内节点发出的数据量。所有节点的数据产生速率相同并不代表 sink 对每个节点的数据接收速率相同,因为跳数较多的节点产生的数据更容易在传输过程中丢失。若 sink 对每个节点的数据接收速率相同,则由上述公平性定义计算得到的结果为 1,否则为一个小于 1 的数,公平性值越小则代表节点间数据失衡越严重。上述公平性定义没有考虑网络拥塞,如果部分源节点到 sink 的路径上发生拥塞,则这些节点需要调整自身速率以解除拥塞,对于其他不受影响的节点可保持原有速率,如后面将提到的 IFRC[9]。

除上述三项指标以外,传输层协议的及时性和可扩展性也非常重要。及时性要求协议能够对突发事件快速反应,例如,在拥塞控制中,要求节点及时发现拥塞并通知其他节点(如 sink 或源节点),以便减少拥塞引起的丢包从而节省能量。可扩展性要求协议能够适应网络规模的变化。例如,可靠传输协议需要在网络规模变大、源节点与 sink 之间的跳数增多的情况下,依然满足应用的可靠性需求。

9.2 拥塞控制机制

9.2.1 拥塞产生的原因

拥塞类似于交通网络中的拥堵,道路可看作无线链路而行驶车辆代表在网络中传输的数据。道路的宽度是有限的,当车流量较低时,车辆可以畅通无阻行驶;而如果车流量较高,则很可能造成道路拥堵。与此类似,拥塞产生的原因是向网络注入的数据流量超过了网络所能容纳的流量,即网络容量。无线信道是共享信道,在理想情况下,当多条链路位于一个

冲突区域内的时候,不同链路应该分时传输(TDMA),以避免相互干扰。但 TDMA 需要节点间协作,因此目前大部分传输协议仍使用基于竞争的信道访问,即 CSMA。虽然 CSMA 机制指定节点必须先等待信道空闲才开始传输数据,但这无法完全避免链路之间的冲突。在特定的 CSMA 协议下,对于一个给定的冲突域,其中的链路越多、链路上传输的数据量越大,则链路之间的冲突就越剧烈,也就越容易产生拥塞。对于一个冲突域来说,单位时间内能够通过的最大数据量可以理解为局部的网络容量。

无线网络的网络容量可以通过一个实例理解。如图 9-3(a)所示,图中包含由 4 个节点构成的网络拓扑,假设节点按照恒定速率 r 持续发送数据。这个例子中的三条链路处于同一个冲突域中,因此其中一条链路发送数据时,其他两条链路无法传输数据。若每个节点发送或接收一个数据包需要 2 ms,那么 S_1、S_2 和 S_3 各自产生一个数据包后要发送到节点 D 需要耗费多长时间呢? 答案是 $5×2=10$ ms,因为由 S_3 产生的数据只需要转发一次,而由 S_1 和 S_2 产生的数据则需要转发两次。由此可见,假设节点产生数据包的速率相同,则网络所能容纳的极限是每个节点每 10 ms 产生一个数据包,若高于这个速率则网络将无法承受。在图 9-3(a)的例子里,假设节点产生数据的速率 r 由小到大不断增加,那么网络丢包率和目的节点 D 处接收到的有效吞吐率如图 9-3(b)所示[6]。初始阶段随着节点发送速度 r 不断增加,节点 D 上的有效吞吐率呈线性增长,丢包率基本保持不变;当 r 超过某个临界点后(本例中为 100 s),网络出现拥塞,有效吞吐率出现波动并迅速降低,与此同时网络丢包率显著增加。

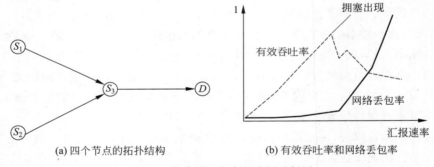

(a) 四个节点的拓扑结构　　　　(b) 有效吞吐率和网络丢包率

图 9-3　传感器网络容量分析示例图

传感器网络的流量特征决定了拥塞更容易发生。首先,传感器网络中的流量具有不均衡性。在数据收集型应用中,所有源节点产生数据都向 sink 汇聚,离 sink 较近的节点不仅自身产生数据,还要转发来自上游节点的数据,因此离 sink 越近则节点负载越大,这种现象称为"漏斗"效应。在漏斗效应下,即使每个源节点产生的数据量较小,经过汇聚后在 sink 附近区域仍然有可能超过网络容量,导致拥塞发生。另外,传感器网络中的流量具有突发性。在事件检测型应用中,同一事件可能被密集部署的多个节点同时检测到,短时间内在事件区域附近突发大量的数据需要发送,导致冲突加剧而造成局部拥塞。

拥塞对于无线传感器网络功能可产生严重破坏。拥塞时无线链路丢包率剧增,增大了端到端传输延迟,降低了网络有效吞吐率。此外,拥塞还造成带宽和能量浪费,这对于资源严格受限的传感器网络往往是无法容忍的。传感器网络拥塞控制通常需要多个源节点、中间节点和 sink 之间协作处理,单个节点或单条链路不足以完成这项任务,因此拥塞控制功能必须由传输层协议实现。

9.2.2　拥塞的分类

根据无线传感器网络中的拥塞的表现形式和造成原因,可将拥塞分为不同种类。

(1) 节点级拥塞和链路级拥塞:节点级拥塞与传统有线网络类似,节点产生和接收数据包的速度之和超过了自身的发送速度,导致缓冲队列变长,增大了排队延时,严重时甚至产生队列溢出,如图 9-4(a)所示。链路级拥塞是无线通信特有的拥塞形式,无线信道是共享信道,当相邻的多个节点同时使用无线信道时,就会产生访问冲突而丢包,如图 9-4(b)所示。实际上,节点级拥塞和链路级拥塞往往是同时出现的,但是,链路级拥塞是传感器网络中的主要表现形式,在拥塞状态下,访问冲突丢失的包比队列溢出丢失的包要多得多[5]。

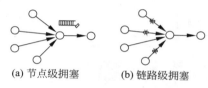

(a) 节点级拥塞　　(b) 链路级拥塞

图 9-4　两种拥塞示意图

(2) 局部拥塞和全局拥塞:局部拥塞主要由事件检测型应用造成,多个节点同时检测到兴趣事件,在短时间内产生大量具有时空相关性的数据,在事件区域附近引起拥塞。由于发生事件的区域不确定,节点必须在本地进行拥塞控制,一旦检测到拥塞需要及时处理以防止拥塞扩散。全局拥塞是由数据采集型应用造成的,全网传感器节点向 sink 汇报数据,由于传感器网络流量的漏斗效应,在 sink 附近区域引起拥塞。这种拥塞是持续性的,解除全局拥塞的根本在于调整源节点的速率,仅仅依靠中间节点应急处理是不够的。

9.2.3　拥塞控制

拥塞控制协议分为三个步骤,分别是拥塞检测(congestion detection)、拥塞通告(congestion notification)和拥塞解除(congestion mitigation)。这三个步骤依次进行,下面介绍各个步骤所使用的基本方法。

9.2.3.1　拥塞检测

拥塞检测的目标是判断网络是否发生拥塞。在无线传感器网络中,检测丢包的方法一般分为三大类:基于队列长度、基于信道采样和基于端到端测量。这三种方法各有其实验依据,在某些时候同时使用几种方法可以更加准确地判断拥塞的发生。

1) 基于队列长度的拥塞检测

网络发生拥塞时,无线信道占用率增高,节点发送数据的机会减少,队列长度不断增加。反过来,节点缓存队列越长也就说明"入比出多",就越有可能出现拥塞。已有的基于队列长度的检测方法分为三种。

（1）单一阈值法：这种检测方法通常设定一个阈值，队列长度超过该阈值则认为发生拥塞。例如，在 CODA、Siphon 和 Fusion 中当节点队列剩余空间低于一个给定阈值后（Fusion 中设为 25%）则认为出现拥塞。这种基于单一阈值的方法虽然能够检测出网络是否拥塞，但不能反映具体的拥塞程度。

（2）队列增长率法：这种方法统计队列增长的快慢，一旦判断队列即将溢出则认为发生拥塞。ESRT 中采用了这种方法，如图 9-5 所示，图中节点队列长度为 B。ESRT 将时间分为多个决策周期，在第 k 个决策周期检测到的队列长度为 b_k，Δb 表示在上一个决策周期内队列长度的增长，如果节点发现按照当前队列增长速度在下一个决策周期内队列将出现溢出，即 $b_k + \Delta b > B$，则判断发生拥塞。

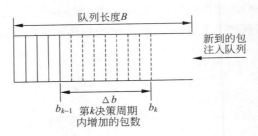

图 9-5 队列增长率示意图

（3）多阈值法：这种方法设定多个阈值，阈值由小到大，每当队列长度超过一个更大的阈值则表示拥塞程度增加一个等级，这种方法被 IFRC[9] 采用。相比单阈值法，多阈值法除了可以检测是否拥塞外，还能够反映拥塞的程度。

2）基于信道采样的拥塞检测

通过信道采样可以估计当前信道占用率，当发现信道占用率接近饱和时认为网络发生拥塞。CODA 中采用了这种方法，节点周期性采样信道状态，统计采样到信道忙的次数占总采样次数的比例，若高于一定阈值则认为节点所在区域发生拥塞。采样信道本身需要消耗较多的能量，为了减少能量开销，CODA 提出了最小代价采样（minimum cost sampling）。这种方法只在节点队列中有包等待发送时采样信道，这是因为 CSMA 协议本身也需要监听信道，所以其引入的代价非常小；若节点队列为空，表示节点不需要发包，则立刻停止信道采样。基于信道采样的拥塞检测能够更加精确地反映当前网络的拥塞状况。

3）基于端到端测量的拥塞检测

当网络出现拥塞时数据端到端传输延迟增加，严重时将导致中间节点大量丢包。因此可以通过 sink 检测端到端传输延迟和丢包率来判断网络是否拥塞。这种检测方法由 sink 进行，源节点和中间节点不参与检测。已有的方法分为两种。

（1）端到端丢包率测量：sink 统计接收到的事件相关数据的丢包率，若发现丢包率起初较低，而突然增高超过一定阈值则认为网络发生拥塞。Siphon 在 sink 实现一个代理（agent），代理实时统计来自源节点的数据包丢包率，若持续 10 s 内丢包率都高于 40% 则判断网络发生拥塞。

（2）端到端传输延迟测量：sink 测量端到端数据传输延迟,当发现当前延迟超过平时传输延迟较多,则认为路径上出现拥塞。RCRT[10] 中采用了这种方法,sink 发现丢包后向源节点请求重传,从 sink 发出请求到接收到恢复包的时间大致为一个路径返回时间(round trip time,RTT)。如果 sink 发现当前丢包恢复时间超过平时 RTT 的 2 倍,则认为网络很可能出现拥塞。

上面提到的三种拥塞检测算法各具特点。基于队列长度的拥塞检测方法实现简单,几乎没有任何开销,因而是目前使用最广泛的拥塞检测方法;基于信道采样的拥塞检测比队列长度测量法更精细,但会引入额外的能量开销,并且需要 MAC 协议支持;基于端到端测量方法的优点是将大部分的功能都集中在 sink,从而减轻了节点负担,但这种方法延迟较大,对于突发产生的大量数据,当拥塞控制启动时事件可能已经结束了。根据不同的应用可以选择使用其中的一种或多种,例如 CODA 中同时采用了基于队列长度和基于信道采样的方法。

9.2.3.2　拥塞通告

拥塞通告的目的是在检测到拥塞发生后,及时告知相关节点进行处理。无线传感器网络中,某一节点处出现的拥塞很可能与其上游节点或其他邻居节点相关,如图 9-3(a)中,S_3 处的拥塞也是 S_1 和 S_2 共同影响的结果。因此,一旦发生拥塞则需要及时通知对拥塞造成直接影响的节点。传感器网络中的拥塞通告通常有两种方式:显式通告和隐式通告。

显式通告通常采用独立的控制分组,如 CODA 使用的反压消息(suppression message),当邻居节点接收到这种消息后进行相关处理,并将该消息沿上游方向扩散。显式通告的弊端是会引入额外的能量和带宽开销,因而大多数协议都采用隐式通告,即将拥塞信息附带在数据包中传递。隐式通告利用了无线传输具有的广播特性,每个数据包内预留一个拥塞位(congestion bit,CB),当某个节点发现拥塞后将该位设置为 1。利用这种方法可以通知 sink 节点或周围邻居节点网络出现拥塞。由于隐式通告基本上不引入额外开销,所以被大量协议采用,包括 IFRC、Fusion、ESRT 等。

9.2.3.3　拥塞解除

节点在接收到拥塞通告后将启动拥塞解除策略进行处理。根据造成拥塞原因的不同,其解除方式也有所差异。

（1）局部拥塞解除方法。局部拥塞从发生到结束的时间通常较短,需要及时处理,其处理区域通常位于拥塞区域附近。为了尽快解除拥塞状态,接收到拥塞通告的节点需要立刻做出处理。在 CODA 中,从拥塞节点开始,使用反压消息通知上游节点,接收到反压信息的节点通过缓存或丢包方式来降低自身发送速率。Fusion 中,当节点接收到来自下游节点的 CB 后停止向下游节点转发数据,以便产生拥塞的节点能够及时清除缓存的数据。数据融合能够显著减少数据流量,因此 CONCERT[11] 提出在拥塞区域根据拥塞的程度来进行数据融合,拥塞越严重则融合力度越大。需要注意的是,解除局部拥塞的目的在于及时消除拥塞状态,减少无谓的能量消耗,但无论哪种方法都不可避免地造成信息丢失,因此在设计网络时应该充分估计突发数据流量的大小,预留足够的带宽以防出现拥塞。

（2）全局拥塞解除方法。全局拥塞产生的根本原因来自产生数据的源节点，所以解除拥塞的基本方法是降低这些造成拥塞的源节点的发送速率。在 ESRT 中，sink 在检测到拥塞时根据当前网络状态计算一个合理的速率，并把该速率洪泛到所有节点，节点接收后调整自身速率。这种做法能够有效解除拥塞，但并不能保证公平性，因为拥塞可能只是一部分源节点造成的。为了解决这种问题，文献[12]在拥塞时调整拥塞节点及其子树节点的传输速率，如图 9-6 所示。

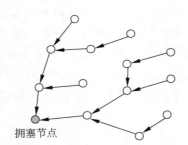

(a) 传感节点产生数据在拥塞节点发生拥塞　　(b) 拥塞节点将调整后的子树节点速率下发给各节点

图 9-6　拥塞节点及其子树节点上的速率调整

从拥塞节点开始，每个节点首先测量自身平均发送速率 r 和子树规模 n，然后将自身产生数据的速率调整为 r/n，并将 r/n 通告其所有子节点。子节点也采用同样的方式计算自身的数据产生速率，在获得父节点通告的速率后，取两者中的小者作为自己的实际数据产生速率。按照这种方式，拥塞节点将速率分配到子树上的每个节点。这种方法考虑了拥塞节点及其子树，但实际上拥塞节点周围的邻居节点甚至包括拥塞节点父节点的邻居节点都可能是造成拥塞的潜在原因[9]，这些节点也需要降低自身发送速率。

（3）其他方法。上面提到的两种方法是使用最为普遍的方法，除此以外 Siphon 假设网内存在一些功能较强的虚拟 sink(virtual sink，VS)，每个 VS 拥有双通信模块，其中低速率模块与传感器网络相连，高速率模块能够建立高速骨干网络协助数据转发。当节点发现拥塞后将数据流导向 VS，利用其高速率接口转发造成拥塞的流量。这种方法本质上是依靠网络资源的动态配置来解除网络拥塞，既可以用于局部拥塞也可以用于全局拥塞。

9.2.4　典型的拥塞控制方法

前面介绍了拥塞控制的基本步骤，下面详细介绍几种经典的拥塞控制机制，包括 ESRT、CODA、Siphon 和 IFRC。

9.2.4.1　ESRT

ESRT(event-to-sink reliable transport)考虑事件检测的应用场景，如图 9-7 所示，事件同时被多个节点检测到，这些节点向 sink 周期性报告，每个节点以一个恒定的速率产生数据。因此，ESRT 虽然针对事件检测，但实际上数据汇报更加接近周期性数据收集。在这样的场景下，sink 希望能够接收到足够多的数据量来了解事件发生情况，所以源节点汇报数据的速率不能过低；同时，源节点数据产生速率也不能过高，否则会产生过量的数据造成能

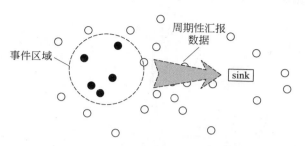

图 9-7 事件检测型网络

量浪费,甚至造成网络拥塞。因此,理想情况下,节点产生数据的速率稳定在一定范围内,既保证足够的信息量,又避免出现拥塞。在 ESRT 中,为达到上述要求,sink 周期性地检测网络状态来动态调整节点汇报速率。

1) 网络状态参数

为了动态监控网络状态,ESRT 将时间划分为连续的决策周期(decision period),每个周期的长度相等,在每个决策周期结束的时候统计当前网络状态。网络状态由两个重要参数描述:

(1) η 表示收集到数据的保真度,即在上一个决策周期内收集到的数据包个数 r 与 sink 希望收集到的数据包个数 R 之间的比值,即 $\eta=\dfrac{r}{R}$,其中 R 是一个已知的与应用相关的常数。对于决策周期 i,其保真度 $\eta_i=\dfrac{r_i}{R}$。ESRT 的设计目标是将 η_i 控制在一个合理的范围内,如 $\eta_i\in[1-\varepsilon,1+\varepsilon]$,其中 ε 表示一个较小的正实数。

(2) f 表示当前源节点的汇报速率,第 i 个决策周期内节点的汇报速率记作 f_i,在 ESRT 中,它是在上一个(第 $i-1$ 个)决策周期末计算得到的。

sink 计算得到这两个网络状态参数,并根据网络是否出现拥塞,调整下一个决策周期内的汇报速率。η 表示当前接收到的数据是否满足应用需求,如果 sink 发现 η 位于合理的范围内且网络不拥塞,则表示当前的汇报速率 f 是合适的;若发现 η 高于需求或网络出现拥塞,则需要在 f 的基础上降低汇报速率。

2) ESRT 的拥塞控制过程

信息保真度通过调节源节点汇报速率达到,过低的汇报速率会导致 η 偏小,而过高的汇报速率会造成网络拥塞,不仅无法达到保真度要求,还会造成能量浪费。最优的执行效果是使 f 位于一个区间内,称为最优操作区间(optimal operating region,OOR),满足 $1-\varepsilon\leqslant\eta\leqslant 1+\varepsilon$ 且 $f<f_{\max}$。$f_{\max}$ 表示拥塞出现的临界汇报速率,这个速率是未知的,但可以通过拥塞检测判断是否满足 $f\geqslant f_{\max}$。

图 9-8 显示了 OOR 的范围,x 轴表示源节点汇报速率,y 轴表示 sink 能够接收到的数据包个数,随着源节点速率增大 sink 实际收到的分组数先增后减。使得保真度为 1 且不造成拥塞的点称为最佳操作点(optimal operating point),其附近区域即 OOR。ESRT 的目的

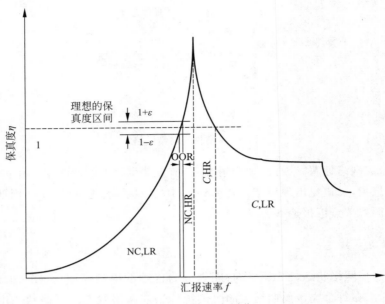

图 9-8　网络状态划分

则是要动态控制 f 使得事件保真度位于最佳操作点附近而不出现拥塞。ESRT 采用周期性的调节方法，包含三个部分。

（1）拥塞检测机制：基于节点本地队列长度变化情况来判断拥塞。在决策周期末，假设当前队列长度为 b，而上一个决策周期内缓冲队列长度增长量 Δb，若满足 $\Delta b + b > l$，其中 l 为队列长度上限，则表示出现拥塞。

（2）拥塞通告机制：节点一旦检测到拥塞则采用隐式通告的方法，在普通数据包中的拥塞位（congestion bit）置位，sink 通过检查数据包中的拥塞位来判断网络是否发生拥塞。

（3）拥塞的解除：sink 在检测到拥塞后并不立刻做出处理，而是等待当前决策周期 i 结束时，为下一个周期选定新的汇报速率 f_{i+1}。为此，sink 维护一个状态机，网络当前状态由两个参数 η_i 和 f_i 来描述，分别表示第 i 个决策周期末时统计得到的事件保真度和节点汇报速率。其中，η_i 跟 $1 \pm \varepsilon$ 的关系表示当前接收数据的保真度是否满足需求；f_i 与 $f_{\max}$ 的关系表示节点是否拥塞，若 sink 接收到的分组中 CB 位置位则表示 $f_i > f_{\max}$。为了使速率位于最优区间 OOR，sink 根据网络状态动态调整下一个周期内的汇报速率，其调整过程见表 9-1。

表 9-1　ESRT 基于网络状态的汇报频率调整

网络状态	描述	操作
无拥塞，低保真度	$f_i < f_{\max}, \eta_i < 1-\varepsilon$	迅速增大 f 尽快满足保真度
无拥塞，高保真度	$f_i \leqslant f_{\max}, \eta_i > 1+\varepsilon$	降低 f 减少能耗
拥塞，高保真度	$f_i > f_{\max}, \eta_i > 1$	迅速降低 f 解除拥塞
拥塞，低保真度	$f_i > f_{\max}, \eta_i \leqslant 1$	迅速降低 f 解除拥塞
最佳区间	$f_i < f_{\max}, 1-\varepsilon \leqslant \eta_i \leqslant 1+\varepsilon$	保持 f 不变

ESRT 在网络出现拥塞后降低汇报速率,在无拥塞但保真度低时提高汇报速率,最终在 OOR 附近达到一个动态的平衡。在调整的过程中,ε 的取值影响状态转移的收敛时间,应该根据具体应用的不同,折中考虑可靠性和收敛时间以达到最好的效果。

ESRT 为传感器网络信息收集定义了"事件-sink"可靠模型,认为 sink 只希望收集到足够多的数据包而非全部,这种模型符合传感器网络数据冗余性的特征,在保证数据可靠性时需要考虑这种特征的要求。ESRT 的运行以 sink 为中心,主要功能在 sink 上完成,充分考虑了普通节点资源、能力受限的特点,减少了单个节点的负担。在进行速率控制时,sink 为全网节点分配相同的速率,这没有考虑多个事件同时出现时不同事件需要的速率不同,也没有考虑在拥塞出现时节点的公平性,即某些不造成拥塞的节点无需降低发送速率。

9.2.4.2　CODA

传感器网络应用复杂多样,根据应用不同,拥塞的性质也会发生改变。CODA(congestion detection and avoidance)考虑了两种典型的应用场景:在事件检测型应用中,拥塞往往由突发事件引发的数据率剧增引起,这种拥塞持续的时间较短;在数据采集型应用中,源节点产生高数据流而造成的拥塞是持久的。CODA 针对短期拥塞采用开环反压机制,中间节点检测到拥塞后主动丢包,并通知上游节点;针对持续拥塞,CODA 在 sink 与源节点间形成一个闭环控制回路,sink 节点通过向源节点发送 ACK 来调整源节点的发送速率。

1)拥塞检测

CODA 结合了信道占用率(channel occupancy)信息和队列长度来判断是否发生拥塞。CODA 中使用的拥塞检测信号包括:接近溢出的队列;测得的信道占用率超过给定阈值(80%)。

实验中发现队列长度只有在极端情况下(队列空或即将溢出)才能清晰反映网络是否拥塞。如果队列接近空则表示网络不拥塞,反之如果队列长度接近饱和则表示网络拥塞。虽然可以使用队列长度判断是否发生拥塞,但队列长度仅仅能够提供少量的信息,不能准确描述网络拥塞程度。

为了解决这个问题,CODA 通过信道采样来测量网络的忙闲程度,其基本思想是测量信道处于忙状态的时间占总时间的比例,即信道占用率。但是,信道采样本身耗费较大能量,所以需要优化采样过程。为了实现这个目的,CODA 只在节点队列中有数据包等待发送时进行信道采样,由于 CSMA 协议本身也需要监听信道是否空闲,所以信道采样引入的代价非常小。若节点队列为空,则立刻停止信道采样。这种测量方法称为最小能耗采样法。具体的采样方法是:将时间划分为多个时槽,每个时槽的长度相等,每个时槽内节点按照一定的频率采样信道。采样到的样本中,信道忙的情况占总采样次数的比值记作 Φ,N 个连续的时槽的统计结果按照指数加权滑动平均[1]进行计算(α 为滑动平均系数),式(9-6)中 Φ_n 表示第 n 个时槽测得的信道占用率。CODA 规定若节点检测到信道滑动平均占用率高于 80% 则认为已经发生拥塞。

---

① 指数加权滑动平均(exponential weighted moving average)是一种用于计算无限序列平均值常用的统计方式。在计算中,每个序列中的元素都被赋予一个权值,这个权值的大小随阶数增加而呈指数增长。

$$\overline{\Phi}_{n+1} = \alpha \cdot \overline{\Phi}_n + (1-\alpha) \cdot \Phi_n, \quad n \in \{1,2,\cdots,N\}, \overline{\Phi}_1 = \Phi_1) \tag{9-6}$$

2) 开环逐跳反压机制（open-loop backpressure）

开环逐跳反压机制是为解决局部拥塞设计的，希望在短时间内解除网络局部的拥塞，避免因为丢包而造成的能量浪费。如果节点判断发生了拥塞（如图 9-9(a) 所示），从拥塞节点开始，利用反压（backpressure）机制逐跳通知上游节点（如图 9-9(b) 所示）。反压机制中，检测到拥塞的节点周期性广播反压消息，直到拥塞消除或已达到最大广播次数限制。接收到反压信息的其他节点通过缓存或丢包等方式来降低自身发送速率，或者在一段时间内停止传输。另外，接收到反压消息的节点独立判断是否将反压信息进一步传递到上游节点。在这个过程中，注入拥塞区域的数据量减少了，缓解了局部拥塞状况。由于发出反压消息的节点无法获得反馈信息，因此这种控制过程是开环的。

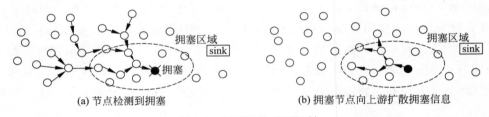

(a) 节点检测到拥塞   (b) 拥塞节点向上游扩散拥塞信息

图 9-9　开环逐跳反压机制

3) 闭环速率调整机制

对于全局拥塞，仅仅通过降低拥塞节点上游几跳范围内节点的速率是不够的，因为其根本原因在于源节点产生的数据率过高，这种情况下源节点根据与 sink 之间的闭环反馈来动态调整自身速率。

节点以一个阈值来判断自身是否有可能构成拥塞。当节点发送速率 r 大于 ηS_{max} 时，则认为自身有可能造成网络拥塞，其中 η 表示一个比率，而 S_{max} 表示单跳链路最大吞吐率。η 的选择非常关键，例如在链式网络中，实际吞吐率低于单跳链路最大吞吐率的 25% 才能不拥塞[25]。当节点满足 $r \geqslant \eta S_{max}$ 时，在其发送的数据包内附带信息请求 sink 进行速率调整。sink 接收到该信息后对源节点发起速率调整，每当 sink 接收到 n 个来自该源节点的数据包则返回一个 ACK（如图 9-10 所示，文中 $n=100$），这样源节点和 sink 之间能够形成一种端到端的反馈。这个反馈 ACK 的目的实际上并不是用于确认重传，而是使源节点了解数据包的传输情况。若每发送 n 个数据包都能够接收到一个 ACK 则表明网络工作良好；反之，若源节点发现 ACK 的反馈速率低于预期，则表示 ACK 因为网络拥塞丢失或 sink 主动①降低了发送 ACK 的速率，源节点在这种情况下降低自身发送速率。闭环控制机制避免了由于源节点发送速率过高而引发的持续拥塞。

---

① sink 可通过检测汇报数据的完整性来判断网络是否发生拥塞，在发生拥塞的情况下，sink 可以主动停止发送 ACK 来迫使源节点降低发送速率。

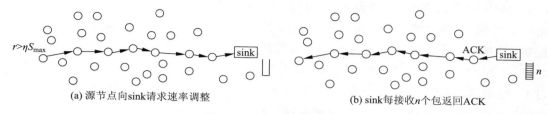

(a) 源节点向sink请求速率调整   (b) sink每接收n个包返回ACK

图 9-10 闭环速率调整机制

CODA 采用了队列长度和信道占用率相结合的拥塞检测机制,能够更为可靠地检测拥塞。CODA 提供了开环和闭环的拥塞解除机制,实现了完整的拥塞控制流程,能够同时处理局部拥塞和全局拥塞。CODA 只侧重拥塞控制,没有考虑数据传输的可靠性,例如只考虑在节点拥塞时主动丢包缓解拥塞,但没有考虑此后的丢包恢复问题。

9.2.4.3 Siphon

Siphon(overload traffic management using multiradio virtual sinks in sensor networks)利用网络资源动态分配来解决拥塞问题,它的基本思想是在网络出现拥塞时增大网络容量来疏导造成拥塞的数据量。其做法是在原有的网络中加入一些能力较强的多通信模块节点(如VS)来辅助解除拥塞。VS 节点上除了用于组网的一级低速率通信模块外,还装备二级长距离通信模块,如 WiFi 或 WiMAX。VS 节点可以将网络分为两层结构:VS 节点用低速率通信模块与网内非 VS 节点组成一级网络;用二级通信模块在 VS 节点之间组成另一个高速网络,称为二级网络。当一级低速率网络中出现拥塞时,Siphon 将拥塞区域的数据导向 VS 节点,利用二级网络将数据转发到 sink。

1) VS 节点的发现

VS 节点部署代价昂贵,在网络中仅能随机部署少量 VS 节点(如图 9-11 所示),需要进行 VS 节点发现过程。VS 发现过程有双重目的:首先,确认 VS 节点是否能够与物理 sink 形成连通网络;其次,使非 VS 节点发现周围一定跳数范围内的 VS 节点,即 VS 邻居。

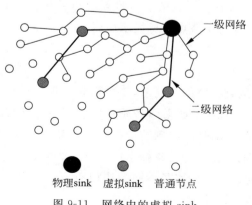

图 9-11 网络中的虚拟 sink

物理 sink 发起 VS 节点发现过程，物理 sink 既可以广播一个独立的控制分组也可以利用已有的路由控制分组，例如 Direct Diffusion 路由中用于建立路由的控制包。物理 sink 在控制包内嵌入一个签名字节（signature byte），其中包含 VS-TTL（virtual sink time to live）字段，这个字段用于限制 VS 节点通知的最大跳数，若普通节点 i 距离其最近的 VS 节点超过了 VS-TTL，则 VS 节点对于节点 i 是不可见的。这个字段值不能太大，否则会在 VS 节点附近形成漏斗效应；也不能太小，否则限制了利用这个 VS 的节点个数。

在 VS 节点的发现过程中，VS 节点和非 VS 节点对于消息签名字节的处理是不同的。物理 sink 如果没有二级通信模块，其广播的消息签名字节的 VS-TTL 应设为 NULL，否则应设为 L。

（1）对于 VS 节点，如果这个签名字节是通过二级通信模块收到的，这表示 VS 节点能够形成一条到物理 sink 的路径。这时，VS 需要把控制包中签名字节的 VS-TTL 设置为 L，然后通过两个通信模块广播此分组；如果这个签名字节是通过一级无线接口接收到的，表示该 VS 节点无法与其他 VS 节点或物理 sink 相连，所以把 VS-TTL 设置为 NULL，且不进行转发，表明该 VS 节点无法帮助其他普通节点转发数据。

（2）对于非 VS 节点，若收到含签名字节且 VS-TTL>0 的控制包，表明该节点附近 L 跳数范围内有 VS 节点。于是该节点将把对应的 VS 节点作为 VS 邻居，然后把 VS-TTL 的值减 1 后广播出去。

2）拥塞检测

Siphon 中拥塞检测分为节点本地的拥塞检测和物理 sink 端的事后拥塞检测。

节点的拥塞检测：Siphon 采用了与 CODA[3] 相同的机制，综合了队列长度和信道占用率来决定是否发生了拥塞。在选取信道占用率阈值时，Siphon 认为过高的阈值将导致拥塞发生时无法及时进行流量调度，因此将拥塞指示阈值由 CODA 中的 80% 修改为 70%。普通节点检测到拥塞后，决定是否将流量导向周围的 VS 节点。

物理 sink 的事后拥塞检测：物理 sink 检测数据丢包率，一旦发现来自源节点数据流的丢包率超过一定阈值（文中为 40%）则认为网络出现拥塞。为了及时传播拥塞通知，物理 sink 通过二级网络发送控制消息，VS 节点接收到通知后开启流量转移功能。物理 sink 拥塞检测机制的优点是不需要每个节点进行拥塞检测。

3）流量转移

对于普通节点，在检测到拥塞的情况下，需要判断是否要进行转移，其关键问题是普通节点到 VS 邻居节点的链路质量。如果路径质量较差则不会转移，因为转移过程本身的丢包就很高。若转移路径质量满足要求，则节点执行流量转移。流量转移是通过设置转移标志位实现，即将需要转移的数据包的转移标志位置位。如果数据包的标志位没有被置位，则这个数据包将按照路由协议确定的路径传输到物理 sink。否则，节点将转移标志位被置位的数据包后转发给它的 VS 邻居。

VS 节点收到转移的数据包后，把它转发到下一跳节点，这种转发结构是在 VS 节点发现阶段形成的。这个下一跳节点可能是另一个 VS 节点,也可能是一个普通节点。在理想情况下,转移数据通过二级网络中的 VS 节点一跳或多跳传输到物理 sink。若 VS 节点无法与物理 sink 连通,则转移数据不能通过二级网络到达物理 sink,距离物理 sink 最近的 VS 节点需要把数据重新转发到一级网络,通过路由协议最终到达物理 sink。实验显示如果 VS 节点无法连通物理 sink,则其对网络拥塞处理的意义非常小。因此,在部署 VS 节点时应该注意避免这种情况。

当二级网络也出现流量拥塞时,通过 VS 节点进行流量转移就失去意义了。这种情况下 VS 节点可以拒绝服务或降低其可见度(即修改签名字节中的 VS-TTL)来减少由二级网络转移的数据流量。Siphon 通过实验验证,当 VS-TTL 设置为 2 时能够达到较好的性能,一旦高于 2 则容易造成二级网络拥塞。

Siphon 利用少量部署的 VS 节点组成二级网络,在一级网络出现拥塞时将流量转移到二级网络来解除拥塞,其本质是在短时间内增大了网络容量。这种方法既可以处理局部拥塞也可以处理全局拥塞。但 VS 节点部署会增大网络成本开销,并且 Siphon 本身并未考虑如何部署 VS 节点,若 VS 节点无法与物理 sink 连通则其效果较差。此外,二级网络本身也会造成拥塞,协议设计需要同时考虑如何解除二级网络拥塞,这增加了协议设计的复杂性。

9.2.4.4 IFRC

IFRC(interference-aware fair rate control in wireless sensor networks)考虑了拥塞控制过程的公平性问题,让经过拥塞区域的数据流享有公平的数据率,而对于那些未被拥塞影响的数据流,允许它们采用稍高一些的数据率。在这一点上,IFRC 与 ESRT 和 CODA 是不同的。ESRT 中 sink 一旦发现拥塞则要求所有源节点降低速率;CODA 中发生拥塞后,仅拥塞节点及其上游节点降低速率。它们没有区分究竟是哪些节点造成了拥塞。为了判断造成拥塞的节点,IFRC 定义了干扰链路和潜在干扰源的概念。

1) 干扰链路和潜在干扰源

为了描述树状拓扑结构上节点之间的干扰关系,需要定义一些基本概念,下面以图 9-12 为例说明这些概念。图中实线箭头表示路由路径,虚线表示干扰节点,例如节点 12 是节点 11 的干扰节点,表示若节点 12 正在发送,则节点 11 无法从其他节点正常接收。这里介绍的第一个重要的概念是干扰链路,链路 l_1 是链路 l_2 的干扰链路,当且仅当 l_1 使用信道时 l_2 无法成功接收来自其他节点的分组。图 9-12 中链路 11→10 是链路 14→12 的干扰链路,因

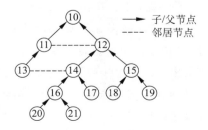

图 9-12 干扰链路和潜在干扰源

为节点 11 在发包的同时，节点 12 无法接收来自节点 14 的分组。

第二个重要概念是潜在干扰源。节点 n_1 是节点 n_2 的潜在干扰源，当且仅当通过 n_1 的数据流上存在一条链路与 n_2 和其父节点间的链路是干扰链路。在图 9-12 中，从节点 19 发出的数据流经过路径包含 3 条链路，分别是 19→15,15→12 和 12→10，而根据定义链路 12→10 是链路 13→11 的干扰链路。因此，节点 19 是节点 13 的潜在干扰源。这意味着所有由节点 19 产生的分组都会占用节点 13 的局部网络容量（network capacity），因为这些分组都必须从节点 12 转发到节点 10，而这些时间内节点 11 无法接收来自节点 13 的分组。

在上面的举例中可以看到，根据潜在干扰源的定义，如果节点 n_1 是节点 n_2 的潜在干扰源，则所有由 n_1 产生的数据都将与节点 n_2 产生的数据分享信道。以链路 16→14 为例，链路 20→16,21→16,13→11,17→14,12→10 和 14→12 都是它的干扰链路。以上任一条链路的传输都会使得 14 无法成功接收来自 16 的包。同时，任何经过上述 6 条链路的数据流都与节点 16 共享信道，因此潜在干扰源包括节点 20,21,13,17,12,15,18,19。仔细观察这些潜在干扰源的特点，可以概括出节点 i 的潜在干扰者包括：节点 i 的邻居节点；节点 i 父节点的邻居节点；上述两者子树上的节点。

若节点 i 出现拥塞，则节点 i 的所有潜在干扰源都必须降低发送速率，因为它们都与节点 i 共享信道资源，这样做有利于保证速率调整的公平性。

2）拥塞程度检测

IFRC 基于队列长度监测是否发生拥塞，每个节点维护单一的队列并统计其平均长度：

$$\mathrm{avg}_q = (1 - w_q) \cdot \mathrm{avg}_q + w_q \cdot \mathrm{inst}_q \qquad (9\text{-}7)$$

式中 avg_q 为队列长度指数加权滑动平均值；inst_q 表示当前队列长度，在实现中每当节点队列中加入一个新的包则更新一次 avg_q 的值。IFRC 采用多阈值 $U(k)(k=1,2,\cdots)$ 来检测拥塞程度，定义阈值 $U(k)=U(k-1)+I/2^{k-1}$，其中 k 表示一个小整数，而 I 为常数用于控制阈值的增长速度。随着 k 的增大，$U(k)$ 与 $U(k-1)$ 之间的间隔变小。在检测过程中，每当节点发现队列长度超过一个阈值则发送速率减半。因此当拥塞发生时节点能够以最快速度减少自身的流量，直到队列中缓存的数据包开始减少，以此来解除拥塞状态。

3）拥塞通告和解除

根据前面讨论，检测到拥塞的节点需要迅速准确地将拥塞信息通告给那些潜在干扰者。IFRC 在每个数据包头中附带以下信息，对于节点 i 有：（1）当前速率 r_i；（2）当前平均队列长度；（3）一个比特用于表示 i 的子节点是否处于拥塞状态；（4）子节点中最小的速率 r_l；（5）最小速率子节点 l 的平均队列长度。每个数据包头中都携带上述信息来保证即使出现丢包也能够成功将拥塞信息扩散出去。通过接收该信息，i 节点的邻居能够了解 i 及其子节点是否处于拥塞状态。然而，i 的潜在干扰节点不一定能直接接收到这些信息，从而无法保证公平的速率调控。为了实现这个目标，IFRC 为节点的速率调整引入以下两条规则：

规则一：r_i 不能超过 r_j，j 为 i 的父节点；

规则二：j 为 i 的邻居，当 j 处于拥塞状态且队列长度已超过 $U(k)$ 时，i 将其速率设定为 r_i 和 r_j 中的小者，这条规则同样适用于节点 i 及其邻居节点的子节点中拥塞最严重者 l，即 i 将其速率设定为 r_i 和 r_l 中的小者。

以节点 i 为例来分析上述两条规则产生的效果。假设节点 i 处于拥塞状态，节点 i 首先将自身速率减半，随后子节点都将获得该信息，所有子节点都必须降低自身速率来避免违反规则一；在规则二下，所有节点 i 的邻居都会降低自身的速率，包括 i 的父节点以及父节点的邻居节点。最终，经过递归使用规则一，所有潜在干扰源都将降低发送速率，从而达到速率调整的公平性。网络拥塞一旦解除则节点使其发送速率递增，直到再次出现拥塞，这形成了一个循环的过程。

IFRC 着重考虑拥塞解除过程中节点的公平性，认为不影响拥塞区域的节点不需要降低发送速率，并且设计了一套拥塞扩散机制，这种方式对比 CODA 或 ESRT 等协议更为合理。然而，拥塞扩散过程比较复杂，可能造成较大的扩散延迟，而且在速率调整过程中会造成严重的速率波动，无法适用于对传输吞吐率比较敏感的应用，如语言、视频传输等。

9.2.5 拥塞避免

拥塞控制的基本思想是在拥塞发生后快速消除拥塞，拥塞解除后再逐步提高节点速率。例如，在 IFRC 的调整过程中，在出现拥塞后迅速降低节点发送速率，随后再不断上升直到再次发生拥塞，这个过程周而复始的进行。这种由拥塞控制引起的流量波动，对于一些流量稳定性要求较高的应用是无法容忍的。

为了避免流量波动，一个自然的想法是通过严格控制每条数据流的流量来避免发生拥塞，这类机制可称为拥塞避免(congestion avoidance)机制。拥塞避免的基本方法是首先估计网络容量，然后将该容量按一定策略分配给网络中的节点。在图 9-3(a)的例子中，可为节点 s_1、s_2 和 s_3 分配相同的带宽，使它们每 10 ms 产生一个数据包，则网络将不会出现拥塞。

拥塞避免的关键在于本地剩余容量估计，对于单个节点，本地剩余容量可定义为在不干扰周围节点的情况下，该节点所能够提升的传输速率。之所以这样定义，是因为节点 i 发送数据也会导致附近受到干扰的节点无法发送，间接消耗了这些节点的本地容量。同样，节点 i 周围的节点也会消耗节点 i 的本地容量，因此在估计本地剩余容量时不仅需要节点的本地信息，还需要周围干扰节点的信息。在估计本地剩余容量之前，需要先知道本地容量的总量，其大小与网络本身的属性有关，如节点密度、MAC 协议等。

1) 本地容量估计

WRCP[14] 中提出一种本地容量估计方法。在给定 MAC 协议的前提下，WRCP 假设节点 i 本地容量的总量只取决于节点 i 所在冲突域内节点的数量，即节点 i 的干扰节点总数（包括节点 i 自身）。对于节点 i 有 $B_i = f(n)$，其中 B_i 为节点 i 的本地容量总量，n 为 i 冲突域内的节点数量。可以通过离线测量的方法得到本地容量，例如 $n=3$ 时，将 3 个节点放置在一个冲突域内，它们以相同的发送速率 f 将数据转发到同一个接收节点。实验过程中，f 由小到大逐步增加。在这个过程中，接收节点实际能接收到的最大速率即 $f(3)$。

在图 9-13 所示网络节点中,对于节点 2 有 $n=4$;节点 3 有 $n=3$。一般的节点数量越多则对应的本地容量就越小,因为大量节点竞争使用信道会导致实际可用带宽减小①。这种基于离线测量的估算方法执行代价小,适用于资源受限的传感器网络。在其他网络中(如Ad Hoc 网络)还有一些本地容量估计方法。例如 CACP[15] 和 PAC[16] 中提出利用信道采样来估计本地可用带宽的大小,该过程与 CODA 中的信道采样拥塞检测类似。这种方法需要节点不断侦听信道从而估计空闲时间,但传感器节点能耗有限,这样做实际上并不利于延长节点的生命期。

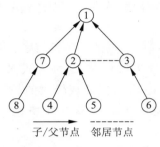

子/父节点　————　邻居节点

图 9-13　局部容量示意图

2) 本地剩余容量和容量分配

在获得本地容量估计后,可以计算出本地剩余容量的大小。令 N_i 表示节点 i 的干扰节点集合(包括 i 本身);C_i 表示节点 i 及其子树上所有节点集;r_i 表示节点 i 产生的数据流量;B_i 表示节点 i 的本地容量,那么需要满足:

$$\sum_{j \in N_i} \sum_{k \in C_j} r_k \leqslant B_i \tag{9-8}$$

不等式左边表示节点 i 本地已经消耗的容量,右边表示总的本地容量,两者之差即本地剩余容量。在已知本地容量后,考虑节点之间的公平性,需要将剩余容量平均分配给冲突域内的所有节点。在图 9-13 中,节点 2 需要满足 $r_2^{tot}+r_3^{tot}+r_4+r_5 \leqslant B_2$,其中 r_2^{tot}、r_3^{tot} 分别表示节点 2 和节点 3 的总数据流量(包括子树节点)。式中 $r_2^{tot}=r_2+r_4+r_5$,$r_3^{tot}=r_3+r_6$,因此满足 $r_2+r_3+2r_4+2r_5+r_6 \leqslant B_2$。假设所有节点产生的数据率均为 r,则有 $r \leqslant B_2/7$,即从节点2 的角度来看,通过其冲突域的每条流的数据率不得高于 $B_2/7$。但是节点 2 同样位于其他节点的冲突域内,如节点 3,那么节点 3 也需要按照上述方法为每条通过其冲突域的流分配流量,根据前面讨论应为 $B_3/7$。那么通过节点 2 的数据流的速率 r 大小应该取 $B_2/7$ 和 $B_3/7$中的较小者。在实际网络中,每个节点都存在多个邻居节点,因此确定流量分配时需要综合考虑所有节点的情况,取其中最小的分配方案以避免出现拥塞。

3) 准入控制

另一种拥塞避免的方法是准入控制(admission control),这通常在一些需要预留带宽的应用中使用,例如语音流传输。这类应用中,每个语音流消耗的带宽往往是确定的,或者可

---

① 基于 CSMA 的 MAC 协议无法做到冲突的完全避免,随着节点数量增多,冲突不断加剧,导致实际带宽的下降。

以准确估算的,当一个新流需要加入网络时,各个节点判断新加入的流量是否会导致数据流量超过本地容量,如果超出则拒绝其加入。准入控制的具体协议流程与流量分配不同,但其核心仍然在于节点本地剩余容量的估计。

9.3　可靠传输机制

9.3.1　可靠性的定义

无线传感器网络的可靠性可以从不同角度来定义,例如数据包可靠、事件可靠、端到端/逐跳可靠、上行/下行可靠等。针对某一具体的应用,其可靠需求的定义往往与应用服务质量紧密相关。下面先分别介绍这些定义的含义。

(1) 数据包可靠和事件可靠:数据包可靠是指从源节点发出的数据包经过网络传输可靠到达目的节点,例如对于网络重编程或发送命令,需要数据包准确无误到达每个节点;事件可靠反映的是某一特定应用提出的服务质量要求(如信息保真度),例如对于入侵检测或多媒体流传输,往往不需要所有数据包都可靠到达。

(2) 端到端可靠和逐跳可靠:端到端可靠强调数据从源节点可靠传输到目的节点。为实现端到端可靠,往往需要源和目的之间建立闭环反馈机制;而逐跳可靠只考虑单跳链路上数据的可靠转发,不依赖端到端闭环反馈。由于端到端可靠的实现代价过大,传感器网络多采用逐跳可靠。

(3) 上行可靠和下行可靠:这种定义按照数据的流向划分。上行可靠针对数据收集型应用,保障数据从多个源节点向 sink 传输过程的可靠性,由于大多数应用存在冗余性,这个可靠通常不需要 100%;而下行则主要针对命令分发、重编程等应用,因此往往要求 100%可靠。下行可靠还可根据数据分发区域大小分为全局可靠和局部可靠。全局可靠是指 sink 将信息可靠地发布到全网节点,而局部可靠是指可靠地发布到某个局部区域或特定比例节点。

在针对某一特定应用时,应该根据服务质量需求慎重选择所需要的可靠性。不同的可靠性实现的代价差别很大,例如端到端可靠要求的闭环反馈会造成较高的延迟,而且反馈本身也要占用大量的带宽,相比而言采用逐跳可靠的代价要小得多。

9.3.2　可靠性保障的基本思想

无线传感器网络中,造成丢包的原因可能是拥塞,拥塞造成丢包需要采用前面讨论的拥塞控制方法来消除。这里讨论的可靠性保障主要针对节点非拥塞状态下,因无线信号衰减、多径效应或冲突而导致的丢包。保障数据包可靠传输的基本方法是丢失检测(loss detection)和丢失恢复(loss recovery)。

有线网络上的 TCP 协议采用端到端的肯定确认和重传机制来检测和恢复丢包。发送端在数据包中携带序列号,接收端以 ACK 的形式反馈给发送端。若发送端确认等待超时则发起端到端重传。这种端到端的正面确认机制在无线传感器网络中是低效的。因为无线多跳通信的丢包率较高,分组从源节点到目标节点的传输成功率低,导致大量重传,造成能量浪费。此外,ACK 也需要从接收端经过多跳传输至发送端,耗费大量额外的能量,并且传输的过程中很可能会发生 ACK 丢失。因此，这种端到端确认的机制在无线传感器网络中很少使用。从能量的角度看，单跳的确认重传更加有效，因为确认及重传分组都只需要经过单跳转发。

1）丢包检测

无论是端到端还是单跳的确认重传机制，都可以分为发送者发起和接收者发起两类。前面提到的 TCP 协议就属于发送者发起的确认重传，检测丢包的方法是等待超时。发送端每发送一个分组则启动一个定时器，定时器超时后若无法收到 ACK 则判断丢包。超时等待时间通常为一个路径返回时间 RTT（round trip time）。由接收者发起的确认中，接收者通常利用分组携带的序列号判断是否丢包，由于序列号一般是连续的，所以如果发现接收分组的序列号不连续则判断发生丢包。发生丢包后，接收端通常使用 NACK（negative ACK）来通告发送端。然而一些算法为提高网络利用率而使用乱序发送，对于这些方法需要一些特殊的技巧，将在下一节讨论。无论使用 ACK 还是 NACK 都会为网络引入一些额外的带宽和能量开销。为了减少这些开销，一些方法（如 RBC[18]）采用隐式 ACK 的方法将确认信息附带在数据包内，上游节点通过侦听信道来判断是否出现丢包。

2）丢包恢复

当发送者得知发生丢包后，需要重传丢失的数据包。为此，节点首先需要将已经发出的数据包缓存在内存中，等待一段时间以确定是否需要发起重传。对于端到端的确认，数据包只需要缓存在发送端；对于逐跳确认则需要将数据包缓存在中继节点。丢包后，发送者通常将原始数据包再次发送，在资源允许的情况下也可以对原始数据进行编码，这样做能够提高丢失恢复的效率。例如 RS 编码（在下一节将详细介绍其原理）可将原始的 m 个数据包编码生成 $n(n>m)$ 个编码包，接收者接收到其中任意 m 个编码包就能够恢复原始数据包。这种情况下，发送者不需要知道具体哪些数据包丢失，只需要知道丢失的个数就可以进行丢失恢复了。这一好处尤其体现在一对多的传输过程中，如图 9-14 所示。

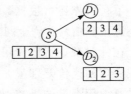

图 9-14   一对多传输

图 9-14 中源节点 S 向目的节点 D_1 和 D_2 发出 4 个数据包，而 D_1 和 D_2 分别接收到 3 个数据包。如果使用原始数据包进行重传，则至少需要发送两次（数据包 1 和 4 各一次）。若采用 RS 编码则只需要发送一次。但是，纠错编码的计算代价较高，需要进行适当优化才能在现有传感器节点平台上使用。

3）带有冗余信息的数据流

在某些实时性要求较高的流传输中，例如语音流或视频流，无论采用端到端还是单跳确认重传都难以满足延迟要求。为了提高传输可靠性，可以通过加入冗余数据的方法。其中最直接的方式是将一个数据包多次发送，这样即使其中一份拷贝丢失了，还有可能接收到其他拷贝，这种方式实现简单，但和纠错编码相比效率较低。例如，文献[22]将由 m 个原始数据包利用 RS 编码生成 n 个编码包连续发送(不等待确认),只要丢失的编码包数量低于 $n-m$ 则信息仍可完整到达。这种方法与基于确认重传的方法最大的不同在于预先将冗余数据加入原始数据中,因此需要准确估计当前端到端丢包率,从而确定冗余数据所占的比重。由于传感器网络链路质量动态变化,这种估计本身就十分困难。若估计值比实际值低则导致无法满足可靠性要求,过高则可能造成资源浪费甚至引起拥塞,因此极大限制了该方法的应用。

　　这里讨论的仅仅是设计可靠保障机制的基本方法,实际上研究人员根据不同的场景设计并提出了一系列可靠性保障协议,系统地讨论了从各个协议层次如何实现可靠数据传输,下一节中将列举一些经典协议,使读者能够全面了解协议设计中的细节考虑。

9.3.3　典型的可靠性保障机制

　　下面介绍几种经典的可靠性保障机制,包括 PSFQ[27]、GARUDA[17]、RBC[18]、Flush[19] 和擦除编码[23]。

9.3.3.1　PSFQ[27]

　　PSFQ 的意思是"pump slowly, fetch quickly",它是一种用于 sink 向全网分发代码的可靠传输协议,在这个过程中,每个节点需要可靠接收到全部数据。PSFQ 的基本思想包括两个操作:存入(pump)和取出(fetch)。存入操作是从 sink 往下行发布数据的过程,sink 按照一定的周期(通常较大)将数据包依次广播,接收到的节点将数据包缓存在本地。若接收到的包是顺序的,没有出现丢包,则接收节点再将这些数据传输到下游节点。取出操作用于丢失分组的恢复,若节点发现丢包,则它先停止向下游转发数据,然后向其邻居节点请求丢失分组,相当于 NACK。取出操作的间隔比存入操作的间隔小,在两次存入操作之间可以进行多次取出操作,便于丢包的快速恢复。中继节点一旦恢复丢包则继续向下游发送数据。这样的过程中,恢复只在节点与其邻居之间,不是端到端的,因此协议具有良好的可扩展性。

　　1) 存入操作

　　每个分组中携带的信息包括文件编号、文件长度、序列号、TTL。一个文件分为多个分组,每个分组都带有一个文件编号和文件长度。序列号用于检查是否存在丢包,TTL 字段限制分组可以被转发的次数。存入操作是从 sink 开始的,sink 以周期 T_{min} 广播数据包,直到所有数据都发送完毕。邻居节点接收到分组后缓存在本地,并检查接收到的分组序列号是否连续。如果没有丢包,邻居节点在一个随机延迟后将包往下游广播,延迟大小位于$[T_{min}, T_{max}]$。由于分组是广播的,节点接到分组后先检查其缓存,如果已经存在则丢弃。节点随机选择广播延迟是为了避免邻居之间的冲突,这种存入的操作如图 9-15 所示。

　　设置时间 T_{min} 的首要目的是给丢包恢复提供足够多的时间,一旦下游节点发现丢包,能够在下一个分组到来之前把丢失的分组补全。设置 T_{min} 的另一个作用是减少冗余传输。在密集部署的传感器网络中,一个节点可能收到多个节点广播的数据。为了减少这种冗余,节点在发送某个分组前监听信道,如果监听中发现已经有多个邻居广播了该分组则节点不再发送。文中设定 $T_{max}=100$ ms,而 $T_{min}=50$ ms。

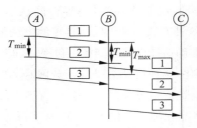

图 9-15　PSFQ 中的存入操作

2）取出操作

取出操作用于单跳恢复丢失分组，这种操作是在节点发现丢包后触发的。丢包发现的方法是检查缓存分组的序列号是否连续。如图 9-16 所示，当下游节点发现，在接收到序列号为 1 的分组后接收到序列号为 3 的分组，表明之间丢失了序列号为 2 的分组。此时，下游节点立刻发出 NACK 消息请求恢复。

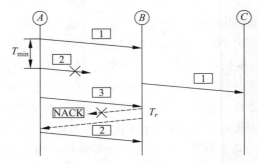

图 9-16　PSFQ 中的取出操作

NACK 消息由文件编号、文件长度和丢失窗口组成。丢失窗口用于将多个丢包信息放置在一个 NACK 中。例如，若节点接收到的分组序列号为(3,5,6,9,11)则存在 3 个丢失窗口，分别为(4,4)、(7,8)和(10,10)，其中(7,8)表示序列号为 7 和 8 的分组都丢失了。这种设计是为了方便节点请求恢复多个连续丢失的分组。如果发送的 NACK 丢失了，则节点无法收到重传分组，于是以一定周期 T_r 再次发送 NACK，直到接收到重传分组或到达一个发送次数上界。

为了避免冗余，节点在检测到丢包并准备发送第一个 NACK 前先随机等待一段时间，在这段时间内监听信道，如果有其他节点发出 NACK 并且请求恢复同一个分组，则节点取消 NACK 发送。如果节点取消了 NACK 却没获得恢复分组，则在 T_r 后发送 NACK。一个节点发出的 NACK 可能被多个节点接收，假设节点 A 的 NACK 表明 3、5、8 三个分组丢失了，而周围节点 B 和 C 收到了该 NACK。假设 B 只有分组 3、5，而 C 有全部分组，B 和 C 各自在一个随机的延迟($0 \sim T_r$)后广播第一个分组。假设 B 先广播分组 3，C 监听到广播后取消发送分组 3。B 和 C 各自等待一段延迟(不小于 T_r)后，与上一轮类似广播下一个分组 5。直到时间经过 $3T_r$ 后，C 没有监听到分组 8，于是由 C 广播分组 8。经过这个过程避免了多个节点重传引起的冗余。

上述取出操作只能处理分组序列中间丢包的情况,若丢包发生在文件尾部则无法通过序列号判断是否丢包。为了解决这个问题,节点设定一个定时器 T_{pro},如果节点经过 T_{pro} 时间没有接收到分组,则主动发出一个 NACK。T_{pro} 与已经收到分组中的最大的序列号 S_{last} 和文件最大序列号 S_{max} 的差成正比,即 $T_{pro}=\alpha(S_{max}-S_{last})T_{max}$,其中 α 大于等于 1。因此,T_{pro} 在越接近文件尾部的时候越短。

3) 查询操作

PSFQ 提供 sink 向网络查询数据接收情况的方法。查询操作由 sink 发出查询命令开始,查询命令多跳转发到某个指定节点。接收到查询命令后节点立刻响应,发出汇报分组,所有路径上的节点将自身数据接收情况放在汇报分组内。如果路径上的节点在一定时间 T_{report} 内未能接收到汇报分组,它生成一个自己的汇报分组并发往 sink。

PSFQ 采用了逐跳的恢复,每个节点在发现丢包后向其邻居节点请求,而不是从发送端重传,这使得 PSFQ 的可扩展性更好。PSFQ 只考虑了如何提高可靠性,并未涉及任何拥塞控制功能,因此一旦网络出现拥塞,则无法正常工作。另外,存入操作是一个缓慢的过程,为网络分发引入了较大延迟,尤其在网络规模非常大的时候。

9.3.3.2 GARUDA

GARUDA 是一种可靠的下行数据发布机制,用于 sink 向全网节点分发可执行程序、数据或查询请求。GARUDA 基本思想是在网络中选择一部分节点作为核心(core)节点,core 节点负责检查和恢复丢失分组,普通节点从它们周围的 core 节点那里恢复丢包。GARUDA 把网络虚拟地划分为 core 节点和普通节点两个层次,并基于这种双层结构实现两级恢复机制:首先是 core 节点之间的恢复丢包,下游 core 节点从上游 core 节点那里获取丢失的分组;随后是普通节点向周围 core 节点请求恢复丢失的分组。下面介绍 GARUDA 算法的主要操作步骤。

1) 网络初始化阶段

GARUDA 的初始化的目的是选择 core 节点。为此,网络需要洪泛一个控制分组,并保证该分组能够被所有节点接收。假设网络已具备底层洪泛机制,但无法保证传输可靠性,因此需要设计可靠机制来保障控制分组的可靠洪泛。若采用 ACK 确认机制,网络中的所有节点都需要向 sink 返回 ACK,造成 ACK 风暴;若采用 NACK 确认机制,NACK 无法处理单个数据包的消息丢失,或者消息中所有分组都丢失的情况。为了克服这些缺陷,GARUDA 使用 WFP(wait-for-first-packet)脉冲来确保控制分组的可靠洪泛。

WFP 脉冲是一个周期性的脉冲序列,这种脉冲的幅值明显大于发送普通数据使用的信号,而它的脉冲间隔也比正常数据传输间隔要短。由于 WFP 脉冲在幅度和周期方面的特性,只要节点处于监听状态就可以检测到这种脉冲。WFP 脉冲的传输时间 T_p 包含 p 个连续的 WFP 脉冲。图 9-17 表示 WFP 脉冲的传输原理,节点周期性(周期为 T_s)地发送 WFP。

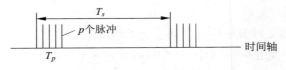

图 9-17　WFP 脉冲传输

Sink 向全网洪泛一个控制分组的过程包含三个阶段。（1）通知：sink 节点用 WFP 脉冲通知所有邻居节点即将开始发包，接收到 WFP 脉冲的节点与 sink 节点以同样周期发送 WFP 脉冲，如图 9-18(a) 所示，WFP 脉冲在网络中逐跳扩散；（2）传输：sink 节点等待一段时间后开始发送控制分组，这段等待时间用于确认 WFP 脉冲已经扩散到全网所有节点，若接收节点成功收到控制分组则停止发送 WFP；（3）恢复：未成功接收的节点继续周期性发送 WFP，对于发送节点来说 WFP 脉冲可看作 NACK 信息，表示出现丢包，发送者发起重传，图 9-18(b) 显示了请求重传的基本过程。

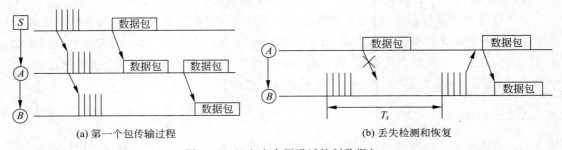

(a) 第一个包传输过程　　　　　　　　　　　(b) 丢失检测和恢复

图 9-18　Sink 向全网洪泛控制数据包

2）core 节点的选择

在全网洪泛的过程中，每个节点都能够记录自身到 sink 节点的最小跳数，并根据跳数不同把网络划分为不同的三个带（band），分别是 $3i$、$3i+1$ 和 $3i+2$ 带，其中 $3i$ 是指节点跳数是 3 的整数倍的节点。这三种不同带上的节点在全网洪泛过程中操作是不同的。

（1）（$3i$）带节点：位于这个带的节点可以将自己选为 core 节点，但若节点在发包前已经监听到邻居节点广播的 core 节点信息，则该节点放弃成为 core 节点。但是，如果节点放弃后，接收到来自其他节点的指派消息（一种特殊的控制分组），则其设置为 core 节点。

（2）（$3i+1$）带节点：若节点 S_1 接收的第一个包来自节点 S_0，并且 S_0 为 core 节点，则将 S_0 设置为自己的 core 节点；否则，若 S_0 不是 core 节点，S_1 将 S_0 设定为候选 core 节点，随后启动一个选举计时器，如果在计时器超时前 S_1 收听到来自 core 节点 S_0' 的包，则将 S_0' 其设置为自己的 core 节点；否则，等待计时器超时后，S_1 向 S_0 发送指派消息选择其为自己的 core 节点。

（3）（$3i+2$）带节点：位于（$3i+2$）带的节点无法在接收到第一个包的时刻得到 core 节点信息，所以它们设定一个计时器，在该计时器超时前如果从任意（$3i+1$）节点处获得 core 节点信息，则将该 core 节点设为自己的 core 节点，否则等待超时后节点向任意位于（$3i+1$）带的节点询问 core 节点信息。

选择跳数为 3 的倍数的节点作为 core 节点的理由如下：第一，希望 core 节点均匀分布在网络中,在网内形成类似最小支配集的结构,便于形成用于数据恢复的层次型拓扑结构,即 sink 负责所有 core 节点的数据恢复,而 core 节点负责周围普通节点的数据恢复;第二,希望任意两个 core 节点之间相距 2 跳,这样不同 core 节点发包就不会引起冲突。经过上述过程,每个节点都能够确认自身是否是 core 节点,每个普通节点都知道它的 core 节点信息,这个 core 节点选择过程只在一次全网洪泛中完成,图 9-19 显示了完成选择后的网络状态。

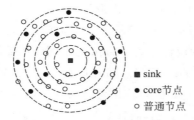

图 9-19　GARUDA 中的 core 节点选择和丢包恢复

3) 乱序发送和两级丢失恢复机制

在建立起基于 core 节点的双层网络拓扑结构后,sink 开始向全网分发数据。在分发过程中,对于一条链路,如果严格按照数据包序列号顺序发送,会造成网络利用率低下。因为发送节点在未成功转发一个包时,无法转发序列号更高的其他包。因此,GARUDA 采用乱序发送机制,允许节点无需等待发送成功就可以直接发送后续的数据包。乱序发送有利于提高网络利用率,但会引入一个问题,即接收节点无法得知哪些包丢失了。

为了解决这个问题,GARUDA 设计了 A-map(availability map),A-map 只包含一些 meta-data 信息,表示节点缓存中维护了哪些数据包。core 节点间的 A-map 交换是与数据分组的乱序发送同时进行的。位于上游的 core 节点在向下游发送数据分组的同时,将 A-map 放入数据包包头。下游 core 节点接收到数据包后,检查包头中的 A-map 信息,若发现实际接收的数据包少于上游 core 节点 A-map 中记录的数据包,则判断出现丢包,随后下游 core 节点向上游 core 节点发出 NACK 请求恢复。上游 core 节点接收到 NACK 后,采用单播将丢失分组传输到待恢复的 core 节点。需要注意的是,core 节点间无法直接通信,因此恢复的分组需要由普通节点多跳转发,参与转发的普通节点可趁机恢复部分丢失分组。当某个 core 节点已经完整接收到所有数据后,广播其自身维护的 A-map 来通知周围普通节点。当普通节点监听到其 core 节点广播的 A-map 后,向 core 节点请求恢复丢失分组。图 9-20 显示了这种两级恢复的基本形式。

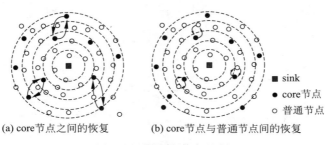

(a) core节点之间的恢复　　(b) core节点与普通节点间的恢复

图 9-20　两级包恢复机制

　　从上面的讨论中可以看出，GARUDA 采用两级包恢复机制，首先恢复所有 core 节点丢包，随后恢复网内其他普通节点丢包。这种两级丢失恢复的优点如下：网络中有大量非 core 节点，各个节点的丢包情况是不同的，通过 core 节点实现丢失恢复，避免了从 sink 发起丢包恢复造成的资源浪费；在 core 节点恢复的过程中，附近的一部分非 core 节点也可以进行恢复；一旦 core 节点都恢复完成，则由它们对非 core 节点进行恢复能尽量避免冲突。

　　GARUDA 基于 core 节点构建进行二级恢复，实际上是将全局的由 sink 发起的全网恢复进行了分解，每个局部都由其对应的 core 节点负责恢复，而下游的 core 节点则由其上游的 core 节点负责恢复。这样的设计避免了 sink 向全网的广播恢复丢失分组，非常适合一对多的可靠分发。与之前的一些 sink 到普通节点的协议相比（如 PSFQ[27]），GARUDA 支持乱序发送，降低了数据传输延迟，提高了带宽利用率。但在大规模网络中，GARUDA 中 core 节点的构造本身会引入较大开销，而且 GARUDA 没有考虑节点的剩余能量，core 节点可能提早耗尽能量。

9.3.3.3　RBC[18]

　　在事件检测应用中，多个源节点检测到事件后突发产生大量数据，这些数据必须快速、可靠地发送到 sink。RBC（reliable bursty convergecast）是针对这种应用提出的，其设计目标分为两方面，即减少数据传输延迟，提高数据传输可靠性。为了减少数据传输延迟，RBC 为不同分组、不同节点分配不同的优先级。对于单个节点，优先转发那些发送次数较少的分组；对于多个节点，优先让那些携带发送次数较少的分组较多的节点发送数据。这样做使得新产生的数据能够尽快传输到 sink。为了保障可靠性，RBC 采用逐跳的、基于块的 ACK 确认机制，并将 ACK 携带在普通数据分组内，减少了 ACK 丢失。下面具体说明 RBC 的主要机制。

1）无窗口队列管理

　　RBC 采用无窗口队列来管理缓存的数据包，如图 9-21 所示，首要的是为不同分组分配不同的优先级，不同优先级的分组位于不同的队列。这里所指的无窗口是指有别于传统的可靠传输协议 TCP。在 TCP 中，发送节点需要维护一个滑动窗口，一旦发出的包没有被确认，则窗口不能向前移动。

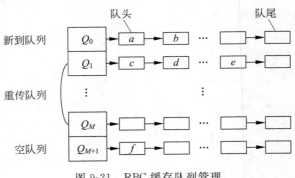

图 9-21　RBC 缓存队列管理

RBC 中,每个节点 S 维护 $M+2$ 条链表,其中 M 表示每一跳最大的重传次数[①],这些虚拟队列记作 Q_0,Q_1,$\cdots$,Q_{M+1}。把这些链表分为不同级别,Q_k 的级别比 Q_j 的级别高当且仅当 $k < j$。这些虚拟链表中从 Q_0 到 Q_M 缓存等待发送的分组或者等待被确认的分组;Q_{M+1} 维护当前空闲的队列存储单元(entry)。队列的维护方式如下:

(1) 当一个新分组到达 S 等待发送,S 从 Q_{M+1} 的队头取出一个单元(不管是否为空),然后把包存入单元后挂载到 Q_0 的队尾;

(2) 任意存储在 $Q_k(k>0)$ 的分组都必须等待 Q_{k-1} 的包全部发送完后再发送,同一队列中的多个包按照 FIFO 次序发送;

(3) 一个位于 Q_k 的分组被发送后,将其移至 Q_{k+1} 的队尾;如果分组已经被重传 M 次,则把它移至 Q_{M+1} 的队尾;

(4) 如果一个分组被确认了,则把存放它的存储空间释放后加入 Q_{M+1}。

这样做的目的是为重传次数不同的分组划分不同等级,次数较少的包有较高的发送优先级,既保证了未被确认的分组可以进行等待,也保证了新到的分组可以立刻发送而无需等待确认。在优先级保障下,那些新产生的分组能够尽快传输到 sink,而不用等待那些积累在网络中的分组,减少了传输延迟。

2) 基于块的确认和减少 ACK 丢失

为了保障数据传输的可靠性,分组需要逐跳确认重传。但是,在上述队列管理下,数据包之间的顺序是乱序的,而传统的 ACK 机制根据序列号的顺序来判断丢包,因此乱序发送对 ACK 确认带来了一定的困难。为了解决这个问题,RBC 在队列管理中为每个存储单元编号,如图 9-21 中的 a,b,$\cdots$,f 所示。每当节点 S 发出一个分组,则将存放该分组的存储单元编号,以及下一个分组的存储单元序号附带在当前分组内。例如 S 发出存放在 a 中的分组,则附带上编号 a 和 b,因为 b 正是同 a 在一个队列中的下一个存储单位编号。但如果发出的分组存放在 Q_0 队尾或其他任意队列的队头,则需要附带 Q_{M+1} 的队头存储单元编号,因为很可能在发出下一个分组前会收到新的分组,从而打乱发送顺序。例如,如果 c 被发送,S 需要附带 c,d 和 f。

采用上述方法,对于接收者 R,每当接收一个分组 p_0,R 得知下面来自 S 的分组附带的编号应该是 n'。那么如果下面接收的包的确是 n',则 R 可断定之间没有丢包;否则 R 发现之间可能有一些分组被丢失了。若从 S 发送到 R 的一系列分组 p_k,$\cdots$,$p_{k'}$ 都被成功接收,则 R 可向 S 反馈 $\langle q_k, q_{k'}\rangle$,$q_k$ 和 $q_{k'}$ 表示存放 p_k 和 $p_{k'}$ 的单元编号。发送端记录那些没有被确认的分组的存储单元编号序列,当 S 接收到反馈后即可将保存这些分组的内存释放后重用。为了减少由于 ACK 丢失造成的重传,上述块确认内容附带在普通数据包内,这些确认被多次重复,因而丢失这些确认的机会小得多。

3) 重传定时器动态设定

由于 RBC 采用的是 ACK 确认,所以每当发送端 S 发出一个分组,则需要启动一个重传定时器,若在定时器超时前还未接收到确认消息则将其重传。由于接收端 R 每接收一个

---

① 即一个分组如果失败了,最多允许重传多少次。

分组就按照队列管理缓存,而发送时间又是由排在前面的分组数量决定,所以延迟的大小是变化的,这为设定定时器的长度造成困难。为解决该问题,S 自适应调整每个分组的重传定时器长度,设定为

$$重传定时器长度 = (s_r + C_0)(d_r + 4d'_r) \tag{9-9}$$

上述设定同时考虑接收节点 R 中 Q_0 的长度和发送一个分组的延迟,式中 s_r 表示 R 中 Q_0 的长度;d_r 表示 R 发送一个 Q_0 中的分组的平均延迟,d'_r 是 d_r 的方差;C_0 为用于描述 Q_0 估计的误差,即 S 估计 s_r 后 R 可能接收到的分组的个数的常数。这样 $(s_r + C_0)$ 表示 S 估计的当前 R 的 Q_0 队列长度,$(d_r + 4d'_r)$ 表示每个包的发送延迟估计。这种设计能够根据当前 R 的状态来动态设定定时器长度。

4) 多节点间的冲突避免

对于多个节点,RBC 希望在信道访问竞争时优先考虑那些队列中新分组较多的节点。为此,对于每个节点 j 设定其等级为 rank$(j) = \langle M-k, |Q_k|, \text{ID}(j)\rangle$,其中 Q_k 表示 j 上非空且级别最高的队列,$|Q_k|$ 表示 Q_k 中分组的个数,ID(j) 表示节点编号。不同节点的等级按照三元组排列比较,即先比较两个节点等级的第一元素,若相等则比较第二元素,直到比较出高低为止。因此,若两个节点优先级的前两项都相等,则节点 ID 较大的优先级更高。

这种设定的内在含义是若节点上重传次数少的包较多,则它在调度的时候应该优先被考虑。每个节点在发送包时将其等级附带在内,其他等级较低的节点一旦监听到则根据两者等级的差别自动静默一段时间,时间长度与两者的等级差有关。另外,如果一个节点预知将来一段时间不需要发包,则也用相同的方法通知其他节点,这样它的等级将在冲突避免控制中被忽略。这样做有利于最大化信道利用率。

在 RBC 中,节点维护非窗口的多队列结构,使发送次数较少的包有较高的发送优先级;对于不同的节点,RBC 使那些有更多较新包的节点有更高的优先级访问信道。在逐跳确认时,RBC 采用基于块的隐式确认,减少了由于 ACK 丢包造成的能量浪费。但是,RBC 协议中分组需要携带大量的信息,对于数据长度较短的传感器应用来说是很大的开销。

9.3.3.4　Flush[19]

Flush 是一种适用于单条路径的可靠传输协议,这种协议可用于 sink 向网内任意节点查询数据,因此在同一时刻,网内只有一个源节点将数据流传输到 sink。在这种场景下,不存在多个数据流之间的相互干扰,但在一条多跳路径内,相邻的链路之间还是存在干扰的,这种干扰称为路径内干扰。Flush 算法针对路径内干扰,希望通过节点调度方式来避免相邻链路间冲突,提高传输可靠性和路径吞吐率。

在协议设计前,Flush 假设如下:网内只存在一个流,若存在多个流则它们之间互不干扰;节点可以监听到一跳邻居节点的数据包;链路层可以完成有效的单跳确认;路由层提供从源节点到 sink 的传输路径;sink 可以通过路由向指定源节点发送查询信息。在上述假设前提下,Flush 协议共包含 4 个步骤:

(1) sink 向任意节点发出查询命令请求数据;

(2) 节点接收到查询命令或重传命令后发出数据,路径上的节点进行速率估计;

（3）数据发送完毕后，sink 对数据进行确认，如果发生丢包则向源节点反馈重传命令，步骤（2）和步骤（3）反复进行直到所有数据接收完毕；

（4）sink 对数据的保真度进行检测，如果失败则重新传输数据。

在上述 4 个步骤中，节点速率估计是核心，它的目的是使所有节点都找到自身的最大速率，从整条路径中找到一个"瓶颈"节点，以它的速率来限制整条路径的传输速率。

1）节点速率估计

同一路径上的不同链路间实际上是相互制约的：（1）节点通信模块是半双工的，同一个节点在同一时间只能接收或者发送，因此对于一个节点，其输入链路与输出链路无法同时工作；（2）下一跳节点（甚至更远的节点）发送数据，可能会阻碍节点本身的发送；（3）在同一条路径上，若不同节点采用不同的发送速率，将导致速率不匹配，可能导致丢包、能量损耗和重传。对于一条链路，它能够采用的最大速率取决于其邻居链路的干扰情况，一般来说，链路周围的干扰链路越多，则其能够采用的速率越慢。

以图 9-22 为例说明这种路径内节点间的关系，图中虚线箭头表示节点间的干扰，那么节点 $i-1$ 受到来自 $i-2$ 和 $i-3$ 的干扰，也就是说，节点 $i-2$ 或 $i-3$ 发包的同时，节点 i 无法给节点 $i-1$ 发包。因此，对于节点 $i\sim(i-1)$ 之间的链路来说，其发送包的最小间隔不得低于 d_i，d_i 表示 4 个数据包发送时间，因为当前链路与后续的三条链路共享信道。若间隔低于 d_i 则会导致后续节点没有足够时间转发分组，从而造成丢包。图 9-22 中只是截取了路径上的一部分，若从整条路径来看，源节点需要合理设定自身速率，以保证路径上的每条链路都有足够的时间转发分组。假设整条路径上的所有节点都按照上述方法计算，则存在一个最小的 $d_{\min}$，这个最小值决定了源节点可以采用的最大速率。

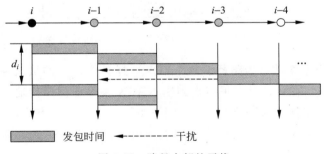

图 9-22　路径内部的干扰

在具体实现中，路径上的每个节点都监听对自己造成干扰的节点的数量[①]，从而可以判断出链路能够采取的最大发送速率。每个节点可以仅仅根据节点监听到的节点数量判定干扰节点的数量，如图 9-23 所示，图中节点 8 到节点 7 的链路受到来自图中所有其他链路的干扰，因此节点 8 的发包间隔至少为发送一个分组时间的 5 倍。

2）端到端的 NACK 过程

为了保障端到端传输可靠性，Flush 采用端到端 NACK 通知源节点重传数据。NACK

---

① 如何找出节点的干扰节点并非 Flush 解决的问题。

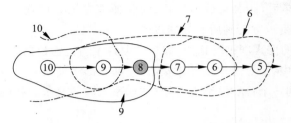

图 9-23　节点监听路径上的干扰节点数量

的过程如图 9-24 所示,假设 NACK 中只包含 3 个数据包的信息,源节点与 sink 之间反复确认重传最终完成数据传输。若 NACK 本身丢失,sink 在等待一段时间后再次发送 NACK 请求重传。通常情况下,无线传感器网络不采用端到端确认重传,但 Flush 在每个节点上进行速率控制,使路径的端到端丢包率和延迟降低到合理的范围。在文中 48 跳的实验中,Flush 的端到端丢包率仅为 3.9%。因此,端到端 NACK 机制可以在这种情况下使用。

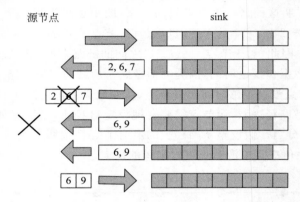

图 9-24　sink 节点向源节点返回 NACK 过程

　　Flush 利用节点速率估计为路径上每个节点选择其能达到的最大速率,防止由于速率不匹配而造成的丢包,在此基础上采用端到端 NACK 来保证可靠传输。Flush 仅限于端到端的可靠传输,在更加复杂的网络拓扑结构下(如树状结构),节点难以估计自身的最大速率,而且不同节点产生的数据率也不同,这使得 Flush 难以应用在更多的场景下。

9.3.3.5　擦除编码

　　文献[21]对比分析了多种传感器网络中的可靠传输机制,包括确认重传、多径传输和擦除编码(erasure coding),但这里主要介绍擦除编码,特别介绍一种 Reed-Solomon(RS)编码,随后说明如何将这种编码用于资源受限的传感器网络。擦除编码实际上不是来源于传感器网络,其在有线网络中被广泛应用,例如用于修复数据包中的误码。在传感器网络中,擦除编码主要用于数据包级别的丢失恢复。

　　源节点将需要发送的数据分为 m 个数据包,利用 RS 编码将这些数据包编码成 $n(n>m)$ 个编码包;编码包经过网络传输到 sink,sink 收到其中任意 m 个编码包经过解码都能还原出原始的 m 个包。擦除编码的基本思想是将 m 个包内的信息分散到 n 个编码包中的任

意 m 个,使得信息带有一定的冗余性,即使在传输过程中出现丢包,利用接收到的 m 个包也能恢复原始数据。该编解码过程如图 9-25 所示。

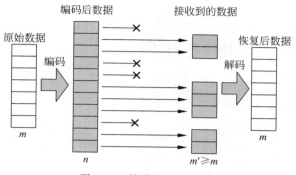

图 9-25　擦除编码示意图

加入冗余信息的方式还有多拷贝传输,即一个数据包可能被多次发送。利用擦除编码添加冗余信息比基于多拷贝的方式有显著优势,抗丢包效果更好,因为在基于多拷贝的方式中,即使接收到 m 个包也不能保证将原始数据恢复,并且一些包可能重复接收从而导致资源浪费。若假定丢包满足均匀分布①,且丢包率为 p,则编码包的实际数据丢失率为 P,计算如下:

$$P = L(n,m,p) = p\left[1 - \sum_{j=0}^{n-m-1}\binom{n-1}{j}p^j\,(1-p)^{n-j-1}\right] \tag{9-10}$$

式(9-10)中 $P < p$,且随着 n 的增大两者的差距也增大,因为 n 越大表示加入的冗余信息越多。但是,冗余信息过多可能会导致数据量过大而出现拥塞,因此需要谨慎选择 n 的大小。

对于编码的过程,定义编码函数 $C(X)$,其中 $X = \{w_0, w_1, \cdots, w_{m-1}\}$ 是包含 m 条消息的向量,$C(X)$ 产生 n 条消息,满足 $n > m$。如果满足 $C(X) + C(Y) = C(X+Y)$,则称 C 是一种线性编码。线性编码能够用矩阵运算表示,编码函数表示为矩阵乘法,即 $C(X) = AX = Z$,其中 A 称为编码矩阵,Z 称为编码向量。若已知 Z 而要还原 X,则编码矩阵必须包含 m 个线性无关的行,以保证求解是唯一的。线性编码在实际应用中非常普通,其计算复杂性低,尤其适用于资源受限的传感器网络。

根据前面的讨论,编码矩阵 A 中必须包含 m 个线性无关向量,为了方便 A 的构造,RS编码采用范德蒙(Vandermonde)矩阵,其中任意元素 $A(i,j) = x_i^{j-1}$(x_i 是一个非零数),且 x_i 和 x_j 互不相等,即($x_i \neq x_j$ if $i \neq j$),如下所示。

$$\begin{pmatrix} 1 & x_1 & x_1^2 & \cdots & x_1^{m-1} \\ 1 & x_2 & x_2^2 & \cdots & x_2^{m-1} \\ \vdots & \vdots & \vdots & & \vdots \\ 1 & x_n & x_n^2 & \cdots & x_n^{m-1} \end{pmatrix} \tag{9-11}$$

---

① 实际上一些研究[26]表明,丢包通常具有一定的突发性,所以需要更精确的丢包模型,但这里主要介绍其基本原理,使用均匀丢包模型易于理解。

对于 $n\times m(n>m)$ 的范德蒙矩阵,其中任意 m 行组成的矩阵都是具有 m 行线性无关的矩阵,这种性质与前面提到的线性编码相对应,为编码矩阵 A 的构造给出了一种简单而有效的方法。RS 编码的基本思想是对于 m 个未知数据产生 n 个等式,满足 $n>m$,从 n 个等式中任意 m 个都能解出 m 个未知数。因此,对于给定的数据,可以划分为 m 个包 $w_0,w_1,\cdots,w_{m-1}$ 进行编码,其中第 j 个编码包 $p(x_j)$ 计算如下：

$$p(x_j)=\sum_{i=0}^{m-1}w_i x_j^i,\quad j=1,2,\cdots,n \tag{9-12}$$

则编码过程表示为如下所示的矩阵乘法：

$$\begin{pmatrix}1 & x_1 & x_1^2 & \cdots & x_1^{m-1}\\ 1 & x_2 & x_2^2 & \cdots & x_2^{m-1}\\ \vdots & \vdots & \vdots & & \vdots\\ 1 & x_n & x_n^2 & \cdots & x_n^{m-1}\end{pmatrix}\begin{pmatrix}w_0\\ w_1\\ \vdots\\ w_{m-1}\end{pmatrix}=\begin{pmatrix}p(x_1)\\ p(x_2)\\ \vdots\\ p(x_n)\end{pmatrix} \tag{9-13}$$

式(9-13)中矩阵 A 为范德蒙矩阵,W 是给定的数据向量。已知 A 任意 m 行系数以及对应的 $P(X)$ 值则可求解出原始数据。范德蒙矩阵的一个性质是,如果其 m 行被一个单位矩阵代替,那么仍然保持原有性质。如果一个范德蒙矩阵为 $n\times m$,且其中 m 行为一个单位矩阵,则这种编码称为系统码(systematic code),如下式所示：

$$\begin{pmatrix}1 & 0 & \cdots & 0\\ 0 & 1 & \cdots & 0\\ \vdots & \vdots & & \vdots\\ 0 & 0 & \cdots & 1\\ 1 & x_{m+1} & \cdots & x_{m+1}^{m-1}\\ 1 & x_{m+2} & \cdots & x_{m+2}^{m-1}\\ \vdots & \vdots & & \vdots\\ 1 & x_n & \cdots & x_n^{m-1}\end{pmatrix}\begin{pmatrix}w_0\\ w_1\\ \vdots\\ w_{m-1}\end{pmatrix}=\begin{pmatrix}w_0\\ w_1\\ \vdots\\ w_{m-1}\\ p(x_{m+1})\\ p(x_{m+2})\\ \vdots\\ p(x_n)\end{pmatrix} \tag{9-14}$$

从式(9-14)中可以看出,经过系统码编码后产生的编码数据中,包含了 $w_0\sim w_{m-1}$ 共 m 个原始数据包。由编码过程可知 $AX=Z$,解码过程为其逆过程 $X=A^{-1}Z$,实际过程中,解码需要的时间与 Z 中包含的编码包的数量有关,编码包越多则解码时间越多。因此系统码的一个突出优点是,编码后的编码数据直接包含原始数据包,而这些包不需要进行解码,从而能够大大简化解码的计算量。

在上述编码过程中,编码矩阵的生成和计算都存在一些问题,例如编码矩阵 A 中的元素需要经过高次幂运算,从而有可能产生非常大的系数,无论存储还是计算都会给资源受限的传感器节点带来挑战。实际在实现中,这些元素属于特定的扩展域(extension field),这些域的大小有限,并且满足加法和乘法的自包含性,即任意两个元素之和及乘积仍然属于该域。这样任意元素都能够使用有限的数位表示,适合元素的二进制表示,并且幂运算也相对比较简单。

擦除编码能够有效地提高传输过程中的可靠性,并能与现有确认重传机制相结合。但擦除编码要求节点产生数据后缓存一段时间来进行编码,加大了传输延迟。编码运算较复杂,计算过程中还需要缓存大量的中间结果,对于计算和存储能力均受限的传感器节点是一种挑战,因此擦除编码在传感器网络中的使用还非常受限。

9.4 本章小结

从本章的讨论中可以看到,传感器网络的应用场景多种多样,不同的应用场景对传输层的需求也各不相同。已有的传输层协议往往从特定的应用场景出发,其应用需求、前提假设、性能指标、设计思路、工作流程等方面各有独特的考虑。从目前的情况来看,很难形成一种通用的传输层协议标准,由于节点资源受限,即使将现有工作集成到一个体系下都难以实现。因此,如何针对特定应用场景设计高效的传输层协议仍然是未来发展方向。

虽然场景千差万别,但传输层协议在设计思路上还是有规律可循,如多项工作中,传输控制协议往往需要底层协议的支持,在 Siphon 中,需要网络层支持数据流的重定向;而在 CODA、IFRC、Flush 等协议中,链路层扮演着发现邻居、干扰检测等重要职责。因此,跨层设计是传感器网络传输层协议设计的重要手段。另外,无论哪种传输控制协议其实都是在可靠性、能耗和吞吐率等之间求得一个折中,研究人员需要根据不同应用的服务质量需求以及不同的网络特性,设计出符合要求的协议。

习题

9.1 无线传感器网络传输控制协议的基本功能是什么,与传统有线网络有何不同?

9.2 TCP 协议为何不适合无线传感器网络?

9.3 简述造成无线传感器网络流量不均衡的原因。

9.4 结合 MAC 层相关知识,讨论在 CSMA 协议下,为何干扰节点越多越容易出现拥塞(即使所有节点速率之和保持不变)。

9.5 图 9-26 中显示了从某个源节点 n 到 sink 的传输路径,假设不存在外在干扰,源节点发送数据的速率为 v,路径上的节点仅负责转发数据,自身不产生数据;假设路径上每个节点都会造成 1 跳以内的干扰,即节点 i 发包的同时,节点 $i-1$ 到节点 $i+1$ 均无法正常发送数据;若节点的额定最大速率为 V,那么当 v 与 V 处于什么关系的时候会造成拥塞? 如果干扰范围扩大到 2 跳呢(即节点 i 发包的同时,节点 $i-2$ 到节点 $i+2$ 均无法发送数据)?

图 9-26 链式传输路径

9.6 列举图 9-12 中节点 15 的潜在干扰源节点。

9.7 简述 ACK 和 NACK 完成确认重传的基本过程。结合 ACK 的过程分析为什么乱序发送比顺序发送达到的网络利用率高。试举出一个例子。

9.8 一个简单的提高可靠性的方法是发送冗余的分组,例如每当发送一个分组,则以一定概率发送一份拷贝,例如源节点需要发送 8 个分组,发送拷贝的概率是 25%,那么理想情况下,最终发出的数量是 10 个,其中有两个是前 8 个分组中任意两个的拷贝。

(1) 对比这种简单的方法,讨论擦除编码的优势。

(2) 假设节点周期性采集数据,每秒产生一个数据包,从延迟的角度考虑,两种不同方法有什么不同?

9.9 试推导原始链路消息错误概率在一定 ARQ 重传次数(0~10)情况下成功传送一个消息的概率函数。如何判断合理的 ARQ 重试次数?

9.10 请分析使用否定确认(NACK)而不是确认(ACK)来提供可靠传输的优点和缺点。

9.11 传感器网络汇聚(convergecast)中传输控制的基本问题是什么?

9.12 ESRT 协议与 CODA 协议有何不同?

9.13 RBC 协议的无窗口队列,基于块的确认,分布式竞争控制在改善汇聚传输的可靠性和实际吞吐量中分别有何作用? 如若没有流量控制时队列仍可能溢出,请为 RBC 设计一个流量控制机制。

9.14 分析 RBC 协议中 ACK 丢失的概率。

9.15 RBC 主要使用了哪些无窗口分组确认和分布式竞争控制?

9.16 请描述广播风暴问题。

9.17 基于嵌入式设备的无线网络中提供可靠广播的主要挑战是什么?

9.18 请查阅资料分析无线传感器网络中重编程服务的特点,可以分为哪几种方式。

9.19 简述 PSFQ 的主要特征,ESRT 的主要特征。分析 E^2SRT 在哪些方面改进了 ESRT。

9.20 解释为什么 TCP 没有无线传感器网络工作。

9.21 在 PSFQ 中,分析每个节点上是如何针对丢包情况来设置重传定时器。

9.22 为什么 ESRT 提出网络状态的概念,并以最优操作区间(OOR)为目标?

9.23 解释 GARUDA 中核心节点是如何形成的。

参考文献

[1] Hefeeda M, Bagheri M. Wireless sensor networks for early detection of forest fires. In: IEEE Int'l Conf on Mobile Adhoc and Sensor Systems. IEEE, 2007: 1-6.

[2] Cheung S Y, Ergen S C, Varaiya P. Traffic surveillance with wireless magnetic sensors. In: Proc ITS World Congress. 2005: 648-649.

[3] Wan C Y, Eisenman S B, Campbell A T. CODA: congestion detection and avoidance in sensor networks. In: Int'l Conf on Embedded Networked Sensor Systems. ACM, 2003: 266-279.

[4] Wan C Y, Eisenman S B, Campbell A T, et al. Siphon: overload traffic management using multi-radio virtual sinks in sensor networks. In: Int'l Conf on Embedded Networked Sensor Systems. ACM, 2005: 116-129.

[5] Kulik J, Heinzelman W, Balakrishnan H. Mitigating congestion in wireless sensor networks. In: Int'l Conf on Embedded Networked Sensor Systems (SENSYS 2004), Baltimore, MD, USA, November. DBLP, 2004: 134-147.

[6]   Sankarasubramaniam Y, Akyildiz I F. ESRT: event-to-sink reliable transport in wireless sensor networks. In: ACM Int'l Symp on Mobile Ad Hoc Networking and Computing (MOBIHOC 2003), Annapolis, Maryland, USA, June. DB, 2003: 177-188.

[7]   Iyer Y G, Gandham S, Venkatesan S. STCP: a generic transport layer protocol for wireless sensor networks. In: Proc IEEE Int'l Conf on Computer Communications and Networks (ICCCN 2005). 2015: 449-454.

[8]   Lee D, Coleri S, Dong X, et al. FLORAX-flow-rate based hop by hop backpressure control for IEEE 802.3x. In: IEEE Int'l Conf on High Speed Networks and Multimedia Communications. IEEE, 2002: 202-207.

[9]   Rangwala S, Gummadi R, Govindan R, et al. Interference-aware fair rate control in wireless sensor networks. ACM SIGCOMM Computer Communication Review. ACM, 2017: 63-74.

[10]   Paek J, Govindan R. RCRT: rate-controlled reliable transport for wireless sensor networks. In: Int'l Conf on Embedded Networked Sensor Systems. ACM, 2007: 305-319.

[11]   Galluccio L, Campbell A T, Palazzo S. CONCERT: aggregation-based CONgestion Control for sEnsoR networks. In: Proc Int'l Conf on Embedded Networked Sensor Systems. ACM, 2005: 274-275.

[12]   Cheng T E, Bajcsy R. Congestion control and fairness for many-to-one routing in sensor networks. In: Proc Int'l Conf on Embedded Networked Sensor Systems (SENSYS 2004), Baltimore, MD, USA, November. DBLP, 2004: 148-161.

[13]   Stargate datasheet. http://www.xbow.com.

[14]   Sridharan A, Krishnamachari B. Explicit and precise rate control for wireless sensor networks. In: ACM Int'l Conf on Embedded Networked Sensor Systems. 2009: 29-42.

[15]   Yang Y, Kravets R. Contention-aware admission control for Ad Hoc networks. IEEE Educational Activities Department, 2005.

[16]   Chakeres I D, Beldingroyer E M. PAC: perceptive admission control for mobile wireless networks. In: Proc Int'l Conf on Quality of Service in Heterogeneous Wired/Wireless Networks. IEEE, 2004: 18-26.

[17]   Park S J, Vedantham R, Sivakumar R, et al. A scalable approach for reliable downstream data delivery in wireless sensor networks. In: ACM Int'l Symp on Mobile Ad Hoc Networking and Computing (MOBIHOC 2004), Roppongi Hills, Tokyo, Japan, May. DBLP, 2004: 78-89.

[18]   Zhang H, Arora A, Choi Y R, et al. Reliable bursty convergecast in wireless sensor networks. Computer Communications, 2007, 30(13): 2560-2576.

[19]   Kim S, Fonseca R, Dutta P, et al. Flush: a reliable bulk transport protocol for multihop wireless networks. In: Proc Int'l Conf on Embedded Networked Sensor Systems (SENSYS 2007), Sydney, Nsw, Australia, November. DBLP, 2007: 351-365.

[20]   Rizzo L. Effective erasure codes for reliable computer communication protocols. ACM, 1997.

[21]   Li L, Xin G, Sun L, et al. QVS: quality-aware voice streaming for wireless sensor networks. In: IEEE Int'l Conf on Distributed Computing Systems. IEEE, 2009: 450-457.

[22]   Li L, Xing G, Han Q, et al. Adaptive voice stream multicast over low-power wireless networks. In: Proc IEEE Real-Time Systems Symp. IEEE, 2010: 292-301.

[23]   Kim S, Fonseca R, Culler D. Reliable transfer on wireless sensor networks. In: Proc IEEE the 1st Conf on Sensor and Ad Hoc Communications and Networks (SECON 2004). IEEE, 2004: 449-459.

[24]   http://mirage.berkeley.intel-research.net/.

[25]   Li J, Blake C, Couto D S J D, et al. Capacity of Ad Hoc wireless networks. In: International Proc ACM Conf on Mobile Computing and Networking. ACM, 2001: 61-69.

［26］ Srinivasan K，Kazandjieva M A，Agarwal S，et al. The β-factor：measuring wireless link burstiness. In：Proc Int'l Conf on Embedded Networked Sensor Systems (SENSYS 2008)，Raleigh，NC，USA，November. DBLP，2008：29-42.

［27］ Wan C Y，Campbell A T，Krishnamurthy L. Reliable transport for sensor networks：PSFQ-Pump slowly fetch quickly paradigm. Wireless Sensor Networks，2004：153-182.

［28］ Yuk S W，Kang M G，Shin B C，et al. An adaptive redundancy control method for erasure-code-based real-time data transmission over the Internet. IEEE Trans. on Multimedia，2001，3(3)：366-374.

第 10 章

实用化组网标准协议

导读

本章主要介绍了目前在无线传感器网络系统中应用较为广泛的标准化协议,包括无线个域网标准协议 IEEE 802.15.4、ZigBee、蓝牙,工业无线网络标准 WirelessHART、ISA 100、WIA-PA,还有面向无线传感器网络的 IPv6 网络互联技术规范 6LowPAN。

引言

随着对传感器网络核心技术的深入研究,以及对工业控制等行业应用的深入理解,已经出现了一些实用化技术与协议,进一步推动了传感器网络技术的规模性应用,也更进一步地降低了产品成本,实现规模效益。

与传感器网络技术基本一致的是 IEEE 802.15 工作组所研究的无线个域网技术。无线个域网是针对低速率、低功耗、低成本的短距离无线通信设备之间实现信息交互的区域性联网技术,因此,无线个域网标准化工作从一开始就纳入了传感器网络的范畴。尤其是 IEEE 802.15.4 在低数据速率的无线收发机技术、电池可支撑的低功耗技术、低复杂性的组网技术等方面取得了广泛的认同。IEEE 802.15.4 在 2.4 GHz 频段采用了键控(O-QPSK)技术,MAC 层提供星型、网状、簇-树(cluster-tree)的拓扑结构,节点的传输距离为 $10 \sim 100$m,数据速率 $20 \sim 250$ kb/s。事实上,多数传感器网络研究开发的技术平台均基于 IEEE 802.15.4 标准,该标准已经成为传感器网络 PHY 层和 MAC 层的事实标准。

在 IEEE 802.15.4 标准之上,不同领域的几个标准化组织已经在开发各具特色的低功耗网络技术。ZigBee、WirelessHART、ISA 100.11a 和 WIA-PA 几种工业无线网络标准都是在 IEEE 802.15.4 基础之上进行的标准化尝试,尤其是 ZigBee 已经广为使用。工业无线网络是面向仪器仪表、设备与控制系统之间通信的传感器网络技术。与传统无线网络相比,工业无线网络的特点主要体现在:以高实时性、高可靠性、抗干扰、低能耗为目标来进行协议及路由算法的设计。

另一方面,由于蓝牙和 WiFi 的功耗较高,不太适合低功耗传感器网络应用,但这两项技术仍然可应用在一些对节点功耗、体积等要求不太严格的场合。还有一种情况是，蓝牙规范中没有对多跳组网的散射网络（ScatterNet）给出详细的定义，基于蓝牙的传感器网络标准化也只做到了星型网络，即微微网（Piconet），基于蓝牙的多跳传感器网络只能采用各家私有的组网协议和算法。蓝牙 4.0 所提出的低功耗技术（low energy）仍然只能组成星型结构，但由于低功耗技术更接近于传感器网络的典型需求，因此具有较大的应用潜力。

此外，为实现传感器网络和 IP 网络的兼容，IETF 基于 IEEE 802.15.4 制定了低功耗 IPv6 技术规范，已完成了 6LoWPAN、RoLL、CoAP 等核心标准的制定。6LoWPAN 协议底层采用 IEEE 802.15.4 的 PHY 层和 MAC 层，网络层则根据节点资源受限和低功耗等特点对 IPv6 协议进行了裁剪和优化。工业无线标准 ISA-100.11a 已支持 6LoWPAN 协议。围绕轻量级 IPv6 的互操作性已经成为产业界推进重点，IPSO 联盟、ETSI 等还组织开展了相关技术的研究工作。ZigBee 联盟的智能电力 Smart Energy 2.0 应用框架已经全面支持 IP 协议，同时联盟还成立了 IP-stack 工作组以制定 IPv6 协议在 ZigBee 中的应用方法。

10.1　IEEE 802.15.4

随着无线通信技术的迅速发展，人们提出了可满足个人附近几米范围之内通信需求的无线个域网（wireless personal area network，WPAN）的概念。无线个域网具有低价格、低功耗、低数据速率、小体积、可变拓扑结构等特点。

2000 年 12 月 IEEE 标准委员会正式批准并成立了 IEEE 802.15.4 工作组，针对低速无线个人区域网络（LR-WPAN）的物理层（PHY）和媒体访问层（MAC）开展标准化工作，其中将低能量消耗、低速率传输、低成本作为首要目标。

2003 年 10 月，第一版 IEEE 802.15.4 标准规范发布，称为 IEEE 802.15.4—2003，随后在 2006 年、2011 年、2015 年分别发布了更新版本。另外，还针对不同的情况发布了一系列的补充版本。IEEE 802.15.4 系列标准见表 10-1。

表 10-1　IEEE 802.15.4 系列标准

版本	发布时间	主要内容
802.15.4—2003	2003.10	第一次定义了 PHY 层和 MAC 层的规范。IEEE 802.15.5、ZigBee、6LoWPAN、WirelessHART、ISA-100.11a 等协议技术均基于该标准
802.15.4a	2007.3	对 802.15.4—2003 补充定义了两个新的物理层，一个使用了 UWB 技术，另一个在 2.4 GHz 频段使用 CSS 扩频技术
802.15.4b（802.15.4—2006）	2006.6	对 802.15.4—2003 进行了修订和增强。主要澄清了模糊内容，减少了不必要的复杂性，增加了安全密钥使用的灵活性，新的可用频段分配等内容
802.15.4c	2009.1	针对中国的 314～316 MHz、430～434 MHz、779～787 MHz 在 PHY 层补充了新的射频规范
802.15.4d	2009.4	针对日本定义了 950～956 MHz 频段的 PHY 层和 MAC 层规范
802.15.4—2011	2011.9	对 802.15.4—2006 进行了修订，主要加入了 802.15.4a 的内容

续表

版本	发布时间	主要内容
802.15.4e	2012.4	增强了 802.15.4—2006 的 MAC 层,以更好地支持工业应用。主要增加了跳频、变长时隙等
802.15.4f	2012.4	在 802.15.4—2006 基础上定义了新的 PHY 层和 MAC 层,以支持主动 RFID 应用
802.15.4g	2012.4	针对无线智能设施网进行的 PHY 层修订,以支持大范围、地理上分散的过程控制系统,甚至可支持上百万的端系统
802.15.4j	2013.2	扩展 PHY 层以支持 2360~2400 MHz 的医疗体域网业务
802.15.4k	2013.6	扩展 PHY 层以支持涉及上千个低功耗节点的监控应用
802.15.4m	2014.3	对 802.15.4—2011 的修正,在空白电视信号频段(54~862 MHz),传输速率为 40~2000 kb/s,以支持实现低功耗设备的控制应用
802.15.4p	2014.4	在 802.15.4—2011 基础上修正 PHY 及 MAC 层,以满足铁路运输行业需求,以及美国 PTC 列车控制系统等监管要求
802.15.4—2015	2015.12	对 802.15.4—2011 进行了修订

由于 IEEE 802.15.4 在低数据速率的无线收发机技术、电池可支撑的低功耗技术、非常低复杂性的组网技术等方面取得了广泛的认同,一些标准化组织在 IEEE 802.15.4 基础之上定义了其他标准化协议,如 ZigBee、WirelessHART、WIA-PA 等。

10.1.1 网络设备类型

在 IEEE 802.15.4 协议框架内,一个 LR-WPAN 支持两种类型的网络设备:全功能设备(FFD)和精简功能设备(RFD)。

FFD 支持三种工作模式:(1)网络协调器,负责创建网络,并决定网络的标识;(2)协调器,通过发送信标来提供同步服务,辅助网络协调器;(3)简单设备。FFD 支持任何一种拓扑结构,可以与其他的 FFD 或是 RFD 进行通信,在网络中具备路由器或控制器的功能。一个 LR-WPAN 必须包括至少一个网络协调器来为网络提供全局同步服务。

RFD 是一种最小化实现的设备,只能与 FFD 直接通信,在网络中通常用作终端设备。RFD 功能简单,节约了内存和其他电路,降低了成本。

10.1.2 网络拓扑结构

IEEE 802.15.4 协议内定义了两种基本网络拓扑:星型拓扑和点对点拓扑(Mesh 型),如图 10-1。另外一种拓扑,簇-树(cluster-tree)拓扑,可以视为点对点拓扑结构的特殊情况。

1) 星型拓扑

星型拓扑,如图 10-1(a)所示,以网络协调器(PAN coordinator)为中心,其他网络设备(FFD 或者 RFD)要想加入网络或者与网络内其他设备通信都必须先经过 PAN 协调器,然后再发送到指定的目的设备。网络协调器是 FFD,其余的设备可以是 FFD 也可以是 RFD。

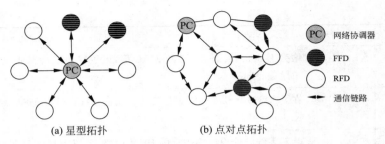

(a) 星型拓扑   (b) 点对点拓扑

图 10-1   IEEE 802.15.4 基本拓扑结构

在星型拓扑的形成过程中，第一步就是建立网络协调器，网络协调器要为网络选择一个唯一的标识符，所有该星型网络中的设备都用这个标识符来规定自己的隶属关系。确定标识符后，网络协调器就允许其他设备加入自己的网络，并与这些设备直接通信。

2）点对点拓扑

点对点拓扑，如图 10-1(b)所示，是无中心的网络，每个设备可以直接与其无线传输范围内的其他设备直接通信。这种拓扑结构允许以多跳路由的方式在任意设备之间传输数据，但必须在网络层定义相应的路由转发机制，这已超出了 IEEE 802.15.4 协议规范的内容。与星型拓扑相比，点对点拓扑因为不依赖特定的中心节点通信，资源利用更为公平。

点对点网络中仍然需要一个网络协调器，不过该协调器的功能不再是为其他设备转发数据，而是完成设备注册、访问控制等基本的网络管理功能。

3）簇-树拓扑

簇-树形的拓扑结构如图 10-2 所示，是点对点拓扑的一种特殊形式。在这种拓扑中，一个 RFD 总是作为一个叶节点连接到网络中，且仅与一个 FFD 相关联。

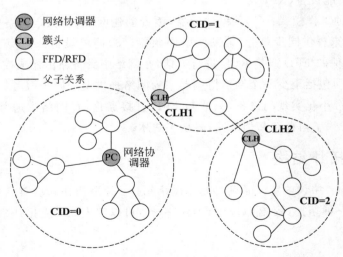

图 10-2   IEEE 802.15.4 簇-树(cluster-tree)拓扑结构

网络协调器首先将自己设为簇头(cluster header)，并将簇标识符(CID)设置为 0，作为网络中的第一个簇，同时为网络指定一个 PAN ID。接着，网络协调器开始广播信标帧，邻近设备收到信标帧后,就可以申请加入该簇。网络协调器可决定该设备能否成为簇成员,也可以指定一个设备成为邻接的新簇头,以此形成更多的簇。新簇头同样可以选择其他设备成为簇头,进一步扩大网络规模。过多的簇头会增加簇间消息传递的延迟和通信开销。

10.1.3 物理层

IEEE 802.15.4 的物理层定义了信道分配和调制方式、数据编码、射频收发机的激活和休眠、空闲信道评估、信道能量检测、信道的频段选择、链路质量指示等。

10.1.3.1 信道分配和调制方式

IEEE 802.15.4 标准涉及 2450 MHz、868 MHz、915 MHz 三个 ISM 频段,在三个频段分别定义了 16 个信道、10 个信道和 3 个信道。这些信道的中心频率定义如式(10-1)和图 10-3 所示,具体的信道使用情况见表 10-2。

$$F_c = \begin{cases} 868.3 \text{ MHz}, & k = 0 \\ 906 + 2(k-1) \text{ MHz}, & k = 1,2,\cdots,10 \\ 2405 + 5(k-11) \text{ MHz}, & k = 11,12,\cdots,26 \end{cases} \tag{10-1}$$

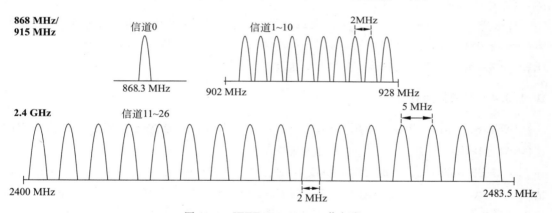

图 10-3 IEEE 802.15.4 工作频段

表 10-2 IEEE 802.15.4 物理层扩频参数及数据速率

频段(MHz)	信道	调制方式	码片速率 (kchip/s)	符号速率 (ksymbol/s)	信息速率 (kb/s)	符号	适用区域
868~868.6	0(1 个)	BPSK	300	20	20	二进制 DSSS	欧洲
		* O-QPSK	400	25	100	16 进制正交	
		* ASK	400	12.5	250	20 位 PSSS	
902~928	1~10(10 个)	BPSK	600	40	40	二进制 DSSS	北美、澳大利亚
		* O-QPSK	1000	62.5	250	16 进制正交	
		* ASK	1600	50	250	5 位 PSSS	
2405~2480	11~26 (16 个)	O-QPSK	2000	62.5	250	16 进制正交	其他地区

注:表中 * 项为可选项目,系 IEEE 802.15.4—2006 新增部分。

IEEE 802.15.4 物理层在三个频段上都采用了直接序列扩频(DSSS)技术,降低了数字集成电路的成本,并且都使用相同的帧结构,以低占空比,低功耗地工作。

10.1.3.2　接收机的能量检测

接收机在接收数据时的能量检测(ED)作为信道选择算法中的重要组成部分,提供了一种信道测量方式。能量检测是在给定信道上对所接收到的信号功率进行评估,而不需对信号进行鉴别和译码。

通常能量检测持续 8 个符号[①]的时间,结果为 8 bit 的整数值(0x00~0xFF),该值为 MAC 层所用。能量检测的最小值(0x00)代表接收功率小于接收机灵敏度的 10 dB,并且用能量检测值来描述接收功率的范围至少为 40 dB。在这个范围之内,从接收功率的分贝值与能量检测值之间呈线性映射关系,其精度为 ±6 dB。

10.1.3.3　链路质量指示

链路质量指示(LQI)表示所接收分组的强度和质量的特性。LQI 值由接收时的能量检测、信噪比综合估计而得到的。

标准中对每个所接收到的分组都要进行 LQI 值的测量,测量的结果为一个 8 bit 整数值(0x00~0xFF),该值为 MAC 层所用。LQI 的最小值(0x00)和最大值(0xFF)分别对应于 IEEE 802.15.4 可被接收机接收信号的最低和最高品质。

10.1.3.4　空闲信道评估

IEEE 802.15.4 设备在使用 CSMA/CA 算法发送数据之前先在物理层执行信道空闲评估,只有在确定当前信道不忙时才会发送数据。

在 IEEE 802.15.4 物理层标准协议中,通过以下三种方法中的一种来进行空闲信道评估(CCA):CCA 模式 1(能量超出阈值),当 CCA 检测到一个超出能量检测的阈值能量时,给出信道忙的判断;CCA 模式 2(载波侦听),当 CCA 检测到一个具有 IEEE 802.15.4 标准特性的扩频调制信息时,给出信道忙的判断;CCA 模式 3(能量超出阈值和载波侦听),当 CCA 检测到一个具有 IEEE 802.15.4 标准特性,并超出阈值能量的扩频调制信号时,给出一个信道忙的判断。

10.1.3.5　物理层帧格式

物理层协议数据单元(PPDU)由同步头、帧头、帧负载三部分组成,如图 10-4 所示。其中,同步头由前导码和帧起始分隔符(SFD)组成,前导码由 4 个全零字节组成,设备节点在收发数据时通过收发前导码来保证通信同步或者符号同步。SFD 长度为 1 字节,该值固定为 0xA7,表明前导码已经完成同步,开始接收数据帧。帧长度字段包括 7 位的帧长以及 1 位的保留位,表明该物理帧负载的长度,即物理层接收到的 PSDU 的长度最大只能为 127 字节。

---

①　符号(symbol)用作传输一个符号的时间,在不同符号速率下指代不同的时间长度。

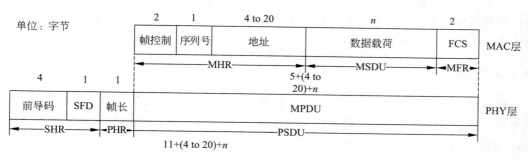

图 10-4 IEEE 802.15.4 物理层协议数据单元(PPDU)帧格式

10.1.4 MAC 层

IEEE 802.15.4 在 MAC 层的主要功能有：协调器产生网络信标、信标同步、支持关联和解关联、CSMA/CA 信道访问机制、保证时隙(GTS)机制、对等 MAC 实体间的可靠链路等功能。

10.1.4.1 工作模式

IEEE 802.15.4 的 MAC 协议有两种模式：信标模式(beacon enabled)和非信标模式(non beacon enabled)。如图 10-5 所示。

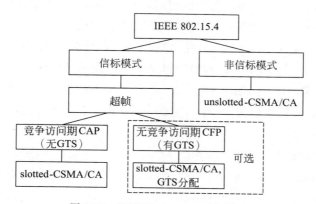

图 10-5 IEEE 802.15.4 工作模式

1)信标模式

在信标模式下,网络协调器利用超帧(superframe)来管理各节点对信道的使用。超帧是一个时间周期的概念,定义了在两次信标发送间隔时间内信道的使用方式,或者说节点的数据收发方式。该模式下,协调器定时广播信标帧,终端节点通过侦听信标帧来实现同步,并通过信标帧来识别网络。

在信标模式下,设备之间竞争信道时使用带时隙的 CSMA/CA 机制(slotted-CSMA/CA)。

2)非信标模式

在非信标模式下,协调器并不是周期性地广播信标帧,而是在某个端设备向其发出请求时向它单播信标帧。因此网络无需通过超帧进行定时，设备之间竞争信道时使用非时隙的 CSMA/CA 机制(unslotted-CSMA/CA)。

10.1.4.2　超帧

超帧是一种用来组织信道占用时间分配的逻辑结构。超帧的结构由协调器控制，由协调器在广播的信标帧中定义。超帧周期为两次信标帧之间的时间，由活动期(active)和非活动期(inactive)两部分组成的，超帧结构如图 10-6 所示。网络中所有的通信都是在活动期完成的，节点在非活动期可进入休眠模式，以节省能量消耗。

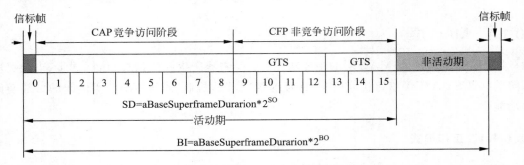

图 10-6　IEEE 802.15.4 超帧结构

活动期又分为竞争访问期和非竞争访问期。在竞争访问期如果任何要发送数据的节点通过 CSMA/CA 算法与其他要发送数据的节点竞争信道使用权。非竞争访问期又划分为一些保证时隙(GTS)，每个 GTS 只允许指定的设备发送数据，一般用于实时业务的传输。

在 IEEE 802.15.4 的 MAC 层中使用信标间隔 BI 表示整个超帧的长度，用超帧持续时间 SD 表示超帧活动期的长度，如果 BI>SD，表示超帧中存在非活动期。将活动期划分为 aNumSuperframeSlots(默认值为 16)个等宽的时隙，第一个时隙(时隙 0)用来广播信标帧，且不使用 CSMA 机制。

超帧长度 BI 和活动期长度 SD 分别由 MAC 层的信标级数 BO(macBeaconOrder)和超帧级数 SO(macSuperframeOrder)这两个属性决定，计算如下(单位为符号)：

$$BI = aBaseSuperFrameDuration * 2^{BO}, \quad 0 \leqslant BO \leqslant 14 \tag{10-2}$$

$$SD = aBaseSuperFrameDuration * 2^{SO}, \quad 0 \leqslant SO \leqslant 14 \tag{10-3}$$

式(10-2)和式(10-3)中，aBaseSuperFrameDuration 是值为 960 的常量。另外还需要说明的是：(1)当 BO=15 时，表示不使用超帧结构；(2)条件 SO 的取值范围也是 0~14，且满足 SO≤BO；(3)当 SO=BO 时，表示该超帧中不包含非活动期。

1) 信道竞争周期

信道竞争周期(CAP)紧接在位于超帧零时隙的信标帧之后，各节点在这一周期只能通过竞争的方式接入信道，除了应答帧及任何位于数据请求命令应答之后的数据帧，其他所有在 CAP 中传送的帧都应当使用 CSMA/CA 机制来接入信道。处于 CAP 周期中的所有的数据发送事务，包括数据发送请求、信道空闲反馈、数据传送、数据接收完毕应答等，都必须在 CAP 结束之前的一个完整帧间间隔内完成,避免推迟到下一个超帧的 CAP 中处理。

在 CAP 周期内,网络设备可以自由收发数据,域内设备向协调者申请 GTS 时段,新设备加入当前 PAN 网络等。MAC 命令帧总是在 CAP 周期内发送。

2) 信道非竞争周期

非竞争周期(CFP)是可选的部分。协调器根据上一个超帧 PAN 网络中设备申请 GTS 的情况,将非竞争周期划分成最多 7 个保证时隙 GTS。每个 GTS 由一个或多个连续时隙组成,用于低延迟或者有特殊数据带宽要求的应用。每个 GTS 占用的时隙数目在设备申请 GTS 时指定。如果申请成功,申请设备就拥有了它指定的时隙数目。每个 GTS 中的时隙都指定分配给了相应的申请设备,因而不需要竞争信道。

IEEE 802.15.4 标准要求任何通信都必须在所分配的 GTS 内完成。CFP 的长度是随着所有 GTS 总长度的变化而变化的,与关联网络设备的需求有关。

3) 帧间隔

由于物理层需要一定的时间来完成数据的接收,所有的帧之后都应当留下一个帧间隔(IFS)。帧的类型和长度决定了其后的 IFS 长度。协议中一共定义了三种帧间隔,分别是 AIFS、SIFS、LIFS,如图 10-7 所示。

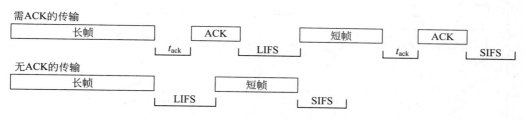

图 10-7　IEEE 802.15.4 的帧间隔(IFS)

AIFS 是当数据帧或者命令帧需要 ACK 时,ACK 在至少延时 AIFS(12~32 个符号)后发送。SIFS 是当前一个数据帧或者命令帧的长度小于等于 aMaxSIFSFrameSize(18 字节)时,后一个帧至少延时 SIFS 发送。SIFS 的典型值为 12 个符号。LIFS 是当前一个数据帧或者命令帧的长度大于 aMaxSIFSFrameSize 时,后一个帧至少延时 LIFS 发送。LIFS 的典型值为 40 个符号。

10.1.4.3　CSMA/CA 信道访问算法

IEEE 802.15.4 的 CSMA/CA 大体上传承了 IEEE 802.11 的 MAC 协议中的 CSMA/CA 机制,而 IEEE 802.15.4 在信标模式和非信标模式之下的 CSMA/CA 实现方式有所不同,具体见图 10-8。

非信标模式下不使用超帧结构,所有的数据传送都通过 unslotted-CSMA/CA 的信道竞争机制。根据 unslotted-CSMA/CA 算法,每当设备需要发送数据帧或者命令帧时,其首先等待一段随机长度的时间。等待完毕后,设备开始检测信道状态:如果信道空闲,该设备立即开始发送数据;如果信道繁忙,设备需要重新等待一段随机长度的时间,再检查信道状

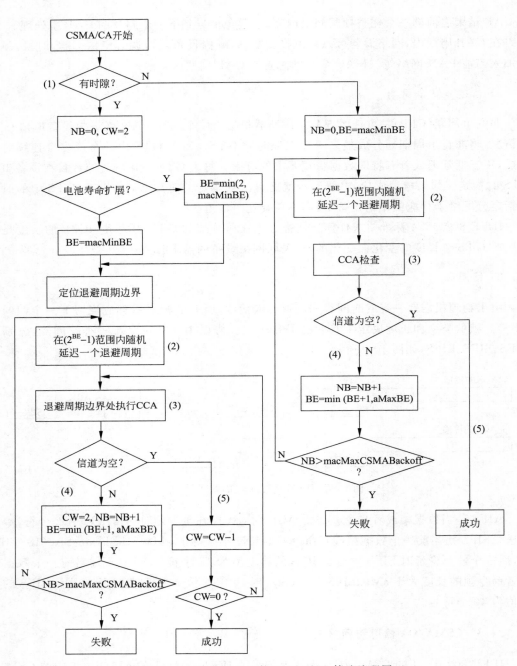

图 10-8　IEEE 802.15.4 的 CSMA/CA 算法流程图

态，重复这个过程直到有空闲信道出现。在设备接收到数据帧或命令帧后需要回应确认帧的时候，确认帧需直接发送回源设备，且不使用 CSMA/CA 竞争信道。

　　而在信标模式下，因为超帧中时隙的概念，仅在 CAP 中所有的数据传送采用的是 slotted-CSMA/CA 信道竞争机制，其工作方式与 unslotted-CSMA/CA 基本相同，仅在随机退避时间的处理上有所不同。slotted-CSMA/CA 的随机时间是以时隙为单位，又因为超帧结构中的每个时隙都可能有各自的任务,因此在 slotted-CSMA/CA 中的退避时间定义了退避时隙边界(backoff slot boundary)的大小限制。

在 slotted-CSMA/CA 机制下,每当设备需要发送数据帧或命令帧时,首先定位下一个时隙的边界,然后等待随机数目个时隙。等待完毕后,设备开始检测信道状态:如果信道忙,设备需要重新等待随机数目个时隙,再检查信道状态,重复这个过程直到有空闲信道出现。同样地,确认帧的发送不需要使用 CSMA-CA 机制,而是紧跟着接收帧发送回源设备。

CSMA/CA 是在冲突发生时采取的竞争访问信道的机制,而信标帧、数据应答帧和CFP 中传送的数据帧不采用此机制。

10.1.4.4 MAC 帧结构

MAC 帧都由帧头、负载和帧尾三部分组成,如图 10-9 所示。帧头由帧控制信息、帧序列号和地址信息组成。MAC 帧负载具有可变长度,具体内容由帧类型决定。帧尾是帧头和负载数据的 16 位 CRC 校验序列。

字节: 2	1	0/2	0/2/8	0/2	0/2/8	0/5/6/10/14	可变	2
帧控制(Frame Control)	序列号(Seq Num)	目标PAN ID	目标地址	源PAN ID	源地址	附加安全头部	帧负载	FCS校验
			地址					
帧头(MHR)							MAC负载	帧尾(MFR)

图 10-9 IEEE 802.15.4 的 MAC 帧结构

MAC 层支持两种设备地址:16 位短地址和 64 位扩展地址。16 位短地址是设备与网络协调器建立关联时,由协调器分配的网内地址。64 位扩展地址是全球唯一地址。两类地址的长度不同导致了 MAC 帧头的长度也是可变的。帧控制字段指示出了使用的是哪种地址类型。在 MAC 帧结构中没有表示帧长度的字段,这是因为在物理层有 MAC 帧长度字段,MAC 负载长度可以通过物理层帧长减去 MAC 帧头的长度计算出来。

IEEE 802.15.4 共定义了四种类型的帧:信标帧,数据帧,确认帧和命令帧。

1) 信标帧

信标帧的负载数据单元由四部分组成:超帧描述字段、GTS 分配字段、待转发数据目标地址字段和信标帧负载数据,如图 10-10 所示。超帧描述字段规定了超帧周期长度,活动部分长度以及竞争访问时段长度等信息。GTS 分配字段将非竞争周期划分为若干个 GTS,并把每个 GTS 具体分配给了某个设备。转发数据目标地址列出了协调器缓存有该设备的数据,这些设备收到该信标帧就会向协调器发出请求传送数据的命令帧。信标帧负载数据为上层协议提供数据传输接口。

字节: 2	1	4/10	0/5/6/10/14	2	可变	可变	可变	2
帧控制(Frame Control)	帧序列号(Seq Num)	地址	附加安全头部	超帧描述	GTS分配释放信息	待发数据目标地址	帧负载	FCS校验
帧头 (MHR)				MAC负载				帧尾(MFR)

图 10-10 IEEE 802.15.4 的信标帧结构

在信标模式下，协调器在其他设备的请求下也会发送信标帧。此时信标帧的功能是辅助协调器向设备传输数据，整个帧只有待转发数据目标地址字段有意义。

2）数据帧

数据帧用来传输上层发到 MAC 层的数据，它的负载字段包含了上层需要传送的数据。数据帧格式见图 10-11。

字节: 2	1	4/20	0/5/6/10/14	可变	2
帧控制(Frame Control)	帧序列号 (Seq Num)	地址	附加安全头部	数据帧负载	FCS校验
帧头 (MHR)				MAC负载	帧尾(MFR)

图 10-11　IEEE 802.15.4 的数据帧结构

MAC 帧传送至物理层后，就成为了物理帧的负载。物理帧的长度字段使用一个字节的低 7 位有效位来标识 MAC 帧的长度，所以 MAC 帧的长度不超过 127 个字节。

3）确认帧

如果设备收到目的地址为其自身的数据帧或 MAC 命令帧，并且帧的控制信息字段的确认请求位被置 1，设备需要回应一个确认帧。确认帧格式如图 10-12 所示。确认帧的序列号应该与被确认帧的序列号相同，并且负载长度应该为零。确认帧紧接着被确认帧发送，不需要使用 CSMA-CA 机制竞争信道。

字节: 2	1	2
帧控制(Frame Control)	帧序列号 (Seq Num)	FCS 校验
帧头 (MHR)		帧尾(MFR)

图 10-12　IEEE 802.15.4 的确认帧结构

4）命令帧

MAC 命令帧用于组建 PAN 网络，传输同步数据等，命令帧格式如图 10-13 所示。已定义了九种类型的命令帧，主要完成三方面的功能：把设备关联到 PAN 网络，与协调器交换数据，分配 GTS。帧头的帧控制字段中帧类型为 011 表示这是命令帧。命令帧的负载部分是变长结构，其第 1 个字节是命令类型，后面的负载针对不同的命令类型有不同的含义。

字节: 2	1	4/20	0/5/6/10/14	1	可变	2
帧控制(Frame Control)	帧序列号 (Seq Num)	地址	附加安全头部	命令帧ID	命令帧负载	FCS 校验
帧头 (MHR)					MAC负载	帧尾(MFR)

图 10-13　IEEE 802.15.4 的命令帧结构

10.1.4.5　数据传输模式

IEEE 802.15.4 中数据传输分为三种类型：从设备向主协调器发送数据；主协调器向从设备发送数据；从设备之间传送数据。在星型拓扑中，因为从设备之间不能传输数据，所以只有两种传输方式，而在点到点拓扑结构中则包含三种。

三类数据传输涉及使用了三种传输模式,即直接传输、间接传输和 GTS 传输。直接传输为网络中常采用的通信方式,它适用于三种数据传输类型,任何在通信范围内允许通信的两个节点都可以采用该方式通信。当协调器有数据要发给普通节点时,不是直接传输而是将相关信息存储起来,等待相应的普通节点来提取,这种方式称为间接传输,协调器向普通节点传输数据通常采用该方式。GTS 传输仅适用于普通节点与协调器间的数据传输。只有普通节点在 CAP 时段向协调器发出 GTS 请求,此后就可在协调器所分配的 GTS 时隙中完成数据传输。

1) 从设备向主协调器发送数据

在信标模式下,从设备首先监听网络的信标,当监听到后,在适当的时候,从设备将使用 slotted-CSMA/CA 向主协调器发送数据帧,当主协调器接收到后,返回一个确认帧,如图 10-14 所示。

在非信标模式下,从设备使用 unslotted-CSMA/CA 向主协调器发送数据帧,主协调器接收到后也同样返回一个确认帧,如图 10-15 所示。

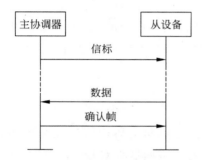

图 10-14　信标网络数据传输到主协调器

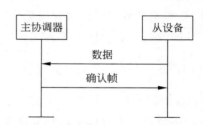

图 10-15　非信标网络数据传输到主协调器

2) 主协调器向从设备发送数据

在信标模式下,当主协调器需要发送数据给从设备时,通过信标帧通知相应节点提取数据。从设备周期性监听信标帧,当发现主协调器有数据要传送给自己时,从设备将通过 slotted-CSMA/CA 机制发送一个数据请求指令。当主协调器接收到后,采用 slotted-CSMA/CA 发送数据帧给从设备,从设备接收完毕后,返回一个确认帧。该过程如图 10-16 所示。

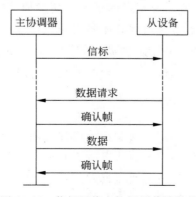

图 10-16　信标网络主协调器传输数据

在非信标网络中,从设备节点根据应用需要定期发送数据请求命令帧询问协调点有无数据需要发送。主协调器缓存要传输的数据,在收到从设备的请求命令帧后,再进行数据传输。该过程如图 10-17 所示。

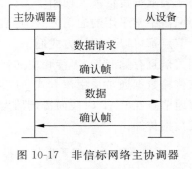

图 10-17 非信标网络主协调器
传输数据

3) 从设备之间传送数据

这种传输方式存在于点到点网络中。在点到点网络中,设备之间随时都可能要进行通信,所以通信设备之间必须处于随时可通信的状态,如下任意一种:设备始终处于接收状态或设备间保持相互同步。前者设备要采用 unslotted-CSMA/CA 机制来传输数据,后者需采取一些其他措施以确保设备之间相互同步。

10.1.4.6 保护时隙分配和管理

保护时隙(GTS)在网络中是非常有限和宝贵的资源,由网络协调器统一负责集中管理。网络协调器最多可存储管理 7 个 GTS 的信息,包括 GTS 的启动时隙、长度、方向及拥有 GTS 的设备节点的地址等。

1) GTS 的分配

GTS 由网络协调器统一分配,每个终端设备都可以向网络协调器请求分配与释放 GTS,网络协调器也可以主动释放设备节点的 GTS。网络协调器将 GTS 分配信息放在信标帧负载部分的 GTS 分配字段内。

协调器根据终端设备对 GTS 的请求情况以及当前超帧的占用情况来确认是否分配,默认是基于先到先得方式进行分配。已分配的 GTS 会连续分布在超帧结构的尾部。

2) GTS 的使用

如果设备节点存在一个有效的 GTS,则在相应的 GTS 内直接发送数据。如果不能在当前的 GTS 结束前完成传输,则需要延迟到下一个超帧周期的 GTS 继续传输。网络协调器以 GTS 方式向目的设备节点发送数据时还要判断是否存在与目的设备节点相对应的接收 GTS。每一个设备在使用 GTS 之前,都需要确保数据传送所需时间、确认帧时间(如果需要的话)和 IFS 时间段之和不超过当前所分配的 GTS 时隙。

3) GTS 的释放

网络中的网络协调器和请求 GTS 的设备节点都可随时释放一个 GTS 所占用的时隙。只有网络协调器正确接收到释放 GTS 的请求命令并返回确认帧,请求释放过程才能结束。若网络协调器要释放 GTS,其 MAC 层直接通知其上层,然后释放 GTS,并通过信标帧将所要释放的 GTS 描述符信息通知相应设备。

4）GTS 的重新分配

网络协调器会将那些因释放 GTS 而导致空闲且不可用时隙的左边的已分配的 GTS 右移，即对已存在的 GTS 重新分配，保证超帧中 CFP 时段内左边有可供分配的连续的时隙。对于那些需要调整的 GTS，网络协调器将用新的启动时隙来更新该类 GTS，并在信标帧中增加调整过的 GTS 信息。

10.1.4.7　时间同步的信道跳变协议

时间同步的信道跳变协议（TSCH）是 IEEE 802.15.4e 的一部分。与 IEEE 802.15.4 不同，在 IEEE 802.15.4e 中，超帧中没有非活动期，仅由一定数量的时隙构成，也称为时隙帧（slotframe）。时隙是组成超帧的基本单元，也是完成一次通信的基本时间。TSCH 实现了基于时隙的跳频通信，定义了节点之间在发送和接收数据过程中时隙和信道的使用。

IEEE 802.15.4e 网络中的链路以超帧为周期进行通信，每条通信链路的收发双方使用相同的超帧，因此一个节点可以同时支持多个超帧。通常情况下，发送设备和接收设备在同一个时隙内完成一次通信过程，设备发送数据分组后将接收确认帧 ACK。

图 10-18 显示了在时隙内完成一次通信的时间阶段。发送节点：首先打开收发机在接收模式下监听信道（RX startup）。然后，收发机切换到发送模式（RX→TX），就可以发送数据分组。发送结束后等待一个固定的帧间隔，再次切换到接收模式（TX→RX），等待 ACK。如果在超时周期内还没有接收到 ACK 就可以进入 idle 状态，以节省能量。接收节点：在初始等待时间后，进入接收模式（RX startup），准备接收数据。一旦接收完毕，切换到 TX 模式（TX→RX），向源节点发送 ACK。如果发送节点在同一时隙内未接收到 ACK，将在这两个节点的下一个时隙内重传该分组。

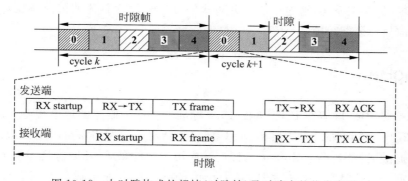

图 10-18　由时隙构成的超帧（时隙帧）及时隙内的收发定时

图 10-19 为 TSCH 的使用示例。在时隙信道分配矩阵中，超帧周期有 5 个时隙，网络有 6 个通信信道，每个通信节点仅关心其参与的小格子。例如，当 G 向 D 发送分组时，需要等到时隙 3，在偏移值为 0 的信道，而不用关心其他小格子。如果分组需要从 G 发往 A，首先将从 G 发往 D，并在 D 处缓存，然后在下一个超帧周期再从 D 发往 A。如果一个格子中只有一个发送节点，则信道是无竞争。如果多个发送方要向同一个接收方发送时就要使用 slotted-CSMA 竞争同一个信道（如 D→A 和 C→A）。

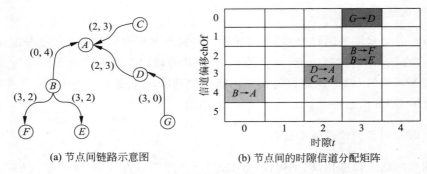

(a) 节点间链路示意图　　　　　(b) 节点间的时隙信道分配矩阵

图 10-19　TSCH 的时隙信道分配方式示例

TSCH 链路伪随机地在一组预定义的信道之间跳变。记 (t, chOf) 分别是分配给一个给定链路的时隙和信道偏移，链路的双方通过公式(10-4)计算在给定时隙内时的实际信道：

$$f = F\{(\text{ASN} + \text{chOf}) \bmod n_{\text{ch}}\} \tag{10-4}$$

式中，绝对时隙号 $\text{ASN} = (k * S + t)$ 是自网络开始运行以来的时隙编号；S 是超帧周期中的时隙数量；k 是当前的超帧周期数。函数 f 实现为可用信道的查找表，并映射到相关的超帧跳频图案。n_{ch} 是可用的物理信道总数，也是查找表的大小，并有 $0 \leqslant t \leqslant S - 1, 0 \leqslant \text{chOf} \leqslant n_{\text{ch}} - 1$。如果超帧大小 S 和信道数 n_{ch} 互质，这个转换函数保证了在 k 个可用信道下，每个链路经过 k 个超帧周期后循环一次。换句话说，一条链路在连续的 k 个超帧周期内使用不同的信道进行通信。

利用 TSCH，节点只需在与己有关的时隙内处于工作状态，并且使用不同信道可以有效避免相互干扰。在多跳网络中，该技术能够增加时间和频率的空间复用，更能充分利用资源。TSCH 不涉及路由问题，路由是上层协议所实现。在实际应用中，还需要根据节点的数据传输需求、邻接关系等，通过中心或分布式的方式来设计具体的链路调度算法，相应生成具体的时隙信道分配矩阵。

10.2　ZigBee

ZigBee 是 ZigBee 联盟在 IEEE 802.15.4 标准的基础上制定的通信规范。ZigBee 规范在 IEEE 802.15.4 标准的 PHY 层和 MAC 层之上新定义了网络层(NWK)、应用层(APL)及安全服务提供层(SSP)等。ZigBee 已经广泛应用于智能家居、环境监测等领域。

ZigBee 联盟成立于 2001 年 8 月，是一个由 500 多家企业组成的非营利性组织，负责 ZigBee 规范制定、产品认证。ZigBee 可以看作是商标，也可以看作是一种技术。

2004 年 12 月，ZigBee 联盟推出 ZigBee 1.0(ZigBee—2004)规范。2006 年 12 月，ZigBee 联盟推出 ZigBee 1.1(ZigBee—2006)规范。2007 年 10 月，ZigBee 联盟对 ZigBee 规范进行了再次修订，推出 ZigBee 2007/PRO 新规范，其中定义了 ZigBee—2007 和 ZigBee PRO 两种功能集，而后者并不再兼容前期版本。不同版本 ZigBee 规范的主要功能对比见表 10-3。

表 10-3　不同版本 ZigBee 规范的功能对比

功能	ZigBee—2006	ZigBee—2007	ZigBee PRO
运行时协调器改变信道	×	√	√
分布式地址分配	√	√	×
随机地址分配	×	×	√
群组寻址	√	√	√
多对一(many-to-one)路由	×	×	√
AES-128	√	√	√
信任中心	协调器	协调器	任一设备
网络规模受地址方案限制	√	√	×
分片与重组	×	√	√
试运行工具(commissioning tool)	√	√	√
记录输入链路质量	×	×	√
高级安全模式	×	×	√
树状拓扑	√	√	×
网状拓扑	√	√	√

10.2.1　网络节点类型及网络拓扑

ZigBee 网络中有协调器、路由器、终端设备三种类型的节点。

协调器主要负责网络初始化,并配置网络成员地址,维护网络,维护节点之间的绑定关系表等,需要比路由节点和终端节点更多的存储空间和计算能力。一个 ZigBee 网络有且仅有一个协调器。

路由器节点主要实现扩展网络及路由消息的功能,可以作为网络中的潜在父节点,允许更多的设备接入网络。路由器节点只存在于树状网络和网状网络中,星型网络中不存在。

终端设备并不具备成为父节点或路由器节点的能力,只能作为网络的叶子节点。终端节点主要负责与实际的监控对象相连,只与自己的路由器或者协调器进行通信。

在 IEEE 802.15.4 中定义了 FFD 和 RFD 的节点类型。从 ZigBee 网络角度来看,协调器和路由器必须是 FFD,而终端设备可以是 FFD,也可以是 RFD。ZigBee 的协调器可充当 IEEE 802.15.4 的网络协调器,ZigBee 的路由器可充当 IEEE 802.15.4 的普通协调器。

IEEE 802.15.4 中定义了通用的星型拓扑和点到点拓扑,而 ZigBee 则在此基础上从上层协议支持星型网络、树状网络和网状网络(图 10-20)。ZigBee 规范中没有明确支持簇-树拓扑。

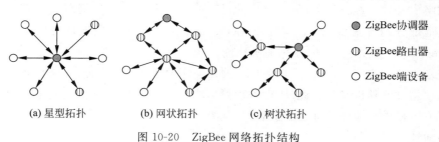

(a) 星型拓扑　　(b) 网状拓扑　　(c) 树状拓扑

　　● ZigBee协调器
　　◑ ZigBee路由器
　　○ ZigBee端设备

图 10-20　ZigBee 网络拓扑结构

10.2.2　协议栈

ZigBee 协议采用了分层的思想，其协议栈包括五层：PHY 层、MAC 层、网络层（NWK）、应用层（APL）和安全服务提供层（SSP）。ZigBee 协议结构如图 10-21 所示，其中PHY 层和 MAC 层由 IEEE 802.15.4 标准规定。

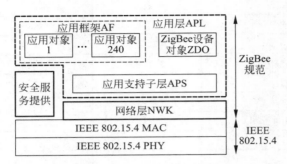

图 10-21　ZigBee 协议体系结构

网络层负责创建新网络，为新入网设备分配网络地址，执行设备间的路由发现和路由维护、设备加入和离开网络、发现单跳的邻居设备和相关信息的存储等。

应用层负责把具体应用映射到 ZigBee 网络上，所提供的功能包括：安全与鉴权，多个业务数据流的汇聚，设备发现，服务发现。应用层包含应用支持子层（APS）、应用框架（AF）、ZigBee 设备对象（ZDO），以及厂商自定义的应用对象。APS 用来建立和维护绑定表以及在绑定设备间传送消息。AF 定义了一系列标准数据类型，提供了建立应用规范描述的方法，即为用户提供模板来创建自己的应用对象。ZDO 定义了设备的网络功能，可以为设备建立安全机制和处理绑定请求，为所有用户自定义应用对象提供了可调用的一个功能集。

安全服务供应层（SSP）为 MAC 层、NWK 层和 APS 层提供加密服务，保证数据通信的安全。

10.2.3　网络层

ZigBee 网络层主要实现节点加入或离开网络、接受或拒绝其他节点交互，以及网络地址分配、路由查找、安全传输等功能。

10.2.3.1　网络地址分配

在 ZigBee 网络中，每个节点都有一个 64 位 MAC 地址和一个 16 位短地址。短地址只在具体网络中有效，一般在节点加入网络的过程中被分配。ZigBee 规范支持基于树状拓扑的分布式地址分配方案（DAAM），在 ZigBee-Pro 中又提出了随机地址分配方案。当 NIB 的 nwkAddrAlloc 值为 0x02 时使用随机地址分配。

随机地址分配方案中，当一个设备加入网络使用的是 MAC 地址，其父设备应为其分配一个尚未使用过的随机地址。此外，设备也可以自我指派随机地址。规范中并没有为随机地址分配方案提供具体的地址生成机制，只是为应用实现提供了协议支持框架，便于应用定义自己的地址生成机制。

分布式地址分配方案则针对的是树状网络拓扑,也是常用的地址分配方案。该方案中节点通过 MAC 层的关联过程加入 ZigBee 网络,形成树状拓扑。当网络中的节点允许一个新节点加入网络时,二者之间就形成了父子关系。分布式地址分配方案按网络分层进行地址分配,每个父节点拥有一个有限的网络地址空间,父节点在接纳孩子节点加入网络时为其分配一个 16 位短地址。

分布式地址分配方案中需要为网络提前设置好三个参数值:父节点的最大子节点数 nwkMaxChildren(C_m),可作为路由器的最大子节点数 nwkMaxRouter(R_m),网络的最大深度 nwkMaxDepth(L_m)。协调器的网络地址为 0,网络深度 Depth=0。Cskip(d) 是网络深度为 d 的父节点为其子节点分配的地址之间的偏移量,可按式(10-5)进行计算。

$$\text{Cskip}(d) = \begin{cases} 1 + C_m(L_m - d - 1), & R_m = 1 \\ \dfrac{1 + C_m - R_m - C_m \cdot R_m^{L_m - d - 1}}{1 - R_m}, & \text{其他} \end{cases} \tag{10-5}$$

如果一个节点的 Cskip(d)=0,就只能作为叶子节点,不再具备为子节点分配地址的能力,即别的节点不能够通过它加入网络;如果一个父节点的 Cskip(d)>0,则可以接受其他节点为它的子节点,并且将根据子节点是否具有路由能力来向子节点分配不同的地址。利用 Cskip(d) 作为偏移量,向具有路由能力的子节点分配网络地址。它会为第一个与它关联的路由节点分配比自己大 1 的地址,之后与之关联的路由节点的地址之间都相隔偏移量 Cskip(d),以此类推为所有的路由节点分配地址。具体按式(10-6)计算。

$$A_n = A_{\text{parent}} + 1 + \text{Cskip}(d) \cdot (n-1), \quad 1 \leqslant n \leqslant R_m \tag{10-6}$$

而为终端设备节点分配地址与为路由节点分配地址不同,假设父节点的地址为 A_{parent},则第 n 个与之关联的终端子节点地址为 A_n,可按式(10-7)计算。

$$A_n = A_{\text{parent}} + \text{Cskip}(d) \cdot R_m + n, \quad 1 \leqslant n \leqslant C_m - R_m \tag{10-7}$$

如图 10-22 所示,对于 $C_m = 4, R_m = 4, L_m = 3$ 的 ZigBee 网络,协调器的孩子节点的 Cskip 计算可得为 5,再一层孩子节点的 Cskip 为 1,之后就可以计算出各节点的地址。

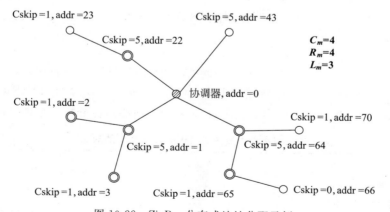

图 10-22　ZigBee 分布式地址分配示例

分布式地址分配方案在网络结构单纯,节点分布均匀的环境下具有组网和分配地址容易,路由选择简单的优点,但是在实际使用中由于节点分布不均匀,以设定的 C_m、R_m、L_m 初值进行的地址分配时存在地址浪费等问题。针对 ZigBee 规范中的分布式地址分配方案的不足,已经有很多研究对其进行了改进,其中具有代表性的方案,有平面坐标式地址分配机制、混合型分布式地址分配机制、群树地址管理、借用式地址分配等机制和方法。

10.2.3.2 路由机制

ZigBee 网络中常用两种路由机制：簇-树（cluster-tree）路由,基于 AODV 改进的 AODVjr 路由。

1) 簇-树路由算法

分布式地址分配方案下,地址包含了节点与位置的对应关系,簇-树路由算法据此来寻找路径。该算法不需要路由节点保存路由表,在树状拓扑中进行路由时仅需要进行地址比对,不需要复杂的路由控制分组就可以完成路由过程。

具体地,地址为 A、深度为 L 的节点收到一个目的节点地址为 B 的数据以后,先判断 B 的范围：如果 $A<B<A+\mathrm{Cskip}(d)$ 成立,则地址为 B 的目的节点是 A 的子孙节点,此时 A 将进一步判断这个目的节点是否是它的子节点,如果是,就将数据传递给这个节点,路由完成;如果不是它的一跳范围内的子节点,那么将根据式(10-8)计算下一跳的地址 C,目的地址 B 是 A 的后代节点。

$$C = A + 1 + \left\lfloor \frac{B-(A+1)}{\mathrm{Cskip}(d)} \right\rfloor \cdot \mathrm{Cskip}(d) \qquad (10\text{-}8)$$

反之,如果 $A<B<A+\mathrm{Cskip}(d)$ 不成立,则表示这个分组的目的地址不是 A 的子孙节点,A 将把分组传递给自己的父节点。

簇-树路由算法中,节点只能根据父子关系来选择转发路径,即当一个节点接收到信息后判断目的节点是否是后代节点,是则向下转发,不是则向上转发。算法的优点是：减少了维护路由的成本,降低了对节点存储能力的要求。但算法单纯的根据父子关系进行寻路,所选择的路径可能不是最优路径,经常会增加路径的跳数。如果目的节点不是自己的子孙节点就需要把转发给父节点,容易增大顶层节点的转发数据量,尤其是协调器容易成为瓶颈节点。而且,算法两点之间只有一条路径,若中间节点失效将导致节点之间无法传输信息。

2) AODVjr 路由算法

AODV 过于复杂,AODVjr(AODV Junior)算法是对 AODV 的简化。AODVjr 通过端到端的策略,无需考虑 AODV 中所用的 HELLO 信包、路由错误分组 RERR 以及前驱列表（precursor lists）,使路由发现更为节能高效。表 10-4 简要对比分析了这两种路由算法。

表 10-4 路由算法 AODVjr 与 AODV 的对比

功能	AODVjr	AODV
目的节点序列号	未采用	采用
先驱节点列表	未采用	采用
路由表内容	目的节点地址、下一跳地址、状态	目的节点地址、序列号、下一跳地址、跳数
路由发现表	临时产生	不存在
HELLO 消息机制	无	有

AODVjr 算法虽然相对 cluster-tree 找到了最短路径,但是也存在其特有的局限性。AODVjr 算法的目的仅仅是追求最短路径而忽略了其他的问题,如最小跳数的路径上通信链路质量可能并不好,数据转发负载也可能过重。AODVjr 在利用 RREQ 分组寻找到最短路径时大量转发 RREQ 分组会过度消耗能量。另外,AODVjr 也容易导致临近协调器的节点负载大,能量消耗过快。

10.2.3.3 帧结构

ZigBee 网络层帧即网络协议数据单元(NPDU)基本字段包括有:网络层帧头,包含帧控制、地址和序列信息、有效帧载荷。网络层通用帧及帧控制字段的格式如图 10-23 所示。其字段说明见表 10-5 和表 10-6。

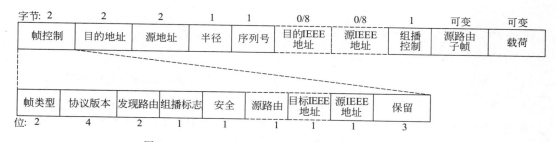

图 10-23 ZigBee 网络层通用帧及帧控制字段的格式

表 10-5 网络层通用帧各字段说明

名称		长度/字节	说明
Frame Control	帧控制	2	包含帧类型、地址和序列字段以及其他控制标记。具体解释见表 10-6
Destination Address	目的地址	2	如果帧控制字段的多播标志子字段值为 0,该字段的值是 16 位的目的设备网络地址或者为广播地址;如果多播标志子字段值是 1,目的地址字段是 16 位目的多播组的 Group ID
Source Address	源地址	2	源设备的网络地址
Radius	半径	1	每个设备接收一次该帧,则该值减 1
Sequence Number	序列号	1	在限定了序列号 1 字节的长度内是唯一的标识符。一般每发送一个新的帧,序列号值加 1
Destination IEEE Address	目的 IEEE 地址	0/8	如果存在目的 IEEE 地址字段,则是与目的地址字段的 16 位网络地址相对应的 64 位 IEEE 地址
Source IEEE Address	源 IEEE 地址	0/8	如果存在源 IEEE 地址字段,则是与地址字段的 16 位网络地址相对应的 64 位 IEEE 地址
Multicast Control	多播控制	0/1	只有多播标志子字段值是 1 时存在
Source Route Subframe	源路由子帧	可变	如果帧控制字段的源路由子字段的值是 1,才存在源路由子帧字段
Payload	有效载荷	可变	帧的具体载荷

表 10-6   网络层帧控制字段各子字段说明

子字段名称		长度/位	说明
Frame Type	帧类型	2	指示帧的类型,具体含义:00-数据;01-网络层命令;10-保留;11-保留
Protocol Version	协议版本	4	协议版本,设置值反映了所使用的 ZigBee 网络层协议版本号
Discover Route	发现路由	2	具体含义:0x00-抑制路由发现;0x01-使能路由发现;0x02-强制路由发现;0x03-保留。对于网络层命令帧,路由发现子字段设置为 0x00 表明抑制路由发现
Multicast Flag	多播标志	1	多播标志字段为 1 bit。如果是单播或者广播帧,值为 0;如果为多播帧,值为 1
Security	安全	1	为 1 时,该帧才具有网络层安全操作能力。如果该帧的安全由另一层来完成或者被禁止,则该值是 0
Source Route	源路由	1	源路由子字段值为 1 时,源路由子帧才在网络头部中存在。如果源路由子帧不存在,则源路由子字段值为 0
Destination IEEE Addr	目的 IEEE 地址	1	为 1 时,网络帧头部包含整个目的 IEEE 地址
Source IEEE Addr	源 IEEE 地址	1	为 1 时,网络帧头部包含整个源 IEEE 地址

10.2.4   应用层

ZigBee 应用层包括了应用支持子层(APS)、应用框架(AF)、ZigBee 设备对象(ZDO),以及厂商定义的应用对象。

10.2.4.1   应用支持子层

应用支持子层为网络中应用实体之间的数据传送、安全和绑定提供服务。APS 层主要提供了组地址过滤、端到端可靠性、批量数据传输、分片、流控等功能。

1) APS 层帧格式

APS 帧头字段有固定的顺序,在帧中可以不包含地址字段。通用的 APS 帧格式如图 10-24 所示。其字段说明见表 10-7。

字节:1	0/1	0/2	0/2	0/2	0/1	1	可变	可变
帧控制	目的端点	组地址	簇标识	应用规范标识	源端点	APS计数	扩展头部	帧载荷
	地址字段							
APS 头部								APS载荷

图 10-24   APS 通用帧格式

表 10-7　APS 帧字段说明

字段名称		长度/字节	字段说明
Frame Control	帧控制	1	包含定义的帧类型、地址字段和其他控制标志信息
Destination Endpoint	目的端点	0/1	指定帧的最终接收端点。如果帧控制字段中的传输模式子字段为 0b00(标准单播发送),那么帧中包含该字段
Group Addresss	组地址	0/2	只有当帧控制中的传输模式子字段为 0b11 时存在该字段。在这种情况下,目的端点不存在。如果帧中的 APS 头包含组地址字段,帧将被发送设备中组表中由组地址字段确定的所有端点
Cluster Identifier	簇标识	0/2	指定由请求中 SrcAddr 所指示的用于设备绑定操作的簇标识符。帧控制字段的帧类型子字段指定簇标识符字段是否存在。该字段只用于数据帧,不用于命令帧
Profile Identifier	应用规范标识	0/2	指定在传输帧的过程中,用于设备过滤消息和帧的应用规范标识。该字段之用于数据帧和确认帧
Source Endpoint	源端点	0/1	指定发起方的端点
APS Counter	APS 计数	1	用于防止接收重复帧。一般每新传输一次,该值加 1
Extended Header	扩展头部	可变	用于传递扩展信息
Frame Payload	帧有效载荷	可变	帧有效载荷字段为变长,包含各个帧类型指定的信息

2) 绑定

绑定(binding)是一种控制两个或者多个设备应用层之间信息流传递的机制。在 ZigBee—2006 中,它被称为源绑定,所有的设备都可以执行绑定机制。在绑定机制下,应用程序在发送分组时可不需要目标设备的地址(此时将目标设备的短地址设置为无效地址 0xFFFE),而是由 APS 层通过绑定表(binding table)来确定目标设备的短地址,然后将数据发送给目标应用或目标组。如果是一对多绑定,会在绑定表中找到多个短地址,并向这些地址发送数据。

绑定是基于设备应用层端点的绑定,且只能在互补的设备间创建绑定。也就是说,当两个设备在它们的简单描述符结构中登记为相同的命令 ID,并且一个作为输入(input)另一个作为输出(output)时,才能进行绑定。协调器负责收集终端设备绑定请求消息,并根据相同的应用规范标识(profile ID)和簇标识(cluster ID)在绑定表中建立相应的条目。

图 10-25 为两个 ZigBee 端设备间的绑定关系示例,从中可以理解基于端点的绑定。在设备 1 中端点号为 3 的开关 1 与设备 2 中端点号为 5、7、8 的灯建立了绑定。设备 1 中端点号为 2 的开关与设备 2 中端点号为 17 的灯建立了绑定。这样就为每个开关建立绑定服务,开关应用在不知道灯光设备确切的目标地址时也可以向其发送开或关的控制消息。

3) KVP 帧与 MSG 帧

ZigBee 的 APS 帧头中包含当前消息的 profileID、clusterID 和目标端点号。APS 帧头

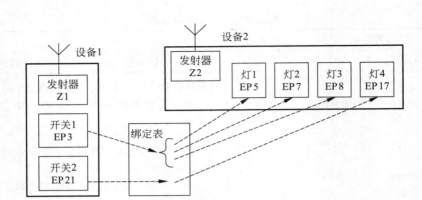

图 10-25　ZigBee 绑定(binding)关系示例

的产生和使用对应用程序来说是透明的，而 APS 帧的有效载荷则由应用程序填充和处理。

　　APS 帧的有效载荷有两种不同的格式：键值对(KVP)格式和消息(MSG)格式。KVP 以一种严格的结构传送与属性相关的信息段，而 MSG 以自由的结构传送信息。应用规范将指定具体应用的 KVP 或 MSG 格式，一般不会同时使用 KVP 和 MSG。

10.2.4.2　应用框架

　　应用框架为 ZigBee 应用对象(用户应用程序)提供运行框架。在应用框架内，应用对象通过 APS 实现数据发送和接收，而 ZDO 则在 APS 和 AF 之间为应用对象提供了调用 APS 层及 NWK 层的服务的公共功能集。

　　1) 端点(endpoint)

　　ZigBee 端点类似于 TCP/IP 中的端口，每个端点对应于具体的应用对象。每个设备的端点号范围为 0～255，其中端点 0 被预留给 ZDO 用于对 ZigBee 各协议层的初始化和配置，端点 255 用于向设备上所有端点广播。此外，端点 241～254 保留供扩展使用。因此用户应用可使用的端点为 1～240，也就是一个 ZigBee 设备中最多可以定义 240 个不同的应用对象。每个端点的应用对象可以支持一个或多个簇(cluster)。

　　2) 应用规范(profile)与簇(cluster)

　　应用规范(profile)是面向特定应用领域所定义的一组统一的消息、消息格式和处理方法。应用规范仅描述了逻辑设备及其接口，具体包含了一组设备描述符和一组簇(cluster)，每一簇又包含了一组属性，以及簇内的数据流向。

　　每个应用规范都有唯一的标识(profile ID)，该标识由 Zigbee 联盟负责分配。在具体的应用规范下，每个设备描述符和簇分别都有唯一标识(device ID 和 cluster ID)。簇标识联系着从设备流出和向设备流入的数据。图 10-26 为 ZigBee 应用规范的层次结构。ZigBee 网络中不同设备之间基于同一应用规范就可实现完整的应用系统，并在同一簇下进行各种应用数据(属性)的交换。在一台设备上，每个应用被分配到具体的端点上，并有相应的设备描述符。通过 ZigBee 的服务发现机制，设备之间根据同一应用规范下的输入 Cluster 标识符

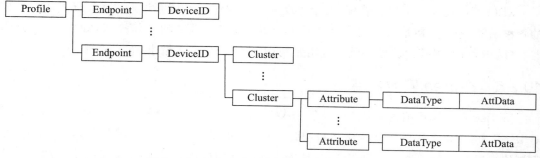

图 10-26 ZigBee 应用规范(Profile)的层次结构

列表、输出 Cluster 标识符列表来发现通信对端,并可通过绑定来方便互补设备之间进行通信。

ZigBee 定义了两类应用规范:由 ZigBee 联盟制定的公共规范(0x0000~0x7FFF);由厂商定义的私有规范(0xC000~0xFFFF)。ZigBee 联盟已经针对家庭自动化、卫生保健等领域制定了一些公共规范,见表 10-8,方便了来自不同厂商的设备和应用的互通。

表 10-8 ZigBee 联盟已制定的应用规范(Profile)

Profile ID	应用规范名称
0x0101	工业厂区监控(Industrial Plant Monitoring,IPM)
0x0104	家庭自动化(Home Automation,HA)
0x0105	商业楼宇自动化(Commercial Building Automation,CBA)
0x0107	电信应用(Telecom Applications,TA)
0x0108	个人居家与医院医疗(Personal Home & Hospital Care,PHHC)
0x0109	高级测量动议(Advanced Metering Initiative,AMI)

3) ZigBee 簇库

ZCL 是 Zigbee—2006 中增加的一个重要部分。ZCL 中定义了面向功能域的标准簇,可以应用到多个应用规范中,避免了重复开发。如智慧能源规范(SEP)中就使用了来自 ZCL 的时间簇(time cluster)。

ZCL 的通信是以簇为单位,并基于 C/S 模型。两个不同功能设备之间的相互通信,是基于某一个或多个功能簇的。用来储存这些簇属性的设备,称为服务器端。而用来操作这些簇属性的设备,称为客户端。同一个簇也具有不同的属性和命令。另外,ZCL 定义了基于簇的各类命令帧的格式(包括读、写、报告等),并使用了各种寻址参数(包括 ProfileID、DeviceID、ClusterID、AttributeID 和 CommandID),还规定了用于各属性和命令中各类数据的数据类型(如整数、字符串等),以及状态枚举数组。

10.2.4.3 ZigBee 设备对象

ZDO 是驻留在节点上的特殊的应用对象,使用固定的端点号 0,并有专用的应用规范,称为 ZigBee 设备配置规范(ZDP,profileID=0x0000)。每个设备都必须实现 ZDP,该规范定义了 ZigBee 各层协议配置和管理信息。

　　ZDO 可以视作负责设备管理、安全管理的应用程序。具体来说,ZDO 负责完成协议栈的各种功能,包括：初始化应用支持子层和网络层；定义设备的工作模式,如协调器、路由器、终端设备；发现其他设备提供的应用服务；发起和响应绑定请求；安全管理。

10.2.5　ZigBee 安全框架

　　ZigBee 安全体系结构包括 MAC 层、NWK 层、APS 层的安全机制。ZigBee 安全规范是对 IEEE 802.15.4 安全规范的补充和增强,它定义了设备入网认证、数据传输、密钥建立、密钥传递以及设备管理等安全服务,这些安全服务共同构成了 ZigBee 设备的安全体系。

　　ZigBee 采用 128 位的 AES-CCM* 加密技术,以及相应的密钥机制。CCM* 加密模式是对 CCM 模式的改进,它包含了 CCM 所有的功能并且增加了只加密和只进行完整性验证的能力。通过 CCM*,ZigBee 就可以不使用 IEEE 802.15.4 标准定义的 CTR 和 CBC-MAC 安全算法,并且所有 CCM* 安全级别可使用同一个密钥。也就是说,由于使用 CCM* 模式,ZigBee 的 MAC、NWK、APL 层可选择重用相同密钥,以节省处理和存储资源。

　　APS 子层提供了建立和保持安全关联的服务。ZDO 管理设备的安全策略和安全机制。ZigBee 网络的安全架构如图 10-27 所示。

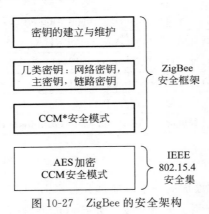

图 10-27　ZigBee 的安全架构

10.2.5.1　安全服务

　　ZigBee 利用 IEEE 802.15.4 在 MAC 层提供了四种安全服务：(1)访问控制,每个设备通过维护一个访问控制列表(ACL)来控制其他设备对自身的访问；(2)数据加密,采用基于 128 位 AES 算法的对称密钥对信标帧、命令帧和数据帧的载荷进行加密；(3)数据完整性,使用消息完整码(MIC)来防止对信息进行非法修改；(4)序列抗重播保护,使用信标序列号(BSN)或数据序列号(DSN)来防止数据的重放攻击。

10.2.5.2　安全级与安全组件

　　IEEE 802.15.4 基于上述四种安全服务在 MAC 层可实现三种安全模式：(1)非安全模式,是 MAC 层的缺省安全模式,不采取任何安全服务；(2)访问控制列表(ACL)模式,在网络中每个节点维护了一个设备列表,其中定义了与具体设备的通信方式；(3)安全模式,使用不同的安全组件来提供相应的加密、完整性等安全服务。

IEEE 802.15.4 提供了 8 种可选的安全组件,每种安全组件提供不同类型的安全属性和安全服务。与 IEEE 802.15.4 类似,ZigBee 规范中也定义了 8 种安全级,每一种安全级采用了一种安全组件,对应了一定的安全属性,定义了网络在 MAC、NWK、APL 层应提供何种程度的数据加密和完整性等安全服务。这里 AES 算法不仅用于加密数据帧的有效载荷字段,还可验证所发送数据的完整性,具体方法是在数据帧的尾部附加消息完整性码(MIC),也称为消息认证码(MAC),可确保数据帧头和载荷数据的完整性。虽然 IEEE 802.15.4 支持 32 位、64 位、128 位的密钥,但 ZigBee 规范要求 AES 加密算法采用 128 位的密钥。

ZigBee 安全级见表 10-9,其中安全级 0~3 不提供机密性,其余安全级提供 AES 加密。ZigBee 网络中所有设备,所有 MAC、NWK、APL 层使用相同的安全级,默认安全级为 0。安全组件中,AES-CTR 所有数据使用 AES 算法加密,AES-CBC-MAC 代表在数据帧的尾部附加 MAC/MIC 码,AES-CCM 代表联合使用 AES-CTR 和 AES-CBC-MAC。安全属性中,ENC 代表加密,MIC 代表完整性校验码,码长 M 代表 MIC 码的字节数,可以是 4、8、16,M 越大攻击者成功伪造数据帧的难度越大。

表 10-9 ZigBee 安全级与安全服务

安全级/标识符	安全组件	安全属性	安全服务				完整性校验码长
			访问控制	数据加密	帧完整性	序列保护(可选)	
0x00	None	None	—	—	—	—	M=0
0x01	AES-CBC-MAC-32	MIC-32	√	—	√	—	M=4
0x02	AES-CBC-MAC-64	MIC-64	√	—	√	—	M=8
0x03	AES-CBC-MAC-128	MIC-128	√	—	√	—	M=16
0x04	AES-CTR	ENC	√	√	—	√	M=0
0x05	AES-CCM-32	ENC-MIC-32	√	√	√	√	M=4
0x06	AES-CCM-64	ENC-MIC-64	√	√	√	√	M=8
0x07	AES-CCM-128	ENC-MIC-128	√	√	√	√	M=16

10.2.5.3 安全密钥

ZigBee 使用 128 位对称加密密钥提供安全保护。ZigBee 中有三种基本密钥:主密钥(MK)、链路密钥(LK)和网络密钥(NK)。网络密钥可应用在 MAC 层、NWK 层和 APS 层,主密钥和链路密钥只能在 APS 层使用。

网络密钥用来保护网络中的广播通信,用于标准安全模式下安全服务。主密钥为两个设备所共享,是两个设备长期安全通信的基础,也可以作为一般的链路密钥使用,必须维护主密钥的保密性和正确性。链路密钥为两个设备所共享,用来保证应用层对等实体间单播通信的安全,用于高级安全模式的安全服务。

设备可以通过三种方式获取密钥:密钥传输是网络的信任中心发送密钥到设备;密钥

建立是在预先共享主密钥的两个设备之间建立成对密钥的方法，用来生成链路密钥；预先设置就是指设备在加入网络之前就已配置好密钥。各种密钥所支持的获取方式，以及在不同协议层、不同安全模式见表 10-10，其中"O"表示可选。

表 10-10 安全密钥的获取及使用

密钥类型	获取方式			协议层		安全模式	
	密钥传输	密钥建立	预先设置	网络层	应用层	标准安全	高安全
网络密钥 NK	√	×	√	√	√	√	√
主密钥 MK	√	×	√	×	√	×	√(O)
链路密钥 LK	√	√	√	×	√	√(O)	√(O)

10.2.5.4 信任中心

信任中心是 ZigBee 网络中负责安全密钥生成与分配的可信任设备，它允许设备进入网络，并可为其分配网络密钥、链路密钥和主密钥。一个网络中只能有一个信任中心，且被网络中的所有设备所识别和信任，一般由协调器充当。

信任中心有两种安全模式：标准安全模式与高级安全模式。在 ZigBee Pro 之前分别称为家用模式（residential mode）与商用模式（commercial mode）。高级安全模式下，信任中心维护准入设备列表、主密钥、链接密钥等，并强制使用对称密钥密钥交换协议（SKKE）和多实体认证协议（MEA）。在此模式下，信任中心对内存的需求随着网络设备数量的增多而增加。标准模式下，信任中心维护网络密钥和控制网络准入的策略，随着网络设备数量的增多也会增加对信任中心的内存等消耗。

10.3 工业无线网络

工业无线技术面向工业现场的仪器仪表、设备与控制系统之间的信息交换，利用无线技术传送现场设备（如各类变送器）的测量信号（如压力、温度的实时测量值等），以及其他类型信息，如设备状态和诊断报警等。工业无线技术是继现场总线之后的又一个热点技术，工业无线可以为工业现场提供灵活的网络拓扑结构和数据通信链路，在传统传感器网络的基础上更关注于工业应用对高可靠、硬实时和低能耗等需求。

与传统的有线网络相比，工业无线具有显著的技术优势：现场设备不需要通信电缆即可与控制系统相连，减少了网络安装和维护的成本；节点可自由移动，使得配置工厂自动化系统更加方便和容易；拓扑结构动态变化，组网灵活、方便，使得网络具有自组织性和高适应性的特点；在一些诸如高腐蚀、易爆、易燃的恶劣的不适于人为布线的自然环境下，利用它可以完成对现场设备的测试和控制。

在工业生产过程测量和控制领域，引起业界广泛关注的工业无线网络标准有 HART 通信基金会（HCF）推出的 WirelessHART、美国仪表系统与自动化协会（ISA）推出的 ISA 100.11a、中国提出的 WIA-PA。

10.3.1 WireleessHART

传统上 HART 通信协议是一种支持主从通信和过程数据发布的令牌传送网络,广泛应用在工业自动化控制领域。2007 年 9 月,HART 通信基金会(HFC)发布了 HART 7.0 规范(即 WirelessHART),该规范于 2008 年 9 月正式获得国际电工标准委员会(IEC)的认可,成为一种公共可用的规范(IEC/PAS 62591Ed. 1)。WirelessHART 协议兼容已有的有线HART 设备、命令和工具,为 HART 协议增加了无线组网能力。

10.3.1.1 网络结构与设备

WirelessHART 采用了 Mesh 网络结构,网络中主要包括连接过程或工厂设备的无线现场设备、现场装置与上位主应用程序通信的网关、负责网络通信管理与诊断的网络管理器这三种类型,在实际应用中还有网络适配器、手持便携终端等类型的设备。

图 10-28 为一个 WirelessHART 网络示例,其中包含了网络的基本组件及可能存在的设备类型和功能部件。除了不具备路由功能的手持设备外,其他设备可以组成 Mesh 状网络。

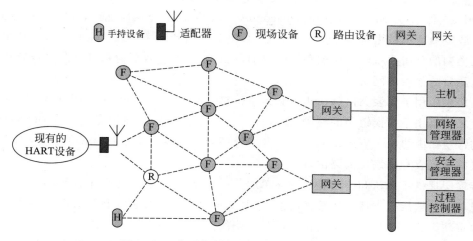

图 10-28 典型的 WirelessHART 网络结构图

10.3.1.2 协议栈

WirelessHART 协议栈遵循 OSI 参考模型,包括物理层、数据链路层、网络层、传输层以及应用层,其中传输层内嵌于网络层,可以说 WirelessHART 网络协议共有四个协议层,如图 10-29 所示。

WirelessHART 采用了 IEEE 802.15.4—2006,支持 11～25 信道,并采用 O-QPSK 调制技术,数据速率可达 250 kb/s。数据链路层分为 LLC 和 MAC 两个子层,在 MAC 层采用了 TSCH 跳频技术来控制传输链路,实现无冲突及确定的通信。WirelessHART 标准中定义了每个时隙 10 ms,但没有明确定义跳频模式,而是在现场设备加入网络时由网络管理器

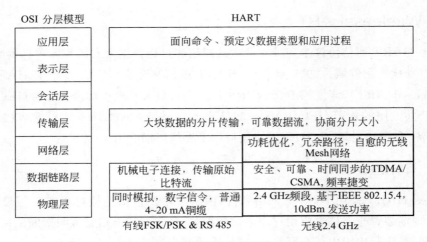

图 10-29   HART 通信协议体系结构

负责通信链路和信道跳模式的分配。

在数据链路层拥有四种不同的分组优先级：命令（command）、过程数据（process data）、普通（normal）、告警（alarm）。数据链路层有五种类型的分组：回复（ack）、广告（advertise）、保活（keep-alive）、中断（disconnect）以及数据（data）。前四种类型的协议数据单元在收发双方的数据链路层内生成和处理，不会传播到网络层或继续通过网络向前转发。而数据类型的分组要将数据传输到最终目的设备，其中的有效载荷来自于源设备的网络层，并传送至目的设备的网络层。

网络层使用了图表路由（graph routing）和源路由（source routing），其中源路由的不冗余性使之仅仅用于错误链路的检测，图表路由的冗余性和可靠性使之成为 WirelessHART 网络的常规路由协议。WirelessHART 网络管理器通过各个节点上的管理模块来配置数据链路层的通信表和网络层的路由表。

传输层提供不确认和终端确认的简单通信。确认方式传输包括自动重试，以确认数据传输成功。传输层也支持大块数据的类 TCP 的可靠传送。数据块在源头设备自动分片，在目的地重新组装。信息组传送对于上层是透明的。

应用层定义了各种设备的命令响应、数据类型和状态报告，负责解析信息的内容，提取命令号，执行指定的命令并生成响应。WirelessHART 兼容标准 HART 应用层，HART 命令是基于标准数据类型和程序的。

10.3.2   ISA 100.11a

ISA 100.11a 工业无线网络标准由美国仪器仪表协会（ISA）下属的 ISA100 工业无线委员会制定，主要定义了网络构架、各层协议、相关设备角色、兼容性等。ISA 100.11a 是 ISA 100 开放标准族中的首个标准。

10.3.2.1   网络结构与设备

ISA 100.11a 融合了 IP 技术与 IEEE 802.15.4。如图 10-30 所示，ISA 100.11a 网络拓

扑结构有两层：数据链路子网和骨干网。数据链路子网支持多种网络拓扑，如星型结构、Mesh 结构等，具有覆盖面积小、实时性高和通信速率低等特点。

ISA 100.11a 没有明确规定骨干网的相关实现细节。骨干网既可以是以太网，又可以是工业现场总线，一般具有高速率、高带宽、高可靠性的优势，可以减少无线链路的跳数及传输的不确定因素，尤其在网络规模较大时，骨干网的使用能大大提高整个网络的性能，在减少传输时延、降低安全风险，以及节省路由设备能耗等方面起着重要作用。骨干网利用 6LoWPAN 技术，大大提高了网络的扩展性。

现场设备包括现场路由器(R)和终端设备(E)，通过骨干路由器(BR)接入骨干网，骨干路由器通过网关（一般具有系统管理器和安全管理器的功能）接入工厂级网络。如图 10-30 所示，现场设备和骨干路由器组成了数据链路子网，骨干路由器和网关组成了骨干网。

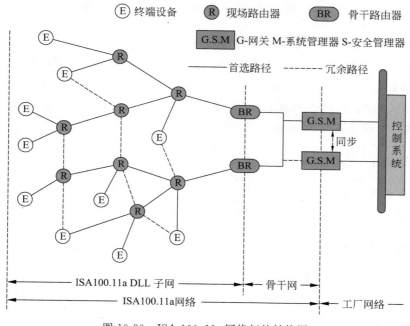

图 10-30　ISA 100.11a 网络拓扑结构图

10.3.2.2　协议栈

ISA 100.11a 协议架构中保留了物理层、数据链路层、网络层、传输层和应用层。其中，ISA 100.11a 的数据链路层对 IEEE 802.15.4 的 MAC 层进行了扩展，包括 IEEE 802.15.4 子层、ISA 100.11a 的 MAC 扩展层以及数据链路层上层，如图 10-31 所示。在此基础之上，ISA 100.11a 还定义了一系列功能实体，包括系统管理器、安全管理器、冗余设备、终端设备等。

ISA 100.11a 与 WirelessHART 非常相似，相比起来更开放，更灵活。ISA 100.11a 网络在物理层遵循 IEEE 802.15.4—2006 标准，工作在 2.4 GHz。ISA 100.11a 在数据链路层提供了许多协议选项，提高了灵活性，如可配置的时隙大小和慢跳频。但另一方面，这些灵活的选项也影响了 ISA 100.11a 设备之间的互联互通。ISA 100.11a 也使用了 TSCH 技

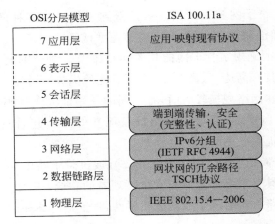

图 10-31　ISA 100.11a 协议栈及路由数据处理示意图

术,定义了 5 种跳频模式可供选择,但没有指定时隙长度。

ISA 100.11a 在网络层采用了 6LoWPAN 与 IPv6。在传输层采用 UDP,但强化了消息完整性校验和端到端安全。在应用层仅定义了系统管理应用,并未指定其他过程自动化协议。

与 WirelessHART 类似,ISA 100.11a 也使用了中心网络管理器来调度所有的网络通信,构建网络内所有的路由,建立端到端连接。

10.3.3　WIA-PA

WIA-PA 标准是中国工业无线联盟针对过程自动化领域制定的 WIA 子标准,用于工业过程测量、监视与控制的无线网络系统。

10.3.3.1　网络结构与设备

WIA-PA 网络由主控计算机、网关设备、路由设备、现场设备和手持设备 5 类物理设备构成。此外还定义了两类逻辑设备:网络管理器、安全管理器。在实现时两类逻辑设备可位于网关或者主控计算机中。

WIA-PA 网络采用星型和网状相结合的两层网络拓扑结构,如图 10-32 所示。第一层是网状结构,由网关及路由设备构成,用于系统管理的网络管理器和安全管理器,在实现时可位于网关或主控计算机中。第二层是星型结构,又称为簇,由路由设备及现场设备或手持设备构成,其中 WIA-PA 网络的路由设备承担簇头功能,现场设备承担簇成员功能。为可靠性等考虑,还可以设置冗余网关和冗余簇头作为备份。

WIA-PA 这种两层拓扑结构非常方便实现集中式管理和分布式管理相结合的系统管理,完成网络管理和安全管理功能。

10.3.3.2　WIA-PA 协议栈结构

WIA-PA 的物理层和 MAC 层采用了 IEEE 802.15.4—2006,并定义了数据链路子层、网络层和应用层。如图 10-33 所示。

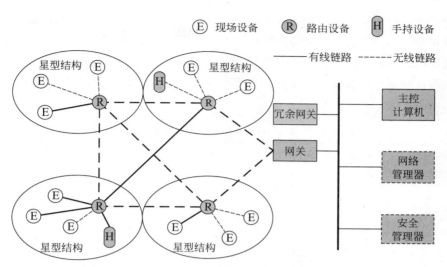

图 10-32　WIA-PA 网络拓扑结构

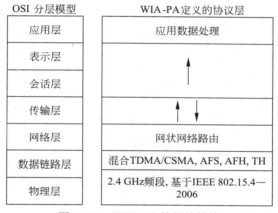

图 10-33　WIA-PA 协议栈结构

　　WIA-PA 的数据链路子层对基于信标的 IEEE 802.15.4 超帧进行了扩展:CAP 阶段主要用于设备加入网络、簇内管理和重传;CFP 阶段用于移动设备与簇头间的通信;将超帧非活动期的时隙用于簇内通信、簇间通信以及休眠。这些扩展在满足工业应用的实时和可靠传输需求的同时,还能提供一定的灵活性。WIA-PA 超帧结构如图 10-34 所示。

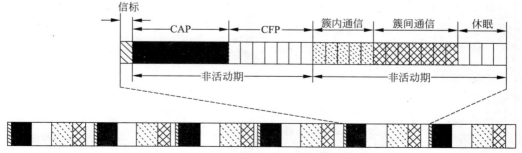

图 10-34　WIA-PA 超帧结构

WIA-PA 支持以下三种跳频机制：自适应频率切换（AFS），这是活动期在同一个超帧周期内使用相同的信道，在不同的超帧周期内根据信道状况切换信道；自适应跳频（AFH），这是非活动期的簇内通信段在每个时隙根据信道状况更换通信信道；时隙跳频（TH），这是非活动期的簇间通信段在每个时隙按照一定规律改变通信信道。WIA-PA 网络的 MAC 与跳频通信机制见表 10-11。

表 10-11　WIA-PA 跳频机制

IEEE 802.15.4	WIA-PA	MAC 机制		跳频机制
信标 Beacon	信标 Beacon	TDMA	FDMA	自适应频率切换
CAP	CAP	CSMA		
CFP	CFP	TDMA		
非活动期	簇内通信	TDMA		自适应跳频
	簇间通信	TDMA		时隙跳频
	休眠	—		—

WIA-PA 的网络层提供了寻址、路由、分段与重组、管理服务等功能，可支持端到端的可靠通信。WIA-PA 网络使用虚拟通信关系（VCR）区分不同用户应用对象所使用的路径和通信资源，使网络协议对应用完全透明。每个 VCR 有唯一标识 VCR_ID，其中包含了源端用户应用对象标识、目的端用户应用对象标识、源端设备地址、目的端设备地址、VCR 类型、VCR 作用范围等属性。规范定了三种类型的 VCR，即发布/预订（publisher/subscriber）类型、报告/汇聚（report/sink）类型和客户机/服务器类型。

WIA-PA 的应用层由应用子层、用户应用进程、设备管理应用进程构成。应用子层提供通信模式、应用层安全和管理服务等功能。用户应用进程包含了多个用户应用对象，负责与工业应用相关的操作。设备管理应用进程包含有网络管理模块、安全管理模块和管理信息库。

10.3.4　WIA-PA、WirelessHART、ISA SP100 三种工业无线技术的比较

WIA-PA、WirelessHART 和 ISA SP100 是三个主流工业无线网络标准，表 10-12 从体系结构、系统管理、通信技术、组网技术、应用技术五个方面对三者进行了比较。

表 10-12　WIA-PA 和 WirelessHART、ISA SP100 标准的比较

分类比较和内容		WIA-PA	WirelessHART	ISA SP100
体系结构	网络构成	主控计算机、网关设备、路由设备、现场设备、手持设备	现场设备、网关、网络管理器	现场设备、网络支撑设备
	协议体系	基于 IEEE 802.15.4 物理层和 MAC 层；定义了数据链路子层、网络层和应用层	基于 IEEE 802.15.4 物理层；定义了数据链路层、网络层、传输层和应用层	基于 IEEE 802.15.4 物理层，定义了链路层、网络层、传输层和应用层

续表

分类比较和内容		WIA-PA	WirelessHART	ISA SP100
系统管理	网络管理架构	集中式/分布式管理相结合	集中式管理	集中式管理或分布式管理
	资源组织方式	虚拟通信关系	时隙、信道	时隙、信道
	资源分配方式	集中式和分布式结合	集中分配	集中分配或分布分配
	是否支持报文聚合	是(两级聚合机制)	否	否
	安全	链路层、应用层	链路层、传输层	链路层、网络层
通信技术	IEEE 802.15.4兼容性	物理层、MAC层	物理层	物理层
	通信方式	CSMA、TDMA、FDMA混合	TDMA	TDMA/CSMA混合
	超帧结构	基于IEEE 802.15.4超帧	无结构	无结构
	路由技术	静态冗余路由	图路由和源路由	图路由和源路由
	跳频技术	自适应跳频、自适应频率切换、时隙跳频	时隙跳频	慢跳频、快跳频和混合跳频
组网技术	网络拓扑	混合Mesh和星型结构	Mesh或星型(其中星型不推荐使用)	Mesh
	设备路由功能	现场设备无路由功能	全部设备具有路由功能	现场设备无路由功能
	设备加入方式	区分对待现场设备加入和路由设备加入	对设备不区分加入方式	对设备不区分加入方式
	设备离开方式	主动离开和被动离开	不区分设备离开方式	不区分设备离开方式
应用技术	兼容/支持的协议	Profibus、FF、有线/无线HART	有线HART、EDDL	有线/无线 HART、Profibus、Modbus、FF
	应用定义	面向对象	非面向对象	面向对象
	用户应用对象	简单	简单	复杂

10.4 6LowPAN

随着 IEEE 802.15.4 在智能家居、工业控制等领域的广泛应用,将 IP 协议引入这种低功耗、近距离、低带宽的无线网络就成为了研究热点。

IETF 于 2004 年 11 月正式成立了 6LowPAN(IPv6 over LR-WPAN)工作组,制定基于 IPv6 的低速无线个域网标准,即 IPv6 over IEEE 802.15.4。6LowPAN 工作组的研究重点为适配层、路由、头部压缩、分片、IPv6、网络接入和网络管理等技术,主要的规范有 RFC 4944、RFC 6282 和 RFC 6775。

6LowPAN 协议体系可以运行在多种介质上，如低功耗无线、电力线载波、WiFi 和以太网等，有利于实现统一通信。通过 IPv6 无需网关就可将 LR-WPAN 接入互联网，实现端到端通信，将大大扩展其应用，使得无线传感器网络的大规模应用推广成为可能。6LowPAN 已经被 ZigBee SEP2.0、ISA 100.11a、有源 RFID ISO 1800-7.4(DASH)等标准所采纳。

10.4.1 网络结构与设备

6LoWPAN 网络可被看作是 Internet 的一个末端网络(stub network)，可以与 Internet 之间相互传输 IP 分组。6LoWPAN 网络中包含三种类型的节点：边缘路由器节点(edge router)、路由节点(router)和主机节点(host)。边缘路由器节点实现了 6LoWPAN 网络与外部 IP 网络的互联，完成 6LoWPAN 头部的压缩与解压缩和邻居发现功能，在与 IPv4 网络互联时还需要完成 IPv4 与 IPv6 的转换。路由节点仅负责网络内分组的路由。主机节点的功能则更加单一，只能与路由节点进行通信。

图 10-35 为 6LoWPAN 网络体系结构，一方面边缘路由器可以确保无线节点 6LoWPAN 和外部 IPv6 网之间的数据交换，另一方面它可以管理无线子网。多个 6LoWPAN 通过骨干链路(backbone link)实现互联。

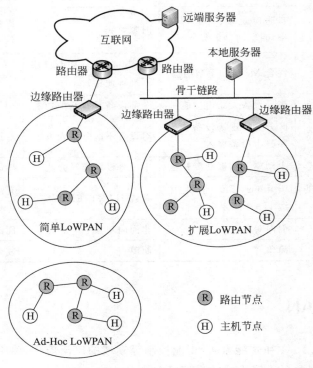

图 10-35　6LoWPAN 网络体系结构

10.4.2 协议栈

6LoWPAN 是在 IEEE 802.15.4 之上支持 IPv6 协议体系，主要思路是在 IPv6 网络层和 MAC 层之间加入一个适配层,解决 IPv6 协议体系中对低功耗、不可靠链路等的不适应。
6LoWPAN 适配层实现了头部压缩、分片与重组、组播支持、网状路由转发等功能。图 10-36 所
示为 6LoWPAN 协议体系。

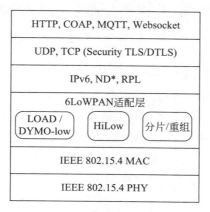

图 10-36　6LoWPAN 协议体系

传统 IPv6 邻居发现协议涉及了 IP 多播、NS 和 NA 报文处理等复杂功能实现,
6LoWPAN 的邻居发现协议需要对这些功能进行了简化和修改。

IETF 还制定了其他相关的标准规范,包括路由协议 RPL 以及轻量级应用层协议
CoAP 和 CoRE。IETF 还组织成立了 IPSO 联盟,发布了一系列白皮书,推动这些标准的
应用。

10.4.3　适配层

6LoWPAN 适配层主要完成以下工作:(1)IPv6 分组的拆包和组包;(2)IPv6 分组头部
的压缩;(3)在 IP 层指定的下一跳地址在 6LoWPAN 适配层转换成链路层地址。

10.4.3.1　地址

在 6LoWPAN 中,128 位 IPv6 地址长度由 64 位子网前缀和 64 位接口标识组成,为了
简化使用和方便压缩,64 位接口标识可从链路地址一一映射直接获取,避免地址解析操作。
IPv6 地址前缀可通过邻居发现的路由通告消息来获得,并将前缀和将接口标识合在一起就
得到了 IPv6 地址。6LoWPAN 网络中 IPv6 地址为扁平结构。

节点的 64 位接口标识可由 EUI-64 或者 48 位 MAC 地址转换得到。将 64 位 EUI-64
标识映射到 IPv6 接口标识的方法是将 EUI-64 的第一字节的第七位取反就得到了 IPv6 地
址中 64 位的接口 ID。将 48 位 MAC 地址到 64 位接口标识要先在第三个和第四个字节之
间插入 FF-FE 将其转换为 EUI-64 标识,之后再按 EUI-64 地址将第一字节的第七位取反。

10.4.3.2　适配层报文

在 IEEE 802.15.4 帧中,MAC 层头部之后就是 6LoWPAN 适配层报文的开始。
6LoWPAN 报文有一系列的功能头部组成,可能有的功能头部有:Mesh 寻址头部(mesh

addressing header)、广播头部（broadcast header）、报文分片头部（fragmentation header）、IPv6 头部压缩（IPv6 header compression）。6LoWPAN 适配层报文结构如图 10-37 所示。

图 10-37　6LoWPAN 适配层报文结构

　　6LoWPAN 报文的多个功能头部可根据需要采用，但使用多个头部时有固定的前后顺序。如在星型 6LoWPAN 网络中传输 UDP 报文无需多跳只需单跳，若载荷较小不需要报文分片时，就只需要 IPv6 头部压缩，若载荷较大需要分片时，就需要分片头部和 IPv6 头部压缩。

　　6LoWPAN 适配层编码中引入 Dispatch 字段，置于各功能头部以及 IPv6、UDP 头部的起始部分，用于区分其后续头部为何种类型，便于接收方对数据头部的正确解析。这种方法带来了很大的灵活性，减少了前后头部之间的关联性，dispatch 的某些编码空间还可为后续更多的功能保留。

　　如表 10-13 所示，dispatch 采用了最长前缀匹配编码，通过前面几个比特位就可以判断出后续的比特位是什么含义，或者该帧的用途。起始 2 位为 00 时用于除 6LoWPAN 之外的基于 IEEE 802.15.4 的其他协议。起始 2 位为 01 时表示头部压缩相关头部，10 表示用于 mesh 转发的头部，11 表示分片相关头部。剩余的取值保留用于后续功能头部的扩展。

表 10-13　头部中 Dispatch 编码说明

二进制编码	名称	参考标准	含义
00xxxxxx	NALP	RFC4944	非 6LoWPAN 字段
01000000	New ESC	RFC 6282	将取代原来的 ESC(01111111)，后面还有一个字节
01000001	IPv6	RFC 4944	未压缩的 IPv6 地址
01000010	LOWPAN_HC1	RFC 4944	经 HC1 压缩的 IPv6 头部
01000011	LOWPAN_DFF	RFC 6971	
01010000	LOWPAN_BC0	RFC 4944	6LoWPAN 广播帧头部 BC0
011xxxxx	LOWPAN_IPHC	RFC 6282	
01111111	保留	—	原 ESC，现在保留未用
10xxxxxx	MESH	RFC 4944	Mesh 路由头部
11000xxx	FRAG1	RFC 4944	第一个分片的头部
11100xxx	FRAGN	RFC 4944	后续分片的头部

1）Mesh 寻址头部

　　在 IEEE 802.15.4 头部只包含源和下一跳的目的地址。如果一个分组的目标节点不是源的下一跳，就需要在更高一层协议实现转发处理。在 IPv6 头部包含有发起方和最终接收方的地址，但使用头部压缩则可能会丢失这些信息。为了支持在两个协议层进行 6LoWPAN 的多跳转发，在适配层引入了 Mesh 寻址头部，如图 10-38 所示。该头部中的 V

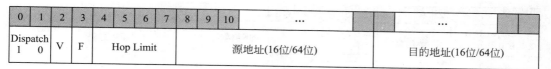

图 10-38　6LoWPAN 的 Mesh 寻址头部

字段表示源和最终目的地址使用了 16 位还是 64 位,类似地 F 字段用来标记目的地址。Hop Limit 字段记录了 6LoWPAN 分组的跳数限制,节点间传输时每经过一跳该值减 1。

2) 广播头部

报文的第二个头部类型 Dispatch 为广播分发(01010000),头部字段是一个长度为 1 个字节的序列号。广播分发头部的具体格式如图 10-39 所示。

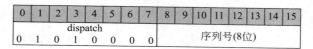

图 10-39　6LoWPAN 的广播头部

3) 报文分片头部

在 6LoWPAN 的载荷过大时,需要对帧进行分片以适应单个 IEEE 802.15.4 帧,在被切分成若干个数据分片后并为每个分片设置分片头部,以标识该分片在原始帧中的位置。6LoWPAN 各分片的头部如图 10-40 所示。

图 10-40　6LoWPAN 分片头部格式

4) IPv6 头部压缩

在 RFC 4944 中定义 6LoWPAN 的 IPv6 头部压缩格式,如图 10-41 所示。该头部中包含了一种无状态压缩方案,其中包含两个部分:HC1 和 HC2。HC1 针对 IPv6 头部,最多时能将 40 字节头部原始大小压缩到 3 个字节。HC2 针对传输层头部。HC1 和 HC2 都是由 1 字节编码和其他未压缩字段构成,其中未压缩字段可能占用不止 1 字节,但必须是字节对齐。

IPv6 头部压缩的 dispatch 字段指示了该帧是经 HC1 压缩的 IPv6 头部。第二个字节为 HC1 编码,包含了源地址 SAE 和目的地址 DAE。NH 字段指出下一头部为 UDP/ICMP/TCP 中的哪一种类型。HC2 字段指示该帧中是否采用了 HC2 压缩传输层头部。

在传输层采用 UDP 协议报文的情况下,IPv6 头部压缩后还可有 UDP 头部压缩。

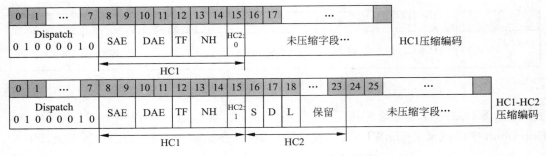

图 10-41　6LowPAN 的 IPv6 头部压缩

10.4.3.3　头部压缩

由于 IEEE 802.15.4 标准 MTU 为 127 字节，而 IPv6 的头部为 40 字节，头部的开销很大。如果在传输层采用 UDP 协议，UDP 头需要占用 8 个字节，留给应用层仅 33 个字节可用。因此，一般考虑采用头部压缩的方法，压缩掉冗余的头部信息，提高传输效率。

6LoWPAN 支持两种压缩方式：无状态压缩（stateless header compression）和基于上下文压缩（context-based header compression）。无状态压缩是 6LoWPAN 最初采用的压缩方式，节点之间不需要提前进行协商，是最简单的压缩方式。基于上下文压缩是在无状态压缩基础上提出来的进一步的压缩方式，通过节点之间的协商，对头部进行更为高效的压缩。

1）无状态压缩

无状态压缩的主要原理是通过压缩编码，省略掉头部中的冗余信息。无状态压缩包含两种算法：RFC 4944 提出的 HC1（IPv6 头部进行压缩）和 HC2（对 UDP 头部进行压缩）。在使用 HC1 的同时，也可以不对 UDP 头部进行压缩，即不使用 HC2 算法。被压缩后的 IPv6 头部如图 10-41 所示，上部是只采用了 HC1 压缩算法，下部则采用了 HC1 和 HC2 两种算法。

2）基于上下文压缩

无状态压缩算法简单，不需要节点之间提前进行协商，但还存在不足，当 IPv6 地址不是链路本地地址（即前缀不是 FE80::/64）时不能对子网前缀进行压缩。RFC 6282 提出的基于上下文压缩方式通过节点之间的协商（在邻居发现阶段完成）解决了这个问题。

在邻居发现阶段，路由器节点发送的路由通告 RA 中携带了一个上下文选项（context option），其中包含可被压缩的 IPv6 地址前缀信息，及上下文标识 CID。每个节点上面都会保存一张上下文列表，每个表项中包含了一个可被压缩的 IPv6 前缀、其对应的 CID，以及该表项的生存时间。当节点接收到一个路由节点的路由通告消息 RA 后，首先根据 CID 在本地上下文列表中查看是否已有表项和 RA 中上下文选项对应，并据此上下文列表更新或新建相应的表项。

和无状态压缩一样，有状态压缩包括两部分算法：LOWPAN_IPHC 和 LOWPAN_NHC。前者用于 IPv6 头部的压缩，后者则用于 IPv6 扩展头部和 UDP 头部的压缩，是可选的。LOWPAN_IPHC 和 LOWPAN_NHC 的主要思想是：首先使用 LoWPAN_IPHC 和

LoWPAN_NHC 逐个字段地对网络层和传输层头部进行编码,并直接省略一些熟知的字段,如版本号;然后再将每个字段中不能压缩的部分紧跟着置于压缩编码的后面,命名为 In-Line。整个 6LoWPAN 头部压缩结构如图 10-42 所示。

LOWPAN_IPHC 编码	In-line IP 字段	LOWPAN_NHC 编码	In-line Next Header字段	载荷

图 10-42 6LoWPAN 头部压缩结构

10.4.3.4 分片与重组

由于 IPv6 的最小 MTU 为 1280 字节,而 IEEE 802.15.4 每个 MAC 帧最长 127 字节,除去头部 25 字节,载荷最大长度为 102 字节,若使用安全算法头部等只剩下 81 字节,虽然经过头部压缩可得到比 81 字节要大的载荷空间,但一个 6LoWPAN 分组仍不能承载一个较大的 IPv6 报文。6LoWPAN 在发送端对所承载的上层报文进行分片传输,在接收端对分片进行重组。6LoWPAN 各分片的头部如图 10-40 所示。

每个分片的头部中都有一个数据报长度(datagram_size)字段,表示分片前 6LoWPAN 数据报文的大小,接收方在根据任何一个分片就可以分配一块重组缓冲区。数据报标识(datagram_tag)表示该分片属于哪一个数据报文。数据报偏移(datagram_offset)表示该分片在原报文中的偏移位置,因为第一个分片的偏移总为 0,所以可将其省略掉。

6LoWPAN 分组分片重组是 6LoWPAN 分组分片的逆过程。接收节点根据分片中数据报标识和链路层地址判断该分片属于哪一个分组。节点接收到一个分片后,查看是否有重组缓冲区对应数据报标识和链路层地址,如果没有则创建一个大小为数据报长度的重组缓冲区;如果有则判断是否是第一个分片。如果是第一个分片,就将分片头部 4 个字节丢弃掉,并将剩余的内容放到重组缓冲区的最开始;如果不是第一个分片,就将分片头部 5 个字节丢弃掉,并将剩余的内容放到重组缓冲区与数据报偏移对应的地方。当重组缓冲区被分片填充满后就得到了一个完整的 6LoWPAN 分组,整个重组过程就完成了。

10.4.3.5 邻居发现

6LoWPAN 网络通常是完全自治的,需要在完全无人值守的情况下通过邻居发现协议实现前缀发现、邻居不可达检测、重复地址监测、地址自动配置等功能。自动配置首先由链路层执行基本的链路层配置,包括信道设置、初始安全认证和地址配置。链路层配置完成后单跳节点能够通信,由邻居发现开始进行整个网络的自动配置。若将标准的 IPv6 邻居发现协议(ND)直接运用于低功耗的 LoWPAN 中,存在着不支持组播、报文处理复杂、能量消耗过高等问题,从而需要对其进行优化和精简。

6LoWPAN 省去了传统 IPv6 邻居发现协议中的 NS 消息的组播传输、RA 消息定期接收,以及需要节点处理的地址解析等功能,尽量将复杂的处理交给边界路由器。6LoWPAN 保留了基本的 ND 消息与选项,如路由器请求 RS、路由器公告 RA、邻居请求 NS、邻居公告 NA 消息、源链路层地址选项 SLLAO、前缀信息选项 PIO 等。同时,6LoWPAN 新增了部分消息和选项,如地址注册选项(ARO)、6LoWPAN 上下文选项(6CO)、权威边界路由器选项（ABRO）、重复地址请求（DAR）和重复地址确认（DAC）。6LoWPAN 邻居发现协议中注册过程如图 10-43 所示。

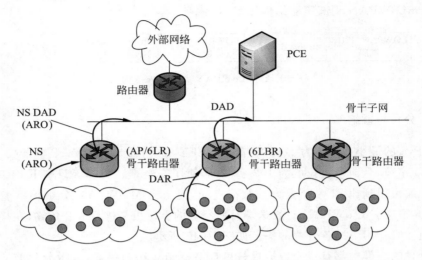

图 10-43　6LoWPAN 邻居发现协议中注册过程示意图

6LoWPAN 的无状态自动配置和传统 IPv6 邻居发现的无状态自动配置一样，当网络中的节点启动后，通过接收路由器发出路由器通告消息获取地址前缀 FE80::/64，并利用 EUI-64 或 EUI-16 位短地址生成 64 位接口标识，从而生成一个 IPv6 全球单播地址或者链路本地地址。

6LoWPAN 简化了 IPv6 邻居发现的方式，路由节点不需要周期性地多播路由通告消息 RA，只在接收到路由请求 RS 后才对发送者单播路由通告。

在 6LoWPAN 中，对于一跳重复地址检测，host 节点完成地址配置后向路由节点发送带有 ARO 项的 NS 消息进行注册，ARO 中包含了 host 节点的 IPv6 地址、MAC 地址等信息。边界路由节点 6LBR 有一张包含 host 节点 IPv6 地址和 MAC 地址的记录表（Whiteboard）。如果需要进行多跳重复地址检测，路由器节点 6LR 在接收到 NS 消息后，给边界路由器节点 6LBR 发送 DAR 进行重复地址检测，DAR 包含了需要检测节点的 IPv6 地址和 MAC 层信息。

对于分组的下一跳选路，如果在本地链路，下一跳就是目的地；否则，包需要选路，下一跳就是路由器。当选择的路由器作为消息传送的下一跳并不是最好的下一跳时，路由器需产生重定向消息，通知源节点到达目的地存在一个更佳的下一跳路由器。

6LoWPAN 邻居发现支持节点的休眠。6LoWPAN 邻居发现过程基本上是由普通节点发起的，因此节点可以在空闲的时候休眠，但是每次休眠的时候不能超过其地址在路由节点注册的最大生存时间。如果节点休眠期有数据发往它，路由节点会缓存节点的数据，当节点唤醒后重新向路由节点发送 NS 消息，更新生存时间，并进行数据传输。

10.4.4　路由协议

在 6LoWPAN 中，根据在协议栈中的位置可以将路由协议分为两类：一类是在

6LoWPAN 适配层利用 Mesh 头部进行二层转发,称为 Mesh-Under 路由;另一类是在网络层利用 IP 头部进行三层转发,称为 Route-Over 路由。如图 10-44 所示。

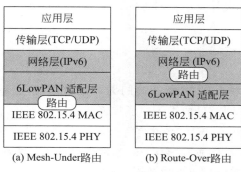

图 10-44 Mesh-Under 路由和 Route-Over 路由

10.4.4.1 Mesh-Under 路由

Mesh-Under 路由是在适配层采用链路层地址进行路由转发。Mesh-Under 路由是由适配层来构建多跳路由,并将数据报文转发到目的节点的,而网络层并没有执行任何路由决策。对于网络层来说相当于一跳,适配层路由过程中不需要进行报文重组,到达目的节点后再重组。在多跳网络中进行数据的转发,必须在适配层头部结构中添加 MeshDiscovery 字段,该字段将携带 MAC 层的源地址和目的地址,可以是 64 位的 IEEE 地址,也可以是 16 位的短地址。

Mesh-Under 路由主要的路由协议有 AODV 协议、LOAD 协议、按需动态 MANET 路由协议(DYMO)、HiLow 协议等,这些路由协议都是以 AODV 协议为基础的。

Mesh-Under 路由协议具有简单、快速、低开销等的优点,在适配层通过透明的路由和数据转发,可以弥补物理层缺乏广播机制的不足。但在适配层进行路由,网络将不具有任何 IP 化的特征,也不支持超大规模组网。

10.4.4.2 Route-Over 路由

Route-Over 路由的选路及决策在网络层中完成,对适配层的数据格式没有特殊要求,网络层收到数据报时,适配层已经完成了数据报的解包工作。在每一跳的转发过程中,节点要完成数据报报文的分片和重组的功能。由于 IPv6 地址长度为 128 位,如何进行地址压缩、节省能量是 Route-Over 路由协议需要重点考虑的。

Route-Over 路由的中间节点对接收到的分组会根据 IPv6 头部进行处理,因此可以充分利用 IPv6 优势保证分组的安全性和服务质量,并且使用 IPv6 地址进行路由,通过设计合理的地址编制方法可以使得 IPv6 地址具有很好的逻辑性,路由协议的可扩展性很好,便于引入一些现有 IP 网络中的路由技术。同时 Route-Over 路由使现有的网络诊断工具在低功耗有损网络中应用成为可能,提高网络的可靠性和可管理性。

目前 Route-Over 路由协议并不多,具有代表性的是 IETF RoLL 工作组研究制定的

RPL 协议。Route-Over 路由协议可以真正意义上实现无线传感器网络的全 IP 化,然而传统互联网 Route-Over 路由协议处理复杂,需要较大的存储空间和计算能力,不能应用在无线传感器网络中,因此需要设计专门针对无线传感器网络的 Route-Over 路由协议。

10.5 蓝牙

蓝牙(Bluetooth)是一种低成本、短距离的无线通信标准,起源于爱立信公司针对移动电话和其他配件间进行低功耗、低成本无线通信连接技术的研究,为移动电子设备间的通信提供了一个统一规则。1999 年 5 月,爱立信等公司创立了特别兴趣小组(SIG),即蓝牙技术联盟的前身,目标是开发一个低成本、短距离、组网便利的无线连接技术标准。目前,蓝牙的主要标准制定工作仍由蓝牙特别兴趣组负责。

蓝牙从提出以来,经历了不断的发展和改进,技术规范不断演进,见表 10-14。蓝牙有三种通信模式:基本速率模式(BR),其传输速率为 1 Mb/s;增强速率模式(EDR),其传输速率为 2～3 Mb/s;高速模式(HS),最高速率可以达到 24 Mb/s。

表 10-14　蓝牙技术规范的演进

版本	发布时间	增强功能
1.0A	1999.7	第一个正式版本。确定使用 2.4 GHz 频谱,最高数据传输速率达到 1 Mb/s
1.0B	2000.10	增强安全性,厂商设备之间连接兼容性
1.1	2001.2	正式列入 IEEE 标准,即 IEEE 802.15.1。IEEE 只是将蓝牙低层协议部分(L2CAP,LMP,Baseband,Radio)标准化。传输速度约在 748～810 kb/s
1.2	2003.11	对应于 IEEE 802.15.1a。相对于 1.1 版本新增了适应性跳频技术 AFH、扩展的面向同步连接链路导向信道 eSCO、快速连接、错误检测和流程控制等技术。与蓝牙 1.1 版本产品兼容。传输速度提高到 1.8～2.1 Mb/s,满足了语音和图像传输的基本要求
2.0+EDR	2004.11	实现了多播功能,通过减少占空比降低了能耗,进一步降低了误码率。与以往的蓝牙规范兼容。配合 EDR 技术可将数据速率提升至 2～3 Mb/s,远大于 1.X 版的 1 Mb/s
2.1+EDR	2007.7	改善了从 1.X 标准延续下来的配置流程复杂和设备功耗较大的问题,加入了 Sniff Subrating 的功能,实现更佳的省电效果
3.0+HS	2009.4	集成 802.11 协议适配层,可动态地切换使用其他射频,传输速率最高可达约 24 Mb/s,是蓝牙 2.1+EDR 的 8 倍。引入了增强电源控制,实际空闲功耗明显降低。支持多种调制模式,最大化传输距离
4.0+BLE	2010.6	包括三个子规范,即传统蓝牙、高速蓝牙(HS)和新增的蓝牙低功耗(LE),三个子规范可以组合或者单独使用。支持双模和单模两种模式,双模下可同时支持传统蓝牙无线和蓝牙低能耗,单模下仅支持新蓝牙低能耗,与老的蓝牙设备不兼容

续表

版本	发布时间	增强功能
4.1	2013.12	以物联网的思想改善数据传输,满足可穿戴应用的需求。主要的改进包括:解决了与4G(LTE)的相互干扰问题,增强了连接和重连的灵活性,设备能同时充当中心和终端角色,允许设备通过IPv6联机使用
4.2	2014.12	对分组长度、安全、链路层隐私、链路层扫描过滤策略等进行了扩展,支持IP协议连接配置IPSP,便于设备接入IP网络

蓝牙规范涉及到射频、基带、固件、上层应用软件等多个领域,技术覆盖面和难度均较大。经过10多年的发展,蓝牙技术越来越成熟,集成度也越来越高,初期需要大量的外围电路,现在基本都可采用单芯片方案实现。目前,蓝牙相关技术在个人通信领域也得到了广泛应用。

10.5.1 网络结构与设备

根据蓝牙设备在网络中的角色,可以分为主设备(master)和从设备(slave)。主设备是组网连接中主动发起连接请求的设备,而连接响应方则为从设备。

蓝牙有两种网络拓扑结构:微微网(Piconet)和散射网(Scatternet)。一台主设备与一台或多台从设备构成星型的主从网络,称为微微网。两个以上的微微网之间通过公共设备进行互联而形成比微微网覆盖范围更大的网络,称为散射网。桥接不同微微网的设备在微微网中可以只充当从设备的角色,或者在某个微微网中充当主节点,而在其他微微网中充当从节点。蓝牙网络拓扑结构如图10-45所示。

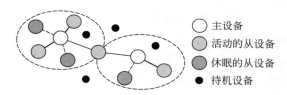

○ 主设备
◔ 活动的从设备
● 休眠的从设备
● 待机设备

图 10-45 蓝牙网络拓扑结构图示

微微网是蓝牙最基本的网络形式。在一个微微网中最多可有256个蓝牙设备,其中只有1个主设备和最多7个处于激活工作模式的从设备,其他从设备处于休眠模式并与主设备保持同步。在微微网内主设备通过一定的轮询方式与所有活动的从设备进行通信。

蓝牙协议仅仅给出了散射网的概念定义,并未对其中的数据流控制、转发机制、组网等细节进行规范,在实际应用中还是以微微网为基本组网形式。蓝牙微微网与散射网本质上都是一种Ad Hoc网络,而且散射网实质也是一种分簇(cluster)的分层式Ad Hoc网络。

10.5.2 蓝牙协议栈结构

蓝牙协议与其他通信协议一样采用层次式结构,整个蓝牙协议栈结构可分成三大部分:底层、中间协议层和高层应用层。如图10-46所示。

底层又称底层硬件模块,是蓝牙技术的核心模块,所有嵌入蓝牙技术的设备都要有底层模块。它主要由基带层(Base Band)、链路管理层(LM)和射频(RF)组成。底层硬件模块与

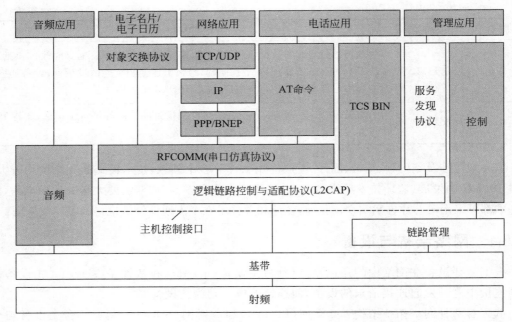

图 10-46   蓝牙协议栈体系结构

中间协议层之间定义了主机控制接口（HCI）来负责解释并传递两层之间的消息和数据。

中间协议层由逻辑链路控制与适配协议（L2CAP）、服务发现协议（SDP）、串口仿真协议（RFCOM）和二进制电话控制协议（TCS）组成。这些中间协议大部分已经固化在蓝牙芯片中，上层蓝牙应用直接调用这些中间协议即可。

高层应用层为各种应用提供了应用框架。拨号网络、耳机、局域网访问、文件传输等分别对应一种应用模式，不同设备上的应用可以通过已定义的应用模式实现互操作。高层协议包括对象交换协议（OBEX）、无线应用协议（WAP）、音频协议（Audio）等。

10.5.3   射频

蓝牙射频规范规定了蓝牙射频频段、调制方式、发射功率、接收机灵敏度等要求。

10.5.3.1   频段及信道安排

蓝牙工作在 2.4 GHz 的 ISM 频段，虽然该频段为全球通用，但不同国家对该频段和频率的划分略有差异，具体见表 10-15。

表 10-15   蓝牙频段分配

频率范围/MHz	跳频信道	适用地区
2400～2483.5	$f=(2402+k)$ MHz，$k=0,1,\cdots,78$	美国、欧洲、中国
2471～2497	$f=(2473+k)$ MHz，$k=0,1,\cdots,22$	日本
2445～2475	$f=(2119+k)$ MHz，$k=0,1,\cdots,22$	西班牙
2446.5～2483.5	$f=(2454+k)$ MHz，$k=0,1,\cdots,22$	法国

在美国、欧洲和中国等，蓝牙占用的带宽为 83.5 MHz，在该频段里，共有 79 个跳频点，相邻跳频点的中心间隔为 1 MHz。

时隙是指蓝牙设备在跳频工作时在每个信道持续的时间，每个时隙的长度为 625 μs，每秒有 1600 个时隙，即蓝牙每秒会发生 1600 次跳频。在同一微微网中，主、从设备的数据分组采用时分双工方式交替传输，其中主设备在偶数编号时隙发送数据，而从设备在奇数编号时隙发送数据。发送一个数据分组最多可以占用 5 个连续时隙，且在一个分组的传送期内，维持第一个时隙所占用的信道而不再跳变。蓝牙主从设备传输分组时序如图 10-47 所示。

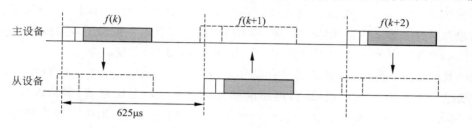

图 10-47　主从设备传输分组时序

10.5.3.2　调制与比特率

蓝牙射频采用的基本调制方式是 GFSK。在 BR 模式下，整个数据分组均使用 GFSK 调制解调方式，数据速率为 1 Mb/s。

在 EDR 模式下，增加了移相键控(PSK)调制方式，一个数据分组传输过程中要切换调制方式。数据分组的接入码和分组头仍采用 BR 模式所用的 GFSK 调制解调方式，而后面的部分(同步序列、载荷以及尾序列)则使用 PSK 调制方式：使用 $\pi/4$ 循环差分相位编码的四进制 PSK($\pi/4$-DQPSK)可实现数据速率为 2 Mb/s，每个码元代表 2 bit 信息；使用循环差分相位编码的八进制 PSK(8DPSK)可实现数据速率为 3 Mb/s，每个码元代表 3 bit 信息。对于 $\pi/4$-DQPSK 和 8DPSK 调制方式，支持 EDR 模式的蓝牙设备不具有强制性要求，只有在条件允许和环境比较好的情况下使用。

10.5.4　基带

蓝牙基带(baseband)主要涉及信道编码解码、链路控制、数据处理、数据收发、跳频等操作。基带协议能够在微微网的两个或多个蓝牙单元之间建立物理链路(link)。此外，基带协议还要在微微网内蓝牙设备间完成跳频频点和时钟同步。

10.5.4.1　物理链路

物理链路是指蓝牙主从设备之间在物理层的数据连接通道。蓝牙有两类基本物理链路：同步面向连接链路(SCO)和异步无连接链路(ACL)。ACL 链路主要用于对时间要求较低的数据传输，如文件传输等。SCO 链路主要用于对时间要求很高的数据传输，如语音等。

ACL 链路在主从设备之间以分组交换方式传输数据，既支持异步应用也支持同步应用。一对主从设备之间只能建立一条 ACL 链路,通过重传来保证通信的可靠性。微微网中的主设备可以与每个与之相连的从设备都建立一条 ACL 链路。蓝牙主从设备根据相互解析出的 ACL 分组的设备地址进行匹配,完成基于 ACL 链路的数据传输,并允许广播发送数据。ACL 使用了未被 SCO 占用的时隙。

SCO 链路是微微网中主从设备之间的一种点对点双向对称链路,不采用重传机制,通常用于支持语音等实时业务。在同一微微网中,其主设备最多可以同时建立 3 条 SCO 链路。一个从设备最多可以与不同主设备建立 2 条 SCO 链路,或者与同一主设备最多同时建立 3 条 SCO 链路。主设备单元通过在规则间隔使用预留时隙的方式保持 SCO 链路。SCO 链路的建立通过主设备发送 LMP 的 SCO setup 消息,该消息中包含了 T_{sco} 和 D_{sco} 等参数。D_{sco} 用于标识 SCO 开始的时隙相对数,而 T_{sco} 用于表示时隙的重复周期。

eSCO(扩展同步面向连接)链路是在蓝牙规范 1.2 版本中引入的。eSCO 是在标准的 SCO 链路上增加一些扩展机制,使得链路能够支持更灵活的分组格式、载荷内容、时隙周期,同时还允许加入同步比特。另外,eSCO 支持有限的数据重传,增强了同步传输过程中的错误检测和重传机制,非常适合传输话音。eSCO 分组的时隙长度可以是 1 或者 3 个时隙。所有 eSCO 分组都会得到应答,如果没有应答的话也可能进行重发。

ACL、SCO、eSCO 都是点到点的链路,另外还有两种点到多点的广播链路:活动状态的从设备广播(ASB)和休眠状态的从设备广播(PSB)。

10.5.4.2 地址

每一个蓝牙设备在不同的场合和状态下可能使用蓝牙设备地址(BD_ADDR)、活动成员地址(AM_ADDR)、休眠成员地址(PM_ADDR)、接入请求地址(AR_ADDR)四种地址,见表 10-16。活动成员地址用来区分微微网中处于活动状态的从设备,由处于活动状态的从设备收发的所有包都有该地址,以区分包的接收或发送方是哪个从设备。脱离微微网或者进入休眠状态的从设备都必须放弃活动成员地址,当再次接入微微网时,需要重新分配。

表 10-16 蓝牙设备所使用的地址

地址类型	长度/位	说明
蓝牙设备地址(BD_ADDR)	48	每个蓝牙收发装置都会拥有的设备地址,符合 IEEE 802 标准
活动成员地址(AM_ADDR)	3	用来标识微微网中处于活动状态的从设备,全零用作广播地址
休眠成员地址(PM_ADDR)	8	用来标识微微网中处于休眠状态的从设备
接入请求地址(AR_ADDR)	8	分配给微微网中要启动唤醒过程的从节点

10.5.4.3 蓝牙基带分组

1) 通用分组

蓝牙数据分组都由接入码(access code)、分组头和有效载荷三部分组成。其中接入码和分组头的长度分别为 72/68 位和 54 位,而有效载荷的可变长度为 0~2745 位,包括有效载荷头、有效载荷体和可选的 CRC 校验。一个分组可以仅包含接入码字段(此时为 68 bit),

或者包含接入码与分组头字段,或者包含全部 3 个字段。蓝牙数据分组格式如图 10-48 所示。

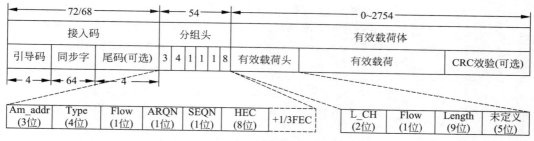

图 10-48　蓝牙数据分组格式

2）接入码

接入码主要用于时序同步、偏移补偿、寻呼和查询等过程。接入码分为三种:设备接入码(DAC)、信道接入码(CAC)和查询接入码(IAC)。信道接入码用作微微网的标识,所有传送信息都含有信道接入码。设备接入码用于特殊的信令过程,如寻呼和寻呼响应。查询接入码又分为通用查询接入码(GIAC)和专用查询接入码(DIAC)两类:GIAC 用于发现其他蓝牙设备;DIAC 用于发现周围的专用蓝牙设备。接入码运行模式及用途见表 10-17。

表 10-17　接入码的运行模式及用途

接入码类型		接入码名称	运行模式及用途
DAC		设备接入码	用于寻呼和寻呼响应过程
CAC		信道接入码	用于标识设备所属的微微网,同一微微网收发分组的 CAC 相同,不同微微网的 CAC 不同
IAC	GIAC	通用查询接入码	用于发现覆盖范围内的其他蓝牙设备
	DIAC	专用查询接入码	用于发现具有共同属性的专用设备组内的其他蓝牙设备

3）分组头

分组头由六个字段组成:活动成员地址 AM_ADDR、类型码 TYPE、流量控制位 FLOW、确认指示位 ARQN、序列号位 SEQN、错误校验位 HEC。分组头的格式见表 10-18。

表 10-18　蓝牙分组头的链路控制信息

字段名称	长度/位	说明
AM_ADDR	3	活动成员地址
TYPE	4	类型码。指示了 15 种分组类型。但同时具体的分组类型还取决于它的物理链路。类型码同时能表示当前传输的包要占用几个时隙
FLOW	1	流控标志。只有 ACL 链路上的包才需要流控制。接收缓冲区已满,它就给发送方发送一个"停止"标志(FLOW=0),否则,接收方就会发送"继续"标志(FLOW=1)

字段名称	长度/位	说明
ARQN	1	确认标志。如果接收的数据校验无误，接收方返回一个 ACK 信号（ARQN＝1），否则返回 NAK 信号（ARQN＝0）。如果没有返回任何信息，则缺省认为校验错误。蓝牙规范采用无编号重发方案，也就是说 ARQN 信号是对应最后传输的包
SEQN	1	序列号。每传输一个包含 CRC 校验数据的包，SEQN 位翻转一次。如果由于丢失 ACK 信号而导致错误重发了，接收方只要比较 SEQN 位就可以丢弃多余的包
HEC	8	分组头纠错码。由从设备或主设备的 BD_ADDR 的高地址部分（UAP）进行初始化

为提高传输的纠错能力，分组头的 18 位的链路控制信息使用 1/3 比例的前向纠错编码 FEC 对分组头进行编码保护，每一位在序列中发送 3 次，共占用 54 位。

4）分组类型

基带分组类型与所使用的物理链路有关，分别是公共分组、SCO 分组、eSCO 分组和 ACL 分组，其中能够进行应用数据传输的是 ACL 分组和 SCO 分组。

表 10-19　基带分组类型

类型	所包含的具体分组
公共分组	ID、NULL、POLL、FHS
SCO 分组	HV1、HV2、HV3、DV
eSCO 分组	EV3、EV4、EV5，2.0 规范新增的 2-EV3、3-EV3、2-EV5、3-EV5
ACL 分组	DM1*、DH1、DM3、DH3、DM5、DH5、AUX1。 2.0＋EDR 新增了 2-DH1、2-DH3、2-DH5、3-DH1、3-DH3、3-DH5

注：DM1 分组利用 ACL 链路传输，不仅能传输所有逻辑链路的控制信息，也能传输用户数据，有文献将其归于公共分组类别。

公共分组主要用于链路管理。ACL 链路上异步传输的是用户数据或者链路管理数据。

SCO 分组在 SCO 链路上传输，主要用于语音传送，不采用 CRC 校验和重传机制。HV1、HV2、HV3 三种分组只携带同步语音信息，而 DV 分组既携带异步数据又携带同步语音。

eSCO 在 BR 模式下有 EV3、EV4 和 EV5 三种分组，是蓝牙 2.0＋EDR 增加的分组类型。在 EDR 模式下有 2-EV3、3-EV3、2-EV5、3-EV5 这四种分组。

5）分组中的载荷格式

在蓝牙基带分组的载荷中区分了语音字段和数据字段：ACL 分组只有数据字段，SCO 分组只有语音字段，其他分组同时包含两种字段。语音字段长度固定为 240 位，DV 分组中语音字段为 80 位，不存在载荷头字段。ACL 载荷字段包含 3 部分：载荷头部、载荷数据和 CRC 校验码，如图 10-49 所示。

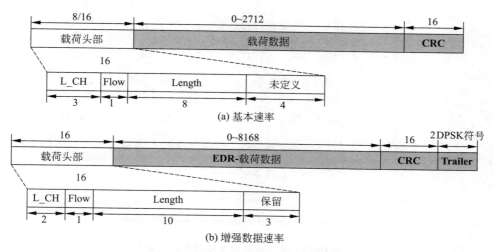

图 10-49 蓝牙 ACL 分组中载荷字段格式

数据字段的载荷头含有逻辑信道(L_CH)、流量控制(FLOW)、载荷长度等字段。逻辑信道字段的具体编码含义见表 10-20。

表 10-20 逻辑信道 LCH 编码

L_CH 编码	逻辑信道	说明
00	NA	未定义
01	UA/UI	L2CAP 消息的后续分段
10	UA/UI	L2CAP 消息的开始分块或不分
11	LM	LMP 消息

在蓝牙基带层定义了 5 种逻辑信道,即链路控制(LC)和链路管理(LM)两种控制信道,异步数据(UA)、等时数据(UI)、同步数据(US)三种用户信道。LC 和 LM 分别用于链路控制层和链路管理层。UA、UI 和 US 分别于传输异步、等时和同步用户信息。

LC 信道的编码信息位于分组头中,其他信道则在分组有效载荷中携带。US 信道只能在 SCO 链路中。UA 和 UI 信道通常由 ACL 链路传输,也可在 SCO 链路上以 DV 分组的数据传输。LM 信道既可以在 SCO 链路中,也可以在 ACL 链路中。

10.5.4.4 蓝牙链路控制器状态

蓝牙链路控制器有待机(standby)、连接(connection)两种主状态。在待机与连接之间另有寻呼(page)、寻呼扫描(page scan)、查询(inquiry)、查询扫描(inquiry scan)、主响应(master response)、从响应(slave response)和查询响应(inquiry response)7 种子状态。蓝牙各种状态及其关系如图 10-50 所示,7 种子状态的功能见表 10-21。

待机状态是一种省电状态,无法和其他设备通信,而在连接状态下,主设备与从设备则可以交换分组。由待机状态要进入连接状态时,主设备与从设备间必须完成跳频同步(即拥有相同的跳频次序与跳频步调)。

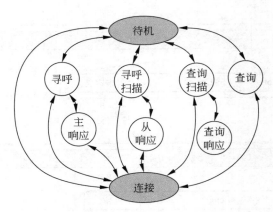

图 10-50　蓝牙设备的状态迁移图

表 10-21　蓝牙链路控制器状态及功能

状态名称	功能描述
寻呼(Page)	主设备用来激活和连接从设备。主设备通过在不同的跳频信道内传送从设备的设备访问码(DAC)来发出寻呼消息
寻呼扫描(Page Scan)	从设备在一个窗口扫描存活期内侦听自己的设备访问码(DAC),在该窗口内从设备以单一跳频侦听
从响应(Slave Response)	从设备对主设备寻呼操作的响应。从设备完成响应之后,接收到来自主设备的 FHS 分组之后即进入连接状态
主响应(Master Response)	主设备在接收到从设备对其寻呼消息的响应之后便进入该状态。如果从设备回复主设备,则主设备发送 FHS 分组给从设备,然后进入连接状态
查询(Inquiry)	用于发现相邻蓝牙设备。获取蓝牙设备地址和所有响应查询消息的蓝牙设备的时钟
查询扫描(Inquiry Scan)	用于侦听来自其他设备的查询。可以侦听一般查询访问码(GIAC)或者专用查询访问码(DIAC)
查询响应(Inquiry Response)	从设备对主设备查询操作的响应。从设备用 FHS 分组响应,该分组包含了从设备的设备访问码、内部时钟等信息

一般而言,如果两个蓝牙设备间没有对方的信息,就必须先经由查询过程,收集其他蓝牙设备的信息;否则,需通过寻呼过程让两设备间达成同步跳频。

10.5.4.5　四种工作模式

蓝牙设备进入连接状态后,还可在活动(Active)、休眠(Park)、呼吸(Sniff)和保持(Hold)4 种工作模式间切换,如图 10-51 所示。

1) 活动模式

只有处于活动模式的设备才能正常通信。主设备除发送正常数据外,还要定期向从设备发送同步信息。从设备通过检测主设备发送的 AM_ADDR 来判断是否工作,若与自己不

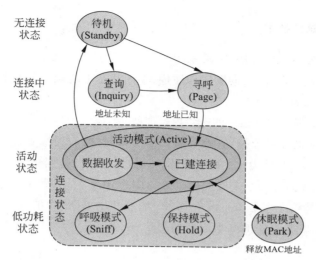

图 10-51　蓝牙设备的工作模式切换

匹配则进入睡眠状态等待主设备下一次发送。在活动模式下，主从双方在信道上都是激活的。在任意时间内，一个主设备最多有 7 个处于活动模式下的从设备。

2）休眠模式

当设备不需要加入信道但仍希望保持跳频同步时，就进入休眠模式。休眠模式下的从设备放弃 AM_ADDR。主设备给进入休眠模式的从设备分配了两个临时地址：PM_ADDR 和 AR_ADDR。若再次加入微微网时，就可不必经过查询与寻呼过程。主设备用 PM_ADDR 来快速唤醒休眠从设备，而各个休眠从设备则可根据 PM_ADDR 有序地重新加入微微网。

主设备定义了带宽很窄的信标（Beacon）通道，用以向所有休眠的从设备周期性发送广播分组。休眠的从设备为了再次同步和接收广播消息，它被定期地唤醒并监听信道。从设备进入休眠模式前，利用信标消息中的定时参数就能知道何时醒来接收主设备的分组。

3）呼吸模式

呼吸模式通常用于从设备在每次只有少量数据要收发，可以有效节省能量消耗。已建立 ACL 链路的从设备在呼吸模式下只在主从 ACL 时隙进行监听。从设备仍然保有 AM_ADDR 及与微微网相同的跳频序列。

如果从设备在监听时收到分组发现信息是要给它的，则从设备继续收此信息，如果主设备传送给从设备的信息过长，则从设备继续使用多个时隙接收该信息。主设备为了进入呼吸模式，必须经过链路管理器协商相关参数。

4）保持模式

保持模式下可以暂不使用 ACL 链路，空出设备资源用于扫描、寻呼等操作。保持模式下设备保留 AM_ADDR，还可以进入低功耗状态。进入保持模式前，主设备协商从设备处于保持模式的时间，从设备一旦进入就启动定时器，定时器到时从设备被唤醒与信道同步。

10.5.4.6 自适应跳频技术

蓝牙技术规范为不同地区的 79 跳系统和 23 跳系统都定义了 5 种状态下的跳频序列，分别为寻呼、寻呼响应、查询、查询响应和连接，不同状态下跳频序列的产生策略不同。蓝牙的正常跳频速率为 1600 跳/s。

每一个蓝牙设备都有独立运行的一个内部时钟（本地时钟），决定收发机的定时和跳频同步。蓝牙时钟为收发机提供节拍，它的分辨率小于发送/接收时隙长度的一半，即 312.5 μs。时钟是 28 位的计数器，以 2^{28} 为计数周期循环。计数器最低位每变化一次为 312.5 μs，即时钟速率为 3.2 kHz，计数器运行一个周期为 $2^{28} \times 312.5\ \mu s = 2^{27} \times 625\ \mu s \approx 23.3 h$，近 1 天时间。

每个微微网的跳频序列是由主设备 MAC 地址（BD_ADDR）的低 28 位和主设备时钟的高 27 位共同决定。跳频算法的基本原理如图 10-52 所示。

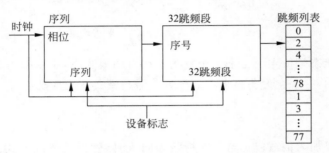

图 10-52 蓝牙跳频算法基本原理

对于信道跳频序列，首先由高位时钟（22 位）和设备标志在 79 个频点列表中选取一段连续的 32 个频点；然后由全部时钟（27 位）和设备标志生成一个 5 位的序号，可选择 32 频点中的一个频点，并以随机次序访问这些频点一次；再根据一定的偏移量在频点列表中选取另一个 32 频点段（具体过程可参考图 10-53），依此类推。频点列表是一个寄存器，其中存放的是 79 个频率的标号，首先从低到高连续存放所有的偶数标号，然后依次存放所有奇数标号，如图 10-52 中的列表所示。因此，每段的 32 个频点将覆盖约 64 MHz 的频带，跨越了 79 MHz 带宽的 80%。

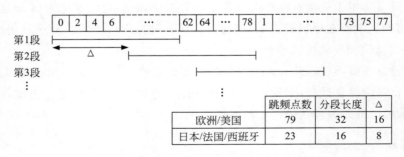

图 10-53 连接状态的跳频选择方案

自适应跳频信道映射表（AFH_channel_map）用来跟踪记录 79 个信道可用状态。显然，在干扰较多的无线环境中，可用信道的数量将少于 79。另一方面，最少需要 20 个信道才能保证蓝牙正常工作。因此,参数 N 的取值范围为 $20 \leqslant N \leqslant 79$。

根据主设备的 MAC 地址、时钟、可用信道列表经过一系列的逻辑运算后最终可以获得相应时隙的信道,在一段时间内这些信道的顺序便构成该微微网的跳频序列码。由于每个微微网的主设备地址唯一,且主节点时钟随机,所以每个微微网的跳频序列码也是唯一的。

10.5.5 蓝牙组网技术

蓝牙设备在组网管理过程中主要涉及了链路管理协议(LMP)、逻辑链路控制及适配协议(L2CAP)、服务发现协议(SDP)等,在基带层的 SCO、eSCO、ACL 等链路之上为上层应用提供了通信过程的管理。

10.5.5.1 链路管理协议(LMP)

LMP 位于基带之上,可以看做数据链路层协议。LMP 主要负责完成设备功率管理、链路质量管理、链路控制管理、数据分组管理和链路安全管理 5 个方面的内容。LMP 用来控制和协商两个蓝牙设备之间有关连接的所有操作,包括建立和控制逻辑传输和逻辑链路,同时也控制物理链路。

LMP 消息通常是经由 ACL 链路(使用 DM1 或 DV 类型的分组)进行传输,其载荷头部的逻辑信道(L_CH)字段为 11。源地址和目的地址由分组头部的 AM_ADDR 决定。

10.5.5.2 逻辑链路控制及适配协议(L2CAP)

L2CAP 向上层提供面向连接的和无连接的传输服务,允许高层协议应用发送和接收长达 64 KB 的数据分组。L2CAP 可以与 LMP 并行工作,二者的区别在于上层业务数据不经过 LMP,即 LMP 不为上层提供数据传输服务。

L2CAP 只支持 ACL 异步链接,不支持 SCO 链接。L2CAP 的数据服务也不保证数据的可靠性与完整性,数据的可靠性由基带的纠错与重传实现,完整性可由上层通过 CRC 校验等方式保障。

1) 逻辑信道

不同蓝牙设备的 L2CAP 层之间的通信是在 ACL 物理链路之上建立的逻辑信道(channel)内完成。每条逻辑信道在本地都有一个 16 位的信道标识符(CID),CID 由本地设备管理。

有三种类型的逻辑信道:面向连接(CO)信道,用于两个连接设备之间的双向通信;无连接(CL)信道,用来向一组设备进行广播式的数据传输,为单向信道;信令(signaling)信道,用于创建 CO 信道,并可以通过协商过程动态改变 CO 信道的特性。两个蓝牙设备之间只能有 1 个无连接信道和 1 个信令信道,可有多个面向连接信道。

信令信道为保留信道,在通信前不需要专门地建立,其 CID 被固定为 0x0001。CO 信道是通过在信令信道上连接信令来建立,建立后就可以进行持续的数据通信,而 CL 信道则为临时性的。

2) 分片和重组

蓝牙基带分组的有效载荷非常小,通过 L2CAP 提供的分片与重组功能,应用层最大可完整地收发 64 KB 的应用分组。L2CAP 是根据基带分组载荷长度进行分片。

在同一个 L2CAP 分组的所有分片都被发送到基带层之前，不会再向同一个目的设备发送新的 L2CAP 分组。基带协议通过 ARQ 机制按顺序发送 ACL 分组，并且通过 16 位的 CRC 来确保数据的完整性。

10.5.5.3 主机控制器接口

在蓝牙协议栈中，主机控制器接口 HCI(host controller interface)是比较特殊的一层，并不是严格意义上的协议，而是一种访问蓝牙硬件能力的通用接口，主要提供了对基带控制器和链路管理控制器的命令接口，以及对硬件的状态和控制的访问。一般将 HCI 及运行于 HCI 之上的协议功能部分称为主机，HCI 以下部分称为控制器。图 10-54 为 HCI 接口模型示意图。

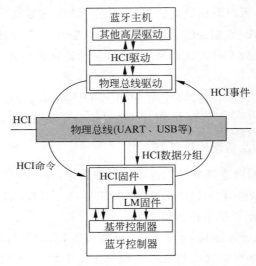

图 10-54 HCI 接口模型示意图

主机和控制器之间的通信是通过 HCI 命令和 HCI 事件来完成的。HCI 层对每一个 HCI 命令和事件进行解析，然后把命令发送给蓝牙芯片，或把蓝牙芯片的结果（事件）反馈给主机，同时要实现蓝牙芯片与上层软件之间的双向数据传输。

10.5.5.4 服务发现协议

SDP 是所有应用模型的基础，它同时为应用提供了一种使用 L2CAP 连接发现可用服务以及确定这些可用服务特征的手段。在蓝牙应用中，几乎所有的应用规范(profile)都支持 SDP。SDP 能够为上层应用提供 L2CAP 连接建立、服务查询会话、服务属性会话、服务查询属性会话、服务浏览、L2CAP 连接断开等功能接口。

SDP 协议非常简单，它使用请求/响应模型。通常一个蓝牙设备同时充当了 SDP 服务器和客户机，但只有一个 SDP 服务器。SDP 服务器维护一个服务列表，其中记录了服务器所提供服务的特征，这些特征包括服务类型消息、与该服务进行交互的协议栈的信息，以及其他的有关信息。客户机可以通过发送一个 SDP 请求在服务器上检索服务的信息。

10.5.6 蓝牙应用规范

蓝牙技术规范中定义了不同的应用模型,每一个应用模型都对应一个蓝牙应用规范(profile),蓝牙应用层之间的互操作是通过蓝牙应用规范实现的。应用规范中指定了实现蓝牙产品或某些通用功能(如建立连接和服务发现等)所用到的协议栈、各个蓝牙协议的互操作性要求和各功能的实现过程等。

一个应用规范往往建立在另一个应用规范之上,这种关系称为依赖性。例如,基本打印应用规范(BPP)是基于对象交换应用规范(GOEP),而 GOEP 又是基于串口应用规范(SPP),SPP 又基于通用访问应用规范(GAP)。目前各方已经定义了一些基本应用模型,包括文件传输、数据同步、拨号网络、局域网接入、手机、蓝牙耳机和无线电话等,相应的有一系列的应用规范。常用的蓝牙应用规范结构和依赖性如图 10-55 所示。

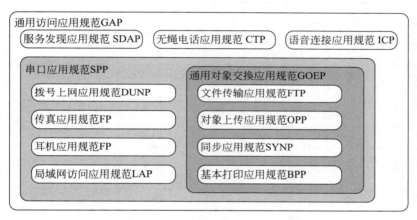

图 10-55 蓝牙应用规范(Profile)的结构

通用访问应用规范(GAP)是所有应用规范的基础和框架,它位于应用规范结构的最顶层,并和串口应用规范、服务发现应用规范以及通用对象交换应用规范等构成了蓝牙各种应用模型的基础,称为通用应用规范。其他应用规范统称为特定应用规范,都直接或间接地依赖于通用应用规范,例如局域网接入应用规范(LAN Access Profile)就建立在串口应用规范(Serial Port Profile)的基础上。其中无绳电话应用规范和对讲机应用规范又称电话管理协议二进制应用规范,直接依赖于通用访问应用规范。

10.5.7 低功耗蓝牙

针对传输数据量少且次数也少,连接快速,能耗微小,待机时间长的应用需求,蓝牙 4.1 中推出了低功耗蓝牙技术(Bluetooth LE)。低功耗蓝牙从射频部分就与传统蓝牙不兼容,可以认为是完全不同的技术(见表 10-22)。

低功耗蓝牙技术也称为智能蓝牙(Bluetooth Smart),其前身为诺基亚开发的 Wibree 技术,是一种专为移动设备开发的具有极低功耗的无线通信技术。低功耗蓝牙重新定义了蓝牙技术的使用方式,针对少量数据传输、低通信延迟进行了优化设计,能耗几乎只是传统蓝牙的 1/10。低功耗蓝牙主要在三方面进行了改进：减少待机功耗,高速建立连接,降低峰值功率。低功耗蓝牙可为计步器、血糖监测仪、智能手机等终端设备提供低能耗、低成本的无线通信接口。

表 10-22　传统蓝牙与低功耗蓝牙的对比

规范	传统蓝牙	低功耗蓝牙
工作频段	2.4 GHz	2.4 GHz
物理信道	79 个 1 MHz 宽的信道	40 个 2 MHz 宽的信道
距离传输	10～100 m	10～100 m
数据速率	1～3 Mb/s	1 Mb/s
有效吞吐量	0.7～2.1 Mb/s	305 kb/s
节点数	7 个活动成员/最多 255 个	无限个
地址隐私保护	无	可以使用私有地址
延迟	100 ms	6 ms～70 min
隐私保护	无	有
加密算法	E0/SAFER+	AES-CCM
安全性	弱加密(E0);强密钥生成;56～128 位	加密(AES);弱密钥生成;128 位
抗干扰	FHSS	FHSS
从连接建立到发送数据的延迟	大于 100 ms	小于 6 ms
语音传输	是	否
网络拓扑	星型,散射网	点到点,星型
功耗	1(参考值)	0.01～0.5(视具体使用情况而定)
应用规范	串口、免持、OBEX、A2DP 等	近距、电池状态、计重、心跳监测等
发现/连接	查询/寻呼	广播
实现复杂度	高	低
主要应用	移动终端,手持设备,音乐设备,汽车,PC 机等	移动终端,游戏机,PC 机,可穿戴设备,医疗设备等

10.5.7.1　网络拓扑结构

在拓扑结构上,低功耗蓝牙也采用星型拓扑结构。一个主设备可以管理多个并发连接,而每个从设备只能连接到一个主设备。但是,一台低功耗蓝牙设备只能属于一个微微网。

在主设备可以连接从设备的数量上,低功耗蓝牙和传统蓝牙不同。一个低功耗蓝牙主设备可以和无数个从设备之间通信。

10.5.7.2　协议栈

与传统蓝牙的协议栈结构相比,低功耗蓝牙协议栈结构更加精简,如图 10-56 所示。低功耗蓝牙清晰地定义了物理层和链路层，易于与其他标准协议进行对比。低功耗蓝牙中使用的 L2CAP 是基于传统蓝牙 L2CAP 的优化和简化。

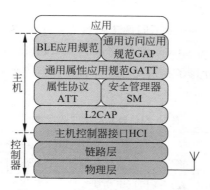

图 10-56　低功耗蓝牙协议栈结构

属性协议（ATT）是低功耗蓝牙中一个重要的组成部分，所有的应用数据处理都基于该协议。ATT 协议中以客户机/服务器的模式实现数据交换服务，服务端以属性（attribute）的形式提供数据访问服务，客户端则以读或写的方式来对服务端数据进行操作。

通用属性协议（GATT）基于 ATT 层更加细化了所传输的数据分类，并分配全局唯一标识符（UUID）。通用访问规范（GAP）则为各类应用模式定义了应用规范的框架，其中包括了设备查找、连接建立、广播发送接收等设备控制操作。任何应用规范和应用程序都是建立在 GAP 和 GATT 之上。

10.5.7.3　物理层

低功耗蓝牙系统采用通用频带范围（2400～2483.5）MHz，射频信道为（2402＋K＊2）MHz，$K=0,1,\cdots,39$，这是把这频带均匀分为 40 个物理信道，每个信道宽 2 MHz，其中有 3 个固定用于广播信道（$K=0,12,39$），剩余的 37 个用于数据信道。每个信道都用唯一的编号进行标识，具体信道编号如图 10-57 所示。所有的物理信道使用 GFSK 调制技术，易于实现。

MHz	2402	2404	2406	2408	2410	2412	2414	2416	2418	2420	2422	2424	2426	2428	2430	2432	2434	2436	2438	2440
广播	37												38							
数据		0	1	2	3	4	5	6	7	8	9	10		11	12	13	14	15	16	17
MHz	2442	2444	2446	2448	2450	2452	2454	2456	2458	2460	2462	2464	2466	2468	2470	2472	2474	2476	2478	2480
广播																				39
数据	18	19	20	21	22	23	24	25	26	27	28	29	30	31	32	33	34	35	36	

图 10-57　低功耗蓝牙的信道分配

广播信道主要用于连接建立、设备发现、广播通告。利用广播信道可以大大缩短建立连接的时间，从而提高建立连接的效率。广播信道尽可能地避开 IEEE 802.11 常用的第 1，6 和 11 信道。数据通道用于在连接设备之间实现双向通信。在 37 个数据信道采用自适应跳频来以减少干扰和辐射。

10.5.7.4　链路层

在低功耗蓝牙中,链路层有 5 种不同的工作状态:待机(Standby)、广播(Advertising)、扫描(Scanning)、连接发起(Initiating)和连接(Connection)。其中连接状态又可以分为主和从。表 10-23 为低功耗蓝牙设备在链路层的 5 种工作状态的描述,图 10-58 为 5 种状态的迁移图。

表 10-23　链路层的工作状态

状态		状态描述
待机		不发送或接收任何分组,而是等待下一状态的发生
广播		在广播信道中周期性地发送广播帧,同时监听相应的响应
扫描		监听其他设备(处于广播)发送的广播帧
连接发起		向另一个发出广播的设备发起一个连接请求
连接	主角色	与从设备通信,并决定链路层的发送定时等参数
	从角色	只与某一个主设备通信

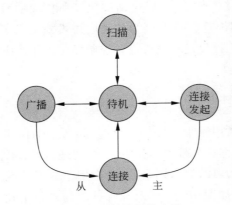

图 10-58　链路层状态机

连接状态下的两个设备分别为主和从两种角色。在初始化状态下发起连接请求,并进入连接状态的设备被称为主设备。从广播状态进入连接状态的设备称为从设备。

从工作角色来说,设备在链路层存在 5 种角色,分别是广播者角色、扫描者角色、发起者角色、主角色和从角色。链路层的工作状态和工作角色的关系是:广播者角色和扫描者角色可以处于待机状态或连接状态中;主、从角色只能处于在连接状态中。只有当链路层在创建连接时,才能使用发起者角色去执行主角色。主角色每次可以有多个链路层的连接,而从角色每次只能有一个链路层的连接。

1) 设备地址

低功耗蓝牙设备地址长 48 位,有公共地址和随机地址两种类型,在一台设备上可以使用一种,也可以同时使用这两种地址。随机地址可以是预编程在设备上,或在运行时动态生成。随机设备地址包含两种格式：静态地址和私有地址。私有地址又分为可解析地址（resolvable）和不可解析地址（non resolvable）。地址的分类说明见表10-24。

表10-24　低功耗蓝牙的设备地址类型

地址类型		编码规则
公共地址		由 IEEE 分配给厂商使用，格式符合 IEEE 802 标准
随机地址	静态地址	最高两位为11，且随机部分不能全为0也不能全为1
	不可解析私有地址	最高两位为00，且随机部分不能全为0也不能全为1
	可解析私有地址	最高两位为10，且随机部分不能全为0也不能全为1

公共设备地址适用于 BR/EDR，且在设备的生命周期内是不会改变的。

静态地址通常用作替代公共地址。静态地址可以在每次设备启动时动态生成，也可以是一直保持不变的随机数。但是，在设备的一个电源周期内静态地址不能改变。静态地址的编址规则：最高两位为1；且随机部分不能全为0也不能全为1。

不可解析地址是随机生成的，用于在一定时间内的临时地址，该类地址并不常用。不可解析地址的编址规则是：最高两位为0，且随机部分不能全为0也不能全为1。该类地址能够与静态地址和公共地址区分开。

可解析地址用于隐私保护。可解析地址由一个身份解析秘钥（IRK）和一个随机数生成，并且可以经常改变（即使是在一次连接中），以避免被其他扫描设备所识别并跟踪。只有获得可解析私有地址相应的 IRK，一台设备才能够解析该地址，并识别出对应的设备。可解析地址的编址规则是：最高位为1和0，且随机部分不能全为1也不能全为0。随机部分 hash 为24位，prand 为22位，其中 hash=func（IRK，prand）。

2）广播

低功耗蓝牙中利用广播机制取代了传统蓝牙中的发现过程（查询和扫描）及连接过程（寻呼和扫描），简化了消息交互。

广播设备在广播事件中传送广播分组，每一个事件都是以广播设备的广播分组开始。广播事件使用3个已经被定义好的广播信道，事件的第一个分组应该在索引最低的广播信道（第37信道）中发送。每一个广播事件中，广播设备会在每一个广播信道发送广播分组。广播设备在接收到合法的 CONNECT_REQ 分组时将会关闭广播事件。

一个广播事件可以是可连接（connectable）事件，也可以是不可连接（non-connectable）事件。在可连接事件中，扫描设备或发起设备均可以向广播设备发送广播分组。在不可连接事件中，只有广播设备能够发送数据分组，扫描设备和发起设备不能发送数据分组。广播设备所发送的数据分组的类型决定了广播事件是可连接事件还是不可连接事件。表10-25列出了各类广播事件中所用的数据分组类型，及允许响应的数据分组类型。表中所谓的定向（directed）是指仅与特定地址的设备进行通信交互。

设备发现涉及一个广播设备和一个扫描设备。广播设备在广播信道上形式周期性地发送广播分组。扫描设备或发起设备周期性地扫描广播信道，监听其他设备的广播信息。扫描持续时间最大为 10.24 s，两次扫描间隔应该大于 10.24 s。

表 10-25　广播事件类型及所用的 PDU 和所允许的响应 PDU

广播事件类型	所用的数据分组类型	允许扫描设备响应的数据分组类型	
		SCAN_REQ	CONNECT_REQ
可连接非定向事件	ADV_IND	√	√
可连接定向事件	ADV_DIRECT_IND	×	√ *
不可连接非定向事件	ADV_NONCONN_IND	×	×
可发现非定向事件	ADV_SCAN_IND	√	×

注：* 在可连接定向广播事件中只有地址合法的扫描设备才能响应 CONNECT_REQ 类型数据分组。

3）连接

在低功耗蓝牙中，连接建立过程非常简单：在接收到广播分组之后，主设备向从设备（可连接的广播设备）发送连接请求分组。该连接请求分组中包含连接间隔（connection interval）、从设备延迟（slave latency）、连接监视超时（connection supervision timeout）等参数。

建立连接后，两个设备可以使用该物理数据信道进行通信，并使用一个随机生成的 32 位接入地址来标识该连接的分组。

连接是在主设备和从设备之间以预定的时间进行数据交换的序列，每一次交换都称为一个连接事件。连接事件是周期性的，连接间隔参数值规定了周期。每一次连接事件内的传输使用相同的数据信道，主设备首先发送分组，从设备接收到一个数据分组时必须回复一个响应到主设备。然而，主设备在接收到从设备的数据分组后不一定需要回复发送一个数据分组。上一个数据分组传输的结束和下一个的开始之间至少要留有 150 μs 的帧间隔时间（T_IFS）。

当主和从设备持续地交替发送分组，连接事件被认为是开放的。如果两个设备都没有更多的数据需要传输，连接事件将被关闭。其他情况也会关闭一个连接事件，如两个连续的分组出现比特错误，分组的接入地址字段错误。所有数据单元要有 24 位的循环冗余校验（CRC）码来进行误码检测。

4）扫描

设备扫描又分为被动扫描和主动扫描。扫描设备只能从广播信道接收数据。

在被动扫描模式中，扫描设备仅仅监听广播包，而不向广播设备发送任何数据，过程如图 10-59 所示。事件既可以使用可连接广播事件，也可以使用不可连接广播事件。扫描设备应该应用设备过滤规则。

在主动扫描模式中，扫描设备请求广播设备发送比广播分组更多的信息。主动扫描设备在收到 ADV_DIRECT_IND 或者 ADV_NONCONN_IND 后会向广播设备发送 SCAN_REQ 分组。扫描设备应该使用随机退避计数器来减少多个扫描设备间的碰撞，退避时间是 1～upper_limit 的随机数，其中 upper_limit 为 1～256 的整数。主动扫描过程如图 10-60 所示。

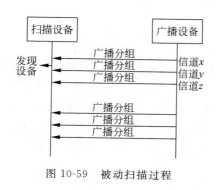

图 10-59 被动扫描过程

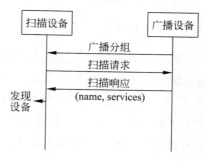

图 10-60 主动扫描过程

10.5.7.5 逻辑链路控制与适配协议(L2CAP)

在低功耗蓝牙中,L2CAP 在链路层连接上复用高层(ATT,SMP 和链路层控制信令)的协议数据。L2CAP 以尽力而为(best-effort)的方式来传递上层业务数据,而没有使用其他蓝牙版本中所用的重传和流控机制。低功耗蓝牙中也不支持分片和重组功能,因为上层协议已提供适用于 L2CAP 最大有效载荷大小(23 字节)的数据单元。

10.5.7.6 安全管理器

低功耗蓝牙利用配对(pairing)实现安全管理,在连接过程中通过密钥授权进行加密处理。密钥配对的过程为:从机在进行配对首先向主机请求密钥口令(Passkey),当从机接收到正确的密钥口令后,连接通信通过密码互换进行校验。若两设备间通信比较频繁,每次通信都需要申请连接会极大地消耗系统资源,为此安全层提供了长期签证方案。

10.5.7.7 属性协议(ATT)

ATT 协议在专用的 L2CAP 信道上定义了设备之间的应用数据传输格式,如数据传输请求、服务查询等,属性协议 PDU 的结构如图 10-61 所示。ATT 协议中采用了客户机/服务器的交互模式,客户机可以发现、读、写服务器上维护的一组属性。每个属性都有三个特性:属性类型,具有 UUID 标识;属性句柄,用来标识该属性,使客户机能够在读写请求中引用该属性;高层规范所定义的权限。

图 10-61 属性协议的 PDU

客户端通过发送请求,服务器反馈响应消息就可以访问服务器的属性。服务器也可以向客户端发送两类消息:(1)通知,无需确认;(2)指示,需要客户端返回一个确认。请求/响应和指示/确认的交互都遵循停止-等待(stop-wait)方案。

10.5.7.8　应用规范

传统蓝牙的应用规范均构建于通用访问应用规范（GAP）之上，而低功耗蓝牙的应用规范和服务皆构建于通用属性应用规范（GATT）之上。GATT 为上层的应用规范提供了框架基础，定义了数据交换结构，包括通用的操作和流程，以及数据传输框架。另外，GATT还被用于服务发现操作，而服务发现是建立蓝牙连接的前提。因此，GATT 是低耗蓝牙设备必须实现的应用规范。低功耗蓝牙中应用规范结构和依赖性如图 10-62 所示。

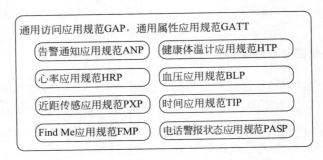

图 10-62　低功耗蓝牙中应用规范的结构

1）通用属性应用规范

属性协议（ATT）定义了两台设备之间属性读写模式，以及属性/值对的定义方式。GATT 是建立在 ATT 之上，描述了具体的服务框架，包括：将 ATT 定义的属性以服务的形式进行归类、组合，同时定义相应的读写操作流程。在 GATT 中，服务器与客户机分别维护一个属性表，二者之间的数据交换是通过属性表来进行的。属性表包含两部分：服务（services）和特征（characteristics）。特征是一组包括属性和值的数据。例如，执行"温度传感器"业务的服务器可以用一个属性来描述传感器，用第二个属性来存储温度测量值，用第三个属性来指定测量单位。GATT 的交互模式，及服务器端的数据层次结构如图 10-63 所示。

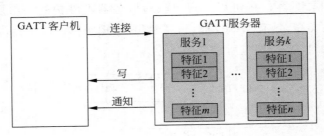

图 10-63　GATT 服务器端的数据层次结构示意图

2）通用访问应用规范

对于传统蓝牙，通用访问应用规范（Generic Access Profile，GAP）包括了对射频、基带、链路管理器、逻辑链路控制与适配器、查询服务协议等的配置功能。对于低功耗蓝牙，GAP包括了对物理层、链路层、L2CAP、安全管理器、属性协议以及通用属性协议等的配置功能。

在低功耗蓝牙中,GAP 负责设备的访问模式并提供相应的服务,这些服务包括:设备查询、设备链接、终止链接、设备安全管理初始化以及设备参数配置等。GAP 定义了在设备之间配对和建立连接的通用过程。

低功耗蓝牙中 GAP 有四种工作模式,分别为广播模式、监听模式、从机模式、主机模式。GAP 中定义了广播者(Broadcaster)、观察者(Observer)、外围(Peripheral)和中心(Central)四种角色。广播者角色用于只作为发送方的设备应用。观察者角色用于只作为接收方的设备应用。外围角色的设备可与任何设备建立连接,但在链路层的连接中只能作为从角色,且只支持单条连接。中心角色设备在同外围角色设备建立连接时作为发起者,可支持多条连接。要求支持中心角色的设备在链路层是主设备的角色,相比于其他 GAP 角色通常有更加复杂的功能。一台低功耗蓝牙设备可以同时充当广播者和外围者两个角色。

10.6　本章小结

本章主要介绍了目前在无线传感器网络系统中应用较为广泛的标准化协议。因为无线个域网相关技术的低速率、低功耗、低成本等特征,无线个域网标准化工作从一开始就纳入了无线传感器网络的范畴,IEEE 802.15.4 使用广泛,众多的射频芯片都支持或部分对该协议提供了基本支持,应用开发人员常选择相应射频芯片后开发自己私有的网络层和应用层协议。ZigBee 协议则是基于 IEEE 802.15.4 提供了网络层、应用层,以及安全框架的一套协议,目前也是广为使用的标准协议。

由于 IEEE 802.15.4 在低功耗、短距离、低成本等方面的特点,已经成为了无线传感器网络的事实标准。目前应用广泛的 ZigBee、WirelessHART、ISA 100.11a 等均基于 IEEE 802.15.4 标准。而蓝牙、WiFi 由于其较高的功耗、单跳组网,更适合于一些节点数量不多、功耗要求不严格、覆盖范围小的特定应用场合。6LowPAN 是面向无线传感器网络的 IPv6 网络互联技术规范。

因为 IP 协议在网络技术体系中的重要地位和作用,相关的研究和应用开始将 IPv6 技术引入到无线传感器网络中。IETF 的 6LowPan、ROLL、CoRE、CoAP 等工作组,开始制定基于 IEEE 802.15.4 的相关 IPv6 技术标准。6LowPan 已经被 ZigBee SEP2.0、ISA 100.11a、有源 RFID ISO 1800-7.4(DASH)等标准所采纳。

工业无线传感器网络在传统传感器网络的基础上更关注于工业应用对高可靠、硬实时和低能耗等需求,在一些恶劣的复杂的工业环境中,工业无线传感器网络具有独特的优势,也具有较大的应用潜力。从传统 HART 发展而来的 WirelessHART 则具有标准明确的特点,且兼容有线 HART。

实际上,市场还广泛存在着相关技术公司所开发私有协议,如美国 TI 公司的低功耗协议 SimpliciTI[28],Dynastream 公司开发的 ANT,Z-Wave 联盟所开发的 Z-Wave,德国的 EnOcean GmbH 公司[30] 提出的 EnOcean(自获能 energy-harvesting),INSTEON 公司的 INSTEON 网络。

习题

10.1　简述 IEEE 802.15.4 中超帧及信标的概念。

10.2　对比分析 IEEE 802.15.4 中有时隙的 CSMA 算法与无时隙 CSMA 算法。

10.3　试说明在 IEEE 802.15.4 中，若要支持长待机、小数据量应用，协议参数如何调整；若要支持高可靠性和实时性的告警数据传输，协议参数如何调整。

10.4　试分析 IEEE 802.15.4 中帧间隔时间（IFS）的作用，以及几种类型的帧间隔时间的区别。

10.5　简述 ZigBee 与 IEEE 802.15.4 标准的联系与区别。

10.6　简述 ZigBee 簇库（ZCL）的构成及用途。

10.7　为何说 ZigBee 安全是基于 IEEE 802.15.4 的安全框架？分析 ZigBee 中主要采用了哪些方法来保障数据传输的安全性。

10.8　从网络拓扑结构、设备类型（角色）来说明 ZigBee 与 IEEE 802.15.4 有何不同。

10.9　将 IEEE 802.15.4 进行 IP 化有何意义？为何选择 IPv6 而不是 IPv4？

10.10　如何实现两个 6LoWPAN 末端网络之间的互连？

10.11　对比分析 WirelessHART、ISA 100.11a、WIA-PA 三种工业无线传感器网络的网络拓扑结构。

10.12　为何说 IEEE 802.15.4/ZigBee 直接应用于对实时性要求较高的工业应用有严重的不足？

10.13　论述蓝牙 SCO 链路的主要特点及用途。

10.14　试分析蓝牙中 L2CAP 与 LMP 两个协议之间的分工与联系。

10.15　简述蓝牙的自适应跳频技术。

10.16　基于蓝牙实现多跳、自组织的无线网络需要解决哪些关键技术问题？

10.17　为何在 ZigBee、蓝牙中都定义了应用规范（Profile），并分析两种协议中应用规范的异同。

10.18　试分析 ZigBee、WirelessHART、蓝牙等协议在 2.4 GHz 频段与 WiFi 的共存性。

10.19　试分析经典蓝牙与低功耗蓝牙的主要区别。

10.20　两台低功耗蓝牙设备在 6 ms 内就可以完成从建立连接到完成数据传输全过程，请描述该过程中的具体操作。

参考文献

[1] IEEE Standard for Information Technology，IEEE-SA Standards Board. IEEE 802.15.4 Standard (2003) Part 15.4：Wireless Medium Access Control (MAC) and Physical Layer (PHY) specifications for Low-Rate Wireless Personal Area Networks (LR-WPANs). 2003.

[2] IEEE 802.15.4 Standard (2006) Part 15.4：Wireless Medium Access Control (MAC) and Physical Layer (PHY) Specifications for Low-Rate Wireless Personal Area Networks (LR-WPANs). New York：IEEE Press，2006.

［3］ Rodenas-Herraiz D，Garcia-Sanchez A J，Garcia-Sanchez F，et al. Current trends in wireless mesh sensor networks：a review of competing approaches. Sensors，2013，13：5958-5995.

［4］ Chen D，Nixon M，Mok，A. WirelessHART：real-time mesh network for industrial automation. HART Communication Foundation：Austin，TX，USA，2010.

［5］ ISA 100. 11a. in Wireless Systems for Industrial Automation：Process Control and Related Applications；International Society of Automation (ISA) Alliance：Raleigh，CA，USA，2009.

［6］ Vilajosana X，Pister K. Minimal 6TiSCH configuration-draft-ietf-6tisch-minimal-00；IETF：Fremont，CA，USA，2013.

［7］ Thubert P，Watteyne T，Palattella M，et al. IETF 6TSCH：combining IPv6 connectivity with industrial performance. In：Proc of the 2013 7th Int'l Conf on Innovative Mobile and Internet Services in Ubiquitous Computing (IMIS)，Taichung，Taiwan，3-5 July，2013：541-546.

［8］ Doherty L，Lindsay W，Simon J. Channel-specific wireless sensor network path data. In：Proc of the 16th Int'l Conf on Computer Communications and Networks (ICCCN)，Hawaii，HI，USA，13-16 August，2007：89-94.

［9］ Palattella M R，Accettura N，Vilajosana X，et al. Standardized protocol stack for the internet of (important) things. IEEE Commun. Surv. Tutor.，2012，15(3)：1389-1406.

［10］ Cano C，Bellalta B，Sfairopoulou A，et al. Low energy operation in WSNs：a survey of preamble sampling MAC protocols. Computer Networks，2011，55(15)：3351-3363.

［11］ Elahi A，Gschwender A. ZigBee wireless sensor and control network. Prentice Hall，2009，288.

［12］ Shih E，Cho S，Ickes N，et al. Physical layer driven protocol and algorithm design for energy-efficient wireless sensor networks. In：Proc of the ACM MobiCom 2001. Rome：ACM Press，2001.

［13］ Gislason Drew，Gillman Tim. ZigBee wireless sensor networks：ZigBee is an emerging wireless protocol designed for low-cost，high-reliability sensor networks. Software Tools for the Professional Programmer，2004，29：40-42.

［14］ IEEE 802. 15. 4，Part 15. 4：Wireless Medium Access Control (MAC) and Physical Layer (PHY) Specifications for Low-Rate Wireless Personal Area Networks (LR-WPANs). October，2003.

［15］ Kushalnagar N，Montenegro G，Schumacher C. IPv6 over low-power wireless personal area networks (6LoWPANs)：overview，assumptions，problem statement，and goals. IETF RFC 4919，August 2007.

［16］ Montenegro G，Kushalnagar N，Hui J，et al. Transmission of IPv6 packets over IEEE 802. 15. 4 networks. IETF RFC 4944，September 2007.

［17］ Zach Shelby，Carsten Bormann. 6LoWPAN：the wireless embedded Internet. John Wiley & Sons Ltd，2009.

［18］ Hui J，Thubert P. Compression format for IPv6 datagrams over IEEE 802. 15. 4-based networks. IETF RFC 6282，Sep 2011，http://tools. ietf. org/pdf/rfc6282.

［19］ Schor L. IPv6 for wireless sersor networks. Swiss Federal Institute of Technology Zurich，Department of Information Technology and Electrical Engineering，2009.

［20］ Blanchet M. RFC-5156：special-use IPv6 addresses. Available：http://tools. ietf. org/html/rfc5156.

［21］ Daniel Park S，Montenegro G，Kushalnagar N. 6LoWPAN：Ad Hoc on-demand distance vector routing (LOAD). draft-daniel-6lowpan-load-adhoc-routing-03，2007.

［22］ Kim E，Kaspar D，Gomez C，et al. Problem statement and requirements for IPv6 over low-power wireless personal area network (6LoWPAN) routing (RFC 6606，May 2012). https://datatracker. ietf. org/doc/rfc6606/.

［23］ Guinard D，Ion I，Mayer S. In search of an internet of things service architecture：REST or WS-* ? A developers' perspective. In：Proc. MobiQuitous (Copenhagen，Denmark)，2011.

［24］ Hartke K. Observing resources in CoAP. I-D：draft-ietf-core-observe-08，2013.

［25］ Leopold M，Dydensborg M B，Bonnet P. Bluetooth and sensor networks：a reality check. In：Proc of the 1st Int'l Conf on Embedded Networked Sensor，Los Angeles，California，USA，2003：103-113.

［26］ Specification Core Version 4. 0. http：//www. bluetooth. org/Technical/Specifications/adopted. htm.

［27］ Gomez C，Oller J，Paradells J. Overview and evaluation of bluetooth low energy：an emerging low-power wireless technology. Sensors，2012，12(9)：11734-11753.

［28］ SimpliciTI Specification. Texas Instruments，2007.

［29］ Z-Wave Alliance. http：//www. z-wavealliance. org/.

［30］ EnOcean GmbH Company. http：//www. enocean. com.

［31］ Petersen S，Carlsen S. WirelessHART vs. ISA 100. 11a：the format war hits the factory floor. IEEE Industrial Electronics Magazine，2011，5(4)：23-34.

第 11 章

感 知 覆 盖

导读

本章首先介绍传感器网络覆盖技术的需求和研究内容,相关的基本概念和术语;然后介绍节点的感知模型和覆盖问题的分类,分析覆盖技术研究面临的主要挑战;接着,本章采用基于覆盖对象类型的分类方式,重点讲解了针对点覆盖、区域覆盖和栅栏覆盖三类覆盖问题的经典算法和协议;最后,本章还介绍了传感器网络覆盖技术的一些新的研究方向和最新进展。

引言

传感器网络的基本任务是获取监测区域内的目标的信息,依靠节点携带的传感器来完成信息的采集,传感器对信息敏感的有效感知空间范围是节点的感知覆盖区域。由于单个节点的感知覆盖区域有限,多数传感器网络应用涉及到大范围的监测,因此传感器网络通常需要利用大量节点的协同感知来完成监测任务。传感器网络中所有节点感知的空间范围形成了网络的感知覆盖区域,它反映了传感器网络对监测区域的感知性能,也是传感器网络服务质量(QoS)的重要指标之一。

传感器网络的感知覆盖区域是由节点的感知能力和节点在监测区域中的位置分布等因素决定的。感知模型描述单个传感器节点在其感知范围内的检测能力,目前提出了布尔感知模型、概率感知模型和混合感知模型等节点感知模型。由于应用需求多样、传感器节点类型多样,因此,在面向具体应用的覆盖研究中,也提出了更多的节点感知模型和覆盖问题的形式化表述,考虑了在实际应用中的约束条件,如节点的部署可靠性与部署代价、节点调度条件下的网络生存时间延长等。

传感器网络的部署方式影响监测区域中节点的位置分布,极大地影响网络的覆盖性能。根据节点不同部署方式,可将覆盖问题分为确定性覆盖和随机覆盖两大类。确定性覆盖的网络往往采用人为方式部署节点,节点的位置确定,一般适用于环境状况良好、人为可以到达的区域。与确定性覆盖相对应的是随机覆盖,它一般针对环境恶劣或存在危险的地区,节点通过飞机、炮弹等载体随机抛撒在目标区域内。

按照被监测目标或区域的不同样式和要求,可将覆盖问题分为区域覆盖、点覆盖和栅栏覆盖三类。区域覆盖是指目标区域中的每个点都要至少被一个传感器节点覆盖。点覆盖实现对某一特定点集的覆盖①。若监测的力度达不到应用事先规定的性能要求，称为覆盖盲区。

传感器网络的覆盖技术研究在节点的能量、无线通信带宽、计算处理能力等资源受限的情况下，通过节点的部署、工作睡眠调度等手段，优化分配传感器网络的各种资源，提高对监测区域的有效感知性能。节点的部署和调度是传感器网络覆盖技术的主要研究内容。节点部署通过优化监测区域中传感器节点的位置分布，以尽可能少的节点来满足覆盖要求，从而降低网络的构建成本。节点调度是在保证应用覆盖需求的前提下，让网络中的一部分节点进入睡眠状态，节点之间交替工作来节省能量，延长网络的生存周期。行之有效的覆盖机制，不仅有助于提高整个网络的感知性能和能量效率，而且有助于延长网络的生存时间。另一方面，复杂的覆盖算法也可能加大网络的存储、管理代价。

11.1 覆盖基本知识

11.1.1 基本概念和术语

1) 部署、覆盖和连通

节点部署是传感器网络应用实施的基础，监测区域中节点的密度和位置分布影响网络的覆盖质量。根据传感器网络的应用环境和需求，有确定性部署和随机部署两种节点部署方式。在传感器网络规模较小、人易于到达的部署环境，可以采用人工方式将节点部署在监测区域中确定的位置上，这种部署方式称为确定性部署。而在大规模的传感器网络应用，或人难以到达、危险的环境，如战场、核泄露和地质灾害区域等，通过飞机撒播等方式将节点随机部署在监测区域中，这种节点位置具有随机性的部署方式称为随机部署。

对于采用确定性部署方式的传感器网络，覆盖问题主要是考虑如何优化节点在监测区域中的部署位置，用尽可能少的节点来达到应用的覆盖要求，降低网络的构建成本。对于采用随机部署方式的传感器网络，覆盖问题侧重于考虑如何在保证网络覆盖质量的前提下，合理地调度网络中的节点交替性地工作和睡眠，延长网络的生存周期。此外，传感器网络在初次部署时，特别是随机部署的情况下，网络覆盖可能达不到应用要求，以及网络在运行过程中可能由于节点失效而达不到预期的任务目标。在这些情况下，传感器网络需要在监测区域中进行增量部署，通过增加一些新的节点或者将移动节点部署到更合适的位置来改善网络的监测性能。

感知和传输是传感器网络的两个基本功能。网络覆盖实现传感器网络对监测区域的感知功能，网络的覆盖质量影响感知信息采集的准确性和完整性。网络连通实现传感器网络的传输功能，网络的连通状况决定感知信息能否成功传输到用户。对于采用多跳方式的传感器网络，网络覆盖与网络连通密切相关，节点采集的感知信息需要依靠连通的网络传输到用户。网络覆盖依赖于节点的感知范围，节点的感知范围由携带的传感器件的物理性能决定，通常不可以调节。网络连通依赖于节点的通信范围，节点的通信范围可以通过调节射频

---

① 栅栏覆盖是考虑移动目标穿越无线传感器网络的部署区域时，如何保证移动目标被网络检测的问题。

天线的发射功率进行控制。文献[1]给出了覆盖与连通之间的关系:假设传感器节点的感知范围和通信范围是一个单位圆区域,感知半径和通信半径分别为 R_S 和 R_C。如果监测区域连续,并且节点的通信半径与感知半径满足关系 $R_C \geqslant 2R_S$,那么对监测区域的全覆盖,即监测区域内的任意一点都被覆盖,就能保证网络连通。

2) 基本术语

- **监测对象**:传感器网络监测的物理实体,可以是固定或移动的目标、孤立或连续的区域,如工厂里的机器、森林中的火灾区域、动物的活动路径等。
- **覆盖率**:传感器网络对监测对象的覆盖比例。当监测对象为离散目标时,覆盖率是网络实际覆盖的对象个数与总的被监测对象个数的百分比;当监测对象为连续区域时,覆盖率是网络实际覆盖的区域面积与总的被监测区域面积的百分比。
- **全覆盖**:所有监测对象都被传感器网络覆盖,即覆盖率为 100%。
- **覆盖度**:传感器网络对监测对象的覆盖重数,等价于同时覆盖监测对象的传感器节点个数。
- **k-覆盖**:监测对象至少被 k 个传感器节点同时覆盖,等价于网络的覆盖度为 k,如图 11-1 所示。
- **检测概率**:传感器节点或网络成功检测到监测区域中的目标信息或发生事件的概率。
- **连通**:网络中的任意两个工作节点之间都至少存在一条通信路径。
- **k-连通**:网络中任意的两个工作节点之间都至少存在 k 条独立的通信路径,如图 11-2 所示。k-连通网络的特点是去掉 $k-1$ 个节点仍然连通,但去掉 k 个节点就可能不连通。

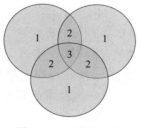

图 11-1　k-覆盖示例

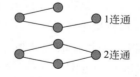

图 11-2　k-连通示例

11.1.2　节点感知模型

节点感知模型描述单个传感器节点在其感知范围内的检测能力。节点的感知模型由携带的传感器的物理特性决定,不同传感器类型的节点具有不同的感知模型。下面介绍布尔感知模型、概率感知模型和混合感知模型三种节点感知模型,如图 11-3 所示。

1) 布尔感知模型

布尔感知模型[2]的感知范围是一个以节点为圆心,半径为 R_S 的圆形区域,如图 11-3(a)所示。节点对其感知范围内的目标的检测概率为 1,对其感知范围外的目标的检测概率为 0。

(a) 布尔感知模型   (b) 概率感知模型   (c) 混合感知模型

图 11-3   三种节点感知模型

因此，布尔感知模型又称为 0-1 感知模型。布尔感知模型的数学表示为

$$C(s,z) = \begin{cases} 1, & d(s,z) \leqslant R_S \\ 0, & d(s,z) > R_S \end{cases} \tag{11-1}$$

其中，$C(s,z)$ 表示节点对目标的检测概率，$d(s,z)$ 表示节点与目标之间的欧氏距离，R_S 表示节点的感知半径。布尔感知模型是最简单的节点感知模型，也是覆盖问题研究中经常使用的模型。但由于传感器对不同距离的目标的检测概率往往不同，布尔感知模型的缺点是没有反映出检测概率与目标距离之间的关系。

2) 概率感知模型

概率感知模型[3]认为传感器节点对目标的检测概率随着节点和目标之间距离的增加而衰减，并呈负指数关系。因此，概率感知模型又称为负指数感知模型。概率感知模型的数学表示为

$$C(s,z) = e^{-ad(s,z)} \tag{11-2}$$

其中，参数 α 表示检测概率随距离的衰减程度。概率感知模型在二维空间上是一个以传感器节点为中心，检测概率呈指数衰减的圆形区域，如图 11-3(b) 所示。

与布尔感知模型相比，概率感知模型反映了节点感知能力与目标距离之间的关系。从公式(11-2)可以看出，只有当节点与目标处于相同位置时，检测概率才为 1；当节点与目标距离无穷远时，检测概率才为 0。这与实际使用的传感器的检测能力并不非常相符。通常，节点对一定范围内的目标的检测概率都能达到 1，而对超过一定范围的目标的检测概率则趋于 0，对于在这两个范围之间的目标的检测概率随距离衰减。

3) 混合感知模型

混合感知模型[4]假设当节点与目标的距离在 $R_S - R_U$ 范围内时，检测概率为 1；在 $R_S - R_U$ 与 R_S 之间，检测概率与距离呈负指数关系；超过 R_S 范围时，检测概率为 0。混合感知模型结合了布尔感知模型和概率感知模型的特点，更真实地反映了传感器节点对目标的实际感知效果。混合感知模型的数学表示为

$$C(s,z) = \begin{cases} 0, & R_S \leqslant d(s,z) \\ e^{-\lambda a^{\beta}}, & R_S - R_U < d(s,z) < R_S \\ 1, & R_S - R_U \geqslant d(s,z) \end{cases} \tag{11-3}$$

其中，参数 λ 和 β 用于表示检测概率随距离的衰减程度，$a = d(s,e) - (R_S - R_U)$，R_S 表示节

点的感知范围，R_U表示检测概率指数衰减的感知范围。混合感知模型在二维空间上是一个以传感器节点为中心，由圆和圆环组成的区域，如图11-3(c)所示。

在三种基本感知模型的基础之上，提出了多种其他的衍生模型，比如分段感知模型[5]和有向感知模型[6]。分段感知模型假设节点的感知区域由一组以节点位置为中心的圆环构成，对同一圆环内各点处的目标的检测概率相同，对不同圆环内的目标的检测概率随距离的增加而衰减，如图11-4(a)所示。有向感知模型是指节点只能对一定视角方向或者角度范围内的目标进行检测，其感知区域是以节点位置为圆心的扇形区域，如图11-4(b)所示。有向感知模型适用于感知范围具有方向性限制的节点，比如一些声学和光学传感器节点。

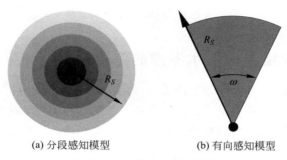

(a) 分段感知模型　　　　　(b) 有向感知模型

图 11-4　其他节点感知模型

11.1.3　覆盖问题的分类

传感器网络是一个典型的应用相关的网络，不同的应用场景对传感器网络覆盖的需求和考虑也不一样。为了能从不同的角度研究传感器网络的覆盖技术，有必要对覆盖问题进行分类。下面介绍两种常用的分类方式。

1）确定性覆盖和随机覆盖

根据传感器网络的部署方式分类，把覆盖问题分为确定性覆盖问题和随机覆盖问题。确定性覆盖问题针对采用确定性方式部署的传感器网络，重点关注节点的部署，通过优化节点在监测区域中的位置分布，以尽量少的节点来达到应用的覆盖要求，节约网络的构建成本。随机覆盖问题应用于随机部署的传感器网络，主要关注节点的调度，通过网络中节点间的协作感知和相互交替地工作睡眠，在保证网络覆盖质量的前提下，延长网络的生存周期。

2）点覆盖、区域覆盖和栅栏覆盖

根据覆盖对象类型分类，把覆盖问题分为点覆盖问题、区域覆盖问题和栅栏覆盖问题三类。点覆盖问题的覆盖对象是分布在监测区域中的若干个离散的监测目标，要求这些监测目标都要被节点覆盖。区域覆盖问题的覆盖对象是一片完整的监测区域，理想情况下，要求监测区域内的任意一点都要被节点覆盖。栅栏覆盖问题的覆盖对象是移动目标在传感器网络中的穿越路径，要求穿越路径上的任意位置都要被节点覆盖。图11-5是点覆盖、区域覆盖和栅栏覆盖的示意图，图中的黑色圆圈表示节点，空心圆圈表示睡眠节点，虚线圆圈表示节点的感知范围，灰色方框表示被监测对象。

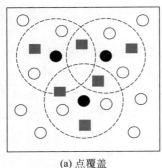
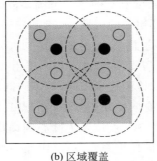
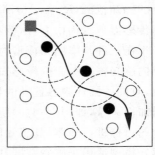

| (a) 点覆盖 | (b) 区域覆盖 | (c) 栅栏覆盖 |

图 11-5　点覆盖、区域覆盖和栅栏覆盖示意图

11.1.4　传感器网络覆盖技术考虑的主要因素

传感器节点的能量、计算和通信资源受限，部署环境恶劣，不同的应用给传感器网络的覆盖提出了不同的需求，这些都是传感器网络覆盖算法和协议设计面临的重要挑战。此外，针对不同的应用环境和需求，传感器网络覆盖技术研究考虑的因素还包括以下几个方面。

1）覆盖质量

在传感器网络应用中，覆盖质量直接影响网络对监测区域的感知性能，保障网络的覆盖质量是传感器网络覆盖技术的首要考虑。覆盖质量主要包含覆盖率、覆盖度和检测概率三个指标。覆盖率越高，对监测区域感知信息获取的完整性越高；覆盖度越大，对监测区域感知信息获取的可靠性越高；检测概率越高，对移动目标穿越网络的发现概率越大。在大规模随机部署的传感器网络应用中，节点部署密度和位置分布的不确定性使得控制节点之间的相互协作来提高网络的覆盖质量成为覆盖技术的面临的重要挑战。

2）能量高效

传感器网络的节点采用能量有限的电池供电，并且一般难以通过更换电池补充能量，因此能量高效是传感器网络覆盖技术研究必须考虑的重要因素。如何在保证应用覆盖质量需求的前提下，让更多的节点处于睡眠状态或者延长节点的睡眠时间是覆盖算法和协议设计面临的一个主要难点。

3）网络连通性

传感器网络以数据为中心，对监测区域的感知信息通过无线自组织和多跳的方式传输给汇聚节点。网络的连通是保障感知信息成功传输和获取的必要条件。在多跳的传感器网络中，如何合理地部署和调度节点，在满足应用覆盖需求的同时，保证网络中的工作节点之间相互连通是覆盖技术研究面临的一个重要挑战。

4）网络动态性

在一些特殊的移动应用环境，比如传感器网络的节点具有移动能力或者网络的监测对象是移动目标等，覆盖问题需要考虑节点移动或者目标移动等网络动态特性。在网络动态性特征明显的环境中,节点与节点之间没有固定的连接关系,节点与目标之间也没有固定的覆盖关系。因此,怎样在动态网络中控制节点之间的相互协作,达到应用的覆盖需求是移动环境下传感器网络覆盖技术需要解决的一个重要难题。

此外,在设计传感器网络的覆盖算法和协议时,算法的精确性、执行复杂度、可扩展性,以及协议是否需要依赖节点的位置信息、是否需要专门的协议控制消息、是否需要节点间的时间同步等也是经常关注的因素。

11.2 点覆盖

点覆盖是传感器网络中最简单的一类覆盖问题,它关注的是如何用传感器节点覆盖分布在监测区域中的有限数量的监测目标。根据传感器网络的部署方式,点覆盖可以进一步分为确定性点覆盖和随机点覆盖。

11.2.1 确定性点覆盖

确定性点覆盖应用于采用确定性部署方式的传感器网络,比如,在蔬菜大棚内部署传感器节点采集指定位置处的温度、湿度、光照等环境因子。确定性点覆盖主要研究节点的部署,给定有限数量的监测目标,确定覆盖这些监测目标所需的最少的节点数目以及节点的部署位置。下面介绍两个典型的确定性点覆盖算法:基于最小集合的点覆盖算法和基于最小生成树的点覆盖算法。

1) 基于最小集合的点覆盖算法

基于最小集合的点覆盖算法是针对确定性点覆盖问题提出的一种节点部署方法,它假设监测目标的位置是已知的,节点部署在监测区域中的某些限定位置上。算法的核心思想是从这些限定位置中选择出最佳的位置部署节点,得到一个最小集合,使最小集合中的节点可以完全覆盖监测目标。

在基于最小集合的点覆盖算法中,关键的问题是求解覆盖监测目标的最小集合,即:给定 m 个位置已知的监测目标,记为集合 $Z=\{z_1,z_2,\cdots,z_m\}$;节点可以部署在 n 个限定的位置上,记为集合 $S=\{s_1,s_2,\cdots,s_n\}$;每个节点覆盖一个或者多个监测目标,$s_i=\{z_{i1},z_{i2},\cdots,z_{ij}\}$,$s_i\subseteq Z$;寻找一个最小集合 C,$C\subseteq S$,使 C 中的节点可以覆盖集合 Z 中的所有监测目标:

$$Z=\bigcup_{s_i\in C}s_i \tag{11-4}$$

上述最小集合的问题被证明是一个 NP 难问题,求解该问题的一个经典算法是图 11-6 中的贪心算法。它的基本思想是在算法执行的每一步中,选择一个可以覆盖最多剩余监测目标的节点,直到所有监测目标都被节点覆盖。

如图 11-7 所示,监测区域中有 15 个监测目标,节点按照网格方式排列,可以部署在 9 个限定的位置上。利用图 11-6 中的贪心算法,依次选择覆盖最多剩余监测目标的节点,即 s_2、s_6、s_4、s_8、s_3,最终得到最小集合 C 为 $\{s_2,s_3,s_4,s_6,s_8\}$。

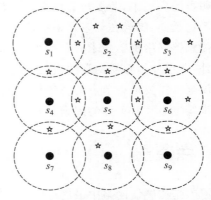

GREEDY-SET-COVER(*S*,*Z*)
1. $U \leftarrow Z$
2. $C \leftarrow \varnothing$
3. **while** $U \neq \varnothing$
4. 　　**do** select an $s_i \in S$ that maximizes $|s_i \cap U|$
5. 　　$U \leftarrow U - s_i$
6. 　　$C \leftarrow C \cup s_i$
7. 　　**return** C

图 11-6　最小集合问题的贪心算法　　　　　图 11-7　最小集合问题的贪心算法示例

基于最小集合的点覆盖算法是一个集中式的算法，需要预先知道或者评估节点部署在各个限定位置时对监测目标的覆盖情况，据此选择最佳的部署位置，使用最少的节点覆盖所有监测目标。

2）基于最小生成树的点覆盖算法

针对确定性部署的传感器网络应用，美国伦斯勒理工学院的 Kar 等人基于最小生成树的方法，提出了一种保证网络连通的确定性点覆盖算法[7]。该算法首先以所有监测目标为顶点构建最小生成树，然后部署节点覆盖各个监测目标，最后沿着最小生成树的各边部署节点实现网络的连通。

在基于最小生成树的点覆盖算法中，假设所有节点具有相同的感知半径和通信半径，并且节点的感知半径与通信半径相等。算法的具体工作流程如下：

（1）以监测区域中的所有监测目标为顶点，相邻监测目标之间的物理距离作为边的权重构建最小生成树，最小生成树以最小的代价实现各个顶点之间的连通，如图 11-8(a)所示；

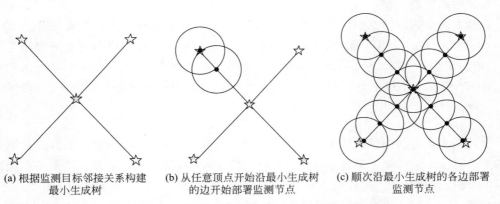

(a) 根据监测目标邻接关系构建　　(b) 从任意顶点开始沿最小生成树　　(c) 顺次沿最小生成树的各边部署
　　　　最小生成树　　　　　　　　的边开始部署监测节点　　　　　　　　监测节点

图 11-8　基于最小生成树的点覆盖算法示例

（2）选择最小生成树的任意顶点作为初始位置，部署一个节点覆盖该监测目标；然后沿着最小生成树的边，在已部署节点的感知区域与最小生成树边的交点处部署一个新的节点，如图 11-8(b)所示;这样,每一次部署都能保证已部署节点相互连通,同时节点感知区域间的重叠最小,需要部署的节点最少;

(3)以此递推,直至沿着最小生成树的各边都部署好节点,最终所有监测目标都被覆盖,并且整个网络连通,如图 11-8(c)所示。

基于最小生成树的点覆盖算法操作简单,部署方便,能保证对监测目标的完全覆盖,同时以最小的通信代价实现网络连通。其不足之处是,当监测目标较少,且相互距离较远时,需要部署大量的冗余节点作为传输中继来实现覆盖节点之间的连通。

11.2.2 随机点覆盖

随机点覆盖应用于采用随机部署方式的传感器网络,比如,在战场环境通过飞机播撒节点覆盖敌方阵地上的雷达站或者导弹发射点。随机点覆盖主要研究节点的调度,在保证对所有监测目标覆盖要求的前提下,通过节点间的交替工作和睡眠来延长网络的生存周期。下面介绍典型的随机点覆盖算法:基于覆盖集的点覆盖算法。

针对随机部署的传感器网络中存在冗余节点的情况,美国佛罗里达州大西洋大学的 Cardei 等人基于集合划分和轮换调度的思想,提出了一种基于覆盖集的点覆盖算法[8]。该算法首先将网络中的所有节点划分为若干个互不相交的覆盖集,每一个覆盖集都能独立地完全覆盖监测目标;然后依次对各个覆盖集轮换调度,在满足应用覆盖要求的前提下,减少节点的能量消耗来延长网络的生存周期。

假设监测区域中有 m 个监测目标,记为集合 $Z=\{z_1, z_2, \cdots, z_m\}$;$n$ 个节点随机部署在监测区域中,记为集合 $S=\{s_1, s_2, \cdots, s_n\}$;每个节点覆盖一个或者多个监测目标,$s_i=\{z_{i1}, z_{i2}, \cdots, z_{ij}\}$,$1 \leqslant i \leqslant n$,$1 \leqslant j \leqslant m$。定义集合 C_i 是集合 Z 的一个覆盖集,$C_i \subseteq S$,当且仅当 C_i 中的节点覆盖了 Z 中的所有监测目标,即 $Z=\bigcup_{s_i \in C_i} s_i$。在基于覆盖集的点覆盖算法中,问题的关键是寻找出集合 S 可以划分的最大数量的不相交覆盖集,称为最大不相交覆盖集问题。作者证明该问题是一个 NP 完全问题,并在文献[8]中提出了一种基于混合整数规划的启发式算法。

基于覆盖集的点覆盖算法是一个集中式算法,主要工作过程如下:节点在随机部署后,向 sink 节点报告各自可以覆盖的监测目标;sink 节点收集所有节点报告的相关信息后,运行最大不相交覆盖集问题的启发式算法,求解出所有的互不相交的覆盖集;sink 节点依次轮询调度各个覆盖集,属于当前调度的覆盖集的节点工作,其他节点睡眠。

如图 11-9 所示,监测区域中有监测目标 z_1、z_2、z_3,节点 s_1、s_2、s_3、s_4 随机部署在监测区域中,$s_1=\{z_1, z_2\}$,$s_2=\{z_2, z_3\}$,$s_3=\{z_1, z_3\}$,$s_4=\{z_1, z_2, z_3\}$。传感器节点可以划分为两个互不相交的覆盖集,即 $C_1=\{s_1, s_2\}$,$C_2=\{s_3, s_4\}$。

假定所有节点具有相同的剩余能量 1,节点工作时单位时间的能耗为 1,睡眠时的能耗为零。利用基于覆盖集的点覆盖算法,网络中的两个覆盖集轮换调度,分别可以工作 1 个单位时间,整个网络的生存周期为 2 个单位时间。而如果不采用调度算法,网络中的所有节点在同一时间消耗完能量,整个网络的生存周期只有 1 个单位时间。因此,基于覆盖集的点覆盖算法通过覆盖集的划分和轮流工作,在满足覆盖需求的前提下,延长了网络的生存周期。

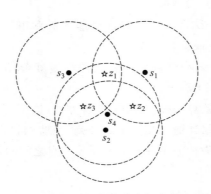

图 11-9   基于覆盖集的节点调度算法示例

11.3   区域覆盖

区域覆盖是传感器网络中较为常见的一类覆盖问题,它的目标是覆盖一片连续的监测区域。理想情况下,区域覆盖要求监测区域内的任意一点都至少要被一个传感器节点所覆盖。根据传感器网络的部署方式,区域覆盖可以进一步分为确定性区域覆盖和随机区域覆盖。

11.3.1   确定性区域覆盖

确定性区域覆盖应用于采用确定性部署方式的传感器网络,比如传感器网络用于地面移动目标的定位和跟踪,要求部署节点覆盖整个地面区域。确定性区域覆盖主要研究节点的部署,目标是用最少的节点完全覆盖监测区域,下面介绍一个典型的确定性区域覆盖算法——圆盘覆盖算法。

针对确定性部署方式的传感器网络应用,美国伦斯勒理工学院的 Kar 等人基于圆盘重叠覆盖的思想,提出了保证网络连通的圆盘覆盖算法[7]。该算法的基本思想是将节点的感知区域用圆盘表示,利用圆盘的重叠放置实现对监测区域的完全覆盖,同时保证网络连通。

假设节点具有相同的感知半径和通信半径,表示为 r。首先考虑如何用最少的节点覆盖一条直线,同时要求节点之间连通。如图 11-10 所示,当相邻节点间的距离恰好为通信半径 r 时,沿着直线放置的节点彼此连通,同时覆盖区域的重叠最小,因此所需的节点数最少,这种放置方式称为 r-strip。

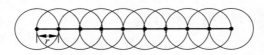

图 11-10 r-strip 放置方式

圆盘覆盖算法以 r-strip 为基础实现对监测区域的完全覆盖,覆盖过程主要包括两步:
第一步,横向放置 r-strip 覆盖监测区域。

首先,在监测区域内的任意位置横向放置第一个 r-strip。然后,在第一个 r-strip 的两侧平行放置若干个 r-strip 直至整个监测区域被覆盖。可以证明,当相邻两个 r-strip 之间

的距离恰好为 $\sqrt{3}r/2+r$，并且一个 r-strip 的节点感知边界之间的交点正好被另一个 r-strip 的节点感知边界覆盖时，相邻 r-strip 之间的覆盖重叠最小。此时，完全覆盖监测区域所需的 r-strip 数目最少，如图 11-11(a)所示。

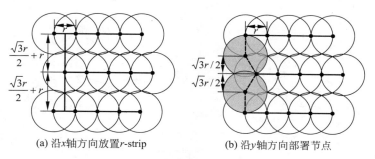

(a) 沿 x 轴方向放置 r-strip　　　　　(b) 沿 y 轴方向部署节点

图 11-11　圆盘覆盖的节点部署过程

第二步，沿纵向部署节点实现网络连通。

对于横向放置的 r-strip，相互之间的距离大于 r，不能直接通信。因此，需要在相邻的 r-strip 之间沿纵向部署节点实现网络连通，如图 11-11(b)所示。图中的灰色圆盘代表纵向部署的节点，虚线代表相邻 r-strip 之间的通信路径。

圆盘覆盖算法是一个简单的确定性区域覆盖算法，具有很好的可操作性和扩展性，能实现对任意形状区域的完全覆盖，同时保证网络连通。但圆盘覆盖算法是一个近似算法，对监测区域完全覆盖所需的节点数约为最优解的 2.6 倍。

11.3.2　随机区域覆盖

随机区域覆盖主要针对大规模随机部署的传感器网络应用，比如森林火灾区域的监测、泥石流灾害区域的监测等。随机区域覆盖主要研究节点调度，在保证应用覆盖需求的前提下，通过节点间的交替工作和睡眠来延长网络的生存周期。下面介绍三个典型的随机区域覆盖算法：PEAS 算法、OGDC 算法和 CCP 算法。

1) PEAS 算法

PEAS(Probing Environment and Adaptive Sleeping)是由美国加州大学洛杉矶分校的 Fan Ye 等人提出的，采用分布式机制实现的节点调度算法[9]，适用于节点大规模随机部署的传感器网络应用。它的基本思想是每个节点独立地探测邻近区域内是否有工作节点，如果有，表明邻近区域已经被覆盖，节点就睡眠来节省能量；如果没有，节点就开始工作，覆盖邻近区域。

在 PEAS 中，节点有三种状态：睡眠状态、探测状态和工作状态，各个状态之间的转移关系如图 11-12 所示。初始时刻，所有节点都处于睡眠状态，睡眠时间 t_s 由概率密度函数 $f(t_s)=\lambda \mathrm{e}^{-\lambda t_s}$（$\lambda$ 为探测速率）随机产生。节点醒来后以适当的发射功率在探测区域 R_p 内广播探测消息，进入探测状态。如果 R_p 内有工作节点，在收到探测消息后需要回复应答消息，该应答消息也在 R_p 内传播。如果探测节点收到一个应答消息，则认为探测区域 R_p 被应答

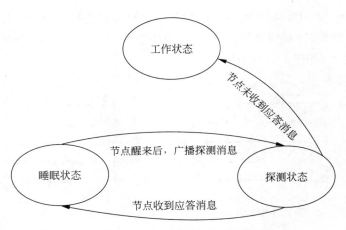

图 11-12 PEAS 的节点状态转移图

节点覆盖，因此返回睡眠状态；相反，如果探测节点没有收到应答消息，则进入工作状态，直到节点的能量耗尽为止。

下面，用图 11-13 中的示例进一步描述 PEAS 中节点的探测过程。时刻 t_1：节点 2 和节点 3 处于工作状态，节点 1 醒来，在探测区域 R_p 内广播探测消息，未收到应答消息，因此节点 1 进入工作状态，覆盖自己的邻近区域。时刻 t_2：节点 4 醒来，在 R_p 内广播探测消息，节点 2 处于工作状态，在收到探测消息后回复应答消息，节点 4 收到应答消息后得知探测区域内已经有工作节点，因此返回睡眠状态。时刻 t_3：节点 2 因为能量耗尽失效，其邻近区域不能被覆盖。时刻 t_4：节点 4 再次醒来，在 R_p 内广播探测消息，由于没有收到回复，节点 4 进入工作状态，代替失效的节点 2 覆盖自己的邻近区域。

从上面的示例可知，探测距离 R_p 决定网络中工作节点的密度，对网络的覆盖质量、连通

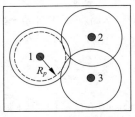

时刻 t_1：节点1探测，未收到回复，进入工作状态

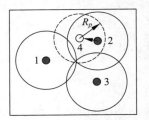

时刻 t_2：节点4探测，收到2的回复，返回睡眠状态

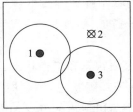

时刻 t_3：节点2因为能量耗尽而失效

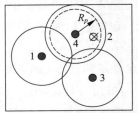

时刻 t_4：节点4探测，未收到回复，取代2开始工作

图 11-13 PEAS 的节点探测

性以及能量消耗都有直接影响。R_p 越大，网络中工作节点的密度越小，可以节省更多的网络能量，但同时可能会导致对监测区域的覆盖漏洞，以及网络不能连通。相反，R_p 越小，网络中工作节点的密度越大，网络的覆盖质量和连通性都会提高，但同时网络的能量消耗也会增大。因此，R_p 的取值需要兼顾网络的覆盖质量、连通性以及能量消耗，由具体的应用需求确定。比如在一个传感器网络应用中，节点的感知半径为 10 m，通信半径为 20 m，为了实现对监测区域的可靠感知，应用要求工作节点间的最大距离小于 3 m。这种情况下，R_p 应该设定为 3 m，保证应用要求的覆盖质量。

PEAS 算法是一个完全分布式的节点调度算法，通过对网络中工作节点的密度控制，能在满足应用覆盖需求的前提下，有效延长网络的生存周期。此外，PEAS 中的各个节点通过独立探测来决定自己工作或睡眠，能适应网络中节点失效的情况。

2）OGDC 算法

最佳地理密度控制算法（Optimal Geographical Density Control，OGDC）是由美国伊利诺伊大学香槟分校的 Honghai Zhang 等人提出的一种基于局部范围内工作节点的密度控制实现的连通覆盖算法[10]。该算法旨在以最少数量的工作节点来实现对监测区域的全覆盖，进而达到能量高效的目的。

在文献[10]中，作者首先研究了覆盖和连通的关系，得出结论：当节点通信半径至少是感知半径的 2 倍时，对监测区域的完全覆盖就能同时保证网络连通；并且，如果通信半径继续加大，节点通信范围之间的重叠区域就会随之增大，造成相互干扰，导致网络的通信容量降低。因此，最佳的情况是调节通信半径恰好等于感知半径的 2 倍。进一步，作者分析了监测区域被完全覆盖的条件，证明如果一个或者多个节点被部署在监测区域内，且这些节点中至少有两个节点的感知区域相交，则监测区域内的所有交点被覆盖就能保证整个监测区域被完全覆盖。在此基础上，作者证明在满足监测区域完全覆盖的情况下，节点感知区域之间的重叠最少时，所需要的工作节点数量最小。据此，作者给出了以最少工作节点实现对监测区域完全覆盖的理想条件，即网络中任意 3 个相邻的节点要能构成一个边长为 $\sqrt{3}r_s$ 的等边三角形，其中 r_s 是节点的感知半径，如图 11-14(b)所示。

OGDC 算法基于以上的研究结论进行设计，并且采用睡眠调度的方式让非工作节点进入睡眠状态来节省能量。在 OGDC 算法的协议实现中，节点可能处于三种状态：不确定状态"UNDECIDED"、工作状态"ON"和睡眠状态"OFF"。协议被设计成分轮执行，每轮都由工作节点选择阶段和稳定运行阶段构成。在每轮开始时，所有节点都被唤醒，进入"UNDECIDED"状态，开始选择工作节点。首先，各节点检查自身的能量，如果超过阈值 P_t，则以随机概率 p 竞争充当初始工作节点；在初始工作节点确定后，根据下面的两个准则选择其他的工作节点：（1）如果已知一个工作节点的位置，则与它距离最接近 $\sqrt{3}r_s$ 的邻居节点被选为工作节点，如图 11-15 中的节点 B；（2）如果已知两个工作节点的位置，则与图 11-15 中节点 C_1 或 C_2 距离最接近的节点被选为工作节点。

在工作节点选择阶段结束后，选择出的所有工作节点从"UNDECIDED"状态变为"ON"状态，其他非工作节点进入"OFF"状态。然后，协议进入稳定运行阶段。在此阶段，所有节点一直保持其所处的状态不变，由处于"ON"状态的所有工作节点负责对监测区域的信息

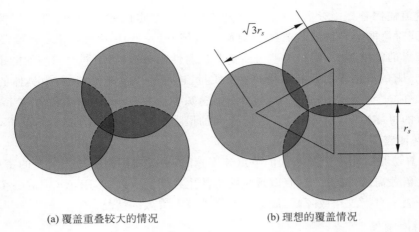

(a) 覆盖重叠较大的情况　　　　　(b) 理想的覆盖情况

图 11-14　工作节点的位置关系

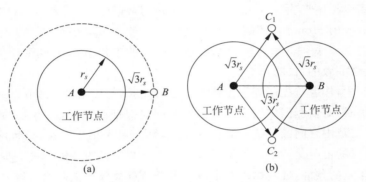

(a)　　　　　　　　　　(b)

图 11-15　OGDC 算法中工作节点的选择

感知,直至下一轮调度开始。

　　OGDC 算法的优点是适用于大规模的传感器网络,能以最少的工作节点实现对监测区域的完全覆盖,有效地节省了网络能量;同时,OGDC 算法根据网络中节点的剩余能量来随机选择初始工作节点,这样每轮选择产生出的工作节点不同,使得网络中节点的能量消耗较为均匀。OGDC 算法有其不足之处,当节点部署密度较低时,无法保证对监测区域的完全覆盖;并且当节点的通信半径小于感知半径时,不能保证网络的连通;此外,OGDC 算法在选择工作节点时需要节点的位置信息,协议的分轮执行还需要节点之间的时间同步。

3) CCP 算法

　　在某些传感器网络应用中,如入侵检测和移动目标跟踪,为了获得更高的精度以及能够容忍节点失效的情况,可能会要求 k-覆盖。为此,圣路易斯华盛顿大学的 Xiaorui Wang 等人提出了一种可以实现不同覆盖度,根据应用需求进行动态配置并保证网络连通的分布式覆盖算法 CCP(Coverage Configuration Protocol)[11]。

　　在文献[11]中,作者首先讨论了覆盖与连通的关系,证明当节点的通信半径至少是感知半径的 2 倍时,k-覆盖的网络是 k-连通的;并且一个 k-连通的网络在除去任意 $k-1$ 个节点的情况下仍然能够保证连通。进一步,作者证明了监测区域被 k-覆盖的条件,即同时满足:

（1）在监测区域中，存在节点与节点感知区域之间的交点，或者存在节点感知区域与监测区域边界的交点；（2）所有节点感知区域之间的交点至少被 k 个节点覆盖；（3）所有节点感知区域与监测区域边界的交点至少被 k 个节点覆盖。

CCP 算法依据上述的研究结论进行设计，监测区域中的每个节点只要确保其感知区域内的所有交点都已经被 k-覆盖，就能保证整个监测区域被 k-覆盖；并且在节点通信半径大于或等于感知半径两倍的情况下，k-覆盖的网络是 k-连通的。在 CCP 算法的实现协议中，仍然采用节点睡眠调度的方式来节省网络能量，只要当一个节点确保其感知区域内的所有交点已经被 k-覆盖，它就可以进入睡眠状态。

在 CCP 协议中，每个节点都保持一个包含邻居节点相关信息（位置信息和状态信息）的表格，并定期广播自己的位置信息和状态信息。每个节点可能处于以下三种状态：

- 睡眠状态：由睡眠定时器 T_s 控制，当定时器超时后，节点就会被唤醒进入监听状态，并设置监听定时器 T_l。
- 监听状态：节点在监听状态时，接收其邻居节点的位置和状态信息。首先根据自己和邻居节点间的位置关系，计算出感知区域内存在的所有交点。再由邻居节点的状态信息，判断这些交点是否都已经达到 k-覆盖。如果未达到，节点进入活跃状态来增加覆盖度；否则，节点进入睡眠状态。
- 活跃状态：处于活跃状态的节点负责对监测区域的感知。并且为了能适应网络的动态变化，比如新的邻居节点加入或者处于活跃状态的邻居节点在工作期间因为能量耗尽失效而退出，节点仍然需要继续收集和更新邻居节点的位置和状态信息，以判断自己是进入睡眠状态，还是继续工作。

在 CCP 算法中，当节点的通信半径小于感知半径的 2 倍时，k-覆盖并不能保证网络连通。为此，作者将 CCP 协议与拓扑控制协议 SPAN 结合起来，通过 SPAN 协议在网络中建立传输的骨干网来保证网络的连通。SPAN 协议与 CCP 类似，都是依靠局部范围的邻居状态信息来决定自己的工作状态，如果邻居节点中有任意两个节点不能相互通信，节点就进入活跃状态；否则，节点进入睡眠状态。在 SPAN 与 CCP 结合的协议中，节点的调度发生下面变化：当满足 SPAN 和 CCP 中的任一唤醒条件时，睡眠状态的节点被唤醒，进入活跃状态；而只有当两种协议的唤醒条件均不满足时，活跃节点才进入睡眠状态；这样就能同时满足覆盖和连通的双重要求。关于 SPAN 协议的详细介绍参见文献[12]。

CCP 算法的优点是实现了可配置，能量高效，并且具有连通性保证的 k-覆盖；CCP 采用分布式的协议实现，仅需要局部范围内邻居节点间的消息交互，能够有效地应用于大型的传感器网络，并适应节点的突发失效。其缺点是需要依靠较为精确的定位技术提供节点的位置信息，利用计算几何来寻找节点感知区域内存在的交点；其次，协议没有考虑实际无线信道中出现的邻居消息丢失的情况，可能会影响覆盖效果。

11.4　栅栏覆盖

传感器网络被广泛应用在边界保护和入侵检测等重要场所，例如传感器网络部署在国际边界检测外国居民的非法入境，部署在化学工厂周围检测致命化学物的扩散等。针对此类应用，美国俄亥俄州立大学的 Kumar 等人提出了栅栏覆盖模型[13]：节点部署在监测区域中形成一道虚拟的栅栏，保证当某个移动目标沿任意路径穿越网络的部署区域时，都能被节点检测到。

栅栏覆盖的研究目标是找出监测区域中连接起点位置和终点位置的一条或者多条路径，使得这样的路径能够在不同覆盖模型的定义下反映出网络对穿越目标的监视能力。目前，对于栅栏覆盖问题的研究主要采用两种模型：最坏与最佳情况覆盖模型和基于暴露量的覆盖模型。前者主要是考察网络对穿越目标的检测概率，而后者侧重于考察网络对穿越目标的感知强度。下面分别对这两种模型进行详细介绍。

11.4.1 最坏与最佳情况覆盖模型

最坏与最佳情况覆盖模型是由美国威斯康星大学麦迪逊分校的 Megerian 等人提出的以节点对移动目标的检测概率为评价指标的栅栏覆盖模型[14]。最坏情况覆盖对应移动目标穿越监测区域时被检测概率最小的路径，而最佳情况覆盖对应于被检测概率最大的路径。

1）最坏情况覆盖

为了考察传感器网络针对监测区域的最坏情况覆盖，作者定义了最大突破路径。假设监测区域 A 中部署有传感器网络 S，任意节点 s_i 的坐标 (x_i, y_i) 是已知的，$s_i \in S$；I 和 F 对应移动目标穿越的起点位置和终点位置；最大突破路径 P_B 是一条连接 I 和 F 的曲线，该曲线上的任意一点与其周围最近传感器节点的距离最大。因此，最大突破路径代表了网络对移动目标检测概率最小的穿越路径，是网络覆盖的最坏情况。

作者提出一种基于计算几何中的 Voronoi 图的算法用于寻找最大突破路径。Voronoi 图的定义如下：假设平面内有若干个离散的点 s_i，$s_i \in S$；这些点将平面划分成一系列的多边形区域，称为 Voronoi 区域；S 中的每个点 s_i 对应一个 Voronoi 区域 $V(s_i)$，该区域内的所有点到 s_i 的距离都比到其他任意点 s_j，$j \neq i$ 的距离小；Voronoi 图由所有的 Voronoi 区域构成。作者证明 Voronoi 图中至少存在一条最大突破路径。

最大突破路径的具体求解过程如下：

（1）根据网络中部署的节点产生 Voronoi 图；

（2）为 Voronoi 图的各边赋予权重，权重值等于各边到其最近传感器节点的距离；

（3）在最小和最大的权重之间执行二分查找算法搜索一个最大的权重阈值，使得 Voronoi 图中恰好不存在一条连接 I 和 F 的路径，满足构成该路径的各条线段的权重值都比该阈值大；

（4）找出 Voronoi 图中所有大于或等于最大权重阈值的线段，由这些线段构成的连接 I 和 F 的路径就是网络的最大突破路径，该路径上的任意一点到周围最近节点的距离最大。

下面用示例对最大突破路径的求解过程进行说明。图 11-16(a)是一个随机部署的传感器网络；首先利用节点的位置信息生成 Voronoi 图，各边的权重等于到最近节点的距离，如图 11-16(b)所示；然后，利用二分查找算法求解出最大的权重阈值为 57；最后，在 Voronoi 图中找出 I 和 F 之间权重值大于 57 的线段，连接得到最大突破路径，如图 11-16(c)中的虚线路径所示。

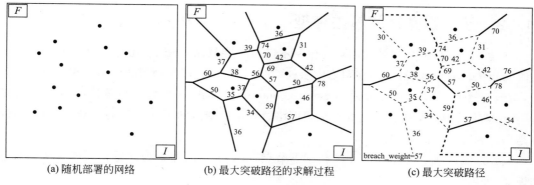

(a) 随机部署的网络 　　　(b) 最大突破路径的求解过程 　　　(c) 最大突破路径

图 11-16　最大突破路径的求解过程

2）最佳情况覆盖

对于传感器网络的最佳情况覆盖，作者定义了最大支撑路径。最大支撑路径 P_S 是一条连接 I 和 F 的曲线，该曲线上的任意一点与其周围最远传感器节点的距离最小。因此，最大支撑路径代表了网络对移动目标检测概率最大的穿越路径，是网络覆盖的最佳情况。

作者提出一种基于计算几何中的 Delaunay 三角剖分图的算法用于求解最大支撑路径。Delaunay 三角剖分图可以通过 Voronoi 图生成，方法是连接这样的两个点 s_i 和 s_j，它们的 Voronoi 区域 $V(s_i)$ 和 $V(s_j)$ 拥有共同的边。作者证明在 Delaunay 三角剖分图中至少存在一条最大支撑路径。

最大支撑路径的具体求解过程如下：

（1）根据网络中部署的节点产生 Delaunay 三角剖分图；

（2）为 Delaunay 三角剖分图的各边赋予权重，权重值等于各边到其周围最近传感器节点的最远距离；

（3）在最小和最大的权重之间执行二分查找算法搜索一个最小的权重阈值，使得 Delaunay 三角剖分图中恰好不存在一条连接 I 和 F 的路径，满足构成该路径的各条线段的权重值都比该阈值小；

（4）找出 Delaunay 三角剖分图中所有小于或等于最小权重阈值的线段，由这些线段构成的连接 I 和 F 的路径就是网络的最大支撑路径，该路径上的任意一点到周围最远节点的距离最小。图 11-17 是最大支撑路径的一个示意图。

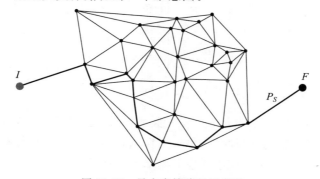

图 11-17　最大支撑路径示意图

11.4.2　基于暴露量的覆盖模型

移动目标穿越网络时被检测到的概率不仅与其穿越路径相关，还与目标在网络中所处的时间相关。简单地说，目标在网络中所处的时间越长，它被检测到的概率也相应增大。为此，美国加州大学伯克利分校的 Meguerdichian 等人提出一种基于暴露量的栅栏覆盖模型[15]。暴露量用于反映移动目标在穿越网络过程中所受到的感知强度的总和，它与目标的穿越路径和穿越时间相关。

假设监测区域 F 中部署有 n 个传感器节点，节点 s 在位置 p 处的感知强度服从指数感知模型，即：

$$S(s,p) = \frac{\lambda}{[d(s,p)]^K} \tag{11-5}$$

则监测区域内任意一点 p 处的感知强度为所有节点在该处感知强度的总和：

$$I(F,p) = \sum_{1}^{n} S(s_i,p) \tag{11-6}$$

考虑一个移动目标在时间间隔 $[t_1,t_2]$ 内沿路径 $p(t)$ 穿越传感器网络，定义目标的暴露量 E 为所有节点的感知强度沿穿越路径 $p(t)$ 的积分，用下式表示：

$$E(p(t),t_1,t_2) = \int_{t_1}^{t_2} I(F,p(t)) \left| \frac{\mathrm{d}p(t)}{\mathrm{d}t} \right| \mathrm{d}t \tag{11-7}$$

利用上式，可以计算出移动目标在网络中沿任意路径穿越时的暴露量。但在实际的应用中，寻找具有最小暴露量的穿越路径显得更有意义。比如战场环境，在穿越敌方的监测区域时，选择最小暴露量的路径可以使敌方所能感知到的穿越目标的信息最少。

下面用一个简单的示例进行说明。如图 11-18 所示，在一个边长为 1 的正方向监测区域中，位置(0，0)处部署有一个传感器节点 s。可以证明，在这个场景中，移动目标从位置(1，−1)处进入监测区域，至位置(−1，1)处离开的具有最小暴露量的穿越路径是图中的黑色加粗曲线，其中弧线是以传感器节点为中心的单位圆在第一象限的部分。

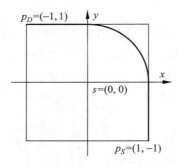

图 11-18　最小暴露路径示例

由上面的示例可见，距离节点最远、感知强度最小的路径并不一定是最小暴露量的路径，还需要考虑节点沿路径的穿越时间，更短的穿越路径可以减少目标被节点感知的时间，从而减小暴露量。基于暴露量的模型从检测概率和穿越时间两个方面综合考察了网络对移动目标的覆盖情况。但是对于大规模随机部署的传感器网络，网络中存在的可能的穿越路径非常多,并且每条穿越路径的暴露量值的计算量都比较大,因此很难准确地找到最小暴露量的路径。

11.5 本章小结

本章讨论了传感器网络的感知覆盖问题。网络覆盖控制作为传感器网络实施过程中的一个基本问题,反映了网络所能提供的"感知"服务质量。从本质上讲,覆盖技术主要是包括节点部署规划和节能覆盖控制两大类。前者一般应用在人工可达、可控环境中的确定性覆盖问题,通过节点部署规划,用最少的节点数目来满足网络的覆盖质量要求。而后者一般应用在人工不可达的物理环境中的随机覆盖问题,通过高效的节点调度机制,最大化地延长网络的生存时间。虽然传感器网络覆盖控制研究已经取得了一定的成果,但是仍有很多问题需要解决,集中体现在以下两点:

(1)三维空间的覆盖控制。尽管目前许多方案都很好地解决了二维平面的覆盖控制问题,但由于三维空间的覆盖控制在计算几何与随机图论等数学理论上仍是一个 NP 难问题,因此,现有的三维空间覆盖控制只能得到近似优化的结果。如何针对具体的传感器网络三维空间应用需要设计出有效的算法与协议,将会是一个很有意义的研究课题。

(2)提供移动性的支持。目前,传感器网络覆盖控制理论与算法大都假定传感节点或者网络是静态的,但在战场等应用中可能需要节点或网络具有移动性。因此,新的覆盖控制理论与算法需要提供对移动性的支持。

习题

11.1 简述什么是传感器网络的覆盖问题以及覆盖问题的分类。

11.2 传感器网络中连通和覆盖为何是密不可分的?

11.3 传感器网络覆盖技术面临哪些挑战?

11.4 传感器网络应用中常见的节点部署方式有哪些,各自的优缺点是什么?

11.5 利用贪心算法求解图 11-7 中的集合覆盖问题,计算出最优的节点部署方案。

11.6 区域覆盖和栅栏覆盖之间的区别是什么? 哪一个问题更具挑战性? 为什么?

11.7 为什么需要 k-覆盖($k > 1$)?

11.8 感知半径和通信半径分别为 R_S 和 R_C,请证明:在 $R_C \geqslant 2R_S$ 时,当网络中节点达到 k-覆盖时,节点之间也必然达到 k-连通。

11.9 请解释 PEAS 随机覆盖区域算法中节点在睡眠状态、探测状态和工作状态之间的切换。

11.10 三维空间的传感器网络覆盖问题有何特点,举例说明有哪些实际应用需求。

参考文献

[1] Wang X, Xing G, Zhang Y, et al. Integrated coverage and connectivity configuration in wireless sensor networks. In: Proc of the 1st Int'l Conf on Embedded Networked Sensor Systems, ACM,

2003：28-39.

[2] Chakrabarty K，Iyengar SS，Qi H，et al. Grid coverage for surveillance and target location in distributed sensor networks. IEEE Trans. on Computers，2002，51(12)：1448-1453.

[3] Megerian S，Koushanfar F. Exposure in wireless sensor networks：theory and practical solutions. Wireless Networks，2002，8：443-454.

[4] Zou Y，Chakrabarty K. Sensor deployment and target localization in distributed sensor networks. ACM Trans. on Embedded Computing Systems，2004，3(1)：61-91.

[5] Hefeeda M，Ahmadi H. A probabilistic coverage protocol for wireless sensor networks. In：Proc of IEEE Int'l Conf on Network Protocols (ICNP'07)，Beijing，China，2007.

[6] Ma H，Liu Y. Some problems of directional sensor networks. International Journal of Sensor Networks (InderScience)，2007，2(1-2)：44-52.

[7] Kar K，Banerjee S. Node placement for connected coverage in sensor networks，In：Proc of WiOpt：Modeling and Optimization in Mobile，Ad Hoc and Wireless Networks，2003.

[8] Cardei M，Du DZ. Improving wireless sensor network lifetime through power aware organization. Wireless Networks，2005，11(3)：333-340.

[9] Ye F，Zhong G，Lu S，et al. PEAS：a robust energy conserving protocol for long-lived sensor networks. In：IEEE Int'l Conf on Network Protocols，2003.

[10] Zhang H，Hou J C. Maintaining sensing coverage and connectivity in large sensor networks. Ad Hoc & Sensor Wireless Networks，2005，1(2). Urbana 51：61801.

[11] Wang X，Xing G，Zhang Y，et al. Integrated coverage and connectivity configuration in wireless sensor networks. In：Int'l Conf on Embedded Networked Sensor Systems (SenSys)，ACM，2003：28-39.

[12] Chen B，Jamieson K，et al. Span：an energy-efficient coordination algorithm for topology maintenance in Ad Hoc wireless networks. Wireless Networks，2002，8(5)：481-494.

[13] Kumar S，Lai T H，Arora A，et al. Barrier coverage with wireless sensors. In：IEEE Int'l Conf on Computer Communications (Mobicom)，2005.

[14] Megerian S，Koushanfar F，et al. Worst and best-case coverage in sensor networks. IEEE Trans. on Mobile Computing，2005，4(1)：84-92.

[15] Meguerdichian S，Koushanfar F，Qu G，et al. Exposure in wireless Ad-Hoc sensor networks. In：Int'l Conf on Mobile Computing & Networking (Sigmobile)，ACM，2001，3(4)：139-150.

第 12 章

CHAPTER 12

时 间 同 步

导读

本章首先介绍时间同步在传感器网络中的重要性。在介绍传感器节点如何获得时间，以及节点时间为何不同步的基础上，总结了时间同步的两个过程：对时和对频。并依据传感器网络自身的特点，分析传感器网络时间同步协议面临的主要挑战。然后根据同步时钟源的发布策略将现有的时钟同步协议分成基于消息的时间同步协议和基于全局信号的时间同步协议，分别详细讲述这两类协议中一些具有代表性的协议。最后指出传感器网络时间同步的最新研究进展和未来方向，供读者进一步学习和研究。

引言

时间是传感器节点感知数据的基本要素，缺少时间信息的感知数据往往没有应用价值。而时间同步是节点时间信息可用的前提之一，它实现节点间的时间一致性，使节点能够提供有用的时间信息。在诸多传感器网络应用系统中，存在不同层次的时间同步需求。如在跟踪声源的应用中，要求节点的波束阵列之间达到瞬间的微秒级别的时间同步，以便计算声音的到达时间差和确定声源位置；还要求相邻节点间达到毫秒级的时间同步，使得多个节点确定的声源位置可以按时间顺序排列，以便估计出目标的运行速度和方向；同时还要求全网节点间达到秒级别的时间同步，以便在向 sink 节点汇报目标运行速度和方向的过程中进行数据融合，减少数据传输量。

时间同步具有两方面的内容，一方面是在某一特定时刻使得各个节点的瞬时时间一致，即对齐不同节点的当前时间；另一方面是保持不同节点计时速度相同，即保证不同节点的时间在未来的某一时刻仍然保持一致。传感器网络中节点的时间往往不同步，这是因为传感器网络是一种分布式系统，节点难以从同一个时钟源获得相同时间。但传感器网络中不同节点的启动时间往往不同，导致不同节点的本地时间的计时起点也不同；同时，晶体钟的计时速度受温湿度、电磁波、压力和振动等因素的影响而动态变化，这导致各节点的本地时间计时速度不相同，需要采用专门的时间同步协议为网络中的节点提供一致的时间。

根据时间同步的两方面内容,时间同步协议可分成对时和对频两个过程,这两个过程分别使不同节点之间的瞬时时间和计时速度达到一致。在具体实现过程中,传感器节点之间往往通过多跳的方式传递包含参考时间的消息进行对时,消息传递过程中引入的不确定性延迟严重影响对时的精度,因此,精确测量消息转发和接收过程中的各项延迟是时钟同步的一个难点;如何在晶体钟计时速度不断变化的情况下,准确测量节点间计时速度的差异以及进行相应的调整是时间同步的另一个难点。另外,无线传感器网络存在不同层次的时间同步需求。这些使得时间同步协议成为无线传感器网络的另一重要的研究方向。

时间同步协议在传统网络中已得到广泛应用,如网络时间同步协议(NTP)和全球定位系统(GPS)。NTP协议广泛应用于Internet,但要求设备间进行频繁的信息交换以实现同步,无法适用于节点计算能力、无线通信带宽等受限的传感器网络。GPS模块价格高且功耗大,若为每个节点配备GPS模块将大大提高系统部署成本。因此,无论是NTP协议还是GPS系统都难以适用于传感器网络,需要针对传感器网络的特点设计相应的时钟同步协议。本章从时间同步的基础知识着手,介绍了时间同步的内容和传感器网络中设计时间同步协议面临的挑战,并将已有的时间同步协议划分成两类,着重介绍了两类协议中的典型代表。

12.1 基础知识

12.1.1 本地时间

时间是描述事物存在过程及其片段的参数,涉及时段和时刻两个含义。时间的表示依赖于时间标准,时间标准由时间起点和时间尺度(如:秒)所构成,一个具体的时间表示距离时间起点经历了多少个时间尺度。常用的时间标准主要有:(1)世界时(Universal Time,UT),以格林尼治子夜为起点,根据地球自转周期确定时间尺度的时间标准;(2)国际原子时(International Atomic Time,TAI),以1958年1月1日0时0分0秒为时间起点,以铯原子秒①为时间尺度的时间标准;(3)协调世界时(Coordinated Universal Time,UTC),计时起点与UT相同,时间尺度与TAI相同,并采用闰秒方法使其时刻与世界时时刻相接近的时间标准。在这些时间标准中,UTC在日常生活中应用最广泛,我国采用的北京时间就属于UTC时间。

时钟是时间的计量设备,通常通过对周期信号的计数进行计时,该周期信号称为时钟信号,常见的时钟有机械钟、晶体钟和原子钟。机械钟通过对机械振动的计数来计时,如摆钟和机械表。原子钟通过对电子跃迁的计数来计时,常见的原子钟有铷原子钟、氢原子钟和铯原子钟,原子钟的计时精度很高,但是它体积大、价格高,不适合传感器节点。晶体钟通过对晶体振荡的计数来计时,由于其体积小、价格便宜,广泛应用于传感器节点,但是晶体的振荡频率不稳定使其计时精度不高。目前,传感器节点典型的晶体钟由晶体振荡器、硬件计数器和软件计数器组成。硬件计数器在晶体每次振荡时减1,当减至零时重新设置成初始值,同时产生一个硬件时钟中断,该中断使节点内的软件计数器自增。节点上的应用程序通过读

---

① 铯原子秒:铯-133原子发出某特定波长的光9192631770次所经过的时间。

取软件计数器和硬件计数器的当前值,以计算本地时间 $C(t)$,其中 t 表示绝对时间。节点本地时间的分辨率取决于晶体振荡的周期,例如 Telosb 节点采用 32.768 kHz 晶体,它的分辨率约为 30.5 μs。本地时间分辨率决定了时间同步精度的上限,即时间同步精度不可能超过本地时间的分辨率。

　　由于晶体振荡的实际频率与其标称频率不一致,使得本地时间 $C(t)$ 与绝对时间 t 之间存在差异,通常把它们的瞬时值之差($C(t)-t$)称为**时钟漂移量**(clock drift);把本地时间的计时速度($\mathrm{d}C(t)/\mathrm{d}t$)称为**时钟速率**(clock rate);把本地时间与绝对时间的时钟速率之差($\mathrm{d}C(t)/\mathrm{d}t-1$)称为**时钟漂移率**(clock drift rate)。时钟漂移率的单位通常为百万分率(parts per million,ppm),例如 1 ppm 表示每 1 s 时钟漂移量增加 1 μs。理想晶体钟的时钟漂移率为零,但受材料和制造工艺的限制,晶体的时钟漂移率往往分布在区间$[-\rho,\rho]$内,其中 ρ 由晶体制造商在出厂时给出。在实际应用中,时钟漂移率会随着温湿度、供电电压和晶体年龄等影响因素动态变化。节点的本地时间是绝对时间的递增函数,但其递增速度受时钟漂移率的影响。图 12-1 给出了时钟漂移率对节点本地时间的影响,假设节点 A 和 B 的本地时间在 t_0 时刻等于绝对时间,由于时钟漂移率不为零且随时间变化,A 和 B 的本地时间与绝对时间均出现非线性变化的漂移量。

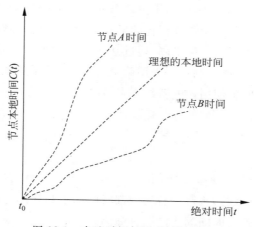

图 12-1　本地时间与绝对时间的关系

12.1.2　时间同步

　　时间同步是将各节点的本地时间不断保持一致的过程,它通常将节点本地时间同步到一个特定时钟源的时间。它具有两方面的内容,一方面是在某一特定时刻使得各个节点的瞬时时间一致,即对齐不同节点的当前时间;另一方面是保持不同节点计时速度相同,即保证了不同节点的时间在未来的某一时刻仍然保持一致。时间同步机制就时间同步的时钟源分为外部时钟源和内部时钟源两类。通常提供世界时、国际原子时和协调世界时的时钟都独立于传感器网络之外,这些时钟属于外部时钟源。有些传感器应用不需要同步到外部时钟源,只需要各节点的本地时间保持一致,即只需要所有节点同步到传感器网络内某个节点的本地时钟,这个时钟就是内部时钟源。

由于节点的时钟启动时刻不同，以及它们的时钟漂移率也存在差异，使得节点的本地时间 $C(t)$ 与时钟源时间 $T(t)$ 存在两方面的差异，一方面是它们瞬时值的差异（$C(t)-T(t)$），称为**时间偏差**（time offset）；另一方面是它们的时钟速率的比值（$dC(t)/dT(t)$），称为**时间偏斜**（time skew）。时间同步的目标就是使得时间偏差为零，且时间偏斜为 1。针对这两个目标，时间同步协议分别用对时和对频两个机制予以实现。对时机制在某个时刻让节点的本地时间与时钟源达到瞬时一致，消除节点当前的时间偏差；对频则是保持节点的本地时间与时钟源的计时速度一致，即保持时间偏斜为 1。

传感器网络通常以逐跳传递消息的方式实现对时，它主要采用两类方法：第一类方法是发送者到接收者的对时，发送者将时钟源时间记录在同步消息中，并通过节点的无线接口将同步消息传递给接收者，接收者将消息中的时钟源时间加上消息传输时间得到当前时钟源时间，然后将其本地时间调整至当前时钟源时间；第二类方法是接收者到接收者的对时，发送者广播一个无时间戳的同步消息，所有接收到消息的节点将其本地时间调整到预先规定的某个时刻，实现接收节点间本地时间的瞬时一致。

由于传感器节点的晶振廉价，晶振的时钟漂移明显，本地时间在对时之后经过一段时间又会出现新的时间偏差，因此，需要周期性对时来保证时间同步的精度。两次对时之间的时间间隔称为**时间同步周期**。运行时间同步协议需要占用处理器资源和无线带宽，以及消耗节点能量，同步周期的长度与同步协议消耗的资源成反比。为了节约传感器网络中有限的资源，很多时间同步协议采用了对频机制，通过减缓节点本地时间偏离时钟源时间的速度，进而延长时间同步周期。对频机制主要采用两类方法，一类采用线性拟合等数学方法估计节点的时间偏斜，在对时间隙使用该偏斜纠正本地时间；另一类采用全局的周期时钟信号校准各个节点的时钟速率，使得它们的计时速度保持一致，所有节点的时间偏斜几乎为 1。

12.1.3　协议分类

目前提出了多个传感器网络时间同步协议，也给出了多种时间同步协议的分类方法。根据时钟同步源的不同，时间同步协议分为内部时间同步和外部时间同步，内部时间同步的时钟源为内部时钟源，而外部时间同步的时钟源为外部时钟源。根据节点时间同步的范围，时间同步协议分类为全局时间同步和局部时间同步，全局时间同步协议使得网络中所有传感器节点都保持时间同步；而局部时间同步协议仅使得网络内的局部节点间保持同步，这是因为有些应用中只涉及局部的传感器节点，仅需要局部传感器节点同步。上述的两种分类方式从时间同步协议的功能角度进行分类，一个具体的协议经过功能扩充可能就变化成另一类协议，因此这两种分类不足以体现各协议设计和实现中的关键区别，具有一定的局限性。

根据时间同步协议采用的时钟源发布策略，本书把时间同步协议分类为基于消息的时间同步和基于全局信号的时间同步。时钟源的发布策略描述了时钟源的时间以何种形式，通过何种方式传递到待同步节点。基于消息的时间同步协议将时钟源的时间以时间戳的形式记录在无线传输的消息中，并通过分布式的逐跳传输方式将其依次传递到所有的待同步节点。而基于全局信号的时间同步协议利用外在的周期信号，以时钟信号的形式，通过单跳广播的方式将时钟源的时间信息传递到所有的待同步节点。

1）基于消息的时间同步协议

如图 12-2(a)所示,基于消息的时间同步协议通过在节点之间交换同步消息,完成发送者到接收者或者接收者到接收者的对时,并利用逐跳的对时方式,最终实现所有待同步节点的时间同步。同步消息在传递过程中的不确定延迟是这类协议的同步精度的主要影响因素,如何减少传递延迟的不确定性和精确计算该延迟是这类协议设计的重点。另外,由于采用逐跳的同步方式,当网络规模较大时,累计误差将影响全网的时间同步精度,如何减少累计误差是这类协议设计的另一重点。基于消息的一次时间同步只是完成时间同步的对时过程,这类协议多采用线性回归和定界估计等数学方法实现对频机制,通过延长时间同步周期以避免频繁对时。

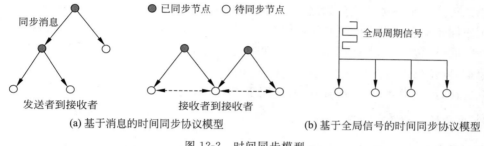

(a) 基于消息的时间同步协议模型　　　(b) 基于全局信号的时间同步协议模型

图 12-2　时间同步模型

2）基于全局信号的时间同步协议

基于全局信号的时间同步协议借助外在的具有稳定周期的全局信号进行时间同步,如GPS信号和电力线振荡信号。如图 12-2(b)所示,全局周期信号广播至各个节点,节点利用该信号产生具有统一频率的全局时钟信号,并对全局时钟信号进行计数产生本地时间。由于各节点的全局时钟信号的频率相同且稳定,所以它们的本地时间的时间偏斜均等于1,从而实现时间同步的对频过程。如果同步协议能够从全局信号中直接解码出时钟源时间(如GPS信号),则节点可根据该时间同时完成对时过程。而对于采用其他全局信号的时钟同步协议(如电力线振荡信号),由于这些周期信号不携带具体的时间值,无法消除由于节点启动时间不同而产生的时间偏差,因此需要利用基于消息的时间同步协议来完成对时过程。基于全局信号的时间同步协议的对频精度通常较高,所以它们的时间同步周期较长,能够节省大量的通信和能量资源。这类同步协议主要关注选择哪种全局信号和如何精确采集全局信号。由于全局信号的采集往往需要额外的硬件设备,对于资源受限的传感器网络,硬件设备的体积、价格和能耗成为主要考虑因素。

12.1.4　面临的挑战

由于传感器网络规模大而且资源受限,应用部署的环境往往恶劣,节点的晶体钟容易受环境因素的影响而产生动态变化的时钟漂移率,以及不同应用提出了不同的时间同步需求,使得传感器网络中的时间同步协议设计面临以下诸多困难。

1）时钟漂移的动态性

传感器节点本身无法准确获取其晶体钟的时钟漂移率，通常仅能得到漂移率的取值范围，如 Telosb 节点的时钟漂移率在 ±40 ppm 之间[1]，这使得本地时间无法精确地进行校准。另外，无线传感器网络经常部署在户外甚至环境恶劣的区域，这些区域往往昼夜温差大且湿度变化频繁，晶体钟的时钟漂移率容易受到温湿度、压力和振动等外部环境因素的影响而产生抖动，这进一步增加了晶体时钟漂移的不稳定性。文献[9]测量了温度对 Telosb 节点的时钟漂移率的影响，平均每变化 5 摄氏度，时钟漂移率就相应地变化 1 ppm。

2）传输延迟的不确定性

对于基于消息的时间同步协议，不论发送者到接收者对时或是接收者到接收者对时都需要消息传递的精确延迟或延迟之差。由于软硬件的限制，时间同步协议通常在 MAC 层以上记录同步消息的发送时刻和接收时刻，这使得消息的传输延迟不仅仅包含电磁波信号的传播时间，也包含了 MAC 层的协议处理时间。而 MAC 协议的丢包重传，CSMA/CA 的随机退避，以及数据包在发送和接收时 CPU 的负载不同等因素造成了同步消息传输延迟的不确定性，给这类协议实现精确的时间同步带来了困难。

3）全局信号的高效获取

在基于全局信号的时间同步协议中，选择哪种外在的全局周期信号以及如何采集该信号是这类协议的核心问题且存在一定的难度。首先，全局信号必须具有稳定的周期，且能覆盖所有待同步节点，这样的信号并不常见，需要设计者根据传感器网络的部署环境仔细挑选。其次，采集全局信号通常需要额外的硬件，要求传感器节点上的信号采集模块具有低成本和低功耗特性。最后，由于全局信号传播过程中会受到各种因素的影响而产生衰落，采集模块可能无法感知到完整的信号变化过程，使得节点对全局信号的周期计算有误，造成各个节点最终得到的全局信号周期不相同。

4）资源的受限性

传感器节点的低成本和小型化需求，使得节点的能量、通信带宽、计算能力和存储空间等受限，对同步协议的软硬件设计的各个方面都提出了挑战。对于时间同步的硬件来说，不宜大规模使用 GPS 这类高能耗和高成本的设备；对于软件来说，要求每次同步的资源占用量少，且不能过多地依赖减少同步周期来提高同步精度。另外，无线传感器网络通常大规模部署，这要求同步协议的资源消耗量对节点的数量和密度具有可扩展性。

虽然传感器网络时间同步面临以上诸多困难，研究人员根据应用需求提出了多个时间同步协议。评价这些协议的优劣主要考虑同步精度、能耗、通信开销和鲁棒性，以及是否需要增加额外的硬件等因素。时间同步精度是所有待同步节点的时间偏差的最大值，对于一些无法精确获取时钟源时间的同步协议，其同步精度通常为所有待同步节点的本地时间之间的最大差值。协议的能耗是指节点运行时间同步协议而导致的所有能量消耗，通常包括同步协议的计算能耗、通信能耗，以及额外硬件的耗能。协议的通信开销是指同步协议运行时所占用的通信带宽，通常采用发送同步消息的个数来衡量。协议的鲁棒性要求同步协议能够容忍无线链路断开和节点失效等故障,以及新节点的加入而引起的拓扑结构等变化,对网络自身和部署环境的适应性。对于一个具体的时间同步协议,上述因素往往互相影响,例如缩短时间同步的周期可以提高同步精度,但是也会增加能耗和通信开销,因此评价时间同步协议时需要综合考虑多种指标。

12.2 基于消息的时间同步协议

基于消息的时间同步协议中,同步消息是携带同步时钟源时间的载体。它由发送者产生,通过单跳或多跳的方式传输到接收者,传输过程中引入的不确定性延迟可能影响时间同步的精度,精确计算同步消息的传输时间是这类协议的重点之一。同步消息的传输时间可以划分成发送时间、访问时间、传送时间、传播时间、接收时间和收到时间六个部分[3,4],如图 12-3 所示。

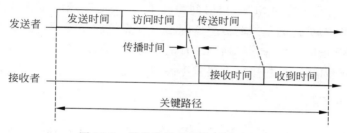

图 12-3 消息传输过程中的延迟分解

（1）发送时间(send time)：从发送节点构造同步消息到消息被发送到网络接口之间的时间长度。发送时间主要受发送节点操作系统的系统调用开销,处理器的速度和当前任务量等因素影响。

（2）访问时间(access time)：从发送节点的网络接口收到同步消息,到其获得信道的发送权并开始发送同步消息之间的时间长度。访问时间与具体 MAC 协议密切相关。对于传感器网络中常用的 CSMA/CA 协议,访问时间主要取决于当前的无线信道负载。

（3）传送时间(transmission time)：从发送节点的网络接口发送同步消息的第一位到发送最后一位之间的时间长度。传送时间的长度通常比较确定且能通过公式精确计算,因此它对时间同步协议精度的影响很小。

（4）传播时间(propagation time)：从同步消息的第一位离开发送节点,到接收节点开始接收同步消息的第一位之间的时间长度。在无线传感器网络中,同步消息通常通过单跳的方式从发送节点传输到接收节点,它的传播时间可由消息的收发节点的距离和无线信号的传播速度直接计算得到,对同步协议的精度影响小。但是在 Internet 中,同步消息的传输过程中会经过多个路由器,传播时间不仅包括通信信号在媒介中的传播时间,还包括中转路由器的接收和发送时间,以及同步消息在路由器上的排队时间。因此它的大小受路由器的负载等因素的影响,具有较高的动态变化性,对时间同步协议精度的影响较严重。

（5）接收时间(reception time)：从接收节点开始接收同步消息的第一位,到接收完最后一位之间的时间长度。接收时间与传送时间几乎相同,且两者在单跳的消息传输过程中往往相互重叠。

（6）收到时间（receive time）：从网络接口接收完同步消息，到将消息传输给节点的处理器之间的时间。通常收到时间与发送时间的特性相同。

在实际应用中，有些时间同步协议通过特殊的操作可以消除以上 6 个时间中的某些时间对其同步精度的影响，通常把同步消息传递过程中影响同步协议精度的部分称为同步消息传输的关键路径。基于消息的时间同步协议的重点在于如何缩短关键路径和精确计算关键路径的时间长度，以下将列举 5 个具体的时间同步协议予以详细说明。其中参考广播协议（RBS）采用接收者到接收者对时，其他的都采用发送者到接收者对时。网络时间协议（NTP）广泛应用于 Internet，是设计无线传感器网络时间同步协议的重要参考。由于 NTP 的关键路径过长，需要使用复杂的算法估计传输延迟，而对于计算和存储资源有限的传感器节点无法完成如此高复杂的计算。RBS 通过广播同步消息实现接收者之间的对时，消除了发送端的不确定延迟，缩短了关键路径。传感器网络时间同步协议（TPSN）的基本原理与 NTP 类似，但它使用发送端的 MAC 层时间戳技术，将关键路径缩短至近似于 RBS。广播时间同步协议（FTSP）被认为是当前传感器网络中计算关键路径的时间最为准确的同步协议，但完整的 FTSP 依赖于特殊无线通信芯片的支持（如 CC1000）。最后的 Tiny/Mini-sync 是轻量级的时间同步协议，适用于精度要求不高的应用。

12.2.1 网络时间协议

网络时间协议（Network Time Protocol，NTP）最早由美国 Delaware 大学的 Mills 教授提出，它的设计目的是在 Internet 上传递统一的标准时间，从 1982 年最初提出到现在已发展了 20 多年，最新的 NTPv4 精确度已经达到了毫秒级[5,6]。NTP 系统中有许多时间服务器，它们通过 C/S 模式为用户提供时间同步服务，每个用户可以指定网络上的多个时间服务器，以便从中选取最好的一个用以时间同步。时间服务器采用层次结构的网络拓扑连接在一起，如图 12-4 所示。最顶层的为一级时间服务器，它们通常直接与本地的协调世界时（UTC）的时间源相连接，如原子钟、GPS 和地球观测卫星等。其他层的时间服务器统称为二级服务器，它们可以选择若干个上一层的时间服务器以及本层的时间服务器作为同步源来实现与 UTC 的时间同步。层次数表示离时钟源的距离，并不表示同步精度和可靠性，NTPv4 的层次数上限为 256。

NTP 协议的基本原理如图 12-5 所示，需要同步的客户端首先发送时间请求消息，然后

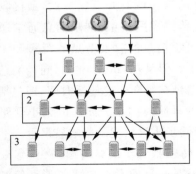

图 12-4　NTP 的层状拓扑结构

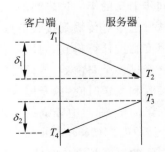

图 12-5　NTP 协议的基本通信模型

服务器回应包含时间信息的应答消息。T_1 表示客户端发送时间请求消息的时刻(以客户端的时间系统为参照),T_2 表示服务器收到时间请求消息的时刻(以服务器的时间系统为参照),T_3 表示服务器回应时间应答消息的时刻(以服务器的时间系统为参照),T_4 表示客户端收到时间应答消息的时刻(以客户端的时间系统为参照),δ_1 表示时间请求消息在网上传播所需要的时间,δ_2 表示时间应答消息在网上传播所需要的时间。假设客户端时钟比服务器时钟慢 θ,上述参数存在下列关系式:

$$\begin{cases} T_2 = T_1 + \theta + \delta_1 \\ T_4 = T_3 - \theta + \delta_2 \\ \delta = \delta_1 + \delta_2 \end{cases} \tag{12-1}$$

假设时间请求消息和时间应答消息在网上传播的时间相同,即 $\delta_1 = \delta_2$,则可解得

$$\begin{cases} \theta = \dfrac{(T_2 - T_1) - (T_4 - T_3)}{2} \\ \delta = (T_2 - T_1) + (T_4 - T_3) \end{cases} \tag{12-2}$$

可以看到:θ 和 δ 的值仅与消息在网络上的传播时间 $(T_2 - T_1)$ 和 $(T_3 - T_4)$ 有关,与时间服务器处理请求消息所需的时间 $(T_3 - T_2)$ 无关。客户端根据 T_1、T_2、T_3 和 T_4 的数值计算出与服务器的时差 θ,调整它的本地时间。

NTP 协议在 Internet 上已经广泛使用,具有精度高、鲁棒性好和易扩展的优点,但是它依赖的条件在传感器网络中难以满足,例如,NTP 协议应用在已有的有线网络中,假定网络链路失败的概率很小,而传感器网络中无线链路通信质量受环境影响往往较差,甚至时常失败;NTP 协议的网络结构相对稳定,便于为不同位置的节点手工配置时间服务器列表,而传感器网络的拓扑结构动态变化,简单的静态手工配置无法适应这种变化;NTP 协议中时间基准服务器间的同步无法通过网络自身来实现,需要其他基础设施的协助,如 GPS 系统或无线电广播报时系统,在传感器网络的有些应用中,无法取得相应基础设施的支持;NTP 协议需要频繁交换消息来不断校准时钟频率偏差带来的误差,并通过复杂的修正算法消除时间同步消息在传输和处理过程中非确定因素的干扰,CPU 使用、信道监听和占用都不受任何约束,而传感器网络存在资源约束,必须考虑能量消耗。

12.2.2 参考广播协议

Jeremy Elson 等人提出的参考广播同步(Reference Broadcast Synchronization,RBS)机制[7]利用无线数据链路层的广播信道特性,实现接收者到接收者的时间同步。一个节点发送广播消息,接收到广播消息的一组节点通过比较各自接收到消息时的本地时间,实现各接收节点之间的时间同步。RBS 采用的广播消息相对所有接收节点而言,它的发送时间和访问时间都相同。因此通过比较接收节点之间的接收时间戳,就能够从消息传输延迟中抵消掉发送时间和访问时间,从而显著提高网络内局部节点之间的时间同步精度。

1) RBS 机制的基本原理

RBS 时间同步机制的基本对时过程如图 12-6 所示。发送节点广播一个信标(beacon)消息,广播域中两个节点都能够接收到这个消息。每个接收节点分别根据自己的本地时间

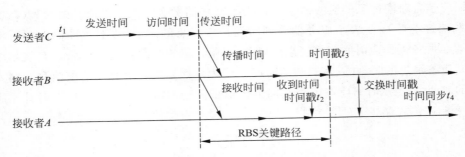

图 12-6　RBS 时间同步机制的基本原理

记录 beacon 消息的接收时间戳,然后交换它们记录的时间戳,两个接收时间戳的差值相当于两个接收节点间的本地时间偏差。在 RBS 中,节点不会改变自己的本地时间,只是记录与其他节点间的时间偏差,使得每两个节点之间的本地时间可以相互转换,当需要与其他节点同步时,只需将自己的本地时间加上对应的时间偏差就能够得到与对方同步的时间。

以图 12-6 为例,详细说明影响 RBS 同步精度的主要因素,其中用大写的 T 表示节点的本地时间,用小写 t 表示它对应的绝对时间,如节点 C 发送 beacon 的本地时间 T_1 对应的绝对时间为 t_1。如图所示,发送者 C 在 t_1 广播一个 beacon,接收节点 A 和 B 分别在 t_2 和 t_3 记录 beacon 的接收时间戳,之后再相互交换该时间戳。在 t_4 时刻节点 A 与节点 B 进行时间同步,即将其本地时间加上两接收时间戳之差得到节点 B 的本地时间。由以上描述我们可以得到以下等式:

$$T_2 = T_1 + S_C + P_{C \to A} + R_A + D_{t_1}^{C \to A} \tag{12-3}$$

$$T_3 = T_1 + S_C + P_{C \to B} + R_B + D_{t_1}^{C \to B} \tag{12-4}$$

式中,S_C 表示发送节点 C 的发送时间与访问时间之和;$P_{C \to A}$ 和 $P_{C \to B}$ 分别表示数据包从 C 到 A 和 B 的传播时间;R_A 和 R_B 分别表示 A 和 B 的接收时间与收到时间之和;$D_{t_1}^{C \to A}$ 表示在 t_1 时刻 A 的本地时间与 C 的本地时间之差,即它们的相对时间偏差。

在 t_4 时刻,节点 A 将 $\Delta = T_3 - T_2$ 作为它与节点 B 之间的相对时间偏差 $D_{t_4}^{A \to B}$ 进行对时。因此有

$$\Delta = (P_{C \to B} - P_{C \to A}) + (R_B - R_A) + (D_{t_1}^{C \to B} - D_{t_1}^{C \to A}) \tag{12-5}$$

$$D_{t_1}^{C \to B} - D_{t_1}^{C \to A} = D_{t_1}^{A \to B} = D_{t_4}^{A \to B} + RD_{t_4 \to t_1}^{A \to B} \tag{12-6}$$

其中,$RD_{t_4 \to t_1}^{A \to B} = D_{t_4}^{A \to B} - D_{t_1}^{A \to B}$ 表示 B 与 A 的相对时间偏差在 t_1 和 t_4 时刻的差值,这是由于节点 A 和 B 之间存在相对时间偏斜。则 RBS 的同步误差可表示为

$$\text{Error} = \Delta - D_{t_4}^{A \to B} = P_D^{UC} + R^{UC} + RD_{t_4 \to t_1}^{A \to B} \tag{12-7}$$

式中,$P_D^{UC} = P_{C \to B} - P_{C \to A}$,表示两个传播时间之差;$R^{UC} = R_B - R_A$,由于 A 和 B 节点接收同一个广播消息的接收时间相同,所以 R^{UC} 表示两个收到时间之差。

由以上分析可知,RBS 的精度与三个因素有关。其一,传播时间之差:对于 RF 信号来说,这种传播时间差值非常小,所以 RBS 机制忽略了传播时间带来的时间偏差;其二,收到时间之差:消息的收到时间主要由接收节点底层硬件决定,存在一定的抖动,J. Elson 等人通过实验发现收到时间之差服从正态分布,可以通过广播多个 beacon 求均值的方法来消除

抖动；其三,相对时间偏差的变化量：$RD^{A\to B}_{t_4\to t_1}$ 等于相对时间偏斜在区间 $[t_1,t_4]$ 的积分,RBS 根据临近的几次对时,采用最小平方的线性回归方法进行线性拟合,预测节点间的相对偏斜,在需要同步时,使用该预测的时间偏斜估算 $RD^{A\to B}_{t_4\to t_1}$。

2）RBS 机制应用在多跳网络

我们已经介绍了 RBS 在一个广播域内的时间同步过程,对其进行扩展可以实现多跳网络的时间同步。如图 12-7 所示,非邻居节点 A 和 B 分别发送 beacon 消息,在相同广播域内的接收节点之间能够时间同步。节点 4 处于两个广播域的交集处,能够接收节点 A 和节点 B 两者发送的 beacon 消息,这使得节点 4 能够同步两个广播域内节点间的时间。

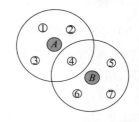

图 12-7　多跳时间同步的
拓扑结构示例

为了得到网络中事件的全局时间信息,需要进行多跳网络中的时间转换。例如：考虑发生在节点 1 和节点 7 附近的两个事件,分别记为 E_1 和 E_7。假设节点 A 和节点 B 分别在 P_a 和 P_b 时刻发送 beacon 消息,节点 1 在收到节点 A 发送的消息组后 2 s 观察到事件 E_1,节点 7 在观察到事件 E_7 后 4 s 才收到节点 B 发送的 beacon 消息,其他节点通过节点 4 知道节点 A 发送消息比节点 B 晚 10 s,$P_a=P_b+10$,由此推出：$E_1=E_7+16$。

单跳广播域内的 n 个节点的一次对时,RBS 机制需要广播 $n+3$ 个消息。其中,先选定一个发送节点实现剩余的 $n-1$ 个接收节点的时间同步,该过程需要广播 n 个消息。为了使得发送节点也与其他节点达到时间同步,需要从接收节点中挑选出 2 个节点,其中一个作为新的发送节点,实现另一接收节点与之前发送节点之间的同步,该过程需要广播 3 个消息。多跳网络的 RBS 机制需要依赖有效的分簇方法,保证簇之间具有共同节点以便簇间进行时间同步,其通信开销依赖于具体的分簇方法,通常认为是 $O(n)$ 的复杂度,n 为节点个数。RBS 机制在多跳网络中的误差随跳数增加而增加,增加速度为 $\log(n)$。

3）后同步思想

传感器网络存在能量约束,为了节省传感器节点的能量,最好尽可能长地让它们保持在低功耗的睡眠状态。基于这种考虑,Jeremy Elson 提出了后同步（post-facto）的思想[7],就是通常情况下节点的时间不必同步,只有当监测到一个事件发生时,节点首先用它的本地时间记录事件发生的时间,然后采用 RBS 机制,一个“第三方”节点广播 beacon 消息给区域内的所有节点,接收节点利用这个同步消息作为一个瞬间的时间参考点,同步它们监测到的事件发生时间。

后同步机制能够实现瞬间的节点间时间同步,但是受限于广播 beacon 消息的传输范围,它不适应于需要长距离或长时间通信的时间同步。这种方法能够精确提供在局部空间范围的时间同步,如波束成形、定位以及需要比较信号相对到达时间的传感器网络应用。

12.2.3　TPSN 同步协议

传感器网络时间同步协议 TPSN（Timing-sync Protocol for Sensor Networks）[3]类似

于传统网络的 NTP 时间同步协议，目的是提供传感器网络全网范围内节点间的时间同步。在网络中有一个与外界通信获取外部时钟源的节点称为根节点，它可装配如 GPS 接收机的复杂硬件部件。TPSN 协议采用树状网络结构，首先将所有节点按照在树中的层次进行分级，根节点为最高级别，然后每个节点与上一级的一个节点进行时间同步，最终达到所有节点都与根节点时间同步。

1) TPSN 协议的操作过程

TPSN 协议假设每个传感器节点都有唯一的标识号 ID，节点间的无线通信链路是双向的，通过双向的消息交换实现节点间的时间同步。TPSN 协议包括两个阶段，第一个阶段生成层次结构，每个节点赋予一个级别，根节点赋予最高级别第 0 级，第 i 级的节点至少能够与一个第 $(i-1)$ 级的节点通信；第二个阶段实现所有树上节点的时间同步，第 1 级节点同步到根节点，第 i 级的节点同步到第 $(i-1)$ 级的一个节点，最终所有节点都同步到根节点，实现整个网络的时间同步。下面详细说明协议的这两个阶段。

第一阶段称为级别发现阶段（level discovery phase）：在网络部署后，根节点通过广播级别发现（level_discovery）分组启动级别发现阶段，级别发现分组包含发送节点的 ID 和级别。根节点的邻居节点收到根节点发送的分组后，将自己的级别设置为分组中的级别加 1，即为第 1 级，建立它们自己的级别，然后广播新的级别发现分组，其中包含的级别为 1。节点收到第 i 级节点的广播分组后，记录发送这个广播分组的节点 ID，设置自己的级别为 $(i+1)$，广播级别设置为 $(i+1)$ 的分组。这个过程持续下去，直到网络内的每个节点都赋予一个级别。节点一旦建立自己的级别，就忽略任何其他级别发现分组，以防止网络产生洪泛拥塞。

第二个阶段称为同步阶段（synchronization phase）：层次结构建立以后，根节点通过广播时间同步分组启动同步阶段。第 1 级的节点在收到这个分组后，分别等待一段随机时间，通过与根节点交换消息同步到根节点。第 2 级的节点侦听到第 1 级节点的交换消息后，后退和等待一段随机时间，并与它在层次发现阶段记录的第 1 级别的节点交换消息进行同步。等待一段时间的目的是保证第 2 级节点在第 1 级节点时间同步完成后才启动消息交换。这样，每个节点都与层次结构中最靠近的上一级节点进行同步，最终所有节点都同步到根节点。

2) 相邻级别节点间的同步机制

邻近级别的两个节点对间通过交换两个消息实现时间同步，如图 12-8 所示，其中节点 A 属于第 i 级的节点，节点 B 属于第 $(i-1)$ 级的节点，T_1 和 T_4 表示节点 A 本地时钟在不同时刻测量的时间，T_2 和 T_3 表示节点 B 本地时钟在不同时刻测量的时间。假设节点 A 的本地时间比节点 B 慢 Δ 个单位时间，往返消息的传播时间相同且均为 d。节点 A 在 T_1 时间发送同步请求分组给节点 B，分组中包含 A 的级别和 T_1 时间，节点 B 在 T_2 时间收到分组，$T_2 = (T_1 + d + \Delta)$，然后在 T_3 时间发送应答分组给节点 A，分组中包含节点 B 的级别和 T_1、T_2 和 T_3 信息，节点 A 在 T_4 时间收到应答，$T_4 = (T_3 + d - \Delta)$，因此可以推出：

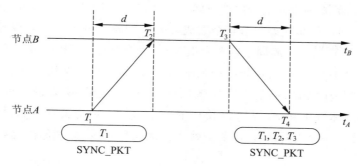

图 12-8   TPSN 机制中相邻级别节点间同步的消息交换

$$\begin{cases} \Delta = \dfrac{(T_2 - T_1) - (T_4 - T_3)}{2} \\ d = \dfrac{(T_2 - T_1) + (T_4 - T_3)}{2} \end{cases} \qquad (12\text{-}8)$$

节点 A 在计算时间偏差后,将它的时间同步到节点 B。采用分析 RBS 误差时的符号对 TPSN 误差分析如下:

$$T_2 = T_1 + S_A + P_{A \to B} + R_B + D_{t_1}^{A \to B} \qquad (12\text{-}9)$$

$$T_4 = T_3 + S_B + P_{B \to A} + R_A - D_{t_4}^{A \to B} \qquad (12\text{-}10)$$

式(12-9)减去式(12-10)得

$$(2 * \Delta) = S^{UC} + P^{UC} + R^{UC} + RD_{t_4 \to t_1}^{A \to B} + 2D_{t_4}^{A \to B} \qquad (12\text{-}11)$$

其中,$S^{UC} = S_A - S_B$,$P^{UC} = P_{A \to B} - P_{B \to A}$,$R^{UC} = R_B - R_A$ 和 $RD_{t_4 \to t_1}^{A \to B} = D_{t_1}^{A \to B} - D_{t_4}^{A \to B}$。节点 A 将 Δ 作为 t_4 时刻 B 与 A 的本地时间之差($D_{t_4}^{A \to B}$)进行时间校准,因此误差为

$$\text{Error} = \Delta - D_{t_4}^{A \to B} = \frac{S^{UC}}{2} + \frac{P^{UC}}{2} + \frac{R^{UC}}{2} + \frac{RD_{t_4 \to t_1}^{A \to B}}{2} \qquad (12\text{-}12)$$

S^{UC} 表示发送端的不确定时间,是节点 A 与 B 的发送时间与访问时间之和的差。RBS 通过广播的方式把这部分时间完全消除,这对于应用程序与网卡驱动松耦合的系统中的时间同步来说具有潜在优势。但在传感器网络中,应用程序与无线芯片驱动紧耦合,时间同步协议可以在消息开始传送的瞬间记录时间戳。TPSN 采用这种时间戳技术完全消除发送端的不确定时间,因此 TPSN 的误差可简化为

$$\text{Error} = \frac{P^{UC}}{2} + \frac{R^{UC}}{2} + \frac{RD_{t_4 \to t_1}^{A \to B}}{2} \qquad (12\text{-}13)$$

比较式(12-7)和式(12-13)发现,RBS 和 TPSN 的同步误差存在两部分不同。其一,它们的第一项不同,RBS 误差中的 P_D^{UC} 表示一个数据包到达两个接收节点的传播时间之差,TPSN 误差的 P^{UC} 表示一个数据包往返的传播时间之差,一般前者略小于后者。但是由于无线信号传播速度接近光速,所以两者相差不大。其二,TPSN 的每一项都除以了 2,因此 TPSN 的同步精度约是 RBS 精度的 2 倍。TPSN 协议的提出者在 Mica 平台上实现了 TPSN 和 RBS 两种机制,通过实验发现两个时钟为 4 MHz 的 Mica 节点,TPSN 时间同步平均误差是 16.9 μs,而 RBS 的是 29.13 μs。

TPSN 协议能够实现全网范围内节点间的时间同步，同步误差与跳数成线性增长，由于网络成树状结构，所以同步误差与节点个数成 $\log(n)$ 增长。每个节点实现时间同步需要发送 2 个消息，n 个节点间的时间同步需要发送 $2 \times n$ 个数据包。TPSN 的一轮时间同步其实只实现了全网的一次对时过程，由于时钟频率动态变化，节点的本地时间会出现新的偏差，如果需要长时间的全网节点时间同步，需要周期性执行 TPSN 协议进行重同步，时间同步周期的长度根据具体应用确定。TPSN 协议的一个明显不足是没有考虑根节点失效问题。此外，新的传感器节点加入网络时，需要初始化层次发现阶段，级别的静态特性减少了算法的鲁棒性。

12.2.4 FTSP 同步协议

洪泛时间同步协议（Flooding Time Synchronization Protocol，FTSP）[4]与前面介绍的 RBS 和 TPSN 不同，它仅用一个广播消息就能同时使多个可能的接收节点与发送节点达到时间同步，不需要节点之间交换其他同步消息，大大减少了通信开销，更适合大规模高密度网络的全网同步。FTSP 协议的关键在于精确地计算消息接收时的时钟源时间，它细分了消息传递过程中的主要延时抖动，并通过相应的机制逐一消除它们对同步精度的影响。另外，通过周期性的洪泛时间同步消息，FTSP 不仅增强了对节点和链路失效的抵抗性，而且同时可以完成动态拓扑更新。

1）消息传递的不确定性延迟

FTSP 和 TPSN 都使用 MAC 层的时间戳，可以有效去除图 12-3 所示的消息传输的 6 个延时中的发送时间和访问时间，以及大部分的收到时间。FTSP 依赖于 CC1000 无线芯片的特殊发包流程，将剩余的三个延时进一步细分为：传播时间，中断处理时间，编解码时间和字节对齐时间。如图 12-9 所示，传感器节点 B 的无线芯片在 t_1 时刻通过中断方式通知 MCU 已经准备好接收下一个需要发送的消息片段，一个消息片段包含若干个字节。经过中断处理时间 d_1，MCU 在时刻 t_2 记录一个发送时间戳。编码时间为消息片段由数字形式的位串转化成无线电磁波形式所需要的时间，如图所示的 d_2。经过传播时间 d_3，无线信号抵达接收端。在接收端经解码时间 d_4，消息片段从电磁波形式转化成位串。字节对齐时间 d_5 是由于在节点 A 和 B 之间的二进制位串存在位偏移，在接收端需要确定偏移了多少位，

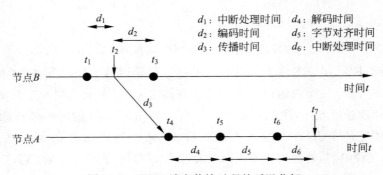

图 12-9　FTSP 消息传输过程的延迟分解

并把接收到的位串做相应的移动。最后,节点 A 在 t_6 时刻产生中断,通知其微控制器(MCU)一个消息片段接收完毕,MCU 经过中断处理时间 d_6 后,在 t_7 时刻记录下接收时间戳。

对于 Mica2 平台,典型的中断处理时间大约为 5 μs,但是由于程序有时候会关闭中断,使得中断处理时间可能高达 30 μs。编解码时间在 110 μs 与 112 μs 之间。字节对齐时间在 0 μs(需要移动 0 位)与 365 μs(需要移动 7 位)。而传播时间小于 1 μs。表 12-1 列出了各个时间的大小和分布。

表 12-1 FTSP 延迟分布

时间	大小	分布特征
传播时间	距离为 300 m 时小于 1 μs	大小确定,依赖于发送节点和接收节点间的距离
中断处理时间	在大部分情况下约为 5 μs,但是可能高达 30 μs	大小不确定,依赖于中断是否被屏蔽
编解码时间	100～200 μs,小于 2 μs 的抖动	大小确定,依赖于无线芯片的设置
字节对齐时间	0～400 μs	大小确定,可以计算得到

2) FTSP 的时间戳

FTSP 使用无线的广播特性同时将多个接收者的本地时间与发送者的本地时间同步。广播的同步消息中包含发送者的本地时间,该时间是发送者对时钟源时间的估计值,这里称为全局时间。接收者在接收消息时,记录相应的本地时间,这里称为局部时间。因此广播一个同步消息就可以为每个接收节点提供一个同步点(即一对"全局时间—局部时间")。全局时间与局部时间之差就是该接收节点当前的时间偏差。由于全局时间被嵌入到数据包中,发送者必须在发送承载全局时间的字节之前记录时间戳。

FTSP 的同步消息由前导码、同步码(SYNC)、用户数据和校验码(CRC)组成,如图 12-10 所示。Mica2 的前导码由 18 字节的 0x55 组成,图中为了简单只画出了两个字节;同步码由两字节的 0x33 组成;用户数据的默认最大长度为 34 字节;校验码长度为两字节。在无线接

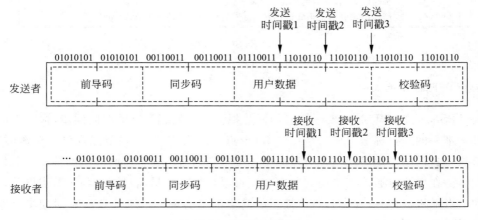

图 12-10 FTSP 时间戳

收机接收同步消息的过程中，当它感应到前导码的电磁波信号时，它将自己的频率与感应到信号的载波频率进行同步。由于刚开始接收机还未调整到载波频率，导致解码出来的前导码只是发送时的一部分，如图 12-10 所示，前导码的前 4 位没有被接收到。因此接收到的位串与发送时的位串存在位偏移，在产生接收中断前，接收机需要确定偏移了几位并进行字节对齐，图中的位偏移量为 4。

从表 12-1 可知影响 FTSP 同步精度的主要因素有两个：中断处理时间抖动和编解码时间抖动。FTSP 通过在发送端和接收端分别记录多个时间戳的策略，如图 12-10 所示，用户数据的每个字节都被记录一对发送时间戳和接收时间戳，并利用最小值法和平均法分别消除了这两种时间抖动，从而计算出精确的全局时间和局部时间。图 12-11 给出了 FTSP 计算全局时间和局部时间的算法。首先，对每个时间戳进行标准化（流程图的步骤 1），每个时间戳都减去一个字节的标准传输时间的特定倍数，例如时间戳 1 减去一个字节的传输时间，时间戳 2 减去两个字节的传输时间。Mica2 平台的一个字节的标准传输时间为 417 μs。中断处理时间的抖动主要由于其他程序关闭了中断，MCU 需要等待其他程序打开中断之后才能处理无线芯片产生的中断。中断处理时间的长度不符合高斯分布，但通过取所有标准化时间戳中的最小值能够以较大的概率消除中断处理时间的抖动（流程图的步骤 2）。考虑到编解码时间的抖动约为 2 μs，比最小值大 4 μs 以内的时间戳都认为是无中断处理时间抖动（流程图的步骤 3）。由于编解码时间的抖动服从标准正态分布，通过计算无中断处理延迟抖动的时间戳的平均值可以将其消除（流程图的步骤 4 和 6）。最后得到的发送时间戳的均值即为全局时间，而平均处理的接收时间戳需要减去相应的字节对齐时间才能成为最终的局部时间戳（流程图的步骤 5）。

输入：发送时间戳集合 $S=\{s_1, s_2, s_3, \cdots\}$，接收时间戳集合 $R=\{r_1, r_2, r_3, \cdots\}$
输出：全局时间 T，局部时间 t
1. 标准化所有的时间戳：$S'=\{s_1', s_2', s_3', \cdots\}=\{s_1-417, s_2-2\times417, s_3-3\times417, \cdots\}$
   $R'=\{r_1', r_2', r_3', \cdots\}=\{r_1-417, r_2-2\times417, r_3-3\times417, \cdots\}$
2. 最小值法消除中断处理时间抖动：$s_{min}=Min(S')$；$r_{min}=Min(R')$
3. $S''=\{S'$中小于 $s_{min}+4\,\mu s$ 的时间戳$\}$；$R''=\{R'$中小于 $r_{min}+4\,\mu s$ 的时间戳$\}$
4. 均值法消除服从正态分布的解码延迟抖动：$r_{avg}=Average(R'')$
5. 局部时间 $t=r_{avg}-$调制速度×位偏移量
6. 均值法消除服从正态分布的编码延迟抖动：全局时间 $T=Average(S'')$

图 12-11　FTSP 算法伪代码

3）FTSP 的多跳机制

与 TPSN 类似，FTSP 需要一个时间同步根节点来发起全网的时间同步，根节点的选举一般基于唯一的节点标号（例如，最低的 ID 节点当选根节点）。根节点提供时钟源时间，其他的节点将自己的本地时间与根节点对齐。根节点通过广播含有时间戳的消息以触发一轮时间同步。在根节点通信范围内的所有节点可以根据该广播消息直接与根节点同步。完成同步的节点随机退避一段时间，再广播新的同步消息实现下一跳节点的时间同步。通过逐跳的广播最终实现全网节点的时间同步。

FTSP 要求根节点选举机制保证网络中只有一个时间同步根节点。每个广播消息除了需要包含时间戳,还需要包含该根节点的节点编号(rootID)和一个序列号。当一个节点一定时间内没有接收到时间同步消息,它将自己选举为新的时间同步根节点。当一个时间同步根节点收到的时间同步消息中的 rootID 比自己的编号还小时,它变为普通节点。这个时间同步根节点选举机制确保 TPSN 可以处理网络拓扑变化,包括新节点进入、节点移动和节点失效。

由于使用广播同步消息的方式实现全网时间同步,FTSP 的通信复杂度为 $\log(n)$,同步误差的逐跳累积速度也为 $\log(n)$。同步精度方面,其提出者 M. Maróti 等人在由 60 个 Mica2 节点组成的多跳网络中进行了实验,结果显示 FTSP 的单跳平均同步误差为 $1.48\,\mu s$,3 跳的平均同步误差为 $3\,\mu s$。与 RBS 和 TPSN 相同,FTSP 的一轮全网时间同步实际上也只完成了一次对时过程,需要周期性地重同步以保持时间同步精度。为了增长时间同步周期,FTSP 采用与 RBS 相同的方法估计时间偏斜,利用该估计值在两次对时之间调整节点的本地时间。

12.2.5 tiny-sync 和 mini-sync 同步协议

在通常情况下,节点 i 的本地时间是绝对时间 t 单调非递减的函数。用来产生本地时间的晶体频率虽然受周围环境的影响而动态变化,但在一定时间内可认为保持不变,因此,节点 i 的时间可以用下面公式表示,其中 a_i 为节点 i 的时间偏斜,b_i 为节点 i 的初始时间偏差。

$$T_i(t) = a_i t + b_i \tag{12-14}$$

对于两个节点,它们的时间偏斜和初始时间偏差往往存在差异,但它们时间偏斜和初始时间偏差之间的差值在一段时间内保持不变。从式(12-14)可知,两个节点的时间 T_1 和 T_2 符合式(12-15)给出的线性关系,其中 a_{12} 和 b_{12} 分别表示两个本地时间之间的相对时间偏斜和相对初始时间偏差。如果两个节点的本地时间精确同步,那么相对时间偏斜等于 1,相对初始时间偏差等于零。

$$T_1(t) = a_{12} T_2(t) + b_{12} \tag{12-15}$$

假设节点 1 希望与节点 2 时间同步,它发送一个探测消息(probe message)给节点 2,探测消息在发送前打上时间戳 $T_1(t_o)$,节点 2 将收到的探测消息后加上时间戳 $T_2(t_b)$,并立刻返回给节点 1,节点 1 收到后打上时标 $T_1(t_r)$,如图 12-12 所示。这样,三个时间戳($T_1(t_o)$,$T_2(t_b)$,$T_1(t_r)$)形成一个数据点,确定了式(12-15)中参数 a_{12} 和 b_{12} 的取值范围,由于 $t_o < t_b < t_r$,所以可得以下的关系式:

$$T_1(t_o) < T_1(t_b) = a_{12} T_2(t_b) + b_{12} \tag{12-16}$$

$$T_1(t_r) > T_1(t_b) = a_{12} T_2(t_b) + b_{12} \tag{12-17}$$

经过多次探测消息的交换过程,能够得到一组数据点。T_1 和 T_2 之间的线性关系和数据点隐含的参数 a_{12} 和 b_{12} 取值约束可以用图 12-13 表示,每个数据点对应两个约束,分别是($T_1(t_o)$,$T_2(t_b)$)和($T_2(t_b)$,$T_1(t_r)$)。参数 a_{12} 和 b_{12} 应满足下面的关系式:

$$\underline{a_{12}} \leqslant a_{12} \leqslant \overline{a_{12}} \tag{12-18}$$

$$\underline{b_{12}} \leqslant b_{12} \leqslant \overline{b_{12}} \tag{12-19}$$

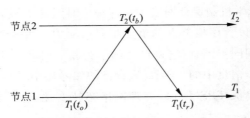

图 12-12　探测消息的交换过程图示

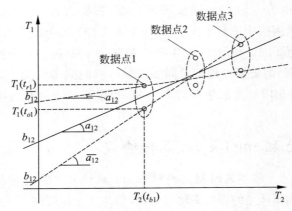

图 12-13　探测消息的数据点关系图示

因此，参数 a_{12} 和 b_{12} 的估计值为

$$a_{12} = \hat{a}_{12} \pm \frac{\Delta a_{12}}{2} \tag{12-20}$$

$$b_{12} = \hat{b}_{12} \pm \frac{\Delta b_{12}}{2} \tag{12-21}$$

$$\hat{a}_{12} = \frac{\overline{a_{12}} + \underline{a_{12}}}{2} \tag{12-22}$$

$$\Delta a_{12} = \overline{a_{12}} - \underline{a_{12}} \tag{12-23}$$

$$\hat{b}_{12} = \frac{\overline{b_{12}} + \underline{b_{12}}}{2} \tag{12-24}$$

$$\Delta b_{12} = \overline{b_{12}} - \underline{b_{12}} \tag{12-25}$$

节点 1 在估计出 a_{12} 和 b_{12} 参数值后，能够使其本地时间与节点 2 的本地时间达到同步。

如果节点 2 由于种种原因不能立即返回探测消息，就会造成时间同步精度的下降，因此节点 2 可以在接收到探测消息时和返回发送探测消息时分别加上时间戳，如图 12-14 所示。在这种情况下，$(T_1(t_o), T_2(t_{br}), T_1(t_r))$ 和 $(T_1(t_o), T_2(t_{bt}), T_1(t_r))$ 分别代表满足式(12-16)和式(12-17)的数据点，作为两个独立的数据点对待。

为了计算节点间相对时间偏斜和相对初始时间偏差，传统方法通常采用收集大量数据采集点信息，然后进行拟合处理，这样就需要较大的通信量、存储空间和计算量，不适用于传感器网络。在上述分析基础上，Mihail L. Sichitiu 和 Chanchai Veerarittiphan 提出了 tiny-

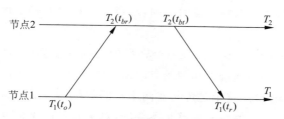

图 12-14　探测消息延迟发送的交换过程图示

sync 同步算法[14]，其基本原理是：在每次获得新的数据点时，首先与以前的数据点比较，如果新的数据点计算出的误差大于以前数据点计算的误差，则抛弃新的数据点；否则，采用新的数据点而抛弃旧的数据点。如在图 12-15 中，通过数据点 1 和 3 能够得到估计边界 $[a_{12}, \overline{a_{12}}]$ 和 $[b_{12}, \overline{b_{12}}]$，数据点 3 比数据点 2 产生更好的估计，可以丢弃数据点 2。这样，时间同步只需要总的存储 3～4 个数据点，就可以实现一定精度的时间同步，从而有效降低存储需求和计算量。tiny-sync 同步算法利用了所有的数据信息，并通过实时处理使得保留的数据总数很少，但是在某些情况下可能会丢失更有用的数据采集点。如图 12-15 所示，在获得前两个数据点 (A_1, B_1) 和 (A_2, B_2) 后，计算出偏斜和偏差的第一次估计，数据点 (A_3, B_3) 提高了估计精度，就会丢弃数据点 (A_2, B_2)。虽然数据点 (A_4, B_4) 与 (A_2, B_2) 联合能够得到更好的估计，但 (A_2, B_2) 已经丢弃，只能获得一个次优化的 b_{12}。

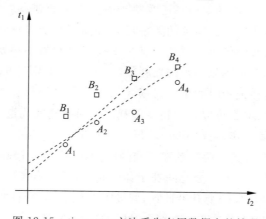

图 12-15　tiny-sync 方法丢失有用数据点的情况

　　mini-sync[14] 算法是为了克服 tiny-sync 算法中丢失有用数据点的缺点而提出的。该算法通过建立约束条件来确保仅丢掉将来不会有用的数据点，并且每次获取新的数据点后都更新约束条件。约束条件是，对于数据 A_j（如 A_3），如果对于任何满足关系 $1 \leqslant i < j < k$ 的整数 i 和 k 都满足关系式（12-26），那么说明它不会是有用的数据而被丢弃，证明参见文献[14]，公式中的 $m(A, B)$ 表示穿过 A 和 B 两点直线的斜率。对 B_j 存在类似的丢弃上边界。作者实验表明，对于传感器网络，通常只需要存储不超过 40 个数据点的信息。

$$m(A_i, B_j) \leqslant m(A_j, B_k) \tag{12-26}$$

　　通过采用树状结构，可以用这两种算法实现传感器网络的同步。作者认为在传感器网络中，监测数据从各个传感器节点传送到汇聚节点，在传输路径上的节点需要实现数据融合,因此,没必要所有节点都与根节点时间同步,只需要传输路径上的节点与它的所有下一级节点同步即可。

mini-sync 和 tiny-sync 同步算法是两个轻量的时间同步算法,通过交换少量消息能够提供具有确定误差上界的时间偏斜和初始时间偏差估计,同时仅需要极少的网络通信带宽、存储容量和处理能力等资源,这正是传感器网络最需要的特性。这两个算法的前提假设是传感器节点的时间偏斜和初始时间偏差是不变的,对于需要长期监测的传感器网络应用,传感器节点低成本的晶体振荡器很难保证时间偏斜和初始时间偏差的长时间稳定性。

12.2.6 最新进展

以上介绍的基于消息的时间同步协议通过缩短同步消息传输的关键路径和估计关键路径的时间长度来提高时间同步协议的精度。其中 FTPS 已经能够精确计算消息传输过程中的绝大部分不确定性延迟,因此研究人员试图通过其他方面的改进以提高时间同步协议的性能。以下将介绍两个较新的基于消息的时间同步协议,一个通过提高本地时间的分辨率来提高对时精度;另一个通过更接近现实的时间偏斜变化模型来精确估计时间偏斜,以便延长同步周期,减少同步协议消耗的资源。

1) 虚拟高分辨率时间同步协议

基于消息的时间同步协议的对时精度受限于时间戳的分辨率,时间戳的分辨率通常等于节点晶体钟的周期,因此增加晶体钟的频率可以提高同步协议的对时精度。但由于晶体钟的功率正比于其频率,所以传感器节点没有为了提高时间戳的分辨率而采用高频率的晶体钟。文献[8]指出虽然高频率晶体钟的能耗较高,但是在节点工作过程中并不是始终需要这种高频晶体钟,而只是在记录时间戳的时候才需要。如果能仅在需要时才开启高频晶体钟,平时只使用低频时钟,那么可以在保持低能耗的同时提高时间戳分辨率。为此,文献[8]提出了虚拟高分辨率时间同步协议(Virtual High-resolution Time, VHT),它的计时原理如图 12-16 所示。传感器节点拥有两个频率不同的时钟,一个频率较高,一个频率较低。低频时钟一直运行,而高频晶体钟大部分时间处于休眠状态,只有当需要记录时间戳的时候才开启。两个时钟都是在时钟信号的上升沿计数,假设需要记录本地时间 t_{event}。节点提前开启高频时钟,并在每个低频时钟的上升沿读取高频时钟的计数值,则 $t_{event} = l_0 T_l + (h_1 - h_0) T_h$,其中 l_0 是当前低频时钟的计数值,h_0 是当前低频时钟上升沿时读取的高频时钟的计数值,h_1 是当前高频时钟的计数值,T_l 和 T_h 分别表示低频和高频时钟的周期。

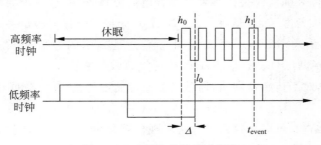

图 12-16　VHT 协议技术原理

在实现中,VHT采用FPGA硬件电路将节点自带的32 kHz晶振产生两个频率不同的晶体钟,一个是保持其原有频率的低频时钟,另一个是经过倍频之后的高频时钟。VHT仅在传输同步消息时开启倍频电路模块,得到高分辨率的时间戳,平时仅使用低频时钟计时。精度方面,VHT的计数精度受高频时钟与低频时钟的同步误差的影响,如图12-16中的Δ。VHT协议通过硬件锁相环电路实现这两个晶体钟的高度同步。能耗方面,VHT的低频时钟的工作电流为42.8 μA,高频时钟工作在16 MHz时的电流为767 μA。为了减少高频时钟开启的时间,VHT采用温度补偿的方法计算时间偏斜,减少同步消息发送的次数,进而减少记录时间戳的次数。

2) 自适应时钟估计时间同步协议

文献[9]提出一种基于时间偏差和偏斜预测的同步算法 ACES(Adaptive Clock Estimation and Synchronization),它将时间偏差和偏斜建模成线性自回归过程,并利用卡尔曼滤波算法预测传感器节点的时间偏差和偏斜,延长了时间同步的周期。ACES根据同步周期将时间划分成时槽,仅在每个时槽结束时进行同步消息交互,从而实现一次对时,在其他时间不发送同步消息。ACES协议假设在同一个时槽内节点的时间偏斜不变化,并将时间偏斜从时槽$n-1$到n的变化过程建模成离散的线性自回归方程

$$\alpha[n] = p\alpha[n-1] + \eta[n] \tag{12-27}$$

式中,α表示时间偏斜;p是一个小于且非常接近于1的常数;η是一个均值为零的高斯随机变量。由公式可以看出,n时槽的时间偏斜等于上一时槽的时间偏斜加上一个高斯噪声。在连续系统中,时间偏差等于时间偏斜在时间上的积分,而在ACES提出的离散模型中,时槽n时刻的时间偏差$\Delta[n]$可表示为

$$\Delta[n] = \sum_{k=1}^{n} \alpha[k] * \tau[k] + \Delta_0 = \Delta[n-1] + \alpha[n] * \tau[n] \tag{12-28}$$

式中,$\tau[k]$是第k个时槽的长度;Δ_0为初始的时间偏差。可以看出公式(12-28)也是一个线性自回归方程。将式(12-27)和式(12-28)组合成一个一维向量的线性自回归方程:

$$\vec{x}[n] = A * \vec{x}[n-1] + \vec{u}[n] \tag{12-29}$$

式中,$\vec{x}[n]=[\Delta[n] \quad \alpha[n]]^T$;$A=\begin{bmatrix} 1 & \tau[n] \\ 0 & p \end{bmatrix}$,$\vec{u}[n]=[0 \quad \eta[n]]^T$。针对节点本地时间的偏差和偏斜的这一离散线性自回归模型,ACES协议中传感器节点使用离散卡尔曼滤波算法,在每个时槽开始时,根据上一时槽的时间偏斜预测当前时槽的时间偏差和偏斜。预测的时间偏差如果大于同步协议预期的精度目标,则缩短同步周期;反之则延长同步周期。在各个时槽结束时,节点之间交互同步消息,计算出该时槽的时间偏差和偏斜,并校准这两个值在时槽开始时的预测值。由于ACES协议提出的时间偏斜变化模型更接近于真实情况,所以它对时间偏差和偏斜的预测比线性拟合和定界估计更准确。通过仿真实验发现,当同步周期为3600 s,时钟漂移率为200 ppm时,该同步协议的同步误差约为40 μs,时间偏斜的预测均方差为5.09×10^{-20}。

12.3　基于全局信号的时间同步协议

　　基于消息的时间同步协议存在两方面的弊端,一方面,逐跳的同步方式使得同步误差随着通信跳数的增加而累积,不适合大规模部署的传感器网络;另一方面,节点的本地时间存在动态变化的时间偏斜,需要不断地对时以保证同步精度,消耗大量的能量和带宽资源。而基于全局信号的时间同步协议利用全局的周期信号,通过广播的方式将时钟信息直接传输到各个节点,进而避免了同步误差的逐跳累积。另外,节点将接收到的全局周期信号作为时钟信号,对其进行计数产生本地时间。由于各节点接收到的全局信号的频率一致,所以节点间的相对时间偏斜长期保持为1。但是全局时钟信号的周期往往比较大,导致本地时间的分辨率较低,无法满足传感器网络的一些应用需求。为了提高计时精度,基于全局信号的时间同步协议通常将全局时钟信号和节点自带的晶体时钟信号组合成一个逻辑时钟信号,对该逻辑时钟信号计时而产生本地时间。如图 12-17 所示,假设全局时钟信号的频率为 f_r,晶体时钟信号的频率为 f_c,节点从 tick_0 开始计时。则节点的当前本地时间表示为

$$(\text{tick}_1 - \text{tick}_0)/f_r + (\text{tick}_3 - \text{tick}_2)/f_c \tag{12-30}$$

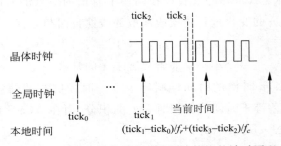

图 12-17　基于全局信号的时间同步协议的计时原理

　　常见的全局周期信号可以分为两类,一类为可以直接解码出当前时间的全局信号,例如以下介绍的 GPS 和 WWVB,它们将时间的具体值直接编码在广播信号中,传感器节点通过解码信号可以直接得到当前时间,进而完成对时过程,这类同步协议通常被称为授时同步;另一类为不能直接解码出当前时间的全局信号,如本节将介绍的电力线辐射的电磁场和FM 广播数据系统,由于节点无法直接获取具体时间,因此需要借助基于消息的时间同步协议进行对时。

12.3.1　授时同步

　　传感器网络中的授时同步是指传感器节点直接接收来自某精确时钟源的时间,用于替代或辅助节点的本地时间。节点通常装备一个特殊的接收装置,用于接收和解码来自时钟源的时间信号,同时利用中断等方式为传感器节点提供时间信息。典型的时钟源包括全球定位系统(GPS)和时间广播系统(如 WWVB),下面分别予以介绍。

　　全球定位系统(Global Positioning System,GPS)是一种基于三维空间的全球导航卫星系统,由美国安全部门研发和建设,始建于 1973 年而建成于 1994 年,目前包括 24 颗绕地球

运转的卫星,GPS 面向全球地表或低空区域提供精确的地理和时间信息,是目前使用最广的定位和时间同步系统。GPS 的首要功能是对 GPS 接收端进行精确定位,然而,GPS 接收端的时钟精度会严重影响定位精度,所以为了提高定位精度,GPS 系统设计了一套时间调整算法用于改进 GPS 接收端的时间精度。GPS 要求接收端在无遮挡的情况下同时接收到来自 4 颗卫星的信号。随后,GPS 接收端分别估计自身与 4 颗卫星的距离,分别记作 r_1、r_2、r_3、r_4,若接收端时间无误差则以各颗卫星为球心以 r_1、r_2、r_3、r_4 为半径的 4 个球面将交于一点。在实际情况下由于接收端存在时间精度误差,各个球面无法交于一点。但是,利用前 3 颗卫星球面相交的 2 个点与第 4 颗卫星球面的距离可以估计节点时钟精度误差值。在 GPS 系统中,利用上述原理进行迭代最终得到精确的时间和地理位置信息,测量表明 GPS 接收端时钟精度误差范围仅为约 20ns[10]。

在传感器网络中,若每个节点装备一个 GPS 接收端,则当全网节点完成卫星锁定后即可达到时间同步。但实际应用中 GPS 很少被采用作为传感器网络同步方法,其原因包括多个方面:首先,GPS 接收端的能耗较大,其工作电流在 20~40 mA 之间[11],而 TelosB 平台全负载运行情况下工作电流仅为 24.8 mA;其次,GPS 模块的价格相对于传感器节点偏高;最后,GPS 接收端在室内或有遮挡的区域无法正常工作。但由于 GPS 系统时间同步精度高、覆盖面广,随着其价格和能耗的下降,GPS 可能用于更多的传感器网络系统。

除 GPS 系统外,多个组织机构以国家或地区为范围广播时间信息来提供授时服务。目前常见的时间广播系统如表 12-2 所示,这些广播系统通常采用大功率发射器连续广播时间信息,接收节点通过解码广播信号得到当前时间。下面以 WWVB 为例,简要介绍这些时间广播系统的工作原理。WWVB 建立于 1963 年,其基站位于美国科罗拉多州,时钟源为按协调世界时标准计时的原子钟。它采用数据率为 1b/s 的脉冲调制,载波频率为 60 kHz,发送功率为 50 kW,覆盖范围达整个北美。WWVB 广播的信息包含了年月日、时分秒,帧结构如图 12-18 所示。接收节点从 WWVB 的广播信号中解码出时钟源的当前时间用于校准本地时间。目前,已有部分手持移动设备(如收音机、手表等)利用 WWVB 系统自动校准时钟。

表 12-2 时间广播系统

基站	国家	频率	开通时间
MSF	英国	60 kHz	1966
CHU	加拿大	3330,7850,14670 kHz	1938
BPC	中国	68.5 kHz	2007
BPM	中国	5,10,15 MHz	1981
TDF	法国	162 kHz	1986
DCF77	德国	77.5 kHz	1959
JJY	日本	40,60 kHz	1999
RBU	俄罗斯	66.66 kHz	1965—1974
HBG	瑞士	75 kHz	1966
WWV	美国	2.5,5,10,15,20 MHz	1920's
WWVB	美国	60 kHz	1963

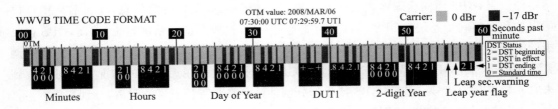

图 12-18　WWVB 帧格式

由于 WWVB 接收端能耗较低,已有多个传感器系统利用 WWVB 系统实现精确的时间同步。例如,文献[15]中,每个传感器节点装备了一个 WWVB 接收器,节点部署在户外区域,因此能够通过 WWVB 系统获取时间信息。接收到的时间精度与多个因素相关,包括信号质量、接收器和天线、接收器与基站距离等,其中距离因素的影响较大,美国本土地区范围内最大的传播延迟可达 15 ms。采用时间广播系统进行时间同步具有其局限性。首先,各个组织机构广播信号的载波频率、信息格式、调制方式等均不相同,因此需要针对不同的地区设计完全不同的硬件设备;其次,时间广播信号的穿透能力有限,例如,一些研究工作[11,12]表明室内难以接收到 WWVB 信号。

12.3.2　基于电力线的时钟同步协议

电力线广泛分布在人们生产生活的各个场所,例如家庭、办公楼、厂房、矿井等。电力线中传输的交流电的频率通常比较固定(60 Hz 或者 50 Hz),由于电磁感应原理,电力线会向周围辐射出相同变化频率的电磁波。Anthony Rowe 等利用该电磁波频率的稳定性,提出了一种基于电力线辐射场的时间同步方法[12]。其中,每个传感器节点安装一个特制的磁场感应装置,用于感知节点周围的交流电磁场。如图 12-19 所示,传感器节点部署在电力线周围区域,在感应到该电磁场后,感应装置产生一个与磁场频率相同的正弦信号,并对该正弦信号进行计数。对于 60 Hz 的交流电,感应装置每计数 60 次产生一个时钟信号。由于感应装置产生的正弦信号频率与交流电的频率一致,所以每个节点上的该时钟信号的频率完全相同且都为 1 Hz,通常将该时钟信号称为全局时钟信号。传感器节点利用全局时钟产生的本地时间的时间偏斜为 1,时间分辨率为 1 s。为了提高本地时间的分辨率,需采用如图 12-17 所示的方法,利用节点的自带晶体钟在两个全局时钟信号之间计时。

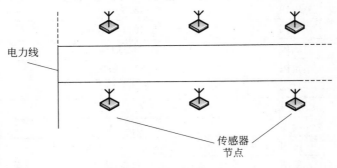

图 12-19　系统部署示意图

基于电力线的时间同步协议中的每个节点获得的全局时钟的频率完全相同,但是各节点的全局时钟信号的产生时刻不同,如图 12-20 所示,即各节点的全局时钟信号存在相位差。这是由于在一些国家拥有多个电网公司,各电网公司的交流电之间存在相位差。传感器节点感应到的磁场通常是多家电网公司的电力线所辐射的电磁波的叠加,该磁场的初始相位与传感器节点的位置有关,对于静止的传感器网络,各节点之间的相位差保持不变[12]。A. Rowe 等人在文献[12]中采用已有的基于消息的时间同步协议消除节点间的相位差,如TPSN 或 FTSP。如图 12-21 所示,节点 M 为时间同步的主节点,其他节点为从节点。主节点 M 在接收到某个全局时钟信号时发送一个同步消息,同步消息中记录了节点 M 的本地时间。与 TPSN 和 FTSP 不同的是,从节点不直接修改自己的本地时间,而是记录与主节点之间的相位差(即时间偏差),图 12-21 中 Θ 表示从节点与 M 点的相位差,单位为 ms。

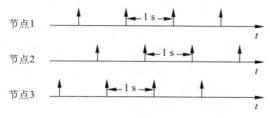

图 12-20 各节点产生的全局时钟信号

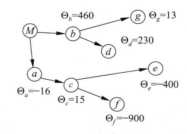

图 12-21 从节点的相位差

在基于交流电磁场的时钟同步方法中,能量消耗的主要来源是电磁场感应器,其能耗约为 $58\,\mu\text{W}$,远低于常见的无线通信接口所消耗的能量。同步精度方面,作者使用 8 个传感器节点,进行了长达 11 天的连续实验,测得在无消息交换的情况下(初始情况下所有节点时间一致),节点间平均相对时间偏差低于 1 ms。

12.3.3 基于 FM 无线信号的时钟同步协议 ROCS

12.3.2 节介绍的基于电力线的时钟同步协议只适用于部署在电力线周围的传感器网络,一旦远离电力线则无法工作,为了突破这种限制,研究人员试图寻找一些可用的且分布范围更广的全局周期信号。本节介绍一种基于 FM 无线信号的时间同步协议 ROCS[16]。目前,FM 基站能够覆盖大部分的城市及周边区域(包括室内和室外),通常情况下一个功耗100000 W 的 FM 基站覆盖半径达 150 km,而在不存在干扰信号的情况下最高能达到约240 km。传统的 FM 广播只包含模拟音频信息,为了在传输音频的同时附带一些数字信息，工业界制定了广播数据系统（Radio Data System）协议，简称 RDS。RDS 协议支持在广播模拟音频信息的同时附带少量的数字信息，如 FM 基站名称、广播节目介绍等。最初的 RDS 标准在 1984 年制定，截至 2003 年美国约 5000 家 FM 基站中已有 15% 的比例支持 RDS 协议。

在 RDS 广播中，数字信息以连续的比特流形式广播，并且满足规定的格式。根据 RDS 标准，比特流的最小单位称为 RDS 块，一个 RDS 块包含 26 个比特数据，而每 4 个 RDS 块组成一个 RDS 组。由于每个 RDS 块的大小相同，因此 FM 接收端，如常用的收音机芯片，每解码一个 RDS 块所需时间相同，这个时间约为 21.894 ms。通常情况下 FM 接收端每解码一个 RDS 块则产生一个脉冲信号（即硬件中断，用于读取 RDS 块信息），所以当 FM 接收端持续解码 RDS 块时，就能产生周期性的脉冲信号，如图 12-22 所示。这个周期性的脉冲信号可以看作一个全局时钟信号，称为 RDS 时钟。在 ROCS 协议中，每个传感器节点都装配一个 FM 接收端，并且网络中所有 FM 接收端均锁定同一个 FM 基站，因此各个节点上产生的 RDS 时钟的步调一致。与基于电力线的时间同步协议一样，ROCS 也利用传感器节点自带的晶体钟来提高计时分辨率，且同样需要借助基于消息的时间同步协议消除节点之间的时间偏差。另外，由于 FM 接收端能耗较大，ROCS 设计了一种周期性的 FM 接收端睡眠机制来减少能耗，根据实际应用不同的精度需求来动态调节睡眠周期，通常情况下睡眠周期为 20 min 时节点间最大误差仍能够保持在 1 ms 以下，而所需能耗小于 20 μW。

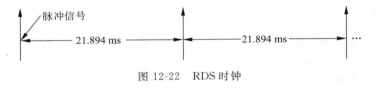

图 12-22　RDS 时钟

基于 FM 无线信号的时钟同步协议 ROCS 的优势在于其适用范围广，相比时间广播系统中的各种广播信号而言，RDS 标准是全球统一的，因此不需要根据协议不同而更换硬件设备。另外，其精度可以根据应用的需求通过调节 FM 接收端的睡眠周期来动态调整，能够较好地权衡精度与能耗。ROCS 协议存在一些缺陷，首先，节点必须依赖 FM 接收端才能够正常工作；其次，由于引入了周期性睡眠机制，在 FM 接收端睡眠期间，需要依赖节点时钟估计当前的逻辑时钟，因此带来了一些计算开销；此外，由于 FM 信号分布在 87.5～108.0 MHz，容易受到同频其他信号干扰。最后，需要注意的是基于 FM 无线信号的时钟同步协议与 12.3.2 节中基于交流电磁场的时钟同步协议一样，都需要节点之间进行消息交换来去除时间偏差。

12.4　本章小结

时间同步是无线传感器网络的重要的支撑技术，是目前无线传感器网络研究的热点和难点。本章对目前的时间同步算法进行了较详细的分析比较，并介绍了几种经典的无线传感器网络时间同步算法的基本原理、适用范围以及优缺点。

　　基于消息的时间同步协议通过消息传递进行节点间对时,消息传递过程中的不确定时间影响时间同步的精度,因此大部分协议致力于如何消除和计算这些不确定时间。RBS 通过广播 beacon 消除了发送端的不确定时间;TPSN 通过发送端的 MAC 层时间戳机制消除了 MAC 层以上的时间抖动;而 FTSP 采用多时间戳机制进一步消除了中断处理和编解码时间抖动。这类算法的弊端是一次消息交换只能完成对时,而无法完成对频。虽然通过频繁的对时可以达到一定程度上的对频,但是这将占用大量的通信和能量资源,因此 RBS 和 FTSP 利用最近几次对时估计节点的时间偏斜,使用时间偏斜调整本地时间,进而延长同步周期。mini-sync 和 tiny-sync 通过定界的方式估计时间偏斜和偏差,具有通信开销和计算开销少的优点。基于消息的时间同步协议目前的发展有两个方向:提高对时精度和提高时间偏斜的计算精度。

　　通过本节的介绍可以了解到,基于全局信号的时间同步协议的共同点是:节点根据全局信号产生一个频率一致、相位差稳定的全局时钟信号,并利用该全局时钟信号进行计时实现精确的对频。而且在大多数协议中,全局时钟信号的周期比较大,需要利用传感器节点自带的晶体钟提高计时精度。在实际应用中,由于全局信号的差异,同步协议的实现上也存在一些不同。例如,对于 GPS 和 WWVB 等信号,节点可以从时钟源直接获取绝对时间同时完成对时和对频;而对于基于电力线或 FM 广播数据系统的方法,由于信号本身不带有绝对时间信息,因此节点通过接收全局信号只能消除节点间的时间偏斜,无法消除时间偏差,所以仍然需要依赖节点间的同步消息交换完成对时。基于全局信号的时钟同步协议的另一个显著的特点是往往依赖于特定的硬件支持,例如 GPS 或 FM 接收器等,因而引入了一些额外的开销,但是这些方法的实现复杂度通常较低,因此,更加容易使用和维护,在现实条件允许的情况下是不错的选择。

　　由于无线传感器网络应用的多样性,时间同步的要求也是多样性,不可能有一种时间同步算法满足所有的应用需求和性能指标。因此,对无线传感器网络时间同步算法的评价不能只考虑某个方面或某两个方面,而要从同步方式、同步范围、同步精度、能量有效性、算法复杂度、算法收敛度、扩展性等进行综合考量。

习题

12.1　无线传感器网络中为什么需要时间同步? 列举至少两个例子。

12.2　内部时间同步和外部时间同步有什么不同? 分别至少给出一个例子。

12.3　假设有两个节点 A 和 B,A 的当前时间是 1000,B 的当前时间是 1100,在绝对时间 1 s 内 A 的本地时间增加 1.01 个单位时间,而 B 的本地时间增加 0.99 个单位时间。请给出 A 和 B 的时间偏斜,以及 A 与 B 的相对时间偏斜和相对时间偏差。

12.4　一个网络中有 5 个节点,它们与一个外部时钟源同步,最大同步误差分别为:2,1,3,4 和 2 个单位时间。这个网络的时间同步精度是多少?

12.5　简要描述消息传递过程中的不确定延迟。

12.6　简述后同步思想。

12.7　比较分析 RBS 和 TPSN 的同步误差。

12.8　简述 FTSP 如何去除中断处理时间抖动和编解码时间抖动。

12.9　使用基于电力线的时钟同步协议与 UTC 同步,当所有节点都与 UTC 一致之后,出现以下情况,节点的时间偏差、时间偏斜,已经相对时间偏差和相对时间偏斜的变化是什么?

（a）电力线的频率发生偏移;

（b）某个 AM 信号被部分传感器节点漏检了。

12.10　为什么无线传感器网络需要时间同步? 请举出至少三个具体的例子。

12.11　解释外部和内部的时间同步的不同。

12.12　有两个节点,其中节点 A 当前时间是 1100,节点 B 当前时间是 1000。每 1 s 的时间节点 A 的时钟会前进 1.01,节点 B 的时钟前进 0.99。利用这个具体的例子解释什么是时钟偏移(clock offset)、时钟速率(clock rate)和时钟偏差(clock skew)。这两个时钟是快还是慢,为什么?

12.13　假设两个节点都有最大时钟漂移 100 ppm。如果两个节点通过时钟同步后的相对偏移不超过 1 s,则重新同步周期至少是多少?

12.14　你需要设计一个传感器节点,你有三种最大漂移率选择: $\rho_1 = 1$ ppm, $\rho_2 = 10$ ppm, $\rho_3 = 100$ ppm。三种时钟的成本从高到低为: 时钟 1,时钟 2,时钟 3。解释为什么人们会选择时钟 1,而不是时钟 2 或时钟 3,反之亦然。

12.15　网络的 5 个节点同步到外部基准时间,且最大误差分别为 1,3,4,1 和 2 个时间单位,分别同步到外部基准时间。该网络可获得的精确度是多少?

12.16　节点 A 在 3150 时刻向节点 B 发送一个同步请求,在 3250 时刻节点 A 接收到节点 B 的带有时戳为 3120 的响应。

（a）节点 A 的时钟相对于时间节点 B 处的偏移量是多少(可以忽略在任一节点的任何处理延迟)?

（b）节点 A 的时钟走得太慢还是太快?

（c）应如何调整节点 A 的时钟?

12.17　节点 A 同时向节点 B,C 和 D 发出同步请求,如图。假设节点 B,C 和 D 都完全彼此同步。解释为什么节点 A 和其他三个节点之间的偏移量仍可能有所不同。

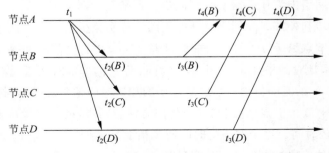

图 12-23　与多个邻近节点间的 pair-wise 时间同步

12.18　说明通信延迟不确定性的原因,为什么这种不确定性会影响到时间同步。

12.19　解释为什么在集中式 LTS 中同步树的深度最好小一些。

12.20　讨论 TPSN 和 LTS 同步协议的异同。

12.21　解释 FTSP 中六种不同类型的时戳。FTSP 如何消除中断处理和编码/译码所引入的时间抖动?

12.22　解释 RBS 协议背后的概念。如何对 RBS 进行扩展应用到多跳场景?

12.23　描述后同步(post-facto synchronization)的原理。

12.24　比较 TPSN 和 RBS 的时间同步协议。

12.25　在下面各情况下比较 RBS 所用的广播方式与 TPSN 等协议所用的 pair-wise 同步方法:
　　　(a) 同步消息具有高方差的发送和接入延迟,其他延迟是可以忽略不计;
　　　(b) 同步消息使用的声波信号,节点之间的距离是未知;
　　　(c) 同步消息具有无方差的发送和接入延迟,其他延迟是可以忽略不计;
　　　(d) 同步消息有显著的接收延迟。

12.26　节点 A 和 B 使用 RBS 定期接收基准节点的声波同步信号。节点 A 接收到的上一个同步信标时的时钟为 10 s,而节点 B 的时钟为 15 s。节点 A 在 15 s 时检测到事件,而 B 节点在 19.5 s 检测到同一事件。假设节点 A 和节点 B 距离同步源的距离分别为 100 m 和 400 m。哪一个节点检测到的事件早,具体的时间是多少?假设信号速度为 300 m/s。

参考文献

[1]　Polastre J, Szewczyk R, Culler D. Telos: enabling ultra-low power wireless research. In: Proc 4th Int'l Conf on Information Processing in Sensor Networks: Special Track on Platform Tools and Design Methods for Network Embedded Sensors (IPSN/SPOTS), April 2005.

[2]　Cerpa A E, Elson J, Estrin D, et al. Habitat monitoring: application driver for wireless communications technology. In: SigCOMM, 2001.

[3]　Ganeriwal S, Kumar R, Srivastava M B. Timing-sync protocol for sensor networks. In: Int'l Conf on Embedded Networked Sensor Systems (SenSys), 2003, 233(3): 138-149.

[4]　Maróti M, Kusy B, Simon G, et al. The flooding time synchronization protocol. In: Int'l Conf on Embedded Networked Sensor Systems (SenSys), 2004.

[5]　Mills D L. RFC1305: Network Time Protocol (Version 3) Specification, Implementation and Analysis. March 1992.

[6]　Mills D L. RFC2030: Simple Network Time Protocol (SNTP) Version 4 for IPv4, IPv6 and OSI. October 1996.

[7]　Elson J, Girod L, Estrin D. Fine-grained network time synchronization using reference broadcasts. In: OSDI, 2002.

[8]　Schmid T, Dutta P, Srivastava M B. High-resolution, low-power time synchronization an oxymoron no more. In: Int'l Conf on Information Processing in Sensor Networks (IPSN), 2010: 151-161.

[9]　Hamilton R, Ma X, Zhao Q, et al. ACES: adaptive clock estimation and synchronization using Kalman filtering. In: Int'l Conf on Mobile Computing & Networking (MobiCom), 2008: 152-162.

［10］ Lombardi M A. Time flies! Radio signals used for time and frequency measurements. The International Journal of Metrology, 2003.

［11］ Chen Y, Wang Q, Chang M, et al. Ultra-low power time synchronization using passive radio receivers. In: Int'l Conf on Information Processing in Sensor Networks (IPSN), 2011: 235-245.

［12］ Rowe A, Gupta V, Rajkumar R R. Low-power clock synchronization using electromagnetic energy radiating from AC power lines. In: Int'l Conf on Embedded Networked Sensor Systems (SenSys), 2009, 5554(1): 211-224.

［13］ Song L, Hatzinakos D. Architecture of wireless sensor networks with mobile sinks: sparsely deployed sensors. IEEE Trans. on Vehicular Technology, 2007, 56(4): 1826-1836.

［14］ Sichitiu M L, Veerarittiphan C. Simple accurate time synchronization for wireless sensor network. In: IEEE Wireless Communications & Networking Conf (WCNC), 2003, 2: 1266-1273.

［15］ Rowe A, Mangharam R, Rajkumar R. RT-link: a time-synchronized link protocol for energy-constrained multi-hop wireless networks. In: IEEE Conf on Sensor & Ad Hoc Communications & Networks (SECON'06), 2006, 2: 402-411.

［16］ Li L, Xing G, Sun L, et al. Exploiting FM radio data system for adaptive clock calibration in sensor networks. In: Int'l Conf on Mobile Systems, Applications, and Services (MobiSys'2011), 2011.

第 13 章

定 位 技 术

导读

位置是传感器网络感知信息的必备要素,因此,在传感器网络应用中,定位技术是不可或缺的。本章首先介绍传感器网络定位的基础知识和基本定位算法,并依据传感器网络自身的特点,分析传感器网络定位技术面临的主要挑战;然后将传感器网络定位算法分为基于测距的定位算法和测距无关的定位算法,对应这两类分别讲述相应算法的基本原理和典型实例;最后分析了传感器网络定位技术的最新研究进展和未来方向。

引言

位置信息是传感器网络监测数据的基本要素之一,在很多情况下是应用的基础。没有位置信息的监测数据往往毫无价值,如监测到森林火灾、战场上敌方车辆出现、天然气管道泄漏等事件,均需要确定事件发生的确切位置,从而实现对监控目标的定位和追踪。另一方面,明确传感器节点的位置信息有助于优化网络的拓扑、路由,便于实现对网络拓扑的动态配置和负载平衡,有助于提高整个网络的服务质量。

现有定位技术如全球定位系统(GPS)、雷达等对能耗和计算能力要求较高,不适合能量和计算能力受限的传感器节点。实际应用中,传感器节点一般也不会配置 GPS 定位模块,无法预先知道自身位置,需要在部署后利用定位技术进行自组织定位,这需要设计适应传感器网络特征的低复杂性定位算法。

传感器网络的定位方法较多,一般从根据定位信息的采集和处理方式来考虑定位方法的实现。在定位信息采集方面,定位算法需要采集如距离、角度、时间等定位相关信息来用于进一步的位置计算。在定位信息处理方面,由分布式节点通过相互交换定位信息,或者将定位信息上传至其他中心节点进行集中处理,根据定位信息计算出目标节点的坐标等位置数据,完成定位功能。

通常根据是否需要距离测量来将定位算法分为两类:基于测距(range-based)算法和测距无关(range-free)算法。测距方法通过测量节点之间的距离或角度信息,使用三边测量定位法、三角测量定位法或最大似然估计定位法等来计算节点位置。测距无关的方法则无须距离和角度信息，仅根据网络连通度等信息来进行节点定位。测距法的精度一般高于非测距法，但测距法对节点本身硬件要求较高，在某些特定场合，如在一个规模较大且锚节点稀疏的网络中，待定位节点无法与足够多的锚节点进行直接通信测距，普通测距方法很难进行定位，此时需要考虑用测距无关的方式来估计节点之间的距离，两种算法均有其自身的局限性。

传感器网络中的节点定位问题涉及很多方面，包括定位精度、参考节点密度、网络规模、网络的健壮性和动态性，以及算法复杂度等。因此，传感器节点自身定位问题在很大程度上影响着其应用前景，研究节点定位问题有着很重要的现实意义。

传感器节点定位与实际应用关系紧密，不同的应用环境，对定位的条件和要求也不尽相同。近年来，人们提出了许多传感器网络节点定位算法，这些算法既有优势也有不足，需要综合考虑应用需求和算法特性来确定合适的定位策略，下面本章将分类介绍传感器网络中的主流定位算法和典型系统。

13.1　基础知识

13.1.1　无线定位

无线定位是利用各种无线信号技术确定目标物体位置的方法。无线定位最初多被用于军事领域，如利用雷达等监测设备确定目标位置。在越南战争中，美国国防部开始发射一系列的 GPS 卫星，利用卫星的测距实现对战争环境中军事人员的定位。1990 年，GPS 系统开始进入导航和紧急援助等民用领域，使得无线定位技术产生了质的飞跃，它具有定位精度高、实时性好和抗干扰能力强等优点，已广泛应用于车辆导航、工程测量、飞机导航、导弹制导和地壳运动监测等多个领域。然而，GPS 系统只适合卫星可见区域的定位，而不能用于室内或者有遮挡区域内的定位。

1996 年，美国联邦通信委员会（Federal Communication Commission，FCC）强制要求移动服务提供商在用户发出紧急呼叫时，向公共安全服务系统提供用户的位置信息，以便对用户实施紧急救援。这种位置服务在美国叫做 E-911，在欧盟称为 E-112。E-911/E-112 的定位服务涉及蜂窝定位，通过移动基站的发射信号和坐标信息来确定移动终端位置。FCC 的强制性要求使得蜂窝定位得到空前的发展，在科研领域也引发了一个蜂窝定位的研究热潮。然而 FCC 对蜂窝定位的精度要求是在 50 m 以内的概率不低于 67%，在 150 m 以内的概率不低于 95%。这种定位精度难以满足室内或者短距离范围内的精确定位需要。

目前，在建筑物内部或者功耗受限的短距离通信环境中，主要利用超声波，以及无线射频如 WiFi、ZigBee、蓝牙等测距与通信技术实现对目标的精确定位，称之为区域定位。区域定位在商业应用、公共安全和军事场景等领域均具有广泛需求。在商业应用中，如疗养院需要依靠区域定位系统来随时跟踪生活不能自理的老人和小孩儿；在公共安全和军事领域，需要区域定位系统去跟踪监狱中的重刑犯，或者指导警察、火警和士兵完成楼宇内的应急任务等。由于环境复杂多变，精确地区域定位面临着诸多挑战。

13.1.2　传感器网络定位

传感器网络定位分为节点自身定位和目标定位。节点自身定位通过人工标定、携带GPS模块，或者利用少量已知位置的节点自组织确定节点位置。目标定位是根据监测到事件或目标的多个传感器节点的相互协作，通过相应的定位算法确定网络覆盖范围内的事件或目标位置。在节点协作进行目标定位之前，首先需要获得自身的位置。因此，节点自身定位是目标定位的基础，也是传感器网络定位的主要研究内容。

在传感器网络节点自身定位中，根据是否已知自己位置将节点划分为锚节点（anchor node）和未知节点（unknown node）。锚节点能够通过人工标定、携带GPS模块等手段获得自身位置，受成本、功耗和扩展性等因素的限制，锚节点数量往往相对很少。未知节点能够利用与锚节点之间的物理和逻辑关系，通过设计相应的定位算法来确定自身位置。如图13-1所示的传感器网络中，A代表锚节点，U代表未知节点，传感器自身节点定位就是利用定位算法通过锚节点来确定未知节点位置的过程。

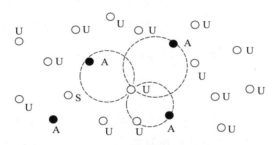

图 13-1　传感器网络中的锚节点和未知节点

13.1.2.1　基本术语

邻居节点（neighbor nodes）：传感器节点的邻居节点是指能够与其直接通信的其他节点。

跳数（hop count）：连接两个节点的一条路径上所经过的链路个数。

跳数距离（hop distance）：节点间跳数距离是指连接两个节点路径上逐跳链路的距离之和。

到达时间（Time of Arrival，ToA）：信号从一个节点传播到另一节点所需要的时间。

到达时间差（Time Difference of Arrival，TDoA）：两种不同传播速度的信号从一个节点传播到另一个节点的时间差，或两个不同节点同时发送的信号到达同一个接收节点的时间差。

接收信号强度（Received Signal Strength，RSS）：节点接收到无线信号的功率。

到达角度（Angle of Arrival，AoA）：节点接收信号的方向与轴线方向的角度，轴线方向是人为定义的用来计算与接收信号方向的参考基准线。

视线关系（Line of Sight，LoS）：如果两个节点间没有障碍物遮挡，那么这两个节点间存在视线关系。

非视线关系（No Line of Sight，NLoS）：如果两个节点之间存在障碍物遮挡，那么这两个节点间存在非视线关系。

13.1.2.2　算法分类

随着传感器网络应用的推广,传感器网络的节点定位算法得到广泛的研究。针对不同的应用场景和需求,人们提出了各种定位算法,这些算法的分类如图 13-2 所示。

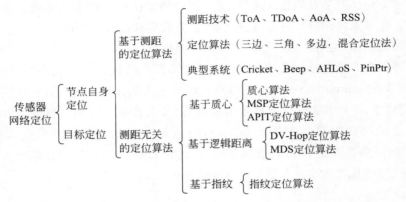

图 13-2　无线传感器网络定位算法的分类

下面介绍几种常用的节点定位算法的分类。

1) 基于测距的定位算法和测距无关的定位算法

根据定位过程中是否实际测量节点之间的物理距离,把定位算法分类为基于测距的定位和测距无关的定位[1]。基于测距的定位算法利用 ToA、TDoA、AoA 等方法测量节点之间的物理距离,在此基础上根据相应的定位算法来确定未知节点的位置;测距无关的定位算法根据节点之间的连通度或跳数等信息来获得节点之间的逻辑距离,在此基础上利用相应算法确定未知节点位置。通常情况下,基于测距的定位算法精度较高,但是需要额外的硬件支持,势必增加部署成本。本章将以此分类方法为主线介绍已有典型定位算法。

2) 递增式的定位算法和并发式的定位算法

根据节点定位的先后次序不同,把定位算法分类为递增式的定位算法和并发式的定位算法[2]。递增式的定位算法通常从锚节点开始,锚节点附近的节点首先开始定位,依次向外延伸,各节点逐次进行定位。这类算法的主要缺点是定位过程中测量误差被累积传播;并发式的定位算法中所有的节点同时进行位置计算。

3) 物理定位算法和逻辑定位算法

根据定位结果是物理位置还是逻辑位置,把定位算法分类为物理定位和逻辑定位[3]。物理定位是确定某个节点的实际坐标位置;而逻辑定位不关心具体坐标,只关心节点之间的相对位置关系。在一定条件下,物理定位和逻辑定位能够相互转换。与物理定位相比,逻辑定位更适于某些特定的应用场合,例如,在安装有烟火探测报警器的智能建筑物中,管理者更关心某个房间是否有火警信号,通常不需要知道火警发生地的精确坐标。

13.1.2.3 评价标准

不同应用对传感器网络定位的条件和要求不同,对定位算法性能的评价指标也不尽相同。因此,在设计传感器网络定位算法时,要结合具体应用场景和需求进行综合考虑。下面介绍传感器网络定位的几个常用性能评价指标。

1) 定位误差

定位误差从定位准度(accuracy)和定位精度(precision)两个方面来描述。定位准度指的是定位算法执行后计算得到的位置与实际位置的匹配程度,通常用计算得到的位置和实际位置之间的欧氏距离来表示。而定位精度指的是满足定位准度要求的结果占所有结果的百分比。例如,通常这样描述定位误差:"该算法能够以 95% 的概率取得 3 cm 以内的定位误差,其中 95% 为定位精度,3 cm 为定位准度"。

2) 定位代价

定位代价主要包括硬件代价和算法代价。硬件代价是指测距过程中所依赖的特殊硬件开销,这些硬件开销将导致网络部署成本的增加;算法代价主要指完成定位算法所需要的通信和计算等开销,其中通信开销的增加将直接导致能耗增大,从而严重影响传感器网络的生存周期。因此,在定位算法的设计过程中定位代价也是衡量算法好坏的重要标准。

3) 锚节点密度

锚节点密度就是单位区域内锚节点的数量。锚节点通常采用人工标定,或者利用 GPS 模块确定其自身位置。人工标定方式不仅受到网络部署环境的限制,还严重制约传感器网络的可扩展性;GPS 模块功耗大、成本高,并且不适用于有遮挡的环境,利用 GPS 定位也有很大的局限性。因此,网络中锚节点的数目不宜过多,在满足应用定位精度需求的前提下,锚节点数量的多少成为评价定位算法性能好坏的重要指标之一。

4) 定位覆盖率

定位覆盖率是指能够实现定位的未知节点个数占全部未知节点总数的比例。当某一未知节点周围没有足够数量的锚节点时,某些定位算法将无法确定未知节点的位置信息;而有些定位算法却能够利用其他未知节点对其进行定位。因此,定位覆盖率也是定位算法的重要指标。

5) 鲁棒性

鲁棒性是指定位算法面对多径、阴影和节点失效等不定因素所表现出的容忍能力。在实际应用中,受环境时变性和节点能量有限等因素的影响,导致出现多径、阴影和节点失效等现象,这会对定位性能产生影响。因此,对不定因素的鲁棒性也是衡量定位算法重点考虑的指标。

13.1.2.4 传感器网络定位面临的挑战

传感器网络节点资源受限,部署环境恶劣,不同的应用对传感器网络定位的性能提出了不同的需求,因此设计满足实际应用需求的定位算法存在着诸多挑战,具体列举如下。

1) 低廉硬件条件下的精确测距

为了降低传感器网络部署的成本,传感器网络节点的组件往往采用低端硬件。这些低端硬件将导致测距过程中产生严重误差,如低廉的信号收发机会给依赖信号强度测距带来误差,便宜的晶振会导致依赖时间的测距产生严重误差等,而且这些硬件误差是不易确定的,很难直接消除,需要通过多组节点在不同时间的综合测量结果来达到较好的定位精度。

2) 锚节点的优化部署

传感器网络中定位算法要依靠锚节点的位置信息来确定未知节点的位置。锚节点的位置与分布影响未知节点的定位精度。然而,在环境恶劣的条件下,节点很难重新优化部署,如果未知节点周围没有足够的锚节点,那么它将无法进行定位;即使未知节点周围存在足够多的锚节点,锚节点的选择也会影响未知节点的定位效果。因此,合理部署和选择锚节点是提高定位精度的难点。

3) 大规模多跳网络中累积误差的消除

大规模多跳传感器网络中锚节点数目相对较少,许多未知节点周围没有足够的锚节点,无法直接对其定位,需要已确定位置的未知节点来充当锚节点。然而通常未知节点的定位都存在一定的误差,在转化为锚节点来迭代计算其他未知节点位置的过程中,不可避免会产生累积误差,影响节点的定位精度。因此,消除大规模多跳传感器网络中的累积误差成为定位精度提高的重要挑战。

4) 资源受限条件下消除环境时变性的影响

定位过程中,通常需要节点之间存在视线关系。然而环境的时变性使得节点之间不可避免会受到障碍物的遮挡,导致信号在传输过程中受到多径和阴影的影响而产生比较严重的测距误差,往往需要复杂算法来修正误差,然而传感器节点资源受限,如何设计简单高效的算法来消除环境时变性的影响是困扰定位性能提高的难题。

13.2　测距技术

基于测距的定位机制是通过测量相邻节点间的实际距离或方位实现未知节点的定位,具体过程通常分为三个阶段:第一个阶段是测距阶段,测量未知节点到相邻锚节点的距离或角度;第二个阶段是定位阶段,未知节点在计算出到达三个或三个以上锚节点的距离或角度后,利用三边定位、三角定位和多边定位等算法计算未知节点的坐标;第三个阶段为误差控制,对测距结果或位置坐标进行修正求精,以提高定位精度。下面首先介绍几种常用测距技术。

13.2.1　基于 ToA 的测距

基于到达时间(ToA)的测距是指通过测量两个节点之间的信号发送时间和信号接收时间,获得信号在两个节点之间的传播时间,根据信号的传播速度和传播时间计算两个节点之间的实际距离。例如两个节点之间无线信号的接收时间与发送时间之差为 1 ns(纳秒),根

据无线信号以光速 3.0×10^8 m/s 传播,计算得到两个节点之间的距离为 0.3 m。

基于 ToA 测距通常分为单程与双程两种计算方式。单程 ToA 测距指的是单程传播时间与传播速度的乘积,其中单程传播时间是指发送时间与信号到达时间之间的差值(如图 13-3(a)所示),这要求节点间保持精确的时间同步。单程 ToA 方法计算节点 i 与 j 之间距离的公式为

$$\text{Dist}_{ij} = (t_2 - t_1)v \tag{13-1}$$

式中 t_1 和 t_2 分别是发送者的发送时间和接收者接受到信号的时间;v 是信号传输速度。

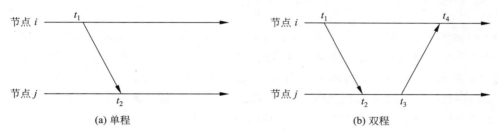

图 13-3 ToA 测距示意图

双程 ToA 测距方法需要发送者和接收者之间发送一次往返信号,分别在两端计算发送信号和接收信号的时间差(如图 13-3(b)所示)。双程 ToA 方法计算节点 i 与 j 之间距离的公式为

$$\text{Dist}_{ij} = \frac{(t_4 - t_3) + (t_2 - t_1)}{2}v = \frac{(t_4 - t_1) - (t_3 - t_2)}{2}v \tag{13-2}$$

式中 t_3 和 t_4 是接收者返回信号的发送和接收时间。

单程 ToA 需要发送者和接收这之间进行时间同步,双程 ToA 由于在发送者和接收者两端分别计算时间差,不需要两个节点保持时间同步。但是不管是否需要时间同步,两种 ToA 测距方法均需要知道信号到达与发送的精确时间,这对传感器节点的硬件都提出了较高的要求。任何微小的时间测量误差都可能带来大的测距误差,例如 1 ms 的无线信号传输时间误差就能带来 300 m 左右的测距误差。

13.2.2 基于 TDoA 的测距

基于到达时间差(TDoA)的测距是通过测量两组同时发送的信号到达同一个节点的时间差值来计算两个节点之间的距离或距离差。TDoA 测距主要有以下两种方式。

(1)多信号 TDoA 测距:该机制是通过发送节点同时发射两种不同传播速度的无线信号,接收节点根据这两种信号的已知传播速度和到达的时间差,计算出两个节点之间的距离。如图 13-4(a)所示,发射节点同时发射无线射频信号和超声波信号,接收节点记录两种信号到达的时间 t_1、t_2,已知无线射频信号和超声波的传播速度为 c_1、c_2,那么两点之间的距离为 $d = (t_2 - t_1)s$,其中 $s = \dfrac{c_1 \times c_2}{c_1 - c_2}$。

(2)多节点 TDoA 测距:该机制是从多个时间同步的锚节点同时向未知节点发射同一种无线信号,未知节点根据所有信号到达的时间差和信号的传播速度,计算任意两个锚节点到自身的距离差。如图 13-4(b)所示,三个时间同步的锚节点同时发送同一无线信号,未知

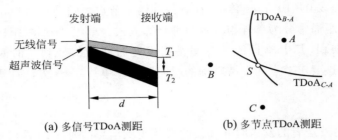

图 13-4　TDoA 测距示意图

节点 S 测量来自三个锚节点的到达时间，计算任意两个锚节点信号到达节点 S 的距离差，那么任意两个锚节点将确定一条单侧双曲线，如锚节点 A,C 确定双曲线为 $|SA|-|SC|=d$，其中 d 为节点 S 到锚节点 A,B 的距离差。因此，节点 S 将是任意两个锚节点确定的单侧双曲线上的一点，任意两条双曲线 $\text{TDOA}_{B\text{-}A}$ 和 $\text{TDOA}_{C\text{-}A}$ 的交点即可确定为未知节点 S 的位置。

　　基于 TDoA 测距技术由于在接收端测量信号到达的时间差，而不直接测量信号到达时间，这在一定程度上能够容忍部分硬件测量误差，降低了测量信号到达时间对硬件的高精度要求。多信号 TDoA 测距是不需要时间同步的，但是多节点 TDoA 仍然需要锚节点之间进行精确的时间同步。

13.2.3　基于 AoA 的测距

　　基于到达角度（AoA）的测距是利用多天线阵列测量节点接收信号方向与轴线方向之间的夹角，其中轴线方向是人为设定的，被用来作为计算信号到达角度的基准线。如图 13-5 以节点 A 配有两个接收天线为例，当节点 A 接收到节点 B 的信号时，节点 A 的轴线方向为两个接收天线 R_1、R_2 之间连线的中垂线。

　　如图 13-6 所示，节点 A、B、C 为锚节点，节点 S 为未知节点，其轴线方向为节点 S 处虚线箭头所示方向，节点 A 相对于节点 S 的方位角是角 α_A，节点 B 相对于 S 的方位角是角 α_B，节点 C 相对于 S 的方位角是角 α_C。从而得到：$\angle ASB = 2\pi - (\alpha_B - \alpha_A)$，$\angle ASC = \alpha_C - \alpha_A$，$\angle BSC = \alpha_B - \alpha_C$。根据这三个角度信息，以及节点 A、B 和 C 之间的关系，利用后面介绍的三角定位法即可得到未知节点 S 的位置。

　　基于 AoA 测距过程中的角度测量需要高复杂的天线阵列，这将会增加硬件成本。而且

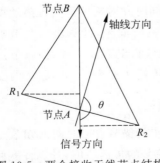

图 13-5　两个接收天线节点结构

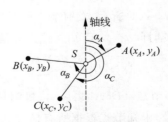

图 13-6　角度测量

天线阵列需要一定的空间范围来提供空间差异性以达到精确测量信号角度的目的。事实上，多数传感器节点往往成本较低且体积较小，很难满足这些限制条件，使得基于 AoA 测距技术无法得到广泛应用。

13.2.4　基于 RSS 的测距

基于接收信号强度 RSS 的测距是指已知发射节点的信号发射功率，接收节点根据收到信号的功率计算出信号的传播损耗，利用理论或经验模型将传输损耗转化为距离。

在自由空间中，信号强度随着距离的平方逐渐衰减，Friis 衰减公式反映了接收功率 P_r 与发送功率 P_t 的比：

$$\frac{P_r}{P_t} = G_t G_r \frac{\lambda^2}{(4\pi)^2 R^2} \tag{13-3}$$

式中，G_t 和 G_r 是发送和接收天线的天线增益；R 为发送节点与接收节点之间的距离。这样，在已知天线增益和收发功率的情况下，可以计算两个节点之间的距离。而实际环境中，信号的衰减受到多径、阴影和噪声等环境因素的干扰，使得 RSS 与距离之间的关系变得非常复杂。因此，基于 RSS 测距的性能很大程度上取决于无线信号衰减模型的准确性。

目前存在大量的统计模型来描述 RSS 与距离之间的变化关系，应用最广泛的是 Log-Normal 信号衰减模型。在存在遮挡环境中，能够灵活地建立适用于不同部署条件的信号衰减和传播距离关系式，衰减公式可表述如下：

$$P(d)[\mathrm{dBm}] = P(d_0)[\mathrm{dBm}] + 10n\log\left(\frac{d}{d_0}\right) + x_\sigma \tag{13-4}$$

式中，$P(d)$ 表示基站接收到的用户节点的信号强度；$P(d_0)$ 表示基站接收到的锚节点 d_0 发送信号的强度；n 表示路径长度和路径损耗之间的比例因子，依赖于建筑物的结构和材料；d_0 表示锚节点和基站间的距离；d 表示需要计算的用户节点和基站间距离；x_σ 表示均值为零的高斯噪声。

目前许多无线模块都具有测量 RSS 的功能，这使得基于 RSS 测距的实现相对比较简单。例如德州仪器公司的 CC2420/CC2530 等无线芯片能够测量接收信号的功率值。尽管基于 RSS 的测距不依赖于额外的硬件开销，但是受现实环境中温度、湿度和障碍物等多种因素的影响，使得各种传播模型很难准确描述信号衰减与距离的关系，导致在实际应用中的测量精度较差。

13.3　基于测距的定位算法

本节首先介绍三边定位法、三角定位法和多边定位法等主要定位算法，在此基础上给出了几个典型的基于测距的定位系统。这些系统通过测距获得节点之间的距离后，利用上述定位算法确定未知节点的位置，在上述算法无法直接定位未知节点的情况下，利用部分已定位未知节点来辅助计算其他未知节点位置。

13.3.1 定位方法

13.3.1.1 三边定位法

三边定位法是指在测得未知节点和周围锚节点的距离的基础上，利用未知节点和锚节点的几何关系确定未知节点位置的方法。如图 13-7 描述了一个二维空间的三边定位法的示例，已知 A、B、C 三个节点的坐标分别为(x_a,y_a)、(x_b,y_b)、(x_c,y_c)，以及它们到未知节点 O 的距离分别为 r_a,r_b,r_c。假设未知节点 O 的坐标为(x,y)，那么，存在下列公式：

$$\begin{cases} (x-x_a)^2+(y-y_a)^2=r_a^2 \\ (x-x_b)^2+(y-y_b)^2=r_b^2 \\ (x-x_c)^2+(y-y_c)^2=r_c^2 \end{cases} \tag{13-5}$$

由式(13-5)可以得到未知节点 O 的坐标为

$$\begin{bmatrix} x \\ y \end{bmatrix}=\begin{bmatrix} 2(x_a-x_c) & 2(y_a-y_c) \\ 2(x_b-x_c) & 2(y_b-y_c) \end{bmatrix}^{-1}\begin{bmatrix} x_a^2-x_c^2+y_a^2-y_c^2+r_c^2-r_a^2 \\ x_b^2-x_c^2+y_b^2-y_c^2+r_c^2-r_b^2 \end{bmatrix} \tag{13-6}$$

13.3.1.2 三角定位法

三角定位法是在利用 AoA 测距获得的信号到达角度的基础上，根据三角形的几何特性来计算未知节点位置的方法。如图 13-8 所示，已知 A、B、C 三个节点的坐标分别为(x_a,y_a)、(x_b,y_b)、(x_c,y_c)，利用 AoA 测距方法得到节点 D 相对于节点 A、B、C 的角度分别为：$\angle ADB$、$\angle ADC$、$\angle BDC$。假设节点 D 的坐标为(x_d,y_d)。

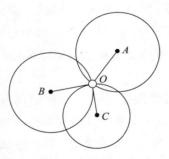

图 13-7　三边定位法图示

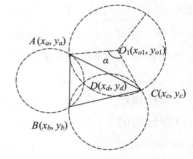

图 13-8　三角定位法示例

对于节点 A、C 和角$\angle ADC$，如果弧段 AC 在$\triangle ABC$ 内，那么能够唯一确定一个圆，设圆心为 $O_1(x_{o1},y_{o1})$，半径为 r_1，那么 $\alpha=\angle AO_1C=(2\pi-2\angle ADC)$，并存在下列公式：

$$\begin{cases} \sqrt{(x_{o1}-x_a)^2+(y_{o1}-y_a)^2}=r_1 \\ \sqrt{(x_{o1}-x_c)^2+(y_{o1}-y_c)^2}=r_1 \\ \sqrt{(x_a-x_c)^2+(y_a-y_c)^2}=2r_1^2-2r_1^2\cos\alpha \end{cases} \tag{13-7}$$

由式(13-7)能够确定圆心 O_1 的坐标和半径 r_1。同理对 A、B、$\angle ADC$ 和 B、C、$\angle BDC$ 分别确定相应的圆心 $O_2(x_{o2},y_{o2})$、半径 r_2、圆心 $O_3(x_{o3},y_{o3})$和半径 r_3。最后利用三边定位

法，由三个圆心 $O_1(x_{o1}, y_{o1})$、$O_2(x_{o2}, y_{o2})$ 和 $O_3(x_{o3}, y_{o3})$ 以及相应半径 r_1、r_2 和 r_3 确定 D 点坐标。

13.3.1.3 多边定位法

在实际情况下测距是存在误差的，简单利用三边定位往往无法获得未知节点的准确位置。多边定位法是指根据多个锚节点（>3）和相应的测距结果，寻找一个使测距误差对定位精度影响最小的点，并以该点作为未知节点的位置。假设锚节点数量为 n，其坐标分别为 $X_i = (x_i, y_i)$，$i=1,2,\cdots,n$，并且这些锚节点与未知节点 $X=(x,y)$ 间的距离分别为 r_i，$i=1$，$2,\cdots,n$，则可以建立如下方程组：

$$\begin{bmatrix} (x_1-x)^2+(y_1-y)^2 \\ (x_2-x)^2+(y_2-y)^2 \\ \vdots \\ (x_n-x)^2+(y_n-y)^2 \end{bmatrix} = \begin{bmatrix} r_1^2 \\ r_2^2 \\ \vdots \\ r_n^2 \end{bmatrix} \tag{13-8}$$

从第一个方程开始分别减去最后一个方程，我们能够将上面的矩阵等式消掉未知节点坐标的平方项，获得如下 $n-1$ 维线性方程组：

$$AX = b \tag{13-9}$$

其中系数矩阵 A 和右边值向量 b 为：

$$A = \begin{bmatrix} 2(x_n-x_1) & 2(y_n-y_1) \\ 2(x_n-x_2) & 2(y_n-y_2) \\ \vdots & \vdots \\ 2(x_n-x_{n-1}) & 2(y_n-y_{n-1}) \end{bmatrix} \tag{13-10}$$

$$b = \begin{bmatrix} r_1^2-r_n^2-x_1^2-y_1^2+x_n^2+y_n^2 \\ r_2^2-r_n^2-x_2^2-y_2^2+x_n^2+y_n^2 \\ \vdots \\ r_{n-1}^2-r_n^2-x_{n-1}^2-y_{n-1}^2+x_n^2+y_n^2 \end{bmatrix} \tag{13-11}$$

由于测距误差的存在，实际的线性方程组应表示为：$AX+N=b$，其中 N 为 $n-1$ 维随机误差向量。对于该线性方程组，可以利用最小二乘法原理使随机误差向量 $N=b-AX$ 模的平方最小，即 $\|N\|^2 = \|b-AX\|^2$ 最小，从而保证测距误差对定位结果的影响最小。

$$\|b-AX\|_2^2 = (b-AX)^T(b-AX) = b^Tb - 2X^TA^Tb + X^TA^TAX \tag{13-12}$$

把上式当做 X 的函数并对其求导数，令导数等于零后得到

$$A^TAX - A^Tb = 0 \tag{13-13}$$

该式被称为线性最小二乘问题的正则方程。在矩阵 A 是满秩的条件下，该方程有唯一的解 $X=(A^TA)^{-1}A^Tb$，否则，最小二乘法将不再适用。

13.3.1.4 混合定位法

混合定位法是指利用多种测距结果对未知节点进行定位的方法。例如，当未知节点能

够同时测量到锚节点的距离和角度时,可以利用距离/角度混合定位法来进行定位估计。

距离/角度混合定位法原理如图 13-9 所示,设锚节点 A 的坐标为 (x_a, y_a),未知节点 S 的坐标为 (x, y),S 到锚节点 A 的距离为 r_a,角度为 α。那么有关系式

$$
\begin{cases}
(x-x_a)^2 + (y-y_a)^2 = r_a^2 \\
\dfrac{y-y_a}{x-x_a} = \tan\alpha
\end{cases}
\tag{13-14}
$$

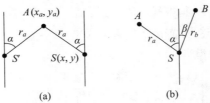

图 13-9　距离/角度混合定位法

联立以上方程则可求得未知节点具有如图 13-9(a)中 S 和 S' 两个可能的位置,因此需要两个锚节点即可唯一确定未知节点 S 的位置。如图 13-9(b)中另一锚节点 B 的坐标为 (x_b, y_b),未知节点 S 到锚节点 B 的距离为 r_b,角度为 β。那么得到新的关系方程如下:

$$
\begin{cases}
(x-x_a)^2 + (y-y_a)^2 = r_a^2 \\
(x-x_b)^2 + (y-y_b)^2 = r_b^2 \\
\dfrac{y-y_a}{x-x_a} = \tan\alpha \\
\dfrac{y-y_b}{x-x_b} = \tan\beta
\end{cases}
\tag{13-15}
$$

求解上述方程组,即可唯一确定未知节点 S 的位置。

13.3.2　定位系统

13.3.2.1　Cricket 系统

Cricket 系统是麻省理工学院为 Oxygen 项目研发的节点定位系统[4],用来确定携带节点的人员在大楼内的具体位置。Cricket 系统中锚节点固定在每个房间内的天花板或墙壁上,未知节点部署在需要定位的人或物体上。每个节点除了包含通常的射频模块和微型处理器等部件外,还增加了一个超声波模块,用于接收和发送超声波信号。锚节点发送无线射频和超声波两种信号,其中无线射频信号带有锚节点的标识和位置坐标。

在 Cricket 定位系统中,锚节点周期性地同时广播无线射频和超声波两种信号。由于无线射频信号的传播速度远大于超声波的传播速度,未知节点在收到无线射频信号的同时,及时打开超声波信号接收模块,以便接收超声波信号;然后,它根据两种信号到达的时间间隔和各自的传播速度,计算出到该锚节点的距离;最后,未知节点选择距离自己最近的三个锚节点,利用三边定位法计算出自己的位置。

文献[4]给出了 Cricket 的实验部署情况,如图 13-10 所示,在 3 m×3 m 的室内天花板

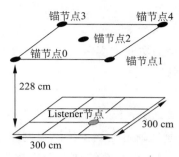

图 13-10　Cricket 系统实验部署

上，Cricket 系统部署了 5 个锚节点，对未知节点在 16 个位置进行了定位实验，发现定位误差均小于 10 cm。未知节点通过被动监听锚节点的周期信号确定自己的位置，无须主动发送信息，因此，Cricket 系统的性能不受未知节点增多的影响，具有较好的可扩展性。然而，锚节点需要周期性发送无线射频信号和超声波信号，在锚节点数量过多时，需要考虑锚节点之间的时间同步，以免锚节点之间发送无线射频信号和超声波信号时发生碰撞。

13.3.2.2　Beep 系统

Beep 系统是加州大学研制的一种基于声音的定位系统[5]，目标是在办公室、购物中心等实际应用中，能够对携带移动设备的特定用户进行准确定位。Beep 定位系统的体系架构如图 13-11 所示，它由移动设备、声音传感器节点、服务器和 WiFi 网络组成。其中，用户携带的移动设备具备 WiFi 无线通信的能力，同时能够发送声音信号；位置固定的声音传感器节点作为锚节点，能够检测到声音信号，以及通过 WiFi 网络连接到后台服务器；服务器在收集到相关信息后，通过定位算法确定用户的位置。

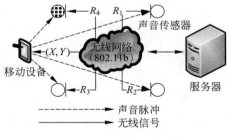

图 13-11　Beep 系统体系结构

当用户需要定位时，移动设备通过无线网络跟周围的锚节点进行时间同步，协商确定声音信号的发送时间。周围的声音传感器节点收到移动设备发出的声音信号后，利用特殊的数字滤波器计算出声音信号的到达时间，从而得到声音信号的传输时间，计算出声音传感器节点和移动设备间的距离，并发送到服务器。服务器根据声音传感器节点的位置以及接收到的距离信息，利用多边定位方法计算出移动设备的位置，移动设备通过无线网络从服务器获得其位置信息。

Beep 系统是基于声音测距的定位系统，具有较好的定位精度。文献[5]给出在 20 m×

9 m 的室内空间内，Beep 系统能够以 90％的概率获得 0.4 m 的准度，受环境噪音和障碍物的影响，Beep 系统的定位精度下降为 6％～10％。此外，声音信号的穿透能力不强，使得 Beep 系统的应用可能局限在较小的空间范围内。

13.3.2.3   AHLoS 系统

AHLoS 系统（Ad Hoc Localization System）是加州大学研发的应用于大规模传感器网络系统中的定位机制[6]，目标是通过确定大规模传感器网络中的节点位置，为网络部署、拓扑控制和路由辅助等提供支持。AHLoS 系统首先利用超声波进行测距，然后根据未知节点周围锚节点的分布情况，按照不同的定位策略计算未知节点的位置。

（1）原子多边策略（Atomic Multilateration）：当未知节点的邻居节点中锚节点数量多于 3 个时，这个未知节点利用多边定位方法计算自身位置。

（2）迭代多边策略（Iterative Multilateration）：邻居节点中锚节点数量少于 3 个时，在经过一段时间后，其邻居节点中部分未知节点在计算出自身位置后转化为锚节点；当邻居节点中锚节点数量等于或大于 3 个时，这个未知节点基于原始锚节点和转化的锚节点，利用极大似然估计法计算自身位置。迭代多边算法示意如图 13-12 所示。

（3）协作多边策略（Collaborative Multilateration）：经过多次迭代定位以后，部分未知节点的邻居节点中锚节点的数量仍然少于 3 个，此时根据节点的拓扑结构，通过其他节点的协助来计算自身位置。如图 13-13(a)所示，在经过多次迭代定位以后，未知节点 S_1，S_2 的邻居节点中都只有两个锚节点，均无法确定自己位置。但是节点 S_1 可以通过节点 S_2 的协作计算到锚节点 A_3 和 A_4 的多跳距离，再利用多边定位法计算自身位置。

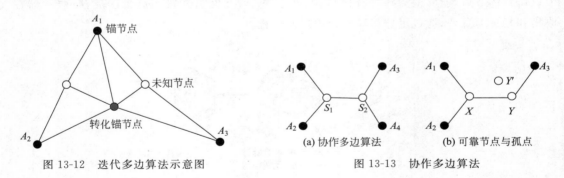

图 13-12   迭代多边算法示意图   图 13-13   协作多边算法
                                        (a) 协作多边算法   (b) 可靠节点与孤点

此外，仍可能存在一种情形是即使利用其他节点的协作也无法确定自己的位置，这样的节点是无法定位的，我们称之为孤点。为了区分孤点和可定位节点，文献[7]提出了一个可靠未知节点的概念。可靠未知节点是指有三条或以上独立到达不同锚节点路径的未知节点，如图 13-13(b)中 X 是可靠节点，能够通过协作多边策略来定位，但是节点 Y 是孤点而非可靠节点。

AHLoS 系统在迭代过程中存在累积误差，希望锚节点的密度较高。为此，提出了一种 n-跳多边算法（n-Hop Multilateration）[8]，未知节点通过计算到锚节点的多跳距离进行定位，减少锚节点密度的要求，以及非视线关系对定位精度的影响。

13.3.2.4 PinPtr 枪声定位系统

PinPtr 枪声定位系统是由范德比尔特大学在美国军方项目支持下研制开发的基于声音确定狙击手位置的枪声定位系统[9]。PinPtr 枪声定位系统包含了基站和传感器网络两部分,其中传感器网络中的声音传感器节点能够检测枪声信号,并与基站进行时间同步;基站通常为士兵携带的 PDA 或者笔记本电脑,能够与声音传感器节点进行通信,以及执行传感器数据融合和枪声定位算法。

如图 13-14 所示,狙击手开枪射击后,将产生弹道震动波和枪口爆炸波。其中,弹道震动波是在子弹以超声速飞行的弹道轨迹上形成的波,在其传播过程中,波峰呈圆锥形,枪口爆炸波是一种球面波,它从枪口 A 点处以速度 V_S 向声音传感器所处的位置 S 传播。在 PinPtr 枪声定位系统中,声音传感器节点仅需要枪口爆炸波来实现定位。它首先测量枪口爆炸波的到达时间,然后将时间和节点位置信息传回基站。假设狙击手坐标为 (x, y, z),检测到爆炸声音信号的传感器节点位置为 (x_i, y_i, z_i),射击时间为 t,则声音传感器节点获得的到达时间 $t_i(x, y, z, t)$ 可表述为

$$t_i(x,y,z,t) = t + \frac{\sqrt{(x-x_i)^2 + (y-y_i)^2 + (z-z_i)^2}}{V_S} \tag{13-16}$$

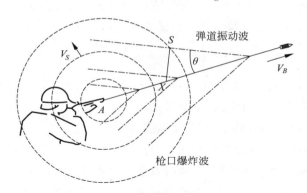

图 13-14　开枪后的声波扩散过程

利用 4 组声音传感器节点测得的枪口爆炸波到达时间数据建立一个四元方程组,通过求解四元方程组解出射击时间 t 和狙击手坐标,确定狙击手的位置。

PinPtr 枪声定位系统的定位平均误差为 1 m,从狙击手射击到定位其位置不超过 2 s。同时,PinPtr 枪口爆炸声音远高于背景的噪声,该系统能够应用在周围噪声复杂的环境中。然而该系统早期版本需要静态部署,一旦声音传感器节点被布撒完毕,只能覆盖一个特定的区域,当布撒的区域不被关注后,传感器很难再被收集起来重新利用。于是,他们又设计了士兵可携带的枪声定位系统,用于部队行军过程中的狙击手定位,但是同时也引入了能量控制的新难题。

13.4　测距无关的定位算法

尽管基于测距的定位能够实现精确定位,但往往对无线传感器节点的硬件要求高。出于硬件成本、能耗等方面的考虑,人们提出了测距无关(range-free)的定位技术。测距无关

的定位算法根据节点之间的连通度或跳数等信息来获得节点之间的逻辑距离,在此基础上利用相应算法定位节点。它无需直接测量节点间的物理距离,降低了对节点硬件的要求,但定位的误差也相应有所增加。目前测距无关定位算法主要分为三类,一类是通过锚节点确定包含未知节点的区域,然后把这个区域的质心作为未知节点的坐标,如质心算法、APIT算法、MSP 算法等;另一类是先对未知节点和锚节点之间的距离进行估计,然后利用三边定位法进行定位,如 DV-Hop 算法、Amorphous 算法、MDS 算法等;第三类是通过采集区域中各个位置的指纹特征建立历史数据库,利用实时测量值与数据库中的历史值进行匹配定位,如 RADAR 算法等。测距无关的定位方法精度较低,但能满足许多实际应用的要求,下面分别加以介绍。

13.4.1 质心算法

质心定位算法是南加州大学的 Nirupama Bulusu 等学者所提出的一种基于网络连通性的测距无关定位算法[10]。该算法的核心思想是：未知节点通过收集周围锚节点的位置信息,计算所有锚节点所围绕多边形的几何质心,将该质心的坐标位置作为未知节点的估计位置。

在质心算法中,锚节点周期性向邻近节点广播锚分组,锚分组中包含锚节点的标识号和位置信息。当未知节点接收到来自不同锚节点的锚分组数量超过某一个门限 k 或接收一定时间后,就确定自身位置为这些锚节点所组成的多边形的质心：

$$(X_{est}, Y_{est}) = \left(\frac{X_1 + \cdots + X_k}{k}, \frac{Y_1 + \cdots + Y_k}{k} \right) \tag{13-17}$$

其中 $(X_1, Y_1), \cdots, (X_k, Y_k)$ 为未知节点能够接收到其分组的锚节点坐标。这种传统的质心算法操作方便,计算简单,然而定位误差较大。

为了提高质心算法的定位精度,许多文献引入加权思想对其进行改进,提出加权质心算法。这些加权质心算法的主要思想是利用锚节点和未知节点之间的信号强度和丢包率等通信特征,来计算每个锚节点所占的权值,通过权值来体现锚节点对质心位置的影响程度。例如有一种加权算法利用节点间的信号强度来反映节点间距离的远近关系,对原有质心算法进行加权改进。该算法让每一个锚节点周期性广播数据包,未知节点收到数据包后计算接收信号的 RSSI 值(单位 dbm),如果从同一个锚节点收到多个 RSSI 值就取平均值,作为未知节点收到锚节点的 RSSI 值。利用信号强度和 RSSI 值的转换公式(13-18),能够计算定位节点接收到的信号强度 P(单位 mW)。

$$P_i = 10^{RSSI_i/10} \tag{13-18}$$

根据无线传感器网络质心算法原理和无线信号衰减模型,可以得到：

$$(X_{est}, Y_{est}) = \left(\frac{\sqrt[\beta]{P_1} X_1 + \cdots + \sqrt[\beta]{P_n} X_n}{\sqrt[\beta]{P_1} + \cdots + \sqrt[\beta]{P_n}}, \frac{\sqrt[\beta]{P_1} Y_1 + \cdots + \sqrt[\beta]{P_n} Y_n}{\sqrt[\beta]{P_1} + \cdots + \sqrt[\beta]{P_n}} \right) \tag{13-19}$$

其中 β 是路径损耗指数,通常是由实际环境中测量得来的经验值,一般在 $2 \sim 5$ 之间。P_i 指的是定位节点接收到锚节点 i 的平均信号强度(mW)。这样我们就利用网络中节点间的 RSSI 对原有的质心定位算法进行的加权修正,从而提高了算法的精度。

质心算法完全基于网络连通性,无需锚节点和未知节点之间的协调,因此比较简单,容易实现。但质心算法假设节点都拥有理想的球型无线信号传播模型,实际上无线信号的传播模型并非如此。此外,用质心作为实际位置本身就是一种估计,这种估计的精确度和锚节点的密度以及分布有很大关系。密度越大,分布越均匀,定位精度越高。

13.4.2　MSP 算法

多序列定位算法(Multi-Sequence Positioning,MSP)是由明尼苏达大学的 T. He 等人提出的一种基于事件驱动的定位策略[12],该算法旨在通过对区域中的节点进行事件触发,根据节点感知到事件发生的先后顺序来完成定位操作。

MSP 算法是利用多组一维传感器节点序列建立相对位置信息的定位算法。MSP 算法的基本原理是通过处理节点序列将传感器网络划分成多个小的区域。首先,在区域中不同的位置同时产生事件触发(例如,超声波或者不同角度的激光扫描)。传感器网络中的节点因与事件触发点的距离不同,将在不同的时间感知到事件发生。对于每一个事件,都能够按照感知到节点的顺序建立一组一维节点序列。图 13-15 展示了一个拥有 9 个未知节点和 3 个锚节点的传感器网络。以直线扫描为触发事件,扫描线 1 从上到下扫描后得到一组节点序列为 $(8,1,5,A,6,C,4,3,7,2,B,9)$。扫描线 2 从左到右扫描后得到一组节点序列为 $(3, 1,C,5,9,2,A,4,6,B,7,8)$。因为锚节点位置已知,所以三个锚节点能够把区域划分为 16 个子区域。该算法能够通过增加更多的锚节点和事件扫描方向来将区域划分的更小。然后 MSP 算法处理每一组节点序列确定节点的边界,也就是序列中的前后两个相邻锚节点位置,根据获得的多个边界信息收缩节点的位置区域,最后通过质心算法将缩小区域的质心作为目标节点的估计位置。

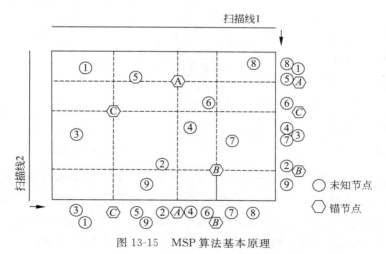

图 13-15　MSP 算法基本原理

MSP 定位算法的优点在于定位过程不依赖于触发事件的类型,也就是说不管触发事件是超声波还是爆炸声,定位算法原理和定位的精度都不会受到其影响。实验证明 MSP 算法能够在较少的锚节点条件下取得一步之内的定位准度。然而 MSP 算法为了准确获得节点感知事件的顺序,需要节点间进行时间同步或者节点感知事件后进行相互通信告知,这都不可避免地带来额外的通信开销。

13.4.3 APIT算法

近似三角形内点测试法（Approximate Point-In-Triangulation Test，APIT）也是由 T. He 教授在博士期间首次提出的[13]。该算法针对的是节点密集的传感器网络，其主要思路是通过确定多个以锚节点为顶点三角形区域，将这些三角形区域交叉形成的多边形区域作为包含未知节点的最小区域；然后计算这个多边形区域的质心，并将质心作为未知节点的位置。

1）APIT 算法的基本原理

未知节点首先收集其邻近锚节点的信息，如位置、标识号、接收到的信号强度等；邻居节点之间交换各自接收到的锚节点的信息；然后从这些锚节点组成的集合中任意选取三个锚节点，假设集合中有 n 个元素，那么共有 C_n^3 种不同的选取方法，确定 C_n^3 个不同的三角形，逐一测试未知节点是否位于每个三角形内部，直到穷尽所有 C_n^3 种组合或达到定位所需精度；最后计算包含目标节点所有三角形的重叠区域，将重叠区域的质心作为未知节点的位置。如图 13-16 所示，阴影部分区域是包含未知节点的所有三角形的重叠区域，黑点指示的质心位置将作为未知节点的位置。

2）PIT 测试理论

APIT 算法的理论基础是最佳三角形内点测试法 PIT（Perfect Point-In-Triangulation Test）。PIT 测试原理如图 13-17 所示，假如存在一个方向，节点 M 沿着这个方向移动会同时远离或接近顶点 A、B、C，那么节点 M 位于 $\triangle ABC$ 外；否则，节点 M 位于 $\triangle ABC$ 内。

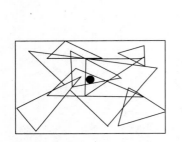
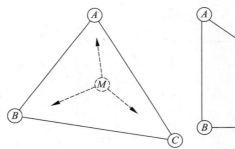
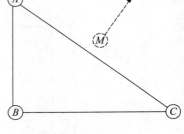

图 13-16　APIT 原理图　　　　　　　图 13-17　PIT 原理图

在传感器网络中，节点通常是静止的。为了在静态的环境中实现三角形内点测试，提出了近似的三角形内点测试法：假如在节点 M 所有的邻居节点中，相对于节点 M 没有同时远离或靠近三个锚节点 A、B、C，那么节点 M 在 $\triangle ABC$ 内；否则，节点 M 在 $\triangle ABC$ 外。近似的三角形内点测试利用网络中相对较高的节点密度来模拟节点移动，利用无线信号强度来判断是否远离或靠近锚节点。通常在给定方向上，一个节点距离另一个节点越远，接收到信号强度越弱。邻居节点通过交换各自接收到信号的强度，判断距离某一锚节点的远近，从而模仿 PIT 中的节点移动。

3）APIT 算法举例

如图 13-18(a)所示，节点 M 通过与邻居节点 1 交换信息可知，节点 M 接收到锚节点 B、

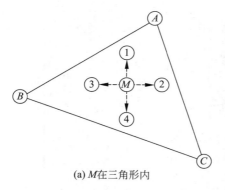 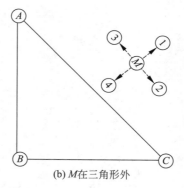

(a) M在三角形内   (b) M在三角形外

图 13-18　APIT 算法举例

C 的信号强度大于节点 1 接收到锚节点 B、C 的信号强度,而节点 M 接收到锚节点 A 的信号强度小于节点 1 接收到锚 A 的信号强度。那么根据两者接收锚节点的信号强度判断,如果节点 M 运动至节点 1 所在位置,将远离锚节点 B 和 C,但会靠近锚节点 A。依次对邻居节点 2、3、4 进行相同的判断,最终确定节点 M 位于△ABC 中;而在图 13-18(b)中,节点 M 可知假如运动至邻居节点 1 所在位置,将同时远离锚节点 A、B、C,那么判定节点 M 在△ABC 外。

在无线信号传播模式不规则和传感器节点随机部署的情况下,APIT 算法的定位精度高,性能稳定,但 APIT 测试对网络的连通性提出了较高的要求。相比计算简单的质心定位算法,APIT 算法定位精度高,对锚节点的分布要求低。

13.4.4　DV-Hop 算法

DV-Hop(Distance Vector-Hop)算法是由美国罗格斯大学的 Dragos Niculescu 等人利用距离向量路由的原理设计的定位算法[14]。在 DV-Hop 定位机制中,未知节点首先计算与锚节点的最小跳数,然后估算平均每跳的距离,利用最小跳数乘以平均每跳距离,得到未知节点与锚节点之间的估计距离,再利用三边定位法计算未知节点的坐标。DV-Hop 算法的定位过程分为以下三个阶段。

1) 计算未知节点与每个锚节点的最小跳数

锚节点向邻居节点洪泛自身信息分组,其中包括锚节点的位置信息和初始值为 0 跳数。接收节点记录到每个锚节点的最小跳数,忽略来自同一个锚节点的较大跳数的分组。然后将跳数值加 1,并转发给邻居节点。通过此方法,网络中的所有节点能够记录下到每个锚节点的最小跳数。如图 13-19 所示,锚节点 A 广播的分组以近似于同心圆的方式在网络中逐次传播,图中的数字代表距离锚节点 A 的跳数。

2) 计算未知节点与锚节点的实际跳数距离

首先,每个锚节点根据第一个阶段中记录的其他锚节点的位置信息和相距跳数,利用式(13-20)估算网络平均每跳的实际距离,这样每个锚节点均维持一个网络平均每跳距离。

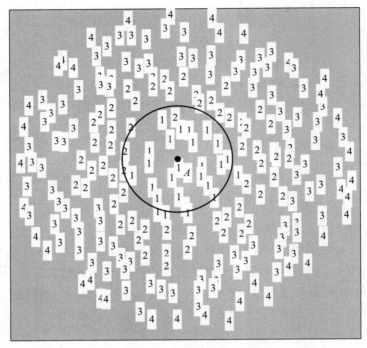

图 13-19   锚节点广播分组的传播过程

$$c_i = \frac{\sum\limits_{j \neq i} \sqrt{(x_i - x_j)^2 + (y_i - y_j)^2}}{\sum\limits_{j \neq i} h_j} \tag{13-20}$$

式中，(x_i, y_i)、(x_j, y_j) 表示锚节点 i、j 的坐标；h_j 表示锚节点 i 与 j（$j \neq i$）之间的跳数。

然后，锚节点将计算的平均每跳距离广播至网络中，未知节点仅记录接收到的第一个平均每跳距离，而丢弃所有随后接收到的平均每跳距离，并转发给邻居节点。这个策略确保了绝大多数未知节点从最近的锚节点接收平均每跳距离值，以保证未知节点平均每跳距离更加准确。在大型网络中，通过为数据包设置一个生存期字段（TTL）来减少通信量。最后，未知节点接收到平均每跳距离后，根据记录的跳数，计算到每个锚节点的跳数距离。

3）利用三边定位法计算自身位置

未知节点利用第二阶段中记录的到各个锚节点的跳数距离，结合三边定位法计算自身坐标。下面我们给出一个 DV-HOP 定位示例。

如图 13-20 所示，经过第一阶段和第二阶段，能够计算出锚节点 L_1、L_2、L_3 之间的实际距离和跳数。那么锚节点 L_2 计算的每跳平均距离为 $(40+75)/(2+5)=16.42$。未知节点 A 从距离最近的锚节点 L_2 获得每跳平均距离，则节点 A 与三个锚节点之间的距离分别为 L_1：3×16.42，L_2：2×16.42，L_3：3×16.42，最后利用

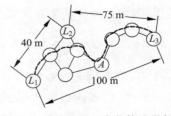

图 13-20   DV-Hop 定位算法举例

三边定位法计算出节点 A 的坐标。

DV-Hop 算法使用平均每跳距离计算实际距离,对节点的硬件要求低,实现简单。其缺点是利用跳数距离代替直线距离,存在较大的测距误差。

13.4.5 MDS-MAP 定位算法

MDS-MAP 定位算法是哥伦比亚大学的 Yi Shang 等人提出的一种集中式定位算法[15]。多维尺度分析(multidimensional scaling,MDS)源自心理学专业,是一种能够将具有距离关系的数据转化为几何图形的数据分析技术,已经在传感器网络定位技术领域得到大量的研究。MDS-MAP 定位算法就是利用 MDS 技术分析各个点之间的距离或连通度等关系,以获取各节点的相对位置信息,并利用少量锚节点来重构全局或局部拓扑结构。

1)MDS-MAP 定位算法原理

MDS-MAP 定位算法主要包括三个步骤:第一步是计算定位区域内所有节点对之间的最短路径,这些最短路径长度被用来构建节点之间的距离平方矩阵。第二步是对距离平方矩阵采用 MDS 分析算法进行处理,通过多个最大特征值或者特征向量来辅助构造相对坐标图。第三步通过足够多已知位置的锚节点(二维空间最少需要 3 个锚节点,三维空间最少需要 4 个锚节点),将节点的相对坐标图转换为基于锚节点绝对坐标的实际拓扑图。

2)利用 MDS 计算相对坐标

利用 MDS 分析算法计算节点坐标的基本原理如下:假设传感器网络区域中有 n 个传感器节点均匀分布在 k 维空间中(如 $k=2$ 和 $k=3$ 表示二维和三维空间),节点 i 的坐标表示为 $x_i=(x_{i1},x_{i2},\cdots x_{ik})$,节点 j 的坐标表示为 $x_j=(x_{j1},x_{j2},\cdots,x_{jk})$,则节点 i 和节点 j 之间的欧氏距离可表示为

$$d_{ij}=\sqrt{\sum_{m=1}^{k}(x_{im}-x_{jm})^2} \tag{13-21}$$

设 n 维节点间对称距离平方矩阵为 D,可表示为

$$D=\begin{bmatrix} 0 & d_{12}^2 & d_{13}^2 & \cdots & d_{1n}^2 \\ d_{21}^2 & 0 & d_{23}^2 & \cdots & d_{2n}^2 \\ d_{31}^2 & d_{32}^2 & 0 & \cdots & d_{3n}^2 \\ \vdots & \vdots & \vdots & & \vdots \\ d_{n1}^2 & d_{n2}^2 & d_{n3}^2 & \cdots & 0 \end{bmatrix} \tag{13-22}$$

MDS 假定所有坐标都在原点,这样只需要经过线性转换就能够从距离信息中得到坐标,矩阵 B 表示 D 的双中心形式,即 $B=-(1/2)(JDJ)$。中心矩阵 J 定义为 $J=E-(1/n)\times I$,其中 E 为 n 阶的单位矩阵,I 为数据元素全为 1 的 n 阶方阵。矩阵 B 可以表示为:

$$B=XX^T \tag{13-23}$$

显然 B 是对称的正半定矩阵,那么可利用奇异值分解为 $B=V\Lambda V^T$ 的形式,其中 $\Lambda=\mathrm{diag}(L_1,L_2,\cdots,L_n)$ 是由从大到小排列的特征值组成的对角矩阵,$V=[V_1,V_2,\cdots,V_n]$ 是列

向量为特征向量的正交矩阵，取 Λ 前 k 个特征值构成 Λ_k，V 中前 k 个特征向量构成 V_k，B 可以表示成：

$$B = V_k \Lambda_k V_k^{\mathrm{T}} \tag{13-24}$$

由式(13-23)和式(13-24)可得 k 维主轴坐标解

$$X^k = V_k L_k^{1/2} \tag{13-25}$$

上式中 X^k 就是整个网络的相对坐标系统，在这个相对坐标系统中，各节点的距离跟式(13-22)中的距离矩阵 D 很好地保持了一致，它再现了距离矩阵 D 所表示的网络拓扑。

MDS-MAP 定位算法的优点在于能够只根据节点间的连通度信息来计算节点的相对坐标图，然后通过少数几个已知自身位置的锚节点将之转化为绝对坐标图。在仅知道网络连通度的情况下，其有较好性能的根本原因在于它运用 MDS 技术对已知信息(如连通度信息)进行了充分的分析。但是，对于具有 N 个传感器节点的网络，MDS-MAP 方法的计算复杂性为 $O(N^3)$，在大规模实际运用时会导致增加处理时间和节点的能量消耗，降低网络的生命周期等不利影响。

13.4.6 指纹定位算法

微软亚洲研究院的 RADAR 系统通过将 WiFi 网络中基站的信号强度作为指纹首次提出了指纹定位的思想[11]。指纹定位算法主要分为两个阶段：离线阶段和在线阶段。其中离线阶段负责采集区域中所有位置的无线信号强度，将所有采集到的信号强度数据作为该位置的指纹，根据每个位置的坐标及其与该位置对应的信号强度指纹建立指纹数据库。在线阶段负责实时采集目标当前位置的信号强度指纹，与离线指纹数据库中的信号强度指纹进行匹配，最佳匹配得到的位置坐标就是当前位置的坐标。

RADAR 系统通过对楼层中用户节点的定位实验测试了指纹定位算法的性能。如图 13-21 所示，RADAR 系统在监测区域中部署了 BS_1、BS_2 和 BS_3 三个基站，用星号指示基站所在的位置，覆盖 50 个房间，面积达到 980 m^2。基站和用户节点均配有无线网卡，用户节点接收并测量信号的强度。基站定期发射信号分组，且发射信号强度已知。离线阶段在楼层内选取若干测试点，如图 13-21 中的小黑点所示，用户节点记录在这些点上收到的各基站信号强度，建立各个点上的位置和信号强度关系的离线指纹数据库 (x, y, ss_1, ss_2, ss_3)。在线阶段，假设测得某一位置的信号强度为 (ss_1', ss_2', ss_3')，与数据库中记录的信号强度进行比较，信号强度均方差 $\mathrm{sqrt}[(ss_1 - ss_1')^2 + (ss_2 - ss_2')^2 + (ss_3 - ss_3')^2]$ 最小的那个点的坐标作为节点的坐标。为了提高定位精度，在实际定位时，实验中通过选取均方差最小的几个点，计算这些点的质心作为节点的位置。在该实验环境中，RADAR 系统指纹定位算法能够获得 2～3m 的定位精度。

指纹定位算法不受限于信号衰减模型，并且具有较高的定位精度，这使得指纹定位算法成为多数研究者关注的热点领域。但是指纹定位算法的缺点在于需要离线建立繁琐的位置和信号强度指纹数据库，整个离线过程费时费力，当基站移动时还要重新建立数据库。因此，目前存在大量工作研究如何简化离线指纹数据库的建立过程，减少人力的消耗。此外，

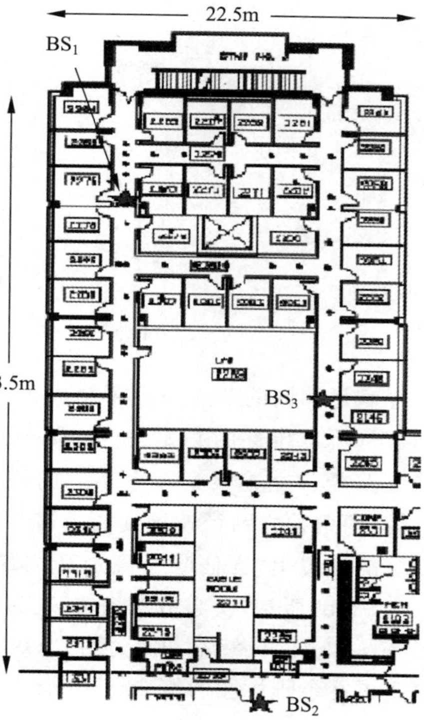

图 13-21 RADAR 系统监测区域平面图

也有部分人员尝试利用磁场信号强度、环境噪声强度和周围视频信息等数据作为指纹进行指纹定位,并取得了较好的进展。

13.5 其他相关问题讨论

除了设计和优化具体的定位算法外,还有一些工作对定位技术中的可定位性、定位误差的分析与控制、辅助定位等问题进行了深入的探讨,如网络可定位性就是研究网络定位问题是否可解,包括判定一个给定网络是否可定位、识别网络中可定位节点集合等。这些问题的讨论加深了对定位问题本身的理解,也把定位技术的研究推向了一个新的高度。

13.5.1 节点可定位性

在实际应用中,并不是所有的传感器节点都需要精确定位。例如,对于一个用于危险区域边界防护的传感器网络系统,它通常关注边界的哪些位置有非法目标入侵,这就要求边界节点具有可定位性,能够确定节点自身的唯一位置,其他仅做信息转发的中继节点可能不需要进行定位。

在有些情况下,即使知道节点之间的精确距离,也无法对未知节点唯一定位。在如图 13-22(a)的平面拓扑结构中,节点 C 和 D 是锚节点,节点 A 和 B 是未知节点,已知相邻节点 A,B,C,D 之间的距离,但是却无法唯一确定未知节点 A 和 B 的位置。比如,图中位

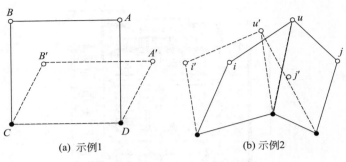

(a) 示例1   (b) 示例2

图 13-22　节点定位不唯一示例

置 A' 和 B' 与位置 A 和 B 同样满足相同的节点间距离关系。

文献[16]给出了平面中节点可定位性的必要条件：如果一个节点是可定位的,那么这个节点有 3 条互不相交的独立路径分别连接到 3 个不同的锚节点,简称为 3P(3-Paths)条件。显然,如果一个节点仅仅有两条独立路径连接到两个锚节点,那么该节点可能被定位到沿这两个锚节点连线翻转影射的位置上,无法唯一确定其位置。然而,3P 条件并不是节点可定位性的充分条件,如图 13-22(b)所示,实心节点为锚节点,节点 i 和节点 j 是未知节点,节点 u 满足 3P 条件,由于节点 i 和 j 的位置不确定,使得节点 u 也无法唯一定位。

文献[17]在此基础上提出了冗余刚性图的概念(redundant rigidity)。即在满足节点间距离关系不变的条件下,如果一个图不能被连续的扭曲和变形,只能通过旋转、平移和翻转进行变化,那么该图称为刚性图。如果一个刚性图删掉任何一条边之后,仍然是刚性图,那么该图称为冗余刚性图。该文献将冗余刚性图和 3P 条件结合作为节点可定位的必要条件,简称为 RR-3P 条件。但是,RR-3P 也不是节点可定位性的充分条件,如图 13-23 所示,节点 u 满足 RR-3P 条件,既属于冗余刚形图,又存在三条独立路径到三个锚节点。但是,当经过不连续的扭曲变形之后,节点 u 仍无法被唯一定位,目前节点可定位性的充要条件仍没有确定。

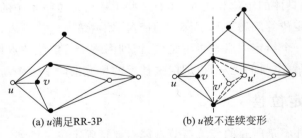

(a) u 满足RR-3P   (b) u 被不连续变形

图 13-23　RR-3P 条件不充分性示意图

13.5.2　定位误差分析

影响定位误差的因素可分类为测距不准和部署不均两个方面。测距不准是指在测距过程中存在测量误差,部署不均是指在测距完成后锚节点的分布和节点的密度不均匀。测距误差分为外在误差和固有误差。外在误差是指周围环境如障碍物等,对测量信道的影响所引起的测距误差;固有误差主要是由节点的硬件条件限制造成的测量误差。

下面给出一个测距误差的示例,在图 13-24(a)中,A 与 B 之间存在视线关系,节点 A 发送信号到节点 B,节点 B 通过接收到的信号和相应的测距技术估计节点 A 的位置,由于固有误差的存在,使得节点 A 被定位到了 A' 的位置。但是,如果节点 A 与 B 之间存在遮挡物,那么将产生外在误差;信号受多径和阴影的影响,将导致信号强度减弱和传播路径改变,从而使得测距结果不精确,如图 13-24(b)所示。由于周围环境的时变性,致使外在误差具有不可预测性,在消除过程中存在更大的挑战。

通常情况下,部署不均是指锚节点分布不均匀和锚节点选择不准确。锚节点分布对定位精度有很大影响,如果锚节点均匀分布,那么能够较好地定位未知节点;但是,如果锚节点分布比较集中或者呈直线分布,就会降低定位精度,甚至无法确定未知节点位置。如图 13-25 所示,在二维空间中呈直线分布的三个锚节点会将非共线的未知节点 S 定位到两个可能的位置,如果在三维空间中,定位的结果可能是整个交叉圆上的所有点。此外,锚节点的选择也会影响定位的精度。一个未知节点周围有多个锚节点时,不同锚节点的测距精度将不尽相同,排除测距异常锚节点并选择测距误差较小的锚节点将是提高定位精度的关键。

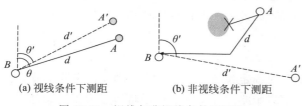

(a) 视线条件下测距　　(b) 非视线条件下测距

图 13-24　视线与非视线条件下测距

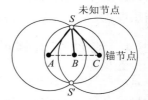

图 13-25　锚节点分布的影响

在定位误差的研究中,分析定位误差的特征是控制误差的前提,目前定位误差的分析集中于计算定位误差的下限。研究者们将定位误差描述为一个关于网络配置参数的函数,这些配置参数包括锚节点个数、节点部署密度和网络拓扑等。他们提出用 Cramer-Rao lower bound(CRLB)来计算无偏位置估计的协方差下限,称为 CRLB 下限,它能够给出一个参数无偏估计的误差协方差下限。CRLB 方法的优势在于仅需要一个随机观测值的统计模型就能够计算出估计下限。此外,CRLB 下限也能够作为定位算法的性能评价标准。如果定位结果接近 CRLB 下限,那么表明定位算法的性能已经接近最优。

13.5.3　定位误差控制

通过分析影响定位误差的因素,定位误差的控制主要集中于减少测距误差和优化锚节点选择。其中,外在误差受周围环境时变性的影响呈现不可预测性,很难找到有效的解决办法,因此减少测距误差研究的主要难点在于消除外在误差。此外,测距误差将会在分布式迭代定位过程中产生误差累积,需要对锚节点的选择进行优化,以减少累积误差。

目前,减少外在误差主要是通过消除测距异常值来完成。然而,异常值的判定是误差控制中的难点,文献[18]提出利用基于估计位置的测距均方误差(mean square error)作为衡量测距异常值与正常值之间不一致性水平的标准,来判定测距异常值。测距结果的均方误差计算如下：

$$\varsigma^2 = \frac{1}{m}\sum_{i=1}^{m}(\delta_i - \parallel \bar{P}_0 - P_i \parallel) \leqslant \tau^2 \tag{13-26}$$

式中，ς^2 是测距均方误差；m 是锚节点数量；P_i 为锚节点位置；δ_i 是锚节点到未知节点的测距值；$\bar{P}_0$ 为极大似然法估计出的未知节点位置。然后通过分析锚节点之间的测距均方误差分布来确定一致性判断的门限值 τ^2，当测距均方误差超出了 τ^2 门限，则判定测距存在异常，从而舍弃定位结果，否则接收定位结果。

此外，定位误差的控制还应关注测距误差带来的误差累积问题，极小的测距误差可能在多跳的传感器网络定位中产生巨大的累积误差。为了有效减少累积误差，人们提出许多有关锚节点优化选择的定位算法。其中，文献[7]提出了一种基于锚节点信用度的优化选择定位机制，该机制包含三个主要操作步骤：节点注册、锚节点选择和注册更新。每个节点维护一个注册信息，信息内容包括节点的估计位置和信用度。信用度的范围为 0～1，锚节点的初始信用度为 1，未知节点的初始信用度为 0；锚节点选择是指当节点周围有多个锚节点可用时，选择一组锚节点来定位未知节点，使得未知节点的位置估计具有最高的信用度；注册更新是指在每次迭代估计未知节点位置过程中，如果未知节点位置估计的信用度高于原有的信用度，该未知节点将更新它的注册信息，并将注册信息广播到其邻居节点。

13.5.4　移动节点辅助定位

目前多数基于测距的定位算法都是对固定位置的节点进行测距，这些定位算法的精度很大程度上取决于网络的拓扑结构和部署策略。在实际应用中将所有节点均匀部署是不现实的，这使得网络中有些节点周围可能没有足够的锚节点来完成定位。由于节点位置固定，网络拓扑几乎不变，很难通过定位算法对这些节点进行精确定位。许多研究者开始尝试利用移动节点来辅助定位过程，MAL(mobile-assisted localization)定位机制就是一个典型的利用移动节点来辅助传感器网络节点定位的方法[19]。

由于周围没有足够的邻居节点，未知节点无法获得测距信息来完成定位。MAL 的主要思想是利用移动节点的游走，通过测量移动节点和周围静态节点之间的距离，来计算静态节点之间的距离，从而保证静态未知节点之间有足够的测距信息用于定位。MAL 采用了全局刚性图的方法，来判定提供的测距信息已经能够辅助定位静态节点。如图 13-26 所示，在三维空间中，如果已知一个节点 P_0 与四个非共面节点 P_1、P_2、P_3、P_4 的距离，那么该图称

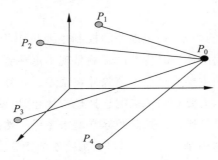

图 13-26　全局刚性图

为全局刚性图,节点 P_0 能够唯一定位。因此,MAL 需要知道移动节点与静态节点之间的距离,使得静态节点在已知距离条件下构建全局刚性图,从而保证静态节点能够唯一定位。

MAL 证明只要测量移动节点在七个位置与静态节点的距离,就能够计算出四个静态节点两两之间的距离。因此 MAL 设计了如下的移动节点游走策略:首先,移动节点通过发现四个静态节点来创建一个全局刚性图,并选择七个位置测量其与四个非共面静态节点的距离,根据 MAL 给出的证明计算出四个静态节点两两之间的距离,以此作为构建全局刚性图的四个非共面节点;然后,移动节点选择一个未定位邻居静态节点,利用移动节点辅助计算其与已定位四个静态节点之间的距离,使得加入新静态节点后满足全局刚性图,从而保证新加入静态节点能够唯一定位;最后,重复操作直到网络中所有静态节点都被定位或者移动节点不再能辅助定位其他节点。

MAL 机制中假设移动节点自身不能定位,如果移动节点能够获知自身位置,在辅助定位设计中将会重点考虑能耗问题。目前也有一些算法专注于研究移动节点游走轨迹和能耗之间的折中。然而,移动节点辅助定位算法的性能都取决于移动节点的测距精度和计算性能,任何测量和位置计算的误差都会影响到整个网络。此外,对于大规模网络,定位的延迟也会随着移动节点在网络中的游走时间显著增减。

13.6 本章小结

在传感器网络中,位置信息是传感器节点消息中不可缺少的部分,是事件位置报告、目标跟踪、地理路由、拓扑控制等系列功能的前提。为了提供有效的位置信息,随机部署的传感器节点必须能够在部署后实时地进行定位,定位是传感器网络的基本功能之一。

测距往往是传感器网络定位过程中的基本环节之一,目前已经得到国内外的广泛研究,常见的测距技术包括基于 ToA 的测距、基于 TDoA 的测距、基于 AoA 的测距、基于 RSS 的测距等。根据定位过程中是否需要测量,把传感器网络中的定位算法分类为基于测距的定位和测距无关的定位。基于测距的定位机制是通过测量相邻节点间的实际距离或方位来计算未知节点的位置,通常定位精度相对较高,但对节点的硬件也提出了很高的要求。测距无关的定位机制无需实际测量节点间的绝对距离或方位就能够计算未知节点的位置,目前提出的定位机制主要有质心算法、DV-Hop 算法、Amorphous 算法、APIT 算法等。由于无需测量节点间的绝对距离或方位,因而降低了对节点硬件的要求,使得节点成本更适合于大规模传感器网络,但是定位的误差相应有所增加。

定位技术是很多传感器网络应用的前提,定位的准确性直接关系到传感器节点采集的数据的有效性。传感器网络节点的能量有限,存储能力和计算能力有限,这些约束要求定位算法必须是低复杂性的。要进一步延长网络的生存周期,就必须要减少定位过程中的通信开销,因为无线通信的能耗是节点的主要能耗。目前的算法大都在能耗、成本和精度上作了折中考虑。由于各种应用差别很大,没有普遍适合于各种应用的定位算法,因此要针对不同的应用,通过综合考虑节点的规模、成本及系统对定位精度的要求,来选择最适合的定位算法。

习题

13.1 为什么传感器网络需要节点定位？请列举两个以上需要传感器网络定位的场景或者应用。

13.2 举例说明传感器网络定位所面临的主要挑战。

13.3 TDoA 测距技术与 ToA 测距技术相比，主要优势在什么地方？

13.4 根据 ToA 测距技术回答以下问题(假设声音在下述环境中传播速度是 300 m/s)：

(a) 请说明双程 ToA 与单程 ToA 测距相比优势在哪里？

(b) 在一个经过时间同步后的传感器网络中(不清楚同步误差)，一个锚节点周期性向周围广播声音信号。假设在锚节点的时间为 1000 ms 时广播了一个声音信号，被节点 A 接收到后，节点 A 的时钟测得接收时间为 2000 ms。节点 A 根据单程 ToA 测得锚节点与节点 A 之间的距离是多少？

(c) 假如节点 A 在时间 2500 ms 时返回了一个声音信号，并且在 3500 ms 被锚节点收到。锚节点根据双程 ToA 测得的自身节点与节点 A 之间的距离是多少？锚节点与节点 A 的时间同步误差多大？

13.5 已知两个节点 A 和 B 在二维空间中的坐标分别是(0,0)和(1,1)，节点 C 希望通过三边定位法根据节点 A 和 B 的位置确定自己的位置，前提是节点 C 已经通过测距技术得知，到节点 A 和 B 的距离均是 $\sqrt{0.75}$。那么节点 C 可能的位置坐标是什么？

13.6 三个节点 A、B 和 C 均已知自己的位置坐标分别为(0,0)、(10,0)和(4,15)。节点 S 通过测距技术获知，它与节点 A 之间的距离为 7 m，与节点 B 之间的距离为 7 m，与节点 C 之间的距离为 10.15 m。请利用三边定位法给出节点 S 的位置坐标。

13.7 说明 AHLoS 系统中的迭代多边策略与协作多边策略的不同之处。

13.8 图 13-27 是一个含有三个锚节点的网路拓扑，节点 A_1 和 A_2 之间的距离为 40 m，节点 A_1 和 A_3 之间的距离为 110 m，节点 A_2 和 A_3 之间的距离为 35 m。请描述利用 DV-Hop 算法计算网络中灰色节点位置的过程(不必解出位置坐标，但要给出计算步骤)。

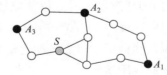

图 13-27 已知三个锚节点计算自组织网络位置

13.9 无线传感器网络为什么需要定位？请举出至少两个具体的定位应用。

13.10 节点在二维空间中的位置是$(X,Y)=(10,20)$，在 x 方向上 95% 的测量值的最大误差为 2，y 方向上为 90% 的测量的最大误差为 3。定位信息的准确度和精度分别是多少？

13.11 解释物理和符号位置，请各举出两个实例。

13.12 分别解释基于锚节点的定位和基于测距的定位。

13.13 基于 RSS 的定位技术经常结合射频分析（RF profiling），即，分析环境中物体对信号的影响。为什么这很有必要？请举例说明影响信号的具体物体。

13.14 二维的节点部署如图 13-28 所示。位于中心的传感器节点可以从 6 个锚节点中选择 3 个来进行三边测量。应该选择哪些传感器节点？选择锚节点时应该考虑什么原则？在三维空间中应该考虑什么原则？

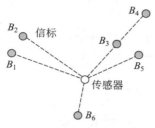

图 13-28 基于锚节点的定位

13.15 两个节点 A 和 B 都不知道自己的位置，但是它们能收到附近的信标。节点 A 能够收到来自 $(4,2)$ 和 $(2,5)$ 的信标。节点 B 可以收到来自 $(2,5)$ 和 $(3,7)$ 的信标。所有节点的无线电距离为 2 个单位。

(a) $(3,3.5)$ 或 $(3,4.5)$，哪一个是节点 A 可能的地点？

(b) $(2,6)$ 或 $(4,5)$，哪一个是节点 B 可能的位置？

13.16 什么是迭代和协作多点？它们之间的区别是什么？

13.17 说明 GPS 定位的概念，并回答以下问题：

(a) 为什么三颗卫星足以获得在地球上的位置？

(b) 为什么定位要至少四颗卫星？

(c) 监控站和主控站的作用是什么？

(d) 为什么通常不会为所有的无线传感器节点配备 GPS 接收机？

13.18 解释基于测距和无需测距两种定位技术之间的差异。

参考文献

［1］ He T, Huang C, Blum B, et al. Range-free localization schemes for large scale sensor networks. In：Proc of the 9th Annual Int'l Conf on Mobile Computing and Networking（MobiCom 2003），September 14-19, 2003, San Diego, CA, USA. ACM, 2003：81.

［2］ Priyantha N B, Balakrishnam H, Demaine E, et al. Anchor-free distributed localization in sensor networks. Technical Report MIT-LCS-TR-892, MIT Lab for Computer Science, 2003.

［3］ Hightower J, Borriello G. Location systems for ubiquitous computing. Computer, 2001, 34（8）：57-66.

［4］ Priyantha N, Chakraborty A, Balakrishnan H. The cricket location-support system. In：Proc of the 6th Annual Int'l Conf on Mobile Computing and Networking，ACM, 2000：32-43.

［5］ Mandal A, Lopes C, Givargis T, et al. Beep：3D indoor positioning using audible sound. In：IEEE Consumer Communications and Networking Conference（CCNC 2005），2005：348-353.

[6]　Savvides A，Han C，Strivastava M. Dynamic fine-grained localization in Ad-Hoc networks of sensors. In：Proc of the 7th Annual Int'l Conf on Mobile Computing and Networking. ACM，2001：166-179.

[7]　Savarese C，Rabaey J，Langendoen K. Robust positioning algorithms for distributed Ad-Hoc wireless sensor networks. In：General Track of the Conference on Usenix Technical Annual Conference，2002，2：317-327.

[8]　Savvides A，Park H，Srivastava M. The bits and flops of the n-hop multilateration primitive for node localization problems. In：Proc of the 1st ACM Int'l Workshop on Wireless Sensor Networks and Applications. ACM，2002：112-121.

[9]　Simon G，Maroti M，Ledeczi A，et al. Sensor network-based countersniper system. In：Proc of the 2nd Int'l Conf on Embedded Networked Sensor Systems. ACM，2004：1-12.

[10]　Bulusu N，Heidemann J，Estrin D. GPS-less low-cost outdoor localization for very small devices. IEEE Personal Communications，2000，7(5)：28-34.

[11]　Bahl P，Padmanabhan V. Radar：an in-building RF-based user location and tracking system. In：Proc 19th Annual Joint Conf of the IEEE Computer and Communications Societies（INFOCOM 2000），IEEE，2000，2：775-784.

[12]　Zhong Z，He T. MSP：multi-sequence positioning of wireless sensor nodes. In：Proc of the 5th Int'l Conf on Embedded Networked Sensor Systems，ACM，2007：15-28.

[13]　He T，Huang C，Blum B，et al. Range-free localization schemes for large scale sensor networks. In：Proc of the 9th Annual Int'l Conf on Mobile Computing and Networking（MobiCom 2003），September 14-19，2003，San Diego，CA，USA. ACM，2003：81.

[14]　Niculescu D，Nath B. DV based positioning in Ad Hoc networks. Telecommunication Systems，2003，22(1)：267-280.

[15]　Shang Y，Ruml W，Zhang Y，et al. Localization from mere connectivity. In：Proc of the 4th ACM Int'l Symp on Mobile Ad Hoc Networking & Computing，ACM，2003：201-212.

[16]　Goldenberg D K，Krishnamurthy A，Maness W C，et al. Network localization in partially localizable networks. In：Proc IEEE 24th Annual Joint Conf of the IEEE Computer and Communications Societies（INFOCOM 2005），IEEE，2005，1：313-326.

[17]　Yang Z，Liu Y. Understanding node localizability of wireless Ad-Hoc networks. In：Proc IEEE 29th Annual Joint Conf of the IEEE Computer and Communications Societies（INFOCOM 2010），IEEE，2010：1-9.

[18]　Liu D，Ning P，Du W. Attack-resistant location estimation in sensor networks. In：Proc of the 4th Int'l Symp on Information Processing in Sensor Networks. IEEE Press，2005，11(4)：13.

[19]　Priyantha N，Balakrishnan H，Demaine E，et al. Mobile-assisted localization in wireless sensor networks. In：Proc IEEE 24th Annual Joint Conf of the IEEE Computer and Communications Societies（INFOCOM 2005），IEEE，2005，1：172-183.

仿真与测试

第 14 章

CHAPTER 14

导读

仿真与测试贯穿于传感器网络的研究、开发和应用的每个阶段,是度量网络性能指标和评估网络满足应用需求能力的主要技术手段。本章将从传感器网络的系统研发、原型搭建、运行维护和产品商用四个不同阶段,分别介绍了所使用的模拟仿真、系统验证、在线监测和协议测试四种关键技术及相应的产品工具,使得读者对传感器网络仿真与测试技术有一定的理解,并能学会使用常见的仿真与测试工具。

引言

网络仿真利用软件手段对网络运行状态及各节点的行为变化进行数值模拟,网络测试利用软硬件结合的手段实测网络节点和系统的运行过程。网络仿真与测试能够测试网络节点或系统的运行是否与设计相符合,度量网络性能与发现网络瓶颈,以及评估网络是否满足应用的需求,是网络系统研发、运行和维护的重要技术手段。

对于无线传感器网络,微型廉价的传感器节点在计算、存储和通信能力等方面十分有限,传感器网络通常部署在复杂环境中,多种环境因素的干扰和节点失效等可能造成节点间无线链路与网络拓扑动态变化,准确测量与评估网络性能非常困难。同时,传感器网络应用往往需要部署大规模传感器节点,有时可能部署在人员难以达到的恶劣区域,在应用现场难以全面评估传感器网络性能,及时发现网络没有达到设计需求,也很难甚至不可能对部署后的网络进行大规模的系统更新。另外,在真实环境中规模部署无线传感器网络进行测试研究,部署困难,成本昂贵。因此,迫切需要在部署前仿真大规模传感器网络的行为,以及通过小规模的实际系统测试来真实评价传感器网络系统性能,以及在部署后实时监控和维护网络运行状况,及时发现网络故障并优化网络配置。

通过仿真,可以在可控制的软件仿真环境中观察所有传感器节点的内部执行逻辑状态及难以预测的情况,也能提高节点部署在真实网络环境中的成功率,从而减少节点投放后对网络的维护。仿真技术作为研究无线传感器网络并进行性能评价的有效手段,自无线传感器网络诞生起，国内外就一直对传感器网络模拟器的开发十分关注，并开发出一些实用的模拟器，目前较成熟的传感器网络模拟器有 TOSSIM、OMNeT++、NS-2、OPNET 等。

计算机软件仿真可以模拟大规模网络，并且可以实时查看网络的运行状态，方便调试，但由于真实通信过程中存在无线信道信号衰减、串音和信号干扰等问题，使得软件仿真难以模拟真实环境和无线信道特性，导致仿真结果会出现较大误差。无线传感器网络测试平台通过实际的传感器节点建立一套传感器网络应用测试系统，在实际物理环境中对网络性能进行测试，验证网络协议和算法，避免了因为理论模型简化导致的误差，同时也能比较全面分析影响网络运行的诸多因素。目前较为知名的测试平台有 HINT、MoteLab、MoteWorks 等。

为了检验传感器网络系统是否满足相关的国际、国家或行业标准，保证系统或节点之间的互操作性，需要进行协议测试。协议测试对于无线传感器网络的实际应用具有极其重要的价值和意义。尽管目前传感器网络协议测试技术还没有建立统一认可的标准，但传统的测试标准以及测试需求分析可以为传感器网络协议测试提供参考。

14.1　概述

Matthias Woehrle 等人在文献[1]中把传感器网络系统的研发过程划分为三个阶段：首先，在系统研发初对网络系统进行小规模的模拟仿真，验证协议、算法和系统的可行性。然后把协议和算法等移植到实际的小规模测试床上，进行小规模实物测试和评估。如果发现问题，就要修改设计再回到模拟仿真阶段。最后，在实际场景中部署，进入(试)运行阶段。如图 14-1 所示，其中，横轴代表节点规模，纵轴代表真实度(即实验环境与实际部署环境的差异程度)，三个块条代表三个研发阶段，右上角代表研发过程的最终目标，就是实际部署且能够稳定运行的网络系统。

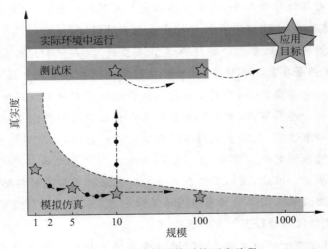

图 14-1　传感器网络系统开发阶段

结合传感器网络的研发和应用过程，本章把传感器网络的仿真与测试分为四个部分：

模拟仿真、系统验证、在线监测和协议测试。其中,模拟仿真能够利用网络模拟仿真工具来模拟各种规模的传感器网络系统,通过分析传感器网络运行状态及各节点的行为变化,验证提出的算法和协议的可行性。系统验证在模拟仿真的基础上,利用实际的传感器节点搭建的测试床,在小规模真实网络系统中进行网络性能测试和验证。在线监测是在传感器网络系统部署之后,对传感器网络系统进行实时监测,及时评估网络性能和发现网络运行故障的技术。单个传感器网络系统的研发包括上述模拟仿真、系统验证和在线监测三个阶段,当传感器网络大规模生产和应用时,需要对产品和系统进行协议测试。协议测试就是检验传感器网络产品和系统是否满足相关的国际、国家或行业标准,保证不同产品之间的互操作性。

目前,国内外学术界和产业界在传感器网络仿真与测试方面已经做了大量的工作。在模拟仿真方面,代表工具包括 TOSSIM、PowerTOSSIM、EmStar、OMNeT++、SensorSim、GloMoSim、NS-2/3 等。在系统验证方面,代表的测试平台包括 Crossbow 公司的 MoteWorks、哈佛大学的 MoteLab、中国科学院软件研究所的 HINT(High-Accuracy Nonintrusive Networking Testbed for Wireless Sensor Networks)等。在线监测方面,常用的技术手段主要包括网络嗅探器和网络断层扫描等,其中代表性的网络嗅探器包括 ZENA Network Analyzer、WiSens Packet Sniffer 和 Daintree Sensor Network Analyzer 等。在协议测试方面,传感器网络相关的国际和国家标准正在制定过程中,比如 IETF 制定的 6LoWPAN 协议和 RPL 低功耗路由协议,以及国家传感器网络标准化组制定的我国传感器网络相关国家标准。与此同时,传感器网络标准协议测试规范的制定和测试仪器仪表等工具的研发工作也在积极推进。

14.2 模拟仿真

网络模拟仿真以数学建模和统计分析方法为基础,以计算机为工具,通过对网络系统建立相应的计算机模型,对网络运行状态及各节点的行为变化进行数值模拟研究。模拟仿真提供了一种低成本、高效的验证和分析方法,是大规模传感器网络协议和算法性能评价的有效手段。

传感器网络的模拟仿真面临着很多的困难和挑战。由于传感器节点具有的能量、计算、存储和通信能力等资源都十分有限,传感器网络模拟仿真要充分考虑上述因素导致的节点缓冲溢出、丢包频繁和能量耗尽等节点行为;传感器网络的部署环境往往非常复杂,网络运行容易受到诸多不确定环境因素的干扰,有效模拟这些干扰因素对准确评估传感器网络的性能非常重要;同时,传感器网络系统往往包含大量的节点,网络拓扑动态变化,传感器节点不仅具有信息感知和数据通信的能力,还兼备路由器的功能。模拟呈现上述网络行为也是必要和十分困难的。因此模拟仿真大规模复杂场景下的传感器网络的行为是非常具有挑战性的。

传感器网络模拟仿真技术受到了学术界和工业界的广泛关注,目前已经研发出多种传感器网络模拟仿真工具,它们可以划分为两类:程序代码模拟器和网络协议仿真软件。

(1)程序代码模拟器

程序代码模拟器通过模拟传感器节点的硬件组成和节点程序的执行过程,呈现传感节点在程序运行时的某些行为和特征。程序代码模拟器的特点是对单个节点的操作提供高精度的模拟，能够准确地模拟应用程序在节点上的行为，但同时存在节点间的通信模型比较简单，模拟器的实现依赖于具体的硬件平台等局限性。典型代表如 TOSSIM[2]、Avrora[8]、PowerTOSSIM[9]、EmStar[10] 和 TOSSF 等。

（2）网络协议仿真软件

网络协议仿真软件通过建立网络设备和网络链路的统计模型，模拟网络数据流的传输和协议的执行过程，获取网络协议设计或优化所需要的网络性能数据。网络协议仿真软件的特点是对节点间的通信提供一个相对更可靠的模型，能够准确地模拟节点间的交互行为，不依赖于具体实现的硬件平台，但往往简化对节点内部程序运行的细粒度模拟。典型代表如 OMNeT++[3]、OPNET[12]、SensorSim[13]、GloMoSim[14]、NS-2/3[7,11] 等。

14.2.1　TOSSIM

TOSSIM(TinyOS Mote Simulator)是基于 TinyOS 的程序代码模拟器，它和 TinyOS 都是由美国加州大学伯克利分校研发的。TOSSIM 能够同时模拟成百上千个传感器节点运行同一个程序及程序在实际节点上的执行过程，提供运行时的调试和配置，实时监测网络状况，并向网络注入调试信息、信号等，以便研发人员分析和验证 TinyOS 程序的可行性。

14.2.1.1　TOSSIM 的体系结构

TOSSIM 是一个用于 TinyOS 传感器网络的离散事件仿真器，能够模拟 nesC 程序在传感器节点上的执行过程。TOSSIM 的体系结构主要包括：编译支撑组件、离散事件队列、硬件模拟组件、无线模型和 ADC 模型、通信服务及接口等五个部分，它们之间的关系如图 14-2 所示。其中，编译支撑组件能够把 TinyOS 程序编译到运行在 PC 上的 TOSSIM 架构中；离

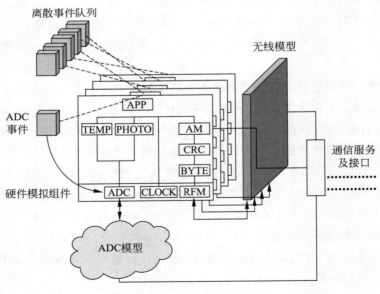

图 14-2　TOSSIM 体系结构

散事件队列实现对中断事件的模拟;硬件模拟组件实现对节点硬件资源组件的模拟,并为上层提供与 TinyOS 硬件资源相同的标准接口;无线模型和 ADC 模型为硬件模拟组件提供不同精确度和复杂度的模型支持;通信服务及接口用于和外部程序进行交互。

（1）编译支撑组件

编译支撑组件主要包括改进的 TinyOS nesC 编译器,它能够把硬件节点上运行的 TinyOS 程序编译成仿真程序。编译过程的核心操作是通过替换一些底层组件如 ADC、Clock 等,将硬件中断翻译成离散模拟器事件,并把离散事件放入离散事件队列等待处理。除上述处理之外,在 TOSSIM 模拟器中运行的代码与在节点中运行的代码基本上相同。

（2）离散事件队列

离散事件队列是 TOSSIM 模拟器的核心。在 TOSSIM 中,每个硬件中断都被模拟成一个模拟器事件,每个模拟器事件都具有一个时间戳,并以全局时间的顺序在离散事件队列中被处理。模拟器事件能够调用硬件抽象组件中的中断处理程序,然后就像在节点上一样,中断处理程序调用 TinyOS 命令并触发 TinyOS 事件。这些 TinyOS 的事件和命令处理程序又可以生成新的模拟器事件,并将所生成的模拟器事件插入队列,重复此过程直到仿真结束。

（3）硬件模拟组件

TinyOS 把传感器节点硬件资源抽象为各种资源组件,TOSSIM 模拟了时钟和 ADC 等 TinyOS 的底层硬件资源,形成相应的硬件模拟组件。编译器利用硬件模拟组件替代硬件资源,将硬件中断转换成离散仿真事件,使得 TOSSIM 能够模拟底层硬件资源组件的行为,为上层提供与 TinyOS 硬件资源相同的标准接口。硬件模拟组件为仿真程序运行的物理环境提供了接入点。通过修改硬件模拟组件,TOSSIM 能够支持程序运行的各种硬件环境,满足模拟不同应用设备的需求。

（4）无线模型和 ADC 模型

TOSSIM 模拟器本身对节点间的通信只是提供了一个非常简单的模型,它没有考虑节点间的物理距离、物理信号传输过程中的衰减与干扰等问题。在上述无线模型中,无线传感器网络被抽象为一张有向图,顶点代表节点,每条边代表节点之间的通信链路,每条通信链路具有一定的误码率,每个节点都有一个能够监听和存储无线信道信息的内部状态变量。在 TOSSIM 中,用户能够配置不同节点对之间通信的误码率。对同一个节点来说,双向误码率是独立的,能够模拟不对称链路。

TOSSIM 提供了两个 ADC(模数转换器)模型:随机式和通用式。ADC 模型的功能是规定 ADC 产生读数的方式。在随机式 ADC 模型中,ADC 中任一信道的采样读数都是一个 10 bit 的随机数值。默认情况下,通用式 ADC 模型也提供随机值,但只是增加了设置端口号和取值范围的功能函数。

（5）通信服务及接口

TOSSIM 提供了一系列的通信服务及接口,允许外部程序通过 TCP 套接字与 TOSSIM 交互通信,监视和控制模拟器的运行。TinyViz(TinyOS Visualizer)是 TOSSIM

自身提供的一个监控程序,用户能够利用它来设置模拟器参数,添加 DadioLink 和 ADCReading 等已有插件,或者用户自己编写插件来扩充 TOSSIM 的功能。

14.2.1.2 TOSSIM 原理及使用流程

　　TOSSIM 的设计目标是为 TinyOS 程序提供一个高保真的仿真器,支持对基于 TinyOS 的应用程序在 PC 机上运行,实现程序在 mote 节点上运行过程的高精度和细粒度模拟。TOSSIM 仿真器的输入是用户编写好的 TinyOS 应用程序,TOSSIM 上运行代码和实际传感器节点执行代码源自相同的 TinyOS 程序。TOSSIM 仿真编译器能直接用 TinyOS 应用的组件表编译仿真程序,在具体编译过程中,通过替换 TinyOS 下层部分硬件相关的组件,TOSSIM 把硬件中断替换成离散仿真事件,由离散仿真事件抛出中断来驱动上层应用,其他的 TinyOS 组件尤其是上层的应用组件都保持不变。TOSSIM 可以同时模拟成百上千个传感器节点,并且所有的节点运行着相同的 TinyOS 程序。

　　TOSSIM 能够实现在比特粒度模拟传感器网络中节点的行为和网络交互,可以很好地观察出 TinyOS 程序在网络中的行为,并能发现一些潜在的错误。编写一个 TinyOS 程序后,可以先在 TOSSIM 模拟器上运行,TOSSIM 模拟器提供运行时调试输出信息,允许用户在一个可控和可重复的环境里从不同的角度来调试、测试和分析 TinyOS 程序。TinyViz 是 TOSSIM 提供的一个基于 Java 的 GUI 应用程序,它可以使用户以可视化方式控制程序的模拟过程。

　　使用 TOSSIM 对基于 TinyOS 的节点程序进行模拟包括多个操作步骤:

　　(1) 编译 TOSSIM。TOSSIM 可看作是 TinyOS 的一个库,核心代码位于 tos/lib/tossim。对 TinyOS 程序编译以后便可以直接执行 TOSSIM,TOSSIM 目前只支持虚拟 micaz 传感器节点,编译命令为: $ make micaz sim。

　　(2) 执行 TOSSIM。TOSSIM 支持两种编程接口:Python 和 C++。在 Python 中运行 TOSSIM 仿真时有两种方式:第一种是写一个 Python 脚本,然后使用 Python 编译执行;第二种是使用 Python 命令行方式交互执行。

　　(3) 调试语句。TOSSIM 自带了一个调试输出系统 DBG。DBG 调试消息命令格式为 DBG(⟨mode⟩, const char ∗ format,...),其中 mode 参数指定在哪种 DBG 模式下输出这条消息,参数 format 及其后面的其他参数指明将要输出的字符串。

　　(4) 配置网络。当直接运行 TOSSIM 时,节点之间仍无法实现通信。为了能够仿真网络行为,还需要指定一个具体的网络拓扑。在 TOSSIM 中,缺省的 TOSSIM radio 模型是基于信号的,用户可以指定接收器敏感度和描述传播强度的数据集等。

　　(5) 变量检查。在运行 TinyOS 程序时,TOSSIM 支持检查变量,但目前仅支持基本数据类型。例如用户可以检查状态变量的名字、大小以及类型,但无法观察结构体变量的结构域。

　　(6) 分组注入。TOSSIM 允许动态地向网络中注入数据包。由于注入的数据包能够绕过 radio 堆栈,数据包可以在任何时候到达指定节点,即在 TOSSIM 模拟环境中的传感器节点当正在空中接收一个无线数据包时,也能够接收到一个向其注入的数据包。

14.2.1.3 TOSSIM 的图形化界面：TinyViz

TinyViz 是基于 Java 的 TOSSIM 图形化调试界面,使得用户能够以可视化的方法控制节点程序的模拟执行。用户通过设置断点和查看变量等方式,跟踪程序的具体执行过程。通过设置无线通信参数、节点位置分布和邻居关系等网络属性,模拟传感器节点间的网络交互过程。用户可以在图形化界面中自由拖动节点在显示区域的位置,根据需求调整传感器节点的位置。启动后的 TinyViz 运行主界面如图 14-3 所示。

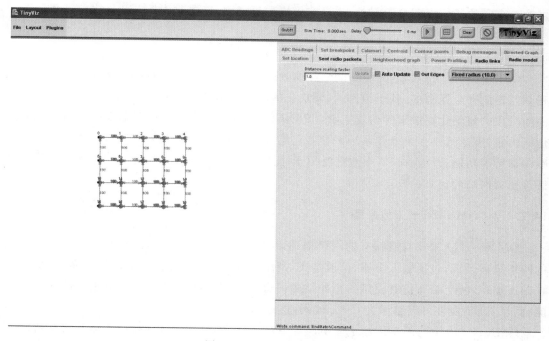

图 14-3　TinyViz 运行截图

TinyViz 运行界面大致上分为三个部分:顶部的菜单栏、左边的显示窗口和右边的插件窗口。菜单栏主要包括 File、Plugins 和 Layout 等目录。其中,File 用于文件的新建和打开等;Plugins 包含若干可选择性启用或禁用的用于监测仿真过程的插件菜单项,如 debug messages、set breakpoint、ADC readings、sent radio packets、radio links、set location 和 radio model 等;Layout 用于控制传感器网络拓扑显示方式,具体包括 random、grid-based 和 grid+random 等方式。左边的显示窗口主要用于显示网络拓扑结构和运行相关插件结果,用户能够用鼠标选择特定的节点进行操作,比如开关该节点的电源、暂停/启动节点和显示节点状态等。右边窗口是控制 TinyViz 工作的一系列 Java 插件,每个插件在 TinyViz 中显示的都是一个面板,在面板上有各自对程序的控制组件。TinyViz 运行界面右上方的"pause/play"按钮可以暂停或重启模拟过程,"grid button"在显示区启动边框,"clear button"清除所有显示状态,"stop button"结束模拟,"delay"滑动条可拖曳调整模拟器执行速度,"on/off button"可启动/关闭所选 motes power。

14.2.1.4 评价

TOSSIM 是目前最常用的仿真 TinyOS 程序的传感器网络模拟仿真工具,仿真规模可达到成百上千个传感器节点,能够实现在比特粒度模拟无线传感器网络中 TinyOS 节点的行为和网络交互,其提供的命令操作比较简便,而且它提供了许多非常有效的工具,如 GDB 调试工具、TinyViz 图形界面以及众多的插件支持。但也存在很多的不足,如它只能用于 TinyOS 程序和协议的模拟,只适用于同构网络(网络中所有的节点运行相同的程序),所提供的节点间的通信模型过于简单,也没有提供能量模型,无法对能耗有效性进行评价。

14.2.2 OMNeT++

OMNeT++(Objective Modular Network Testbed in C++)是由布达佩斯大学通信工程系开发的一个开源的、基于组件的、模块化的开放网络仿真平台。作为一个基于 C++ 的面向对象的模块化离散事件仿真工具,OMNeT++ 具备强大完善的图形界面接口和嵌入式仿真内核,可运行于多个操作系统平台。它能够简便定义网络拓扑结构,具备编程、调试和跟踪支持等功能。OMNeT++ 被广泛用于通信网络和分布式系统的仿真,且能够很好地支持传感器网络的仿真。

14.2.2.1 OMNeT++工作原理

OMNeT++ 采用自身特有的网络描述语言 NED 和 C++ 进行建模。NED 是模块化的网络描述语言,包括输入申明、信道定义、网络定义、简单模块和复合模块定义等,能够实现动态加载,便于更新仿真模型的拓扑结构。C++ 用来实现模型的仿真和消息的处理等功能,而且 NED 文件可以编译为 C++ 代码,连接到仿真程序中。

OMNeT++ 中的消息传输主要由简单模块完成,传输方式包括端口传输和直接传输两种。端口传输通过定义模块之间的端口和连接,按照一定的规则将消息逐步传输到目的模块;直接传输通过仿真内核直接传输消息到目的模块。通过这套机制,能够灵活地使用 C++ 或者 OMNeT++ 本身定义的几个基本类,实现对目前几乎所有网络模型的仿真。

OMNeT++ 提供了 TKENV 和 CMDENV 两种用户界面用于显示仿真结果。其中, TKENV 是 OMNeT++ 的 GUI(Graphical User Interface,图形用户界面)用户接口,具有跟踪、调试和执行仿真等功能,在执行仿真过程中的任意时刻都能够提供详细的状态信息, 它提供了三种仿真结果输出工具:动画自动生成、模块输出窗口和对象监测器。CMDENV 是纯命令行的界面,可以在所有平台上编译运行,其设计的基本目的是用于批处理。 CMDENV 存在两种模式:Normal 和 Express,其中 Normal 模式用于调试,详细信息将写入标准输出文件(事件标志、模块输出等);Express 模式仅仅显示关于仿真进度的周期状态更新,可以用于长期仿真运行。

14.2.2.2 OMNeT++体系结构

OMNeT++ 的体系结构主要包括六个部分:仿真内核库(simulation kernel library,简称 Sim)、网络描述语言编译器(network description compiler,简称 NEDC)、图形化网络编辑器(graphical network description editor,简称 GNED)、仿真程序的图形化用户接口 Tkenv、仿真程序的命令行用户接口 Cmdenv 以及图形化的输出工具 Plove 和 Scalar。其中,Sim 是仿真内核和类库,用户编写的仿真程序要同 Sim 连接;NEDC 是 OMNeT++使用的模块化的网络描述语言 NED(Network Description)的编译器,实现将 .NED 文件编译成 .cpp 文件;GNED 是图形化的 NED 编辑器;Tkenv 是基于 Tcl/Tk 脚本的图形化窗口用户界面,Cmdenv 是用于批处理的命令行用户界面,通常在 Tkenv 下测试和调试仿真,使用 Cmdenv 从命令行或 shell 脚本运行实际的仿真实验;Plove 和 Scalar 分别是 OMNET++中矢量和标量的图形化输出工具。

OMNeT++具有模块化的结构,图 14-4 是 OMNeT++仿真程序的逻辑架构。其中,Sim 为嵌入式仿真内核,它是处理和运行仿真的核心。当有事件发生时,仿真内核就调用执行模型中的模块;在 Sim 和用户接口 CMDENV 或 TKENV 之间是一个通用接口 ENVIR,用户能够通过定制其中的插件接口来定义仿真的运行环境;模型组件库包含所有已经编译好的简单模块和复合模块;执行模型包含一些常用的网络协议、应用和通信模型。图 14-4 中的箭头表示两组件之间的交互,五个箭头表示了组件间的五种关系:

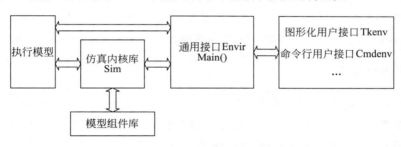

图 14-4 OMNeT++仿真程序的逻辑架构

(1) 执行模型和 Sim:仿真内核管理将来的事件,当有事件发生时,仿真内核就调用执行模型中的模块。执行模型的模块存储在 Sim 的主对象中,执行模型依次调用仿真内核的函数并使用 Sim 库中的类。

(2) Sim 和模型组件库:当仿真开始运行并创建了仿真模型的时候,仿真内核就实例化简单模块和其他的组件。当创建动态模块时,仿真内核也要引用模型组件库。在模型组件库中注册和查寻组件也是 Sim 的功能。

(3) 执行模型和 Envir:ev 对象作为 Envir 的一部分,是面向执行模型的用户接口。执行模型使用 ev 对象来记录调试信息。

(4) Sim 和 Envir:Envir 决定创建何种模型,以及包含主要的仿真循环,并调用仿真内核以实现必须的功能;Envir 捕捉并处理执行过程中发生在仿真内核、类库中的错误和异常。

(5) Envir 和 Tkenv、Cmdenv:Envir 定义了表示用户接口的 TOmnetApp 基类,Tkenv 和 Cmdenv 都是 TOmnetApp 的派生类。Main()函数是 Envir 的一部分,为仿真决定选用合适的用户接口类,以及创建用户接口类的实例并执行。Sim 对 ev 对象的调用通过实例化

TOmnetApp 类进行。Envir 通过 TOmnetApp 和其他类的方法实现 Tkenv 和 Cmdenv 的框架和基本功能。

14.2.2.3　OMNeT++使用方法

OMNeT++仿真主要经历模型建立、模拟实现和结果分析三个阶段，具体流程为：

（1）采用通过信息交换进行通信的组件（模块）构建一个 OMNeT++模型。模块可以嵌套实现，即几个模块可以组成一个复合模块。在创建 OMNeT++模型时，需要将系统映射到一个相互通信的模块体系中。

（2）使用 NED 语言定义模型的结构。在 OMNeT++提供的 IDE 中以文本或图形化方式来编辑 NED 文件。

（3）使用 C++编程实现模型的活动组件（简单模块），其中需要利用仿真内核及类库。

（4）为模型提供一个拥有配置和参数的 omnetpp.ini 文件，配置文件可以用不同的参数来描述若干个仿真过程。

（5）构建仿真程序并运行之。将程序代码链接到 OMNeT++的仿真内核及其提供的一个用户接口：命令行接口或图形化接口。

（6）仿真结果被写入输出向量和输出标量两个文件中，此后可以使用 IDE 中提供的分析工具来进行可视化结果分析，同时也可以使用 Matlab 或其他工具来对结果进行绘图分析。

14.2.2.4　特点和评价

OMNeT++主要面向 OSI 模型，用于模拟计算机网络通信协议、多处理器、排队网络、分布式系统及并行系统，应用领域包括移动/无线网络到 ATM 和光网络的仿真，从硬件仿真到排队系统，能够实现仿真执行上千个节点。OMNeT++内核采用 C++语言编写，使用 NED 实现网络拓扑描述，同时提供了图形化的用户界面，能够动态地观察仿真程序的运行情况。面向对象的设计易于根据需要进行功能扩展，使用变量方式，可以在不修改源代码和重新编译的情况下，对不同条件的网络模型进行仿真，提高了仿真效率。基于 PVM 支持，能够同时在多台机器上并行运行仿真程序。同时，OMNeT++有相应的支持传感器网络仿真的开源项目及网站，特别有利于初学者学习和使用。

OMNeT++也有其不足之处：OMNeT++仿真模型采用了混合式的建模方式。相对于其他仿真设计，其使用方法仍然有其特殊性和复杂性。在已发表的研究成果中，使用 OMNeT++得到的协议性能评价较少，不利于研究人员与已有科研成果比较，验证其设计的协议的优越性。

14.2.3　NS-2

NS-2 是美国加州 Lawrence Berkeley 国家实验室于 1989 年开始开发的软件。NS 是一种可扩展、可配置、可编程、事件驱动的仿真工具，可以提供有线网络、无线网络中链路层及其上层，精确到数据包的一系列行为的仿真。最值得一提的是，NS 中的许多协议代码都和真实网络中的应用代码十分接近，其真实性和可靠性高居世界仿真软件的前列。

NS-2底层的仿真引擎主要由C++编写,同时利用OTCL语言作为仿真命令和配置的接口语言,网络仿真的过程由一段OTCL的脚本来描述,这段脚本通过调用引擎中各类属性、方法,定义网络的拓扑,配置源节点、目的节点,建立连接,产生所有事件的时间表,运行并跟踪仿真结果,还可以对结果进行相应的统计处理或制图[7]。NS-2仿真系统体系结构如图14-5所示。

通常情况下,NS仿真器的工作从创建仿真器类(simulator)的实例开始,仿真器调用各种方法生成节点,进而构造拓扑图,对仿真的各个对象进行配置,定义事件,然后根据定义的事件,模拟整个网络的运行过程。NS-2仿真过程如图14-6所示。仿真器封装了多个功能模块:

(1)事件调度器:由于NS是基于事件驱动的,调度器也成为NS的调度中心,可以跟踪仿真时间,调度当前事件链中的仿真时间并交由产生该事件的对象处理。

(2)节点:是一个复合组件,在NS中可以表示端节点和路由器,节点为每个连接到它的节点分配不同的端口,用于模拟实际网络中的端口。

(3)链路:由多个组件复合而成,用来连接网络节点。

(4)代理:代理类包含源及目的节点地址,数据包类型、大小、优先级等状态变量,每个代理链接到一个网络节点上,通常连接到端节点,由该节点给它分配端口号。

(5)包:由头部和数据两部分组成。

NS-2采取对真实网络元素进行抽象,保留其基本特征,并运用等效描述的方法来建立网络仿真模型。它们由大量的仿真组件所构成,用于实现对真实网络的抽象和模拟。

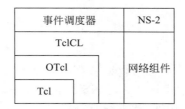

图 14-5 NS-2仿真系统体系结构

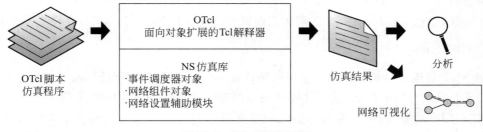

图 14-6 NS-2仿真视图

14.2.4 其他工具

除了上述介绍的TOSSIM、OMNeT++和NS-2外,还有很多模拟仿真工具,下面继续简要介绍一些典型的模拟仿真工具。

1) Avrora

Avrora 是由加州大学洛杉矶分校的 Ben L. Titzer、Jens Palsberg 和康奈尔大学的 Daniel K. Lee 等人联合开发的一个程序代码模拟器。其设计目标是提供一个 AVR 模拟和分析框架，其应用不局限于 TinyOS 程序，能够模拟所有基于 AVR 指令集的无线传感器网络程序。Avrora 是基于 ATEMU 和采用 Java 进行实现的，具有很好的灵活性和可移植性。

2) PowerTOSSIM

PowerTOSSIM 是哈佛大学在 TinyOS 环境下开发的一款传感器网络程序代码模拟器。它是对 TOSSIM 的扩展，采用实测的 Mica2 节点的能耗模型，能够计算节点的各种操作所消耗的能量，从而实现无线传感器网络的能耗性能评价。PowerTOSSIM 的不足是所有节点的程序代码必须是相同的，以及无法实现网络级的抽象算法的仿真。

3) EmStar

EmStar 是由美国加州大学洛杉矶分校嵌入式网络感知中心（Center for Embedded Networked Sensing, CENS）开发的用于仿真分布式系统的平台。EmStar 提供了在仿真和基于 iPAQ 的运行 Linux 的节点之间灵活切换的环境，用户可以选择在一台主机上运行多个虚拟节点进行仿真，也可以在一台主机上运行多个与真实的节点进行桥接的虚拟节点。EmStar 虽然不是一个真正意义上的无线传感器网络仿真工具，但却是一个很有用的能够对传感器网络的应用程序进行测试的环境。它能够将传感器网络部署在一个友好的基于 Linux 的环境中，并进行跟踪和调试程序。

4) NS-3

NS-3（Network Simulator Version 3）是一个开源的新型网络模拟器，是目前广泛使用的网络模拟软件 NS-2 的最终替代软件。与 NS-2 相比，NS-3 没有沿用 NS-2 的架构，而是进行了全新的设计和实现，在实用性、兼容性、易操作性、可扩展性等方面有更突出的表现。由于 NS-3 提供了灵活的扩展支持，研究者可以根据自己的需要进行任意的扩展。NS-3 的目标是能够支持对各种网络和协议及其各个层次进行模拟和研究。目前 NS-3 的很多模块仍在开发当中，NS-2 模块向 NS-3 的移植工作以及二者的过渡和整合也一直在稳步进行中。

5) OPNET

OPNET 建模工具是商业化的通信网络仿真平台。OPNET 采用网络、节点和过程三层模型实现对网络行为的仿真，其无线模型是采用基于流水线的体系结构来确定节点间的连接和传播，用户可指定频率、带宽、功率，以及包括天线增益模式和地形模型在内的其他特征。已有一些研究人员在 OPNET 上实现对 TinyOS 的 NesC 程序的仿真。但要实现无线传感器网络的仿真，还需要添加能量模型，而 OPNET 本身似乎更注重于网络 QoS 的性能评价。

6) SensorSim

SensorSim 是一个基于 NS-2 的模拟器，其思路是在 NS-2 上建立适应无线传感器网络的模型库。SensorSim 对 NS-2 主要进行了三方面的扩展，首先是扩展了能耗模型，其次是建立了传感信道,最后是加入了与外界交互的功能。SensorSim 的主要贡献是针对传感器网络提出了一个完整的模拟仿真架构,并首次建立了电池模型和传感信道模型,但同时也存在传感数据采集模型过于单一和仿真规模受限等问题。

7) GloMoSim

GloMoSim(Global Mobile Information Systems Simulation Library)是一个可扩展的用于无线网络的仿真系统。对应于 OSI 模型,GloMoSim 的协议栈也进行分层设计,在层与层之间提供了标准的 API 接口函数。GloMoSim 采用 Parsec 语言进行设计开发,提供了对并行离散时间仿真的支持。GloMoSim 是专门针对无线网络的,而且由于使用了并行的设计方法,可以显著地降低仿真模型的执行时间,因此可支持大规模的无线网络仿真,同时仿真库代码的开放也使得用户自定义算法的实现更加灵活。

14.3　系统验证

传感器网络的系统验证利用若干传感器节点搭建小规模的测试平台,在实际的硬件节点和环境中测试网络算法和系统性能。现有的模拟仿真技术采用相对理论化的模型,难以准确模拟真实的物理环境以及无线通信链路的特性,比如在真实环境中存在的无线信道冲突、信号多路传输、互相干扰等现象,因此导致验证的效果和真实情况存在一定差距。而通过系统验证,测试结果不仅比较全面地包含了影响网络实际运行的干扰因素,如不稳定的通信链路等,而且也避免了模拟仿真中因模型简化导致的误差。因此,传感器网络的研究越来越重视小规模的系统验证,系统验证成为研究成果确认和大规模系统部署前必不可少的阶段。

由于传感器网络具有应用环境的不确定性、网络系统的动态性以及无线通信的不可靠性,使得在搭建传感器网络测试平台时,主要面临着如下三个关键问题:第一,如何准确地对节点及网络的各种状态信息进行量化评估,即如何量化评价网络性能。第二,在无线网络中,如何实时地获得节点及网络的真实状态,并在此基础上调整和改变节点运行参数以及网络行为,即如何进行网络监控。第三,如何使得由少量实际节点组成的网络测试平台能够反映大规模网络部署以及实际应用环境的特征,即如何搭建测试平台。

目前,用于系统验证的传感器网络测试平台的典型代表包括:中国科学院软件研究所的 HINT 测试平台、Crossbow 公司的 MoteWorks、哈佛大学的 MoteLab、俄亥俄州立大学的 Kansei、加州大学伯克利分校的 Trio、德国柏林工业大学的 TWIST 等。本书将着重讲述中国科学院软件研究所研制的 HINT 测试平台,同时简要介绍 Crossbow 公司的 MoteWorks 和哈佛大学的 MoteLab。

14.3.1　HINT

中国科学院软件研究所自主研发的 HINT(High-Accuracy Nonintrusive Wireless Sensor Networks Testbed)[4] 是基于内部侦听技术的传感器网络测试平台,能够实现对传感器网络进行高精度、无打扰的测试。HINT 测试平台采用机架装配结构,测试单元为可插拔的独立硬件模块,10 个测试单元为一组,与测试服务器一起部署于特定的机架设备上,形成易于部署和移动的整体测试设备。测试平台中待测节点的天线被统一收纳并用射频线缆引出，通过摆放出不同的天线阵列实现对各种网络拓扑结构的支持，从而满足 HINT 测试平台对网络级别测试测量的需求。

1）HINT 测试平台原理

传感器网络的测量评估行为中，为了获得网络的内部状态信息，总是需要执行额外的计算任务、传输额外的测量所需要的信息。抽象而言，任何一种测量行为均会在一定程度上影响被测对象的自身状态，即所谓的海森伯（Heisenberg）测不准现象，这是网络测量研究中的共性和基础的关键问题。测试行为本身对传感器网络自身运行存在打扰，资源受限的传感器网络使得该矛盾尤为突出。如何降低或避免测试行为对传感网自身运行的影响，高精度获取网络测试数据是传感器网络测试的关键难题。基于此，HINT 测试平台采用了内部侦听技术，通过捕获节点内部芯片间的互连信号，分析节点内部的工作状态和操作行为，实现对传感器节点和网络的无打扰和透明性测试。

传感器节点器件间的连接方式与节点的设计需求和器件管脚定义有关。以 CrossBow 公司研制的 TelosB 节点为例，在其微控制器和射频芯片间存在 4 条串行外设接口信号线和 6 条通用 I/O 线。为了执行射频数据收发操作，微控制器和射频芯片间需要在上述信号线上按照一定的格式交互命令和数据。理论上，若获得节点微控制器和射频芯片间的交互信号，则能够完全了解节点的射频数据收发情况。类似地，若获取节点微控制器和传感器间的互连信号，则能够了解节点的感知采样操作。因此，如图 14-7 所示，通过采样节点内部互连信号来获得测试数据，并传输到测试服务器进行集中处理，不仅可以呈现丰富的节点运行时刻信息，同时也避免了对节点自身运行的干扰，实现了对无线传感器网络的有效测试。此外，内部侦听测试数据的精度不受限于节点自身的硬件配置，而取决于测试设备对节点内部互连信号的采样精度，因此使得借助高性能的测试设备满足高精度的测试需求成为了可能。

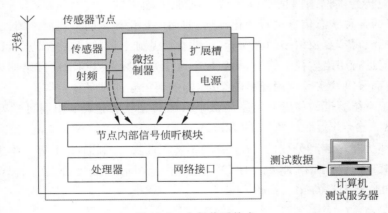

图 14-7　内部侦听技术

基于内部侦听技术和高性能的信号捕获模块，HINT 测试平台可以在避免打扰无线传感器网络自身运行的条件下获得精确的测试数据，实现对传感器网络的无打扰的高精度测试。HINT 测试平台对传感器网络的测试能力包括三个层面，如图 14-8 所示。在信号层，HINT 测试平台能够获得节点内部的互连信号信息，包括信号发生变化的精确时间戳，这些信息反映了节点内部状态的变化。在分组层，通过解析节点内部微控制器和射频模块间的

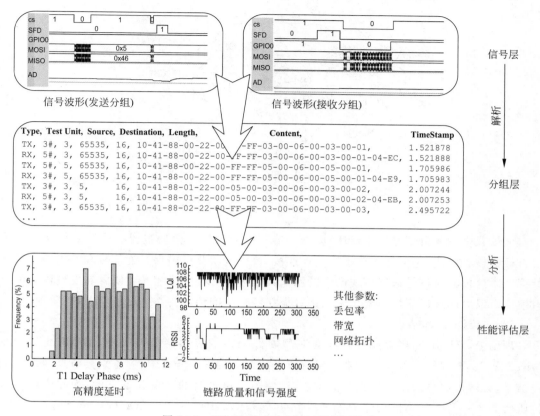

图 14-8　HINT 测试平台的三层测试能力

互连信号获得节点收发的无线分组的全部内容和对应的精确时刻,能够验证和分析无线传感器网络协议。在性能评估层,通过网内多个节点间对应收发分组情况的分析统计,获得链路质量、传输延时、分组丢包率、网络拓扑等性能指标。

2）HINT 测试平台的体系结构

HINT 测试平台的体系结构如图 14-9 所示,它包括若干测试单元、一台测试服务器以及额外的测试数据传输网络。每个测试单元由一个待测传感器节点和测试背板组成,测试背板负责采集节点的内部互连信号,产生测试数据,以及传输测试数据到测试服务器。测试数据传输网络可以用有线或无线网络,如果采样无线网络,就要避免对被测试的传感器网络产生无线通信干扰,以便测试平台能够获取准确的传感器网络状态。同时,测试数据传输网络需要支持 TCP/IP 协议以满足远程的测试需求。测试服务器通过额外的测试数据传输网络接收测试数据,对其进行解析和预处理,并将原始数据和解析后的数据存储到数据库中,以备测试应用程序使用和进一步处理。

（1）测试背板

基于无打扰的无线传感器网络测试平台采用了内部侦听的技术,其中节点内部信号侦听模块以测试背板的形式实现。测试背板用于捕获与之相连的传感器节点内部的互连信号,然后对信号进行编码并转发到测试服务器。

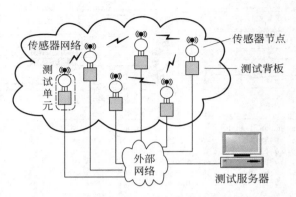

图 14-9　HINT 测试平台体系结构示意图

测试背板主要由信号采集模块、微处理器和以太网接口模块组成。信号采集模块是测试背板的核心模块，它与待测传感器节点连接，负责捕获节点内部互连信号和产生原始测试数据。微处理器对信号采集模块产生的测试数据进行必要的压缩和编码并转发到以太网接口模块。以太网接口模块主要用于测试数据在网络中的传输。

（2）待测传感器节点

理论上，HINT 能够支持各种具有典型硬件架构的传感器节点类型，如 Mica、Mica2、MicaZ、TelosB、IMote、Iris 等。由于现有节点的扩展接口信号有限，为了采集节点内部的互连信号，必须采取飞线或探针夹具的方法，这使得测试平台的部署并不方便，为此中科院软件所研制了一类支持测试功能的传感器节点 ZiNT（ZigBee Node with Testing Support）。

ZiNT 节点兼容于 Crossbow 公司的 TelosB 节点，其微控制器、射频收发芯片等与 TelosB 完全相同，同样支持 TinyOS 操作系统。两类节点的主要区别在于 ZiNT 提供了支持测试的扩展插槽，射频芯片、传感器与微控制器间的连线、微控制器的 JTAG 线均被引出到扩展槽上。ZiNT 支持 ZigBee 通信协议，支持 TinyOS 操作系统，其开发和使用兼容于主流的 TelosB 节点，因此能够满足典型无线传感器网络的研究需求。同时，ZiNT 节点也具有方便的测试接口，降低了测试平台部署的复杂度。

（3）测试服务器

在传感器网络测试平台中，所有来自测试板的测试数据均传送到测试服务器，由测试服务器进行集中式的分析和处理。测试服务器通常为高性能的计算机或服务器设备。测试服务器收到测试数据后，首先对其进行解析和时钟同步等预处理操作，使得分属不同测试单元的测试数据的时间戳被统一调整为标准时间戳，从而实现测试平台的时钟同步，然后按照测试数据类型对测试数据进行分类和存储。测试服务器中包括多组测试应用程序，如节点原始信号重构、网络事件回放、性能评估等。按照具体需求，这些测试应用程序通过订阅/发布交叉矩阵模块访问分类的测试数据。

3）HINT 测试平台的使用流程及应用

HINT 测试平台的使用流程主要分为三个步骤：

第一步是待测传感器节点程序的远程烧写。用户首先需要通过传感器节点程序编译工具

(如 Cygwin)对节点程序进行编译操作,编译结果生成 ihex 二进制文件,然后使用 HINT 测试平台提供的节点重编程工具将 ihex 文件远程烧写到测试平台的节点内。当然在此步骤中用户也可以不使用节点重编程工具,而仅使用程序编译工具同时进行节点程序编译和烧写操作。

第二步是节点程序远程烧写操作成功完成后,使用数据捕获软件操控 HINT 测试平台实现对测试数据的捕获。

第三步是待数据捕获结束后,便可进入到测试数据处理和网络性能评估阶段,此时可以通过实验管理软件对测试服务器数据库内的相关实验信息进行管理操作,使用节点原始信号重构软件对测试数据进行信号重构和查看,使用网络事件回放软件观察节点收发分组情况和使用性能评估软件对网络的多种典型性能指标进行测量评估。

4)HINT 测试平台的主要功能

HINT 测试平台能够实现网络状态监视、协议验证和分析、性能评估等测试功能,具体如下:

(1)传感器网络节点设备的远程编程

远程编程工具是 HINT 平台的特有工具之一。HINT 测试平台能够基于有线网络和测试背板,对远程的多个传感器网络节点设备进行统一的编程和管理。基于 TinyOS 操作系统提供的编译工具,用户能够编译所需要的网络应用代码。编译产生的二进制文件能够经由 HINT 平台远程下载到待测试的传感器网络设备,即测试节点中。通过远程编程,HINT 测试平台的测试服务器能够动态地改变待测传感器网络节点的内部软件代码,其方式是向测试背板发送编程信息,由测试背板通过 JTAG 接口(或 BSL 接口)对远程节点进行程序烧录和下载,达到动态改变节点运行程序的目的,实现测试的自动化。

(2)传感器节点内部的数字和模拟波形采集和远程时序分析

HINT 测试平台具有对传感器节点内部互连信号的精确捕获能力,具体功能又细分为:模拟信号的捕获分析、一般数字信号的捕获分析、接口数字信号的捕获分析。HINT 能够对传感器节点内部的模拟信号进行分析,主要是监视电压、电流和功耗的变化,或者是传感器的模拟量测量值。HINT 能够对数字进行采集分析,确定各种信号变化沿的精确时间戳,从而进行时序分析或时间测量。HINT 能够对 SPI、UART 等接口数字信号进行采集和协议分析,从而重构节点内部不同模块间的通信行为,进一步分析节点整体的行为,为高层的分析提供基础。

(3)传感器网络的数据分组解析

基于对原始数字信号、模拟信号等的分析,HINT 测试平台能够重构出节点设备发送和接收的所有分组,支持用户实现的功能包括按照时间查看网络上的所有收发分组、按照源节点和目的节点查看网络上的所有收发分组、按照分组内容查看分组在网络上的逐跳传输情况等。基于上述分组解析和查看工具,用户能够选择性地了解整个网络的各种通信行为,分析节点间数据分组的相互发送情况,研究协议实现是否与预期相符,对于不符合的地方,也可以有效地进行故障排查。

(4)传感器网络的性能测量评估

HINT 测试平台支持一系列的性能测量工具软件,借助于 HINT 的高速和精确的硬件采集能力,能够为用户提供免打扰的精确的测量数据。这些工具通过记录传感器网络所有信息,进行精度的分析测量,达到分析优化系统设计的目标。HINT 平台支持的传感器网络性能测量评估的功能又可细分为：物理层/链路层指标、媒体接入控制子层（MAC 层）指标、网络层/路由层指标、应用层和其他指标。物理层指标主要是衡量物理层和链路层通信质量的参数,包括发射功率、链路质量、信号强度、丢包率、带宽等。媒体接入控制子层指标主要是衡量 MAC 层通信质量的参数,包括 MAC 层（单次或者多次重传）发送延时（含统计分布）、MAC 接收延时（含统计分布）、MAC 层收发延时（含统计分布）、MAC 层（单次,或者多次重传）丢包率、重传次数等。网络层指标是描述传感器网络全网各种分组的传输情况的宏观指标,主要包括流量在不同区域不同跳数节点上的分布特征,网络的热点,网络的连通拓扑情况等。路由层的指标包括路径分析、路径延时、路径丢包率等。应用层指标包括应用层分组分析、延时和丢包率,其他指标包括时间同步协议的精度分析等。

HINT 测试平台能够把所有的测试数据（即网络日志）存储在数据库中,供用户进行后期的深入分析。HINT 平台也提供了插件形式的数据挖掘和分析框架,能够进入不同的数据分析模块。数据分析模块可以由用户自行开发,对于上述典型的网络指标分析应用,HINT 平台提供了相应的模块。通过对性能指标的分析,能够帮助用户发现或理解传感器网络运行规律,解决网络性能瓶颈或优化网络运行。HINT 测试平台为用户提供了一系列分析工具和测试报告自动生成工具,用户可以按照设定的脚本自动运行产生性能报表,也能够自行设计和调整所分析的内容和输出格式。

（5）传感器网络的行为回放

HINT 平台能够通过数据库记录传感器网络所有信息,在随后的任何时刻回放传感器网络的工作状态。行为回放能够实现的具体功能包括：以动画的形式查看网络上所有分组的收发情况,能够动态显示分组自源节点发送直至目的节点接收的全部过程；以动画的形式查看分组间的干扰和碰撞过程。由于 HINT 平台具有较高的时间同步精度,能够直观查看不同分组同时发送产生碰撞的情况；能够快进、慢进、暂停或定位到任何一个时刻,便于分析传感器网络的工作状态的变化。

（6）传感器网络实验管理

为了便于开展实验,HINT 平台提供了一系列的辅助性工具,主要分为两种。第一种是实验数据收集工具,主要用于连接各测试单元,采集和存储实验数据到数据库中。用户可以输入实验者、实验时间、实验内容等信息。第二种是实验数据管理工具,主要用于在数据库中对不同的实验进行管理,包括修改实验名称、实验者、实验时间、实验内容,或者删除实验数据等。

HINT 测试平台基于定制的测试背板分析传感器节点中的交互信号,高精度获得射频发送和接收的数据分组和其他电信号,并经由独立的链路传输上述测试数据,从而对传感器网络进行透明的测试和分析。HINT 测试平台的特征及优势具体包括：①无打扰,HINT 测试平台对传感器网络的行为不产生任何干扰,保证测试结果的准确性；②透明性,HINT 测试平台对节点应用程序和操作系统透明,能够支持无源代码的黑盒测试；③精确性,HINT 测试平台提供精确的微秒级时间戳,提供精确和细粒度的节点供电电流和功率测量值,保证时序分析和性能评估的精确性。

14.3.2 MoteWorks

MoteWorks[5]是 Crossbow 公司开发的一款支持 MICA 系列节点的传感器网络测试平台,它能够帮助开发人员完成节点实时数据和历史数据显示、可视化网络拓扑图、数据输出、图表打印、节点编程,并支持对传感器网络的命令发送和 E-mail 报警服务等功能。

MoteWorks 平台架构分为传感器网络、服务器和客户端三层,如图 14-10 所示。其中,传感器网络的每个节点上运行 TinyOS 系统和 XMesh 协议栈,支持包括 ZigBee 在内的多种网络协议,并通过 XOtap 支持对节点的无线编程和远程更新;在服务器端通过运行 XServer 服务器软件将传感器网络与 Internet 网络连接起来,并对接收的测试数据进行分析、处理和存储;在客户端,用户可以通过运行 MoteView 客户端软件登录 XServer 服务器与传感器网络进行交互,图形化地查看各个节点的状态、能量消耗和链路传输速率,显示网络拓扑、传感器数据图表和图像,并远程配置和调整传感器节点发送功率和传感器感应类型等参数。

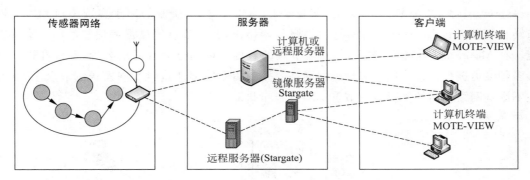

图 14-10 MoteWorks 平台体系结构

MoteWorks 的工作流程主要包括如下四个步骤:第一步是 MoteWorks 的安装。第二步是通过 MoteWork 编写、编译和烧写节点程序到传感器节点。MoteWorks 包含一个用于 nesC 代码的简单 IDE 的 Programmer's Notepad。在菜单栏中的 tools 下有"make mica2"、"make micaz"、"make mica2dot"、"make iris"等几个用于程序编译的选项。第三步是测试数据的收集。传感器节点通过运行软件测试代码生成测试数据,测试数据经由传感器网络自身的无线链路逐跳传输到测试服务器,测试服务器对接收到的测试数据进行分析、处理和存储。第四步是客户端远程连接到测试服务器,并使用文本或图形方式显示测试结果,使得用户能够远程监视传感器网络的运行情况。

MoteWorks 为用户提供了 OEM 硬件模块和功能丰富的软件模块,能够协助开发完成监测和管理传感器网络,如可视化显示传感器数据、网络状况监测、发送命令和激励信号、节点编程等,并且 MoteWorks 无需额外的测试设备和传输网络,具有较低的测试部署成本。但 MoteWorks 也存在一些不足,如由于测试数据的传输占用了传感器网络自身链路带宽和节点处理器资源,必然会对传感器网络自身的运行产生较大的干扰。此外节点自身的运算速度和晶振精度等硬件水平也限制了测试数据的准确性。

14.3.3　MoteLab

MoteLab[6]是哈佛大学开发的一款基于 Mote 的传感器网络测试平台，部署在哈佛大学的 Maxwell Dworkin 实验室，对外免费提供通过 Web 访问方式远程操作测试平台进行传感器网络算法或协议测试的能力。

用户在使用前首先需要在网上注册，然后上传可执行程序，并将可执行程序同目标"mote"关联以创建任务。MoteLab 上中心服务器做 Schedules。在任务执行中，所有串口消息和系统数据被上传记录到后台数据库，并在结束执行后提供给终端用户，进行处理和可视化工作。任务执行中，MoteLab 还通过 Web 接口提供简单的可视化工具显示实时数据。

MoteLab 的系统结构如图 14-11 所示，用户通过互联网访问实验室，实验室内部的MoteLab 主要由传感器网络和中心服务器两部分组成。传感器网络由 190 个运行 TinyOS操作系统的 TMote Sky 传感器节点组成，传感器节点通过有缘电源进行供电，携带光照、温度和湿度等传感器，使用 IEEE 802.15.4 协议实现节点间通信，以及通过串口连接到一个Crossbow MIB-600 基板。MIB-600 基板是 Crossbow 公司研制的用于实现串口和以太网口转化等硬件设备，通过以太网与中心服务器相连，并为节点提供重编程和数据收集等功能。在 MoteLab 的测试方案中，传感器节点的数据可以通过无线通信装置、串口和以太网等多种渠道进行传输。用户对传感器网络的控制指令能够通过以太网发送到节点上，从而在不影响网络应用的情况下对节点实施控制和调整。

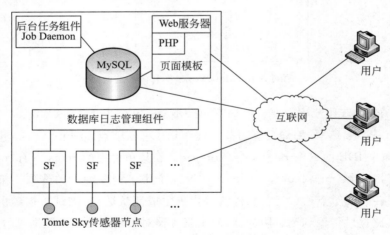

图 14-11　MoteLab 系统结构

中心服务器是 MoteLab 系统实现测试功能的核心部分，包含数据库、管理软件和互联网接口等重要组件，提供实验任务管理、日程调度、节点重编程、数据日志记录和用户访问管理等功能。数据库通过 MySQL 实现，用于存储网络的测试数据；Web 服务器通过 PHP 技术实现，为用户提供通过 Web 页面访问数据库的方式；数据库日志管理组件（DBLogger）是数据库与节点网络的接口，从网络中收集上来的数据经过它的分类筛选存入数据库；后台任务组件（Job Daemon）用于系统任务的创建与注销，包括对节点进行重编程以及数据库的整理等工作。MoteLab 允许三种访问方式：远程 Web 登录、访问后台数据库、直接访问下游单个节点。

　　MoteLab 是一个公共的测试平台，通过互联网实验来测试算法或协议的可行性。在 MoteLab 测试过程中，正常业务数据通过传感器网络自身链路传输，而测试数据通过额外的网络传送到中心服务器，避免了对传感器网络自身通信的影响。然而 Motelab 需要节点产生测试数据，因此将会占用节点一定的运算和存储资源，节点自身的状态也会受到测试行为的影响，同时测试的精度也受限于节点自身的硬件配置水平。另外 MoteLab 对于测试评估的方法考虑较少，如对能量的测试目前也只是通过在一个节点上连接万用表测电压的方法实现。

14.4　在线监测

　　在线监测是对实际运行的传感器网络进行监测，实时获取网络的运行状态，及时发现和定位网络故障，维护和优化网络运行的技术。由于传感器节点资源受限，以及网络规模大和部署环境复杂等诸多原因，使得在线监测网络状态非常困难。在线监测面临的核心问题是如何利用少量的网络资源或设备，在不影响网络正常工作的情况下，高效获取网络的整体运行状态。

　　在线监测的手段目前主要有网络嗅探和网络断层扫描（network tomography，NT）。网络嗅探通过额外的侦听节点探测传感器网络的状态。网络断层扫描把被测传感器网络看作黑盒子，根据网络外部（即网络边界）的测量信息来分析和推断网络的内部状态。

14.4.1　网络嗅探

　　网络嗅探基于额外的侦听节点实施对传感器网络的探测与侦听。如图 14-12 所示，网络嗅探主要由三部分组成：被探测的目标传感器网络、侦听节点组成的监测网络，以及后台服务器。目标传感器网络执行正常的传感数据采集任务。侦听节点位于正常工作的目标传感器节点附近，主动或被动地侦听射频覆盖区域内的目标节点的通信数据分组，捕获感兴趣的数据分组，然后被捕获的数据分组通过有线或无线的方式传输给后台服务器。后台服务

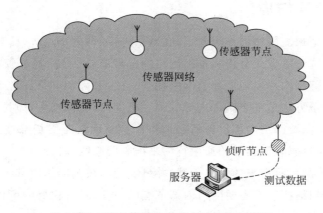

图 14-12　基于侦听节点的在线监测示意图

器上装有数据库以存储捕获的数据，以及各种工具来分析数据、显示结果等。网络嗅探技术的代表工具包括 ZENA Network Analyzer、WiSens Packet Sniffer 和 Daintree Sensor Network Analyzer 等。

以 Daintree 公司 SNA(Sensor Network Analyzer)为例，它是美国 Daintree 网络公司推出的一款功能强大的支持 IEEE 802.15.4 和 ZigBee 协议的网络监测和分析工具，目前在最新的版本中，SNA 已经扩展支持更多的网络协议，例如 6LoWPAN、SimpliciTI 和 Synkro 等。SNA 能够提供网络拓扑显示、性能测量、故障发现和诊断等功能。

SNA 工具套件主要包括若干 2400E Sensor Network Adapter(即侦听设备节点)和一台后台服务器。侦听设备节点能够通过 USB 或以太网与后台服务器相连接，主要用于无线网络数据的侦听和捕获等功能，同时具有重量轻和便于携带等特点。后台服务器主要用于信息分析、处理和显示等，具体功能包括：以可视化的方式提供 IEEE 802.15.4 网络设备行为的系统级网络分析；对协议数据包进行详细而深入分析与调试；获得对网络、设备和路由等性能参数的测量；通过输入过滤条件和使用上下文过滤器技术，能够以可视化的方式快速获取过滤后数据包列表；利用基于 XML 的解码引擎和 API，能够对 ZigBee 和自定义协议数据进行快速分析；实时监控网络运行状态，记录网络操作日志等信息，支持事后网络事件回放(如播放、暂停、快进和设置断点等)；具有良好的可扩展性，通过连接两个或更多的数据捕获器能够适用于各种规模的网络；提供功能强大的监控和故障排除工具等。总体而言，SNA 作为一款网络监测和分析工具，支持多种传感器网络类型，具有部署成本低、部署灵活和扩展性强等特点，适合于传感器网络部署和运行等阶段的网络监测。

网络嗅探利用侦听节点捕获附近传感器节点的通信分组，对传感器网络自身正常运行没有任何干扰。但也正是网络嗅探采用了对射频信号进行外部侦听的方式，使其难以获知被侦听节点内部的状态变化。同时，由于射频电路参数的差异性和无线通信存在不确定性，即使侦听节点成功捕获到某射频分组，也无法判断临近的传感器节点是否也能够成功接收，反之亦然。此外，侦听节点的射频捕获范围仅覆盖一个有限的区域。网络嗅探通常用于局部的辅助性网络监测，难以形成网络级的在线监测。

14.4.2　网络断层扫描

网络断层扫描把被测网络看作黑盒子，在网络外部(即网络边界)监测网络行为，根据得到的测量数据采用统计学方法分析和推断网络内部状态，其目标是以较小的网络统计代价来揭示被测网络内部结构并发现局部的网络拥塞、路由故障和网络异常等行为。

传统的网络测量方法是基于网络内部的测量机制，即在网络内部对网络的丢包率、延迟等特性进行测量，它需要网络内部设备的密切协作。而网络断层扫描技术在网络边界上进行端到端的测量，通过测量端到端的通信行为来推断网络内部性能，无需网络内部设备的任何协作，从而降低了测量所带来的网络负载，并可实现与被测网络内部结构和协议无关的测量。由于网络断层扫描技术不需要网络内部节点的协作，具有很好的可扩展性，并对网络自身的影响很小，非常切合传感器网络资源受限等特点。实现网络断层扫描通常涉及以下三个方面：

（1）抽象网络模型：根据网络的具体情况，把实际的物理网络抽象为逻辑网络，用树形结构或矩阵等形式来描述网络。

（2）建立测量模型：建立观测值和网络内部性能参数之间的统计分析模型，值得注意的是，测量模型的建立往往需要在不影响正确性的前提下，对网络的行为模式和统计模型做一些适当的简化。例如，在行为模式上，可以假设同时间发送的探测包没有相关性，不同链路的性能参数没有相关性。又如在统计模型上，假设引起链路延时的因素中，传播延时可以忽略，而只考虑链路延时和路由器处理时的排队延时。

（3）设计测量算法：基于网络模型和测量模型，设计具有良好效率和精度的测量算法，从观测数据中计算出网络性能参数。

在上述三部分中，测量模型是网络断层扫描技术的核心部分。具体而言，大多数的网络断层扫描问题都可以描述成如下线性模型：$Y = AX$。式中 $Y = (Y_1, Y_2, \cdots, Y_I)^{\mathrm{T}}$ 是在网络边界上观察到的 I 维测量向量，如路径上接收到的数据包数量或端到端的延时；$X = (X_1, X_2, \cdots, X_J)^{\mathrm{T}}$ 是 J 维的网络内部性能参数向量，如链路的数据包传输成功概率或平均延时；A 则表示网络内部结构特征，它刻画了 Y 与 X 之间的内在关系。网络断层扫描技术的推断过程就是根据观测得到的 Y 和已知或者部分已知的 A 来求解 X 的统计分析过程。

如图 14-13 所示，以网络内部节点之间的无线链路延时测量问题为例，利用路由矩阵来表示网络结构 A，它由元素 $a_{ij}(i = 1, 2, \cdots, I; j = 1, 2, \cdots, J)$ 组成，当路径 i 通过链路 j 时，a_{ij} 为 1，否则为 0。图 14-13（a）给出了一个多播树网络的示例，其中 $X_1, X_2, \cdots, X_7$ 为各链路的延时，Y_1, Y_2, Y_3, Y_4 为各路径的延时，于是可以得到如图 14-13（b）所示的测量模型。利用该模型，就能够从路由矩阵 A 和可测量得到的路径延时 Y，计算出对各链路延时 X 的分布情况。

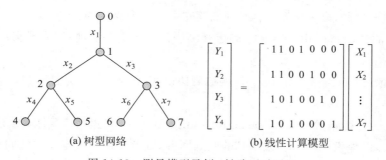

$$\begin{bmatrix} Y_1 \\ Y_2 \\ Y_3 \\ Y_4 \end{bmatrix} = \begin{bmatrix} 1 & 1 & 0 & 1 & 0 & 0 & 0 \\ 1 & 1 & 0 & 0 & 1 & 0 & 0 \\ 1 & 0 & 1 & 0 & 0 & 1 & 0 \\ 1 & 0 & 1 & 0 & 0 & 0 & 1 \end{bmatrix} \begin{bmatrix} X_1 \\ X_2 \\ \vdots \\ X_7 \end{bmatrix}$$

(a) 树型网络　　　　　　　　(b) 线性计算模型

图 14-13　测量模型示例：链路延时测量

14.5　协议测试

协议测试是对协议实现进行判别，以验证协议实现与协议标准之间的等价性的理论和方法，具体来说，协议测试就是通过执行一组目的明确的测试用例，观察被测实现的输出行为，并分析测试结果，判断被测实现的功能或性能是否满足协议或用户的规定。随着传感器网络的深入研究和逐步应用，IEEE 802.15.4/ZigBee、6LoWPAN、RPL 等传感器网络的协议标准相继被提出，我国在 2009 年也成立了传感器网络标准化组，已经制定了通信与信息交互、接口、安全、标识等传感器网络标准等，很多企业根据标准研发了多种相关的产品，为了保证这些产品之间的互联互通和互操作，必须进行产品的协议测试。

根据测试目的的不同，协议测试分为三种：（1）一致性测试：检测所实现的系统与协议规范的符合程度。（2）互操作性测试：检测同一协议的不同实现版本之间或同一类协议的不同实现版本之间互通能力和互连操作能力。（3）性能测试：检测协议实体或系统的性能指标，如数据传输率、联接时间、执行速度、吞吐量、并发度等。一致性测试是最基本的测试，互操作性测试和性能测试建立在一致性测试完成的基础上。

14.5.1　一致性测试

协议一致性测试是依据协议的标准文本对协议的某个实现进行测试，检测协议实现是否符合协议标准的要求。具体方法是利用一组测试案例序列，在一定的网络环境下，对被测实现进行黑盒测试，通过比较实际输出与预期输出的异同判定是否与协议描述相一致。国家标准 GB/T 17178（对应国际标准 ISO/IEC 9646）《信息技术 开放系统互连 一致性测试方法和框架》系列标准是协议测试的基础标准，其中定义了协议一致性测试的概念、方法和框架以及一致性评估过程，为实现 OSI 规范的产品制定了总的方法和原则。

1）一致性测试分类

一致性测试的目标是判断被测实现是否与相关协议标准中的规范相一致。在实际测试中，由于时间或经济成本的限制，不能穷举协议说明的所有功能点进行测试。根据测试过程中使用的测试例数量及对协议功能的覆盖程度，一致性测试分为四种类型：

（1）基本互连测试（basic interconnection tests）：对测试系统与被测协议实现之间的基本互连能力进行测试，以确定是否需要进行更进一步的行为测试。

（2）能力测试（capability tests）：确定被测协议实现是否实现了"协议实现一致性声明"中所声明的功能。

（3）行为测试（behavior tests）：检测被测协议实现的动态行为是否与协议标准中的描述相一致。

（4）一致性分析测试（conformance resolution tests）：根据特定要求，对 IUT 的一致性进行深度探索，以提供一种"是"或"非"的明确回答，以及提供与特定一致性问题有关的诊断信息。

2）一致性测试流程

在执行测试之前，协议实现者应向测试方提供协议实现的一致性声明（Protocol Implementation Conformance Statement，PICS），列出其所有实现的功能，从而通知测试方进行何种测试。为测试一个协议实现，除了需要 PICS 提供的信息外，还需要被测实现（Implementation Under Test，IUT）和测试环境相关的信息，即协议实现附加信息（Protocol Implementation eXtra Information for Testing，PIXIT）。在 PIXIT 中提供了时钟、连接地址等具体的说明信息，它作为抽象测试集的一部分提出。

在协议规范、服务规范以及 PICS 和 PIXIT 都具备的情况下，协议一致性测试工作可以按下列四个步骤进行：第一步，根据协议规范与服务规范确定测试目的；第二步，设计实现测试套：生成测试序列，生成测试数据，实现测试例；第三步，执行测试；第四步，根据测试执行的记录，参照 PICS 和 PIXIT 进行测试评估，写出测试报告。

以 RPL 传感器网络路由协议一致性测试为例，测试流程如下：首先，根据基于 IPv6 的无线传感器网络协议的一致性测试框架和测试集，形成 RPL 传感器网络路由协议一致性测试规范；其次，在 RPL 传感器网络路由协议一致性测试规范的基础上，进一步采用测试描述语言（如 TTCN-3）开发一致性测试例，基本覆盖测试规范中的测试例，形成可执行测试集，建立测试系统；然后，执行测试例，进行 RPL 传感器网络路由协议的一致性测试；最后，根据协议一致性测试执行的记录，验证传感器节点对 RPL 传感器网络路由协议标准的符合程度，并参照 PICS 和 PIXIT 进行测试评估，写出测试报告。

3）一致性测试方法

协议一致性测试只从被测协议的外部行为，即提供给上下层的抽象服务原语（ASP）和与对等实体的协议数据单元（PDU），来观察协议是否正常工作。测试系统通过控制观察点（Point of Control and Observation，PCO）访问 IUT。通过 PCO，测试系统可以观察通信结果，同时也可以对通信进行初始化。PCO 既可以是被测协议的高层软硬件也可以是底层软硬件。

在 ISO/IEC 9646 中，根据 PCO 位置的不同将抽象测试方法分为本地测试法和外部测试法两大类。本地测试法适合于在产品内部测试；外部测试法适合于远程的第三方测试，又可分为分布式、协调式和远程式测试。它们的结构分别如图 14-14 所示。

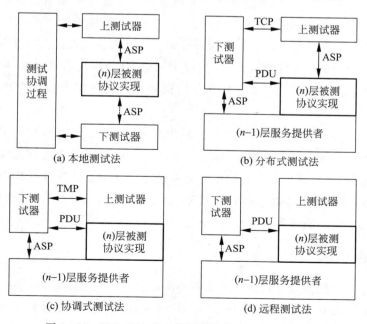

图 14-14　ISO 9646 定义的四种协议一致性测试模型

对于外部测试法而言,依据测试管理协议(TMP)来定义并协调测试交互过程,对不同的外部测试法有不同的 TMP。每种抽象测试方法有两个抽象测试功能体,即由测试协调过程联系起来的上测试器(Upper Tester,UT)和下测试器(Lower Tester,LT)。被测协议实现(Implementation Under Test,IUT)则位于一层或多层已通过测试的协议实体之上,抽象测试方法的选择取决于被测协议实现的上下边界的可访问性。

测试协调过程(Test Coordination Procedure,TCP)主要用于联系 UT 和 LT。IUT 的状态可由 LT 通过 $n-1$ 层服务提供者与其交换 n 层 PDU 来确定。LT 对 IUT 提供激励并通过观察其响应来做出测试判决。

14.5.2　互操作性测试

互操作性测试是检查两个或多个协议实现是否可以进行正确交互,实现互连互通互操作,并且完成协议中规定的功能,提供期望的服务。协议一致性测试主要关注被测协议实现与协议说明要求的一致性,没有对产品进行穷举测试,经过一致性测试的网络产品不一定保证互操作。一致性是保证互通能力的必要条件,但并不是充分条件。

互操作性测试是对两个或两个以上的协议实现能否互连互通互操作进行测试的,通常把其中公认的已经通过权威的互操作性测试的协议实现称为测试方 QE(Qualified Equipment),把另外一个协议实现称为被测方 IUT(Implementation Under Test),由测试方和被测方所组成的整体称为被测系统(IUT System)。但是根据测试需要,两个协议实现也可以都被看作是被测方,即 IUT A 和 IUT B,组成的整体同样被称为被测系统。当测试方与被测方(或被测方之间)互相通信时,其所传递的消息称为内部消息,内部消息组成了两个单向的 FIFO 队列,也可以称为内部输入和内部输出。整个被测系统与外界环境所传递的信息称为外部消息,包括外部输入和外部输出。一个互操作性测试套要能够检测到测试方和被测方之间(或两个被测方之间)是否存在信息交互以及二者是否能够对所交互的信息做出正确的处理。当测试系统中的 IUT A(或 IUT B)从外界环境接收了一个外部输入后,就会生成一个内部输出到 IUT B(或 IUT A),同时也会发送零个或一个外部输出到外界环境。

互操作测试主要包括两个部分:开发互操作测试规范和具体互操作测试过程。开发互操作测试规范类似于制定一致性测试规范,只不过这个过程通常由进行互操作者根据关注测试功能要点进行制定,该步骤是互操作测试中最重要的部分。具体互操作测试过程又包括三个步骤:测试准备、具体测试和测试报告。互操作测试过程除了测试使用规范、测试设备和测试驱动与一致性测试不同以外,其他均与一致性测试类似。

14.5.3　性能测试

性能测试用于检测协议实体或系统在不同网络负载下的性能参数是否满足协议说明要求,如数据传输率、联接时间、执行速度、吞吐量、并发度等。与一致性测试和互操作性测试不同,性能测试与时间和资源都有一定的关系。

性能测试的形式化定义如下：性能是一种与时间和资源负载有关的系统行为，记为 P。

$$P = \text{Performance}(M, S, L) \tag{14-1}$$

其中，Performance 称为执行关系。上式的意义是在一定的执行关系下，性能 P 是被测实现 M 在网络负载 L 下，执行协议描述 S 规定的行为所表现出的性能。M 是一个具体协议实现的形式化模型，S 是用形式化语言表示的形式化描述。L 和网络负载有关，它不是一个形式化的对象，而是具体的数据流。性能应该是一个多维的向量，与吞吐量、转发延迟等参数都有关系。

1）无线传感器网络性能测试指标

性能测试前首先要明确所测试的性能指标的类别和定义。一般可以按协议分层来给出各个层对应的性能指标，以及跨层的性能指标。表 14-1 列出了传感器网络各层的 QoS 参数，这些 QoS 参数都可以作为性能测试项。

表 14-1　无线传感器网络各层的 QoS 参数

协议层	典型的 QoS 保障机制	QoS 参数
应用层	速率控制	采样频率，压缩算法等
传输层	速率控制，拥塞控制	重传超时时间、拥塞窗口长度等
网络层	路由，接入控制	传输跳数、路由队列长度等
MAC 层	调度，信道分配	数据速率、占空比、吞吐量等
物理层	功率控制，速率适应	数据传输、处理、感知及其他节点硬件能量消耗的能量参数，误比特率、信噪比等传输质量参数；传输功率、传输速率、调制参数等

无线传感器网络的性能指标的选取须根据网络用途、拓扑结构等，涵盖了数据的感知、处理和传输等各个方面，包括网络生存周期、网络覆盖率和连通性、事件检测成功率、数据感知精度、时间同步、处理精确度、处理时延、处理能耗、丢包率、传输时延、吞吐量和传输功耗。

无线传感器网络的性能指标直接或间接来自无线传感器网络的运行状态。无线传感器网络的运行状态可以分为节点状态和网络状态两部分。节点状态主要包括节点的剩余能量、缓冲区使用情况以及节点间链路质量等本地状态，而网络状态则包括网络能量分布、链路质量分布以及网络拓扑分布等，是对节点状态的一个全局性的描述。

国内外无线传感器网络性能测试技术还没有形成标准化和系统化，研究主要针对于无线传感器网络无线通信不稳定和资源能量有限两大特点，测试其网络链路质量（吞吐率、延迟、丢包率等）和节点剩余能量、网络生存时间。

2）无线传感器网络性能测试方法

无线传感器网络协议性能测试通过建立传感器网络实物测试平台，在实际应用过程中验证测试网络的协议和算法。针对性能测试，一般搭建两种实物测试平台：

（1）使用如 MoteWorks 和 Motelab 等知名的无线传感器网络平台，都局限于特定的节点和应用协议，测试内容也比较单一。

（2）搭建特定网络，多以小型、简化的系统来反映大规模的系统。

因此如何能够反映出大规模网络环境，并对各种网络应用具有扩展性，成为平台搭建首要考虑的问题。

由于无线传感器网络应用环境的不可控性、网络系统的动态性以及无线通信的不可靠性，基于实物网络的测试平台也有自身的缺点：成本高，使用不灵活，性能指标不稳定，可重复性不好。针对节点数量多，规模大的无线传感器网络性能测试一般也难以开展，无法真实再现相同的应用场景。而且在某些情况下（例如系统的前期研发）并没有实物平台可供利用，还需要借助仿真的方法。

常用的无线传感器网络的性能测试方法有主动测试和被动测试。在主动测试中，测试者控制节点主动发送探测分组（Probe），探测分组经过多跳传输到达目标节点。目标节点将收到的探测分组信息提交给高层进一步进行数据处理，测试出网络性能指标。主动测试具有可控性高、灵活机动的优点，同时因为注入了额外的测量分组，干扰了网络本身的运行，使得测量结果与实际情况存在一定的偏差。被动测试是基于网络中正常传输的数据分组，侦听网络中的数据分组，然后进行数据挖掘和处理从而评价网络性能，它不产生多余流量，不会改变网络状态，但是缺乏可控性和灵活性。

针对不同的性能指标会有不尽相同的测试方法。SCALE 中针对无线传感器网络的链路质量进行测试，节点周期性地发送包含节点 ID、序列号的探测分组数据包，通过观测这些数据分组转发的概率统计规律，研究链路通信性能。

很多测试方法和内容往往针对于自身的协议或特定的应用背景，不具一般性。能量效率是一个非常重要的性能指标，但在实际测量中却一直是一个难题。节点的能量状态值始终在动态变化，而且节点对其能量状态进行测试的过程本身也消耗能量。在对节点的能耗测试中预先测量节点在不同工作状态下的功耗，然后节点在实际工作过程中统计自身处于各个状态的时间，从而得出节点总共消耗的能量。这种方法对于统计无线通信模块、传感器模块等慢速模块比较适用，但 CPU 处于忙碌状态的时间往往很短，节点很难准确统计自身CPU 的工作时间。

当网络规模较大时，对网络中每个节点持续地进行能量扫描和状态收集也是个难题。Berkeley 研究人员针对网络整体能量消耗的测试技术 eScan，其中利用 APM（高级电源管理）和 ACPI（高级配置和能量接口）对节点剩余能量进行测量。节点在剩余能量大幅下降时提交报告，借助 GPS 定位技术将位置相邻且能量相近的节点合并为一个区域。这样只需向服务器发送各个区域的能量和位置信息就可以描述整个网络的剩余能量状况。这种方法在保证收集信息精度的情况下，大大减少了能量信息收集过程中的通信量，从而降低了扫描过程的能量损耗。

德国柏林大学的研究人员针对小规模无线传感器网络的网络能量消耗测量技术GoldCaps，首先将网络和节点生存时间量化为能够完成工作周期的最大次数，并利用大容量电容为每个传感器节点进行供电，然后在较短的时间内测量网络每个节点实际完成工作周期的最大次数。GoldCaps 可以在实际网络应用过程中进行能量测试，并利用工作周期数来量化节点的能量消耗，但这种方法也只能是对能量的一种近似估计。

14.6 本章小结

传感器网络仿真与测试技术贯穿于传感器网络的设计、部署、运行和维护等阶段,是度量网络性能指标和评估网络满足应用需求能力的主要技术手段。本章从传感器网络的系统研发、原型搭建、运行维护和产品商用四个不同阶段,分别介绍了所使用的模拟仿真、系统验证、在线监测和协议测试等四种关键技术。模拟仿真能够利用网络模拟仿真工具来模拟各种规模的传感器网络系统,通过分析传感器网络运行状态及各节点的行为变化,验证提出的算法和协议的可行性。系统验证在模拟仿真的基础上,利用实际的传感器节点搭建的测试床,在小规模真实网络系统中进行网络性能测试和验证。在线监测是在传感器网络系统部署之后,对传感器网络系统进行实时监测,及时评估网络性能和发现网络运行故障的技术。

目前对无线传感器网络的研究主要基于如下三个途径:理论分析、基于实物平台的试验和基于计算机的网络仿真。计算机的网络仿真具有快速、可重复性高的优点,但是其测试结果受所建立的网络模型的准确性的限制,不能准确反映实际网络的状况。基于实物测试平台的研究手段成本高,但是能真实地反映实际的网络状态,本章介绍分析了较为知名的测试平台 HINT、MoteLab 和 MoteWorks。

协议测试就是检验通信网络产品和系统是否满足相关的国际、国家或行业标准,保证不同产品之间的互操作性。传感器网络的协议测试主要分为一致性测试、互操作性测试、性能测试等,本章对每种测试技术进行了详细的分析。一致性测试作为互操作性测试和性能测试的基础,建立在一致性测试完成的基础上。尽管目前无线传感器网络测试技术还没有建立统一认可的标准,但传统的测试标准以及测试需求分析为无线传感器网络协议测试提供参考,协议测试对于无线传感器网络的实际应用具有极其重要的价值和意义。

习题

14.1 模拟仿真工具分为几类?分别举例和做简易介绍。

14.2 HINT 测试平台的测试原理是什么?与 MoteLab、MoteWorks 的区别是什么?

14.3 MoteLab 和 MoteWorks 异同分别是什么?

14.4 一个完整的无线传感器网络系统开发过程中涉及哪几类仿真和测试?

14.5 与有线网络嗅探相比,无线网络嗅探有何特点?

14.6 网络断层扫描的机理是什么?

14.7 无线通信仪器仪表都包含哪些?

14.8 协议一致性测试与互操作性测试之间的异同是什么?

14.9 哪些因素影响到对无线传感器网络性能的度量?

14.10 如何解释无线传感器网络性能测试的不可重复性?性能测试还有意义吗?

14.11 对于性能测试来讲，给定两个配置完全相同的网络，两个网络能有完全（或者以较高概率）相同的性能吗？

14.12 举例说明无线传感器网络链路性能测试的典型方法。

参考文献

［1］ Woehrle M，Plessl C，Beutel J，et al. Increasing the reliability of wireless sensor networks with a distributed testing framework. In：Workshop on Embedded Networked Sensors（EmNets'07），June 25-26，2007，Cork，Ireland，2007：93-97

［2］ Levis P，Lee N，Welsh M，et al. TOSSIM：accurate and scalable simulation of entire TinyOS applications. In：SenSys'03，November 5-7，2003，Los Angeles，California，USA.

［3］ Varga A，Hornig R. An overview of the OMNET++ simulation environment. In：Proc of the 1st Int'l Conf on Simulation Tools & Techniques for Communications，March 03-07，2008，Marseille，France.

［4］ Wei Huangfu，Sun Limin，Liu Jiangchuan. A high-accuracy nonintrusive networking testbed for wireless sensor networks. EURASIP Journal on Wireless Communications and Networking，2010，(1).

［5］ http://bullseye. xbow. com：81/Products/productdetails. aspx？ sid＝154.

［6］ http://motelab. eecs. harvard. edu/.

［7］ NS-2. http://www. isi. edu/nsnam/ns/.

［8］ NS-3 network simulator. http://www. nsnam. org.

［9］ OPNET. http://www. opnet. com.

［10］ Titzer B L，Lee D K，Palsberg J. Avrora：scalable sensor network simulation with exact timing. In：Proc of the 4th Int'l Conf on Information Processing in Sensor Networks（IPSN'05），Los Angeles，California，April 2005：477-482.

［11］ Shnayder V，Hempstead M，Chen B R，et al. Simulating the power consumption of large-scale sensor network applications. In：Proc of the 2nd Int'l Conf on Embedded Networked Sensor Systems（SenSys'04），ACM，2004：188-200.

［12］ Elson J，Bien S，Busek N，et al. EmStar：an environment for developing wireless embedded systems software. Center for Embedded Network Sensing，2003.

［13］ Park S，Savvides A，Srivastava M B. SensorSim：a simulation framework for sensor networks. In：Proc ACM Modeling，Analysis and Simulation of Wireless and Mobile Systems（MSWiM 2000），Boston，MA，August 2000：104-111.

［14］ Zeng Z，Bagrodia R，Gerla M. GloMoSim：a library for parallel simulation of large-scale wireless networks. In：Proc of the 12th IEEE Workshop on Parallel and Distributed Simulation（PADS'98），1998：154-161.

［15］ Estrin D，Govindan R，Heidemann J，et al. Next century challenges：scalable coordination in sensor networks. ACM MobiCom'99，Washington，USA，1999：263-270.

［16］ Sinha S，Chaczko Z，Klempous R. SNIPER：a wireless sensor network simulator. Computer Aided Systems Theory-EUROCAST，2009，Springer，2009，5717：913-920.

［17］ Egea-Lopez E，Vales-Alonso J，Martinez-Sala A S，et al. Simulation tools for wireless sensor networks. Summer Simulation Multiconference，SPECTS，2005：2-9.

［18］ Sobeih A，Chen W，Hou J C，et al. J-Sim：a simulation and emulation environment for wireless sensor networks. In：Proc Annual Simulation Symposium（ANSS 2005），San Diego，CA，2005：175-187.

[19] Sundani H，Li H，Devabhaktuni V K，et al. Wireless sensor network simulators：a survey and comparisons. International Journal of Computer Networks (IJCN)，2010，2(5)：250.

[20] Doerel T. Simulation of wireless Ad-Hoc sensor networks with QualNet. Chemnitz，2009.

[21] Sarkar N I，Halim S A. A review of simulation of telecommunication networks：simulators，classification，comparison，methodologies，and recommendations. Multidisciplinary Journals in Science and Technology，Journal of Selected Areas in Telecommunications (JSAT)，2011，2(1)：10-17.

[22] Intanagonwiwat C，Govidan R，Estrin D，et al. Directed diffusion for wireless sensor networking. IEEE/ACM Trans. on Networking，2003，11(1)：2-16.

[23] Ye W，Heidemann J，Estrin D. Medium access control with coordinated，adaptive sleeping for wireless sensor networks. ACM/IEEE Trans. on Networking，2004，12(3)：493-506.

[24] SensorSim：a simulation framework for sensor networks. http：//nesl. ee. ucla. edu/projects/sensorsim/.

[25] Naoumov V，Gross T. Simulation of large Ad Hoc networks. In：Proc ACM Modeling，Analysis and Simulation of Wireles and Mobile Systems (MSWiM 2003)，San Diego，CA，2003：50-57.

[26] Global Mobile Information Systems Simulation Library (GloMoSim). http：//pcl. cs. ucla. edu/projects/glomosim/.

[27] PARSEC：Parallel Simulation Environment for Complex Systems. http：//pcl. cs. ucla. edu/projects/parsec/.

[28] Takai M，Bagrodia R，Tang K，et al. Effcient wireless networks simulations with detailed propagations models. Kluwer Wireless Networks，2001，7：297- 305.

[29] sQualnet：A Scalable Simulation Framework for Sensor Networks. htpp：//nesl. ee. ucla. edu/projects/squalnet/.

[30] Scalable Simulation Framework (SSF). http：//www. ssfnet. org.

[31] Girod L，Elson J，Cerpa A，et al. EmStar：a software environment for developing and deploying wireless sensor networks. In：Proc. USENIX 2004，Boston，MA，2004：283-296.

[32] Girod L，Stathopoulos T，Ramanathan N，et al. A system for simulation，emulation and deployment of heterogeneous sensor networks. In：Proc of the 2nd ACM Int'l Conf on Embedded Networked Sensor Systems (SenSys)，Baltimore，MD，2004：201-213.

[33] 国家传感器网络标准工作组-设备技术要求和测试规范项目组 PG11. http：//www. wgsn. org.

[34] 夏桂斌. 无线传感器网络性能评测体系及综合实验研究. 东南大学硕士学位论文，2010.

[35] 孙雪芹，程绍银，蒋凡. 6LoWPAN 协议一致性测试方法及仪表设计. 计算机系统应用，2012，(9)：97-102.

第 15 章

CHAPTER 15

安 全 技 术

导读

本章分析了传感器网络的主要威胁及安全需求,分析了典型的传感器网络安全体系,分别讨论了密钥管理、身份认证与访问控制、安全定位与时钟同步、入侵检测、容侵与容错,以及安全路由、安全的数据融合等安全技术。

引言

从网络安全的角度来讲,无线传感网络的以下特点导致了巨大的安全挑战:(1)传感器节点由于受到计算能力和存储容量的限制,对于复杂的网络安全协议的应用存在较大困难,因此,传统网络环境下的公钥密码体系无法直接照搬至传感器网络;(2)传感器节点能量有限,需要采用高效、简易的算法实现数据加密、身份认证、入侵检测等功能;(3)传感器网络采用无线信道通信,因此消息的被窃听、转发节点恶意路由、篡改消息等行为容易发生,造成安全问题;(4)传感器节点部署区域的物理安全难以保证,在地理位置上大多采用随机部署的方式,实现点到点的安全动态连接非常困难。

传感器网络的特点使得传感器网络安全技术研究和传统网络有着较大区别,但是出发点都是相同的,均需要解决信息的机密性、完整性、消息认证、组播/广播认证、信息新鲜性、入侵监测以及访问控制等问题。目前国内外对传感器网络安全机制的研究主要集中在密钥管理、身份认证、入侵检测、安全路由等方面。

有线网络中常用的密钥管理方法无法在传感器网络中使用。由于传感器节点能力受限,故不适合利用非对称密码技术中适合密钥管理的算法和机制;由于通信开销大,分布式认证机制也不适用于传感器网络;传感器网络的动态拓扑特性使得节点通信时的密钥必须经常更换。因此必须在充分考虑传感器网络结构特点的基础上,重新构建适合传感器网络的密钥管理方案。目前传感器网络的密钥管理研究主要是针对密钥预分配和密钥更新等问题。

传感器网络使用节点身份认证机制,无法使用数字证书、数字签名等非对称密码技术,目前主要的研究是基于节点协同的认证算法和对称密钥算法,比如基于广播流认证方法、单向密钥链的认证方案等。

　　对于传感器网络安全来说,安全路由、密钥管理等技术只是在某个方面减小了传感器节点的安全脆弱性,增强了网络的防御力,而入侵检测技术能检测、处理那些正在发生的安全攻击行为。由于传感器网络动态拓扑、无中心、自组织等特点,入侵检测系统须采用分布式数据收集方式。传感器节点既要监测本地数据情况,又要监测邻居节点的网络运行情况。目前针对传感器网络的入侵检测研究,已提出的成果相对还比较少,大部分研究还处于模型设计、理论分析或仿真阶段。

　　目前的安全防御体系大多着眼于要求基站或传感器节点来承担全部的防御任务,这就对节点的能力提出了很高的要求,可以充分利用传感器节点互相协作的特性,把防御任务分派给多个节点,由多个节点协作进行分布式防御。

　　本章还分析了安全路由、安全定位、安全时间同步、安全数据融合、隐私与匿名防护等方面的安全技术。

15.1　概述

　　传感器网络通常部署在复杂的环境中,处于无人维护、不可控制的状态下,容易遭受多种攻击。除了需要面对一般无线网络所面临的信息泄露、信息篡改、重放攻击、拒绝服务等多种威胁外,还面临传感节点容易被攻击者物理操纵并获取存储在传感节点中的所有信息,从而控制部分网络的威胁。因此,在进行传感器网络协议和软件设计时,必须充分考虑传感器网络可能面临的安全问题,并把安全防范和检测机制集成到系统设计中去。一种好的安全机制的设计是建立在对其所面临的安全威胁、安全需求等的深刻分析基础之上的。

15.1.1　安全威胁

　　对传感器网络的攻击方法多种多样,可以从不同的方面对攻击方法进行分类。按照攻击者的能力来分,可以分为节点级(Mote-class)攻击和笔记本级(Laptop-class)攻击。在前一种情况下,攻击者的资源和普通的节点相当,而在后面一种攻击中,攻击者拥有更强的设备和资源,在能量、CPU、内存和无线电发射器等方面优于普通节点,这种攻击的危害性更大。

　　按照攻击者的类型来分,可以分为内部攻击和外部攻击。外部攻击中,攻击者不知道传感器网络内部信息(包括网络的密钥信息等),不能访问网络的节点。内部攻击,是指网络中合法的参与者进行的攻击,攻击者可以是已被攻陷的传感器节点,也可以是获得合法节点信息(包括密钥信息、代码、数据)的传感器节点。很显然,内部攻击比外部攻击更难检测和预防,其危害性也更大。

　　按照攻击的性质可以分为被动攻击和主动攻击两大类,被动攻击主要包括窃听和流量分析等,主动攻击主要包括节点俘获攻击、节点复制攻击、女巫攻击、虫洞攻击、黑洞攻击等。

　　1)被动攻击

　　(1)窃听(snooping)。由于传感器网络无线媒介的开放特性,攻击者易通过监听链路流量,窃取关键数据或分析包头字段获得重要信息,如合法节点的身份口令,以展开后续攻击,甚至直接将网络资源占为己有。

（2）流量分析（traffic analysis）。非法节点对通信双方之间交换的信息进行分析,试图判断或恢复出关键的信息。在传感器网络中一般通过流量分析来发现信息源的位置,从而发现关键节点、簇头、基站等,进而开展有针对性的攻击。

2) 主动攻击

（1）节点俘获攻击（node compromise）。节点俘获攻击是传感器网络最有威胁的攻击之一。由于传感器网络经常部署在无人值守的开放环境中,并且缺乏物理保护,攻击者可以轻易捕获传感器节点,直接从物理上将其破坏;攻击者可以获得被俘获节点的所有信息,进而控制被俘获节点,通过重写内存或者与其他攻击相结合对网络造成更大的破坏。由于传感器网络的协作特性,节点俘获攻击会对其他节点的安全性产生严重的影响,甚至导致整个网络的彻底暴露。

（2）节点复制攻击（node replication attack）。由于传感器节点没有特殊的硬件保护机制,攻击者俘获一个传感器节点后,可以得到该节点的所有秘密信息,进而复制大量这样的节点;又由于部署环境的开放性,攻击者可以将复制节点放置到网络中其他位置,造成更加严重的危害。

（3）女巫攻击（sybil attack）。攻击者可以通过冒充其他节点,或者通过声明虚假身份,对网络中其他节点表现出多重身份。这样传感器网络中采用的分布式存储、分散和多路径路由、拓扑结构保持的容错方案的效果就会大大降低。因为这类方案通常期望由多个节点来共同承担风险,却因恶意节点用一个节点冒充多个节点而无法达到目的。该攻击使恶意节点具有更高概率被其他节点选作路由路径中的节点,可与其他攻击方法结合使用,造成更大的破坏。另外,该攻击对基于位置信息的路由协议也会构成很大的威胁。

（4）虫洞攻击（wormhole attack）。虫洞攻击是针对传感器网络路由协议的一个著名攻击。协作的攻击者在距离较远的两个地点之间,建立一个不同频道的信道（称为 wormhole link）,然后将一端的路由信息通过该信道转到另一端,扰乱路由。由于恶意节点声明高质量低延迟链路骗取其他节点,它们容易成为各自区域的核心节点,吸引附近报文,对网络造成危害。这类攻击不需要捕获合法节点,而且在节点部署后进行组网的过程中就可以实施。

（5）黑洞攻击（sinkhole attack）。攻击者为一个被俘获的节点篡改路由信息,尽可能地引诱附近的流量通过该恶意节点。例如恶意节点若能够与基站直接通信,或者声明与基站为单跳,该节点周围的报文都将被其吸引,形成一个路由黑洞。一旦数据都经过该恶意节点,该恶意节点就可以对正常数据进行窜改或选择性转发,从而引发其他类型的攻击。"黑洞"与"虫洞"是针对传感器网络路由协议的两个臭名昭著的攻击,虽然比较容易被感知但是其破坏力还是非常大的。

（6）拒绝服务攻击（DoS attack）。DoS 攻击是指任何能够削弱或消除传感器网络正常工作能力的行为或事件,对网络的可用性危害极大,攻击者可以通过拥塞、冲突碰撞、资源耗尽、方向误导、去同步等多种方法在传感器网络协议栈的各个层次上进行攻击,见表 15-1。由于传感器网络资源受限的特点,该攻击具有很大的破坏性,消耗了有限的节点能量,缩短了整个网络的生命周期。

表 15-1　传感器网络拒绝服务攻击

网络层次	攻击方法	攻击描述
物理层	拥塞攻击	攻击节点在传感器网络工作频段上不断发送无用信号占据信道,干扰通信半径内的正常节点,使其无法正常通信。这种攻击节点达到一定密度,整个无线网络将面临瘫痪
链路层	碰撞攻击	由于无线网络开放性的承载环境,若两个设备同时发送信号,则输出信号会相互叠加而无法分离。数据包若在传输过程中发生冲突,那么整个包都会被丢弃
	耗尽攻击	攻击者利用协议漏洞,通过持续通信的方式使节点能量资源耗尽。如利用链路层的错包重传机制,使节点不断重复发送上一包数据,最终耗尽节点资源
	非公平竞争	若数据包在通信机制中存在优先级控制,恶意节点或被俘节点可以不断发送高优先级的数据包占据信道,从而导致其他节点在通信过程中处于劣势
网络层	方向误导	恶意节点收到数据包后,通过修改源和目的地址,选择错误的路径发送出去,从而扰乱路由。若恶意节点将数据包全转向某一固定节点,该节点必然会因为通信阻塞和能量耗尽而失效
传输层	同步破坏	通过在转发过程中引入较大的延迟使得一部分路由协议中需要的时间同步无法有效进行

(7) 选择转发攻击(selective forwarding attack)。恶意节点可以概率性地转发或者丢弃特定消息,而使网络陷入混乱状态。如果恶意节点抛弃所有收到的信息将形成黑洞攻击,但是这种做法会使邻居节点认为该恶意节点已失效,从而不再经由它转发信息包,因此选择性转发更具欺骗性。

(8) 呼叫洪泛攻击(Hello flood attack)。在传感器网络中,许多协议要求节点广播Hello 数据包发现其邻居节点,收到该包的节点将确信它的发送者在传输范围内,攻击者通过发送大功率的信号来广播路由或其他信息,使网络中的每一个节点都认为攻击者是其邻居,这些节点就会通过"该邻居"转发信息,从而达到欺骗的目的,最终引起网络的混乱。

(9) 重放攻击(reply attack)。攻击者向目标节点发送已接收过的数据。攻击者可以通过该攻击占用目标节点的资源,影响其可用性;也可以通过重放身份认证或加密过程中的消息,绕过安全机制,冒充合法用户;还可以通过重放旧信息,对数据新鲜性造成威胁。

(10) 消息窜改攻击(message corruption)和假消息注入攻击(false data injection)。攻击者通过篡改消息内容破坏消息完整性。特别是恶意节点可以向正常消息中注入虚假的错误的数据造成误导,影响数据的正确性。

(11) 合谋攻击(collusion attack)。由于传感器网络的协作特性,涉及许多门限或群组安全方案,需要着重考虑避免合谋攻击。合谋攻击是指两个或两个以上恶意节点通过互相掩饰联合破坏正常节点和网络的行为。它们可能互相担保,使攻击节点看似合法节点;或者互相伪装,建立虚假链路;或者做伪证陷害合法节点;多个节点的合谋还可能获取额外的秘密信息。合谋攻击破坏力度较大，又有一定隐蔽性，在门限或群组安全方案的设计中需要着重考虑。

15.1.2　安全需求

与传统有线网络类似，传感器网络必须首先考虑可用性、完整性、机密性等基本的安全需求，见表 15-2。作为资源受限的任务型网络，传感器网络自身固有的特性也决定了一些独特的安全需求，如自组织性、可扩展性等。

表 15-2　传感器网络基本安全需求

安全需求	意义	安全技术
可用性 （availability）	确保网络能够完成基本的任务，即使受到攻击，如 DoS 攻击等	入侵检测、容侵容错、冗余、认证等
完整性 （integrity）	确保传输信息没有受到未授权的篡改或破坏，抵御假消息注入等攻击	轻量级密码算法；Mac、Hash、签名
机密性 （confidentiality）	确保传感器存储、处理和传递的信息不会暴露给未授权的实体，抵御窃听等攻击	轻量级密码算法；密钥管理；访问控制
认证性 （authentication）	确保参与信息处理的各个节点的身份真实可信，防止恶意节点冒充合法节点达到攻击目的，如女巫攻击等	认证；组播/广播认证
数据新鲜性 （data freshness）	确保用户在指定的时间内得到所需要的信息，且没有重放过时的消息，防止重放等攻击	安全时间同步

（1）可用性。可用性是指传感器网络即使在遭受网络攻击时，网络的主要功能还能够正常运行，即网络攻击不至于瘫痪整个网络。可以从不同角度实现这个安全目标，其中有些机制是充分利用节点间额外的通信，有些机制提出使用中心访问控制系统确保每条信息都能成功地传递到接收者。在设计安全机制时，各种安全协议和算法的设计不应太复杂，不能以过度的资源消耗为代价来获得更好的安全性，并要能有效防止攻击者对传感器节点资源的恶意消耗。

（2）完整性。完整性指保证信息的完整性不被破坏，即保证信息在传输过程中不会被破坏或者改变，如插入、删除、拦截、篡改和伪造等。传感器网络中的恶意篡改或无线信道干扰等都可能使信息传输受到一定的破坏，这时候接收节点也应能够察觉出来。通常在基于公钥加密的密码体制中，主要通过数字签名和认证的方式来实现数据完整性保护，而在传感器网络中一般都是采用消息认证码（MAC）对数据包进行校验，它所采用的方法其实是一种带有共享密钥的 Hash 算法，即将共享密钥和数据包合并，然后进行 Hash 运算，只要数据包有变动，消息认证码的值就会有变化，从而实现了数据完整性。

（3）数据机密性。机密性是指保证网络中一些特定的和敏感的信息不被未经授权的实体窃听，传感器网络不应该向其他任何不信任的节点泄露任何的敏感信息。在许多通信（如，密钥分发）中，传感器节点之间传递的是高度敏感的数据。这些数据一旦被蓄意攻击者获取,整个传感器网络的安全将受到严重的威胁。在数据机密性要求下,传感器节点只有在认证的时候才能被它的邻居节点所读取,其余的情况都不应该允许其内容被其他节点所读取。在某些情况下,为了防止流量分析攻击,一些敏感信息如传感器节点的 ID、节点的公钥等要进行加密操作。

（4）认证性。认证性通过鉴定与其通信的节点的身份以确保信息的可靠性。在传感器网络中,攻击者极易向网络注入信息,接收者只有通过数据源认证才能确认数据包确实是由合法节点发送的,而不是由攻击者假冒的。因为攻击者不但可以修改数据包,而且还可以通过注入虚假信息来改变数据流,所以接收节点必须要有一个安全机制来验证所接收到的数据包确实是来自真正的传送节点。在传统的有线网络中,通常使用数字签名或数字证书来进行身份认证,但这种公钥算法不适用于通信能力、计算速度和存储空间都相当有限的传感器节点。传感器网络通常使用共享的对称密钥来进行数据源的认证,对共享密钥的访问控制权限要控制在最小限度,即共享密钥只针对已认证为可信任的节点进行开放。

（5）数据新鲜性。新鲜性是指发送方传给接收者的数据是在最近时间内生成的最新数据。在网络中,为防止攻击者进行任何形式的重放攻击,必须保证每条消息必须是最近时间内生成的、有效的、未过期的,要确保没有攻击者重放旧数据。在传感器网络中,传感器节点常采用的是共享密钥的方式,潜在的攻击者可以使用旧密钥通过刷新,并传播到网络中所有的节点,使其成为新密钥,从而进行重放攻击,而重放攻击将耗费网络的资源并使接收节点不能提供正常服务。为了避免攻击者对网络进行任何形式的重放攻击,对每个数据包都以添加一个随机数或者指定时间计数器的方式检查数据新鲜度。

（6）自组织性。在传感器网络中节点部署具有随机和自组织特点,即在传感器网络部署配置之前无法假定节点的任何位置信息,也不能确定其周围的邻居节点,因此相应的安全机制也应该是自组织的,使得在节点之间无法事先部署共享密钥。自组织性要求密钥管理协议必须包含相应的机制使得在网络部署后能够根据实际的网络拓扑情况来完成网络的密钥协商,保障网络的安全性与可靠性。

（7）可扩展性。传感器节点数量少到几个至十几个,大到成百上千个,并且网络在使用的过程中,可能某些节点因能量耗尽或损坏等退出网络,也有根据网络需要新增加传感器节点。因此,在传感器网络中,针对不同的网络规模,安全解决方案要能够支持该扩展级别的安全策略和算法,确保网络正常地运转。

（8）鲁棒性。传感器节点通常部署的环境较为恶劣,敌方阵地的危险区域内,无人值守的环境中,容易受到比普通的计算机网络更为严重的安全威胁。当网络中的部分节点被捕获以后,导致节点中所存的密钥信息泄露,信息泄露的同时可能会影响到网络中的其他正常节点。所以要求节点在被敌手俘获后所存秘密信息不被获取,网络能够尽快发现并清除被俘获的节点,保障未被俘节点网络间的连通与安全。

不同应用场景的传感器网络,安全级别和安全需求也不同。在《传感器网络 信息安全通用技术规范（征求意见稿）》中,对传感器网络安全级别的划分,以及与之相对应的安全功能要求进行了详细的阐述。

15.1.3 安全机制

为抵御针对传感器网络的各种攻击,需要采用一定的安全机制,诸如加密、认证、入侵检测、安全路由等。在一般的网络安全机制中,认证和加密是重要的组成部分,而传统的加密和认证基于复杂计算,在传感器节点计算能力、电池能量、通信带宽和存储容量等资源都很有限的情况下,传统的安全机制应用到传感器网络中,需要对这些安全机制进行相应的修改,如降低加密轮数、减小密钥长度以及采用轻量级的安全机制等。通过设计安全机制,防止各种恶意攻击,为传感器网络创造安全的运行环境,也是一个关系到传感器网络能否真正走向实用的关键性问题。

传感器网络中已提出了一些集成有多项安全机制的综合安全框架,如 SPINS、TinySec、TinyPK 等,可为应用提供安全服务接口。SPINS 安全框架协议包括 SNEP 协议和 μTESLA 协议,其中 SNEP 协议用以实现通信的机密性、完整性、新鲜性和点到点的认证,μTESLA 协议用以实现点到多点的广播认证。但由于应用的多样性,传感器网络的安全威胁和安全需求也有很大不同,很难从整体上为传感器网络设计通用的安全体系架构,而在传感器网络的安全技术研究和安全协议设计中一般参考了通用的分层安全体系,如图 15-1 所示。其中上层机制使用了下层的安全服务,而入侵检测、隐私保护等安全机制更多是以跨层方式实现。

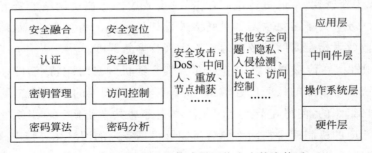

图 15-1 基于分层的传感器网络安全技术体系

1) 密码算法及密码分析

对称加密算法的密钥长度相对较短,加密解密所需的计算开销、存储开销及通信开销等不大,传感器网络多使用对称密钥加密算法,如 TEA、RC5、RC6 等。非对称密码算法计算量大,对 CPU、内存等节点资源要求较高,多数非对称密码算法不能直接应用于传感器网络。目前适用的非对称密码钥技术是开销相对较低的基于椭圆曲线的密码算法(ECC)。

2) 密钥管理及访问控制

密钥管理完成了密钥自产生到分发、更新等的处理,是加密、认证等安全机制的基础。传感器网络中密钥管理还要充分考虑网络资源受限、带宽小的特点,能保证节点之间建立通信密钥的概率足够高,在部分网络节点被捕获后不会泄露其他节点的密钥。而访问控制利用密钥加密、密钥管理、认证协议,以及位置信息等确认信息来源的合法性以及保证信息的完整性,为网络提供安全准入机制,确保网络资源不被非法使用。传感器网络的访问控制大致可分为对外部节点的接入控制和对内部节点的权限管理。

3) 认证及安全路由

传感器网络主要使用密码技术对消息进行认证,其中包括了点对点的消息认证和广播认证。点对点的消息认证通过对发出节点的认证来防止欺诈信息的渗入。广播的认证则解决了传感器网络中单一节点向几个甚至众多节点发送统一消息时的认证问题。

安全路由是为了保证传感器网络在存在恶意节点的情况下,从源端到目的端的路由发现功能正常。

4) 安全数据融合及安全定位

安全数据融合要求在有效减少冗余数据传输的基础上为数据的私密性及融合结果的安全性提供有效保护。

15.2　密钥管理

以提供安全、可靠的保密通信为目标的密钥管理是传感器网络安全研究的核心基础,有效的密钥管理机制也是安全路由、安全定位、安全数据融合、数据加密等其他安全机制的前提保障。近年来,传感器网络密钥管理的研究已经取得许多进展。根据密钥功能的不同,传感器网络中的密钥可分为三类:用于单播通信的配对密钥、用于组播通信的组密钥和用于广播通信的广播密钥。不同的方案和协议,其侧重点也有所不同。

15.2.1　密钥管理协议的安全需求

设计传感器网络密钥管理协议首先需要考虑其安全需求。一些基本安全需求与传统密钥管理是一致的。如实体认证(entity authentication):确保通信的用户/节点/基站确实是其所声称的实体;数据源认证(data origin authentication):确保节点收到的数据确实是在以前的某个时间由真正的源创建的;密钥新鲜性(key freshness):确保通信双方使用的会话密钥不是一个旧密钥,或者是一个已被破译的密钥;前向安全性(forward secrecy):确保新节点不能得到其加入前网络内传输的秘密信息,确保节点被俘获后,敌手仍无法解密之前的消息;后向安全性(backward secrecy):确保节点被撤销后,敌手无法解密撤销之后的新的消息;等等。更重要的是满足传感器网络所特有的安全需求和性能指标。

(1) 高效性(efficiency):由于资源严格受限,高效性一直是设计传感网密钥管理协议的主要目标之一。协议和算法的设计要充分考虑轻型化,尽量减少开销,包括:存储复杂度,用于保存通信密钥的存储空间使用情况;计算复杂度,为生成通信密钥而必须进行的计算量情况;通信复杂度,在通信密钥生成过程中需要传送的信息量情况。另外,节点电源能量也是严格受限的,而且节点之间通信消耗的电能远大于计算操作所消耗的电能,因此要求密钥管理方案中的通信负载尽量小,要求节点在传输之前对数据进行预处理,以降低通信负载。

(2) 密钥连接性(key connectivity):节点之间直接建立通信密钥的概率。保持足够高的密钥连接概率是传感器网络发挥其应有功能的必要条件。实际应用中节点很少与距离较远的其他节点直接通信,因此并不需要保证某一节点与其他所有的节点保持安全连接,仅需确保相邻节点之间保持较高的密钥连接。

（3）攻击容忍性/抗毁性（resilience）：抵御节点受损的能力。也就是说，存储在节点的或在链路交换的信息未给其他链路暴露任何安全方面的信息。抗毁性可表示为当部分节点受损后，未受损节点的密钥被暴露的概率。抗毁性越好，意味着链路受损就越低。

（4）可扩展性（scalability）：随着传感器网络规模的扩大，密钥协商所需的计算、存储和通信开销都会随之增大，密钥管理方案和协议必须能够适应不同规模的传感器网络，理想的状态应该是与网络规模无关的。

（5）灵活性（flexibility）：传感器网络中节点容易失效或者被俘获，引起网络拓扑的不断变化，这同时也可能需要撤销受损节点，重新部署新的节点进行补充。因此，应用于传感器网络中的密钥管理协议应该能够灵活地支持节点动态的加入或退出网络。

15.2.2　密钥管理协议的分类

目前主流的传感器网络密钥管理协议通常为密钥预分配模型：节点在部署前预载一定的密钥材料；部署到预定区域后，节点间利用密钥材料协商密钥。这个模型在系统部署之前完成大部分的安全基础建立，系统运行后的密钥协商只需要简单的协议过程，所以特别适合传感器网络。根据对密钥预分配方案采用的部署结构、部署前所能获知的部署信息等策略，密钥管理协议有不同的分类方式。

（1）随机密钥预分配与确定密钥预分配

根据节点的密钥分配方法区分，传感器网络密钥管理可分为随机密钥预分配与确定性密钥预分配。在随机密钥预分配中，节点的密钥通过随机方式获取，比如从一个大密钥池里随机选取一部分密钥，或从多个密钥空间里随机选取若干个。而在确定性密钥预分配中，密钥是以确定的方式获取的。比如，使用地理信息或对称多项式等。随机密钥预分配的优点是密钥分配简便，节点的部署方式不受限制，缺点是密钥的分配具有盲目性，节点可能存储一些无用的密钥而浪费存储空间。确定性密钥预分配的优点是密钥的分配具有较强的针对性，节点的存储空间利用得较好，任意两个节点可以直接建立通信密钥；缺点是特殊的部署方式会降低灵活性，密钥协商的计算和通信开销较大。

（2）分布式密钥管理和层次式密钥管理

根据网络结构的不同，传感器网络密钥管理可分为分布式密钥管理和层次式密钥管理两类。在分布式密钥管理中，节点具有相同的通信能力和计算能力。节点密钥的协商、更新通过使用节点预分配的密钥和相互协作来完成。而在层次密钥管理中，节点被划分为若干簇，每一簇有一个能力较强的簇头（cluster head）。普通节点的密钥分配、协商、更新等都是通过簇头来完成的。分布式密钥管理的特点是密钥协商通过相邻节点的相互协作来实现，具有较好的分布特性。层次式密钥管理的特点是对普通节点的计算、存储能力要求低，但簇头的受损将导致严重的安全威胁。

（3）静态密钥管理与动态密钥管理

根据节点部署之后密钥是否更新，传感器网络密钥管理可分为静态密钥管理和动态密钥管理两类。在静态密钥管理中，节点在部署前预分配一定数量的密钥，部署后通过协商生成通信密钥,通信密钥在整个网络运行期内不考虑密钥更新和撤回。而在动态密钥管理中,密钥的分配、协商、撤回操作周期性进行。静态密钥管理的特点是通信密钥无须频繁更新,不会导致更多的计算和通信开销,但不排除受损节点继续参与网络操作。若存在被俘获的恶意节点,则可能会对网络构成安全威胁。动态密钥管理的特点是可以使节点通信密钥处于动态更新状态,攻击者很难通过俘获节点来获取实时的密钥信息。但密钥的动态分配、协商、更新和撤回操作将导致较大的通信和计算开销。

(4)对称密钥管理与非对称密钥管理

根据所使用的密码体制不同,传感器网络密钥管理可分为对称密钥管理和非对称密钥管理两类。在对称密钥管理方面,通信双方使用相同的密钥和加密算法对数据进行加密、解密,对称密钥管理具有密钥长度短,计算、通信和存储开销相对较小等特点,比较适用于传感器网络,是目前传感器网络密钥管理的主流研究方向。在非对称密钥管理方面,节点拥有不同的加密和解密密钥,一般都使用在计算意义上安全的加密算法。非对称密钥管理由于对节点的计算、存储、通信等能力要求比较高,能量消耗较大,而未广泛应用于传感网设计中。但随着公钥算法效率的改进和节点性能的不断提高,一些研究表明,非对称加密算法经过优化后能适用于传感器网络。而且从安全的角度来看,非对称密码体制的安全强度在计算意义上要远高于对称密码体制。

15.2.3 对称密钥管理

由于传感器节点资源严格受限等特点,高效率、低能耗是设计密钥管理协议的主要目标之一。因此密钥长度较短,计算、通信和存储开销相对较小的对称密钥管理协议,一直是传感器网络密钥管理的主流研究方向。选择不同的密钥体制将会直接影响到传感器节点的寿命。基于非对称密码体制的方案(如 RSA、DSA、Diffie-Hellma 协议)在传感器节点的硬件水平上运行都可能导致节点无法承受的能耗;而对称加密算法(如 DES、RC5 等)则只涉及简单的哈希、置乱等操作,可以实现高效的硬件或软件运行。现有的大部分方案都是基于对称密码体制的。

最简单的方案是基于全局密钥(global key)[33]的方式。其基本思想是网络中所有的传感器节点共享一个相同的密钥,节点间的密钥协商和认证都依靠该密钥来完成。这类协议最大的优点在于能耗和存储开销小、实现简单。其缺点是安全性差,网络中所有传感器节点间会话密钥的生成以及节点身份的验证都依赖于全局密钥,显然单个节点被俘获将会导致整个网络的不安全,存在单点失效问题;全局密钥的更新问题也难以解决。

利用传感器网络中的基站,研究学者提出了基于密钥分配中心(key distribution center,KDC)的方案。其基本思想是传感器节点间用于通信的会话密钥由基站作为密钥分配中心来负责生成。基站与网络中的每个节点都共享一个唯一的密钥并对所有的共享密钥进行存储。当传感器节点间需要进行通信时,首先要向密钥分配中心发送请求,此时密钥分配中心将为需要进行通信的传感器节点生成一个会话密钥,并用它与节点间共享的密钥加密该会话密钥发送给相应的节点。然后传感器节点再分别解密信息获取它们之间用于通信的会话密钥。显然,这类协议的优点是实现简单且传感器节点的计算开销和存储需求都较低,部分传感器节点被俘获后对整个剩余网络的安全造成的影响较小。缺点是网络通信依赖于基站,若基站被破坏则整个传感器网络即被攻破;同时网络的可扩展性较差,基站的通信、存储开销会随着网络规模的增加而成为瓶颈;通过流量分析很容易检测到基站的位置,遭受敌手有针对性的攻击;基站附近的节点也会由于承担很大的数据流量而很快耗尽资源;这类方案并不实用。

传感器网络在部署之前一般是无法预先知道有关网络部署知识的,因此研究学者提出了基于预分配方式的密钥管理协议来解决该问题。其基本思想是在传感器网络部署之前,预先在所有传感器节点上存储一定数量的密钥或密钥信息,然后在部署后利用预载的信息生成所需的密钥。最简单的预分配方案类似于全局密钥方案,即预先在所有的传感器节点中都存储(共享)一个相同的密钥,网络部署后传感器节点间的通信采用该密钥进行加密。该方案实现简单但安全性差。为了增强网络的安全性提出了另一种极端的协议,基于对密钥(pairwise key)的方式,即预先在每个传感器节点中存储该节点与网络中所有其他节点之间的配对密钥,以实现网络中任意两个传感器节点之间的安全通信。但是,该方案的缺点是节点存储代价太大,且扩展性不好,并不实用。

对称密钥管理机制绝大部分都是采用密钥预分配的方法,密钥预分配方案又可以分为随机密钥预分配、确定密钥预分配和基于部署信息的密钥预分配等几类。

15.2.3.1　随机密钥预分配

随机密钥预分配方式最典型的方案是由 Eschenauer 和 Gligor 提出的随机密钥预分配方案(或称为 E-G 方案)[1]。E-G 方案的主要思想是网络中的任何节点都从较大的密钥池中随机选取一部分密钥,只要两个节点能以某一概率拥有一对相同密钥就可以建立安全通道,并通过简单的节点间共享密钥发现方法来实现密钥的生成、选择分发、撤销,从而在不需要充足的计算和通信能力前提下实现节点密钥的重置等过程。E-G 方案可根据随机图理论来控制节点间共享密钥的概率性和整个网络的安全连通。E-G 方案由三个阶段实现。

(1) 密钥预分配阶段(key pre-distribution phase)。部署前,由部署服务器生成一个密钥总数为 $|S|$ 的密钥池 KP,并为每一个密钥分配密钥标识;每一个节点从密钥池里随机选取 $k(k \ll |S|)$ 个不同的密钥,组成该节点的密钥环(key ring)。这种随机预分配方式使得任意两个节点能够以一定的概率存在着共享密钥。

(2) 共享密钥发现阶段(shared-key discovery phase)。随机部署后,两个相邻节点若存在共享密钥,就随机选取其中的一个作为双方的配对密钥(pair-wise key),这两个节点就可以利用该共享密钥进行安全通信了。密钥发现可以通过节点广播其密钥环中的密钥标识等方式实现。

(3) 密钥路径建立阶段(path-key establishment phase)。当节点之间不存在直接的共享密钥时,则进入路径密钥建立阶段,此节点就要通过有共享密钥的相邻节点逐跳地通过共享密钥,建立起从源到目标的多跳安全通信(每跳一个密钥)。

E-G 方案在以下几个方面满足和符合传感器网络的特点:首先,节点仅存储少量密钥就可以使网络获得较高的安全连通概率。其次,密钥预分配时不需要节点的任何先验信息,如节点的位置信息、连通关系等。另外,部署后节点间进行自组织的密钥协商,无须基站的参与,且直接密钥建立通信开销较小,使得密钥管理具有良好的分布特性。

但是,E-G 方案还存在一些问题。首先,路径密钥建立带来很大的通信代价;其次,攻击容忍性较差,节点被俘获后影响其他节点的安全,导致整个网络安全性迅速恶化;再次,该方案不具有认证性,同一个密钥可能由多个节点所共享;另外,该方案只能提供一定的网络连通度 P 和直接密钥概率 Pr;最后,无法抵御节点复制攻击、女巫攻击等。

E-G 方案的密钥随机预分配思想为传感器网络密钥预分配策略提供了一种可行的思路,后续许多方案和协议都在此框架基础上进行扩展,分别从共享密钥阈值、密钥池结构、密钥预分配策略、路径密钥建立方法等方面来提高随机密钥预分配方案的性能。

在 Chan 等学者提出的 q-composite 随机密钥预分配方案[2]中,节点从密钥总数为 $|S|$ 的密钥池里预随机选取 m 个不同的密钥,部署后两个相邻节点至少需要共享 q 个密钥才能直接建立配对密钥。若共享的密钥数为 $t(t \geqslant q)$,则可使用单向散列函数建立配对密钥 $K = \text{hash}(k^1 \parallel k^2 \parallel \cdots \parallel k^t)$(密钥序列号事先约定)。

随着共享密钥阈值的增大,攻击者能够破坏安全链路的难度呈指数增大,但同时对节点的存储空间需求也增大。当网络中的受损节点数量较少时,q-composite 方案的攻击容忍性比 E-G 方案要好,但随着受损节点数量的增多,该方案变得比较差。因此,阈值 q 的选取是该方案需要权衡节点存储能力、安全需求和具体安全环境等各方面因素,着重考虑的一个难题。此外,该方案同样缺乏认证性。

为解决认证性问题,Chan 等也提出了 RPK 方案[2],改进了密钥预分配策略,避免多个节点之间共享同一个密钥。其主要思想是,部署服务器建立密钥池 KP,对于每一个节点 N_i,选取不重复的密钥 K_{ij} 作为该节点与其预期邻居节点 N_j 间的共享密钥。节点预载邻居节点标识及相应的共享密钥列表。该方案具有以下几个优点:具有较好的攻击容忍性,节点间共享密钥是相互独立的,节点被俘获后不会影响其他节点的安全;提供了认证性,任意两节点间的配对密钥是唯一的;直接密钥建立无需通信。但是,该方案的扩展性较差。新节点加入后,网络中原有节点无法得知与新节点间的共享密钥;若要通知原有节点,则节点需要预留存储空间。密钥池大小也有限,还需要考虑密钥撤销等问题,使得网络规模存在上限。

15.2.3.2 确定密钥预分配

在基于随机图论的随机密钥预分配方案中,相邻节点只能以一定的概率建立密钥连接,可能会导致信息孤岛的存在,这在某些应用中是必须避免的。确定密钥预分配方案不是利用随机图,而是利用强正则图、完全图或者 k 维网格(栅格)来为任意两个节点建立配对密钥。

Liu 等学者提出了基于栅格的密钥预分配方案(grid-based key predistribution,GBKP)[3]。部署前,部署服务器生成 $2m$ 个多项式,栅格的每一行、每一列分别对应一个唯一的多项式。部署服务器把节点逐一对应于各栅格的汇合点,并把对应的多项式共享和标识符配置给该节点。部署后,同一行或列的节点可以直接建立配对密钥,不同行列的节点通过中间节点建立密钥路径,如图 15-2(a)所示。

Chan 等学者提出了 PIKE(peer intermediaries for key establishment)方案[4],节点按照栅格的行列号编号。部署前,每一节点都与同一行列共用 $2(\sqrt{n}-1)$ 个其他节点建立配对密钥,然后节点按照序列号顺序进行部署。部署后,同一行或列的节点直接拥有配对密钥,不同行列的节点则通过公共行列的节点建立密钥路径,如图 15-2(b)所示。

GBKP 方案和 PIKE 方案都能确保任意两个节点能够建立配对密钥,与节点密度无关,且能够显著降低节点的通信和存储开销。但其缺点是部署方式固定,不够灵活,中间节点的受损会影响整个网络的安全。

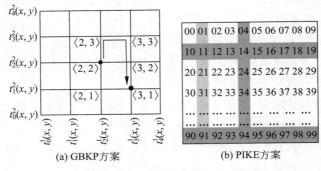

(a) GBKP方案　　　　(b) PIKE方案

图 15-2　基于栅格的密钥预分配方案

Camtepe 等学者[5]将组合论用于确定性密钥管理方案的设计,给出了对称 BIBD 和广义四边形的密钥预分配方案,以及混合密钥预分配方案,得到了比 E-G 方案更高的密钥连通概率和更短的平均路径长度。Ruj 等学者[6]提出了两种基于部分组合理论设计的密钥预分配方案,每对节点间可以建立直接共享密钥,从而降低了通信负载,提高了通信速度和有效性。

确定密钥预分配方案中节点密钥是以确定的方式获得的,密钥分配针对性强,节点存储空间利用较好,网络连通度可为 1,但是特殊的部署方式会降低灵活性,密钥协商的计算和通信开销也可能较大。

15.2.3.3　基于部署信息的密钥预分配方案

在一些特殊的应用中,节点的位置信息或部署信息可以预先大概估计并用于密钥管理。Liu 等学者建立了适用于静态传感器网络的基于地理信息的最靠近配对密钥方案,简称 CPKS(closest pairwise keys scheme)方案[7]。部署前,每个节点随机与最靠近自己期望位置的 c 个节点建立配对密钥。例如,对于节点 A 的邻居节点 B,部署服务器随机生成配对密钥 k_{AB},然后把 (B, k_{BA}) 和 (A, k_{AB}) 分别分配给 A 和 B。部署后,相邻节点通过交换节点标识符确定双方是否存在配对密钥。

CPKS 方案的优点是,每个节点仅与有限个相邻节点建立配对密钥,网络规模不受限制;配对密钥与位置信息绑定,任何节点的受损不会影响其他节点的安全。但缺点是密钥连通概率的提高仅能通过预先为节点分配更多的配对密钥来实现,对存储空间有较高的要求。

针对上述问题,Liu 等学者进一步提出了使用基于地理信息的对称二元多项式随机密钥预分配方案,简称 LBKP(location-based key predistribution)方案[8]。该方案把部署目标区域划分为若干个大小一致的正方形区域(cell)。部署前,部署服务器生成与区域数量相等的对称 t 阶二元多项式,并为每一区域指定唯一的二元多项式。对于每一节点,根据其期望位置来确定其所处区域,部署服务器把与该区域相邻的上、下、左、右 4 个区域以及节点所在的区域共 5 个二元多项式共享载入该节点。部署后,两个节点若共享至少 1 个二元多项式就可以直接建立配对密钥,如图 15-3 所示。该方案通过调整区域的大小来解决 CPKS 方案存在的连通概率受限的问题。与 E-G 方案和 q-composite 方案,甚至 Blundo 方案相比,LBKP 方案的抗毁性明显提高,但缺点是计算和通信开销过大。

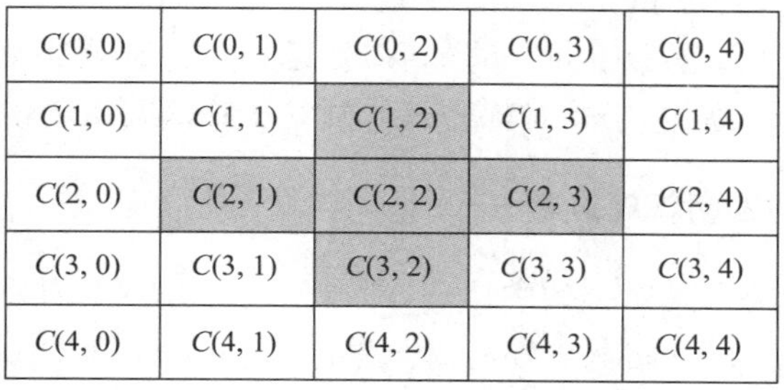

$C(0,0)$	$C(0,1)$	$C(0,2)$	$C(0,3)$	$C(0,4)$
$C(1,0)$	$C(1,1)$	$C(1,2)$	$C(1,3)$	$C(1,4)$
$C(2,0)$	$C(2,1)$	$C(2,2)$	$C(2,3)$	$C(2,4)$
$C(3,0)$	$C(3,1)$	$C(3,2)$	$C(3,3)$	$C(3,4)$
$C(4,0)$	$C(4,1)$	$C(4,2)$	$C(4,3)$	$C(4,4)$

图 15-3 LBKP 方案中的部署区域

15.2.4 非对称密钥管理

虽然传感器网络对称密钥管理协议的研究一直占据主流,但是由于对称密码体制本身的局限性,导致现有方案在攻击容忍性、灵活性和直接密钥概率等安全目标和性能要求的实现上始终不尽如人意。首先,基于对称密码体制的方案无法提供点到点的安全连接,只能提供一定的直接密钥概率,而且路径密钥的建立造成很大的通信负担;其次,节点被俘获后,影响其他未被俘获节点甚至整个网络的安全,攻击容忍性差;再次,大多基于对称密码体制的方案不能提供实体认证性。

基于非对称密码体制的密钥管理方案具备许多良好的特性,如不需要复杂的预分配、能够提供实体认证、直接密钥概率可达到 1、具备较高的灵活性,尤其是其攻击容忍性很好,某个私钥的泄露不会对其他的密钥对造成任何影响,但由于对节点计算、通信等能力要求较高而未广泛应用于传感网中。随着公钥算法效率的改进,尤其是椭圆曲线密码体制(ECC)的广泛应用,基于非对称密码体制的传感网密钥管理方案得到了越来越多的学者的关注。

将非对称密码体制应用于传感器网络的关键在于如何高效的实现公钥算法。一种思路是选取特别的参数,如在 2004 年,Watro 等学者提出的 TinyPK 方案[9],他们通过实验研究指出:通过精心设计,可以在传感器网络中广泛采用 RSA 公钥体制和 Diffie-Hellman 密钥协商技术。其中 RSA 公钥选为 $e=3$,并采用合适的填充算法避免可能带来的小指数攻击;D-H 密钥交换底数选为 $g=2$ 以简化指数操作。另一个思路是采用定制的硬件。Gaubatz 等学者[10]在不超过 3000 个门电路的 ASIC 硬件下实现了 NTRU 加密算法,电源功率的平均消耗小于 20 μW,这样的核心硬件也可以嵌入到传感器节点中。因此,只要采用正确算法,选择合适参数,优化算法和设计低功耗技术,就可以将特定的公钥算法应用到传感器网络中。

2004 年, Malan 等学者首次将椭圆曲线密码体制应用到传感器网络中, 提出了在 TinyOS 上基于 ECC 的密钥协商协议[11], 并通过在 8 位 7.3823 MHz 的 Mica2 节点上的实验证明了公钥密码方案在传感器网络中应用的可行性。在 Mica2 节点上执行基于椭圆曲线的密钥协商生成一个私钥和公钥对, 公钥生成的平均时间仅为几秒钟, 在更高端的 iMote 节点上只需几十毫秒。ECC 的优势在于可以使用比 RSA 短得多的密钥得到相同的安全性, 163 位 ECC 与 1024 位 RSA 安全性相当。对大数运算采用更好的算法, 可以明显地提高效率。

2008 年, Liu 等学者[12]提供了开源的 TinyECC 椭圆曲线密码库。同年, Oliveira 等学者[13]实现了 ATmegal128L 平台上高效的 pairing 运算。随着公钥算法效率的不断改进和传感器节点性能的不断提高, 基于非对称密码体制的传感器网络密钥管理方案是可行的。

15.2.4.1　基于 CBC 的密钥管理方案

非对称密码体制的关键是对公钥的认证, 即在使用对方节点的公钥加密时, 必须要先对其公钥进行认证, 以防止中间人攻击。传统的公钥认证通过基于证书的密码系统 (certificate-based cryptography, CBC) 为用户签发公钥证书, 显然传感器网络不支持 PKI 这样的固定设施, 也无法提供证书下载及证书状态查询等服务。节点间可通过直接传送自己的证书来进行身份验证, 但证书的传输势必会导致极大的通信负担, 证书的存储也会占用较大的存储空间。

2005 年, Du 等学者[14]提出了基于 Merkle 树[15]的公钥认证机制, 利用高效的对称密码技术模拟实现公钥认证, 如图 15-4 所示。在 Merkle 树上, 每一个叶子节点是传感器节点的 ID 及其公钥的哈希, 即 $H_i = P_i = \text{hash}(\text{id}_i, \text{pk}_i)$, 其中 $i = 1, 2, \cdots, N$; 每个中间节点是其孩子节点的级联的哈希, 即 $H_{i,j} = \text{hash}(H_i \parallel H_j)$。

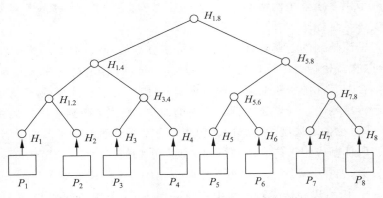

图 15-4　基于 Merkle 树的公钥认证机制

利用 Merkle 树的公钥认证机制有以下几个优点: 计算效率高, 只涉及简单的哈希运算; 存储空间占用小, 节点证书 (即 witness), 长度仅为一个散列值; 带宽开销小, 证书传输只需传输一个散列值。但是该方案仍存在一些尚未解决的问题: 首先, 节点部署前需要预知整个网络的信息, 以构建 Merkle 树; 其次, Merkle 树构建成功后很难再灵活变动, 致使节点的加入和离开成为难题;再次,虽然证书长度显著变短,节点间通信仍需传输公钥,通信负载仍然较重。

15.2.4.2 基于 IBC 的密钥管理方案

与传统的基于 CBC 的密钥管理方案相比,基于身份的密码系统(identity-based cryptography, IBC)主要优点在于:节点的公钥具有自认证性,公钥即是证书,可以由公开信息直接推导获得而无须对公钥进行认证,从而避免了证书验证及传输,极大地降低了计算复杂度,节约了存储开销和通信负载;传感网中的节点是在网络覆盖范围内投放的感知器,可以看作对密钥生成服务器是信任的,因此不用考虑密钥托管问题。基于身份的密码体制被认为比较适用于传感器网络。

2006 年,Zhang 等学者提出了一种适用于静态传感网的基于 IBC 的节点身份与地理信息相结合的密钥管理方案[16]。部署前,节点预载系统参数和初始私钥 IK;部署后,节点通过定位算法获取其位置,计算其位置私钥 LK;相邻节点间通过位置密钥相互认证;最终建立配对密钥。方案中巧妙地利用位置密钥将节点标识和位置信息绑定,避免了传统公钥方案的证书验证和传输问题,节点只需存储一些公开参数和自己的密钥,存储空间要求小,密钥建立协议涉及的通信开销也较小。方案具有很强的攻击容忍能力,任何节点的受损都不会暴露其他节点的机密信息,能够抵御女巫攻击、节点复制攻击及虫洞攻击等。另一方面,该方案在初始化阶段同样为节点分配了初始密钥,若初始密钥暴露,则全网安全信息暴露,同时,没有任何前向安全性保证,密钥缺乏新鲜性保证。方案还不支持节点的动态移动,且节点需要进行 pairing 和 map-to-point 等昂贵的运算,对节点资源的使用需求仍然较高,制约了其应用范围。

2009 年,Xue 等学者[17]在上述方案的基础上提出了改进的 IBC 密钥管理方案,其位置信息的形式有所不同。2011 年,Duan 等学者[18]针对上述方案中存在的效率有待改进、不具备前向安全性、不能抵抗密钥泄露伪造攻击等缺陷提出了一种新的密钥管理方案,不需要任何 pairing 或 map-to-point 哈希等昂贵的运算,提高了计算效率。

15.2.4.3 异构传感器网络的密钥管理

随着传感网的发展和广泛应用,由多种不同类型的传感器节点构成的异构传感器网络(heterogeneous sensor networks, HSN)逐渐成为研究的热门课题。Traynor 等学者[24]的研究表明:在存在少量高能力节点的传感网中,进行具有概率特性的非均匀密钥分配,不但可以提供与同构传感网相同的安全等级,而且可以提高密钥连通性,延长网络生命周期,减少由于节点被俘获所带来的负面影响。由于高端节点的存在,基于公钥密码体制在 HSN 密钥管理方面有着更大的应用空间,在高端节点之间采用基于公钥密码体制的认证和密钥协商能达到更好的安全连通性和攻击容忍性。2007 年,Du 等学者[25]采用 ECC 设计了一种路由驱动的 HSN 密钥管理方案,通过与路由功能相结合实现了只为节点分配与可能通信节点之间的密钥,避免任意两个节点都建立密钥而引起的存储和安全性问题。

15.3　认证及完整性保护

为防止攻击者向网络注入伪造或错误的信息，传感器节点收到数据后要对数据的来源、准确性和完整性等方面进行认证，以确保收到的是安全的数据包。根据通信方式的不同，传感器网络中的认证包括广播认证和单播认证。在传感器网络中，广播被广泛应用于数据查询、路由发现、时钟同步、软件更新等操作，广播认证主要是解决单个节点向一组节点或所有节点发送同一消息时的认证问题。

单播认证及其完整性保护只需要收发节点之间共享一对认证密钥即可实现。通常的做法是利用消息认证码 $MAC = h(M \parallel K)$，式中 $h(*)$ 为单向哈希函数。与单播认证不同，广播认证需要使用一个全网共享的密钥完成，接收节点使用这一密钥对广播包进行认证，但这种方法的安全度很低，因为该广播密钥一旦泄漏，整个网络将会受到严重的安全威胁，密钥更新也很困难。因此，要实现广播数据的安全认证，需要一套更为有效的机制。

广播认证是一个单向的认证过程，与对称密码体制相比，非对称密码体制更适合。一度被认为不适用于传感器网络的公钥密码体制在经过优化后已能适用于传感器网络，并有了基于非对称密码体制的广播认证方案。

15.3.1　基于对称密码体制的广播认证方案

Internet 的广播认证多数都采用非对称密码体制的数字签名技术，例如 Gennar 和 Rohatgi 等学者[20]提出基于 Lamport 一次签名[21]的广播签名机制等。但由于公钥密码体制复杂、耗费资源等原因，导致传感器网络广播认证的研究主要集中于基于对称密钥的认证机制。Adrian Perrig 等学者对最初应用于 Internet 的广播认证协议 TESLA[22]进行了改进，提出了基于对称密钥机制的广播认证协议 μTESLA[23]。Liu 等学者在此基础上提出了多级 μTESLA 协议[26]，进一步对扩展性和抵御 DoS 攻击进行了改进。基于对称密钥的广播认证方案主要是 μTESLA 及其改进方案。

15.3.1.1　μTESLA 广播认证协议

TESLA 协议最初是为组播流认证设计，用于在 Internet 上进行广播、电视等单向连续媒体流传输或者卫星信道数据传输等应用领域。TESLA 协议的认证广播过程使用的是对称密钥算法，这样大大降低了认证广播的计算强度，提高了广播认证速度。但是，TESLA 协议直接用到传感器网络还有如下的问题：(1)虽然 TESLA 发送认证广播包的过程不需要签名算法完成认证，但是在进行认证广播初始化时，需要进行一次非对称签名过程，这在传感器节点中是难以实现的；(2)原始的 TESLA 协议要求每个数据包中增加约 24 字节的消息认证码 MAC，消耗有限的网络带宽；(3)单向密钥链需要较大的存储空间，无法放在无线传感器节点中；(4)TESLA 每包都进行一次密钥公布过程，这对于广播比较频繁的应用来说开销比较大。

针对 TESLA 协议的不足，Adrian Perrig 等人提出了微型基于时间的高效的容忍丢包的流认证协议 μTESLA。μTESLA 广播认证协议是以 TESLA 协议为基础，对密钥更新过程、初始认证过程进行了改进,适用于传感器网络。

认证广播协议的安全条件是"没有攻击者可以伪造正确的广播数据包"。认证本身不能防止恶意节点制造错误的数据包来干扰系统的运行,只保证正确的数据包一定是由授权的节点发送出来的。μTESLA 协议就是依据这个安全条件设计的。

μTESLA 协议的主要思想是先广播一个通过密钥 K_{mac} 认证的数据包,然后公布密钥 K_{mac}。这样就保证了在密钥 K_{mac} 公布之前,没有人能够得到认证密钥的任何信息,也就没有办法在广播包正确认证之前伪造出正确的广播数据包。这样的协议过程恰好满足流认证广播的安全条件。

sink 首先使用单向哈希函数 H 生成一个单向密钥链 $\{K_0, K_1, \cdots, K_n\}$,其中,$K_i = H(K_{i+1})$,由 K_{i+1} 很容易计算得到 K_i,而由 K_i 则无法计算得到 K_{i+1}。网络运行时间分为若干个时隙(slot),在每一时隙使用密钥链里对应的一个密钥。在第 i 个时间槽里,sink 发送认证数据包,然后延迟一个时间 δ 后公布密钥 K_i。节点接收到该数据包后首先保存在缓冲区里,并等待接收到最新公布的密钥 K_i,然后使用其目前保存的密钥 K_v,并使用 $K_v = H^{i-v}(K_i)$ 来验证密钥 K_i 是否合法。若合法,则使用 K_i 认证缓冲区里的数据包。μTESLA 的工作过程如图 15-5 所示,其中给出了基站连续 4 个时隙发送广播包 $P_1 \sim P_7$,以及公布密钥 $K_0 \sim K_4$ 的过程。

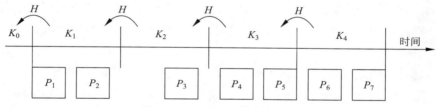

图 15-5 μTESLA 单向密钥链

μTESLA 的主要特点包括:(1)采用全网共享密钥生成算法,没使用密钥池,而真正的密钥池只在基站中存放;(2)全网共享的是密钥生成算法,密钥发布包采用明文,为防止敌方在掌握前两者之后推出新的认证密钥,引入了单向散列函数来生成密钥;(3)引入密钥链机制,单项密钥生成算法的迭代运算解决了密钥发布包的丢失问题;(4)周期性公布认证密钥的设计对于全网的时间同步性提出了要求;(5)未认证的数据包在接收到正确认证密钥之前必须保存在节点的缓存内。

μTESLA 协议也存在不足之处:(1)需要基站与节点间实现时间同步;(2)密钥延时公开,不适用需要即时认证的应用场景,如随机发生的火灾报警事件,一旦发生需要立即进行广播和认证;(3)无法保证机密性,一旦密钥延时公开,任何人都可以解密消息;(4)哈希链需要定时更新会造成很大的通信负载,甚至可能导致系统崩溃;(5)并没有考虑 DoS 攻击的问题,恶意节点广播错误的数据包,节点会将这些数据包保存起来等待密钥公布后验证,这将耗尽节点资源。

15.3.1.2 μTESLA 类协议扩展

针对 μTESLA 协议的不足之处,后继学者提出了一系列的 μTESLA 扩展协议,如分层

μTESLA 协议、多基站分层 μTESLA 协议等。

1) 分层 μTESLA 协议

对于大规模网络而言，源端认证的广播协议初始化会耗费非常大的网络资源。D. Liu 和 P. Ning 提出一种改进的 μTESLA 协议——分层 μTESLA[26]。

分层 μTESLA 的基本思想是：不再采用基于单播的方式传输 μTESLA 需要的初始参数，而是预先确定和广播 μTESLA 所需要的初始参数，使节点在部署以前，所有节点都已知网络的密钥链使用约定和相关参数（如密钥公布间隔等）；将认证分成多层，高层密钥链分发和认证低层密钥链，而低层密钥链认证广播数据包；另外，使用冗余传输机制和随机选择策略来完成密钥链发布任务，以提高网络对包丢失的容忍度和抗击 DoS 攻击能力。

虽然分层 μTESLA 克服了 μTESLA 存在的一些问题，提供了一些好的特性，但是它占用了更多的内存和计算资源，实现的复杂性高，也限制了实际应用。

2) 多基站分层 μTESLA 协议

分布式传感器网络往往是多基站的，单基站的广播认证协议不能满足要求，并且存在单点失效、易遭受 DoS 攻击等问题。多基站分层 μTESLA 协议[27]是在分层 μTESLA 协议的基础上提出的，能够更好地适应分布式传感器网络应用环境。该协议引入门限密码的思想，将认证密钥拆分成密钥影子，并分配给各个基站，传感器节点利用基站广播的密钥影子重构认证密钥，并认证广播信息。

假设传感器网络有 n 个基站，门限值为 $t,t<n$。将预先生成的高层次密钥 $K_0,K_1,\cdots,K_{n_0}$ 和底层密钥 $K_{i,j}(1<i<n_0,1<j<n_1)$，按照相应的算法，如基于多项式的 Lagrange 插值公式，分别拆成 n 个密钥影子，存储在传感器网络的 n 个基站上。当一个基站发送消息时，使用自己保存的密钥影子生成该消息的 MAC。而传感器节点需要接收到该时间间隔内的 t 个不同的密钥影子，便可以恢复密钥，然后再对此 MAC 进行验证。这在一定程度上提高了分层 μTESLA 协议容忍 DoS 攻击的能力。

15.3.2 基于非对称密码体制的认证方案研究

基于非对称密码体制的广播认证可以解决 μTESLA 类协议固有的问题，如需要时间同步、缺乏机密性、不能即时认证等。但是，在传感器网络中基于非对称密码体制的广播认证必须设计高效的签名算法，并解决证书存储问题，避免证书传输带来的通信负载。基于 Bloom Filter 的认证方案利用 Bloom Filter 提高公钥的存储效率，利用 ECC 对消息签名，方案的通信、计算开销小，安全性好。为支持更多的网络用户，进一步在该方案基础上结合 Merkle Hash Tree 技术提出综合认证方案，综合认证方案可在通信和存储开销上权衡，方案的计算开销小。

15.3.2.1 基于 Bloom Filter 的认证方案

Bloom Filter 是一种空间效率很高的随机数据结构，利用位数组很简洁地标识一个集合,判断一个元素是否属于该集合。基于 Bloom Filter 的认证方案(Bloom filter based Authentication Scheme,BAS)利用 Bloom Filter 存储公钥,极大地节约了节点的存储空间。公钥认证通过 Bloom Filter 的元素查询即可完成,由于只进行单向哈希函数运算,所需的计算开销也很小。其原理如图 15-6 所示。

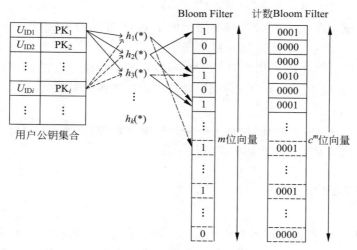

图 15-6 Bloom Filter 原理

基站为网络中所有节点生成公钥,建立公钥集合 $S = \{\langle U_{ID1}, PK_1 \rangle, \langle U_{ID2}, PK_2 \rangle, \cdots, \langle U_{IDi}, PK_i \rangle, \cdots\}$,其中 $|S| = N$,N 为节点总数。初始状态时,Bloom Filter 是一个包含 m 位的位数组 $\vec{v} = v_0, v_1, \cdots, v_{m-1}$,每一位都置为 0。为了表达证书集合 S,Bloom Filter 使用 k 个相互独立的哈希函数 $h_1(*), h_2(*), \cdots, h_k(*)$,分别将集合中的每个元素映射到 $\{1, 2, \cdots, m\}$ 的范围中。对任意一个元素 x,第 i 个哈希函数映射的位置 $h_l(x)$ $(1 \leqslant l \leqslant k)$ 就会被置为 1:

$$v_i = \begin{cases} 1, & \exists l \in [1,k], j \in [1,N], \quad \text{s.t.} \quad h_l(U_{ID_j} \| PK_j) = i \\ 0, & \text{其他} \end{cases} \tag{15-1}$$

注:如果一个位置多次被置为 1,那么只有第一次会起作用,后面几次将没有任何效果。

节点只需预载位数组 $\vec{v}$,以及哈希函数组 $h_1(*), h_2(*), \cdots, h_k(*)$。在判断某个公钥 $P = \langle U_{IDi}, PK_i \rangle$ 是否属于这个集合时,对该证书 P 应用 k 次哈希函数,如果 Bloom Filter 中所有 $h_l(P)$ $(1 \leqslant l \leqslant k)$ 的位置都是 1,就认为 P 是集合中的元素,否则认为 P 不是集合中的元素。

Bloom Filter 的这种高效是有一定代价的,它存在一定概率的误判:在判断一个元素是否属于某个集合时,有可能会把不属于这个集合的元素误认为属于这个集合。因此,该方案只适合于能够容忍低误报率的应用场景,通过极少的错误来换取存储空间的极大节省。

15.3.2.2 基于 Merkle Hash Tree 的综合认证方案

在给定存储限制和可容忍的错误定位率时,最大可支持用户数目就基本确定了。例如,在 $f_{req} = 6.36 \times 10^{-20}$,存储限制为 4.9 KB 时,BAS 最大可支持用户数目为 434。因此必要时需要采用新的技术使得网络可支持更多的用户。基于 Merkle Hash Tree 的综合认证方案（Hybrid Authentication Scheme，HAS)引入 Merkle 哈希树来实现该目标。

首先，基站为网络中所有节点生成公钥，建立 Merkle 哈希树。其中每个叶子节点对应网络中的一个用户，包括用户 ID 和它的公钥的连接，即 $h(U_{Id_i} \parallel PK_i)$；内部节点的值由其两个子节点的值连接哈希得到。然后，基站将 Merkle 树分成一些大小相等的子树。每棵小哈希树的根节点构成集合 S。最后，基站按照类似于 BAS 方案的方法建立一个 Bloom Filter $\vec{v}$，不同的是集合 S 中的元素是各个小 Merkle 树的根节点。

每个传感器节点都预载 $\vec{v}$，以及自己所在小哈希树中对应位置的认证路径。在认证公钥时分为两步：首先利用消息中的认证路径计算出对应子树的根节点值 h，然后检测 h 是不是属于 Bloom Filter $\vec{v}$。

HAS 方案与 BAS 方案相比，增加了一定的通信负载（需要传输节点的认证路径），但是可以显著增加传感器网络可以支持的最大用户数。

15.4　入侵检测

在传感器网络中，仅仅使用密钥管理、认证等被动的防范措施，并不能消除攻击，缺乏对入侵的自适应能力。入侵检测可以发现、分析和汇报未授权或者毁坏网络的活动，作为安全防护机制的合理补充，降低攻击可能给系统造成的破坏，收集证据甚至进行反入侵，构筑传感器网络安全的第二道安全防线。

传统有线网络环境下的入侵检测技术已经相当成熟，但无法直接应用到传感器网络环境中，这是因为：(1)有线网络的入侵检测系统依赖网关对实时业务流进行分析，而传感器网络没有类似网关这样适合部署检测算法的设备，需要直接部署到节点上；(2)节点资源严格受限，入侵检测机制的引入所面临的最大问题就是能耗问题；(3)传感器网络通信链路本身就具有低速率、有限带宽、高误码等特征，容易导致入侵检测系统频繁误报警。传感器网络必须在已有的入侵检测技术上建立新的适应于自身特点的入侵检测系统框架和算法。

15.4.1　入侵检测体系

目前提出的传感器网络入侵检测体系结构可以分为如下几种类型。

1) 分治而立

分治而立（Standalone IDS）的入侵检测体系结构多见于早期的研究实践中，在所有节点或者某些关键节点中部署 IDS 模块，每个 IDS 模块独立检测入侵，节点间的 IDS 模块没有相互协作，并且各个节点 IDS 模块监测入侵所采取的方法可以不同。例如，Onat 等人[28]提出针对资源耗尽攻击的入侵检测方案，在每个节点上都设置检测系统并建立一个数据缓冲区，把邻居节点发送来的数据包记录下来，并通过与数据的上下限值[min,max]比较，判断是否是恶意节点，若是则通知基站。

按照分治而立的体系结构部署 IDS 系统虽然实现起来比较简单，但是缺点也显而易见：每个节点独立检测入侵而不与其他节点协作的特性决定了对影响整个网络的入侵检测会比较迟钝甚至不能检测出来,并且节点独立进行检测可能产生冗余,所带来的能耗也会使网络的生命周期缩短。

2)对等合作

在对等合作的入侵检测体系结构中,每个节点都只有一部分监测数据,但它们通过相互协作检测入侵。例如,在 Zhang 等学者提出的 MWNIDS 方案[29]中,每个节点都安装本地 IDS 模块,检测包括本地辐射范围内的通信、用户以及系统行为;同时在邻近节点间进行联合检测。这种方法既可以检测单个的入侵行为,也可以检测多个分散点的协作入侵,并且还可以防止节点处于"孤岛"的境地。但是与分治而立的结构相比,协作的节点间需要信息交互,增加了额外的通信开销。

3)分级结构

分级式入侵检测体系结构将节点按功能进行层次划分,处于底层的传感器节点负责最基本的数据感应和采集任务,中间的协调层负责将底层节点采集到的数据进行汇聚和分离,最高层担负着数据分析和入侵检测等工作。这种结构更好地提高准确性并减少开销。典型的如 Ngai 提出的基于簇的入侵检测体系结构[30],它的基本思想是由普通节点采集数据并发送至簇头,簇头提取关键信息并上报给基站,基站再根据收到的信息判断是否有入侵行为。在协作时只需要簇头节点间进行信息交换,而且也不需要每个节点都运行 IDS 模块,与对等合作的体系结构相比大大减少了通信开销和计算开销。

4)移动代理

由于资源受限的特性,在每个节点上都运行 IDS 模块代价较大。而且由于传感器网络通常是高密度冗余部署,让每个节点都参与分析邻居节点的数据也会造成资源的浪费。合理地利用分布式的移动代理来执行入侵检测任务是一个不错的选择。

15.4.2 入侵检测方法

根据检测方法的不同,典型的入侵检测可以分为以下几种类型。

(1)异常检测(anomaly detection):利用预先建立好的用户和系统的正常行为模式,来检测实际发生的用户或系统的行为是否偏离正常行为模式,若偏离超过某个阈值则判定为发生入侵。异常检测的难点在于异常模型建立,但是入侵活动并不一定就是异常活动,因此容易误报、漏报。

(2)误用检测(misuse detection):即基于特征检测,系统保存所有受到攻击的模式,并利用已知的攻击特征来匹配从实际数据流中提取出的特征,若匹配则判定为发生入侵。误用检测只能检测已知攻击,需要不断更新特征库,并且容易漏报。

(3)基于规范的检测(specification-based detection):利用系统定义一套用来描述程序或协议正当操作的约束机制,对违反约束机制的执行程序进行监督;可检测未知攻击,错检率也较低。

（4）混合型入侵检测（hybrid intrusion detection）：将异常检测与误用检测联合使用，然后通过数据融合技术产生报警。

国内外研究人员在传感器网络的 IDS 技术的研究上已经取得了一定的成果。但是较多是针对某些特定攻击（比如虫洞攻击），或者是某些特殊行为（比如路由选择、定位等）的入侵检测技术。比较完整的适用于传感器网络的入侵检测体系目前还处于理论构想阶段，距离最后成型还需做更深入的研究。下面介绍目前比较典型的传感器网络入侵检测方案。

Agah 等人[31]将非合作博弈理论（non-cooperative game theory）应用到了传感器网络入侵检测，将入侵和检测作为攻防的博弈双方进行了建模，制定双方的策略将其归一化为一个非合作、非零和（nonzero-sum）的博弈模型，通过此模型博弈双方达到纳什均衡（Nash equilibrium），并使检测方找到最大化收益（maximize payoff）策略，从而增加检测概率，更好地保护系统。非合作博弈理论检测模型的主要工作就是找出整个传感器网络中最可能会遭受入侵的传感器节点，并对这些节点实施保护。这种非合作博弈理论检测模型可以发现入侵行为，但是缺乏特征分析，不能确定攻击的类型，也无法找到攻击来源，这种缺陷决定了博弈检测模型不能很好地适应复杂的传感器网络，无法满足传感器网络的安全需求。Michale 等学者对其进行了改进。

15.4.3　入侵容忍

传感器网络中节点在无基础设施的情况下自组织的工作，导致访问控制、入侵检测等安全技术的效用有限，总存在透过认证结构的内部攻击行为。内部攻击节点作为网络内部成员入侵，隐秘性强且难以发现。信任模型、入侵容忍等技术利用传感器节点冗余布置的特点，研究如何在部分节点被入侵的情况下保证系统关键任务的顺利执行，被视为构筑传感器网络安全的第三道防线。

常见的入侵容忍技术包括秘密共享与门限密码技术、冗余技术等。以冗余技术为例，可以采用以下方法。（1）节点冗余：为防止不可替代的路由关键节点如基站失败，引入冗余节点。（2）路由冗余：单个节点根据历史信息，从多条路由路径以一定的原则选择单条最佳路径。另外，将一个包互相冗余的几个片段从不同的路径发送，攻击造成一些片段丢失后，剩余的部分仍能利用冗余信息恢复得到完整的包。这能够容忍一定程度恶意修改和丢弃，也可以防止信息泄露。（3）数据冗余：其目标是在攻击发生情况下保证数据的完整性和可用性，例如链路层协议通过在帧中加入冗余信息如纠错码，来提高单帧的存活率。

王良民等学者[32]提出了一种基于模糊信任评估模型的入侵容忍方案，可有效识别路由和数据包丢弃攻击，并通过限制数据的篡改范围，实现对难以发现的数据篡改攻击的容忍。在模糊信任模型中，主体对客体的评价由 2 个数字组成：信任值和信心值。信任值是主体关于客体是否执行行动的不确定性猜测，用[0，1]上不确定的概率来表示，其物理意义是该客体正确执行任务的概率。信心值用以模糊地度量主体对自己给出的信任值的信心，也是[0，1]上连续的实数。

该模型的主要思想是：节点首先依据自己对邻居节点的监控，计算其作为主体关于该被监控邻居节点（客体）的直接信任值，信任-信心值根据节点间交互事件进行计算，如交互成功、数据包丢弃、篡改转发的概率等。信任评估系统最终的信任决策是由基站完成，基站根据路径信任结构中路径上各节点信度的迭加决定了不同路径的信度。这样就限制了入侵节点数据欺骗能力,若入侵节点篡改数据范围过大,则可能被淘汰出任务集。

15.5 其他安全技术

15.5.1 安全路由

路由协议负责将数据分组从源节点通过网络转发到目的节点,主要包括两个方面的功能:一是寻找源节点和目的节点间的优化路径,二是将数据分组沿着优化路径正确转发。大部分传感器网络路由协议在设计之初首要关注的是节点资源受限的问题,并没有过多地考虑安全问题。针对这些路由协议的攻击常见的有以下几种:路由信息欺骗、选择转发攻击、虫洞攻击、黑洞攻击、女巫攻击和 Hello 洪泛攻击等,常见防御手段见表 15-3。

表 15-3 传感器网络路由攻击及防御

攻击方法	防御手段
路由信息欺骗	出口过滤,认证鉴别,加密,监控机制
选择转发攻击	冗余的多路径、多跳确认,流量验证,基于信任管理机制的评测方法等
虫洞攻击	地理路由,安全定位技术
黑洞攻击	地理路由
女巫攻击	节点身份鉴别,链路层加密和认证,与基站共享的全局唯一对称密钥
Hello 洪泛攻击	邻居节点身份鉴别,邻居节点个数限制等

为了解决传感器网络的路由安全问题,当前的安全路由协议的研究分为两个方面:一是扩展已有的传感器网络路由协议,为当前已有的一些比较成熟的路由协议增加安全机制以抵御应用中遭遇的攻击;二是以安全性为初始设计目标重新设计适用于传感器网络的安全路由协议,避免后续增加安全机制所带来的昂贵代价。

1) 已有路由协议的安全性扩展

针对定向扩散路由协议,Yang 等学者提出了安全加强机制(Secure Diffusion)。该机制基于一种新的安全原语 LBK(Location-Binding Key)来让基站认证所接收到的感知数据,同时使用 LBK 来建立邻居节点间的密钥对,基于这些密钥来提供逐跳的可认证数据转发。通过对节点数据的认证和定向扩散协议自身的端到端的反馈特性,基站可以选择性加强数据传输路径来避开传输路径上的泄密节点,从而提供安全的数据传输。该机制确保两个安全目标:一是网络连通性,就是网络能够保证将满足用户需求的高质量的可认证数据传输到基站;二是恶意流量的局部影响,就是保证泄密节点伪造的查询消息或者感知数据只在局部范围内产生影响,不会危害整个网络的运行。该机制能够以较小的代价实现这两个安全目标,但是该机制过于依赖节点定位的准确性和安全性。

扩展已有协议的做法,在知道遭受某种确定攻击的情况下,增加正确的防御机制或许有用。然而,由于噪声和动态环境的影响,在传感器网络中,错误和攻击很难被检测,并正确区分。同时，由于网络冗余特点，只要错误或攻击源被检测出来并隔离，遭受攻击的传感器网络仍然可以继续发挥其功能。

2）安全路由协议设计

如果协议在设计时没有考虑安全因素，后续扩展安全机制通常是难以根本解决安全问题的，一些研究工作在初始设计路由协议时就考虑了安全机制，也提出了几个典型的安全路由协议。

Deng 等人提出的 INSENS 安全路由协议是在动态源路由 DSR 中融入了安全机制，能够抵抗重放攻击、洪泛攻击等。协议的一个重要特点是能够抵御恶意节点（包括误操作节点）对周围节点的威胁，把威胁限制在局部范围内，在不识别入侵者的情况下仍能保证网络的正常路由。协议主要思想如下：（1）通过限制通信的模式以阻止各种洪泛攻击。只允许基站进行广播通信，普通节点不能广播，并通过单向散列函数对基站的广播进行认证，使得恶意节点无法伪造广播信息。由于节点间的通信必须依赖基站进行过滤，所以恶意节点也无法对一般节点进行洪泛攻击。（2）所有的路由信息必须进行认证以防止路由信息伪造。（3）使用对称密钥进行加密和认证，尽量降低资源需求，由基站来完成各种计算和路由信息的发布。（4）使用冗余的多路径路由来避开泄密节点，这些路径是不相交的，因此即使入侵者占据了一个节点或者一条路径，冗余的路径也能保证将数据发送至目标节点。

Du 和 Lin 提出了 SCR(Secure Cell Relay)协议，该协议对于节点布置稠密、静态和位置感知的传感器网络能够提供很好的安全特性，能够抵抗多种针对传感器网络的路由攻击，包括选择转发攻击、虫洞攻击、黑洞攻击、女巫攻击、Hello 洪泛攻击等。同时具有较低的能量消耗。初始配置时，网络的普通节点使用和基站共享的相同密钥来加密节点间邻居发现的三次握手过程，同时协商邻居节点间的通信密钥，然后各节点通过定位算法计算自己的位置，邻近节点形成局部路由小区(cell)。数据通过这些路由小区从源节点转发到基站，只有路由小区中剩余能量最多的活动节点参与数据转发，路由小区中所有节点都可能成为转发节点，因此部分节点的失效也不会影响网络的正常运行。

15.5.2　安全定位

传感器网络中，定位技术研究多集中于如何提高定位的精确度和能源有效性，而对安全问题考虑不足。在传感器网络中，定位攻击活动大多是针对节点定位过程的位置测量、估计这两步实施破坏行动，目的就是引导传感器节点错误地估计它们的位置。攻击的重点对象为锚节点或者传输信标报文的无线链路，因为节点定位的正确性主要取决于锚节点和信标报文的安全性与可靠性。例如，在基于到达角度 AoA 的定位机制中，恶意锚节点通过报告错误的位置和错误的平均每跳尺寸，从而在节点上引起一个错误的位置计算。针对定位技术还有非常多的攻击方式，因而，定位技术的安全性是一个迫切需要解决的技术难题。

1）定位攻击分类

攻击者可能在传感器网络运行期间内任意时刻攻击节点定位系统的各个环节，包括信标节点、传感器节点和信标报文。由于不同的定位系统基于不同的物理属性观察和定位计算过程,因此,攻击手段与系统所采用的定位技术密切相关。根据攻击者身份不同,定位攻击可以分成内部攻击和外部攻击。内部攻击需要攻击者必须俘获相关节点并掌握内部密钥。而外部攻击直接针对于定位机制,无需获得节点信任,因此可以绕过密码技术等传统安全机制的防护。

(1)内部攻击

由于大部分传感器节点不能硬件防篡改(tamper-proof),因此攻击者必然可以通过俘获节点来萃取信任密钥,从而实施欺骗攻击。例如,攻击者可能通过被俘获的信标节点发送包含虚假的定位参照信息来误导未知节点的定位估算;也可能通过被俘获传感器节点向基站报告虚假的定位观察。内部攻击可以任意篡改网络的空间关系,并且可能合谋实施(多个虚假的定位参照信息共同定位到同一个错误位置),从而更具有隐蔽性和破坏性。

(2)外部攻击

外部攻击的手段与定位系统具体所采用的定位机制密切相关。最直接的外部威胁是物理篡改位置的攻击,也称为移位攻击。即攻击者可能重新放置信标节点或已定位的传感器节点,从而导致其位置信息失效或定位精度降低。这种攻击不需任何技术手段,而且可能发生在整个网络任务期间的任意时刻,因此传感器网络有必要引入一定的算法和机制周期性地校验节点位置。

另一种外部威胁就是针对信标物理属性的干扰攻击,也称为信号干扰攻击。测距干扰主要发生在位置关系测量阶段。定位系统大都依据无线信标传播的某些物理属性来确定节点间的空间关系(距离或邻近关系),例如,时延、功耗、入角、相位差、转发跳数和区域覆盖等。然而,攻击者可以在物理层和链路层上采用反射、阻挡和削弱强度等物理手段实施信号干扰,降低定位精度;也可以在网络层采用重放、伪造、篡改和丢弃信标报文、虫洞攻击、女巫攻击等方式制造假象,导致错误的测量结果。常规安全机制如抗泄密硬件/软件技术、扩频和编码技术以及对称和非对称加密算法等,难以防御上述针对不同定位技术物理属性或定位过程的脆弱性所发起的攻击。

2)安全定位算法

传感器网络安全定位算法不仅要具有良好的可扩展性、容错性和能量有效性,而且需要考虑安全方面的需求,保障定位信息的机密性、认证性、完整性和可用性。研究者从不同角度出发提出许多新颖的定位策略或安全措施来增强节点定位系统的安全性和健壮性,常见的方法包括以下几种:(1)利用时间限制、空间限制或随机数等安全措施来检验信标物理属性的完整性,防止测距计算或邻近关系判断被非法篡改,其代表性的研究成果主要包括SPINE、SeRLoc、HiRLoc和SLA等;(2)针对现有定位算法(如三边定位法、多边定位法等)大多采用的最小二乘法LS(least squares estimate)存在的脆弱性问题,通过提高定位算法的健壮性来增强定位系统的可靠性和容忍攻击的能力,其代表工作有Li顽健定位机制、Liu容忍攻击的定位算法等;(3)引入针对恶意信标节点的异常检测/隔离机制,典型成果包括

Liu 恶意信标节点检测机制、DBRT 等；(4)引入节点位置校验机制，防止攻击者重新放置已定位的传感器节点，如 Sastry 位置验证方案等。

研究者已提出许多安全解决方案来提高定位系统安全，几种典型的安全定位算法综合对比见表 15-4。

表 15-4　典型安全定位算法对比

算法名称	抵俘获		抵抗外部攻击	抵抗合谋攻击	定位精度	计算模式	信标节点硬件要求	复杂性
	信标节点	普通节点						
SeRLoc	√	×	√	—	粗粒度	分布式	定向天线	低
SLA	×	√		—	粗粒度	集中式	信号功率可调	低
Li 顽健定位算法	√	×	√	等于安全子集大小	细粒度	分布式	无	高
Liu 恶意信标节点检测方案	√	×	本地重放虫洞攻击	—	细粒度	集中式	无	低

由于不同应用的传感器网络差别很大，没有普遍适用的定位安全解决方案，因此要针对特定应用场景，综合考虑网络规模、成本、面临的安全威胁以及定位精度需求等因素，选择合适的定位安全解决方案。各种安全策略的优缺点都存在一定的互补性。节点定位系统可以根据应用场景的实际需求，将多种安全措施有机组合起来，从而提高定位系统的灵活性和抗攻击能力。

15.5.3　安全时间同步

分布式传感器节点间协同工作需要时间同步的支持，如定位、数据攻击、协作目标追踪等。时间同步机制的引入也可以使许多设计和算法更加简洁，例如 μTESLA 广播认证协议也需要节点间松散时间同步。虽然近年来许多针对传感器网络的时间同步协议得到了广泛的研究，如 RBS、TPSN 等这些时间同步协议可以适用于各种不同的传感器网络，然而这些协议在设计之初并没有考虑安全问题，容易遭受消息篡改、伪造、重放和延时攻击等多种攻击。如果时间同步服务遭受攻击，可能会造成传感器节点定位、数据融合、广播认证和拓扑管理等关键机制不能正常工作。

Manzo 等学者分析了当前主流的时间同步协议可能遭受的攻击，讨论了不同应用下时间同步遭受攻击后的影响，并提出了用 LS 线性回归的方法来限制攻击对时间同步所产生的影响。该方案根据以往同步报文的信息采用线性回归算法来排除不合理的同步报文，判断节点的可信度。但是这种方法只能抵御针对报文修改的外部攻击，当攻击者利用被侵占的节点持续发布错误的同步报文时，这种方案就不能有效地抵御攻击。

Ganeriwal 等学者在每条时间同步报文后附加了消息验证码，用以防止同步报文被篡改或伪造等外部攻击；并提出了一种三角一致性方法（triangle consistency）检测内部攻击。三角一致性方法就是指当 3 个节点 $[i, j, k]$ 已经获得两两之间的时间偏移，可以假设这 3 个节点形成一个三角形,其中每条边的权重是两个节点间的时间偏移。这样从任意一个节点出发遍历这个三角形后返回该节点,比如$[i \rightarrow j; j \rightarrow k; k \rightarrow i]$,在正常情况下其累计的权重和应该是 0。因此节点可以构造这样的三角形来检测是否发生攻击。该机制每次同步过程都需要节点与其他若干节点交换时间同步信息,增加了额外的通信和计算开销,容易遭受 DoS 攻击。

Sun 等学者的基本思想是为每一个节点提供冗余的路径将自己本地时间与全局时间进行同步。当节点要同步本地时钟时,假设恶意节点的数目不多于 t 个,它需要通过与周围至少 $2t+1$ 个邻居节点进行同步,并取这 $2t+1$ 个时间偏移的中间值作为自己与全局时间的时间偏移,并以此来修正本地时钟。这种方法可以防止少量恶意节点发布错误的同步信息所导致的时间同步错误,并且可以避免 DoS 攻击。然而,每个节点需要与 $2t+1$ 个节点交换同步信息,这样给能量有限的传感器节点带来沉重的通信开销。

15.5.4 安全数据融合

传感器网络数据融合技术的主要作用是在融合节点对冗余数据进行过滤、筛选,去除冗余,并对原始数据进行简单计算和处理,将处理后的更贴合实际需要的融合数据继续向上层节点传输。数据融合过程中保证数据的安全非常重要,安全数据融合的目标就是保证基站最后得到正确的融合结果,这就要求数据采集、传递和融合过程中能够有效地应对各种类型的攻击,保证数据的完整性、机密性、新鲜性和认证性。

安全数据融合根据融合数据加密方式的不同可分为以下两类:Hop-by-hop Encrypted Data Aggregation,节点采集的数据加密后发给融合节点,融合节点先解密再融合所有数据并加密发给上层节点,基站接收最终的融合结果并解密;End-to-end Encrypted Data Aggregation,融合节点直接对加密数据进行聚合,不执行解密操作。根据融合方法所依据的拓扑图形的不同,又可分为以下三类:(1)树形融合;(2)多路融合,节点通过多条不同的路径向基站传输数据,每条路径上都有多个融合节点;(3)环形融合,根据节点距离基站的跳数,将所有节点分给几个不同的环,每个环内的所有节点与基站之间的距离是相同的。下面介绍一种典型的 Hop-by-hop 树形融合算法。

Yang 等学者提出了一个基于树形拓扑结构的安全融合算法 SDAP(Secure hop-by-hop Data Aggregation Protocol)。SDAP 假设在一个融合树中,高层节点比底层节点具有更高的信任级。由于高层节点计算的融合数据来自于大量低级节点,因此如果一个接近基站的聚合节点被俘获,则该节点伪造的融合数据将对基站最终生成的结果产生较大影响。由于所有传感器节点都具有简单的硬件结构,易被俘获,因此 SDAP 协议致力于采用分而治之(divide-and-conquer)原则以减少高层节点的信任度,具体来讲:SDAP 使用随机性方法动态将拓扑树分割成大小相同的多个逻辑子树,在一个逻辑子树中高层节点控制较少的底层节点,从而如果该高层节点被俘获,潜在的安全风险减小。图 15-7 给出了 SDAP 划分融合树的实例,其中 x、y、w'' 是领导节点,BS 是基站。

此外,SDAP 通过承诺和证明(commit-and-attest)机制验证数据的完整性,当一棵逻辑子树中的聚合点提交融合数据时,必须对该数据进行签名,基站收到融合数据后对签名进行验证,实现数据机密性、完整性和数据源认证。

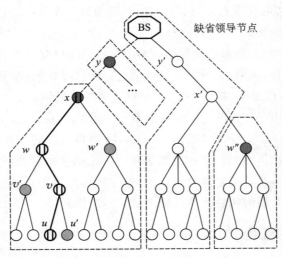

图 15-7　SDAP 中融合树的实例

15.5.5　隐私及匿名保护

传感器网络一方面带来了信息采集与监测能力的增强，另一方面也带来了严重的隐私威胁问题。例如，在军事应用领域，需要保护基站的位置隐私及网络数据存储位置隐私；在医疗卫生领域，利用体域网（body sensor network）采集患者信息时，需要保护患者的身份隐私和采集的体征敏感数据隐私；在环境保护领域，需要保护采集对象（如熊猫）等的位置隐私、数据隐私、数量隐私；在智能家居领域，需要保护家中人员的相关信息隐私；在智能交通与城市建设领域，需要保护车载实体的身份匿名隐私和条件性可追踪隐私等。

从隐私保护的对象出发，传感器网络中的隐私保护机制可以分为以下三类：数据隐私保护、源位置隐私保护和身份隐私保护。

敏感数据隐私保护基本方法可以分为数据加密技术、数据失真技术、限制发布技术和匿名化技术。数据加密可以保护隐私，但仅用加密的方法是远远不够的，有时敌手不需要知道消息的内容，只需要观察到消息的存在就可以获取敏感信息。数据失真可以通过随机扰动和随机应答的方法，即采用随机化过程来修改敏感数据然后发送扰动后的数据，对原始数据扰动后使攻击者不能以高于预定阈值的概率得出原始数据是否包含某些真实信息。限制发布技术是根据数据特点和具体情况有选择地发布原始数据、不发布或者发布精度较低的敏感数据，以保护隐私，但仍可能被敌手推理出敏感数据。匿名化技术中，Gruteser 等学者提出的 k-匿名模型是最早的解决位置隐私保护的方法，其主要思想是使得在某个位置的节点至少有 k 个，这 k 个节点之间不能通过 ID 来相互区别，这样即使某个节点的位置信息泄露，攻击者也不能准确地从 k 个用户中定位到该节点。此后相继有学者提出了不同角度的改进机制，如 $(\alpha$-$k)$-匿名模型、基于两次聚类的 k-匿名、(K,P)-匿名模型等。

传感器网络中源节点位置隐私的暴露不可避免地威胁所检测目标的安全性，然而传统意义上以 IP 地址为中心的隐私保护机制不能切合传感器网络的特征，因此数据源节点的位置隐私保护是一项亟待解决的问题。根据攻击者的能力可以将已有主要研究工作分为两类：抵御全局流量攻击者的源位置隐私保护协议,抵御局部流量攻击者的源位置隐私保护协议。前者主要有 Mehta 提出的 ConstRate 策略、Yang 提出的基于代理的过滤策略、Shao 提出的 FitProbRate 策略。然而上述策略都会造成大量的资源消耗,增加包冲突率,降低传输效率;很多应用环境中攻击者也不具备全局流量监控的能力。对于局部流量监测,Ozturk 等人提出了幻象路由协议,后续许多学者在此基础上进行了分析和改进。

在定位跟踪、家庭护理、智能交通等各领域的应用中,传感器及其采集的相关信息往往被关联到用户实体,从而导致用户的身份存在被泄露的威胁。身份隐私与传统意义上的匿名性有着非常密切的联系,一般包括发送方匿名、接收方匿名、通信关系匿名,此外还应考虑不可链接性、不可观测性、可撤销等安全属性。

15.6　本章小结

一方面由于传感器节点的计算、存储、带宽等资源有限,网络拓扑动态变化等特点,传统的加密算法和安全协议不能直接应用到传感器网络,使得传感器网络的安全技术研究在安全体系设计上受到很多限制。另一方面,针对传感器网络的安全威胁,设计适应传感器网络安全需求的路由、定位、时间同步、数据融合等算法也是传感器网络安全研究的重要内容。

本章深入而系统地研究传感器网络中的相关安全技术,首先介绍了传感器网络的安全需求、安全威胁、安全设计面临的挑战,以及适用于传感器网络的安全机制,并对当前传感器网络密钥管理、认证与完整性保护、入侵检测、安全路由等基本安全技术进行了分析。密钥管理是传感器网络其他安全机制如安全路由、安全数据融合、入侵检测等的基础,是传感器网络安全研究中最基本的内容。当前还需要针对传感器网络中某些致命的和特殊的安全威胁进行深入细致的研究,设计行之有效的安全措施和机制。

任何安全技术的引入也将增加网络的整体计算和通信开销,从而影响服务质量。在一些应用环境下,传感器网络安全研究还需要考虑安全防护强度与网络性能的平衡,综合考虑网络的能量消耗、节点间的负载均衡、网络的可扩展性和节点的移动性等实际需求,从设计的开始就充分考虑其安全问题。

在资源严重受限的传感器网络上提供安全防护,需要高效地综合运用密钥算法和入侵检测等技术,跨层整合多种安全机制来保证整个网络的安全,如能量耗费、网络流量和混淆节点身份的 Sybil 等攻击的安全对抗技术。目前传感器网络安全协议都是针对某一特定应用而设计的,没有形成体系,还没有建立统一的安全体系结构,也缺乏一个综合、高效的安全系统集成方案。

针对不同应用环境,传感器网络所面临的安全问题本身在不断变化。同时,随着节点能力的增强,网络带宽的增加,稳定性的提高,在解决传感器网络中安全问题时所面临的约束也在不断变小,有更多的网络安全机制可以应用到传感器网络中,还可以利用网络中具有更多能量和计算能力的骨干节点来实现安全方案。

习题

15.1　描述 CIA（机密性、完整性、真实性）的安全模型。针对以下情况，哪些安全服务是必要的？说明你的答案。

(a) 应急响应小组用以避开危险的区域和活动的传感器网络；

(b) 在机场收集生物特征信息的传感器网络；

(c) 在一个城市中测量空气污染来进行科研的传感器网络；

(d) 在城市中用来预警地震的传感器网络。

15.2　中间人攻击是什么？请描述一个具体的传感器网络中间人攻击场景。

15.3　解释对称和非对称密钥的概念。本章中提到移位加密的密码技术的一个简单的例子。这个加密是对称还是非对称密钥技术？这样一个简单的密码有什么问题？

15.4　在传感器网络中，认证为什么是特别重要的问题？

15.5　传感器网络的哪些特点使得难以实现路由安全？

15.6　"典型"的计算机是放在家庭、办公室、实验室等，无线传感器节点通常放置在可公开开放的和可访问的地方。在一个大规模的传感器网络中，敌方通过单个节点能够发起什么样的攻击？

15.7　什么是"数据新鲜度"？在传感器网络中为什么重要？

15.8　拒绝服务攻击是什么？解释如下攻击：

(a) 干扰攻击（jamming attack）；

(b) 耗尽攻击（exhaustion attack）；

(c) 篡改攻击（tampering attack）。

15.9　考虑路由攻击，如选择性转发、sinkhole、Sybil、rushing、wormhole 等攻击。简述每种类型的攻击，并讨论在以下几种类型网络中这些攻击是如何发生的：

(a) 使用基于表格的路由协议（如 OLSR）的网络；

(b) 使用按需路由协议（如 DSR）的网络；

(c) 使用基于位置的路由协议（如 GEAR）的网络。

15.10　在本章中，数据聚合功能，如平均、总和、最小值被认为"不安全"。这是什么意思？哪些技术可以用来提高聚合的安全适应能力？

15.11　考虑在图 15-2 中 PIKE 方案的虚拟 ID 空间。在本例中，节点 3 有多少个选项来与节点 15 建立密钥？请描述每个选项。

15.12　"nonce" 是什么？SPINS 如何使用它们？SNEP 协议提供了什么服务？

15.13　IEEE 802.15.4 提供了什么安全模式？ZigBee 中信任中心有何用途？

15.14　为什么传感器网络必需能够容忍被破坏的节点？

15.15　为什么我们要关心敌手进行流量分析的能力？

15.16　为什么要在链路层使用对称密钥方案来防止窃听？

15.17　在传感器网络中应用对称密钥密码系统的主要挑战是什么？

15.18 安全定位方案应该解决的主要安全脆弱性是什么?

15.19 与平均值相比,为什么中位数是更安全的聚合功能?

15.20 流量分析攻击通常是如何实现的?

15.21 信任管理系统是什么? 为什么它是有益的?

15.22 为什么不宜使用过于依赖基站的安全算法?

15.23 描述如何权衡用以抵御数据注入攻击的五步方案。

参考文献

[1] Eschenauer L, Gligor V D. A key-management scheme for distributed sensor networks. In: Proc of the 9th ACM Conf on Computer and Communications Security, Washington, DC, USA, 2002: 41-47.

[2] Chan H, Perrig A, Song D. Random key predistribution schemes for sensor networks. In: Proc 2003 IEEE Symp Security and Privacy, 2003: 197-213.

[3] Liu D, Ning P. Establishing pairwise keys in distributed sensor networks. In: Proc of the 10th ACM Conf on Computer and Communication Security (CCS'03), 2003: 52-56.

[4] Chan H, Perrig A. PIKE: peer intermediaries for key establishment in sensor networks. In: IEEE INFOCOM'05, March, 2005.

[5] Camtepe S A, Yener B. Combinatorial design of key distribution mechanisms for wireless sensor networks. In: Proc of the 9th European Symp on Research in Computer Security (ESORICS 2004), Sophia Antipolis, France, Sept. 2004.

[6] Ruj S, Roy B. Key predistribution using partially balanced designs in wireless sensor networks. In: Proc of the 5th Int'l Conf on Parallel and Distributed Processing and Applications (ISPA'07), 2007: 431-445.

[7] Liu D, Ning P. Establishing pairwise keys in distributed sensor networks. In: Proc of the 10th ACM Conf on Computer and Communications Security (CCS'03), Washington D. C., October, 2003: 52-61.

[8] Liu D, Ning P. Location-based pairwise key establishments for static sensor networks. In: 2003 ACM Workshop on Security in Ad Hoc and Sensor Networks (SASN'03), October 2003.

[9] Watro R, Kong D, Cuti S, et al. TinyPK: securing sensor networks with public key technology. In: Proc of the 2nd ACM Workshop on Security of Ad Hoc and Sensor Networks (SASN'04), ACM Press, 2004: 59-64.

[10] Gaubatz G, Kaps J P, Sunar B. Public key cryptography in sensor networks—revisited. In: The 1st European Workshop on Security in Ad-Hoc and Sensor Networks (ESAS 2004), 2004.

[11] Malan D J, Welsh M, Smith M D. A public-key infrastructure for key distribution in TinyOS based on elliptic curve cryptography. In: Proc of the 1st IEEE Int'l Conf on Sensor and Ad Hoc Communications and Networks, Santa Clara, California, October, 2004.

[12] Liu A, Ning P. TinyECC: elliptic curve cryptography for sensor networks (version 0. 1). September 2008. http://discovery.csc.ncsu.edu/software/TinyECC/.

[13] Oliveira L B, Scott M, Lopez J, et al. TinyPBC: pairings for authenticated identity-based non-interactive key distribution in sensor networks. In: The 5th Int'l Conf on Networked Sensing Systems (INSS 2008), 2008: 173-180.

[14] Du W, Wang R, Ning P. An efficient scheme for authenticating public keys in sensor networks. In:

Proc of the 6th ACM Int'l Symp on Mobile Ad Hoc Networking and Computing（MobiHoc'05），Urbana-Champaign，IL，May 2005.

[15] Merkle R. Protocols for public key cryptosystems. In：Proc. 1980 IEEE Symp. Research in Security and Privacy（SP'80），Los Alamitos，CA，Apr. 1980.

[16] Zhang Y，et al. Location-based compromise-tolerant security mechanisms for wireless sensor networks. IEEE JSAC（special issue on Security in Wireless Ad Hoc Networks），2006，24(2)：247-260.

[17] Xue K，Xiong W，Hong P，et al. NBK：a novel neighborhood based key distribution scheme for wireless sensor networks. In：Conf on Networking and Services，2009：175-179.

[18] Duan M J，Xu J. An efficient location-based compromise-tolerant key management scheme for sensor networks. Information Processing Letters，2011，111(11)：503-507.

[19] Traynor P，Kumar R，Choi H，et al. Efficient hybrid security mechanisms for heterogeneous sensor networks. IEEE Trans. on Mobile Computing，2007，6(6)：663-677.

[20] Gennaro R，Rohatgi P. How to sign digital streams. Advances in Cryptography Crypto'97，1997，165(1)：180-197.

[21] Lamport L. Constructing digital signatures from a one-way function. SRI International Technical Report CSL-98，October 1979.

[22] Perrig A，Canetti R，Tygar D，et al. The TESLA broadcast authentication protocol. RSA Cryptobytes，2005，5(2).

[23] Perrig A，Szewczyk R，Wen V，et al. SPINS：security protocols for sensor networks. In：Proc of the 7th Annual Int'l Conf on Mobile Computing and Networks，July 2001.

[24] Traynor P，Kumar R，Choi H，et al. Efficient hybrid security mechanisms for heterogeneous sensor networks. IEEE Trans. on Mobile Computing，2007，6(6)：663-677.

[25] Du X，Xiao Y，Song C，et al. A routing-driven key management scheme for heterogeneous sensor networks. In：IEEE Int'l Conf on Communications（ICC'07）. Glasgow：IEEE，2007：3407-3412.

[26] Liu D，Ning P. Multi-level μTESLA：broadcast authentication for distributed sensor networks. ACM Trans. on Embedded Computing Systems，2004，3(4).

[27] 沈玉龙，裴庆祺，马建峰. MMμTESLA：多基站传感器网络广播认证协议. 计算机学报，2007，30(4)：539-546.

[28] Onat I，Miri A. An intrusion detection system for wireless sensor networks. In：IEEE Int'l Conf on Wireless and Mobile Computing，Networking and Communications，2005：253-259.

[29] Zhang Y，Lee W. Intrusion detection in wireless Ad-Hoc networks. In：Proc of the 6th Int'l Conf on Mobile Computing and Networking，Boston，MA，August 2000：275-283.

[30] Ngai C H. Intrusion detection for wireless sensor networks. The Chinese University of Hong Kong，2005.

[31] Agah A，Das S K，Basu K，et al. Intrusion detection in sensor networks：a non-cooperative game approach. In：Proc of the 3rd IEEE Int'l Symp on the Network Computing and Applications（NCA'04），IEEE Computer Society，2004：343-346.

[32] 王良民，郭渊博，詹永照. 容忍入侵的无线传感器网络模糊信任评估模型. 通信学报，2010，31(12)：37-44.

[33] Basagni S，et al. Secure pebblenets. In：Proc of the 2nd ACM Int'l Symp Mobile Ad Hoc Networking and Computing（Mobihoc'01），Long Beach，CA，2001：156-163.